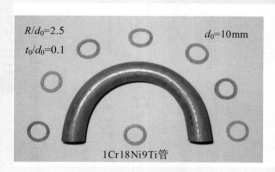

a) 弯曲试样及横截面切片

b) 等效应变及横截面扁化变形的有限元模拟

图 6-68　弯管横截面扁化变形的试验切片及有限元模拟结果

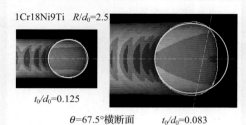

图 6-69　弯管横截面形状变化的有限元模拟结果

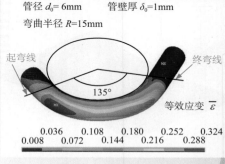

图 6-70　弯管等效应变分布的有限元模拟结果

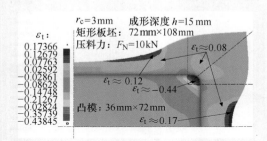

图 7-59　法兰板厚变形的有限元模拟结果

图 7-60　压料面上法兰材料的变形流动趋势

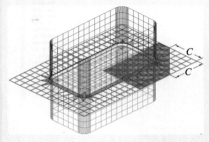

a)

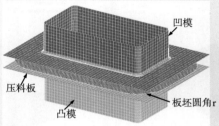

b)

c)

图 7-62　有限元建模示意图

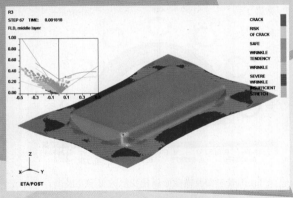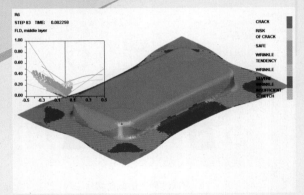
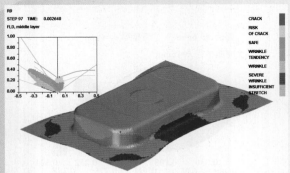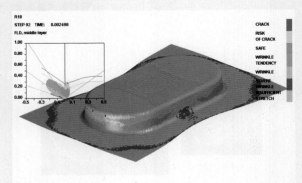

图 7-63　不同转角半径的矩形盒拉深至破裂时的成形极限图

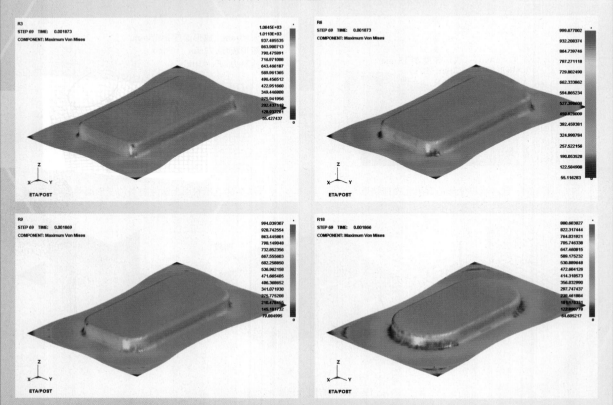

图 7-64　不同转角半径的矩形盒拉深至 7mm 时的等效应力图

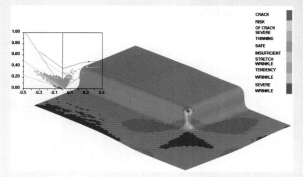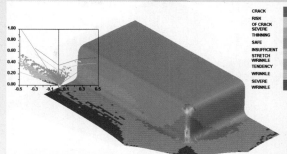

图 7-65　r_c=1mm 时矩形和切角板坯拉深的变形分布及成形极限图

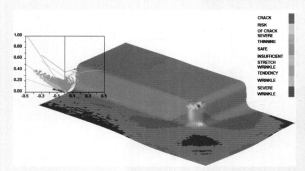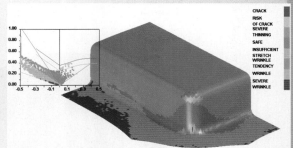

图 7-66　r_c=3mm 时矩形和切角板坯拉深的变形分布及成形极限图

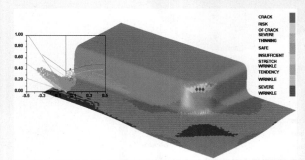

图 7-67　r_c=6mm 时矩形和切角板坯拉深的变形分布及成形极限图

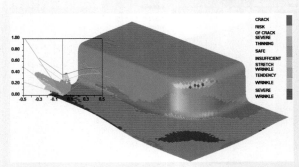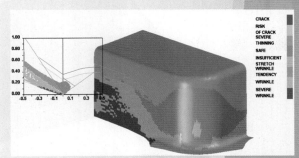

图 7-68　r_c=9mm 时矩形和切角板坯拉深的变形分布及成形极限图

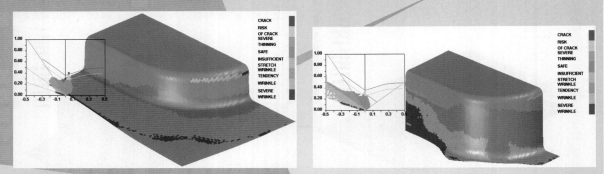

图 7-69 r_c=18mm 时矩形和切角板坯拉深的变形分布及成形极限图

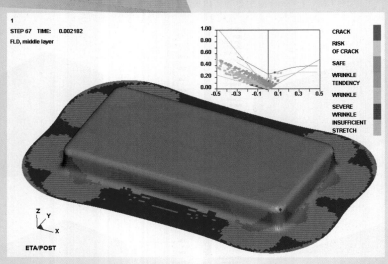

图 7-70 r=30mm 圆角矩形板坯拉深

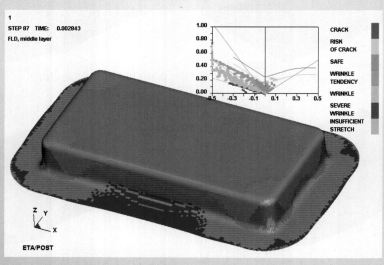

图 7-71 r=35mm 圆角矩形板坯拉深

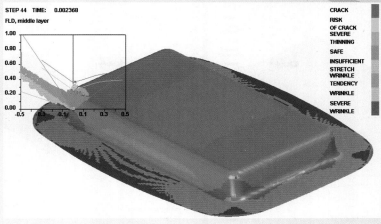

图 7-72　基于反向模拟法优化板坯的矩形盒拉深成形

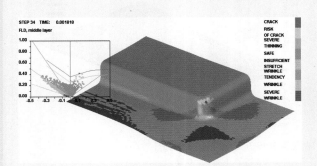

图 7-73　整体恒压料力拉深成形极限图

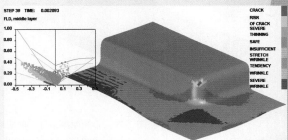

图 7-74　分块变压料力拉深成形极限图

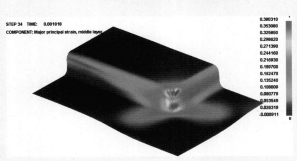

图 7-75　整体恒压料力拉深的等效应变分布

图 7-76　分块变压料力拉深的等效应变分布

图 7-77　整体恒压料力拉深的等效应力分布

图 7-78　分块变压料力拉深的等效应力分布

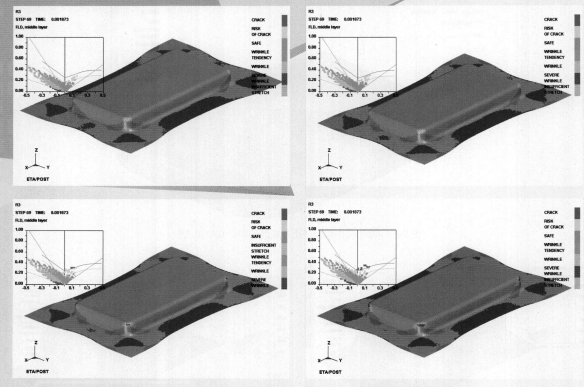

图 7-79　不同摩擦条件下的矩形盒拉深至 h=7mm 时的成形极限图

上左：μ=0.08；上右：μ=0.1；下左：μ=0.125；下右：μ=0.15

"十二五"普通高等教育本科国家级规划教材

普通高等教育"十一五"国家级规划教材
普通高等教育国家级精品教材

FORMING TECHNOLOGY & DIE

DESIGN

成形工艺与模具设计

（修订版）　鄂大辛　编著

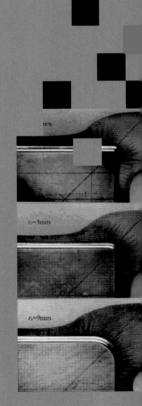

机械工业出版社
CHINA MACHINE PRESS

本书针对当前先进的制造技术现状，并根据未来工业制造技术的发展趋势，系统地介绍了金属冲压、锻造及塑料成型方法的工艺方法及模具设计。内容包括金属材料和塑料的基本性能、成形过程、工艺方案的制定、模具设计及其设备的选用等；特别是选入了金属塑性成形技术亟待发展的部分内容，如管材弯曲成形、非回转对称拉深成形等方面的研究结果，对发展塑性成形技术具有一定启发意义。

本书可作为高等院校材料工程类、化工工程类本科及高职高专教材，也可作为从事各种金属、非金属成形加工及模具设计、制造的工程技术人员和科研人员的参考用书。

图书在版编目（CIP）数据

成形工艺与模具设计/鄂大辛编著．—修订版．—北京：机械工业出版社，2014.9

"十二五"普通高等教育本科国家级规划教材

ISBN 978-7-111-47586-6

Ⅰ.①成…　Ⅱ.①鄂…　Ⅲ.①冷冲压－生产工艺－高等学校－教材②冷冲压－冲模－设计－高等学校－教材　Ⅳ.①TG386②TG385.2

中国版本图书馆 CIP 数据核字（2014）第 180023 号

机械工业出版社（北京市百万庄大街 22 号　邮政编码 100037）

策划编辑：舒　恬　责任编辑：舒　恬　冯　铗

版式设计：霍永明　责任校对：张　征

封面设计：张　静　责任印制：乔　宇

保定市中画美凯印刷有限公司印刷

2014 年 11 月第 1 版第 1 次印刷

184mm×260mm·27 印张·4 插页·728 千字

标准书号：ISBN 978-7-111-47586-6

定价：56.00 元

凡购本书，如有缺页、倒页、脱页，由本社发行部调换

电话服务　　　　　　　　　网络服务

社 服 务 中 心：（010）88361066　　教材网：http：//www.cmpedu.com

销 售 一 部：（010）68326294　　机工官网：http：//www.cmpbook.com

销 售 二 部：（010）88379649　　机工官博：http：//weibo.com/cmp1952

读者购书热线：（010）88379203　　**封面无防伪标均为盗版**

序

　　材料成形是先进加工技术的重要组成部分，属于少、无切屑加工，制造方法简单、生产效率高，特别是经过成形加工后的金属零件具有优越的力学性能，可满足工程需要。因此，成形加工在未来制造业技术发展中，将占有举足轻重的地位。而目前的成形加工，都需要采用相应的模具才能实现，模具工业的发展和提高是材料成形加工的必要保证。

　　在现代化基础建设中，模具工业已经逐渐形成为制造工业的基础核心产业。越来越多的工业产品制造与模具有关，根据国际生产协会的专家预测，在21世纪末，50%～75%的机械加工（主要是切削加工）产品都将利用模具进行加工制造。模具是工业的基础工艺装备，用模具生产制件所表现出来的高精度、高复杂程度、高一致性、高生产力和低消耗，是其他加工制造方法所不能比拟的，工业发达国家的模具工业产值早已超过机床工业产值。因此，模具工业已经成为现代制造业的重要支柱性产业。特别是近些年来，模具设计制造的需求量以及高速度化、高效率化已经成为汽车制造工业亟待提高的一项重要技术。模具生产技术水平的高低不仅是衡量一个国家产品制造水平高低的重要标志，而且在很大程度上决定着这个国家产品质量、效益及新产品的开发能力。

　　模具技术，既是先进制造技术的重要组成部分，又是先进制造技术的重要应用领域，其技术水平与先进制造技术的发展与应用密切相关。模具对于一般产品来说属于工具范畴，精度高、结构复杂，并有较高的材质要求，是典型的高附加值、高风险产品。其制造过程复杂，涉及产品设计、模具设计、毛坯制造、电加工、机械加工、测量技术、表面工程、热处理和快速原型制造技术等方面，需要多种技术装备，而且使用率极不平衡。

　　随着社会经济的发展，对于工业产品的品种、数量、质量及款式等都提出了越来越高的要求，因此，也促进了模具工业的快速发展。许多新产品的开发和生产，在很大程度上依赖于模具制造技术，特别是在汽车、轻工、电子和航天等行业中尤显重要。模具制造能力的强弱和模具制造水平的高低，已经成为衡量一个国家机械制造技术水平的重要标志之一，直接影响国民经济中许多部门的发展。

模具工业是国民经济发展的重要基础工业之一。模具的质量、精度、寿命对其他工业的发展起着十分重要的作用，其在现代化工业生产中的重要地位不容忽视，并且随着模具技术的不断发展，其在国民经济建设中将发挥越来越重要的作用。因此，模具的内涵需要发展和丰富，需要在实践的基础上不断进行研究、挖掘和补充，为这门实用技术注入新的理论和技术内容，使其在现代化制造领域中发挥更重要的作用。

作者曾在一汽集团长期从事模具研发工作，之后在国外留学工作期间一直围绕着材料成形机理及模具进行了广泛深入的研究和实践。作者从材料成形工艺与模具设计岗位走上高等学府讲台，是国内该领域中为数不多的既具有深厚的理论基础、又具有丰富实践经验的专家，对于材料成形及模具设计持有较深刻的理解和认识。教材的编写是对材料成形和模具技术发展进行系统研究和浓缩的结晶，内容基本涵盖了工程应用中最基本的成形方法和模具特征，既适用于高等学校教学需求，又可作为相关专业工程技术人员的参考用书，具有一定的理论探索意义和实际应用价值。

该书经教育部专家委员会评审遴选为普通高等教育"十一五"国家级规划教材、国家级精品教材和"十二五"普通高等教育本科国家级规划教材，并向全国高等学校相关专业做出推荐，实为模具行业造就高素质创新人才提供了良师益友，希望该书能够受到广大读者的喜爱，并对热衷于学习和研究材料成形及模具设计的读者有所助益。

中国模具协会理事长
一汽模具有限公司总经理　褚克辛

修订版前言

材料成形及模具技术在现代工业中占有越来越重要的地位，并且将成为未来制造业的支柱性行业。这一点，已成为诸多工业发达国家的共识。因此，在新时代理工科大学、高职高专等院校的专业教学内容中，应尽快将这一门专业技术介绍给学生，使他们能够初步认识现代制造工业的发展趋势，在自己所学专业知识的基础之上，拓宽认识视野并明确发展方向。目前，材料成形工艺与模具设计课程已成为许多大学及高职高专机械制造、材料成形、化工等专业的学生在校学习的主要学习内容之一。

成形工艺与模具设计是一个实践性很强的专业，需要从理论教学和实验教学两方面入手培养学生。教材中既要有成形的基础理论，还要有模具的基本结构，使学生在学习这门课程时，既了解材料的变形机理，又产生控制材料变形的理念，进而才能开发并创造新的成形工艺方法和新型成形模具。本书是作者在国内、外多年生产实践和科研，以及大学及高职高专学校的教学经验积累的基础上，综合了国内、外的先进技术并吸取了现有相关教材或科技书籍中的精华，系统编著而成。

全书分为四篇，主要介绍材料变形基础、冲压工艺与模具设计、锻造工艺与模具设计、塑料成型及模具设计。书中深入浅出地融入了作者30多年在板材、管材成形及其模具设计制造工作中的真实试验和研究成果，增添了既有基础性技术又有研究性启示的内容，还插入了一些新的成形原理、工艺及部分模具知识，既适合于理工科大学本科生，又适合于大学及高职高专学生的技术基础教学使用，也可作为相关专业选修课教学使用，同时，还可供相关工程技术人员参考使用。另外，本书部分章节是有关试验研究现状的提示性内容，不在教学大纲规定范围内，可供相关技术人员及感兴趣的学生参考，教师在授课时可根据学科专业需求进行适当取舍选择。

2006年8月，本书经教育部专家委员会评审，被遴选为普通高等教育"十一五"国家级规划教材，于2007年8月作为北京市高等教育精品教材立项项目出版，于2008年被评选为普通高等教育国家级精品教材和北京市高等教育精品教材，并于2012年被评为"十二五"普通高等教育本科国家级规划教材。

2013年，作者参考了使用本教材的兄弟院校教师和相关工程技术人员的使用意见，对教材进行了修订。为了适应科学技术的发展和培养具有更强适应性的高等工程专门人才的需要，对本书第一版的体系、内容进行了必要的补充、调整和更新。

为了使本书在高等学校教学和工程应用过程中更好地发挥应有作用，注重理论性、系统性的有机统一，作者将第一版存在的个别问题进行了修订，同时适当增减了部分内容。其中，引入了近年来在汽车轻量化技术中起到重要作用的高强度钢板的介绍，板料非回转对称拉深中的有限元分析结果，以及翻边板变化和强力旋压中极限旋压角的计算等内容。修订整合使教材内容得到了进一步完善，更具可操作性，真正达到培养学生工程应用能力、促进技术人员将理论融入工程实践的目的。

本书在编写和修订过程中，参考了许多相关文献，在此对作者表示感谢。吉林大学宋玉泉教授（中国科学院院士）为本书提出许多建设性意见，中国模具协会理事长、一汽模具有限公司褚克辛总经理为本书作序，在此深表感谢。另外，对为本书编写出版做出了大量工作的刘小亦、舒恬、鄂乐子、丁洁、魏乐愚、古涛、孙帅、李荣婷、李翀、易宁、樊子天、佘彩凤、付泽、刘贺、张稳等同志表示深切的谢意，同时，对为本书修订出版给予支持的北京理工大学和机械工业出版社以及曾经工作20年并始终长期合作的一汽集团深表谢意。

书中不妥之处敬请读者不吝指正。

编著者　鄂大辛

目　录

第三篇　锻造工艺与模具设计

第四篇　塑料成型及模具设计

第一篇 材料变形基础

材料变形基础主要研究各种金属材料和非金属材料的物理本质，以及利用一定方式成形时它们所表现出的力学性能，是研究各种成形工艺的理论基础，也是模具设计制造的基本依据。

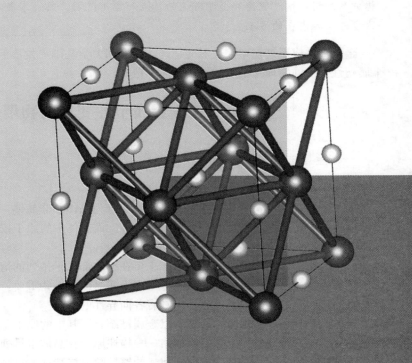

第一章 金属冷塑性变形

学习重点

本章主要介绍金属冷塑性变形的本质，其中包括它的物理基础和力学基础两部分。第一部分需要复习前面所学金属及其合金的晶体结构、内部缺陷及其与性能之间的关系；加深理解金属冷塑性变形的微观实质，包括变形方式、变形过程中组织和性能的变化。第二部分金属塑性变形的力学基础，需要在塑性成形原理的基础上进一步理解应力应变的含义及其塑性变形的本构关系，明确增量理论和全量理论的特点和应用范围，熟悉掌握两个重要塑性条件的含义、表达方式及其内在的区别。

金属塑性成形是在塑性变形的物理、化学和力学基础上发展起来的一门工程应用技术学科，金属塑性变形的物理化学基础属于金属学范畴。

第一节 金属塑性变形的物理基础

一、金属学的基本知识

1. 金属的晶体结构

按照物质内部原子的聚集状态，可将物质分为晶体和非晶体。非晶体内部的原子是杂乱无章地堆积着的，这类物质有玻璃、沥青、树胶等。而晶体中的原子按一定次序有规则地排列着，如金刚石、食盐以及绝大多数固态金属和合金等。

晶体与非晶体的区别不在于外形，主要在于内部原子排列的情况。由于晶体中的原子呈一定规则重复排列，这就造成晶体在性能上区别于非晶体的一些重要特点。晶体具有一定的熔点；晶体在不同方向上的性能存在差异，即具有各向异性的特点。

在金属及合金中，一般金属主要以金属键结合，其中的原子总是自发地趋于紧密排列，以保持能量最低的状态即最稳定状态。晶格——描述原子在晶体中排列方式的空间格架；晶胞——描述晶体结构类型和原子在空间排列规律、能够反映晶格特征的最小几何单元；晶格常数——晶胞的棱边长度（$1\text{Å} = 10^{-10}\text{m}$）；晶面——由一系列原子所组成的平面；晶向——任意两个原子中心的连线所指的方向。图 1-1 给出了晶体、晶格及晶胞的示意。实际上，金属皆为多晶体，微小的晶态区称为晶粒，晶粒平均尺寸在 0.015 ~ 0.24mm 之间。晶粒通常不是完整的晶体，它可以分为更小的亚晶粒，这些亚晶粒才接近于理想的单晶体。

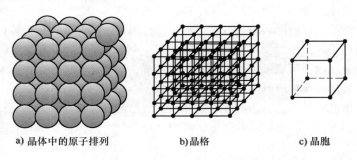

a) 晶体中的原子排列　　　　b) 晶格　　　　c) 晶胞

图 1-1　晶体、简单立方晶格、晶胞示意图

物体表面面积与体积之比以球形最小，故晶粒愈接近球形，塑性就愈好。另外，细晶粒是快速结晶的结果，结晶愈快，金属成分分布愈均匀，附加应力愈小，塑性也相对好。晶粒愈细，晶界总面积愈大，晶间杂质相对浓度愈小，有利于塑性变形。通常认为，金属材料的流动应力随晶粒尺寸的减小而增加。

金属结构的类型很多，最常见的三种结构类型，如图 1-2 所示：体心立方晶格——晶胞是一个立方体，八个顶角和立方体的中心各排列一个原子（如铬、钒、铌、钼及 α 铁等）；面心立方晶格——晶胞也是一个立方体，八个顶角和六个面中心各排列一个原子（如铝、铜、金、银、镍及 γ 铁等）；密排六方晶格——晶胞是一个六方柱体，每个角上和上、下底面中心都排列一个原子，在晶胞中间排列三个原子（如镁、铍、镉、锌等）。

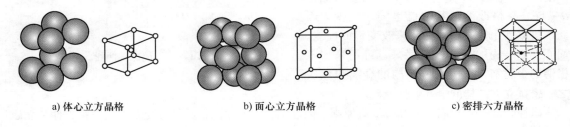

a) 体心立方晶格　　　　　　b) 面心立方晶格　　　　　　c) 密排六方晶格

图 1-2　常见晶格类型

2. 金属的结晶

金属的结晶是指液态金属转变为固体时晶态结构的形成过程，即金属原子从原来不规则排列的液体状变为有规则排列的固体过程，而一般非晶体由液态向固态的转变常称为凝固。

金属自液体开始冷却时，实际结晶温度 T_1 低于理论结晶温度 T_0。这是因为当冷却速度加快时，液体金属冷却到 T_0 以下，仍然保持液体状态，这种现象叫做过冷。理论结晶温度与实际结晶温度之差（$T_0 - T_1$）叫做过冷度。冷却速度越快，液体金属的过冷度就越大，达到实际结晶温度时，原子先在液体中某些局部的微小体积内有规则地排列成细微的晶核，然后晶核依靠吸附周围液体中的原子逐渐成长。在此同时，还会有新的晶核不断从液体中产生和成长，直到全部液体转变成固体为止。图 1-3 所示为纯金属凝固时的冷却曲线。

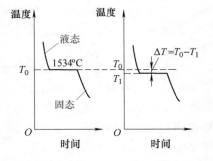

图 1-3　纯金属凝固时的冷却曲线

单晶体是指晶体内部的晶向完全一致的晶体。

由许多结晶方位不同的晶粒组成的晶体结构称为多晶体。

实际上，由于结晶过程或随后的热处理过程中各种因素的影响，在结晶体内部造成了各种缺陷，如某些原子偏离了理想位置，某些部位可能多出一个原子，而另一些部位又可能缺少一个原子等。这些缺陷使金属内部形成了承受载荷的薄弱环节，当晶体受到外力作用时，滑移就会首先在这些部位发生，然后逐步扩展到滑移面的其余部分。

每一个晶粒是由晶核长成的，因此在一定体积内所形成的晶核数目越多，结晶后的晶粒就越小。常用细化晶粒的方法：①提高冷却速度，以增大过冷度，促进自发形核；②外加微粒，如在铸铁中加入硅、钙等，由它们形成微粒，或起到结晶核心的作用增加晶核数；③在结晶过程中，采用机械振动、超声波振动、电磁搅拌等，也可以使晶粒细化。

3. 金属在固态下的转变

纯金属的固态的转变有两种，即同素异构转变和磁性转变。

同素异晶转变—金属晶体结构在固态下随温度的变化，由一种晶格转变成另一种晶格的现象（具有同素异构转变的金属有铁、钴、钛等）。如图 1-4 所示，铁在 1538℃ 进行结晶得到的是体心立方晶格 δ – Fe；当温度下降到 1394℃ 时转变为面心立方晶格 β – Fe；温度继续下降至 912℃ 又转变为体心立方晶格 α – Fe。晶格改变，其性能也随之改变，因此，可以利用热处理的方法来改变钢的性能。面心立方结构的金属塑性最好，可用来加工极薄的金属箔，体心立方结构的金属塑性次之，密排立方结构的金属塑性最差。

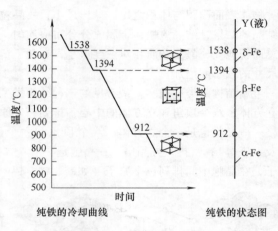

图 1-4 纯铁的冷却曲线

磁性转变——与同素异晶转变有原则上的区别；不发生晶格类型转变，而是发生磁性和无磁性的转变。

二、合金的结构

合金是一种金属元素和另一种金属或几种其他元素（金属或非金属）熔合后组成的具有金属特性的物质。通常把组成合金的元素称为组元。根据组成合金元素的数目将合金分为二元合金、三元合金和多元合金等。例如普通黄铜是铜和锌组成的二元合金。

在金属或合金中，凡化学成分相同、结构相同并与其他部分有界面分开的均匀组成部分称之为相。

纯金属在熔点以上是液相，当温度降至熔点时，液态金属开始结晶，在结晶过程中，为液相与固相共存的两相，两者被相界面分开。当温度低于熔点时，则成为单相的固态金属。合金在液态时，其为具有一定化学成分均匀一致的合金液体，为单相。合金由液态转变为固态后，各元素彼此相互溶解可形成固溶体；元素也可能彼此间发生反应而形成金属化合物。固溶体和金属化合物是固态合金的两个基本相。所以，合金在固态时，可能是单相组织，也可能是多相组织。

所谓金属的组织，是指金属中不同形状、大小、数量和分布的相相互组合而成的综合体。利用金相显微镜在特制的显微试样上放大 50～200 倍观察到的金属组织，称为金相组织或显微组织；通常将用肉眼或10倍以下放大镜观察到的金属组织，叫做宏观组织。

合金的相结构是指合金相的晶体结构。根据组元间的相互作用不同，固态合金的相结构分为固溶体和金属化合物两大类。

1. 固溶体

合金各组元在液态下相互溶解，结晶后溶质的原子溶入溶剂晶格中，形成具有溶剂晶格类型的金属晶体，称作固溶体。形成固溶体时，含量大者为溶剂，含量少者为溶质，溶剂的晶格即为固溶体的晶格。

固溶体是固态合金中的重要合金相，工业上所用的金属材料大多数是单相固溶体或以固溶体为基体的多相合金。

（1）固溶体的分类　根据溶质原子在溶剂晶格中所处位置不同，固溶体可分为置换固溶体和间隙固溶体。图1-5所示为这两种结构类型的示意图。

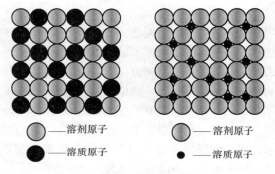

—— 溶剂原子　　　　　—— 溶剂原子
—— 溶质原子　　　　　—— 溶质原子

图1-5　固溶体的两种结构类型

1）置换固溶体。溶质原子占据溶剂晶格中的结点位置而形成的固溶体称为置换固溶体。当溶剂和溶质原子直径相差不大（一般在15%以内）时，易于形成置换固溶体。比如，铜和镍都是面心立方晶格，镍原子的半径为0.1246nm，铜原子的半径为0.1278nm，在元素周期表中处于同一周期且相邻，镍原子可在铜晶格的任意位置取代铜原子。

2）间隙固溶体。溶质原子分布在溶剂晶格间隙中而形成的固溶体称为间隙固溶体。间隙固溶体的溶剂是原子直径较大的过渡族金属，而溶质是原子直径很小（<0.1nm）的碳、氢等非金属元素。其形成条件是溶质原子与溶剂原子的直径比必须小于0.59。如铁碳合金中，铁和碳所形成的铁素体和奥氏体，都为间隙固溶体。

按照溶质元素在固溶体中的溶解度，可分为有限固溶体和无限固溶体。溶质在溶剂中的溶解度有一定限制，称为有限固溶体；反之，称为无限固溶体。

（2）固溶体的性能　在置换固溶体中，由于溶质原子直径与溶剂原子直径不同，会引起晶格畸变，并使晶格常数发生变化。溶质原子直径大于溶剂原子直径时，晶格常数增大；反之，晶格常数减小。

由于固溶体中溶质原子的溶入并随其浓度的增加，晶格畸变增大，而使固溶体的强度、硬度增加的现象称为固溶强化。要求综合力学性能的结构材料，几乎都以固溶体作为基本相。因此，固溶强化是提高金属材料力学性能的重要途径之一。

2. 金属化合物

金属化合物是合金组元间相互作用而形成的一种新相，其晶体结构和性能完全不同于任一组元。因为它具有一定的金属性质，故称之为金属化合物。

金属化合物一般都具有复杂的晶格、熔点高、硬度高且脆性大的特点。当合金中出现金属化合物时，如碳钢中的 Fe_3C 或合金中的 TiC、VC 等，合金的强度、硬度和耐磨性提高，但塑性、韧性下降。因此，金属化合物是合金中的重要强化相。

合金以单相的固溶体或金属化合物的形式存在的情况较少，多以两相的机械混合物形式存在。根据金属化合物形成的规律及结构特点，常见的金属化合物有：

正常价化合物——符合一般化合物的原子价规律，成分固定，可用化学式表示，如 Mg_2Si、

MnS 等。

电子价化合物——不遵守原子价规律，硬度、熔点高，塑性低，它与固溶体适当配合，可以强化合金。

间隙化合物——直径较大的过渡族元素原子占据晶格的正常位置，直径较小的非金属原子有规律地嵌入晶格间隙中。

3. 晶体的内部缺陷及其与性能之间的关系

金属材料中，总不可避免地存在着一些原子偏离、非规则排列的区域，这种原子的不规则排列造成了实际金属的性能差异。根据所形成晶体缺陷的几何形态特征可分为三类，即点缺陷、线缺陷、面缺陷。

（1）点缺陷　在晶体中，每个具有不完全相等能量的原子以平衡位置为中心而振动，某一瞬时因温度或外力等某种原因使能量较高的原子跳离原来的平衡位置形成一个空位。高能量原子若跳进晶格中原子的间隙位置，则形成一个间隙原子。有时，还会在原子间隙中跳入异质原子。当这种空位和间隙原子受到外界因素影响，导致周围原子发生异常的位置变动，则会产生晶格畸变。这些空位和间隙原子的迁移运动，构成了金属晶体的原子扩散，因此而影响金属的性能并使金属发生某些物理、化学的变化。图 1-6 所示为晶体中这类点缺陷的示意图。

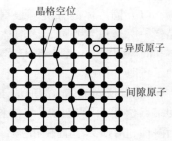

图 1-6　晶体中的点缺陷

（2）线缺陷　晶体中的线缺陷是指各种类型的位错，它们对金属的强度、断裂和塑性变形起着决定性作用。所谓位错，是指晶体中某一列或若干列原子发生有规律的错排现象，其中最简单的主要有刃型位错和螺型位错。

图 1-7 中，原子平面 EFGH 中断在 ABCD 原子平面上，即在 ABCD 原子平面上多出一个半原子平面 EFGH。这个多余的半原子平面像刀刃一样切入晶体，使位于 ABCD 原子平面上、下两部分的晶体产生了错排现象，因此称之为刃型位错，多余的半原子平面底边 EF 称为刃型位错线。在位错线附近，因原子错排产生的晶格畸变使位错线上方原子受到压应力，而位错线下方相邻原子受到拉应力作用。从这点来看，刃型位错所波及的范围倒很像一个以位错线为轴线的空间管道位错线作为内应力中心线，距离位错线越远，晶格畸变越小，产生的应力也相对减小。

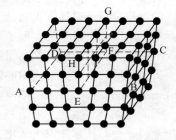

图 1-7　立方晶格晶体中的刃型位错

（3）面缺陷　所谓面缺陷，是指在晶体内部产生的堆垛层错、晶界及亚组织等。

1）堆垛层错。堆垛层错也称层错，是指在原子的堆积次序中出现了错排的物理现象。由于产生层错所需的能量因金属种类而不同，因此，有些金属容易产生层错，而另一些金属则不易产生层错。如 Al、Ni 等属于高层错能金属，产生层错的几率相对小。而 α 黄铜、不锈钢等金属产生层错时所需的能量相对小，容易产生层错，因此称为低层错能金属。

2）晶界。在多晶体中，因每个晶粒的位相差不同，使晶粒与晶粒之间形成晶界。原子从一种位向过渡到另一种位向，在晶界处形成不同位向晶粒之间的过渡层，原子呈不规则排列。晶界层的厚度，取决于晶粒间的位向差和金属的纯度。位向差越小，晶界层越薄，通常认为晶界层厚度从几个原子到几百个原子大小。通常将相邻晶粒间的位向差小于 10°的晶界称为小角度晶界，如图 1-8 所示。这种小角度晶界是由许多刃型位错组成的。将晶粒间位向差大于 15°的晶界称为大角度晶界。在金属材料中，一般晶粒间的位向差都大于 $10° \sim 15°$。

在多晶体中，晶界的结构与晶粒内部不同，晶界上存在界面能，使晶界的熔点低于晶粒内部，且易于腐蚀和氧化。晶界上的空位、位错等缺陷较多，存在的晶格畸变对金属的塑性变形起阻碍作用，在宏观上使金属表现出高强度和高硬度，并且晶粒越细，金属材料的强度和硬度越高。

3）亚组织。在金属材料的晶体中，每个晶粒内的晶格位向并不完全相同，而是存在着尺寸很小、位向差也很小（通常为 $2° \sim 3°$）的小晶块，将这些小晶块称为亚晶粒。亚晶粒之间的边界称为亚晶界，晶粒中的亚晶粒和亚晶界称为亚组织。

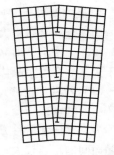

图 1-8　小角度晶界模型

三、金属塑性变形机理

材料在外力作用下产生形状、尺寸的变化称为变形。金属材料的变形可分为弹性变形和塑性变形。金属多晶体产生塑性变形，主要由其组成晶粒的形状和尺寸改变导致的塑性变形，以及晶粒相对位移的叠加而构成。因此，金属多晶体的变形可分为晶内变形和晶间变形。

1. 金属材料的变形

金属受到外力作用，其内部将产生应力，迫使原本处于相对稳定状态的原子离开平衡位置。如图 1-9 所示，由于原子排列畸变引起了金属形状与尺寸的变化，并导致原子位能增高。当外力作用不足以使位能增高的原子越至另一个相对稳定位置的情况下，处于高位能的原子仍具有返回到原来低位能平衡位置的倾向。如果外力停止作用，应力消失，则这些所谓高位能原子将立即恢复到原来稳定的平衡位置，变形也随即消失，这种变形称为弹性变形。弹性变形时，原子离开平衡位置的位移量与外力作用的大小有关，但通常认为其移动的直线距离应小于相邻两原子间的距离。金属受外力作用产生弹性变形时，原子的位置发生相对变化，表现为原子之间的间距有微小改变，从而引起体积的变化。这时，原子的稳定平衡状态遭到破坏，作用在物体上的外力和力图使原子恢复到最小势能位置的原子之间的反作用力相平衡，这种反作用力称之为内力。

当外力增大到使金属的内应力超过屈服点后，原子排列的畸变程度增加，这时原子移动的距离可能就超过了原始稳定状态原子间的距离，局部高位能原子相对于低位能原子产生了较大的错动。停止外力作用，一部分移动的原子可能返回原始平衡位置，但产生错动较大的那部分原子则占据了新的稳定平衡位置而不再返回。这时，我们说金属发生了永久性变形，并将在外力作用下产生不可恢复的永久性变形称为塑性变形。

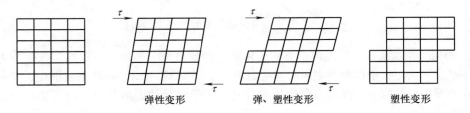

弹性变形　　　　　弹、塑性变形　　　　　塑性变形

图 1-9　晶体产生滑移时的弹性变形与塑性变形

作用在物体上的外力去除之后，原子既未回到原来的稳定平衡位置，也未转移到邻近原子的稳定平衡位置上，说明原子仍处于受力状态。这时原子所受的内力称之为残余应力。

2. 晶内变形

固体金属都是由大量微小晶粒组成的多晶体,其塑性变形可以看做是由组成多晶体的许多单个晶粒产生变形,即晶内变形。多晶体产生晶内变形的方式与单晶体相同,主要是滑移和孪生,对于大多数金属多晶体来说,滑移是晶内变形的主要方式。

(1) 滑移 滑移是指晶体的一部分沿一定的晶面和该晶面的一定方向相对于晶体的另一部分产生的移动或切变;移动后,在金属内部和表面出现的痕迹称为滑移线;产生滑移的晶面和晶向称为滑移面和滑移方向。由于原子排列密度最大的晶面其原子间距小,原子间的结合力较强,其晶面间的距离较大,晶面与晶面之间的结合力较弱,滑移阻力也相对小,因此,滑移总是沿着原子密度最大的晶面和晶向发生。通常每一种晶胞可能存在几个滑移面,而每一个滑移面又同时存在几个滑移方向,一个滑移面与其上的一个滑移方向构成一个滑移系。晶体的滑移系越多,可能出现的滑移位向就越多,金属的塑性就越好。另外,金属的塑性还与滑移面上原子密排程度和滑移方向的数目等有关,如面心立方金属比密排六方金属的塑性好,而具有体心立方结构的金属 α – Fe 的滑移方向和原子密排程度都不如面心立方金属,因此其塑性比面心立方金属 Cu、Al、Ag 等差。通常认为滑移是由位错运动引起的。而根据位错的运动方式不同,滑移主要有单滑移、多滑移和交滑移等类型。

整块晶体沿滑移面作刚性移动所需的切应力计算值比试验值要大 $10^3 \sim 10^4$ 倍,因此,完整晶体刚性滑移的假设并不充分。而将实际晶体中存在大量缺陷与滑移变形结合起来,将会进一步加深认识塑性变形中滑移过程的物理本质。如图 1-10 所示,由于晶体中位错的存在,金属受到外力作用时,该处产生较大的局部应力集中,首先产生滑移并逐步扩大。当一个刃型位错沿滑移面移过后,局部晶体产生了相当于一个原子间距位移,即由于位错运动而实现了整个晶体的塑性变形。除去刃型位错以外,螺型位错的运动同样可以产生滑移变形。

滑移过程是滑移区域不断扩展的过程,而位错正是滑移区的边界,所以滑移过程也就表明位错是在滑移面上的运动。刃型位错是最简单的一种位错,刃型位错的方向和滑移的方向垂直,这是刃型位错的一个基本特征。其他还有螺旋位错、混合位错等。而位错的增殖是塑性变形使晶体中位错数量增加的一种现象。

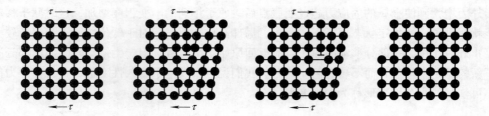

图 1-10 基于刃型位错运动的滑移变形过程

(2) 孪生 孪生是在切应力作用下,晶体的一部分沿某一晶面和一定晶向发生均匀切变的结果,该晶面和晶向分别称为孪生面和孪生方向。如图 1-11 所示,在孪生变形中,参与变形的所有与孪晶面平行的原子平面均向孪生方向移动,原子移动的距离与原子离开孪晶面的距离成正比。

孪生和滑移相似,都是通过位错运动来实现的。但滑移通常是渐进的变形过程,而孪生往往是突然发生的。密排六方金属的滑移系较少,故常以孪生方式变形。大多数体心立方金属滑移的临界切应力小于孪生的临界切应力,所以滑移是优先的变形方式,但在低温或冲击载荷作用下易于产生孪生变形。一般,孪生临界切应力比滑移临界切应力大得多,而孪生时原子位置不易产生较大的移动，因此，金属大塑性变形时以滑移为主。

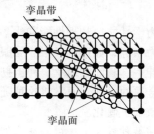

图1-11　孪生过程示意

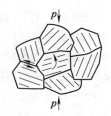

图1-12　晶粒之间的滑动和转动

3. 晶间变形

如图1-12所示，多晶体变形时，除去伴随着位错运动而产生的滑移变形外，晶粒之间也会发生滑动或转动，即产生所谓晶间变形。多晶体晶内和晶粒边界上的性能差异，影响了晶内变形和晶间变形之间的比例关系。晶间变形的产生原因是由于沿晶界产生的切应力大于晶粒滑动阻力，或因晶粒间变形阻力对某一晶粒形成力偶所致。由于晶界强度高于晶内，另外晶粒形成时，各晶粒相互交错接触形成滑动阻碍，因此，多晶体的塑性变形主要产生在晶内。在低温状态下，如果多晶体发生晶界变形，容易引起晶界结构破坏和裂纹产生，应控制晶界变形量。

四、塑性变形对金属组织和性能的影响

多晶体金属经过塑性变形后，与单晶体塑性变形一样，在每颗晶粒内出现滑移带和孪晶组织。另外，还将发生内部组织和性能变化。

1. 组织变化

（1）晶粒形状变化

经过塑性变形后的金属晶粒所发生的变化，与金属宏观塑性变形趋势大体一致。比如辊轧变形时，晶粒沿延伸方向产生伸长变形，当变形量较大时，将沿延伸方向形成纤维组织。而在压缩变形时，具有沿压缩方向上的晶粒直径减小的可能性。另外，经过塑性变形后，晶格和晶粒均发生扭曲，产生了内应力。

（2）变形织构

与单晶体在拉伸时产生晶粒转动一样，多晶体在产生较大变形时，各个晶粒也具有向外力方向转动的趋势，将这种晶粒位向趋于一致的组织称为变形织构。不同的变形形式会导致产生不同类型的织构，具有织构的多晶体在物理性能和力学性能方面会表现出各向异性。比如，经过90%轧制变形的铜板材退火后，轧制方向和垂直轧制方向的伸长率均为40%，但与轧制方向成45°的方向上，伸长率高达75%，这是圆筒拉深中产生"凸耳"的根本原因。为了克服板材轧制中产生的织构现象，已研制出了板材纵横轧制法，使织构现象大为减弱。

（3）晶粒内部产生亚结构

在塑性变形过程中，由于位错不断增加，使得晶体内位错密度明显增高。随着变形程度增加，位错纷乱地纠缠成群，形成"位错纠结"，这些密集的位错纠结在晶体内围成细小的胞状亚结构。这时变形的晶粒由许多称为"胞"的小单元所组成，各个胞之间有微小的趋向差，并且胞内的位错密度很低。当金属的变形程度很大时，胞的尺寸减小，其形状也会随晶粒外形改变而变化，形成排列密集的长条状"形变胞"。对于层错能较低的金属，如奥氏体钢、铜及铜合金等，变形后位错的分部比较均匀，不易生成明显的胞状亚结构。这类层错能较低的材料，不易产生交滑移，因而硬化系数通常较高。

2. 性能变化

金属因塑性变形而产生了内部组织的变化，同时金属的力学性能、物理性能和化学性能也发生了显著的变化。随着变形程度的增加，金属原来的变形抗力指标，如比例极限、屈服极限和强度极限等都有所提高，硬度也增强了。而其塑性指标，如延伸率、断面收缩率、冲击韧度等有所降低，增大了电阻，降低了抗腐蚀性、传热性，改变了铁磁金属的磁性。通常将这种随变形程度增大，强度和硬度上升而塑性下降的现象，称为冷变形硬化或加工硬化。

关于金属加工硬化的实质，目前还没有清楚的解释。但在某种程度上，可以认为加工硬化的产生与随变形的进展而使位错移动阻力增大有关。即变形过程中，位错密度不断增加，位错反应和相互交割加剧，结果产生固定割阶、位错纠结等阻碍；滑移面上的碎晶块和附近晶格的强烈扭曲，增大了滑移阻力，使继续滑移难以进行。一般认为，各向等压力会使变形体的组织在变形过程中更加致密，也会使晶界变形难以进行，从而封闭了晶粒和晶界处的裂纹和缺陷，与受到拉伸应力时相反，裂纹不易扩展并可抑制断裂发生。除此之外，许多研究结果表明，对于具有某些相稳定组织的合金来说，这些相的组织状态的变化影响到合金强度性能的变化。

在金属压力加工中，冷变形强化给金属继续进行塑性变形带来困难，应加以消除。金属的冷变形强化是一种不稳定现象，在高温状态下，具有自发地回复到稳定状态的倾向（参见第2章）。加工硬化是金属塑性变形的一个重要特征，也是强化金属的重要途径。对于不能用热处理方法强化的材料，可借助于冷塑性变形来提高其力学性能。比如，Al - Mn 系和 Al - Mg 系防锈铝合金强度较低且不能用热处理进行强化，但可以采用冷塑性变形方法来提高其强度。

第二节　金属塑性变形的力学基础

金属物体受到一定大小的外力作用后，如果其内部各质点间产生了位移，则称物体发生了变形。通常，将由外力引起金属物体内部各质点间相互作用的力称为内力，且将物体单位面积上产生的内力称作应力。金属塑性成形的力学基础，就是要研究金属受外力作用后产生的应力和应变，以及它们之间的相互关系。

一、点的应力应变状态

为了研究金属物体受到复杂外力作用时其内部某一点的变化，仅用某一方向切面上的应力或变形不足以描述该点的受力和变形状态，因此，需要引入"点的应力状态"概念。

1. 点的应力状态

物体在固定的受力状况下，任一点的受力情况也是确定的，但各应力分量的大小与坐标轴的方向有关，当坐标改变时，对应于新坐标系的应力分量可以通过坐标变换关系得到。具有这种变换关系的九个分量可以方便地表示为"应力张量"，用来描述一点的应力状态

$$\sigma_{ij} = \begin{bmatrix} \sigma_x & \tau_{xy} & \tau_{xz} \\ \tau_{yx} & \sigma_y & \tau_{yz} \\ \tau_{zx} & \tau_{zy} & \sigma_z \end{bmatrix} \tag{1-1}$$

式中各应力脚标的第一个字母代表作用面的外法线方向，第二个字母代表作用方向，当应力方向平行于作用面法线方向时，即为正应力时，省略一个脚标。

三个正应力的平均值称为平均应力

$$\sigma_{\mathrm{m}} = \frac{1}{3}(\sigma_x + \sigma_y + \sigma_z) \tag{1-2}$$

于是有

$$\sigma_{ij} = \begin{bmatrix} \sigma_{\mathrm{m}} & 0 & 0 \\ 0 & \sigma_{\mathrm{m}} & 0 \\ 0 & 0 & \sigma_{\mathrm{m}} \end{bmatrix} + \begin{bmatrix} \sigma_x - \sigma_{\mathrm{m}} & \tau_{xy} & \tau_{xz} \\ \tau_{yx} & \sigma_y - \sigma_{\mathrm{m}} & \tau_{yz} \\ \tau_{zx} & \tau_{zy} & \sigma_z - \sigma_{\mathrm{m}} \end{bmatrix} \tag{1-3}$$

式中第一项为应力球张量即静水压力，只引起体积变化，几乎不产生塑性变形。第二项为应力偏张量，与塑性变形有关。不难证明，应力偏张量的主方向与应力张量的主方向一致。

在弹性力学中定义切应力为零的平面为主平面，通过受力物体内任一点，总可以找到三个互相垂直的平面，其上没有切应力，而正应力取得极值，称之为主应力，这样的三个互相垂直的平面称为主平面。当坐标的方向改变时，应力张量的各个分量均将改变，但主应力值并不改变。这是因为受力物体中任一点的主应力是个物理量，物体的几何形状和受力状态确定以后，任一点的主应力即已确定，因此其值与坐标的选择无关。

对于一个确定的应力状态，只能有一组（三个）主应力的数值，在这个主应力作用的平面上 $\tau = 0$，通常将主应力表示为 σ_1、σ_2、σ_3。

在塑性变形理论中引入了等效应力 $\bar{\sigma}$，或称应力强度。等效应力不是一个实际的应力，但具有应力的因次

$$\begin{aligned} \bar{\sigma} &= \frac{1}{\sqrt{2}} \sqrt{(\sigma_1 - \sigma_2)^2 + (\sigma_2 - \sigma_3)^2 + (\sigma_3 - \sigma_1)^2} \\ &= \frac{1}{\sqrt{2}} \sqrt{(\sigma_x - \sigma_y)^2 + (\sigma_y - \sigma_z)^2 + (\sigma_z - \sigma_x)^2 + 6(\tau_{xy}^2 + \tau_{yz}^2 + \tau_{zx}^2)} \end{aligned} \tag{1-4}$$

它可以把任一复杂应力状态"等效"为单向应力状态，当 $\sigma_1 \neq 0$，$\sigma_2 = \sigma_3 = 0$ 时，$\bar{\sigma} = \sigma_1$。

2. 点的应变状态

对于同一变形质点，其单元体的变形量随切取单元体的方向不同而不同，因此，同样需要引入"点应变状态"的概念。

金属物体的变形是内部各点位移不同而致使各点相对位置发生变化的表现。变形可用应变来衡量。根据使用条件不同，应变有相对应变和真实应变两种表示方法。相对应变也称工程应变，定义为线尺寸增量 Δl 与原始尺寸 l_0 之比。即

$$\varepsilon = \frac{\Delta l}{l_0} = \frac{l - l_0}{l_0} \tag{1-5}$$

式中 l_0，l——变形前、后的长度尺寸（mm）。

而真实应变则利用物体瞬时线尺寸与其前一瞬时线尺寸之比的自然对数来表示。即

$$\varepsilon = \int_{l_0}^{l} \frac{\mathrm{d}l}{l} = \ln\frac{l}{l_0} \tag{1-6}$$

真实应变具有瞬时可加性，它可以确切地反映物体的实际应变程度，但当变形量很小时，真实应变值与条件应变值非常接近。因此，有时为了简化对物体变形的分析，常常采用条件应变代替真实应变。

与点的应力状态相对应，一点的应变状态也可以表示为

$$\varepsilon_{ij} = \begin{bmatrix} \varepsilon_x & \gamma_{xy} & \gamma_{xz} \\ \gamma_{yx} & \varepsilon_y & \gamma_{yz} \\ \gamma_{zx} & \gamma_{zy} & \varepsilon_z \end{bmatrix} \tag{1-7}$$

式中 ε_x、ε_y、ε_z——质点在 x、y、z 三个方向上的正应变（伸长为正，缩短为负）；

γ_{xy}、γ_{yx}、γ_{yz}、γ_{zy}、γ_{zx}、γ_{xz}——质点的切向应变，如 γ_{xy} 表示 x 方向的线元向 y 方向偏转的角度；

同样，可以得到塑性变形时的等效应变

$$\bar{\varepsilon} = \frac{\sqrt{2}}{3}\sqrt{(\varepsilon_1 - \varepsilon_2)^2 + (\varepsilon_2 - \varepsilon_3)^2 + (\varepsilon_3 - \varepsilon_1)^2}$$

$$= \frac{\sqrt{2}}{3}\sqrt{(\varepsilon_x - \varepsilon_y)^2 + (\varepsilon_y - \varepsilon_z)^2 + (\varepsilon_z - \varepsilon_x)^2 + 6\left(\gamma_{xy}^2 + \gamma_{yz}^2 + \gamma_{zx}^2\right)}$$

$$(1-8)$$

式中 ε_1、ε_2、ε_3——分别为质点上作用的三个主应变（通过一点，存在三个相互垂直的应变主方向，在主方向上的线元没有角度偏转，只有正应变，该正应变即为主应变）。

二、应力应变关系

金属物体受力时的应力应变关系是指其应力状态和应变状态之间的关系，它的数学表达式也称物理方程或本构方程，是求解弹塑性问题的补充方程。

弹性变形时的应力应变关系是线性的，符合胡克定律。由于变形可逆，应力应变之间是单值关系。但在塑性变形阶段，由于变形不可恢复，应力与应变之间不具有一般的单值关系，而与加载历史或应变路径有关。

1. 增量理论

塑性增量理论也称流动理论，它是基于加载瞬间的应变增量由当时的应力状态唯一确定这一假设所建立的塑性理论。其中应用最为广泛的是列维 – 米塞斯理论，可以表述为

$$\frac{d\varepsilon_1}{\sigma_1 - \sigma_m} = \frac{d\varepsilon_2}{\sigma_2 - \sigma_m} = \frac{d\varepsilon_3}{\sigma_3 - \sigma_m} = d\lambda \qquad (1-9)$$

式中 $d\varepsilon_1$、$d\varepsilon_2$、$d\varepsilon_3$——分别为三个主方向上的主应变增量；

$d\lambda$——瞬时非负比例系数，它在变形过程中是变化的，但在卸载时 $d\lambda = 0$。

经过整理后，式（1-9）可以改写成

$$d\varepsilon_1 = \frac{d\bar{\varepsilon}}{\bar{\sigma}}\left[\sigma_1 - \frac{1}{2}(\sigma_2 + \sigma_3)\right]$$

$$d\varepsilon_2 = \frac{d\bar{\varepsilon}}{\bar{\sigma}}\left[\sigma_2 - \frac{1}{2}(\sigma_3 + \sigma_1)\right] \qquad (1-10)$$

$$d\varepsilon_3 = \frac{d\bar{\varepsilon}}{\bar{\sigma}}\left[\sigma_3 - \frac{1}{2}(\sigma_1 + \sigma_2)\right]$$

式中 $d\bar{\varepsilon}$——等效应变增量。

应指出，米塞斯方程仅适用于理想刚塑性材料，并且式中的 $\bar{\sigma}$ 等于常数 σ_s，$d\bar{\varepsilon}$ 实际上是不定的，即应变增量与应力分量之间还不完全是单值关系。由米塞斯方程可以得出塑性平面变形，如假设 z 向没有变形，$d\varepsilon_z = 0$ 时三个正应力之间的关系为

$$\sigma_z = (\sigma_x + \sigma_y)/2 \qquad (1-11)$$

这一应力关系在平面变形应力分析中具有很重要的作用。

2. 全量理论

全量理论适用于简单加载条件，即加载过程中，各应力分量按同一比例增加并且应力主轴的方向始终不变的情况。在这种比例加载条件下，对增量理论的表达式进行积分，从而获得应力和

应变全量之间关系的理论，即称为塑性全量理论，可表述为

$$\frac{\varepsilon_1 - \varepsilon_m}{\sigma_1 - \sigma_m} = \frac{\varepsilon_2 - \varepsilon_m}{\sigma_2 - \sigma_m} = \frac{\varepsilon_3 - \varepsilon_m}{\sigma_3 - \sigma_m} = \lambda \tag{1-12}$$

式中　ε_m——平均应变，$\varepsilon_m = (\varepsilon_1 + \varepsilon_2 + \varepsilon_3)/3$。

按照增量理论的处理方法，同样可以得到

$$\begin{aligned}
\varepsilon_1 &= \frac{\overline{\varepsilon}}{\overline{\sigma}}\left[\sigma_1 - \frac{1}{2}(\sigma_2 + \sigma_3)\right] \\
\varepsilon_2 &= \frac{\overline{\varepsilon}}{\overline{\sigma}}\left[\sigma_2 - \frac{1}{2}(\sigma_3 + \sigma_1)\right] \\
\varepsilon_3 &= \frac{\overline{\varepsilon}}{\overline{\sigma}}\left[\sigma_3 - \frac{1}{2}(\sigma_1 + \sigma_2)\right]
\end{aligned} \tag{1-13}$$

在大塑性变形条件下，除去少数接近理想状态的场合外，一般很难保证比例加载条件，故全量理论的应用受到很大限制。为此，通常采用增量理论，即米塞斯方程或圣文南塑性流动方程。但在研究变形过程中某一短暂瞬时的变形时，如以该瞬时变形体的形状、尺寸和性能作为原始状态，则可以认为小变形全量理论与增量理论基本一致。由于全量理论相对简单，另外，某些塑性加工过程，尽管与比例加载有一定偏离，但利用全量理论同样能获取较好的计算结果，因此，在工程中仍被广泛采用。

三、塑性条件

塑性是指固体材料在外力作用下发生永久变形，但不破坏其完整性的能力。塑性不仅与材料本身的性质有关，并且与变形条件有关。金属材料的塑性不是固定不变的，不同材料在同一变形条件下有不同的塑性；而同一种材料，在不同的变形条件下也会显示出不同的塑性。也就是说，塑性决定于变形条件。因此，不应当把塑性单纯看成某种材料的性质，而应看成是材料所处的某种状态。

一般，塑性可用变形体在不破坏条件下能获得塑性变形的最大值来表示。在工程中，塑性的大小常用塑性指标来评定。所谓塑性指标，通常是以材料临近开始破坏时的塑性变形量来表示的。

金属物体在变形过程中，当各应力分量之间符合一定关系时，质点变形即开始进入塑性状态。称这种应力关系为塑性条件，有时也称作屈服条件或屈服准则。塑性条件是研究材料塑性变形的重要依据。最常用的屈服准则主要有屈雷斯加准则和米塞斯准则。

1. 屈雷斯加屈服准则（最大切应力不变条件）

屈雷斯加通过对金属挤压实验研究提出，当变形体内质点的最大切应力达到某一定值时，材料屈服，即进入塑性状态。即

$$\tau_{\max} = k \tag{1-14}$$

式中　k——常数，其值只取决于材料在变形条件下的性质，而与应力状态无关。

一般说来，主应力的次序是未知的，因此，屈雷斯加屈服准则的广义表示应为

$$\begin{aligned}
\sigma_1 - \sigma_2 &= \pm 2k \\
\sigma_2 - \sigma_3 &= \pm 2k \\
\sigma_3 - \sigma_1 &= \pm 2k
\end{aligned} \tag{1-15}$$

由于存在恒等式 $(\sigma_1 - \sigma_2) + (\sigma_2 - \sigma_3) + (\sigma_3 - \sigma_1) = 0$，所以，上述三个等式不能同时成立，即屈服时只需满足其中一个。由于最大切应力为最大与最小主应力差值的一半，所以该准则没有考虑中间主应力对屈服状态的影响。

2. 米塞斯屈服准则（弹性变形能不变条件）

米塞斯屈服准则认为，当点应力状态的等效应力达到某一与应力状态无关的定值时，材料即开始进入塑性状态。即

$$\overline{\sigma} = \frac{1}{\sqrt{2}} \sqrt{(\sigma_1 - \sigma_2)^2 + (\sigma_2 - \sigma_3)^2 + (\sigma_3 - \sigma_1)^2} = C \tag{1-16}$$

如果利用单向拉伸屈服时的应力状态（σ_s，0，0）代入式（1-16），可以求得常数 $C = \sigma_s$。

经过大量实验证明，多数金属材料的实验结果与此相符，说明在大多数情况下米塞斯准则比屈雷斯加准则更为精确。

思 考 题

1. 金属的结构类型很多，最常见的有哪三种晶格类型？

2. 什么是单晶体和多晶体？为什么单晶体具有各向异性而多晶体无各向异性？

3. 简述置换固溶体与间隙固溶体的主要区别。

4. 多晶体的塑性变形主要有晶内变形和晶间变形，其中，晶内变形主要有哪几种变形方式？

5. 何谓金属线缺陷？简述什么是位错。

6. 简述金属材料的加工硬化表现及产生原因。

7. 为什么需要在金属塑性变形分析中引入点应力状态和点应变状态的概念？

8. 弹性变形与塑性变形的最主要区别是什么？

9. 什么是塑性？塑性是否是金属自身的性能？主要与哪些因素有关？

10. 金属材料塑性变形时，其应力状态中的拉应力和压应力分别与该材料所表现的塑性有什么关系？

第二章　金属热塑性变形

学习重点

　　理解金属冷变形硬化和加热软化的微观实质，明确再结晶的发生条件及其与结晶的区别，静态回复、静态再结晶与动态回复、动态再结晶的异同。在理解金属热塑性变形机理的基础之上，重点学习并掌握金属经热塑性变形后内部组织和性能的变化，分清流线与纤维组织的区别及它们对金属热塑性成形零件使用性能的影响。了解金属可锻性在实际生产中的意义，掌握金属可锻性的内、外在影响因素。

第一节　金属热变形过程

　　金属在超过其再结晶温度时进行变形，通常称为热变形。与冷变形不同，热变形是一种伴随金属软化的变形过程。

一、金属的变形硬化与软化

　　金属塑性变形过程中，由于滑移面上晶粒破碎、滑移系统不断减少等原因，存在硬化效应，表现为强度指标提高，塑性指标降低。与此同时，由于原子的热振动等原因，还存在软化效应，表现为强度指标降低，塑性指标提高。温度低时，原子的动能很小，软化效应不明显。当温度提高时，原子的动能增大，出现回复、再结晶，甚至出现原子定向流动的热塑性等现象，软化效应变得十分明显和重要。

1. 金属加工硬化

　　金属加工硬化的产生原因，通常认为与位错的交互作用有关，如位错密度增加，形成固定割阶及位错纠结等使变形方向上的阻力增大。变形过程中，由于晶粒滑移，在滑移面上产生许多破碎的晶块，使滑移面凸凹不平。同时由于晶粒的转动、伸长，造成了滑移面附近的晶格扭曲变形，出现了内应力，滑移阻力增加。因此，继续滑移产生困难，即造成了金属塑性变形的强化。

　　冷变形时金属的变形抗力随变形程度的变化，通常用硬化曲线来描述，硬化曲线越陡，斜率越大，则说明金属的加工硬化率越高。

　　对某些不能用热处理方法进行强化的金属材料，如低碳钢、纯铜、镍铬不锈钢等，可以通过冷轧挤压等变形工艺，使其产生加工硬化来提高强度和硬度。此外，在某些场合下，加工硬化对板料成形也有相应的积极作用。如在以拉变形为主的胀形、拉深等板料成形工艺中，加工硬化率较高的材料可使变形均匀，减轻断裂危险点处板厚变薄，因而有助于提高成形极限。

2. 热态下的金属变形软化

金属材料在加热状态下塑性变形时，由于回复和再结晶作用而使部分或全部加工硬化被抵消，处于高塑性、低变形抗力的软化状态，称之为变形软化。

金属经过冷变形后，很小一部分（1%~10%）变形功为变形材料本身所吸收，而变形缺陷，如晶格畸变、位错割阶等保留在金属内部。这种因变形而导致的金属内能升高，处于非稳定状态，具有自发地向稳定状态转化的倾向。但在室温状态下，因原子的运动能力有限而不易实现。因此，回复的仅仅是产生弹性变形的那部分变化量，而塑性变形部分将永久保留下来。当提高金属温度时，原子动能增加，金属内部组织将发生一系列变化。

金属加热变形时，受到变形温度、受力状态、应变速率、变形程度及其自身内在的力学性能影响，导致其软化过程非常复杂。通常根据金属在温度变化时内部组织和性能的改变状态，将金属热变形过程分为静、动态回复和静、动态再结晶等。

二、回复与再结晶

金属加热后产生软化的有效机制是回复和再结晶。金属被加热至不同温度或在不同温度下变形时，因温度变化而对其内部组织和性能产生的影响不同。所谓静态回复与再结晶，是指金属在热变形间歇或终了后所发生的回复与再结晶；而动态回复与再结晶，则是指金属在热变形过程中所发生的回复与再结晶。尽管金属在同一温度下处于静止或加工变形时，所产生的回复及再结晶机理没有本质上的区别，但其内部组织性能的变化程度因金属瞬间变形而有所不同。

1. 静态回复与再结晶

（1）静态回复 经过冷加工的金属材料内部存在着大量纵横交错的位错，如果将其加热至略低于再结晶温度，则位错数量将会减少。与此同时，原子获得热能，加剧热运动，并转向能量更低的排列状态，将应变能释放出来，这一过程称为回复。也就是说，金属材料被加热至一定温度时，变形过程中晶粒的弹性变形很大程度上得到平衡，去掉外力后残余应力将减少。

回复温度与其熔点有关

$$T_回 = (0.25 \sim 0.3) T_熔 \tag{2-1}$$

式中　$T_回$、$T_熔$——以热应力温度表示的金属回复、熔化温度（K）。

由于静态回复时的加热温度不高，原子的扩散能力不是很强，变形金属的纤维组织不发生明显的变化，因此，其强度和硬度略有下降，塑性和韧性略有提高，但残余应力大为降低。回复可以提高冷变形金属对腐蚀的抗力，并显著降低自行开裂的可能性。生产中，通常利用回复过程对变形金属进行去应力退火，消除变形后的残余内应力，以获得稳定的成形形状。

（2）静态再结晶

1）再结晶温度。如果将经过冷加工的金属加热至高于再结晶温度，则将生长出新晶粒，并逐渐长大，最后遍及整体。塑性变形时的再结晶就是新晶粒的形核、产生和长大，从而取代已变形晶粒的过程，将这种变形能几乎全部释放的过程称为再结晶。产生再结晶的热力学条件为，升高变形金属温度使原子运动能量提高到足以产生重新排列和强烈交换位置的程度。

再结晶温度与其熔点的关系

$$T_再 = 0.4 T_熔 \tag{2-2}$$

式中　$T_再$——以热力学温度表示的再结晶温度/K。

金属被加热到再结晶温度或更高温度时，原子的扩散能力增强，内部组织将发生明显变化。

使得再结晶后的金属强度、硬度显著下降，塑性、韧性大为提高，内应力和加工硬化完全消除，物理、化学性能基本恢复到冷变形前的状态。

2）影响静态再结晶温度的因素。静态再结晶温度与金属已塑性变形程度、熔点、合金元素、加热速度及保温时间等有关。对于各种金属，再结晶都需要一个最小变形量，低于这个变形量，金属将不发生再结晶。预先变形程度较大的金属组织缺陷多、稳定程度低，需要较高的再结晶温度；金属熔点高、含有较多杂质或合金元素会阻碍原子扩散和晶界迁移，将使再结晶温度提高。此外，再结晶是一个扩散过程，提高加热速度，可能导致再结晶温度升高；保温时间较长时，金属进入再结晶状态时的温度相对降低。

3）静态再结晶后的晶粒长大。如图2-1所示，金属变形后的再结晶是通过晶核形成和长大过程完成的，其核心通过亚晶界或原来晶界的突然迁移而形成。再结晶过程中产生的晶核畸变能较低，而其周围处于高能量畸变状态的原子可能脱离畸变位置形成扩散，实现晶界的迁移和晶粒长大。再结晶完成之后，金属处于较低能量状态，如果继续升高温度或延长保温时间，晶粒将继续长大。当保温时间过长时，晶粒会明显长大，使金属的强度、硬度等力学性能显著降低。因此，通常需要利用再结晶立体图来有效控制再结晶晶粒的尺寸大小。在静态回复阶段变形伸长的晶粒没有变化，主要是内应力开始下降，而进入再结晶阶段时，金属强度明显下降，塑性明显回升。

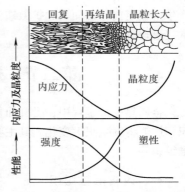

图2-1　金属硬化后的再结晶过程

在实际生产中，经常将已变形金属加热到再结晶温度，使其重新获得良好的塑性，即所谓再结晶退火工艺。这时，所采用的热处理温度，通常比金属的最低再结晶温度高 100~200℃。

2. 动态回复与再结晶

（1）动态回复　金属热变形时产生的动态回复，通常表现在真实应力超过屈服强度之后，尽管变形程度增加而应力几乎不变化，可能产生的加工硬化被动态回复所引起的软化效应部分消除。这是由于变形引起的位错增加速率与动态回复造成的位错减少速率几乎相等的结果。即使金属变形达到了动态平衡，但动态回复后金属内部的位错密度高于经静态回复后的位错密度。

对于铝及铝合金、铁素体钢等具有较高层错能的金属，塑性变形时因异号位错容易相互抵消而导致位错密度下降，畸变能降低，很难达到动态再结晶的能量水平。因此，这类金属热变形时的主要软化机制只能是动态回复。如果变形后立即进行热处理，可获得变形强化和热处理强化的双重效果，通常称为高温形变热处理。

（2）动态再结晶　金属在一定高温下进行塑性变形时，其组织中的大角度晶界或亚晶界向高位错密度区域迁移，形成一些位错密度很低的新晶粒，且不断长大逐渐取代已变形的高位错密度晶粒，这一过程称为动态再结晶。实际上，所谓动态再结晶与静态再结晶基本相同，也是通过形核和晶粒长大来完成的。

在金属塑性加工过程中，由于加工硬化与变形是同步的，而回复和再结晶则属于一种热扩散过程，往往会因变形速度较快而软化效应来不及消除变形硬化，因此，为了保证热塑性加工的顺利进行，生产中实际采用的热加工温度常比金属的再结晶温度高得多。

金属热变形中发生动态再结晶时，由于软化效应使得金属变形抗力显著降低，随着变形程度增加，应力逐渐降低，之后趋于稳定。动态再结晶容易发生在层错能较低的金属中，此外，其再结晶能力还与晶界的迁移难易有关。金属越纯，发生动态再结晶的能力越强。金属热变形结束后，由于仍处于较高温度中而继续软化，即进入静态再结晶和静态回复中。

三、金属热变形机理

金属热变形机理非常复杂，到目前为止仍没有一个确切的通用理论。但通常认为，金属在高温下产生塑性变形，主要靠晶内滑移来实现，此外，还伴随有晶界滑移及扩散蠕变等。而对于六方晶系金属，在高温高速下变形时，孪生机制占有较重要位置。

金属在加热状态下进行塑性变形时，原子能量增强，产生较强烈的热振动和热扩散运动。因此，晶内发生大量的位错滑移、交割及纠结等，增大了晶内变形自由度。同时，由于晶界强度降低，使晶界滑动变得容易，可能产生较大的晶间变形。此外，金属内部组织在热应力场作用下，产生空位定向移动而引起扩散蠕变，这种变形现象随温度升高、应变速率降低而作用增强，但通常变形速度缓慢。

第二节　热变形对金属组织和性能的影响

金属热变形过程中，受到回复、再结晶机制的软化效应和形变强化效应的交互作用，内部组织和性能将发生很大变化。其主要表现在晶粒组织的改善、铸态缺陷的焊合、形成一定走向的纤维组织等。

一、改善晶粒组织

金属经热变形后，可将原有铸态组织中的粗大树枝晶和柱状晶打碎，并通过再结晶后改善组织状态，获得等轴细晶粒。如图 2-2 所示，经高温锻造拔长加工后，金属组织由新生晶粒和变形晶粒组成，晶粒得到细化。晶粒的细化，有助于提高金属塑性，但同时也提高了变形抗力。因为同体积的细晶金属所含有的晶粒数目必然多于粗晶金属，

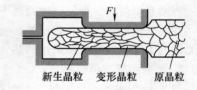

新生晶粒　变形晶粒　原晶粒

图 2-2　锻造拔长时金属的组织改善

塑性变形时，具有滑移位向的晶粒相对多，可使变形均匀地分配到各个晶粒。但晶粒越小，使外加应力作用下塞积的位错数减少，为迫使相邻晶粒滑移，则需要增大外力，即导致变形抗力提高。

金属经过热塑性变形，其晶粒大小取决于变形时的动态回复和动态再结晶的组织状态，以及之后的静态软化作用。另外，热加工时的变形不均匀，也会导致再结晶晶粒大小不均匀。特别是当变形程度过大（如超过90%），还会发生再结晶晶粒相互吞并而急速长大的二次再结晶现象。

热塑性变形作为使金属晶粒细化进而改变其性能的重要工艺方法，在实际生产中得到了广泛应用。如载货汽车的曲轴、连杆及万向节等零件，都是采用加热锻造的方法获得细晶组织的。此外，对于那些不能通过热处理来改善晶粒度的奥氏体不锈钢、铁素体不锈钢及一些耐热合金等，通常只能采用热塑性变形方法来控制其再结晶晶粒度。

二、焊合内部缺陷

金属在高温下进行热塑性变形时，可由压力加工焊合铸态金属中的缩孔、缩松及微裂纹等内部缺陷，提高金属的致密度。这种微观缺陷之所以能够被焊合，主要是利用了金属在加热状态下产生的较大变形程度，使得原子充分热运动而变换其能量平衡位置的结果。因此，焊合金属微观缺陷需要足够的变形温度和变形程度，而且通常需在较大压应力状态下才能实现。

此外，值得注意的是，当铸态金属中含有大量缩孔、缩松或在晶界上分布有未溶入固溶体的第二相质点或杂质时，如进行挤压等热塑性变形，可能导致金属生成层状组织，会使金属在垂直于变形方向上的力学性能降低。

三、形成纤维组织

铸锭中的非金属夹杂物在热变形中随金属晶粒的变形方向被拉长或压扁,形成纤维状。再结晶时,被压碎的晶粒恢复为等轴细晶粒,而纤维状夹杂物无再结晶能力,仍沿被拉长的方向被保留下来,在沿变形主方向上形成了呈断续流线状的纤维组织(流线)。

纤维组织的形成原因主要是热变形沿某一方向达到了一定的变形程度,此外,与金属中原有的杂质或非金属夹杂物的含量有关。这种晶间富集的杂质和非金属夹杂物被破碎形成链状所造成的纤维组织,与冷变形时晶粒被拉长的纤维组织有所区别。

纤维组织的化学稳定性很高,不能用热处理或其他方法消除,只能经锻造变形来改变其方向和形状。由于纤维组织的形成,使金属的力学性能产生各向异性。平行纤维组织方向比垂直纤维组织方向的强度、塑性和韧性要高。这是因为金属在承受拉伸时,在流线处所产生的显微空隙不易扩大和贯穿到整个试样上,而垂直于纤维方向的进行拉伸时,显微空隙的排列方向与纤维方向一致,即容易产生断裂。因此,在制定热成形工艺时,应根据成形零件的工作状况控制金属的变形流动和流线在工件中的分布。此外,为了提高热塑性成形零件的力学性能,通常使零件受到的最大拉应力方向与纤维方向平行;最大切应力方向与纤维方向垂直,并使纤维与零件的轮廓相符合而不易被切断。

45 钢经过热变形后的力学性能与纤维方向的关系如表 2-1 所示。

表 2-1　45 钢经过热变形后的力学性能与纤维方向的关系

钢坯取样方向	σ_b/MPa	$\sigma_{0.2}$/MPa	$\delta(\%)$	$\psi(\%)$	A_K/J
纵向	715	470	17.5	62.8	50
横向	670	440	10.0	31.0	25

铸锭经过高温压力加工后,由于变形和再结晶,使原有的粗大枝晶体变成了晶粒较细、大小均匀的再结晶组织。同时铸锭中原有的气孔、缩松、裂纹等缺陷,通过压力加工也都焊合在一起。因此,能使金属的组织变得更加致密,提高了力学性能。一般金属的强度,可比原来提高1.5 倍以上,而塑性与韧性提高得更多。

第三节　金属可锻性

金属可锻性是指金属锻压加工时,获得优质锻件难易程度的工艺性能。可锻性常用塑性和变形抗力来综合衡量。金属的塑性好,变形抗力小,不易开裂,即称可锻性良好。反之,塑性差,变形抗力大,可锻性就不好。

一、金属本质的影响

(1) 化学成分　一般纯金属比合金的可锻性好,低碳钢比高碳钢的可锻性好。也就是说,金属的塑性越好、变形抗力越小,其可锻性就越好。

在钢中,锰、硅——导致强度提高、塑性降低;硫——引起热脆性;磷——引起冷脆性。因此,钢中含锰、硅、硫、磷越高,可锻性越差。

合金钢的可锻性低于相同含碳量的碳钢,而且合金元素的含量越高,其可锻性越差。

合金中含有硬而脆的金属碳化物及用来提高其高温强度的元素(铬、钨、钼、钒、钛等)时,其可锻性显著下降。

(2) 金属组织　亚共析钢(高温区是单一奥氏体)可锻性好;过共析钢(高温区有渗碳体)

可锻性差；高速钢具有高温强度，且含有大量钨、铬、钛等易形成碳化物的元素，特别难锻造。

二、变形条件的影响

（1）变形速度　通常认为在高变形速度区，变形时间短，消耗塑性变形功转化的热量大于散失的热量，使金属温度升高（热效应），塑性提高，变形抗力降低，可锻性提高。所谓热效应现象只有在高速锻造时才能产生，一般锻造设备无法达到这种变形速度。但对于可锻性差的高合金钢，采用较低的变形速度为宜。

（2）应力状态　拉应力——缺陷处易产生应力集中，缺陷易扩展、破坏而失去塑性；但拉应力易使金属产生滑移，变形抗力减小。压应力——使金属内部原子间距减小，缺陷不易扩展；但压应力使内部摩擦力增大，变形抗力增加。

在应力状态中，拉应力数目越多，金属塑性越差。压应力数目越多，金属塑性越好。同号应力状态比异号应力状态的变形抗力大。

三、变形温度的影响

大多数金属随着变形温度升高，原子热运动速度加快，能量增加，削弱了原子间的结合力，减小了滑移阻力，因而塑性提高，变形抗力减小，改善了可锻性。但在温度变化过程的某些温度范围，可能由于过剩相析出或相变的原因导致金属性能发生较特殊变化。图 2-3 所示为碳钢在加热过程中力学性能变化的趋势。从室温开始，碳钢的伸长率 δ 随着温度升高而降低，强度极限 σ_b 上升。但在大约 200~350℃ 附近，出现相反的变化趋势，即 δ 升高，而 σ_b 开始下降。这一温度区间称为碳钢的蓝脆区，通常认为是由于沿滑移面上析出渗碳体微粒所致。

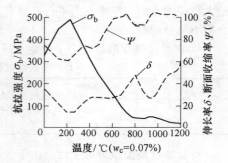

图 2-3　碳钢拉伸特性随温度的变化

随着温度上升，又恢复了 δ 上升且 σ_b 继续下降的趋势。而在 800~950℃ 范围内，又出现一次反复，δ 下降、σ_b 稍有上升，这一温度区间称为热脆区。此后，又恢复了室温时 δ 随温度升高而上升之后又有所下降，σ_b 随温度升高而下降的趋势。当温度超过 1300℃ 后，由于发生过热、过烧现象（晶粒粗大、晶界出现氧化物和低熔物质）使 σ_b 降低，这一温度区间称为高温脆区。

随着变形温度升高，原子热运动速度加快，能量增加，削弱了原子间的结合力，减小了滑移阻力，因而塑性提高，变形抗力减小，改善了可锻性。

思 考 题

1. 什么是金属的热变形？它与冷变形有什么区别？
2. 简述什么是金属的变形软化。
3. 金属的静态再结晶与动态再结晶有无本质区别？是否完全相同？
4. 热变形对金属组织和性能有哪些主要影响？
5. 何谓金属的可锻性？
6. 拉应力和压应力对金属变形有何影响？

第三章　工程塑料成型的基本知识

学习重点

　　了解塑料的基本组成及其分类，常用塑料的主要物理、力学性能和其他使用性能。学习塑料制品的成型工艺性能，如流动性、收缩率、压缩率等对成型工艺和产品质量的影响。重点掌握常用塑料的基本成型工艺方法和成型过程。

第一节　塑料的组成与分类

　　塑料是指以天然或人工合成的聚合物（树脂）为主要成分的有机合成材料。

一、塑料的组成

塑料由合成树脂、添加剂等组成。

1. 塑料的分子结构

高分子与低分子的结构区别主要表现在所含原子数、分子量及分子长度等方面。

　　（1）所含原子数　低分子所含原子数很少，一个高聚物分子中含有几千至几百万个原子（尼龙分子含4千个原子，天然橡胶分子中含 5~6 万个原子）。

　　（2）相对分子量　低分子化合物，其分子量只有几十或几百，而高分子化合物的分子量一般可达几万至上百万（如尼龙的分子量为 2.3 万左右，天然橡胶的分子量为 40 万）。

　　（3）分子长度　低分子乙烯的分子长度为 $0.0005\mu m$，而高分子聚乙烯的分子长度为 $6.8\mu m$（高达 13 600 倍）。

2. 塑料的成分

　　常用塑料中，大多以树脂为主要成分，并配以其他辅料。树脂的比例一般为 40%~65%，它使塑料具有可塑性和流动性。

　　（1）树脂　树脂是高分子化合物，是同一类型可互相混溶、具有不同相对分子量和类似结构的许多化合物的混合物。树脂分为天然树脂和合成树脂。

　　属于天然树脂的主要有：琥珀——从植物分泌出来并埋藏于地下形成的矿产物；虫胶——生长于热带植物上的紫胶虫的分泌物；松香——针叶松树上的松脂为主成分的树脂；天然沥青——由油脂、蜡或其他类似物质分解所形成的矿物质。

合成树脂主要有聚乙烯、聚酰胺、酚醛树脂。合成树脂是高分子聚合物，它是由许许多多结构相同的普通分子组成的大分子，其主要原料为煤和石油。常用的人工合成树脂有60多种。

（2）填充剂　填充剂或称填料，在塑料中约占40%～70%。填充剂具有增量和改性效果，是重要但不是必要成分，其作用是使塑料获得不同性能，减少树脂用量，降低成本。

（3）稳定剂　可以阻缓塑料变质的物质称为稳定剂。塑料中加入适当的稳定剂可以防止塑料在光照、热和其他条件影响下过早老化，以延长使用寿命。

（4）增塑剂　增塑剂的作用是增加树脂的塑性，为降低树脂的熔融黏度和熔融温度，改进塑料的柔韧性和弹性等，易于加工成型。

（5）润滑剂　加入润滑剂后，可以减低塑料在成型过程中与模具的摩擦和黏附，还能改善塑料熔体的流动性，使塑料表面光滑。

（6）固化剂　高分子树脂由线性结构转变为不熔的体型结构，可使热塑性树脂加热时变成硬化的热固性树脂。

（7）着色剂　又称色料，主要起美观和装饰作用，且有助于塑料防老化。

（8）其他成分　根据塑料的使用用途不同，还有很多其他成分，如发泡剂、阻燃剂和硬化剂等。

二、塑料的分类

1. 按加热、冷却时所表现的性能分类

按加热、冷却时所表现的性能可分为热塑性塑料和热固性塑料两大类。

（1）热塑性塑料　随着温度升高而软化，冷却时又重新硬化。如聚苯乙烯、聚酰胺、聚甲醛、聚砜等。物理力学性能较高，但耐热性和刚性较差，废品可回收利用。

（2）热固性塑料　又称受热不可熔塑料。受热时软化且具有一定的可塑性，主要有酚醛树脂、脲醛、环氧树脂等。这类塑料适于一次成型，废品不可回收利用。

2. 按其使用范围和生产情况分类

（1）通用塑料　主要为酚醛塑料（电木）、氨基塑料（电玉）、环氧树脂塑料、聚乙烯等。最大特点是具有可塑性。

（2）工程塑料　是指在工程上作结构材料应用的各种塑料，可替代某些金属，如聚碳酸脂、聚酰胺、聚甲醛等。

第二节　塑料的特性及其应用简介

一、塑料的主要性能

1. 物理性能

（1）重度　塑料的重度通常在 $0.9 \sim 1.5$（$\times 9.81 \times 10^3$）N/m^3，工程塑料的重度为 $1.0 \sim 2.2$（$\times 9.81 \times 10^3$）N/m^3。塑料比铝轻 $1/2$ 左右，约为钢的 $1/4$。

（2）吸水性　塑料为有机高分子材料，吸水性较无机材料（玻璃、陶瓷等）大，比木材小。一般为 $0.01\% \sim 1\%$，吸水性与树脂、填料种类有关。

（3）透气性　一般塑料的透气性均不好。

2. 力学性能

塑料的力学性能随塑料品种相差很大。

（1）抗拉强度　热塑性塑料的抗拉强度一般为 50~100MPa，玻璃纤维增强尼龙的抗拉强度为 200MPa，接近于铸铁强度。

热固性塑料因加入填料不同，抗拉强度在 30~60MPa 之间。

（2）弹性模量　塑料的弹性模量比较低，约为金属的 1/10。但由于塑料的密度小，其比强度和比弹性模量并不比金属低，是目前比强度、比弹性模量较高的材料。（比强度：强度/密度，表示一个试样受到拉力时所显示出来的强度，以未受应变试验每单位线密度所受的力来表示，单位为 N/tex）

（3）压缩强度　热塑性塑料的压缩强度一般为 5~100MPa，热固性塑料一般为 70~280MPa。

（4）抗弯强度　一般在 100~200MPa 之间。热塑性塑料中，聚甲醛为 90~98MPa，聚酰胺可达 210MPa；热固性塑料约为 50~150MPa；玻璃纤维布层塑料可达 350MPa。

（5）硬度　热塑性塑料如尼龙的硬度为 110~118HRC，热固性塑料如玻璃纤维增强塑料的硬度为 105~120HRC。

（6）适用范围　塑料的减摩、耐磨性优于金属，摩擦因数都较低。适于制造轴承、凸轮、密封圈等。

另外，塑料在室温下受载荷后会产生蠕变现象，载荷大时甚至发生蠕变断裂。

3. 热性能

塑料导热性差，一般为 0.84~2.5kJ/m·h·℃；而钢为 189kJ/m·h·℃，两者相差很大。

塑料的线膨胀系数比金属要大 3~10 倍，因此塑料与金属的紧密结合制品，常因线膨胀系数相差过大而造成开裂，甚至脱落。

塑料的耐热性一般为 50~200℃，而某些塑料的耐热性能极高，可以应用于火箭喷射器内发动机某些零件和绝热层。

4. 电性能

塑料是良好的绝缘体，但内含某些杂质离子时，可能有微量的导电性。塑料放在电场中，当电场电压超过某一临界值时，会失去绝缘作用而产生所谓介质击穿现象。

5. 化学性能

一般塑料都有较好的化学稳定性，耐酸、耐碱、耐腐蚀，随着塑料种类及所加入的添加剂不同而异，如聚四氟乙烯可耐"王水"，硬聚氯乙烯可耐 90% 的浓硫酸、各种浓度的盐酸和 60~80℃碱液。这是因为高聚物中分子链上含有碳－碳键、碳－氢键、碳－氧键，这些都是牢固的共价键，而且大分子链上能发生反应的官能团较少，因此塑料不容易和其他物质发生化学反应，具有较好的化学稳定性。如聚四氟乙烯的化学稳定性超过目前所有的已知材料。

二、塑料在工业中的应用

1. 选用塑料时应注意的事项

1）了解塑料制品的工作条件，仔细分析所选用塑料的特性，选定最适宜的树脂品种、添加剂类型和确定配比，以期得到所要求的性能。然后选定最合适的成型方法。

2）塑料的导热性差，在用作旋转零件时，必须注意设计出最有利于散热的结构，如采用以金属为基体的复合塑料，或加入导热性良好的填料，或采用有利于散热的机械设计及制品设计等。

3）工程塑料一般都易吸湿、吸水，特别是聚酰胺较为严重，故选用要慎重。可加入适当的填料以降低其吸湿、吸水性。

4）塑料蠕变性较大，在设计和制造中，必须预防蠕变和内应力的出现。如添加玻璃纤维时，可明显地改善其抗蠕变性。聚酰胺加入 30% 玻璃纤维填料后，其蠕变可减少到未加填料时的 10% 左右。

2. 塑料在工业中的应用

塑料在机械、电子行业中具有广泛的应用。塑件适用于制作罩壳、支架、手柄等一般结构零件；轴承、齿轮、齿条、蜗轮及蜗杆等传动零件；活塞环、机械动密封圈等减摩自润滑零件；化工容器、管道、泵、阀门、仪表等耐腐蚀零件及耐高温零部件等。

在电子工业中，常用塑料制作偏转线圈骨架、波段开关、通信机天线的绝缘子、机外壳等。

第三节　塑料制品的成型工艺

成型是塑料制品生产的最重要工序。塑料具有其独特的成型工艺特性，它与模具设计密切相关。

一、塑料成型的工艺特性

1. 温度变化的物理特性

塑料变形时，存在固态、液态和气态三种物理状态。图 3-1 所示为在恒定压力下，热塑性塑料的温度与变形的关系曲线。

（1）玻璃状态　在此温度区间，塑料具有一定刚性，不易变形，可以对塑件进行机械加工、注射成型后的脱模以及正常使用。

（2）高弹塑性状态　在这一温度范围下，可以对塑料进行弯曲、拉深等成型加工。

（3）可塑性状态　超过流动温度以后，可对塑料进行注射、挤出等成型加工。

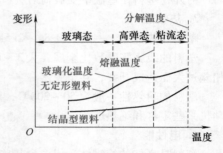

图 3-1　热塑性塑料的温度与
变形的关系曲线

2. 流动性和流变性

（1）流动性　每一种塑料在一定温度和压力下，具有不同的流动性能。因此，在设计塑件和模具时，需要考虑这种塑料在浇口、流道及型腔内的流动速度及其填充型腔的能力。对于流动性较差的塑料需要适当加大浇口尺寸，或采用多点浇口。另外，还应对温度和压力进行适当调整。

（2）流变性　塑料的流变性是描述它从固态凝固，进入液相 - 固相共存温度范围内所具有的力学行为，是指塑料在一定温度和压力下流动变形的性能。塑料的流变性与其本身的组成成分有关，另外，受温度和压力的影响产生黏度变化导致流变性能不同。塑料熔融状态的黏度直接与塑件的质量有关，黏度较低利于充型，但黏度过低容易产生溢料，降低塑件质量。通常控制熔融塑料的黏度为 $10 \sim 10^2 Pa \cdot s$，而分散体的黏度为 $1Pa \cdot s$ 左右。

3. 收缩率

塑料制品成型后会发生尺寸收缩。其大小不仅与塑料本身的热胀冷缩有关，还与各种成型因素有关。

成型收缩常用室温下模具直线尺寸与制品相应直线尺寸之差及其与模具直线尺寸的比值来表示，称为成型收缩留量或计算收缩留量，若按百分比表示，称为成型收缩率或计算收缩率

$$Q_n = (A - B)/A \quad 或 \quad Q_n = (A - B)/A \times 100\% \tag{3-1}$$

式中 Q_n——计算收缩率；

    A——室温下模具的直线尺寸（mm）；

    B——室温下制品的直线尺寸（mm）。

（1）影响收缩率的因素 成型收缩率与收缩率范围大小、制品壁厚和尺寸方向不同而有所区别。一般为注射压力越高，成型收缩率越小；注射温度越高，成型收缩率越大；注射时间越短，成型收缩率越大。

（2）收缩方向性 沿料流方向收缩大、强度高。此外，成型时，塑料各部位密度及填料分布不均，造成各部位收缩不均。成型后因残余应力所引起的收缩迟缓（称为后收缩），通常挤塑和注射成型的后收缩比压塑成型大，热塑性塑料的后收缩比热固性塑料大。有的塑料按工艺要求成型后需热处理，其后还会导致尺寸发生变化，称之为后处理收缩。

（3）其他影响收缩率变化的因素

1）塑件结构。塑件的形状、尺寸和壁厚等不同，导致各部位收缩率不同。

2）模具结构。分型面、加压方向等都影响收缩率的变化。比如，直浇口和大截面浇口时收缩较小，但方向性显著。而浇口宽且短时方向性小，距浇口近或与料流方向平行的部位收缩大。

3）成型工艺。模具温度高，熔料冷却慢，则密度高、收缩大。

4. 比容和压缩率

1）比容是指单位质量的松散塑料所占的体积（cm^3/g）。

2）压缩率是指塑料的体积与塑件体积之比，其值恒大于1。

比容和压缩率大，塑料内充气增多，排气困难，成形周期长，则要求加料量大。

5. 结晶性

一般热塑性塑料的结构分为结晶形和非结晶形（又称无定形）两种。部分塑料如聚氯乙烯、聚丙烯、聚酰胺（尼龙）等，从加热熔融到流动成型、冷却凝固的整个过程中，高分子聚合物由无序的杂乱状态变为有序的正规模型，此部分塑料为结晶塑料。结晶性塑料具有较大的收缩率及收缩变动范围，因此不宜作高精度塑料制品。结晶形结构是各向异性体，而非结晶形结构是各向同性体。

由于结晶形塑料硬化状态时的密度与熔融时的密度差别很大，成型收缩大，易发生缩孔、气孔。结晶形塑料 $Q_n = 0.5\% \sim 3.0\%$，具有方向性，制品易变形、翘曲。而非结晶形塑料 $Q_n = 0.4\% \sim 0.6\%$。

作为判断这两类塑料的外观标准可视塑料的厚壁塑件的透明性而定，一般结晶塑料为不透明或半透明（如聚甲醛等），无定形塑料为透明（如有机玻璃等）。但也有例外，如聚4甲基戊烯为结晶性塑料却有高透明性，而 ABS 为无定形塑料却并不透明。

冷却速度对结晶形塑料的结晶度影响很大，缓冷可提高结晶度，急冷则降低结晶度，因此，控制模温十分重要。

6. 热敏性及水敏性

热敏性塑料是指对热较为敏感，在高温下受热时间较长或进料口截面过小，剪切作用大时，料温增高易发生变色、降聚、分解的倾向，具有这种特性的塑料称为热敏性塑料。

有的塑料（如聚碳酸酯）即使含有少量水分，但在高温、高压下也会发生分解，称此性能为水敏性，对这种塑料必须预先加热干燥。

7. 吸湿性

塑料中因有各种添加剂，对水分各有不同的亲疏程度，故塑料可分为吸湿、黏附水分及不吸湿、不黏附水分两种。塑料中含水量必须控制在允许范围内。

二、塑料制品的成型方法

塑料制品的成型方法很多，其中最主要的是注射、挤出、压制、压铸和气压成型等，而注射、挤出约占总数的60%以上。热塑性塑料多采用注射、挤出等方法成型。热固性塑料多采用压制、压铸法成型，也有采用注射法成型的。

1. 注射成型

注射成型也称注塑成型，是塑件加工中广泛采用的成型方法之一，注塑件在塑料制品总量中约占20% ~ 30%。

注射成型是将颗粒或粉状塑料从料斗送进料筒，经加热器加热熔化呈流动状态后，利用柱塞或螺杆以一定的压力与速度推动，通过喷嘴和模具的浇道注入温度较低的闭合模具型腔各处，经一定时间冷却、硬化定型得到所需形状塑料制品的成型方法。

注塑成型过程分为加料、熔融塑料、注射、塑件冷却和塑件脱模等五个步骤。

确定注射成型工艺参数时需要考虑料筒温度、注射压力及成型时间等。

为了消除制件的内应力和提高尺寸的稳定性，需要进行热处理和调湿。热处理温度一般比制件的工作温度高10 ~ 20℃，时间为4 ~ 24h。调湿处理主要用于聚酰胺类塑料制件，调湿温度约100 ~ 121℃，时间为2 ~ 96h。

2. 挤出成型

制造连续体型材如管、棒、丝、板、电缆电线的涂覆、复合材、异型材和涂层等制品时，常采用挤出成型方法。

挤出成型时，软化或塑化后的塑料沿着螺杆方向形成压力差，由于料筒的传热及塑料与料筒和螺杆之间的摩擦热使进入料筒的塑料熔融呈流动状态，在压力作用下通过口模，挤成与模口形状相同的连续体。此后经过定型、冷却、牵引、卷绕和切割等辅助装置，获得所需要的制品。

3. 压缩成型

压缩成型也称压塑成型或模压成型。热固性塑料大多采用压塑成型。可分为模压法和层压法两种。

（1）模压法 模压法是将塑料放入加热室进行加热，闭模，柱塞下移进行加压，经过一定时间，就可得到具有一形状的塑料制品。完备的模压成型由物料准备和模压两个过程组成，其优点是可模压较大平面的制品和利用多槽模进行大量生产。而缺点是生产周期长，效率低，不能模压尺寸精度要求较高的制品。

（2）层压法 层压法是以纸、棉布、丝绸、玻璃布等为基材，浸渍上液状塑料（酚醛树脂、脲醛树脂、三聚氰胺树脂等），裁成规定尺寸，按要求的厚度重叠起来，放在抛光板上夹紧，用成型机加热加压，经过一定时间后树脂固化，成为塑料层压板。

4. 吹塑成型

吹塑成型只限于热塑性塑料的成型加工，常用于塑料瓶、罐和管等中空制品的制造，其成型过程包括塑料型坯制造和吹塑成型。型坯的制造有注射法和挤出法。

用作中空吹塑成型的塑料有聚乙烯、聚氯乙烯、聚丙烯、聚苯乙烯、热塑性聚酯、聚酰胺等，其中以聚乙烯应用最为广泛。

由注射机将熔融塑料经注射口注入模内，形成型坯，开启型坯模，闭合吹塑模，从芯模引入0.2 ~ 0.7MPa的压缩空气，使型坯吹胀成模腔的形状，并在压缩空气的压力下进行冷却。开启缩颈模、吹塑模，在吹气压力作用下卸件，完成成型加工。

5. 气压成型

气压成型是利用气体压力对处于高弹态的塑料型坯进行鼓凸成型，然后再经过冷却定型后，获得具有一定形状尺寸的中空容器的塑料成型加工方法。气压成型包括正压力成型和负压力成型，通常所说的气压成型是指后者，如真空成型等。

思 考 题

1. 常用塑料的主要成分有哪些？
2. 塑料与树脂有何区别？
3. 热塑性塑料和热固性塑料有哪些区别？
4. 热塑性塑料随温度变化产生哪几种状态？
5. 最主要的塑料成型方法有哪几种？

第二篇 冲压工艺与模具设计

冲压是利用模具对金属材料施加压力使其分离或成形，从而获得一定形状尺寸制件的塑性成形加工方法。根据被加工材料的变形特点，冲压工艺分为分离和成形两大类型，并且每种加工都面对不同的工艺和不同的模具，因此，冲压加工需要同时研究工艺和模具问题。

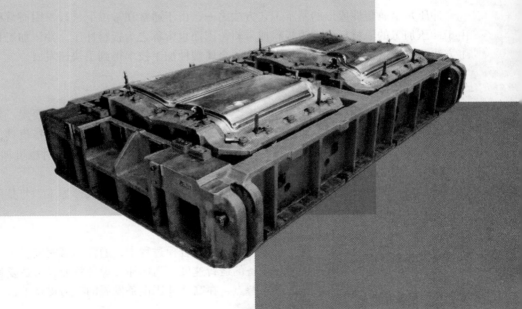

第四章 冲压工艺基础

学习重点

了解冲压加工的特点、在现代工业生产中的重要性及其发展现状和未来；掌握板料冲压的变形性质及分类方法；加深认识常用金属板料的成形极限及其对冲压工艺的适应性，包括拉伸失稳、压缩失稳以及各种材料力学性能对冲压工艺的影响；了解常用冲压材料的种类，特别是近年来大量涌现的新型汽车车身用板料以及它们的特殊性质；要求基本掌握常用冲压设备的类型和功能、各种压力设备的基本结构及其与冲压方法和模具的匹配关系。

第一节 冲压工艺概述

冲压是金属塑性成形的基本工艺方法之一，由于通常在常温下进行，因而常称为冷冲压。又由于冲压加工的原材料通常为板料或带料，因而也常称之为板料冲压。冲压加工具有许多其他加工方法所不能取代的优点，近年来，这门金属塑性加工技术得到了快速发展。

一、冲压加工的特点

冲压加工与其他加工方法一样，需要具有设备、工具及被加工材料三要素。其中，冲压设备属于专用设备，如剪床、冲床及各种压力机等；冲压加工所用工艺装备即指模具，根据冲压加工方法不同，使用相应的模具；冲压加工材料通常为金属板料或带料，同时也可加工非金属材料，如各种热固性或热塑性塑料板材以及橡胶等。

冲压加工的最大特点是其可以很高的效率对板材实施塑性成形加工，与其他加工方法相比较，它有许多独特的优点。

1. 生产效率高

冲压加工在压力设备一次行程即模具的一次合模过程中，通常即可完成一个工件或工序件的加工。其生产效率通常取决于冲压设备的运行速度，高速冲压设备每分钟可往复运行上千次。因此，冲压加工本身所具有的快速加工特点，在高速冲压设备发展的有力支持下，有望获得更高的生产率。

2. 材料利用率高

冲压加工是金属零件制造中重要的少、无切屑加工方法之一，通常其材料利用率可达70% ～

85%。对于特殊复杂的冲压件，采用其他加工方法的材料利用率远达不到这一指标。并且随着精密冲压技术和计算机优化排样技术的发展，冲压加工的材料利用率有望获得更大幅度的提高。

3. 零件互换性好

由于冲压件的形状、尺寸精度主要靠模具制造和使用精度保证，因此，可以排除操作技术的影响，充分体现"一模一样"的制造特点。高精度的零件互换性在许多装配结构中具有非常重要的实际意义，因而冲压件能够适应汽车外覆盖件或骨架件的装配要求，适用于大批量生产。

4. 成形零件力学性能好

冲压件普遍具有重量轻、强度高、表面成形质量好的优点。特别是经过塑性成形后的大型薄壁件或骨架件，可以大幅度提高刚度，以满足飞机、汽车及工程机械等外覆盖件的使用要求。

此外，冲压加工操作简单，容易组织生产，易于实现机械化与自动化；由于生产率高、节省材料等，在大批量生产条件下，生产成本低，经济效益高。

二、冲压技术的现状及发展

1. 冲压加工的重要性

冲压加工作为先进制造技术的一个分支，在国民经济发展、建设中占有非常重要的地位，在制造领域中的应用越来越广泛。在航空航天、兵器、船舶、汽车、电气、仪表等生产中，冲压加工技术已经成为不可缺少的重要加工方法之一。特别是近年来作为国民经济支柱性行业的汽车制造业快速发展，为冲压加工创造了空前的发展机遇，不仅扩大了冲压产品的需求量，而且促进了冲压技术及模具技术的不断更新。仅就轿车车身制造的生产现状来看，冲压件约占轿车零件总数的50%～60%，一个车型需要2 500～4 000套模具，由此足以看出冲压加工和模具制造生产的重要作用。近年来，轿车车身设计不断追求造型美观与空气动力学要求相适应而进行频繁改型换代，对冲压工艺和模具制造技术的更新步伐提出了更高的要求。

2. 冲压加工及模具技术发展

随着科学技术的不断发展，先进制造对冲压工艺和模具技术提出了许多新的要求，以适应频繁变化的经济市场需求。

（1）金属塑性成形理论与工艺研究　金属塑性成形已有几千年的历史，但许多成形机理问题没有得到很好解决，因而严重阻碍了冲压工艺技术的快速发展。例如只有确立金属板料冲裁的变形机理，才有可能采用理论计算方法确定凸、凹模的合理间隙，从而使冲裁工艺和冲裁模设计制造进入科学化程序。又如，在金属板料非回转对称成形拉深中，不能正确认识和理解法兰材料的流动变形规律，就无法真正实现最佳补充压料面、最佳压料力控制的先进成形工艺等。也就是说，实现冲压工艺和模具设计制造科学化的前提，必须有一个正确的理论指导，否则生产中仍然需要大量的试验和模具调试周期及费用的浪费。因此，需要发展一个坚实的塑性成形理论，以指导先进冲压工艺和模具设计制造技术向更高层次发展。

（2）冲压加工过程的计算机辅助分析　冲压加工中，金属材料变形过程的正确分析，对于制定合理的冲压工艺和模具设计制造具有非常重要的指导性意义。但由于这一变形过程的复杂性和物理实验的繁琐性，使得过去的冲压工艺只能依靠经验或凭直觉判断来制定。而随着计算机技术的飞速发展，人们发现对金属变形过程进行有限元计算分析，能够较好地逼近真实的变形过程，这就可以减少大量的物理实验次数，而在较短时间内获得金属变形过程的模拟结果，为制定合理的冲压工艺提供有力依据。但这项技术还需要相应的理论指导和必要的经验性赋值，以指导建立正确的数学模型和输入合理的边界参数，而这三者有机结合，也是促进塑性成形理论发展并逐步实现正确指导生产实践的重要保障。

（3）开发研制成形新工艺及新型模具　在现有金属塑性成形工艺的基础上，吸收其他先进科学技术的长处，不断开发研制新的成形方法，以扩展金属塑性成形工艺范围。比如，研究如何将快速原型制造技术的新概念运用于金属快速成形新工艺的开发研制；研究金属超塑性的成形机理，将其用于超薄壁件、超细杆类件的成形工艺中；研究高能高速成形中能量和速度的有效控制等。同其他制造工艺一样，只有为冲压工艺注入新的内容，才能使它更完美、更具生命力。

模具作为实现冲压加工的有效装备，不仅需要实现冲压工艺过程，还需要针对冲压工艺需求，创造巧妙的机构和动作去补足工艺尚不完善的缺陷。因此，必须开发研制新型模具，比如在现有开花模具、大型斜楔模具的基础上，开发多向冲压模具、转轴模具等，为冲压工艺提供相应的工装条件。

（4）冲压生产自动化及柔性化　多工位级进模的出现，加快了冲压生产机械化与自动化的步伐。为了适应大批量、高效率生产的需求，在冲压设备和模具结构中，也出现了多种自动化进、出料机构以及各种辅助机械手装置。在今后的冲压生产中，为了进一步提高生产效率和工作安全性，还需要开发研制更精确的自动化辅助装置，促进冲压生产自动化。

冲压加工的一个显著特点是适用于大批量生产。但由于市场经济化所带来的多品种、少量多样化需求，则要求冲压加工必须适应这一市场发展过程。因此，冲压加工也必须向柔性化生产方式发展，这首先要求冲模制造柔性化。因此，需要在已有低熔点合金模、树脂模等设计制造的基础之上，利用快速原型制造技术的有力支持，大力开发快速模具制造技术。

第二节　冲压工艺分类及特点

在冲压加工中，根据工件的形状尺寸要求以及生产纲领不同，可以采用不同形式的加工工艺方法。如果按板料的变形性质不同，可将冲压加工分为分离和成形两大类。也可按照工序的不同组合形式，将冲压加工分为简单工序和组合工序两大类。

一、按板料变形性质分类

在金属板料塑性加工中，被加工板料产生一定塑性变形而形成工件所需形状尺寸，这是典型的成形工序，其中包括多种变形方式。还有一种冲压加工，则是利用了金属板料的塑性变形过程，最后产生断裂分离而形成工件所需的形状尺寸，这种冲压加工称为分离工序，或称为冲裁。

1. 冲裁

冲裁是冲压生产的主要工艺方法之一，它是利用板料在模具接触力作用下塑性变形后，产生断裂分离来获得工件的冲压加工方法。根据获取制件的形式不同，可以分为很多工序类型，如表4-1所示。

表4-1　冲裁工序分类

工序名称	工件及模具简图	特点及应用范围
落料	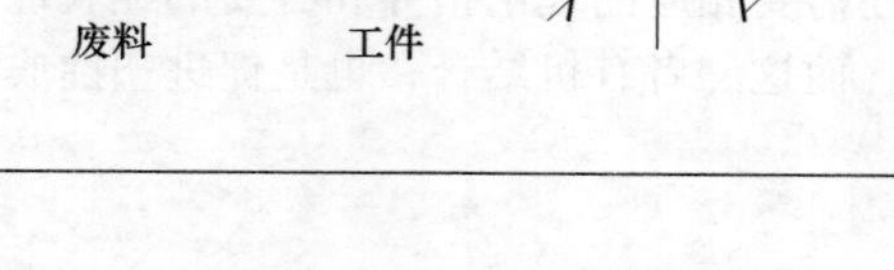 废料　工件	将材料沿封闭轮廓分离的一种冲裁工序，被分离的材料成为工件或工序件，大多数是平面制件

（续）

工序名称	工件及模具简图	特点及应用范围
冲孔	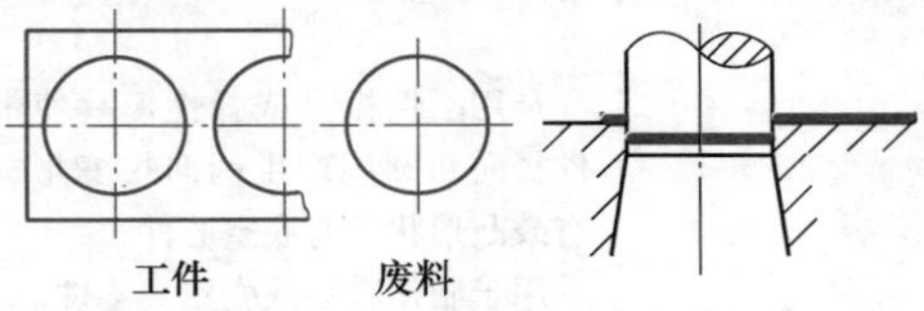 工件　废料	将废料沿封闭轮廓从材料或工序件上分离出来的一种冲裁工序，在板坯、工件或工序件上获得所需要的孔
切边	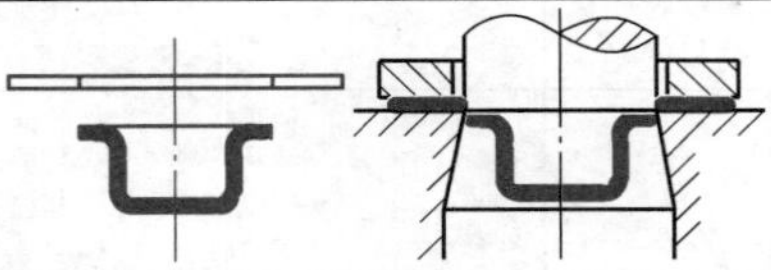	也称修边，是利用冲模刃口修切成形工序件的边缘，使之具有一定直径、一定高度或一定形状的冲裁工序
切断	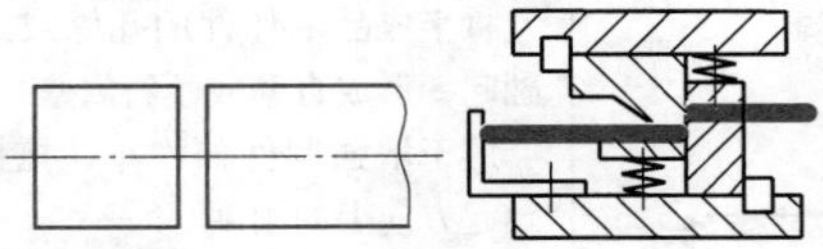	将材料沿敞开轮廓切断或称分离的一种冲裁工序，被分离的基体部分成为工件或工序件
剖切	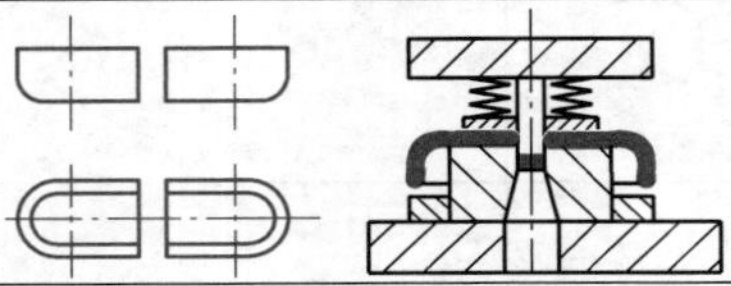	将成形工序件一分为几的一种冲裁工序
切舌	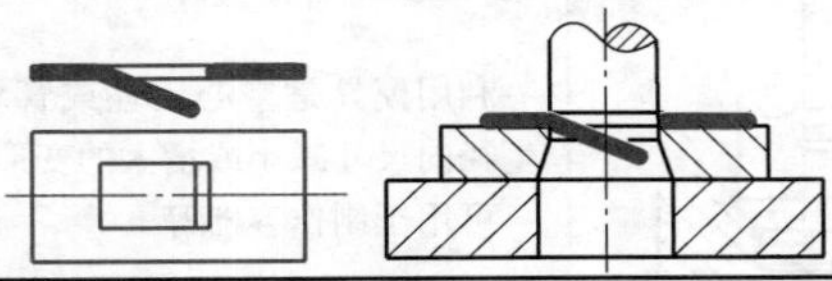	也是将材料沿敞开的轮廓进行局部而不是完全分离的一种冲裁工序，被局部分离的部分或工序件具有工件所要求的一定位置，不再位于分离前所处的平面上

　　此外，还有很多冲压方法属于分离工序，如切开、冲缺、冲槽、凿切、整修、精冲等。

2. 成形

　　所谓成形加工，是指利用模具与板料直接接触并施加外力，使板料沿模具工作表面移动产生塑性变形而获取工件的加工方法。根据金属板料在模具中变形方式的不同，可将成形分为弯曲、拉深、胀形、翻边、缩口、扩口、整形、校形、压印等很多工序类型。表4-2给出了成形工序中的部分基本工序类型。

表4-2　成形工序分类

工序名称	工件及模具简图	特点及应用范围
弯曲	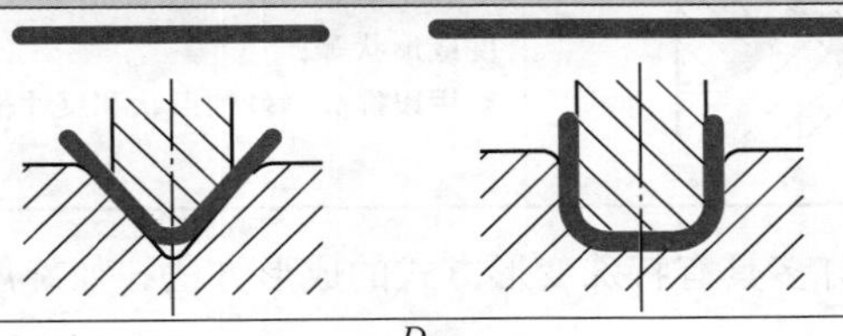	利用模具将平板坯料弯曲成具有一定弯曲角度和弯曲形状；常用于制作支架、结构连接件
拉深	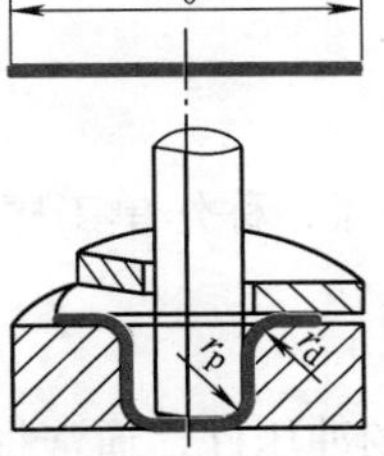 D_0	将平板坯料成形为具有封闭断面的有底空心件，也可在此基础上进一步加深成形深度；用于制作容器、壳体、罩类零件

（续）

工序名称	工件及模具简图	特点及应用范围
胀形	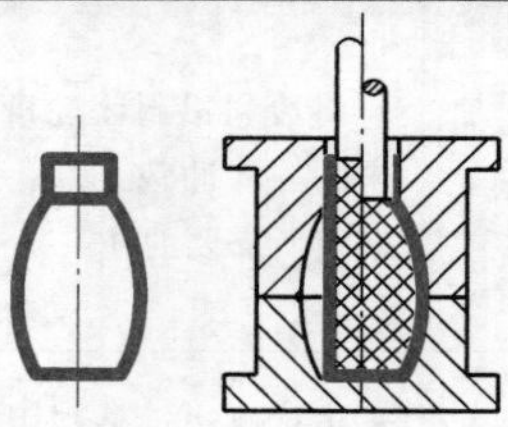	利用刚性模具或弹性模具使带底直壁空心件径向和圆周产生两向拉变形，形成中部带有鼓凸形状的有底空心件； 用于制作容器或壳罩类零件
翻孔或翻边	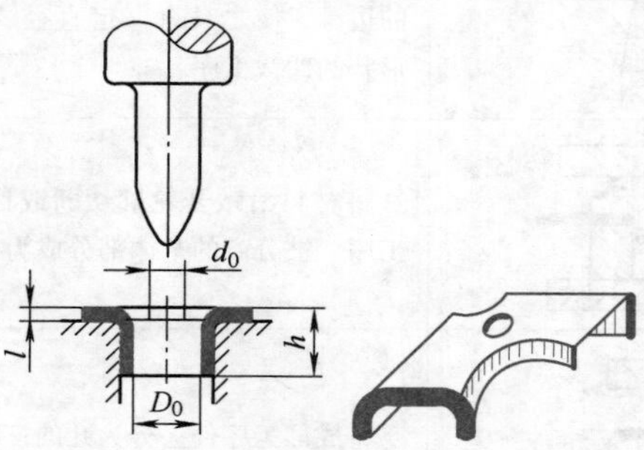	将半成品毛坯件的孔缘或边缘垂直或倾斜翻起，形成直壁或倾斜侧壁； 用于增强制件如汽车、拖拉机骨架件，在翻起方向上的刚度
缩口及扩口	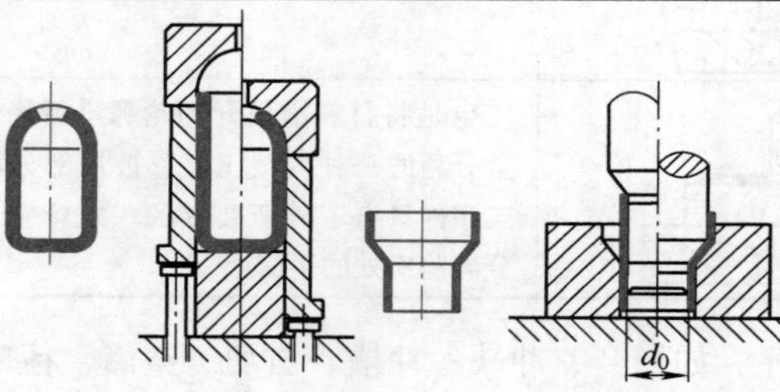	利用模具是空心毛坯或管坯在某个部位产生径向尺寸减小或增大的变形； 可用于制作容器等
压印及压花	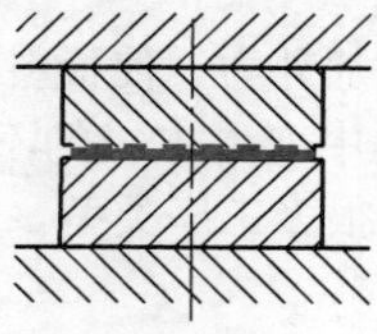	利用模具工作表面形状在坯料表面压出文字、花纹或其他图案； 可用于制造标牌或在零部件表面打印标记
校形	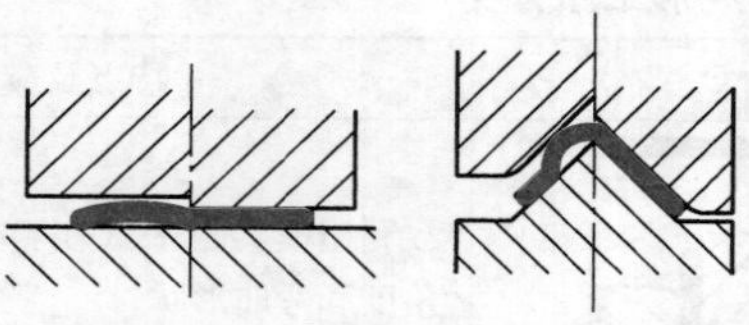	利用模具工作表面校正半成品制件的平直度或形状等； 用以提高制件的形状和尺寸精度

除表4-2所列冲压成形工序外，还有许多具有特殊变形方式的成形方法，如旋压、挤压等。

二、按工序组合形式分类

1. 单工序冲压

板料在冲压设备一次行程中只完成一种变形的工序，称作单工序冲压，如落料、弯曲、拉深等。

2. 组合工序冲压

对于复杂、工序间尺寸精度要求较高或批量较大的冲压件，通常将两道或多道简单工序组合起来，在一套模具的一个工位或多个工位上完成冲压加工的方式，称为组合工序。所谓组合工序，常根据模具的冲压工位分作复合冲压、连续冲压或连续复合冲压。

（1）复合冲压。复合冲压是指压机一次工作行程中，在一套模具的同一工位上同时完成两道或两道以上变形工序的冲压加工方法。

（2）连续冲压。连续冲压是指压机一次工作行程中，在一套模具的不同工位上同时完成两道或多道变形工序的冲压方法。连续冲压工序中，压机每次行程中条料向前送进一个步距，对于 n 序冲压件，除去初始的 $n-1$ 次行程以外，压机的每一次工作行程都可冲压一个零件。

（3）连续–复合冲压。连续–复合冲压即将复合冲压与连续冲压组合起来的冲压方法。

第三节　冲压材料

冲压用材料与成形技术是冲压加工过程的两个重要组成部分。冲压加工质量不仅与冲压工艺方案、模具结构及制造精度有关，还受冲压材料的直接影响而不同。但实际上，冲压用材料往往是根据其使用性能及其生产纲领所选定的，因此，要求冲压工艺方案和模具结构必须与选定材料相适应。

一、材料的冲压工艺性能

材料的冲压工艺性是指其适应冲压成形的能力，主要指板料自身的成形极限及其对某种冲压工艺的适应性。

1. 板料成形极限

金属板料在成形加工中，通常会产生两种失效形式，即由拉伸失稳所引起的破裂和压缩失稳引起的板面皱曲，因而将这两种失效称为板料的成形极限。

（1）拉伸失稳　拉伸失稳是指板料在拉应力作用下沿板面方向因塑性变形失去稳定性而产生缩颈，此时产生局部非均匀性变形的缩颈截面处已不再是单向应力状态，如果变形继续发展下去，则将产生断裂。因此，失稳既是缩颈处板料单向应力状态发生变化的信号，同时也是变形达到极限的前兆。拉伸失稳通常可分为两种，即集中性失稳和分散性失稳。

1）集中性失稳。设板料变形时符合 n 次硬化曲线

$$\sigma = C\varepsilon^n \tag{4-1}$$

所示的关系，由材料拉伸时外力 F 与试件断面积 A 及伸长变形 ε 的关系 $F/A = \sigma$ 可知，n 值的意义在于满足 $\mathrm{d}F = 0$ 时的最大平均应变。因此，根据 $\dfrac{\mathrm{d}\sigma}{\mathrm{d}\varepsilon} = \sigma$ 得到

$$n = \varepsilon_{\mathrm{b}} \tag{4-2}$$

式中　ε_{b}——板料产生缩颈失稳时的真实拉伸应变值。

式（4-2）表明，板料在单向拉伸变形状态下产生塑性失稳点处的真实应变等于加工硬化指数 n。n 值越大，在某种程度上可以认为板料的应变强化能力越强，均匀变形阶段越长。板料变形过程中，在拉力 F_1 作用下，产生应变 ε_1，为了使材料变形时不产生缩颈失稳，则必须满足 $\varepsilon_1 < \varepsilon_{\mathrm{b}}$，即 $\varepsilon_1 < n$ 的关系。

一般，当实际 $\sigma - \varepsilon$ 曲线与理论 $\sigma = c\varepsilon^n$ 曲线吻合较好时，硬化指数 n 能够比较准确地描述材料的拉伸失稳性能。特别是对于软钢、铁素体不锈钢和铝合金等，n 值可以较好地反映材料的强化性能和均匀应变性能。因此，可以将 n 值作为板料性能的一个参考判据引入成形分析中。

上述分析中，没有考虑板、管材因拉拔、轧制及退火等预加工造成的残余应力和残余应变等

的影响。

实际上，如果改变板料的调质度，尽管 C 值和 n 值只发生微量变化，但同样会引起材料真实应力应变曲线的某些改变。因此，不妨考虑板料在一次塑性成形（冷、热轧制）过程中的预加工因素，假设板料的真实应力应变满足如下关系

$$\sigma_b = A \left(B + \varepsilon_1 \right)^n \tag{4-3}$$

式中　σ_b——板料的抗拉强度（MPa）；

　　　A——当量塑性模数（MPa）；

　　　B——因预加工导致板料中的残余应变。

对式（4-3）微分，因为 $\dfrac{\mathrm{d}\sigma}{\mathrm{d}\varepsilon} = \sigma$，所以有 $\dfrac{\mathrm{d}\sigma_b}{\mathrm{d}\varepsilon_1} = An\left(B + \varepsilon_1 \right)^{n-1}$，假设 $\sigma_b \approx \sigma_1$ 时，产生颈缩失稳的临界拉应变为

$$\varepsilon_1 = n - B \tag{4-4}$$

式（4-2）和式（4-4）是基于单向受拉失稳理论，以板料横截面上宽向和厚向应力增量 $\mathrm{d}\sigma_2 = \mathrm{d}\sigma_3 = 0$ 为假设条件导出的，其变形失稳时的应力应变关系如图 4-1a 所示。Hill 的集中性失稳理论认为，集中性失稳时的板料最薄弱位置被固定在变形区中一狭窄区域内，由于缩颈点无法转移出去，金属产生了非稳定性流动，且因缩颈点处的承载面积减小而表现出变形力急剧降低，继续发展即产生断裂。发生集中性失稳（颈缩）后的变形，主要是依靠板料的局部变薄，而沿着颈缩线方向没有长度变化。也就是说，局部失稳的发生条件是失稳截面材料的强化率 $\mathrm{d}\overline{\sigma}/\overline{\sigma}$ 与其厚度的减薄率 $\mathrm{d}t/t$ 恰好相互平衡，即 $\dfrac{\mathrm{d}\overline{\sigma}}{\overline{\sigma}} = -\dfrac{\mathrm{d}t}{t} = -\mathrm{d}\varepsilon_3$。对于幂次式硬化材料，当忽略厚向异性影响时，可以得到其理论应变强度为 $\overline{\varepsilon} = 2n$。

2）分散性失稳。根据 Swift 分散性失稳理论，板料受外载荷作用发生失稳时，应同时以两个拉力作用方向上的拉力增量 $\mathrm{d}F_1 = 0$ 和 $\mathrm{d}F_2 = 0$ 作为判断分散性失稳的必要条件。因此，如图 4-1b 所示，假设沿两拉力作用方向 1、2 及板厚方向 3 均为应力应变主方向，则有如下全量应变关系

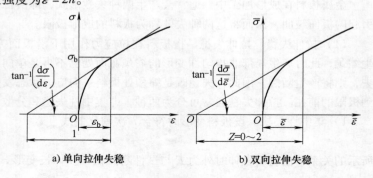

a) 单向拉伸失稳　　　b) 双向拉伸失稳

图 4-1　弯管外侧变形失稳示意图

$$\varepsilon_1 = \frac{\overline{\varepsilon}}{\overline{\sigma}}\left[\sigma_1 - \frac{1}{2}\left(\sigma_2 + \sigma_3 \right) \right]$$

$$\varepsilon_2 = \frac{\overline{\varepsilon}}{\overline{\sigma}}\left[\sigma_2 - \frac{1}{2}\left(\sigma_3 + \sigma_1 \right) \right] \tag{4-5}$$

$$\varepsilon_3 = \frac{\overline{\varepsilon}}{\overline{\sigma}}\left[\sigma_3 - \frac{1}{2}\left(\sigma_1 + \sigma_2 \right) \right]$$

式中　$\overline{\sigma}$，$\overline{\varepsilon}$——应力强度和应变强度。

由于冲压板料的板厚尺寸与其他两个方向相比非常小，如果只考虑两个作用力方向的应力 σ_1 和 σ_2，而认为处于板厚应力 $\sigma_3 = 0$ 的平面应力状态

$$\varepsilon_2 = -\frac{\sigma_1 - 2\sigma_2}{2\sigma_1 - \sigma_2}\varepsilon_1$$

(4-6)

$$\varepsilon_3 = -\frac{\sigma_1 + \sigma_2}{2\sigma_1 - \sigma_2}\varepsilon_1$$

分别对应力强度和应变强度$\overline{\sigma}$，$\overline{\varepsilon}$进行全微分

$$\frac{\mathrm{d}\overline{\sigma}}{\mathrm{d}\overline{\varepsilon}} = \frac{(2\sigma_1 - \sigma_2)^2}{4(\sigma_1^2 - \sigma_1\sigma_2 + \sigma_2^2)}\frac{\mathrm{d}\sigma_1}{\mathrm{d}\varepsilon_1} + \frac{(\sigma_1 - 2\sigma_2)^2}{4(\sigma_1^2 - \sigma_1\sigma_2 + \sigma_2^2)}\frac{\mathrm{d}\sigma_2}{\mathrm{d}\varepsilon_2}$$

(4-7)

如果硬化曲线可以表示为$\overline{\sigma} = C\,\overline{\varepsilon}^n$，同样有

$$\frac{\mathrm{d}\overline{\sigma}}{\mathrm{d}\overline{\varepsilon}} = \frac{n}{\overline{\varepsilon}}\overline{\sigma}$$

(4-8)

最后可以得到产生分散性失稳时的应变强度

$$\overline{\varepsilon} = \frac{4(\sigma_1^2 - \sigma_1\sigma_2 + \sigma_2^2)^{\frac{3}{2}}}{(\sigma_1 + \sigma_2)(4\sigma_1^2 - 7\sigma_1\sigma_2 + 4\sigma_2^2)}n$$

(4-9)

　　如上所述，如果板料成形时的变形状态处于平面应变时，由$\sigma_2/\sigma_1 = 1/2$可知，当作为一点应变的综合效应的等效应变$\overline{\varepsilon} = (2/\sqrt{3})n$时，变形板料局部某一区域可能产生分散性失稳现象。

　　近年来，随着工业技术的不断发展，又对冲压件提出了形状稳定性的严格要求，使得板料成形极限增加了一个非破坏性评价指标。

　　（2）压缩失稳　　压缩失稳是引起板料成形过程中产生起皱的最主要原因之一，与拉伸失稳不同，压缩失稳既可在弹性变形区内发生，也可在塑性变形区内发生。前者即材料力学中所论及的压杆失稳问题，通常利用 Euler 公式给出失稳条件。当板料受压方向的长度较短，失稳时的压缩应力超过材料的压缩屈服应力时，即成为塑性失稳，此时，Euler 方程已不再适用。

　　现借助于图 4-2a 所示材料的应力应变关系曲线来讨论板料的塑性失稳问题。假设板料在平行于板面方向上受到压力 F 作用，当应力上升至 a 点时板料开始失稳，此时的临界压应力为 σ_k。由于板料受压应力作用产生面内弯曲（板内弯曲），外凸侧因弯曲产生沿板面切线方向的拉应力而卸载至 b 点，产生板面

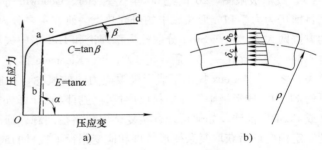

图 4-2　临界压力作用下板料截面内的应力分布

应力增量 $\Delta\sigma_b = E\delta_b/\rho$（式中 E 为板料的弹性模量），而内凹侧因弯曲使面内（作用在板内的）压应力增大沿 ad 线移至 c 点，产生板面应力增量为 $\Delta\sigma_c = C\delta_c/\rho$（式中 C 为板料的塑性模量）。产生塑性失稳时，$\mathrm{d}F = 0$，板料在临界压力 F_k 作用下保持弯曲平衡状态，此时板料的内力矩

$$M = \frac{I}{\rho}\frac{4EC}{(\sqrt{E} + \sqrt{C})^2}$$

(4-10)

式中　I——受压板料的惯性矩，当板宽为 b，板厚为 δ 时，$I = b\delta^3/12$。

　　为了便于计算，将式（4-10）右端第二项提出用 $E_0 = \dfrac{4EC}{(\sqrt{E} + \sqrt{C})^2}$ 表示，称其为相当弹性模量或折减弹性模量，它可以反映弹性模量和塑性模量综合效果，再将 $\dfrac{1}{\rho} = \dfrac{\mathrm{d}^2 y}{\mathrm{d}x^2}$ 的关系代入后

$$M = -Fy = E_0 I \frac{\mathrm{d}^2 y}{\mathrm{d}x^2} \tag{4-11}$$

根据内力矩与外加力矩相等的平衡关系，可得临界状态下力矩平衡的微分方程式

$$E_0 I \frac{\mathrm{d}^2 y}{\mathrm{d}x^2} = F_k y \tag{4-12}$$

将式（4-12）积分并整理后得

$$F_k = \frac{\pi^2 E_0 I}{L^2} \tag{4-13}$$

式中　L——板料在压力作用方向上的长度。

实际产生塑性失稳时的临界压力往往小于式（4-13）的计算结果，因而可采用板料的塑性模量 C 来代替式中的相当弹性模量。对于宽度为 b 厚度为 δ 的矩形板条，产生塑性失稳时的临界压力为

$$F_k = b\delta \frac{\pi^2 C}{12} \left(\frac{\delta}{L} \right)^2 \tag{4-14}$$

临界压应力为

$$\sigma_k = \frac{\pi^2 C}{12} \left(\frac{\delta}{L} \right)^2 \tag{4-15}$$

由式（4-15）可以看出，板料的抗压缩失稳能力不仅与材料的刚度性能参数 E_0 和 C 有关，而且与板料的几何参数（δ/L）密切相关，即板料越薄，越容易产生压缩失稳。

板料冲压成形时产生失稳起皱的原因，一般可能由压缩应力、切应力及不均匀拉伸应力作用所引起。

（3）成形极限图　20 世纪 60 年代 Keeler、Goodwin 等人提出板材成形极限，即 FLD 问题，直到目前仍为力学和成形领域中的研究热点。研究主要分为宏观的连续性介质方法和微观的损伤力学方法两大类，由于 Swift 分散性失稳理论和 Hill 集中失稳理论的准则不同，得到的极限变形值也不同，而且存在一定矛盾。但 1977 年，Kleemola 首先发现材料的极限应变与最终的应力状态有关，之后，Arrieux 提出了成形极限应力图的概念，并通过实验确定了线性和双线性应变路径下的 FLSD。成形极限图在板材成形过程的有限元计算分析中起着至关重要的作用。但无论是FLD 或 FLSD，都涉及如何再现真实复杂加载路径问题，通过各种试验或数值分析方法，使板料达到一定预变形后获取复杂变形条件和应变路径下板材的成形极限图，仍为理论和工程研究的热点。尽管至今尚没有一种较好的办法确定真实可靠的 FLD 或 FLSD，但 FLD 的出现使人们对于原本仅由单向拉伸获得的特定性能指标来描述材料的成形性能问题上，有了更进一步深层次的认识。

2. 板料对冲压工艺的适应性

金属板料对冲压工艺的适应性主要表现在材料的力学性能、化学成分、金相组织及轧制质量几个方面。

（1）板料的力学性能

1）屈服强度及屈强比。板料的屈服强度 σ_s 是弹性变形与均匀塑性变形的分界点，σ_s 值小，表明产生相同塑性变形量时对应的变形抗力较小。进行压缩类塑性变形时，σ_s 值较小的板料因容易变形可能会延迟面内皱曲的发生。此外，由于弯曲回弹与屈服强度成正比，因此 σ_s 值小的板料弯曲成形后，产生的回弹也相对小。

屈强比 σ_s / σ_b 值小表明板料从塑性屈服至到达拉伸极限的变形路线长，可能获得较充分的塑

性变形量。σ_s 小可延迟皱曲的发生，而 σ_s/σ_b 值小，表明 σ_b 相对大，因此断裂危险区材料可承受较大变形量，进而提高拉深成形性和成形极限。

2）伸长率及断面收缩率。伸长率

$$\delta = \frac{l - l_0}{l_0} \times 100\% \tag{4-16}$$

式中　l_0、l——拉伸前、后试样的标距长度（mm）。

通常，将试样拉断后的残余伸长率称为断后伸长率，而将实验开始至产生缩颈前的伸长率称作均匀伸长率。均匀伸长率 δ 值大，表明板料产生均匀变形的能力强，这正符合大多数冲压成形工艺的要求。因此，常用 δ 值来衡量板料伸长类变形中的冲压性能，如翻孔或扩孔加工时，δ 值被认为是影响成形性能的最重要参数。

断面收缩率

$$\psi = \frac{A_0 - A}{A_0} \times 100\% \tag{4-17}$$

式中　A_0、A——拉伸前、后试样横截面面积（mm²）。

断面收缩率 ψ 同样代表板料均匀塑性变形的能力，并且由于该值能够直接反映出变形过程中板料的断面变化情况，因此，利用它与流动应力组成的板料硬化曲线更具真实性。

3）硬化指数。普通金属材料的硬化指数 $0 \le n \le 1$，它表示塑性变形过程中材料的硬化程度。幂硬化材料模型 $\sigma = C\varepsilon^n$ 在双对数坐标平面内，n 值是材料真实应力应变曲线的平均斜率，与应变 $\varepsilon = 1$ 相对应的 σ 值即为塑性模量 C。图4-3所示为塑性模量相同但硬化指数不同时，真实应力应变曲线的示意图。该图中的硬化曲线只考虑了塑性区域，当 $n = 1$ 时，应力与应变成正比，其比例系数为塑性模量 C。当 $n = 0$ 时，材料呈理想刚塑性状态。也就是说，随着 n 减小，材料硬化程度降低。因此，硬化指数 n 的物理意义就在于刻画了材料在塑性变形时的硬化强度。

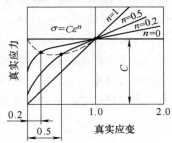

图4-3　具有相同塑性模量不同硬化指数的应力应变曲线

从变形过程中板料受力的角度来看，n 值较大时，拉伸失稳点延迟出现，因而可使翻边、扩孔等伸长类成形获得较大的极限变形程度。此外，由于硬化效应强，可使塑性变形均匀，减轻板料局部变薄现象，避免过早产生断裂而提高成形极限。特别是对于汽车覆盖件成形，由于板料局部变形量较大而导致变形分布不均匀时，n 值的上述作用更为显著。因此，一般认为 n 值较大的材料冲压性能较好。

4）各向异性系数。多晶体金属变形的一个重要特点是其力学性能具有方向性。这主要是由于晶体结构对滑移变形的影响程度不同而造成的微观变形不均匀性。而对于板料来说，由于其经过轧制而存在纤维走向，塑性变形时会因方向不同而表现出宏观变形不均匀性。通常将这二者称为金属板料的各向异性，可分为厚向异性和板面内异性。

① 厚向异性系数。厚向异性系数也称塑性应变比，用 r 表示，因而常称为 r 值。即

$$r = \frac{\varepsilon_b}{\varepsilon_t} = \frac{\ln(b/b_0)}{\ln(t/t_0)} = \frac{\ln(b/b_0)}{\ln(l_0 b_0/lb)} \tag{4-18}$$

式中　b_0、b——变形前、后的板料宽度（mm）；

　　　　t_0、t——变形前、后的板料厚度（mm）；

l_0、l——变形前、后的板料长度（mm）。

r 值表明板料在板平面方向和厚度方向的应变能力，即反映了板面内受拉或压变形时抵抗板厚变薄或增厚的能力。$r > 1$ 时，说明板料在宽度方向比厚度方向容易变形，相对宽度而言，板厚方向不易变形。在板料拉深成形中，断裂危险部板厚不易减薄使抵抗断裂能力增强，而法兰板料因面内变形相对容易而使起皱的可能性降低。因此，r 值较大的板料有利于提高拉深成形极限。

图 4-4 所示为根据 R. Hill 各向异性屈服理论所作平面应力状态下的屈服椭圆，此时，板料面内与板厚方向的各向异性屈服椭圆方程为

$$\sigma_x^2 + \sigma_y^2 - \left(\frac{2r}{1+r}\right)\sigma_x\sigma_y = \sigma_s^2 \qquad (4\text{-}19)$$

式中　σ_x、σ_y、σ_s——分别为板面内两垂直方向的应力及材料屈服应力（MPa）。

当 $r = 1$ 时，式 4-19 即为米塞斯各向同性屈服圆。借助于各向异性屈服椭圆可直观地分析 r 值对板料成形性能的影响，胀形及拉深断裂危险点处的应力状态接近于 $\sigma_x = \sigma_y$，处于图中第一象限内，变形抗力随 r 值增大而增大，使板料

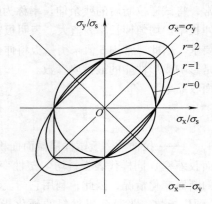

图 4-4　各向异性材料平面应力状态下的屈服椭圆

强度增强，进而抑制断裂提高成形极限。而拉深中法兰应力状态处于第二或四象限内，此时 r 值越大，变形抗力越小，板料易于面内变形而不易起皱。

有时，为了近似评价板料整体的各向异性性能，也采用平均厚向异性系数

$$\bar{r} = \frac{r_0 + 2r_{45} + r_{90}}{4} \qquad (4\text{-}20)$$

式中　r_0、r_{45}、r_{90}——分别为与板料轧制方向平行、成45°夹角及垂直方向的板厚异性系数。

② 板面内各向异性系数。由于轧制板料存在纤维走向，使得板面内不同方向上的变形能力不同。但目前还没能开发出提供面内各向异性的有效试验方法，因而，有时也可利用下式近似表示板料的面内各向异性

$$\Delta r = \frac{r_0 + r_{90} - 2r_{45}}{2} \qquad (4\text{-}21)$$

拉深中产生的"凸耳"现象是板料面内各向异性的突出表现，这种现象的产生说明面内异向性对板料成形有一定影响，特别对压缩类变形的影响尤为显著。

（2）化学成分　在钢板中，随碳、磷、硫、硅、锰等元素的增加，材料塑性降低，脆性增加，对冲压工艺造成不利影响。通常碳能溶于铁，形成铁素体和奥氏体，使板料具有良好的塑性。但当含碳量超过铁的溶碳能力时，多余的碳与铁生成碳化物（Fe_3C），硬度很高而塑性几乎为零，使板料冲压性能大为降低。磷和硫都是钢中的有害杂质，当钢板中磷的质量分数超过0.3%时，使钢完全变脆；当铁素体钢中硅、锰的质量分数达到 2%～3% 时，塑性指标开始明显下降。因此，冲压用钢板中需要严格控制各种合金元素的含量，使钢板保持一定塑性，以适应冲压工艺要求。

（3）金相组织　钢板的化学成分相同，但因组织状态不同，冲压时的塑性变形性能也有很大的区别。通常，纯金属及固溶体等具有单相组织的钢材，其塑性比多相组织钢材要好。冲压用

钢板多为两相组织，而冲压加工时，变形往往在塑性相中进行，如果脆性相的分布不影响基体的连续性，变形时可随基体"流动"，即对金属的塑性影响不大。如果塑性相被脆性相分割包围，变形时易在晶界处产生应力集中，导致金属塑性大为降低。

晶粒细小的组织产生塑性变形的取向、层面和机会较多，因此细晶钢板塑性优于粗晶钢板。板料中晶粒过大，拉深时容易生成粗糙表面，影响冲压件表面质量。晶粒的均匀度对板料冲压成形性也有一定影响，晶粒不均容易引起裂纹。一般，深拉深用冷轧薄板的晶粒度应保证在6~8级。

（4）轧制质量　轧制质量对冲压工艺性也有一定影响，表面光滑、无氧化皮、无裂纹和划痕的钢板，成形时不易产生裂纹或"橘皮"表面等质量缺陷。

二、常用冲压材料

1. 冲压材料规格及精度

（1）规格　冲压材料有金属材料和非金属材料两种。金属材料的购入形式多为板料或带料。

金属板料常用规格有1 420mm×710mm、2 000mm×1 000mm等，适用于批量生产，使用时，需根据具体冲压工艺进行适当裁剪。

金属带料或卷料可用于大批量冲压生产，一般开卷后需经平整后才能使用。带料冲压生产常用自动送料装置，适用于机械化自动化程度较高的场合。

（2）金属板料的轧制精度及表面质量　一般厚度小于4mm的钢板可以冷轧也可以热轧，而厚度大于4mm的钢板，通常由热轧工艺生产。通常冷轧板的尺寸精度较高、内部组织致密、表面质量好，在已确定采用冷轧板的冲压工艺中，为保证冲压件生产质量，不允许采用热轧板代替冷轧板。连轧板的轧制纤维相对明显，因而板料各向异性较强。而单张往复轧制的钢板各向异性差别较小，冲压性能相对好。

黑色金属板料的轧制精度及表面质量分类如表4-3和表4-4所示。

表4-3　金属薄板表面质量分类

级别	表面质量
I	特高级别的精整表面
II	高级别精整表面
III	较高级别精整表面
IV	普通精整表面

表4-4　金属薄板拉深级别分类
（参见 GB 710—2008）

表示符号	拉深级别
Z	最深拉深
S	深拉深
P	普通拉深

2. 常用冲压材料

冲压生产中部分常用金属板料的力学性能如表4-5所示。

表4-5　部分常用金属板料的力学性能

材料名称	牌号	材料状态	抗剪强度 τ_b/MPa	抗拉强度 σ_b/MPa	伸长率 δ_{10}（%）	屈服强度 σ_s/MPa
电工用纯铁 C<0.025	DT1、DT2、DT3	已退火	180	230	26	—
普通碳素钢	Q195	未退火	260~320	320~400	28~33	200
	Q235		310~380	380~470	21~25	240
	Q275		400~500	500~620	15~19	280

（续）

材料名称	牌号	材料状态	抗剪强度 τ_b/MPa	抗拉强度 σ_b/MPa	伸长率 δ_{10}（%）	屈服强度 σ_s/MPa
优质碳素结构钢	08F	已退火	220～310	280～390	32	180
	08		260～360	330～450	32	200
	10		260～340	300～440	29	210
	20		280～400	360～510	25	250
	45		440～560	550～700	16	360
	65Mn		600	750	12	400
不锈钢	12Cr13	已退火	320～380	400～470	21	—
	12Cr18Ni9	热处理退火	430～550	540～700	40	200
铝	1060、1050A、1200	已退火	80	75～110	25	50～800
		冷作硬化	100	120～150	4	
铝锰合金	3A21	已退火	70～110	110～145	19	50
硬铝	2A12	已退火	105～150	150～215	12	—
		淬硬后冷作硬化	280～320	400～600	10	340
纯铜	T1、T2、T3	软态	160	200	30	7
		硬态	240	300	3	
黄铜	H62	软态	260	300	35	
		半硬态	300	380	20	200
	H68	软态	240	300	40	100
		半硬态	280	350	25	

　　一般优质钢板的表面质量分为Ⅰ、Ⅱ、Ⅲ三个等级，即高表面质量钢板、较高表面质量钢板及一般表面质量钢板。板料厚度公差常分 A、B、C 三个等级，其厚度公差等级依次降低。板料出厂时一般有退火状态（M）、淬火状态（C）、硬态（Y）及半硬态（1/2 硬 Y_2）等，出厂状态不同的板料冲压性能有很大差异，使用时应根据冲压产品对强度的要求具体选用。

　　3. 船舶及航空航天用冲压材料

　　船舶及航空航天用冲压材料除要求应具有较好的塑性外，往往还需要良好的焊接性能。

　　（1）低碳钢板　一般低碳钢板料通常用于受力不是很大的冲压件。除去上述介绍的常用碳钢板外，增加了 10F 钢，这种钢塑性指标高，厚向异性系数 r 值很大，宜用于复杂形状件深拉深成形。但低碳钢板的拉伸曲线上常可见明显的屈服平台，冲压加工时可能产生损坏零件外观的滑移线，当变形超过屈服平台后，滑移线消失，使零件表面留有粗糙痕迹，强度降低。对于弯曲成形，同样会产生这类脆性线。因此，冲压用低碳钢板冷轧和退火后，常需进行调质轧制，使其变形量超过屈服平台，避免冲压加工时产生滑移线。

　　（2）合金钢板　常用合金钢板有 12Mn2A、10Mn2、25CrMnSiA 等，这类钢板既有良好的塑性和焊接性能，还有较高强度，可用于成形重要的冲压件。

　　钛合金 TC1、TC4 具有滑移系少、塑性差、各向异性强、变形力大等缺点，通常需要采取加热成形、蠕变校形工艺措施。

　　不锈钢 1Cr18Ni9、12Cr13 及高温合金 GH30 等常用作航空发动机零件，由于这类钢板硬化效应很强，因此常需采用特殊的润滑工艺和特种材料制造模具。

（3）有色合金板料　由于有色合金具有重量轻的优点，在航空工业中得到了广泛应用。常用铝合金中有铝锰合金 3A21 及铝镁合金 5A03、5A06 等不能进行热处理强化，因此，只能靠冷作硬化来提高其强度。铝镁合金随其末端数字增大强度逐渐提高，塑性降低，冷作硬化效应显著增长，且成形后回弹增大。而硬铝 2A11、2A12 等可以热处理强化，在退火状态下冲压性能较好，常用于成形承受重载的机翼、机身、蒙皮、大梁等零件。

此外，某些有色合金作为冲压材料成形时，通常需增设加热、中间退火等工艺措施。

4. 冲压用汽车钢板

（1）常规车用钢板　汽车冲压件常用钢板主要是 08、08F、20、25 和 Q345 等，包括热轧板和冷轧板。其中，热轧板主要用来冲压成形大梁、保险杠等重负荷零件，因此，要求热轧板既具有较高的强度、刚度，还要有一定的冲压成形性能。而冷轧板主要用来成形车身覆盖件等形状复杂、承受负荷较小的冲压件，因此，对这类冷轧板的强度要求不是很高，但需要具有良好的成形性能和表面质量。

（2）新型车用钢板　随着汽车减重、减排要求不断提高，各种高强度钢板纷纷引入车身制造，使得车身外覆盖件的板厚由原来的 1.0 ~ 1.2mm 已经减薄至 0.7 ~ 0.8mm。按照超轻车身（ULSAB）所采用的定义，将屈服强度小于 210MPa 的钢称为软钢；屈服强度在 210 ~ 550MPa 之间的钢称为高强度钢（HSS）；屈服强度高于 550MPa 的钢称为超高强度钢（UHSS）。

1）高强度钢板。目前用于汽车车身制造的新型高强板主要有各种镀锌钢板。其中，BH（Bake Hardening steel）烘烤硬化钢板是一种成形时屈服强度较低，而成形后经过适当高温时效处理后屈服强度有所提高的新型钢板。DP（Dual Phase）双相钢由低碳钢和低碳低合金钢经临界区处理或控制轧制而得到，它的室温组织由软相铁素体和硬相马氏体组成，强度随马氏体含量增加而线性增加，一般强度范围为 500 ~ 1200MPa。TRIP（Transformation Induced Plasticity）相变诱发塑性钢是由铁素体、贝氏体和残余奥氏体组成的，因而也称之为三相钢或复合钢。它利用了奥氏体的形变诱发相变、相变诱发塑性的特点，在塑性成形过程中，变形累积至临界值时，钢中的残余奥氏体便开始逐渐向马氏体转变，从而达到很强的相变强化效果。还有很多新型车用钢板也逐渐进入了汽车车身制造，如析出强化钢板、冷轧各向同性钢、TWIP（Twinning Induced Plasticity）孪生诱发塑性钢、拼焊板等。

2）复合钢板。复合钢板是以钢板为基，通过使用一定方法和材料制成一种新的多相钢板。其最大特点是性能比组成材料的性能优越得多，大大改善或克服了组成材料的弱点，使其更加适合于冲压加工并具有较好的使用性能。复合钢板包括种类较多，如在钢板表面涂覆具有特定使用性能的树脂组成复合钢板，其涂层厚度一般 0.1 ~ 0.45mm。这样，既增强了钢板的耐腐蚀性，同时还提高了冲压成形性能。据资料介绍，将 08F 钢板双面涂以 0.04mm 的聚氯乙烯薄膜后，其极限拉深系数比 08F 钢板降低了 12%。将不同金属板料冷轧叠合成一体后，可以提高其断裂时的变形程度。以钢为基体多孔性青铜为中间层，塑料为表层的三层复合板料，其强度和刚度取决于基体钢，而表面耐磨性取决于表层塑料，多孔性青铜则为二者的结合介质，这种板材适合于汽车、飞机中既要有耐磨性又要求有一定变形抗力的零件。

近年来，随着汽车工业的快速发展，汽车用板材的用量猛增。据资料介绍，北美汽车钢板用量已占钢铁生产量的一半以上。日本的钢铁企业与汽车生产企业协作开发具有高冲压性能的高强度钢板，并向用户提供 15 项钢板成形性能指标，大大促进了新型汽车钢板的开发研制。他们在多相钢中增加铁素体的体积含量，显著提高了多相钢板的拉深性能。并开发出 n 值 0.237，而 r 值高达 2.5 的优质新钢种，以供车身覆盖件成形生产使用。

第四节　冲 压 设 备

冲压设备作为模具工作的动力机构，是冲压生产的重要组成部分，同时也是冲压工艺方案设计和模具设计的主要依据。

一、冲压设备的类型

冲压生产所用设备主要有剪床、辅助压力设备及各种压力机等。

1. 剪床

冲压所用原材料多为板料，在冲压加工前，需要提供具有一定形状尺寸的板坯，因此，应配备相应的剪床，有时也称剪板机。图 4-5 所示为通用薄板剪床的传动系统示意图。电动机通过传动机构将转矩和转速传给曲轴、连杆，带动滑块上下运动。滑块上装有上剪刃，向下运动时与装于工作台上的下剪刃将期间的板料剪断。离合器的作用是控制上剪刃的位置，工作间歇时使上剪刃停止在最高位置上。板料送进前方设有可调挡铁，用来给板料定位。另外，在大型连续下料工序中，与板料送进方向相垂

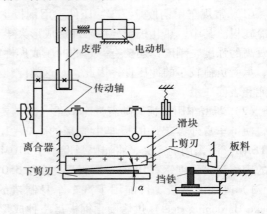

图 4-5　通用薄板剪床传动系统示意图

直的侧面还设有导向块，以保证板料送进方向与剪切面相垂直。

一般，剪切板厚小于 10mm 的剪床多为机械传动，剪切厚度大于 10mm 的剪床常采用液压传动结构。（或采用气割、锯割等方法剪裁）。

2. 辅助冲压设备

在大型冲压车间，除去上述常规冲压设备外，往往还需要开卷落料线，汽车制造厂的模具生产部门需要配备各种试模压力机和研配压力机等。

（1）试模压力机　试模压力机主要用于新模具或维修模具的试冲。为了不占用生产设备试模，大型拉深模具必须利用试模压力机试冲。试模压力机通常有机械式和液压式两种，一般汽车制造厂较多地采用后一种形式的试模压力机。根据模具的不同结构，相应有单动、双动液压试模压力机。

1）试模压力机的主要功能。压力机滑块的名义压力、行程－时间曲线、整机刚度和运行精度应与生产线第一台压力机一致或接近，以保证调试效果与生产工艺相吻合，减少经调试成功的模具在生产压力机上的调试时间。另外，试模压力机飞轮能量应略大于做一次试冲工艺所消耗的能量。

2）试模压力机上试模的目的。调试过程中，根据试冲零件的成形质量及可能产生的缺陷，可在试模压力机上优化并修正被调试模具。

（2）研配压力机　研配压力机主要用于检查工作表面的结合、刃口间隙情况，但不用于板料试冲。

1）主要功能。研配压力机的名义压力只需能够提起滑块和上模即可，对滑块运动曲线和整机刚性要求不高，但必须具有控制滑块寸动和微小位移的功能；为了便于研修上模，需有可翻转（180°）滑块垫板的控制装置以及供滑块垫板移入移出的轨道等。

2）特殊装置。研配压力机滑块应装有移动式上模快速夹紧装置、任意位置锁紧装置，并要求配有过载保护装置。另外，为方便装卸和调试，应有移动工作台等。

3. 压力机及其类型

冲压用压力机种类较多，根据驱动方式不同，主要可分为机械压力机和液压压力机两大类。生产中常用的有机械压力机（J）、液压压力机（Y）、自动压力机（Z）、锻压机（D）、弯曲校正机（W）等。在使用中，通常按照压力机的结构特点分成多种类型，其名称、结构特点及基本用途如表4-6所示。

表4-6　压力机的种类及基本用途

种类	特点	基本用途
开式压力机	C型床身结构，也称单柱压力机，通常床身可倾斜，便于出料；结构刚度较差，可在前、左、右三个方向上操作，操作空间大，只能左右送料	用于小型冲压件生产
	开式双柱床身结构：只能前后送料	用于中、小型冲压件生产
闭式压力机	床身为框架式，两侧封闭；刚度好、精度高；只能在前后两个方向上操作，操作空间小，只能前后送料	适用于中、大型冲压件生产
单点压力机	工作滑块由一套曲柄连杆带动；吨位及工作台面较小	适用于中、小型冲压件生产
双点压力机	工作滑块由两套曲柄连杆带动；吨位及工作台面较大	适用于中、大型冲压件生产
四点压力机	工作滑块由四个连杆带动，吨位及工作台面更大	适用于大型冲压件生产
单动压力机	只有一个滑块	适用于中、小型冲压件生产
双动压力机	具有内、外两个滑块；内滑块为工作滑块，用于拉深成形；外滑块用于压料，压力可调	适用于复杂大、中型拉深件生产
高速压力机	滑块运行速度高、导向精度高	适用于中、小冲压件的大批量生产

机械压力机通常由曲柄连杆机构带动滑块运动，行程调节范围较小，工作效率较高，但输出压力取决于连杆的转动角度，通常在滑块接近下止点位置时，压力机输出压力达到额定值。液压压力机没有固定行程，全程压力恒定，但滑块运动速度较低，生产效率低，适用于中、大型件成形类冲压生产。

二、压力机的基本结构和作用

在制定冲压工艺方案或着手进行模具设计时，首先需要掌握现有或需用冲压设备吨位、结构形式、工作台面的尺寸以及可操作方式等。因此，从事冲压工艺和模具设计的技术人员，需要对压力机的基本结构和作用有所了解。

1. 机械压力机

冲压用机械压力机主要是指曲柄压力机和摩擦压力机等。

（1）曲柄压力机　曲柄压力机是以曲柄连杆机构为主传动机构的机械式压力机，在冲压加工，特别是冲裁加工中应用最广泛。根据床身结构，常用曲柄压力机可分为开式（双柱）可倾压力机和闭式单点、双点及四点压力机。开式可倾式床身结构操作灵活，可倾机构可方便地用于小型冲裁加工。而公称压力较大的曲柄压力机多采用闭式床身结构，适用于前后送料的中、大型冲压件生产。

1）工作原理。压力机的基本工作原理如图 4-6 所示。电动机通过带轮经主传动齿轮、主传动轴、小齿轮、大飞轮将运动能传递给曲轴，带动曲轴作减速旋转运动。在曲轴的曲拐处装有连杆，连杆小头与滑块铰接，通过连杆绕曲拐轴颈相对转动而带动受两侧导轨限制的滑块进行上、下往复直线运动，实现冲压加工。

2）传动系统。传动系统由电动机、带轮、小齿轮、大飞轮等组成。主要作用是将电动机输出转矩和转速按计算速比减速后，经离合器传递给曲柄连杆滑块机构，输出一定压力并作往复直线运动。电动机的运动能通过传动系统传递至工作机构，使二者之间获得一个预定的定比传动。

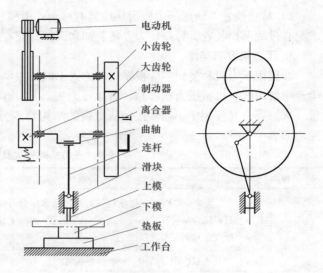

图 4-6　曲柄压力机传动系统

3）操纵系统。主要包括电控装置、气控装置、离合器、制动器等。压力机开动后尚未踏下脚踏板或按下行程开关时，飞轮空转而曲轴并不转动。当踏下脚踏板时，离合器将曲轴和飞轮连接起来，使曲轴旋转并带动滑块上、下运动。

压力机工作时，主电动机始终在旋转，而滑块实际工作运行时间很短，为使电动机负荷均匀，有效利用能量，装有大飞轮用以储备惯性能量。

4）工作机构。是指曲柄、连杆及滑块所组成的运动系统。连杆大头套在曲柄轴颈内，由连杆盖使连杆与曲柄构成一个可相对转动但不能脱离的传动副。连杆小头内装有一可以改变连杆与滑块之间连接距离的调节螺杆，用以调节压力机的闭合高度。当旋入调节螺杆使连杆与滑块之间的距离最短时，在滑块下止点处，压力机的闭合高度最大，反之，闭合高度最小。为防止压力机过载损坏连杆或模具，通常在球头与球碗之间设置一保险杯，当压力机过载时，先将保险杯剪切破坏，实现自动保护。

滑块下端设有一模柄孔，利用两个小半环夹持器夹紧模具上端的模柄，由于两个小半环扣合后的内轮廓线小于模柄外轮廓而使上模与滑块联接成一体。下模利用压板和穿过下工作台 T 型槽的螺钉固定在下工作台上表面。

压力机滑块内设置一打料横梁，如图 4-7 所示。当滑块如图 4-7a 所示在下止点时，打料杆下表面压住板料，上端面将打料横梁向上托起。冲裁结束后，滑块返程带动打料横梁、打料杆和上模一同上行，当打料横梁上行至触及固定可调打料螺杆时停止运动，而滑块带动上模继续上行，如图 4-7b 所示，上模内的工件或废料被停止运动的打料杆推出。一般压力机还在下床身内设有液压或气动顶料机构，用来将滞留在下模内的工件或废料推出，以提高冲压生产节拍。

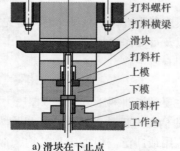
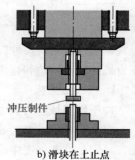

a) 滑块在下止点　　　b) 滑块在上止点

图 4-7　打料机构

（2）摩擦压力机　摩擦压力机利用摩擦轮与飞轮之间的接触摩擦传递动力，将飞轮积蓄的转动能量通过螺杆和螺母的相对运动传递给滑块，实现上、下往复运动，结构原理如图 4-8 所示。电动机通过带轮带动主轴及与主轴用键固联的左、右摩擦盘旋转，主轴可带动固定在其上的摩擦盘在水平方向内做轴向移动。当按下手柄或踏下脚踏板时，通过一组操纵杠杆使主轴向右移动，左摩擦盘与飞轮接触并压紧，在摩擦力作用下，将摩擦盘的垂直旋转运动转换成飞轮的水平旋转运动，与飞轮固结在一起的螺杆在固定于机架上的螺母中旋转时即带动滑块上、下移动。当滑块运动到一定位置时，将手柄扳平，飞轮与摩擦盘脱离接触，滑块等落下部分元件靠自重继续下行一段距离。反向扳动手柄可使主轴左移，右摩擦盘压紧飞轮轮缘，使飞轮反向旋转，滑块上行，完成一次工作行程。

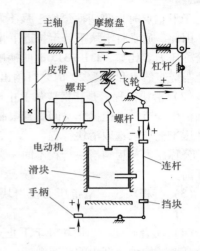

图 4-8　摩擦压力机的传动示意图

摩擦压力机的输出压力大小，在一定范围内可通过操纵手柄的位移来控制。由于压力超负荷的结果仅仅使飞轮与摩擦盘之间产生滑动，所以摩擦压力机通常允许冲压力超过公称压力的 25% ~ 100%。摩擦传动的效率低，只有 10% ~ 15%，因此设备吨位受到限制，常用来完成中、小型校正、成形等冲压工艺。

2. 液压压力机

液压压力机的种类较多，根据运动滑块的数量可分为单动、双动或三动（附加侧滑块）液压机。在冲压生产现场最常用的是三梁四柱式液压压力机，对于大型拉深、成形工艺可选用双动压力机，以实现自动压料。

液压压力机是由电动机带动液压泵作为动力源，通过液压缸带动滑块做上下往复运动，并输出恒定压力，通常不会发生超载闷车现象。液压机滑块导向精度较高，压力和行程可调，通常带有上、下顶出装置，在冲压生产车间应用广泛。但由于滑块运行速度较慢，用于冲裁加工时，生产效率较低。

三、压力机的型号与技术参数

1. 曲柄压力机的型号

按照 JGQ2003—84 规定，曲柄压力机的型号采用汉语拼音字母、英文字母和数字表示。如 JB23 –63A 中各自的意义是：

J——机械压力机。

B——同一型号产品的变型顺序号。压力机主要参数与基本型号产品相同，但某些次要参数有所改变时称为变型。"B" 表示某些参数与基本型号不同的第二种变型。

2——系列代号，第 2 列表示为开式双柱压力机。

3——组代号，第 3 组表示机身可倾。

63——公称吨位，压力机型号中的公称吨位采用工程单位"吨"表示。

A——重大改进序号，"A"代表对原型结构和性能做了第一次重大改进。

2. 曲柄压力机的主要技术参数

（1）公称压力　公称压力也称额定压力或名义压力，是指滑块所能承受的最大作用力。滑块位于下止点时，曲柄轴颈位于最下端，连杆处于垂直位置，此点正是工作行程与回程的交界点，因此，通常将滑块下行至接近下止点某一段距离时，滑块所能承受的最大作用力称作压力机的公称压力。比如，J31 - 315 型曲柄压力机的公称压力是指其滑块距下止点前 10.5mm 或连杆轴线至与竖直线夹角约为 20°时，可输出最大压力为 3150kN。

（2）滑块行程　是指滑块从上止点到下止点所经过的距离。运行速度相等时，滑块行程小，可加快生产节拍，但操作空间受到限制；滑块行程大，操作空间大，但工作行程长。通常需要根据冲压工艺要求选取滑块行程。

公称压力行程与滑块行程不同，它是指滑块下行产生最大输出压力时，滑块底端面距下止点的距离。

（3）行程次数　是指压力机滑块每分钟从上止点到下止点，再返回到上止点的工作循环次数。

（4）闭合高度　当滑块处于下止点时，其下端面与工作台上表面之间的距离称为压力机的闭合高度。旋动连杆中的调节螺杆可实现闭合高度调整。通常将螺杆调至伸出长度最长时的闭合高度称为最小闭合高度，因此时滑块与曲柄具有最大间距；如果将调节螺杆全部旋入连杆小端，则滑块至下止点时距工作台上表面距离最大，此时得到最大闭合高度。调节螺杆的有效调节长度，即代表该压力机的闭合高度调节量。

（5）装模高度　所谓装模高度与压力机闭合高度相同，区别在于有的压力机工作台上表面装有工作垫板，这时，装模高度与闭合高度就只差一个垫板的厚度。

（6）模柄孔直径　中、小型压力机滑块下端开出模柄孔，以方便安装上模，通常应给出模柄孔直径和深度。

其他参数还有滑块和工作台面尺寸、下漏料孔直径、梯形槽间距和尺寸等。

四、冲压设备的选择

冲压设备的选择包括两部分内容，一是选择设备的类型，另一个是选用该设备的规格。

1. 设备类型的选择

选择设备类型应与冲压生产纲领相匹配。比如，对于小型薄板冲裁，应首选开式机械压力机。这种压力机操作方便、易于更换或调整模具，且通常滑块行程短、行程次数多，可提高生产效率。但应注意的是，冲裁间隙往往需要靠模具自身导向精度来保证。

对于大、中型冲压件的生产，应选择床身刚度好的闭式压力机，冲压精度易于保证，并便于实现机械化生产。

当成形具有复杂形状的覆盖件时，宜选用液压压力机，因为液压压力机具有稳定的运动速度和输出压力，可使板料变形稳定。

摩擦压力机通常只适用于单件小批量生产或新产品试制。

2. 设备规格的选择

（1）确定压力机吨位　确定设备规格时，首先应确定吨位。一般需要先计算出加工某一零件所需的最大冲压力，必须使压力机额定输出压力大于该最大冲压力，并有相应的裕度。此外，还需根据冲压工艺类型分别考虑，比如对于冲裁工艺，通常只要保证压力机额定输出压力即可。但对于成形工艺，则需考虑压力机的公称压力行程，根据压力机的压力 - 行程曲线来判断最大冲压力是否符合公称压力行程规定。特别是对于深拉深加工，最大拉深载荷的出现点往往在压力 - 行程曲线有效范围之外，这种情况下，则应考虑更换规格。

（2）确定压力机的工作尺寸　压力机的工作尺寸主要是指其闭合高度、工作台面和滑块尺寸以及各种安装、漏料孔尺寸等。设计模具时，通常是在设备吨位确定后，按照压力机工作尺寸来布置模具结构，因此，压力机的工作尺寸是也是模具的设计依据。

思 考 题

1. 冲压加工有何特点？为什么板料冲压在工业中的应用越来越广泛？
2. 板料冲压加工可分为哪两种主要工序？其主要变形区别是什么？
3. 金属板料成形过程中主要产生哪些失效形式？失效的力学机理是什么？
4. 简述金属板料的硬化指数 n 值对冲压加工性的影响。
5. 板料各向异性对冲压成形有何影响？
6. 金属板料中的碳含量对冲压成形性有何影响？
7. 冲压生产通常应用哪几种设备？
8. 简述曲柄压力机的工作原理。
9. 曲柄压力机的公称吨位是什么？其与传动机构的运动位置有何关系？

第五章　冲裁工艺与模具设计

学习重点

　　了解金属板料冲裁变形过程，学会分析工件的冲裁质量及其影响因素；认识凸、凹模间隙对冲裁断面质量、冲裁件尺寸精度和模具使用寿命的重要影响，并要求能够正确确定合理的冲裁间隙、计算冲裁模具刃口尺寸；在学习并掌握基本冲裁工艺设计方法的基础之上，要求能够独立设计简单冲裁模具结构、具体计算模具工作零部件和重要辅助零部件的结构尺寸；了解并掌握精密冲裁加工原理、变形过程和工艺方法。

　　冲裁是利用模具将工件或工序件从被加工材料或废料中分离的冲压工序。冲裁所得到的工件可以直接作为零件使用或用于装配部件，并且也经常作为其他工序如弯曲、拉深、成形、翻边等工序的毛坯。

第一节　冲裁工艺分析

一、冲裁变形过程

　　板料的冲裁由模具的凸模和凹模的工作刃口完成。冲裁变形过程，是指从板料与凸模、凹模刃口相接触开始直到制件形状完全形成或与废料完全分离的过程。当凸模开始与被冲材料接触时，对板料的一侧施加带有冲击性的主动压力，而凹模工作表面对被冲板料施以被动的支撑力。如图 5-1 所示，随着压机滑块下行，凸模和凹模刃尖压入板料，在两刃尖连线两侧狭小区域内（图中虚线所示范围），产生逐渐增强的塑性变形，而其他部分仅发生了程度不等的轻微塑性变形或弹性变形。凸模逐渐靠近凹模，最终使板料分离，其变形过程大致可分为弹性、塑性和断裂分离三个阶段。

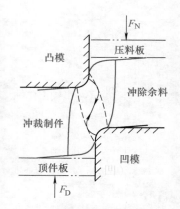

图 5-1　冲裁断面变形过程

1. 弹性（压缩塑性）变形阶段

　　当凸模下行接触到材料表面时，由于凸、凹模之间存在一定间隙，使板料在凸模主动力和凹模被动力作用下产生弹性弯曲，在凸、凹模刃口附近极小的区域中，板料受剪切而产生压缩变形，而其余部分基本处于自由状态。凸模继续下行，将部分材料挤入凹模口内，凸、凹模间隙的存在使板料产生弯曲和拉伸。凸模下的板料凸向冲裁方向产生弯曲，凹模上的材料逆冲裁方向产生翘曲。由于上下刃口对材料施力的作用线不一致，凸、凹模之间的间隙越大，这种弯曲和翘曲越严重。在这一阶段，与凹模内侧刃和凸模外侧刃接触的板料表面因受弯曲和拉伸而形成较小的圆角。

2. 塑性（剪切）变形阶段

板料在凸、凹模刃口附近受到不同方向的压缩而产生剪切变形，内部应力达到屈服点时，开始进入塑性变形阶段。随凸、凹模刃尖挤入板料，剪切区材料开始产生宏观滑移，形成光亮的剪切断面。刃口附近材料在拉应力作用下，不能承受更大变形而产生裂纹。由于刃尖部分的静水压应力较高，裂纹起点通常产生在刃尖侧面附近的某一区域。

由于附加弯曲使得凹模刃尖附近的静水压力比凸模刃尖附近的静水压力低，对于同一个刃尖，侧面的静水压力比正面的静水压力低。而断裂最容易发展的部位，一般认为是静水压力最低的凹模刃口的侧面，此处应为宏观裂纹的起始点。形成破断面的宏观裂纹由于集中变形，在已经变形硬化的区域与未产生变形硬化区域的交界线处发生。撕裂纹仅可能沿着静水压力较低的路线前进，在发展途中沿着贯穿硬化区域与凸模侧裂纹相汇合，形成断裂面。

3. 断裂分离阶段

凸模继续压入使上下刃口附近的裂纹扩大、发展，如果间隙合理，上下裂纹相遇重合，由于拉断使断面上形成了一个粗糙的区域，冲落部分克服摩擦阻力从板料中推出，冲裁结束。

4. 变形过程中的受力分析

冲裁开始阶段，变形是在以上、下刃口连线为中心的纺锤形区中进行的。从刃口尖附近开始向板料厚度中心逐步扩大。凸模挤入材料一定深度之后，变形区被此前已经变形硬化了的区域所包围。

如图 5-2 所示，由于冲裁过程中凸模下面及凹模上面的板料分别产生弯曲变形和翘曲，使得变形区的应力状态非常复杂，且随变形过程瞬时变化。其中：

A 点（凸模侧面）：σ_1 为板料弯曲与凸模侧压力引起的径向压应力；切向应力 σ_2 为板料弯曲引起的周向压应力与侧压力的合成应力；σ_3 为凸模下压形成的轴向拉应力。

B 点（凸模端面）：凸模下压及板料弯曲内侧径向受压引起三向压缩应力。

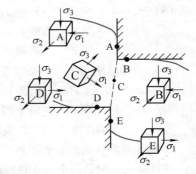

图 5-2 冲裁变形区应力分布

C 点（断裂区中部）：σ_1 为因凸、凹模间隙使板料受拉而产生的拉应力；σ_3 为板料轴向受挤压而产生的压应力。

D 点（凹模端面）：σ_1、σ_2 分别为板料弯曲引起的径向拉应力和切向拉应力；σ_3 为凹模端面阻止材料轴向移动挤压板料产生的轴向压应力。

E 点（凹模侧面）：σ_1、σ_2 分别为由板料弯曲外侧的切向拉应力与凹模侧压力引起的压应力，其形成与间隙大小有关，σ_3 为凸模下压引起的轴向压应力。

冲裁时，由于受弯曲的影响（径向断面如同双支点梁）使材料在靠凹模的一侧受拉，靠凸模的一侧受压。所以，裂纹一般由凹模侧先开始形成。如果有压料板压料和下顶件，则使靠近凸模侧材料受拉，而凹模面上材料受压，这时，裂纹易从凸模刃口侧开始形成。

二、冲裁件质量分析

1. 冲裁断面的特征及形成

由于板料在冲裁过程中所经历的变形过程及凸、凹模间隙的影响，冲裁件断面与板料上下表面不垂直且粗糙不光滑。一般的冲裁断面常呈现如图 5-3 所示圆角带、光亮带、断裂带和毛刺 4 种特征表面。

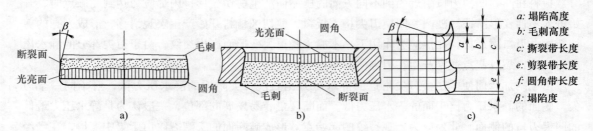

图 5-3　冲裁件断面质量

（1）圆角带　冲裁断面上的圆角是变形初期与刃口非接触区板坯受拉伸弯曲后自由移动所形成的。凸模压入板料尚未产生剪切裂纹之前，刃尖及外侧材料被强行拉入凸、凹模间隙内，因固定凹模的支撑反力而产生弯曲和伸长变形，即形成所谓圆角带。同样，凸模下行时，其底部材料与凹模上表面材料相对移动，凹模刃尖内侧材料产生自由弯曲和伸长变形也形成圆角带。因此，冲孔件的圆角通常产生在与凸模接触侧，而落料件的圆角则产生在与凹模接触一侧。

（2）光亮带　凸、凹模刃尖附近的板料开始发生塑性变形时，在圆角带终了处开始产生剪切变形，被剪断板料沿冲压方向受到凹模刃口侧壁强烈的摩擦挤压，形成光亮垂直的新生表面，这种光亮带的高度通常占整个断面高度的 1/3 ~ 1/2。

（3）断裂带　在凸模下行拉力作用下，刃尖附近板料微裂纹尖点沿变形抗力最弱的方向产生撕裂，撕裂纹不断扩展形成表面粗糙且带斜度的断裂面，其表面显现出经过强烈塑性变形后的金属色。

（4）毛刺　从产生撕裂裂纹开始，凸、凹模间隙内的板料在冲裁方向上始终受到拉力作用，同时，还因凸、凹模刃尖交错而具有弯曲变形的趋势。因此，板料最终拉断点附近产生了冲裁方向上的伸长变形，终断点高出板料平面，形成毛刺。由于毛刺尖点通常在离开刃口尖点附近形成，因此，裂纹的产生点和刃口尖距离成为毛刺的高度。

2. 影响冲裁断面质量的因素

冲裁断面质量是由上述 4 种特征表面所占比例大小来衡量的。从产品的使用角度来看，通常认为光亮带比例越大，撕裂带、圆角带和毛刺所占比例越小并且断面斜度越小，则断面质量越好。冲裁件断面质量受材料性能、模具间隙及刃口状态等多重因素影响，是冲裁工艺分析及模具设计必须考虑的重要内容。

（1）材料性能的影响　通常认为冲裁时塑性较好的板料被拉入凹模口深度较深，冲裁断面上形成的圆角带比例大。又由于塑性好使得裂纹出现得较迟，板料被剪切的深度相对大，因而断面上光亮面比例大，撕裂面比例小。

塑性较差的材料，一般刚性较好，冲裁件的穹弯现象不明显。由于容易产生拉裂，冲裁断面的圆角带和光亮带所占比例小，撕裂面比例增大，因而冲裁断面质量相对差。

实验资料表明，板料的硬化指数 n 值较大时，发生断裂时的圆角带、剪裂带及表面塌陷深度所占比例之和相对增加。但剪裂带高度并不始终随 n 值增大而增大，而是在特定 n 值情况下，具有最大剪裂带高度。

（2）模具间隙的影响 冲裁时，板料在凸、凹模间隙中产生瞬间复杂的变形过程，断裂面上、下裂纹走向及附加变形大小不仅受材料力学性能影响，而且与凸、凹模间隙密切相关。图 5-4 所示为不同间隙造成断面质量的变化。间隙适当时，如图 5-4a 所示，刃尖附近沿最大切应力方向产生的裂纹可能汇合成一条线。此时，尽管断面与

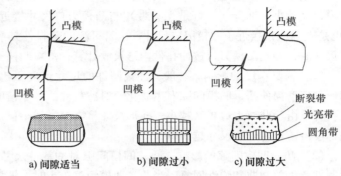

图 5-4 凸、凹模间隙对断面质量的影响

材料表面不垂直，但比较平滑，毛刺较小，制件的断面质量较好。

冲裁间隙过小，如图 5-4b 所示，上、下裂纹不重合。由凹模刃口附近产生的裂纹进入凸模下面的压应力区而停止发展，凸模刃口附近产生的裂纹进入凹模上面的高压应力区也停止发展，形成滞留裂纹。凹模继续下压，两条裂纹相距最近处将产生二次裂纹而出现第二光亮带。另外，间隙小，弯曲和拉伸变形小，裂纹产生较迟，光亮带变宽，穹弯小，断面斜度和圆角相对减小。

间隙过大，如图 5-4c 所示，凸、凹模刃尖处的裂纹较正常间隙向外、内错开一段距离，上下裂纹也不重合。裂纹间的材料产生第二次拉裂，断面出现两个斜度。由于间隙过大，板料在冲裁过程中产生的弯曲和拉伸变形较大，拉应力增大使塑性变形结束早，所形成的光亮带较窄、圆角与斜度大，穹弯严重，并且毛刺也较大。

由图 5-5 所示凸、凹模间隙与剪切面高度的近似关系可知，间隙较小时，变形区内静水压力高，由塑性变形创成的剪切面增加。但在某一较小间隙值时，冲裁断面上剪切面最小。随着冲裁间隙增大，变形区的静水压力逐渐降低，而由刃尖切削创成的剪切面高度又有所增加。对于薄板冲裁，靠增大凸、凹模间隙来提高剪切面比例是不现实的。即使在厚板冲裁中，增大凸、凹模间隙可相对提高剪切面比例，但由于断面斜度增大，将会降低冲裁断面的综合质量。

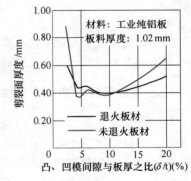

图 5-5 冲裁间隙与剪切面高度的近似关系

另外，如果沿凹模轮廓线冲裁间隙分布不均匀时，不仅在间隙不合理处产生局部毛刺，导致过小间隙处模具刃口磨损严重，甚至可能产生崩刃现象。

（3）模具刃口的影响

1）刃口状态的影响。模具的刃口锋利，冲裁时切入迅速，产生的圆角带和毛刺相对小。而刃口磨钝时，材料与工作刃口的接触面积增加，较大的挤压变形延缓了裂纹的产生，断面上圆角大、光亮带宽，但容易产生较大的毛刺。通常情况下，凸模刃口磨钝，毛刺产生在落料件断面上，而凹模刃口磨钝时，毛刺产生在冲孔件的断面上。

2）摩擦的影响。冲裁过程中，局部板料与凸、凹模工作刃口之间的摩擦较大时，使得产生断裂位置的凸模压下行程以及断面中剪切面高度增加。凸、凹模刃尖附近的静水压力大小是决定裂纹发生时刻的重要因素，而增大刃尖处的滑动摩擦力可相应提高刃尖附近的静水压力，某种程度上可使断裂滞后产生。

3. 影响冲裁件尺寸精度的因素

无论是冲孔或是落料工序,工件上垂直于冲裁方向的尺寸都有大、小两个部分。对于冲孔件来说,尺寸小的部分(恰好是光亮带)与凸模刃口尺寸接近;对于落料件来说,尺寸大的部分(也是光亮带)接近于凹模刃口尺寸,也是可测的落料件外廓尺寸(包容尺寸)。因此,计算刃口尺寸时,冲孔凸模刃口按冲孔件内形尺寸计算,落料凹模刃口按落料件外形尺寸计算。

(1) 模具精度的影响　一般,冲裁制件的尺寸精度要比模具精度低 2~4 级。使用过程中,工作刃口磨损使凸、凹模间隙发生变化,对冲裁件的尺寸精度和平整度都会造成很大影响。对于冲孔件,由于凸模刃口越磨越小,孔形尺寸将会越来越小;而对于落料件,由于凹模刃口越磨越大,使得落料件外廓尺寸越来越大。

(2) 凸、凹模间隙的影响　凸、凹模间隙对冲裁件尺寸精度的影响,主要来自于冲裁结束后制件产生的翘曲和弹性回复。当凸、凹模间隙较小时,模具刃尖附近的压应力增大,冲裁结束后,材料要向受压的反方向弹性回复,即产生延伸变形。因此,冲孔件的孔形尺寸会小于凸模刃口尺寸,而落料件的外廓尺寸将大于凹模刃口尺寸。当凸、凹模间隙较大时,模具刃尖附近的拉应力增大,冲裁结束后,材料要向受拉的反方向弹性回复,即产生收缩变形。因此,冲孔件的孔形尺寸会大于凸模刃口尺寸,而落料件的外廓尺寸将小于凹模刃口尺寸。

(3) 板料性能和板厚的影响　材料性能对冲裁精度的影响比较复杂,一般认为弹性模量大、屈服强度小的材料变形后弹性回复较小,当凸、凹模间隙适当时,冲裁件的尺寸精度相对较高。板厚对冲裁件尺寸精度的影响也不是单一的,但一般来说,板厚越厚,冲裁时产生的穹弯越小,相应的弹性回复也较小。

第二节　冲　裁　间　隙

冲裁间隙是板料冲裁工艺及模具设计制造中非常重要的工艺参数,因此,需要从其对板料冲裁工艺性的影响以及如何确定正确的合理间隙两个方面来进行讨论。

一、冲裁间隙对冲裁工艺性及模具的影响

板料冲裁时,发生在凸、凹模间隙附近的板料局部变形,不仅影响到冲裁件的断面质量和尺寸精度,而且还将涉及变形力和摩擦变形对模具使用寿命的影响。

1. 凸、凹模间隙对冲裁力及其他辅助外力的影响

(1) 间隙对冲裁力的影响　凸、凹模间隙较大时,刃尖附近的材料产生的拉应力成分增加,而总变形抗力降低使材料容易断裂分离。因此,可降低最大冲裁力。

间隙较小时,变形区内压应力成分增加导致材料变形抗力增大,相同凸模行程中所需冲裁力增加梯度相对较大,使最大冲裁力增大。

(2) 间隙对卸料力、推件力等的影响　冲裁结束后,卸除箍在凸模外廓或挤胀在凹模口内的制件与废料所需的卸料力、推件力或顶件力等,都与凸、凹模间隙大小有关。

间隙较小时,变形区板料受较大压应力作用,卸载后与压缩变形相反方向的弹性回复也较大。即冲孔件孔形尺寸减小,落料件外形尺寸增大,因此,卸除箍在凸模外廓和卡在凹模内壁所需的辅助外力相应增大。

当间隙较大时,变形区板料所受拉应力较大,卸载后的弹性回复导致冲孔件孔形尺寸增大,落料件外形尺寸减小,而制件和废料则产生相反方向的弹性回复。因此,卸载后所需卸料力和推

件力也相应减小。在实际生产中，当凸、凹模单面间隙超过板厚的 15% 时，卸料力几乎减小到零。

2. 间隙对模具寿命的影响

凸、凹模间隙较大时，随着冲裁力和卸料力降低，工作刃口的磨损减轻，可相应提高模具使用寿命。但间隙过大或过小，冲裁时板料在工作刃口面上产生拉伸变形并生成较大毛刺，会使刃尖的磨损加剧，甚至产生崩刃现象。

如果间隙过小，板料在凸、凹模刃尖附近产生较大的挤压变形，引起刃口压缩疲劳、磨损加剧。冲孔废料或落料件挤在凹模口内产生的胀裂力，对模具使用寿命也有很大的影响。

此外，沿凸、凹模轮廓的间隙非均匀分布很容易导致凸模偏移而造成崩刃。通常认为凸、凹模间隙在（10% ~ 15%）t_0 时（t_0 为原始板厚），对刃口磨损的影响较小，即模具的使用寿命较高。

二、合理冲裁间隙的确定

所谓合理冲裁间隙，是指可以获得较好断面质量和形状尺寸精度的冲压制件、降低冲裁力并提高模具使用寿命的凸、凹模间隙。在确定冲裁工艺方案或进行模具设计制造时，通常需要在确保冲裁断面质量和冲裁件精度、提高模具使用寿命或降低冲裁力等几个重要工艺目标中，确定一个主要目标后，再来考虑如何计算合理的冲裁间隙。因此，很难确定一个统一的合理冲裁间隙。加之，由于冲裁变形机理还没有妥善解决，冲裁间隙的理论计算也只能是近似的。基于这种情况，在模具设计时，通常采用近似理论计算、查表或经验估算等方法确定凸、凹模间隙值。

1. 合理间隙的计算

一般认为，冲裁过程中凸、凹模刃尖附近产生的两个裂纹如能直线相接，这种凸、凹模间隙应为最佳间隙值。根据图 5-6 所示的简单几何关系，双面合理间隙可表示为

$$Z = 2(t_0 - h_0)\tan\beta \tag{5-1}$$

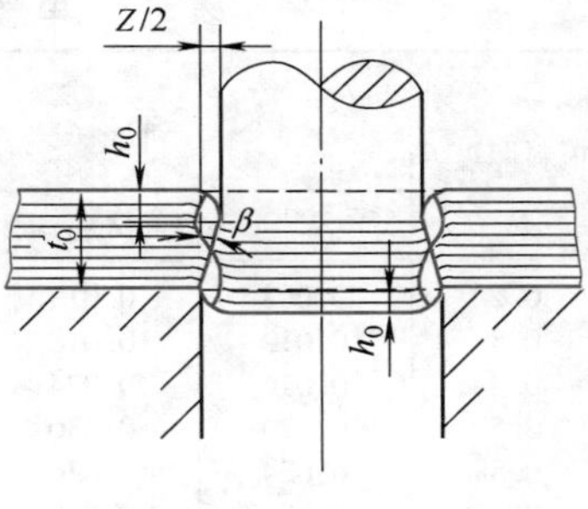

图 5-6　冲裁间隙计算简图

式中　h_0——产生裂纹时凸模刃口切入板料的深度（mm）；

　　　β——上下裂纹接合线与凸模运动方向间的夹角（°）。

通常将 h_0/t_0 称做相对切入深度，软质材料 h_0/t_0 值较大，间隙值相对要取小些。板料越厚，h_0/t_0 值越小，则间隙值应取得大些。裂纹倾角 β 一般由实验得出。表 5-1 给出了关于 h_0/t_0 及 β 的实验测试值，可供参考使用。

表 5-1　h_0/t_0 与 β 的实验测试值

材料	h_0/t_0（%）				$\beta/(°)$
	$t_0 < 1mm$	$t_0 = 1 \sim 2mm$	$t_0 = 2 \sim 3mm$	$t_0 > 4mm$	
软　钢	75 ~ 70	70 ~ 65	65 ~ 55	50 ~ 40	5 ~ 6
中硬钢	65 ~ 60	60 ~ 55	55 ~ 48	45 ~ 35	4 ~ 5
硬　钢	54 ~ 47	47 ~ 45	44 ~ 38	35 ~ 25	4

2. 合理间隙的查表法

经过实践检验的合理间隙值因行业、冲裁件的用途以及材料性能、板厚、冲裁件形状大小等不同而有所差异。表 5-2、表 5-3、表 5-4 分别给出了汽车拖拉机工业、电器仪表工业以及机电工业常用材料合理冲裁间隙的参考值。

表 5-2　汽车拖拉机行业常用板料的冲裁模双面间隙 Z 的参考值　（单位：mm）

板料厚度	0.8、10、35、09Mn、Q235		16Mn		40、50		65Mn	
	Z_{min}	Z_{max}	Z_{min}	Z_{max}	Z_{min}	Z_{max}	Z_{min}	Z_{max}
小于 0.5				极小间隙				
0.5	0.040	0.060	0.040	0.060	0.040	0.060	0.040	0.060
0.6	0.048	0.072	0.048	0.072	0.048	0.072	0.048	0.072
0.7	0.064	0.092	0.064	0.092	0.064	0.092	0.064	0.082
0.8	0.072	0.104	0.072	0.104	0.072	0.104	0.072	0.092
0.9	0.090	0.126	0.090	0.126	0.090	0.126	0.080	0.110
1.0	0.100	0.140	0.100	0.140	0.100	0.140	0.090	0.126
1.2	0.126	0.180	0.132	0.180	0.132	0.180		
1.5	0.132	0.240	0.170	0.240	0.170	0.230		
1.75	0.220	0.320	0.220	0.320	0.220	0.320		
2.0	0.246	0.360	0.260	0.380	0.260	0.380		
2.1	0.260	0.380	0.280	0.400	0.280	0.400		
2.5	0.360	0.500	0.380	0.540	0.380	0.540		
2.75	0.400	0.560	0.420	0.600	0.420	0.600		
3.0	0.460	0.640	0.480	0.660	0.480	0.660		
3.5	0.540	0.740	0.580	0.780	0.580	0.780		
4.0	0.640	0.880	0.680	0.920	0.680	0.92		
4.5	0.720	1.000	0.730	0.960	0.780	1.040		
5.5	0.940	1.280	0.780	1.100	0.980	1.320		
6.0	1.080	1.400	0.840	1.200	1.140	1.500		
6.5			0.940	1.300				
8.0			1.200	1.680				

表 5-3　电器仪表行业常用板料的冲裁模双面间隙 Z 的参考值　（单位：mm）

板料厚度	软　铝		纯铜、黄铜、软钢 （w_C0.08% ~ 0.2%）		杜拉铝、中等硬钢 （w_C0.3% ~ 0.4%）		硬　钢 （w_C0.2% ~ 0.6%）	
	Z_{min}	Z_{max}	Z_{min}	Z_{max}	Z_{min}	Z_{max}	Z_{min}	Z_{max}
0.2	0.008	0.012	0.010	0.014	0.012	0.016	0.014	0.018
0.3	0.012	0.018	0.015	0.021	0.018	0.024	0.021	0.027
0.4	0.016	0.024	0.020	0.028	0.024	0.032	0.028	0.036
0.5	0.020	0.030	0.025	0.035	0.030	0.040	0.035	0.045
0.5	0.024	0.036	0.030	0.042	0.036	0.048	0.042	0.054
0.7	0.028	0.042	0.035	0.049	0.042	0.056	0.049	0.063
0.8	0.032	0.048	0.040	0.056	0.048	0.064	0.056	0.072
0.9	0.036	0.054	0.045	0.063	0.054	0.072	0.063	0.081
1.0	0.040	0.060	0.058	0.070	0.060	0.080	0.070	0.090
1.2	0.060	0.084	0.072	0.096	0.084	0.108	0.096	0.120
1.5	0.075	0.105	0.090	0.120	0.105	0.135	0.120	0.150
1.8	0.090	0.126	0.108	0.144	0.126	0.162	0.144	0.180
2.0	0.100	0.140	0.120	0.160	0.140	0.180	0.160	0.200
2.2	0.132	0.176	0.154	0.198	0.176	0.220	0.198	0.242
2.5	0.150	0.200	0.175	0.235	0.200	0.250	0.235	0.275
2.8	0.168	0.224	0.196	0.252	0.224	0.280	0.252	0.308
3.0	0.180	0.240	0.210	0.270	0.240	0.300	0.270	0.330
3.5	0.245	0.315	0.280	0.350	0.315	0.385	0.350	0.420
4.0	0.280	0.360	0.320	0.400	0.360	0.440	0.400	0.480
4.5	0.315	0.405	0.360	0.460	0.405	0.495	0.450	0.540
5.0	0.350	0.450	0.400	0.500	0.450	0.550	0.500	0.600
6.0	0.480	0.600	0.540	0.660	0.600	0.720	0.660	0.780
7.0	0.560	0.700	0.630	0.770	0.700	0.8740	0.770	0.910
8.0	0.720	0.880	0.800	0.960	0.880	1.040	0.960	1.120
9.0	0.810	0.990	0.900	1.080	0.990	1.170	1.080	1.260
10.0	0.900	1.100	1.000	1.200	1.100	1.300	1.200	1.400

表 5-4 机电行业常用板料的冲裁模双面间隙 Z 的参考值（机电行业用） （单位：mm）

板料厚度	T8、45 12Cr18Ni9		Q215、Q235、35CrMo ZCuSn10Pb1		08F、10、15、H62、 T1、T2、T3		1060、1050A、 1035、1200	
	Z_{min}	Z_{max}	Z_{min}	Z_{max}	Z_{min}	Z_{max}	Z_{min}	Z_{max}
0.35	0.03	0.05	0.02	0.05	0.01	0.03	—	—
0.5	0.04	0.08	0.03	0.07	0.02	0.04	0.02	0.03
0.8	0.09	0.12	0.06	0.10	0.04	0.07	0.025	0.045
1.0	0.11	0.15	0.08	0.12	0.05	0.08	0.04	0.06
1.2	0.14	0.18	0.10	0.14	0.07	0.10	0.05	0.07
1.5	0.19	0.23	0.13	0.17	0.08	0.12	0.06	0.10
1.8	0.23	0.27	0.17	0.22	0.12	0.15	0.07	0.11
2.0	0.28	0.32	0.20	0.24	0.13	0.18	0.08	0.12
2.5	0.37	0.43	0.25	0.31	0.16	0.22	0.11	0.17
3.0	0.48	0.54	0.33	0.39	0.21	0.27	0.14	0.20
3.5	0.58	0.65	0.42	0.49	0.25	0.33	0.18	0.26
4.0	0.68	0.76	0.52	0.60	0.32	0.40	0.21	0.29
4.5	0.79	0.88	0.64	0.72	0.38	0.46	0.26	0.34
5.0	0.90	1.0	0.75	0.85	0.45	0.55	0.30	0.40
6.0	1.16	1.26	0.97	1.07	0.60	0.70	0.40	0.50
8.0	1.75	1.87	1.46	1.58	0.85	0.97	0.50	0.72
10	2.44	2.56	2.04	2.16	1.14	1.26	0.80	0.92

上述表格中所列合理间隙值是实际生产中的选用值，只能供模具设计制造时参考使用。

3. 根据经验确定合理间隙

对于一些精度要求不是很高的冲裁件，确定凸、凹模间隙时，有时可以根据生产实践经验进行估算。估算的主要依据是冲裁件的形状尺寸、要求的冲裁精度及板料的冲压性能和板厚等。表5-5 给出了冲压生产中常用合理间隙经验估算的部分参考取值范围。

表 5-5 冲裁间隙的经验估算

材料	$t_0 \leqslant 3mm$	$t_0 > 3mm$
软钢、纯铁	$(6 \sim 9)\% t_0$	$(13 \sim 19)\% t_0$
铜、铝合金	$(6 \sim 10)\% t_0$	$(16 \sim 21)\% t_0$
硬钢	$(8 \sim 12)\% t_0$	$(17 \sim 25)\% t_0$

4. 确定冲裁间隙的基本原则

1）对形状复杂的大型冲裁件，考虑到模具制造困难，可适当放宽冲裁间隙；随冲裁件尺寸减小，应适当减小凸、凹模间隙，但需保证导向精度；冲裁间隙通常随板料厚度增加而相应增大；相同工艺条件下，具有曲线轮廓的非圆形冲裁件所取间隙应略大于圆形冲裁件凸、凹模间隙；冲孔模间隙比落料模间隙略大。

2）软质材料的冲裁间隙可相应取小些；考虑到崩刃的可能性，硬质材料的冲裁间隙也不宜过大。

3）为退料方便，直壁凹模的冲裁间隙应大于锥壁凹模；电火花加工的凹模刃口间隙，可比磨削的刃口间隙小0.5% ~2%。

4）使用导向精度不高的压力设备进行冲裁生产时，不能仅靠减小凸、凹模间隙来提高冲裁件质量，首先需保证模具具有足够导向精度，然后才能适当减小冲裁间隙。

5）对精度要求不是很高的冲裁件，应适当增大冲裁间隙，以利于提高模具使用寿命。

6）高速冲压生产时刃口频繁工作，可适当加大冲裁间隙。据资料介绍，压机行程超过 200 次/min 时，冲裁间隙应增大 10% 左右；加热冲裁的凸、凹模间隙可比相应条件下的冷冲间隙略小些。

第三节 冲裁模刃口尺寸的计算

一、凸、凹模刃口尺寸的计算原则

（1）计算依据以冲裁变形规律为基准 普通冲裁凸、凹模之间的间隙导致冲裁断面均带有一定锥度，因此，在计算刃口尺寸时，应以冲裁件的测量规则为依据。对于落料件，其外形最大尺寸接近于凹模内形最小尺寸，而冲孔件内形最小尺寸与凸模最大外廓尺寸有关。这样就确定了应以落料件外形尺寸为基准计算落料凹模内形尺寸，而以冲孔件内形尺寸为基准计算冲孔凸模外形尺寸。

（2）考虑冲裁精度和刃口磨损规律 对于落料件，凹模刃口的基本尺寸应取落料件尺寸公差范围内的较小尺寸，以适应凹模刃口经磨损后内形尺寸变大的客观规律，保证凹模经一定程度磨损后仍能冲出合格制件，这时应使凸模刃口的标称尺寸比凹模小一个最小合理间隙。同理，冲孔凸模刃口应取冲孔件尺寸公差范围内较大尺寸，而凹模刃口的标称尺寸比凸模大一个合理间隙值，以保证凸模磨损一定程度时仍能冲出合格冲孔件。

考虑磨损时刃口尺寸的预留量常用 $x\Delta$ 表示，其中，Δ 为冲裁件尺寸的标注公差，x 为刃口磨损系数，与冲裁件的精度要求及预估刃磨量有关，其值通常在 0.25～1 范围内确定。一般，冲裁件精度要求高时，取较小值；反之，冲裁件精度要求不高或预估刃磨量大时，可取较大值。刃口磨损系数可参考表 5-6 的经验数据选取。

表 5-6 刃口磨损系数 x

板料厚度 t_0/mm	非圆形			圆形	
	1	0.75	0.5	0.7	0.5
	制造公差 Δ/mm				
$t_0 \leqslant 1$	<0.16	0.17～0.35	≥0.36	<0.16	≥0.16
$1 < t_0 \leqslant 2$	<0.20	0.21～0.41	≥0.42	<0.20	≥0.20
$2 < t_0 \leqslant 4$	<0.24	0.25～0.49	≥0.50	<0.24	≥0.24
$t_0 > 4$	<0.30	0.31～0.59	≥0.60	<0.30	≥0.30

（3）确定模具制造偏差 原则上，冲模刃口尺寸的制造偏差应向模具实体内部单向标注。由于在计算凸、凹模刃口尺寸时，已经考虑了冲裁件制造公差范围内的较小和较大尺寸，因此，为了保证凸、凹模实际制造间隙值不小于最小合理间隙，磨损后尺寸增大的凹模刃口的制造偏差取正值 $+\delta_d$，磨损后尺寸减小的凸模刃口的制造偏差取负值 $-\delta_p$，而刃口磨损后不发生变化的尺寸，可取双向偏差 $\pm\delta_d$ 或 $\pm\delta_p$。刃口制造偏差也可根据表 5-7 所给参考值适当确定。

表 5-7　规则形状（圆形、方形）凸、凹模刃口的制造偏差　　（单位：mm）

基本尺寸	凸模偏差 δ_p	凹模偏差 δ_d	基本尺寸	凸模偏差 δ_p	凹模偏差 δ_d
18	0.020	0.020	180 ~ 260	0.030	0.045
18 ~ 30	0.020	0.025	260 ~ 360	0.035	0.050
30 ~ 80	0.020	0.030	360 ~ 500	0.040	0.060
80 ~ 120	0.025	0.035	500	0.050	0.070
120 ~ 180	0.030	0.040			

（4）根据制造工艺计算刃口尺寸　冲裁模有单件加工、配作等制造方法，不同的制造工艺所要求的设计图样标注也有所不同，因此，需要按照模具的具体制造工艺来进行刃口尺寸计算。

二、凸、凹模工作刃口尺寸的计算

1. 凸、凹模分别加工

凸、凹模分别加工也称单件制作或称可互换加工，即按照设计图样分别制造凸模和凹模，然后装配起来进行调试，这种加工方法通常需要较高的制造精度。

由图 5-7 所示凸、凹模分别加工时刃口间隙与制造偏差之间的关系可以看出，为了保证凸、凹模刃口的实际制造间隙，并使之处于最小合理间隙 Z_{min} 与最大合理间隙 Z_{max} 之间，需要满足

$$\delta_p + \delta_d \leq Z_{max} - Z_{min} \text{ 或 } \delta_p = 0.4(Z_{max} - Z_{min}),\ \delta_d = 0.6(Z_{max} - Z_{min})$$

的关系，以保证模具的制造精度。

（1）冲孔　如图 5-8a 所示，当制件冲孔尺寸为 $d^{+\Delta}_{0}$ 时，根据制件冲孔直径的公称尺寸 d 先确定凸模刃口直径 d_p，然后以此为基准，按照合理间隙原则加上最小间隙值 Z_{min}，计算得出相应的凹模刃口直径 d_d

$$d_p = (d + x\Delta)^{0}_{-\delta_p} \tag{5-2}$$

$$d_d = (d_p + Z_{min})^{+\delta_d}_{0} = (d + x\Delta + Z_{min})^{+\delta_d}_{0} \tag{5-3}$$

式中　δ_p、δ_d——凸、凹模制造偏差（mm）。

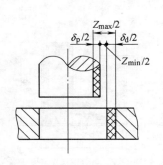

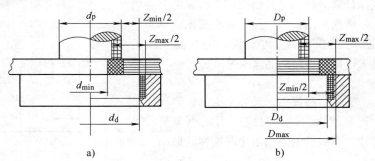

图 5-7　凸、凹模刃口间
　　隙与制造偏差的关系

图 5-8　凸、凹模刃口尺寸的计算关系

（2）落料　落料加工时刃口的尺寸分配关系如图 5-8b 所示。当冲裁件外廓尺寸为 $D^{0}_{-\Delta}$ 时，根据落料件外径公称尺寸 D 确定基准件凹模的刃口直径 D_d，然后在此尺寸基础上减去最小间隙值 Z_{min}，计算得出落料凸模刃口直径 D_p

$$D_d = (D - x\Delta)^{+\delta_d}_{0} \tag{5-4}$$

$$D_p = (D_d - Z_{min})^{0}_{-\delta_p} = (D - x\Delta - Z_{min})^{0}_{-\delta_p} \tag{5-5}$$

凸、凹模分别加工有利于缩短模具制造周期，适用于制件形状简单、刃口容易测量、冲裁精度要求较高且成套生产的模具，可使凸、凹模具有较好的互换性。但为了保证合理间隙，往往需要提高制造精度，给模具加工带来一定难度。

2. 凸、凹模配作加工

在实际模具制造中，通常采用凸、凹模配作加工方法。它又包括两种加工方法，即注配尺寸法和图配尺寸法。

（1）注配尺寸法　当 $\delta_p + \delta_d > Z_{max} - Z_{min}$ 且冲裁件外形比较复杂时，通常采用凸、凹模注配方法来设计制造模具。即在设计图样上只标注冲孔凸模或落料凹模刃口的尺寸和制造偏差，而冲孔凹模和落料凸模只需给出合理间隙，然后按照基准刃口来配作加工。这种加工方法可适当放大基准件的制造偏差，便于制造时保证凸、凹模间隙。

1）均匀磨损的形状刃口。对于圆形或方形等冲裁形状比较简单便于测量，且无须考虑刃口局部磨损的情况下，可直接按前述方法计算刃口尺寸。

① 冲孔。设制件冲孔尺寸为 $d^{+\Delta}_0$，以凸模为基准按式（5-2）计算得出刃口尺寸 $d_p = (d + x\Delta)^{\ 0}_{-\delta_p}$。对于冲孔凹模，只需在图样上注明 d_d 按冲孔凸模 d_p 配作，保证无间隙或双面（或单面）间隙值"××"。

② 落料。同样，设落料件外廓尺寸为 $D^{\ 0}_{-\Delta}$，按式（5-3）计算出基准件凹模的刃口尺寸 $D_d = (D - x\Delta)^{+\delta_d}_0$。注明凸模刃口 D_p 按凹模尺寸 D_d 配作，保证无间隙或双面（或单面）间隙值"××"。

2）非均匀磨损的形状刃口。外形复杂制件的冲裁模，适于凸、凹模配作加工工艺。设计时应考虑使用过程中凸、凹模局部刃口会产生不同程度或不同方向的磨损，因而尽可能减轻刃口磨损后尺寸的不同变化给冲裁精度带来的不良影响，使刃口磨到一定程度时，冲出的制件仍能保持在设计公差范围内，以延长模具的使用寿命。

① 冲孔。图5-9所示为一冲孔制件和冲孔凸模，凸模磨损后的各部分尺寸发生了不同的变化。为了保证刃口磨损一定程度后各部分尺寸仍能处于设计公差范围内，需要根据磨损后的变化规律计算刃口尺寸并给出相应合理的公差值。

磨损后凸模刃口尺寸变小：图中A类尺寸磨损后将变小，设计时应适当增大这部分刃口的名义尺寸

$$A_p = (A + x\Delta)^{\ 0}_{-\delta_p} \qquad (5-6)$$

磨损后凸模刃口尺寸变大：B类尺寸越磨越大，设计时应适当减小名义尺寸，而制造偏差则采用凹模标注原则

$$B_p = (B - x\Delta)^{+\delta_p}_0 \qquad (5-7)$$

磨损后凸模尺寸不变：C类尺寸通常可根据制件标注尺寸取制件标注公差带的中间值作为制造名义尺寸。

制件设计尺寸为 $C^{+\Delta}_0$ 时

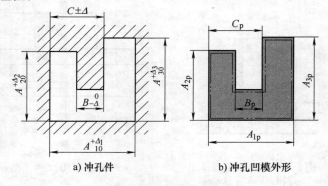

图 5-9　冲孔件和凸模刃口尺寸

$$C_p = \left(C + \frac{\Delta}{2} \right) \pm \frac{\delta_p}{2} \qquad (5-8)$$

制件设计尺寸为 $C^{\ 0}_{-\Delta}$ 时

$$C_p = \left(C - \frac{\Delta}{2} \right) \pm \frac{\delta_p}{2} \tag{5-9}$$

制件设计尺寸为 $C \pm \Delta'$ 时

$$C_p = C \pm \frac{\delta_p}{2} \tag{5-10}$$

式中　A、B、C——制件公称尺寸（mm）；

　　　A_p、B_p、C_p——凸模刃口尺寸（mm）；

　　　　　　　Δ——制件标注公差（mm）；

　　　　　　　Δ'——制件标注偏差（mm）。

冲孔凹模尺寸按凸模相应尺寸配作，保证无间隙或双面（或单面）间隙值"××"。

② 落料。图5-10给出了某一落料件和凹模刃口尺寸。设计时，以凹模为基准配作凸模。仍分为磨损后尺寸变大、变小和不变三种情况，根据制件的公称尺寸标注确定凹模制造尺寸及偏差。

磨损后凹模尺寸变大（A类）

$$A_d = (A - x\Delta)^{+\delta_d}_{0} \quad (5\text{-}11)$$

磨损后凹模尺寸减小（B类）

$$B_d = (B + x\Delta)^{0}_{-\delta_d} \quad (5\text{-}12)$$

磨损后位置尺寸不变（C类），

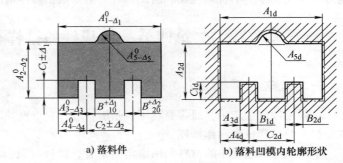

a) 落料件　　　b) 落料凹模内轮廓形状

图 5-10　落料件和落料凹模刃口尺寸

制造偏差取正常值的一半：

制件标注尺寸为 $C^{+\Delta}_{0}$ 时

$$C_d = \left(C + \frac{\Delta}{2} \right) \pm \frac{\delta_d}{2} \tag{5-13}$$

制件标注尺寸为 $C^{0}_{-\Delta}$ 时

$$C_d = \left(C - \frac{\Delta}{2} \right) \pm \frac{\delta_d}{2} \tag{5-14}$$

制件标注尺寸为 $C \pm \Delta'$ 时

$$C_d = C \pm \frac{\delta_d}{2} \tag{5-15}$$

式中　A、B、C——制件公称尺寸（mm）；

　　　A_d、B_d、C_d——凹模刃口尺寸（mm）。

落料凸模尺寸按凹模相应尺寸配作，保证无间隙或双面（或单面）间隙值"××"。

（2）图配尺寸法　当制件形状比较复杂，模具刃口很难准确测量，需要采用样板来检测并修磨刃口时，可以采用图配尺寸加工法。这种标注方法比较简单，冲孔凸模和落料凹模按制件公称尺寸并注出制造偏差，且常采用上、下偏差，冲孔凹模和落料凸模只标注出保证间隙值或无间隙。

① 冲孔。设冲裁件冲孔尺寸为 $d^{+\Delta}_{0}$，确定基准件凸模的刃口尺寸

$$d_p = d^{\delta_s}_{\delta_x} \tag{5-16}$$

式中　δ_s——单面上偏差（mm），$\delta_s = (\Delta/2 + \delta_p)/2$；

δ_x——单面下偏差（mm），$\delta_x = \delta_s - \delta_p$；

Δ——制件公差（mm），取正值；

δ_p——制造公差（mm），取正值。

冲孔凹模尺寸按凸模相应尺寸配作，保证双面（或单面）间隙值"××"即可。

② 落料。设冲裁件外廓尺寸为 $D_{-\Delta}^{\ 0}$，确定基准件凹模的刃口尺寸

$$D_d = D_{\delta_x}^{\delta_s} \tag{5-17}$$

落料凸模尺寸按凹模相应尺寸配作，保证双面（或单面）间隙值"××"。

根据金属冲压零件自由公差的测量规范，对于形状复杂的冲裁件，不宜一律按照包容面和被包容面原则来标注凸、凹模刃口尺寸。特别是对于狭长件及制件的某些局部尺寸，可能会出现偏差过大或反偏差的不合理现象。因此，有时需要根据具体情况按照制造方法进行合理标注。

第四节　冲裁件的排样与搭边

一、排样

在连续冲裁生产中，通常要利用每张板料或每卷带料冲制多个冲裁零件。确定冲裁件在板料或带料上的排列位置称作排样。

单纯从冲裁过程中的材料利用率角度来看，排样可以分为图 5-11 所示多废料排样、少废料排样和近无废料排样三种形式。如果制件要求的冲裁精度较高，而且板坯宽度方向尺寸精度较差或板缘断面质量精度较差，或生产批量大、生产节拍快，特别是带料无法掉头冲裁时，通常只能采用多废料排样。如果是板料冲裁，工艺允许掉头冲或可以顺列冲时，则应采用少废料排样。当冲裁件精度要求不是很高，而且板料宽向尺寸精度较高时，为提高材料利用率，可以考虑采用无废料排样。

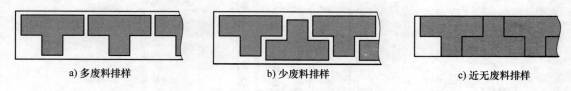

a) 多废料排样　　　　　　b) 少废料排样　　　　　　c) 近无废料排样

图 5-11　排样方法

按照冲裁件的外形特征，排样可分为直排、斜排、对排及混合排等多种方式。排样是一个平面几何分割的技巧。人工排样比较费时，现已开发出计算机优化排样，可以有效提高设计工作效率。

二、搭边

冲压生产中，为了保证冲裁件内、外形完整、无缺损及不产生冲裁轮廓塌陷等，需要在制件与板坯边缘之间、制件与制件之间设置一定间隔，此间隔统称为搭边。搭边值是由冲裁刃口与确定距离以外的定位销（块）、档料销（块）以及侧刃等保证的。

正确设定的搭边值可以提高材料利用率、补偿定位误差，特别是对于条料或带料冲裁，搭边余料可使板坯保持一定的强度和刚度，以保证送料的顺利进行。另外，足够的搭边值可以避免板坯边缘或冲裁残留的余料挤入凹模口，从而保护凸、凹模刃口不受损伤。

　　搭边值的大小取决于冲裁件的形状尺寸、材料性能、板厚以及板坯的下料方式等。搭边值过大，造成材料浪费。搭边值过小，虽然提高了材料利用率，但容易产生冲裁毛刺，还可能将搭边余料拉入凸、凹模间隙，损坏模具刃口。

　　合理的搭边值通常是根据生产经验确定的，搭边的最小宽度虽然与料厚有关，但对于薄板冲裁，需设定最小搭边值。而随着料厚增厚，搭边值与料厚的比值逐渐减小。另外，应避免冲裁中的塑性变形不致波及到搭边余料中部。

　　表 5-8 给出了普通低碳钢板料搭边值的参考数据。

表 5-8　普通低碳钢板料搭边值　　　　　　　　　　（单位：mm）

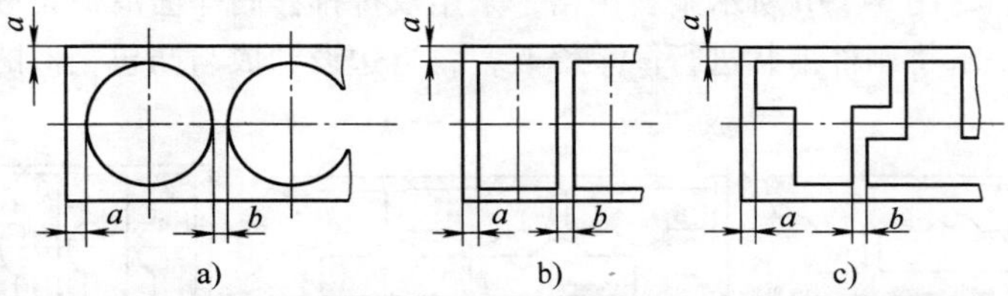

板料厚度	手工送料						自动送料	
	圆　形		非圆形		往复送料			
	a	b	a	b	a	b	a	b
≤1	1.5	1.5	2	1.5	3	2	3	2
>1~2	2	1.5	2.5	2	3.5	2.5		
>2~3	2.5	2	3	2.5	4	3.5		
>3~4	3	2.5	3.5	3	5	4	4	3
>4~5	4	3	5	4	6	5	5	4
>5~6	5	6	6	5	7	6	6	5
>6~8	6	7	7	6	8	7	7	6
>8	7	8	8	7	9	8	8	7

　　在大型覆盖件废料切断工序中，制件与制件之间的废料带宽度的确定除与板坯厚度有关外，还应考虑到切断凸模的强度和刚度是否足够。所设计的切断刀不宜过高，当板厚为 1.5 mm 以上时，废料带宽度常取 $(1.5 \sim 2.0)t_0$，如果板厚小于 1.5 mm，则可根据凸模高度适当减小废料带宽度。

三、材料利用率

　　在普通冲压生产成本中，材料费用通常约占 50% 以上，因此，材料利用率是一个非常重要的技术经济指标。冲裁加工中的材料利用率是指制件的实际面积 A 与板坯总面积的百分比。一个送进距离 L 内单排冲裁时的材料利用率可以表示为

$$\eta = \frac{nA}{BL} \times 100\% \qquad (5\text{-}18)$$

式中　n——一次送进中冲出制件个数；

　　　　B——条料宽度（mm）。

　　如图 5-12 所示，在冲压生产中存在两种废料。一种是单位进距中除去制件面积以外，包括制件与制件之间和制件与条料边缘之间的余料，通常称为工艺废料。另一种是由制件本身形状特

点所产生的废料，即结构废料。这两种废料的出现，有时是不可避免的。

在实际生产中，为了提高材料利用率，往往需要在减少工艺废料方面寻求有效措施，这就是进行合理排样和正确确定搭边值。由于搭边值是根据长年生产所积累的经验数据，因此，在材料性能没有很大变化时，很难有所改变。但合理排样有许多工作要做。比如图 5-13a 所示两种排样，由于条料规格已定，如果冲裁工艺能够实现翻转冲裁或往复冲裁，则应采用双排排样，可以大幅度提高材料利用率。对图 5-13b 所示条料规格，采用双排排样同样会浪费大量材料，但如果在使用上没有障碍，可要求将制件形状进行简单修改，将直边设计成与凸包相似的凹口形状后，可有效提高材料利用率。

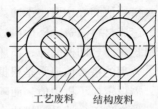

图 5-12　冲裁中的工艺废料和结构废料

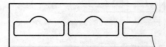  

a) 根据条料规格合理排样　　　　　　　　　　b) 更改设计后合理排样

图 5-13　合理排样的方式

如果条料的宽度与冲裁件宽度的名义尺寸相同，如图 5-14 所示，可以考虑采用两侧无废料排样。但这种情况下，必须考虑条料的宽度公差。图 5-14a 所示情况正好满足制件宽度要求，但这通常是理想状况。当条料具有宽度正偏差 Δ 时，如图 5-14b 所示，冲裁制件两端将会产生凸台。如果制件设计方同意，在模具刃口设计时，可将两端圆弧半径 R 值相应加大至 $R = (B + \Delta)/2$，如图 5-14c 所示，即可避免制件两端产生凸台的质量缺陷。

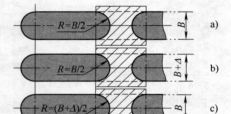

图 5-14　两侧无废料排样

第五节　冲裁力分析及计算

一、冲裁力及冲裁功的分析计算

1. 冲裁力－行程曲线分析

冲裁变形初期，凸模开始接触到板料时，由于凸、凹模刃口的挤压力使板料产生强烈的变形抵抗，冲裁力急剧上升，如图 5-15 所示。随着压机滑块继续下行，由于凸、凹模刃尖部分切入，以及刃口侧表面上因侧向挤压力 F_c 逐渐增大引起冲裁方向的摩擦抵抗增大，导致材料加工硬化不断增大，因此，冲裁力仍呈上升趋势，但由于板料产生剪切变形的面积逐渐减少，冲裁力上升梯度略有减缓。当材料加工硬化以及由 F_c 引起的摩擦抵抗的增长率，与板料剪切变形面积的减少率相平衡时，冲裁力达到最大值。随后，凸、凹模间隙内刃尖附近产生裂纹，板厚方向的变形面积减少率开始占优势，冲裁力随即降低。由于应力集中的

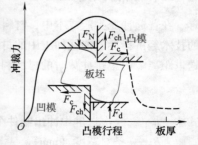

图 5-15　冲裁力－行程曲线

效果使裂纹逐渐增大，最后在凸、凹模间隙内上、下裂纹汇合，冲裁变形结束。

实际上，凸模施与板料的冲裁力与凹模对板料的作用反力在凸、凹模间隙内形成了一个弯曲力矩，使得凹模上表面的板料发生翘曲，而凸模下表面的板料产生穹弯。因此，为了避免冲裁结束后制件产生穹弯变形，往往需要设置压料板和顶出器，而这些辅助力均使实际冲裁力增大。

2. 冲裁力的计算

冲裁力的精确计算比较复杂，按照材料力学的习惯，最大冲裁力与板料断裂瞬间的断口总面积之比，应为材料的抗剪强度。但板料断裂瞬间的真实总面积很难测取，因此，通常将冲裁轮廓线的总长度 L 与原始板厚 t_0 的乘积 $L \times t_0$ 来近似代替断裂面积。这样，即可近似计算平刃口冲裁力

$$F_{冲} = KLt_0\tau \tag{5-19}$$

式中　τ——材料的抗剪强度（MPa）；

　　　K——系数，通常取 $K = 1.3$。

通常金属材料的抗拉强度与抗剪强度具有 $\sigma_b \approx 1.3\tau$ 的近似关系。因此，在模具设计时，为了简便而直接采用抗拉强度，即利用 $F_{冲} = Lt_0\sigma_b$ 来近似计算冲裁力。

3. 冲裁功的计算

对于厚板冲裁，即使压力机能够满足冲裁力要求，但会因冲裁功过载造成事故，如果压力机功率过载，会产生闷车现象。因此，在设计厚板件冲裁模时，有时需要针对所选压力机进行冲压功计算或校验。一般，平刃口冲裁时的冲压功可按下式近似计算（单位为 J）

$$W = \frac{KFt_0}{1000} \tag{5-20}$$

式中　K——系数，其值通常在 $0.3 \sim 0.7$，板料越厚取值越大，可查表；

　　　F——冲裁力（N）。

如图 5-16 所示，冲裁功主要受冲裁力和凸模行程影响而变化，其中冲裁力主要取决于材料性能和板料厚度，而凸模行程也随板厚而变化。对于同种材料，冲裁力随板厚增加而增大，并且最大冲裁力和相应的凸模行程都将向右移，导致冲裁功增大。

4. 凸、凹模刃口间隙对冲裁力的影响

对于平刃口冲裁，当加工材料、板料厚度以及冲裁轮廓线长度已经确定的情况下，凸、凹模间隙成为影响冲裁力大小的唯一因素。图 5-17 所示为板料单位断面积上冲裁力随刃口间隙改变的变化曲线，可以用来近似推移冲裁力的变化趋势。

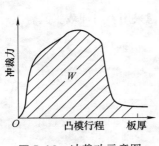

图 5-16　冲裁功示意图

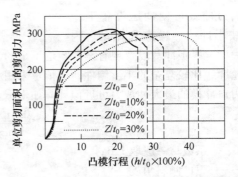

图 5-17　刃口间隙对单位断面积上冲裁力的影响

增大凸、凹模刃口间隙,变形初期的单位冲裁力(或近似称为剪切力)增加梯度减小,与凸模相对压入深度 h/t_0 对应的单位冲裁力明显降低,并且产生最大单位冲裁力时的相对压入深度增大。由于目前还不能确定最大单位冲裁力发生点是否是断裂产生点,因此,只能认为由于刃口间隙增大引起附加弯矩和拉应力增大,相对减缓了总加工硬化的降落速度,导致材料变形抵抗增长率与变形面积的减少率的平衡点向后推移。据此可以近似推断,由于刃口间隙增大引起的冲裁力降低较小,但断裂行程相对大,因此冲裁功将有所增加。

凸、凹模刃口间隙较小时,板料所受弯矩和拉应力减小,但刃口间隙内的静水压力增大导致材料变形抵抗增强,可能使裂纹发生较晚。

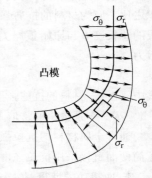

5. 凸模受力及磨损

板料冲裁时,压力机输出压力通过凸模传递给变形材料,因而凸模即是一个传递压力的零件,又因与板料直接作用而成为一个易磨损零件。图 5-18 所示为凸模纵断面上刃口圆角处的受力分布状况,其中,σ_θ 为周向拉应力,σ_r 则是作用在凸模表面的压应力。凸模侧面受到板料的法向压力相对小,随着靠近刃尖 σ_r 逐渐增大,压入板料时板厚方向的摩擦阻力也随之增大。因此,刃尖部分既容易磨损,又因应力集中而容易产生破坏。凸模下表面沿冲裁方向挤压板料,周向应力值很小,这一部分产生了较大的静水压力。

图 5-18 沿凸模刃口轮廓的应力分布示意图

二、降低冲裁力的工艺方法

设计冲裁模时,无论从节约动力能源的角度出发,还是以扩大设备选择范围为目标,都希望能够降低冲裁力。下面简单介绍几种生产中常用来降低冲裁力的工艺方法。

1. 斜刃冲裁

所谓斜刃,是指将凸模或凹模刃口做成与水平面倾斜成一定的角度 φ,如图 5-19 所示。斜刃冲裁时,凸模或凹模刃口沿冲裁轮廓线逐步切入板料,虽然总冲裁力变化较小,但由于减小了瞬时切断面积,因而可降低瞬时冲裁力和最大冲裁力。另外,斜刃冲裁可使冲压设备工作平稳,减小冲击、噪声和振动。因

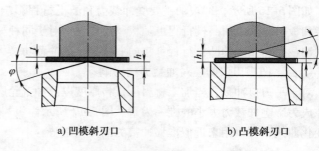

a) 凹模斜刃口   b) 凸模斜刃口

图 5-19 冲裁模斜刃示意图

此,在大型、厚板冲裁以及现有设备吨位不足的情况下,可以考虑采用斜刃冲裁。但需注意,对于冲裁轮廓线比较复杂的小型制件,应慎重采用斜刃冲裁方法。

斜刃口冲模的最大冲裁力可近似计算如下

$$F_{斜} = K \frac{0.5 t_0^2 \tau}{\tan\varphi} \approx \frac{0.5 t_0^2 \sigma_b}{\tan\varphi} \tag{5-21}$$

式中 K——系数,一般取 1.3;

       φ——刃口倾斜角度(°)。

有时,为了简便,也可按下式进行计算

$$F_{斜} = kLt_0\tau \tag{5-22}$$

式中 k——与斜刃高度 h 有关的系数（ $h = t_0$ 时， $k = 0.4 \sim 0.6$ ； $h = 2t_0$ 时， $k = 0.2 \sim 0.4$ ）。

由于斜刃冲裁时剪切变形分别产生在不同高度上，可能使冲裁件产生弯曲或不平整。因此，通常将落料工序的凸模做成平刃口，凹模做成斜刃口；而在冲孔时，将凹模做成平刃口，凸模做成斜刃口。另外，在设计模具时，应使斜刃对称布置，以避免冲裁时刃口单侧受力，因剪切错动而发生啃刃口现象。

2. 拼镶结构的波浪形刃口冲裁

对于厚板特别是大型覆盖件冲裁，经常采用由斜刃剪镶块构成的波浪形刃口，如图 5-20 所示（图中"G"代表高点，"D"代表低点）。波浪形刃口的设计原则是，将冲裁轮廓线变化基本一致的线段做成一块斜刃镶块，而在冲裁轮廓线上形成波浪形刃口。波浪形刃口的冲裁力近似计算如下

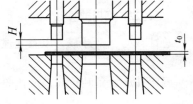

$$F_{波} \approx 0.5 \frac{t_0^2 (l_1 + l_2 + \cdots + l_n)}{h} \sigma_b = 0.5 \frac{t_0^2 L}{h} \sigma_b$$

(5-23)

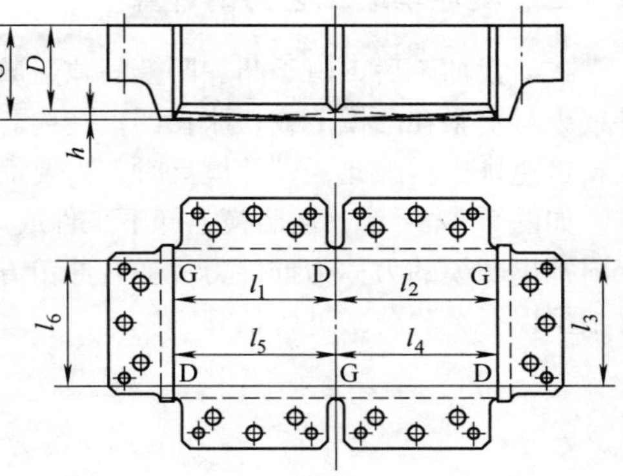

图 5-20   拼镶结构的波浪形冲裁刃口

式中 l_i——冲裁轮廓线上分块长度（mm）， $(i = 1, 2, 3, \cdots, n)$ ；

h——波浪刃口高低差（mm）。

从上述近似关系可以看出，当波浪高度 $h > 0.5t_0$ 时，波浪刃口才有效。如果设平刃口冲裁力为 F_0 ，则波浪刃口冲裁力 $F_{波} \approx 0.5 (t/h) F_0$ 。当 $h = t_0$ 时，冲裁力可比平刃冲裁减小 50%；当 $h = 2t_0$ 时，冲裁力可减小 75%。但一般情况下，波浪角 φ 取 $2° \sim 4°$ ，根据 $h = l\tan\varphi$ 的关系，则 $h = (0.03 \sim 0.07) l$ ，这是设计波浪高度时需要满足的条件。此时，波浪刃口的实际冲裁力为 $F = (30\% \sim 50\%) F_0$ 。

为了保证冲裁制件平整，落料模的波浪形刃口取在凹模镶块上，冲孔模的波浪形刃口取在凸模镶块上，一般应使波浪形高低点对称。为了使刃口镶块制造方便，一块镶块上尽可能取半个波浪或一个波浪。取半个波浪时，镶块与镶块之间高点与高点相接、低点与低点相接；取一个波浪时，镶块高点取在中间。

3. 阶梯凸模冲裁

对于多孔冲裁模，为了减小瞬时冲裁力，避免各凸模冲裁力的最大峰值同时产生，可以将冲孔凸模做成长短不同的阶梯形凸模，如图 5-21 所示。对于多个直径相差悬殊、孔位距离较小的凸模冲孔时，合理采用阶梯凸模可以避免小直

图 5-21   阶梯凸模

径凸模受材料流动挤压力而产生折断或倾斜，提高模具使用寿命。

设计阶梯凸模时，为了减小冲裁相邻孔时材料流动产生的侧向压力，应将小直径凸模作为短凸模。在连续模结构中，应将不带导正销的凸模作为短凸模，以降低凸模整体长度。确定长、短凸模的高度差 H 时，应考虑到板料厚度。根据生产经验，一般板厚 $t_0 < 3mm$ 时，取 $H = t_0$ ；当 $t_0 \geqslant 3mm$ 时，可取 $H = 0.5t_0$ 。确定长、短凸模分配时，应以各阶段冲裁合力处于模具中心为原则，以避免冲裁时模具产生偏斜。在确定冲压设备吨位时，可按产生最大冲裁力的一层凸模来计算。

阶梯凸模冲裁也有缺点，即长凸模插入对应凹模较深，易受磨损，修磨刃口比较麻烦。

4. 加热冲裁

对于塑性很差或大型厚板件冲裁，可以考虑加热冲裁方法。由于板料在加热状态下，加工硬

化效应减弱，材料的抗剪强度降低，因此，可以提高板料塑性并降低最大冲裁力。但是，加热冲裁的板料温度很难确定，而且会出现氧化、脱碳以及冷却时的回复变形现象，冲裁精度也相对较低。另外，加热状态下进行冲裁加工，使劳动条件变差。但由于汽车减重、减排要求，大量新型高强钢涌入汽车制造工业，对于这类塑性较差的钢板，正在开发新的加热冲裁、成形方法。

三、其他辅助工艺力的计算

在冲裁加工后，由于凸、凹模间隙造成的板料弯曲或径向挤压回弹，会使得冲裁结束后的工件或废料箍紧在凸模上或挤胀在凹模孔内。为了提高生产效率，应将这些妨碍连续生产的工件、废料迅速排出。因此，设计模具时，需要简单估算这些辅助工艺力的大小，以确定冲压设备吨位。如图 5-22 所示，从凸模上卸下工件或废料所施加的力称为卸件力，顺着冲裁方向将工件或废料推出凹模的力称为推件力，逆着冲裁方向将工件或废料顶出凹模的力称为顶件力。这些力通常根据以下经验公式进行估算

$$F_{卸} = K_{卸} F \tag{5-24}$$

$$F_{推} = K_{推} F \tag{5-25}$$

$$F_{顶} = K_{顶} F \tag{5-26}$$

式中　$F_{卸}$、$F_{推}$、$F_{顶}$——分别为卸料力、推件力及顶件力（kN）；

$\quad\quad$ $K_{卸}$、$K_{推}$、$K_{顶}$——分别为卸料系数、推件系数及顶件系数（其取值可参考表 5-9）；

$\quad\quad\quad\quad$ F——冲裁力（kN）。

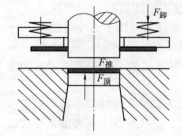

图 5-22　辅助工艺力作用示意

表 5-9　卸料系数、推件系数及顶件系数参考值

	料厚/mm	$K_{卸}$	$K_{推}$	$K_{顶}$
钢	≤0.1	0.065 ~ 0.075	0.1	0.14
	>0.1 ~ 0.5	0.045 ~ 0.055	0.063	0.08
	>0.5 ~ 2.5	0.04 ~ 0.05	0.055	0.06
	>2.5 ~ 6.5	0.03 ~ 0.04	0.045	0.05
	>6.5	0.02 ~ 0.03	0.025	0.03
铝、铝合金		0.025 ~ 0.08	0.03 ~ 0.07	
纯铜、黄铜		0.02 ~ 0.06	0.03 ~ 0.09	

总冲裁力包括冲裁力以及上述卸料力、推件力及顶件力等辅助工艺力之和。即

$$F_{总} = F + F_{卸} + F_{推} + F_{顶} \tag{5-27}$$

确定冲压设备吨位时，应按总冲裁力来选取。

四、模具压力中心的确定

冲裁模的压力中心是指冲裁合力的作用中心或刃口轮廓线的几何中心，通常也是模具的水平投影中心。冲压生产时，模具的压力中心应与压力机滑块的垂直投影中心重合，使压力机的压力均匀地作用在模具上，避免冲裁力偏斜造成模具倾斜，以及由此而引起的凸、凹模刃口崩坏等。因此，开始设计模具之前，首先应计算冲裁件的剪切变形中心，并将其置于模具水平投影中心。

1. 形状简单冲裁件的压力中心计算

一般，具有对称几何形状的冲裁件，其压力中心位于对称中心线的交点上，这类冲裁模的压力中心就在刃口轮廓图形的中心点上。

对于等半径圆弧，如图 5-23 所示，其压力中心位于 2α 角的角平分线上，且距圆心为 x_0 的点处

$$x_0 = r\frac{\sin\alpha}{\alpha} = r\frac{l}{s} \tag{5-28}$$

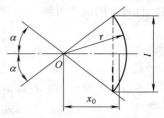

式中　s——弧长（mm）；

　　　l——弦长（mm）。

2. 形状复杂冲裁件或多凸模冲裁件的压力中心计算

对于形状复杂的冲裁件，可以经验估算、解析计算或图解法

图 5-23　圆弧的压力中心

来确定压力中心。

（1）经验估算　有经验的设计者，常可根据经验大致估算简单形状冲裁模的压力中心。有时对于较复杂冲裁件，也可以利用厚度均匀的硬纸板剪出制件或按比例缩小的制件形状，然后穿一根细线吊起，以硬纸板处于平衡时的穿线孔近似作为压力中心。

（2）解析计算　所谓解析计算，是指根据剪切力矩平衡原理进行的计算，即将冲裁轮廓分成若干部分，而每部分所需冲裁力对某一坐标轴取矩之和应等于其合力对该坐标轴的力矩。

1）求多个凸模的压力中心。以图 5-24 所示两个冲孔凸模为例，一个冲裁件上需冲出一个圆孔和一个方孔的情况。设冲制圆孔所需冲裁力为 F_1，冲制方孔所需冲裁力为 F_2，而 F_1 和 F_2 的合力 F 的作用点必在两形状中心的连线上。由于 $F = F_1 + F_2$，且 $F_1 x = F_2 (l - x)$，因此有 $x = \dfrac{F_2 l}{F_1 + F_2}$ 或 $x = \dfrac{4al}{\pi d + 4a}$。

2）求多线段非对称凸模的压力中心。对于图 5-25 所示多线段非对称冲裁件，可按以下步骤计算其凸模压力中心：

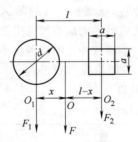

图 5-24　两个凸模压力中心的确定

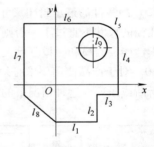

图 5-25　多线段非对称冲裁件

① 按比例画出冲裁件轮廓形状。

② 任意选取 x、y 坐标轴（由于所求得的压力中心位置将与所取坐标轴有关，因此，坐标轴选取适当，可简化计算）。

③ 按轮廓线将冲裁件分成若干个直线段和曲线段 l_1、l_2、$\cdots l_n$。利用冲裁力与轮廓线长度成正比的关系，可以用线段长度 l_n 代替该段冲裁力 F_n。

④ 计算各段直线或曲线的重心到 x 轴的距离 x_1、$x_2 \cdots x_n$ 及到 y 轴的距离 y_1、$y_2 \cdots y_n$，代入压力中心计算式

$$X_0 = \frac{l_1 x_1 + l_2 x_2 + \cdots + l_n x_n}{l_1 + l_2 + \cdots + l_n}$$

$$Y_0 = \frac{l_1 y_1 + l_2 y_2 + \cdots + l_n y_n}{l_1 + l_2 + \cdots + l_n} \tag{5-29}$$

（3）图解法求压力中心　除上述介绍的两种求压力中心的方法以外，还可以利用图解法求冲裁件的压力中心。但由于图解法精度不高，现在实际设计中已较少采用。因此，这里不作介

绍，有兴趣的读者可参考相关的书籍。

第六节 冲裁工艺设计

冲裁工艺设计主要是针对冲裁件的工艺适应性进行分析，从而制订一个合理的工艺方案提供给模具设计和冲压生产，因此，它包括冲裁件工艺性分析和确定冲裁方案两部分内容。

一、冲裁件的工艺性分析

冲裁件的工艺性是指其使用功能要求的结构形状、尺寸、精度以及材料等与冲裁加工工艺规范的相适应性。冲裁件的工艺性是否合理，直接影响到冲裁件的加工可能性、加工质量、加工成本，同时还与所用模具的使用寿命、生产操作安全性等有关。

1. 冲裁件的结构工艺性

（1）冲裁件的加工形状和工艺尺寸 冲裁件的加工形状受到冲裁方法、模具结构的限制，应力求形状简单，尽可能采用规则形状组合。同时应考虑到使排样尽可能减少废料，如图5-26所示。

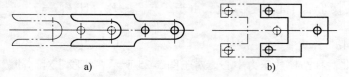

a)   b)

图5-26 冲裁件形状的合理设计

（2）冲裁件的最小封闭尺寸 普通冲裁工艺中，受凸模强度和刚度的限制，冲裁件外形或封闭孔径的尺寸不宜过小，否则会引起折断或弯曲。冲孔或落料的最小尺寸主要取决于冲压材料的力学性能、凸模和凹模强度及其制造精度等，简单形状落料或冲孔的各种最小限制尺寸可参照表5-10。对于产品使用要求必须实现的小尺寸冲裁，可采用带保护套凸模，以增强凸模刚度、预防折断或压弯，这种情况下的最小冲裁尺寸可参照表5-11。

表5-10 普通冲裁的最小封闭尺寸 （单位：mm）

材　料	⊘d	b	b	b
钢 $\tau > 700\text{MPa}$	$d \geq 1.5t_0$	$b \geq 1.1t_0$	$b \geq 1.2t_0$	$b \geq 1.35t_0$
钢 $\tau = 400 \sim 700\text{MPa}$	$d \geq 1.3t_0$	$b \geq 0.9t_0$	$b \geq t_0$	$b \geq 1.2t_0$
钢 $\tau < 400\text{MPa}$	$d \geq t_0$	$b \geq 0.7t_0$	$b \geq 0.8t_0$	$b \geq 0.9t_0$
铜、黄铜	$d \geq 0.9t_0$	$b \geq 0.6t_0$	$b \geq 0.7t_0$	$b \geq 0.8t_0$
铝、锌	$d \geq 0.8t_0$	$b \geq 0.5t_0$	$b \geq 0.6t_0$	$b \geq 0.7t_0$
纸胶板、布胶板	$d \geq 0.7t_0$	$b \geq 0.4t_0$	$b \geq 0.5t_0$	$b \geq 0.6t_0$
硬纸	$d \geq 0.5t_0$	$b \geq 0.3t_0$	$b \geq 0.4t_0$	$b \geq 0.5t_0$

表5-11 带保护套凸模冲裁的最小封闭尺寸

材　料	硬　钢	软钢、黄铜	铝、锌	材　料	硬　钢	软钢、黄铜	铝、锌
圆形孔径 d	$0.5t_0$	$0.35t_0$	$0.3t_0$	长方孔宽 b	$0.4t_0$	$0.3t_0$	$0.25t_0$

（3）形孔的最小边距　受模具结构的限制，冲裁件形孔的最小边距不能过小，以避免产生孔缘塌陷、余肉咬入等质量缺陷。在复合冲裁中，过小的形孔边距可能增加凸模固定困难，使凹模侧壁强度降低，另外，在热处理过程中容易淬裂。对于形孔边距较小的冲裁件，可采用连续模冲裁。如图 5-27 所示，为了保证形孔边缘的冲裁质量，当形孔与其他冲裁轮廓线平行时，最小边距应大于 $1.5t_0$，不平行时可适当减小孔边距，但不宜小于 t_0。

（4）相交线的圆弧过渡　冲裁件的外形和内孔的转角处应以圆弧连接，避免出现尖锐的清角。带清角凸、凹模均较难加工，会增大修模工作量，工作中易产生应力集中、易损坏，另外，热处理时容易淬裂。冲裁件形状线过渡处的圆弧半径应尽可能大，以方便制造。产品功能要求必须带清角时，只能采用镶块凹模，以便于更换修磨。

（5）悬臂和狭槽　冲裁件上应尽可能避免出现细长悬臂和狭窄长槽。过长或过窄的悬臂或狭槽会造成凸模刚度、强度不良，易损易折，并且凹模加工困难。如图 5-28 所示，悬臂或槽的宽度 b 不应小于 $1.5t_0$，对于塑性较差的高碳钢，b 应取 $2t_0$ 左右。如果冲裁板厚 $t_0 < 1\text{mm}$，则需按 $t_0 = 1\text{mm}$ 计算。悬臂与槽深都不宜太大，一般取 $l \leqslant 5b$。

（6）半成品件的冲裁加工　如图 5-29 所示，在已成形半成品件上冲孔或修边时，孔缘与成形侧壁应留一定距离，使 $l \geqslant R + 1.5t_0$，以保证凹模具有足够的强度和刚度。另外，考虑到冲裁质量和模具寿命，半成品件应尽量避免斜面冲孔或修边。

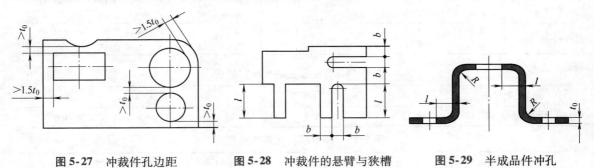

图 5-27　冲裁件孔边距　　　　图 5-28　冲裁件的悬臂与狭槽　　　　图 5-29　半成品件冲孔

2. 冲裁件的尺寸基准

冲裁件的尺寸基准是根据其使用或装配关系决定的，因此，对于具有工作定位孔的冲裁件，应以该孔中心为基准标注其他形位尺寸，而不应以形位面来约束孔位，以避免刃口磨损造成冲裁形位面尺寸发生变化。而多孔冲裁时，即使刃口磨损，各孔中心距离基本保持不变。表 5-12 给出了设计冲裁多孔制件时孔中心距的公差值。

表 5-12　冲裁孔中心矩公差　　　　　　　　　　　　　（单位：mm）

板料厚度 t_0	普通冲孔公差			精密冲孔公差		
	孔 中 心 矩 公 称 尺 寸					
	≤50	50～150	150～300	≤50	50～150	150～300
≤1	±0.1	±0.15	±0.2	±0.03	±0.05	±0.08
1～2	±0.12	±0.2	±0.3	±0.04	±0.06	±0.1
2～4	±0.5	±0.25	±0.35	±0.05	±0.05	±0.12
4～6	±0.2	±0.3	±0.4	±0.06	±0.10	±0.2

在不影响使用和装配的情况下，冲裁件的标注基准应尽可能向冲裁加工工艺和模具设计基准靠近。

3. 冲裁件的精度

普通冲裁件的尺寸精度一般为 IT11 ~ IT10 级。冲孔精度比落料精度高一级，通常在此级别以下寻求冲裁生产的经济精度。对于要求较高的冲裁件，可考虑采用精密冲裁方法加工，也可以在冲裁加工后增设整修工序。关于普通冲裁件外形和内孔的尺寸公差、冲裁断面的表面粗糙度以及允许毛刺高度等，可分别参考表 5-13 ~ 图 5-15。

表 5-13　冲裁件外形及内孔尺寸公差　　　　　　　　（单位：mm）

板料厚度		普 通 公 差 等 级				较 高 公 差 等 级			
		制 　件 　尺 　寸							
		< 10	10 ~ 50	50 ~ 150	150 ~ 300	< 10	10 ~ 50	50 ~ 150	150 ~ 300
0.2 ~ 0.5	外	0.08	0.10	0.14	0.2	0.025	0.03	0.05	0.08
	内	0.05	0.08	0.12		0.02	0.04	0.08	
0.5 ~ 1	外	0.12	0.16	0.22	0.3	0.03	0.04	0.06	0.10
	内	0.05	0.08	0.12		0.02	0.04	0.08	
1 ~ 2	外	0.18	0.22	0.30	0.5	0.04	0.06	0.08	0.12
	内	0.16	0.10	0.16		0.03	0.06	0.10	
2 ~ 4	外	0.24	0.28	0.42	0.7	0.06	0.08	0.10	0.15
	内	0.08	0.12	0.20		0.05	0.08	0.12	
4 ~ 6	外	0.30	0.31	0.50	1.0	0.10	0.12	0.15	0.20
	内	0.10	0.15	0.25		0.06	0.10	0.15	

表 5-14　冲裁断面的表面粗糙度

板料厚度/mm	≤1	1 ~ 2	2 ~ 3	3 ~ 4	4 ~ 5
表面粗糙度 Ra/μm	6.3	12.5	25	50	100

表 5-15　冲裁断面允许毛刺高度　　　　　　　　（单位：mm）

冲裁件板厚	~ 0.3	> 0.3 ~ 0.5	> 0.5 ~ 1.0	> 1.0 ~ 1.5	> 1.5 ~ 2
新模试冲时允许的毛刺高度	≤0.015	≤0.02	≤0.03	≤0.04	≤0.05
生产时允许的毛刺高度	≤0.05	≤0.08	≤0.10	≤0.13	≤0.15

二、确定冲裁工艺方案

确定冲裁工艺方案是指在冲裁工艺分析的基础上，根据冲裁件的特点及现有生产设备保有状况及材料购置等，确定该冲裁件的生产方法及工艺路线。

1. 制订冲裁工序

制订冲裁工序时，首先应根据产品的生产批量、质量要求、现有设备规格等，确定能否采用组合工序来实现生产。

（1）组合工序　冲裁工序通常可以分为单工序冲裁、复合冲裁以及连续（或称级进冲裁）冲裁三种方式。组合冲裁可以节省设备、模具、人员、场地等，可以大幅度提高生产效率和加快生产节拍。另外，采用组合模进行冲裁生产，还可以避免多工序冲裁中重复定位误差的产生，进而提高产品质量。

（2）实现组合工序的条件　可否采用或采用哪一种组合工序的方法，需要根据产品特征、生产批量、模具设计制造以及生产操作等具体情况来决定。

1）制件的形状尺寸。对于孔缘尺寸较小的冲裁件，由于凸模安装及凹模侧壁厚度等的限制，不适于复合冲裁。如图5-30所示简单制件，两长孔之间和长孔与制件边缘之间的距离很小，不能保证复合冲裁时的刃口刚度和强度要求，因而不宜采用复合冲裁。如果采用连续冲裁方式，再配以简单的自动送料装置，既可提高冲裁质量，又简化了模具结构。

图 5-30　不适于复合冲裁的制件

2）冲裁件尺寸精度。对于外轮廓与内形的同轴度要求较高的冲裁件，无论采用单工序冲裁或连续冲裁，都难免存在多次定位累积误差的缺陷。而采用复合冲裁方法，一般可由模具制造精度保证外形和内孔的同轴度误差在 ±0.02 ~ ±0.04mm 范围内。因此，如果条件允许，最适合采用复合冲裁方式。

3）生产批量。从模具设计制造成本考虑，对于冲裁件小批量生产，适合于使用结构简单的模具进行单工序冲裁。而冲裁件大批量生产，需要考虑生产效率和各种消耗，因此，宜于采用复合冲裁或连续冲裁生产。

4）生产节拍。现代化生产环境中，生产节拍不仅仅是生产效率问题，还体现出对市场需求的快速响应能力。三种冲裁工序中，单工序冲裁的生产节拍最慢，复合冲裁通常伴有取件和清除废料困难，如果力求高节拍生产效率，多工序件应优先选用连续冲裁方式。

5）模具制造难易程度及其成本。在冲压生产成本中，模具的设计制造费用占有很大的比例。从模具加工、调试和用料等制造成本来看，复合模成本相对较低，而单工序模虽然结构相对简单，但多套模具制造成本较高。与复合模相比，连续模结构简单、容易制造，但连续生产多需配备自动送料、取件装置，也是使连续模造价提高的原因之一。

6）生产操作性。操作性是组织冲压生产的一个重要环节，也是大规模生产所不容忽视的问题。从三种冲裁工序的操作性来看，连续冲裁易于实现自动化生产，安全操作性相对好。

2. 冲裁工艺排序

正确的冲裁工艺排序不仅可确定合理的生产工艺路线，还直接影响到冲裁件的生产质量和生产效率。

（1）多工序件的单工序冲裁顺序　对多工序件进行单工序冲裁排序时，必须考虑后续冲裁中半成品件的定位问题。如图 5-31a 所示，对于要求外形尺寸精度的冲裁件，通常可以先落料，下道工序以外形两内凹圆弧定位冲内形孔。对图

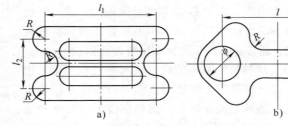

图 5-31　单工序冲裁

5-31b 以内形孔位为基准标注外形尺寸且要求精度较高的冲裁件，孔边距太小，不宜采用复合冲裁方案。如果先落料，后续冲孔时以外轮廓曲线形状定位困难可能产生塌边。这时，可先冲两个圆孔，然后采用蘑菇头定位销定位，可保证基准孔与外廓形状的位置精度，又可提高落料凹模刃口强度并使外形尺寸符合产品要求。

（2）复合冲裁顺序　如图 5-32 所示零件工艺条件较好，可以采用复合冲裁。但也存在冲孔和落料的先后顺序问题。尽管模具设计时往往使落料凹模与冲孔凸模高度一致，但由于制造、安装或磨损等的影响，特别是大型覆盖件的修边冲孔很难实现同时冲裁。一般，为了保护细长凸模，可先落料后冲孔，以防落料时置于板料内的细长凸模受水平错动而折断。而对于具有复杂外

轮廓形状带有较大形孔的冲裁件，则可考虑先冲孔后落料，以避免因上、下模错动而导致尖凸状刃口受损。

（3）连续冲裁顺序　连续冲裁时，原则上由内向外先冲内形孔。如图 5-33 所示，通常最先冲制便于定位的内形孔或缺口等，作为下道工序的定位基准。如果制件的内、外形尺寸精度要求较高时，可先冲工艺定位孔或采用侧刃定距送进，最后落料或切断使工件与条料分离。

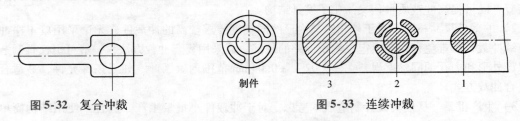

图 5-32　复合冲裁 　　　　　　　　　　图 5-33　连续冲裁

第七节　冲裁模结构设计

一、冲裁模的典型基本结构

除去前述按照冲裁工艺和工序组合形式分类外，冲裁模还可按照导向方式分作导板模、导柱模和导筒模；按照凸、凹模材料不同可分为硬模和软模，包括硬质合金冲裁模、钢皮冲模，以及橡皮冲模、树脂冲模和聚氨酯橡胶冲模等。但生产中通常还是习惯按照工序组合形式将冲裁模归类。

1. 单工序模

有时，将单工序模称为简单模会产生某些误解。实际上，大型覆盖件的修边模或冲孔模的结构就相当复杂，无论从设计和制造来看都不简单。单工序冲裁模主要有冲孔模、落料模，以及仅只完成一道冲裁工序所使用的模具。

（1）冲孔模　图 5-34 所示为单工序冲孔模的基本结构简图，通常将冲孔凸模装在上模侧，冲孔废料从凹模孔内落下，冲孔制件被退料板退下，送进靠相应的定位机构定位，完成下一次冲裁的准备工作。特殊情况下，因工艺需要，将冲孔凸模装于下模侧，通常将这种模具称作倒装冲孔模。

（2）落料模　落料模的基本结构形式与冲孔模相似，但凸、凹模安装方式比较灵活，即落料凸模可以装在上模侧也可以装在下模侧。当考虑操作简单且落料制件形状尺寸精度要求不是很高时，可将落料凸模装于上模侧，冲裁结束后，落料件从凹模孔内落下。

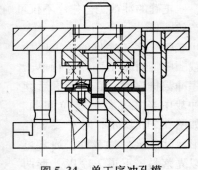

图 5-34　单工序冲孔模

2. 连续模

连续模（也称级进模）是在多工序冲裁件无法实现复合冲裁的情况下采用的多工位连续冲裁的高效率模具，在其级进顺序中，可以出现冲孔、落料、切断、修边等任何冲裁工序。但为了保证送料的连续性，制件与条料或卷料的分离工序必须设置在最后的工步位置。另外，连续模的工位安排比较灵活，每一个工位上可以设置一个或多个冲裁工序。有时为了增加凹模刃口侧壁厚度或考虑制造安装方便，还可以在两个工位之间设置一个或多个空位。图 5-35 即为垫圈的落料冲孔连续模。

对于多工序连续模，通常需要采用多步侧刃定距装置来保证送进精度。但因多次定位而产生

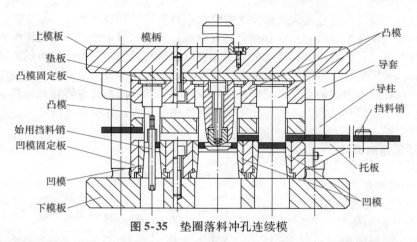

图 5-35 垫圈落料冲孔连续模

的误差积累较难排除，往往使连续冲裁制件的精度变差。采用侧刃定距装置虽然可提高冲裁精度和生产率，但也增加了材料消耗，同时增大了冲裁力。

3. 复合模

与单工序模和连续模相比，利用复合模冲制的制件内孔与外形的相对位置精度较高。其精度主要取决于模具的制造精度，而避免了单工序模手工定位和连续模机械定位所不可避免的误差积累。

如图 5-36 所示，复合模的工作零件中，除去凸、凹模外，还需要有一个复合形式的凸凹模。它具有双重刃口，是冲孔的凹模，又是落料的凸模。凸凹模是复合模中的关键工作零部件，由于是双刃口，设计、制造特别是安装调试都比较麻烦，制造成本也相对较高。

复合模通常可分为套筒式复合模和导柱式复合模，前者适用于冲裁小型精密制件。凹模装在上模侧时称为倒装模。采用倒装结构制造简单，生产效率高。当凸凹模壁厚

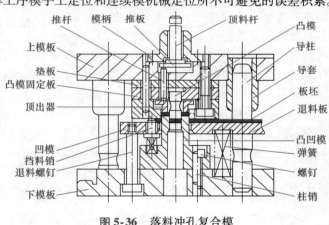

图 5-36 落料冲孔复合模

较薄时，可采用正装（落料凹模在下侧），冲孔废料由上推料杆（或板）推出，凸凹模内不积废料，故凸凹模强度可相应提高。

二、冲裁模结构设计

1. 冲裁模零部件分类及功用

按照零部件的功能，通常可将冲裁模的组成零部件分为两大类，即工作零部件和辅助零部件。

（1）工作零部件 冲裁模中的工作零部件是指直接接触冲裁表面并使板料产生冲裁变形的零部件，这部分零部件都带有冲裁刃口，主要有凸模、凹模和凸凹模，其中也包括切断刀、剁刀等。

（2）辅助零部件 除去凸模、凹模和凸凹模以外，所有组成冲裁模的零件统称为辅助零部件，其中包括定位、卸料、导向、固定及紧固零部件等。

2. 冲裁模零件的标准化

冲模零件标准化的实施是对发展冲压技术和提高模具设计水平的巨大支持。采用标准化的冲

模零部件可使模具设计制造速度大大加快，并降低模具的设计制造成本。

自从我国制定了冷冲模国家标准和部分行业标准，并推出数十种冷冲模典型组合后，极大促进了模具行业大发展。随着模具标准化的发展和普及，模具设计制造行业的市场快速响应能力得到了很大提高。采用标准化零部件进行冲裁模设计制造，可以节省大量的人力、物力资源，免去一大部分几乎没有技术含量的重复性工作，而将设计人员的精力和智慧转移到提高模具设计制造水平上来。另外，在模具结构中，标准化零部件的使用量越大，标准化程度越高，越有利于模具零部件的维修更换。

3. 工作零部件的设计

（1）凸模

1）凸模的结构形式。

① 圆形凸模。通常有图 5-37 所示的四种基本结构形式。其中，图 5-37a 为小型冲圆孔凸模，一般适用于冲制 $d \leqslant 15mm$ 的小孔。为了增强凸模的强度和刚度且节省精加工费用，非工作部分设计成逐步加粗的多段结构。图 5-37b 所示凸模，适用于冲制 $d \leqslant 30 \sim 35mm$ 的中型圆孔。中、小型凸模通常采用分段淬火，上半部装夹部分的热处理硬度不超过 35HRC。对于大型

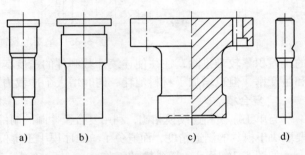

图 5-37　圆形凸模的基本结构形式

圆孔凸模，可采用图 5-37c 所示结构。考虑到凸模工作受力较大，须采用螺钉和柱销直接紧固定位。为了减少磨削加工面积，可将工作断面设计成凹坑状。图 5-37d 所示凸模是快换结构，适用于小型、易损圆形孔冲裁。

② 非圆形凸模。如图 5-38 所示。对于图 5-38a、b、c 所示各类中、小非圆形冲孔凸模，可以采用装夹式结构，便于安装、调试及维修更换。装夹部分通常做成圆柱形，刃口部分高度根据冲裁件材质、板厚、形状大小及生产批量所需刃磨量预估具体确定。

对于非对称孔的冲孔凸模，必须注意防转和装反问题。通常将圆形凸模座单侧铣平，使与对应的固定板窝座平直面相配合。另外，也可以采用打入骑缝销的方法来达到防转的目的。

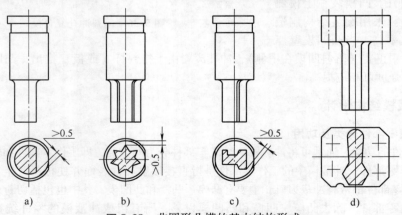

图 5-38　非圆形凸模的基本结构形式

对于图 5-38d 所示较大的非规则形状冲孔凸模，凸模固定需要采用螺钉、柱销或镶入窝座的形式，也可以使凸模高度方向的母线与刃口形状一致，比如利用线切割加工方法做成直通式凸模（注意作出防反标记）。

另外，对于细长凸模，还可以采用凸模保护套使其强度和刚度得以增强，如图 5-39 所示。

2）凸模长度计算及其强度校核。计算凸模的长度尺寸时，应根据待冲孔形状和尺寸、板料材质、板厚等冲裁条件具体确定。另外，还需要考虑到凸模材料、刃口修磨量以及冲孔模的具体结构和尺寸。

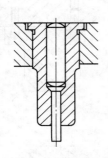

图 5-39　凸模保护套

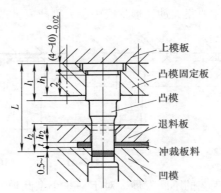

图 5-40　中、小型冲孔凸模长度的计算

① 凸模长度计算。如图 5-40 所示，计算中、小型冲孔凸模长度 L 时，可参照下式

$$L = l_1 + l_2 + x \tag{5-30}$$

式中　l_1——凸模座及配入部分长度（mm），通常 $l_1 \geq h_1$（固定板厚度）；

　　　l_2——工作刃口长度（mm），$l_2 \geq h_2 + t_0 + (0.5 \sim 1.0)$，$h_2$ 为退料板厚度；

　　　x——附加长度（mm），根据刃磨量和模具结构高度具体确定。

l_1 部分的横截面通常呈圆形，需回火处理（30～35HRC）以便于配入。工作刃口长度 l_2 可根据冲裁板料性能、厚度可能引起的磨损情况，以及生产批量等确定，通常取 8～20mm，随板厚增加取值增大。

大型冲孔凸模通常采用台肩固定式结构，也可根据模具结构采用窝座配入固定结构。确定刃口带高度和配入高度后，其余部分粗加工即可。

② 凸模强度校核。对于外径或横截面面积较小的凸模，有时需要进行适当的承压校核。在冲裁力 F 作用下凸模承受的最大单位压力 $\sigma_p = F/A$，不应大于凸模及上模板或垫板材料的许用抗压强度 $[\sigma_p]$，即凸模横截面面积

$$A \geq F/[\sigma_p] \tag{5-31}$$

圆形凸模直径 $d \geq 4t_0\sigma_b/[\sigma_p]$。

塑性较差且厚板料冲孔或落料加工时，还可能产生轴向压缩失稳变形。因此，有时需要对凸模进行压缩失稳校核。凸模不致产生横向弯曲所能承受的最大轴向压力 $F = \pi^2 EI/(4nL^2)$，此时，凸模的最大长度

$$L_{max} = \sqrt{\frac{\pi^2 E_0 I}{4nF}} \tag{5-32}$$

式中　E_0——凸模材料的折减弹性模量（MPa）（见第四章第三节）；

　　　I——凸模最小断面惯性矩（mm^2），对于直径为 d 的圆形凸模 $I = \pi d^4/64 \approx 0.05d^4$；

　　　n——稳定安全系数，对于淬火钢 $n = 2 \sim 3$。

3）凸模的固定形式　凸模在冲裁过程中承受较大的冲击力，尤其非对称凸模在冲裁中受力不均，很容易产生松动且损伤刃口。因此，需要根据所冲孔的形状尺寸大小、受力情况等采取不

同的固定方式。

图 5-41a 所示为标准凸模的固定方式，可采用标准凸模和固定板，如果刃口形状尺寸有出入，只需对刃口部分作必要的修正。对于小型凸模，或孔距较小的多凸模结构，可以采用图 5-41b 所示的沉头固定方式。图 5-41c、d 所示为快换式凸模结构，可用于易损坏的小型凸模。对于长、宽尺寸相差很大冲孔形状或中、大型凸模，需要采用图 5-41e 所示台肩式直接固定方法。

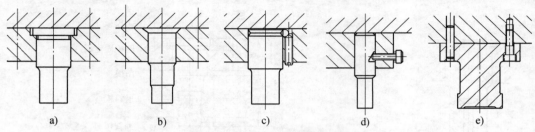

图 5-41   凸模常用的固定方式

随着胶结工艺的不断发展，对于一些小型凸模还可以采用胶结方法固定。图 5-42a 和图 5-42b 分别是采用环氧树脂和低熔点合金来固定凸模的方式。胶结固定使模具制造和装配大为简化，凸模和固定板相连接部分只需粗加工即可。但这种固定方法使凸模更换和维修不方便，对于易损凸模应慎重采用。

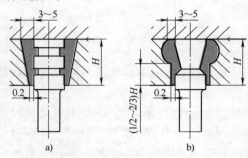

图 5-42   利用环氧树脂或低熔点合金固定凸模

（2）凹模

1）凹模刃口形式。生产中常用的凹模刃口主要有图 5-43 中所示的几种形式。图 5-43a 是标准直壁刃口凹模，加工简单，刃磨方便。对于非圆形孔冲裁，可将出料孔部分设计成圆形，使加工简化，适用于下出料冲裁模结构。

图 5-43b 所示锥形刃口的特点是刃口部分不易积存制件或废料。但刃口强度较差，加工相对麻烦，只适用于冲裁件形状简单、尺寸较小的模具结构。另外，刃口使用寿命低，不适用于需要多次刃磨的大批量生产。

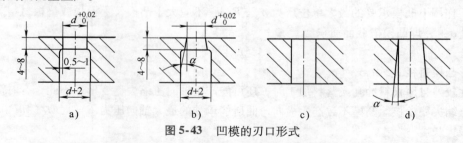

图 5-43   凹模的刃口形式

图 5-43c 直通式冲裁刃口使加工简化，但精加工量增大，使用寿命最长，适用于制件形状比较复杂、需多次刃磨的模具。由于不设漏料孔，造成凹模侧壁水平胀力较大，可用于上出料结构形式。

图 5-43d 刃口形式与图 5-43c 相似，但刃口使用寿命低，不适合多次刃磨，可用于下出料模具结构。

2）凹模的结构形式及尺寸。

① 圆形刃口凹模。冲裁轮廓呈圆形的凹模结构通常采用图 5-44 所示的几种结构。图 5-44a

是固定板固定式标准凹模结构，刃口直径 d 与凹模外径 D 的关系通常取 $D \geq d + 15\text{mm}$，即保证刃口侧壁厚度不小于 7mm。凹模外壁需精磨，配入固定板内靠压板台固定，凹模总高度应略高于固定板厚度。这种凹模适用于板厚小于 6mm 的中、小型冲裁模，并可将凹模和固定板均做成相应规格的标准零件。

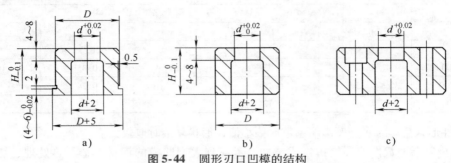

图 5-44　圆形刃口凹模的结构

图 5-44b 所示压配式结构适用于冲裁孔径 $d < 30\text{mm}$ 的中、小型冲裁凹模。凹模壁厚因冲裁板厚而不同。当板厚 $t_0 < 3\text{mm}$ 时，凹模外径 $D \geq d + 8\text{mm}$；$3\text{mm} < t_0 < 6\text{mm}$ 时，应使 $D \geq d + 12\text{mm}$。压配式凹模制造简单，但需加工位置、形状精度很高的窝座，装配调试相对困难。另外，考虑到凹模维修更换，切记在窝座底部开出顶出孔。配入式凹模的互换性较差，常需要将凹模外径尺寸逐步升级。

对于直径较大的厚板冲裁，可采用图 5-44c 所示螺钉和柱销固定，制造简单，外形不需精加工。

② 非圆形刃口凹模。如图 5-45a、b 所示，当制件长、宽方向的尺寸差别不是很大时，可将漏料孔开成圆形，使加工简单。如果采用固定板压配安装形式，须将凹模压板台和固定板窝座相应一侧或两侧外形铣平，以免与凸模外形形状不吻合造成崩刃。

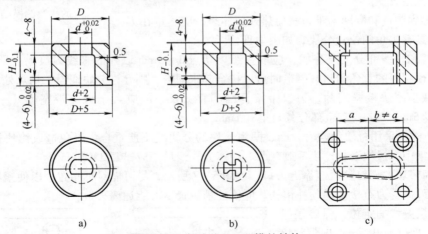

图 5-45　非圆形刃口凹模的结构

对于如图 5-45c 所示冲裁件长、宽尺寸相差较大的凹模，可沿刃口轮廓形状加工出漏料孔，虽然增加了加工量，但可以确保凹模刃口具有良好的强度。这类凹模可以如图所示采用螺钉和柱销固定，也可以利用固定板固定。

关于非圆形凹模的高度 H 和侧壁厚度 B 的确定，可采用以下的经验公式

$$H = kl \qquad\qquad (5-33)$$

$$B = (1.5 \sim 2)H \qquad (5-34)$$

式中　l——冲裁制件的最大外形尺寸（mm）；

　　　k——考虑板料厚度的影响系数，可查表 5-16。

表 5-16　板料厚度影响系数

b/mm	板　厚 t_0/mm				
	0.5	1	2	3	>5
<50	0.3	0.35	0.42	0.5	0.6
50 ~ 100	0.2	0.22	0.28	0.35	0.42
100 ~ 200	0.15	0.18	0.2	0.24	0.3
>200	0.1	0.12	0.15	0.16	0.22

冲裁件形状简单时，壁厚影响系数取偏小值，形状复杂时取较大值。

③ 大型复杂冲裁件的凹模拼镶式结构。考虑到大型凹模的钢材锻造、热处理、切削加工、磨削加工困难，应将凹模刃口进行拼镶处理，以便于修磨或更换，避免凹模整体报废。

设计拼镶式凹模结构、刃口分块时，既要考虑到冲裁轮廓中易损坏、磨损的局部位置，又要考虑到制造方便，特别是局部刃口的磨削难度。参照图 5-46，考虑以下原则：

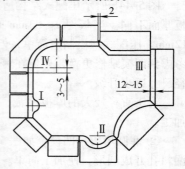

图 5-46　大型复杂形状刃口的拼镶凹模结构

a）直线刃口部分的镶块长度可适当大些，具有凸出或凹入等复杂形状及易磨损的部分，如图中 Ⅰ 处，应单独分块。考虑到可能会频繁更换及加工和磨削方便，应尽可能减小分块尺寸。

b）对复杂曲线刃口尽可能沿刃口轮廓的法线方向分块。但注意不应为此而使同一块曲线刃口处形成尖角，如图中 Ⅱ 处。镶块接合面应尽量相互平行或垂直，以便于制造或刃磨时互为基准，定位找正方便。

c）考虑到制造和磨削困难，避免热处理淬裂，应尽量在刃口轮廓线上具有尖角的位置分块，如图中 Ⅲ 处。

d）圆弧和直线部分的分块线，应取在距离切点 3 ~ 5mm 以外的直线刃口上，见图中 Ⅳ 处。对于圆弧半径相等的直角刃口，制造时可以拼合起来同磨，则允许分块线设于切点处。

e）为减小镶块接缝间隙，刃口带接合面不宜太长，但应大于刃口带宽度（一般为 12 ~ 15mm）至少 5mm 以上，其余部分各自空开 1mm。

f）当凸模也采用分块结构时，凸、凹模镶块的分块线不能重合，以免造成镶块拼合处变形而导致应力集中、过快磨损产生毛刺，凸、凹模分块线最小应错开 3 ~ 5mm。

g）紧固镶块的螺钉位置应靠近刃口，如图 5-47 所示，尽可能对称布置，以使紧固力相对平衡。为避免刃口受力直接传递到柱销孔，应使柱销位置尽可能远离刃口。

关于凹模镶块的定位，需要根据板料的厚度及材质决定。如图 5-48 所示，对于板厚 $t_0 \leqslant 1.5$mm 的低碳钢板，可采用图 5-48a 所示柱销定位方式。1.5mm $< t_0 \leqslant 2.5$mm 时，由于凹模镶块受力较大，仅靠柱销来承受冲

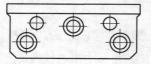

a）不正确布置

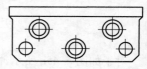

b）正确布置

图 5-47　凹模镶块上螺钉注销的布置方法

裁反侧力已经不安全，应采用如图 5-48b 所示柱销加键的定位方式。如果 $t_0 > 2.5$mm，冲裁反侧力进一步增大，这时可采用如图 5-48c 或图 5-48d 所示的配入窝座加柱销以及配入窝座加键和柱

销的定位方式。

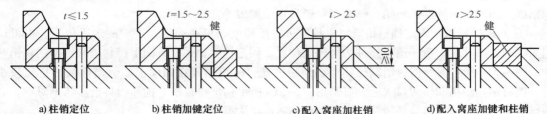

a) 柱销定位　　　　b) 柱销加键定位　　　c) 配入窝座加柱销　　d) 配入窝座加键和柱销

图 5-48　凹模镶块的固定方法

另外，如果模具结构允许，可以采用如图 5-49 所示大型覆盖件冲裁常用的侧面固定方式。可在镶块与模板之间加垫片，便于调节凹模镶块的径向位置。因此，可作为优先选用的凹模镶块固定方法。

（3）凸凹模　凸凹模具有内、外两重冲裁刃口，刃口壁厚取决于冲裁制件的实际尺寸。因此，必须对冲裁件结构尺寸及模具强度进行具体分析后，才可确定能否采用复合冲裁生产。

凸凹模装于上模侧时，为减小胀力不应使冲孔凹模孔内存积废料，通常需要设计上打料装置。而对于凸凹模装于下侧的倒装复合模，冲孔凹模孔内可能存积废料，因此，应特别注意壁厚强度问题。根据生产经验，制件材料较硬时，倒装凸凹模的最小壁厚应大于板料厚度的 1.5 倍，但不应小于 0.7mm；有色金属复合冲裁时的倒装凸凹模最小壁厚可取板料厚度，但不能小于 0.5mm。关于正装凸凹模的最小壁厚可参照表 5-17。

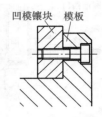

凹模镶块　模板

图 5-49　凹模镶块的侧面固定方法

表 5-17　正装凸凹模的最小壁厚　　　　　　　　（单位：mm）

	板料厚度 t_0	0.4	0.5	0.6	0.7	0.8	0.9	1	2	5	1.75
	最小壁厚 B	1.4	1.6	1.8	2.0	2.3	2.5	2.7	3.2	3.8	4.0
	最小直径 D			15				18			21
	板料厚度 t_0	2.0	2.1	2.5	2.75	3.0	3.5	4.0	4.5	5.0	5.5
	最小壁厚 B	4.9	5.0	5.8	6.3	6.7	7.8	8.5	9.3	10.0	12.0
	最小直径 D	21	25	28		32		35	40	45	

4. 辅助零部件的设计

冲裁模中的辅助零件，是保证工作零部件顺利完成冲裁工作所不可缺少的非刃口类零部件，需要根据工作零部件结构形式进行具体设计。

（1）定位零件　定位零件在冲裁加工过程中具有两个重要作用；一个是给送进方向上的板料定位，限制板料的送进距离，也称为挡料，如图 5-50 中件 a；另一个是在垂直于送进方向上对板料的定位，即限制板料沿送进方向上作直线进给，也称为送料导向，如图 5-50 中件 b 和 c。

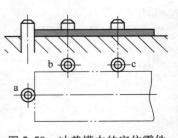

图 5-50　冲裁模中的定位零件

1）挡料零件。挡料零件的主要作用是保证单块板料或条料在送进过程中具有准确的进距，包括固定挡料销、活动挡料销、临时挡料销和定距侧刃等。

① 固定挡料销。固定挡料销既可以控制单块板坯或条料在冲裁加工中的送进位置，也可以用来限制连续冲裁中后一道工序件的再加工位置。固定挡料销通常有圆形挡料销和钩型挡料销两种。图 5-51a 所示圆形挡料销制作简单、使用方便，一般固定在凹模上。但当冲裁件搭边较小时，挡料销孔距离凹模刃口太近，可采用图 5-51b 所示钩形挡料销。钩形挡料销形状不对称，必须增设定向装置或采取防转措施。这种挡料销适用于大型厚板件冲裁。

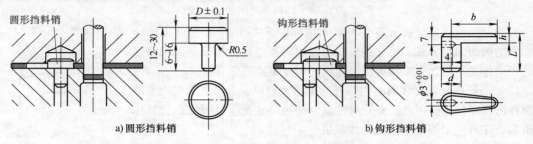

图 5-51　固定挡料销的工作状态

② 活动挡料销。图 5-52a 所示是倒装冲裁模中常用的活动挡料销，其下部装有弹簧，上部从活动式下退料板中穿过。这种活动挡料销制造简单，使用方便，但挡料精度需靠退料板导向精度保证。图 5-52b 所示挡料销利用簧片的弹力使其随凹模的上、下运动而被压下、升起，其缺点是常因凸凹模台肩太宽而使更换簧片或调节螺钉困难。当冲裁模采用刚性退料板时，可以采用图 5-52c 所示回拉式活动挡料销。送进时，条料向前平推可沿斜面将挡料销顶起，之后又被簧片的回弹力压回被冲出的条料空洞里，向回拉动即可使条料处于正确的冲裁位置。

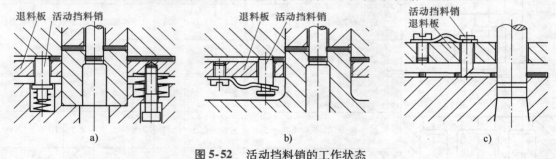

图 5-52　活动挡料销的工作状态

③ 始用挡料销。始用挡料销也称临时挡料销，用于连续模冲裁的首次定位。在多级连续模中，有时数个工位都需要利用始用挡料销临时挡料。图 5-53a、b 所示是弹簧式始用挡料销，首次挡料时，将其推出后挡住前送的条料。冲裁结束后，挡料销又被弹簧弹回原位，由定位螺钉或定位凸台限制其返回原位。始用挡料销的复位元件，可以采用弹簧，也可以采用簧片或橡胶等。

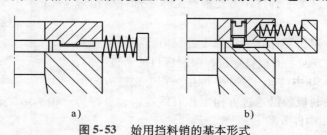

图 5-53　始用挡料销的基本形式

④ 导正销。导正销也称导头，是为了补偿普通挡料销的定位误差，在连续冲裁的落料凸模内安装的精确导正零件。落料刃口尚未接触到板坯之前，导正销先插入已冲孔中，以保证已冲孔与待落料外形轮廓的同轴度。

导正销工作状态及其与冲孔凸模、挡料销之间的相互位置关系如图 5-54 所示。在图 5-54a 的结构中，如果挡料销工作表面与凹模口之间的距离 $a > b$（预定搭边值），导正销工作时，将使条料向送进的反方向移动。但如果 $a < b$，导正销插入已冲孔时，由于导正销中心到挡料销工作表面的距离过小而使条料向送进方向移动，这将导致挡料销或导正销受损害。因此，在计算挡料销的安装位置时需要引起足够重视。通常可作如下近似计算

$$c = D/2 + a + d/2 + k \qquad (5\text{-}35)$$

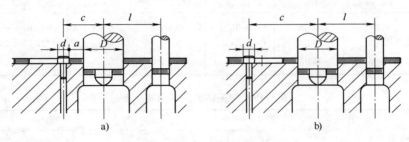

图 5-54 导正销的位置及尺寸

式中的 k 值由冲裁件精度决定，通常不应大于 0.1mm。k 值即导正销插入已冲孔时，条料向送进反方向移动的距离，同时也是制件的同轴度误差。

对于图 5-54b 所示结构，如果大孔与挡料销中心距 c 值过小，导正销工作时，将使条料向送进方向再移动一段距离，挡料销起到了粗定位作用。但如果 c 值过大，挡料销限制条料向送进反方向移动，将可能造成事故。因此，应按下式计算大孔与挡料销中心距

$$c = l + D/2 - d/2 - k \qquad (5\text{-}36)$$

式中的 k 值与上式意义相同，但不能小于零。

导正销的装配形式有多种，通常使用的安装方法可参照图 5-55 所示。已冲孔直径为 d 时，导正销外径取

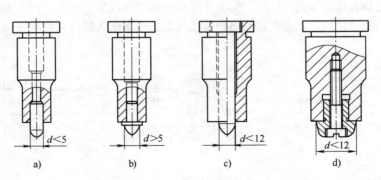

图 5-55 导正销的装配形式

$$D_1 = d - 2\delta \qquad (5\text{-}37)$$

式中 δ——导正销外径与已冲孔之间的单边间隙（mm），其值可查表 5-18。

导正销的圆柱工作面高度可查表 5-19 选取。

表 5-18　导正销间隙系数 δ　　　　　　　　（单位：mm）

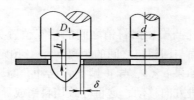

条料厚度	冲孔凸模直径						
	1.5 ~ 6	>6 ~ 10	>10 ~ 16	>16 ~ 24	>24 ~ 32	>32 ~ 42	>42 ~ 60
<1.5	0.04	0.06	0.06	0.08	0.09	0.10	0.12
>1.5 ~ 3	0.05	0.07	0.08	0.10	0.12	0.14	0.16
>3 ~ 5	0.06	0.08	0.10	0.12	0.16	0.18	0.20

表 5-19　导正销的圆柱面高度 h　　　　　　　（单位：mm）

条料厚度	冲裁尺寸		
	1.5 ~ 10	>10 ~ 25	>25 ~ 50
1.6 <	1	1.2	1.5
>1.6 ~ 3	$0.6t_0$	$0.8t_0$	t_0
>3 ~ 5	$0.5t_0$	$0.6t_0$	$0.8t_0$

当冲裁板料厚度很薄，如 $t_0 < 0.3$ mm 时，导正销插入已冲孔时容易使孔缘产生塌陷；如果已冲孔直径太小，如 $d < 1.5$ mm 时，导正销工作时很容易折断。另外，当落料轮廓尺寸较小，即落料凸模横截面积较小时，安装导正销会削弱凸模强度，这时可考虑改用侧刃定位。

⑤ 定距侧刃。定距侧刃相当于一个冲裁凸模，以切除条料一侧少量板料来达到限定送进步距的目的。图 5-56a 的矩形侧刃制造简单，刃口及其交角处磨损后容易产生毛刺，影响送料精度。图 5-56b 为内凹形侧刃，如果外刃磨损而产生的毛刺落入已冲出凹槽内，不影响前方刃口冲裁精度，但左边侧刃妨碍送料，因此，需使让隙刃突出部分应尽可能小。图 5-56c 所示尖角形侧刃需与弹簧挡销配合使用，条料送进时将挡销压回，当挡销落入缺口后需将条料向后拉以保证定距准确。

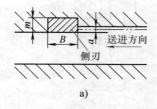
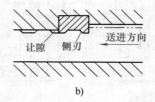

图 5-56　侧刃的工作原理

定距侧刃一般适合于板厚 0.5 ~ 1.5mm 的条料冲裁，侧刃长度的公称尺寸 B 等于进距加 0.05 ~ 0.1mm，公差可取 −0.02mm，侧刃的冲裁间隙可按实际尺寸根据冲裁间隙相应设置。由于侧刃需要增加板料余料，并增大冲裁总力，因此，如果用挡料销可以满足定距要求，一般不采用侧刃。

2）导料零件。导料零件可为条料或带料送进时起导正作用，主要有导料销、导料板和侧压板等。

① 导料销。导料销是普通冲裁模常用的导料零件，制造简单、工作可靠，常用于带弹性退料板的单工序模中。图5-50中件b、c即为导料销。有时，为了提高导料精度，还可在固定导料销的相反侧设置活动导料销。

② 导料板。导料板有时也称导尺。由于板料都有宽度公差，一般只能与单侧导滑面贴合，双导尺导向意义不大，因而一般冲裁模使用较少。图5-57a、b和c均为双导尺结构。采用双导尺结构时，两侧导尺宽度一般应根据条料宽度公差决定，常取条料宽度再加0.2~1.0mm。

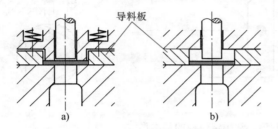

图5-57　导料板的基本形式

③ 侧压板。如果条料宽度公差较大，宜采用侧压板导料。图5-58所示为常用弹性侧压板的基本结构，由于产生侧压力较大，适用于中厚板冲裁模使用。侧压板的设置个数和位置，可根据冲裁制件的尺寸大小及板厚确定。当条料宽度为B_0时，采用侧压板时的导料板宽度

$$B = B_0 + C \qquad (5-38)$$

式中　C——条料与导料板的单边间隙（mm），可查表5-20。

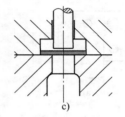

图5-58　侧压板的基本形式

侧压板的形式很多，当冲裁板料厚度较小时（小于1mm），可以采用簧片或簧丝直接侧压料，结构简单，操作方便。当冲裁精度要求较高或无废料冲裁时，还可采用弹性装置来调整导料板两侧间隙，使条料处于冲裁中心的位置不变。

表5-20　侧压板高度H及导料板间隙C　　　　（单位：mm）

条料\料厚	C					带侧压板	H				h
	不带侧压板						挡料销挡料		侧刃、自动挡料		
	50	50~100	100~150	150~220	220~300		<200	>200	<200	>200	
<1	0.1	0.1	0.2	0.2	0.3	0.5	4	6	3	4	2
1~2	0.2	0.2	0.3	0.3	0.4	2	6	8	4		3
2~3	0.4	0.4	0.5	0.5	0.6		8	10	6	6	
3~4	0.6	0.6	0.7	0.7	0.8	3	10	12	8	8	4
4~6							12	14	10	10	

3）定位零件。定位零件的作用是限定单块板坯或连续冲裁中后道工序的冲裁位置，主要有定位销和定位板两种形式。

① 定位销。将限定送进方向上送料距离的销钉称为定位销，形状多为圆形，如图 5-50 中的件 a 即为常用定位销。定位销工作部分的露出高度需根据板料厚度确定，一般应大于等于料厚。

② 定位板。定位板多用于单工序冲裁中的定位，其常用结构形式如图 5-59 所示。图 5-59a 所示为利用定位板确定板坯角部位置；图 5-59b 所示是在三个方向上将板坯定位；图 5-59c 所示为用于板坯内孔定位。定位板的形式有很多种，可根据冲裁件或板坯的具体条件设计决定。

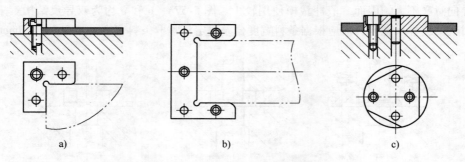

a)　　　　　　　　　　b)　　　　　　　　　　c)

图 5-59　常用定位板的基本形式

（2）压料及卸料零部件　冲裁模中很少采用专门用来压料的零件，通常都是弹性推件板、顶件板或退料板等兼起压料作用。

1）推件装置。是指冲裁结束后从凹模口中推出制件的机构，有弹性推件和刚性推件两种形式。另外，还可以利用压力机中的缓冲垫来实现推件。

① 弹性推件装置。图 5-60a 所示为弹性推件结构，由推件块（推件板或推件杆）与相应的弹性元件组成。冲裁开始之前推件块在弹簧压力下压住凸凹模上的板坯，使其保持较好的平面度。在厚板或大型件冲裁时，为了提高推件力，也可以采用橡胶或聚氨酯等作为弹性元件。

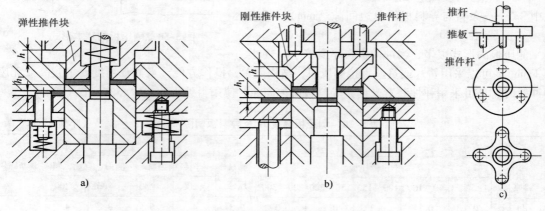

a)　　　　　　　　　　b)　　　　　　　　　　c)

图 5-60　常用推件形式

② 刚性推件装置。图 5-60b 是刚性推件装置，主要由推件块、推板及推杆等组成。冲裁开始前，只能靠活动装置的自重压在板坯上，压料作用较弱。由于刚性推件力足够大，厚板冲裁时多采用。对形状非对称或面积较大的冲裁件，需采用多推件杆均衡推件，如图 5-60c 所示，推件杆上部还需设置推板和一个推杆，使上模高度增加、结构复杂化。

推出距离 h 需根据板厚 t_0 和凸模或凸凹模吃入凹模深度 h_1 具体计算,通常希望在未开始冲裁前推件块能够压住板坯,因此,可取 $h = h_1 + t_0 + 0.5$(mm)。推件块与凸模外侧面或凹模内侧面应采用滑动配合,通常取单边间隙 $0.05 \sim 0.2$mm,大型覆盖件冲裁模,可适当放大。

2)卸料装置。卸料装置是指冲裁结束后将箍在凸模外侧或挤胀在凹模内的废料、余料卸除的装置,有弹性和刚性两种形式。另外,大型修边模的废料切刀,也是一种卸料装置。

① 弹性卸料装置。弹性卸料装置通常具有压料作用,压料力取决于弹性元件的刚度,因此,在厚板冲裁模中不宜使用。图 5-61a 所示弹簧上卸料装置是冲裁模中最常用的形式。图 5-61b 是采用橡胶的下卸料装置。弹性卸料板工作时的移动距离,通常取板厚与凸模吃入凹模深度之和再加 0.5mm,可由卸料板螺钉控制。因此,为了调节卸料板螺钉,应尽可能使螺钉头处于暴露位置。

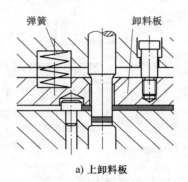 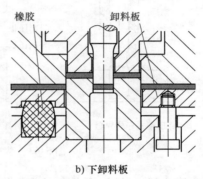

a) 上卸料板　　　　　　　　　　　b) 下卸料板

图 5-61　常用弹性卸料装置

工作时,卸料板内型面与凸模或凸凹模外侧面相对滑动,通常可取单边滑动配合间隙 $0.1 \sim 0.5$mm。

② 刚性卸料装置。刚性卸料装置也称固定卸料装置,主要用于要求卸料力较大的厚板冲裁,不具有压料作用。如图 5-62 所示,刚性卸料板通常直接固定在下模侧,凸模回程时箍在其上的冲孔件被卸料板刮掉,有时也称刮料板,但操作不方便。

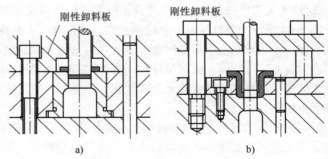

a)　　　　　　　　　　b)

图 5-62　常用刚性卸料装置

③ 废料切刀。对于大型覆盖件修边,由于飞边较大,不易操作。通常沿修边轮廓线布置几个废料切刀,当修边结束时将封闭飞边切断成若干块。

(3)导向装置　为了保证冲裁时凸模和凹模之间的工作间隙,冲裁模中通常采用导柱导套、导板或套筒等导向装置,其中导柱导套导向方式应用最多。

1)导柱和导套。中、小型模具中通常设置两个导柱和导套,位置可视具体情况确定。一般采用后置导柱的模具较多,可以从三个方向进行操作。两侧或对角布置导柱的连线通过模具压力中心,导向精度略高,但操作也有不便。对于大型厚板件冲裁,通常采用四导柱导向,导向精度高,但模具结构复杂。导柱一般可分为普通滑动导柱和精密滚珠导柱两种。

① 普通导柱和导套。滑动导柱和导套已经形成国家标准。图 5-63a 的导柱、导套直接配入

上、下模板，对导柱孔和导套孔加工精度和位置精度要求较高。图 5-63b 是压板固定式导柱导套装配结构，通常用于中、大型冲裁模。导柱直径通常为 $\phi16 \sim \phi60$mm（大型冲模中导柱直径可达 $\phi120$mm），长度为 $90 \sim 320$mm。安装时导柱和导套端面与上、下模板端面应留 5mm 以上距离，滑块到达下止点时，应使导柱上端面距上模板上端面保持有 $10 \sim 15$mm 的安全距离。导向长度不足时，可采用图 5-63c 所示带加长套导柱，但应注意必须保证 $15 \sim 30$mm 长度压入模板内。另外，当冲裁开始时，应使导柱已经进入导套内 10mm 以上。导柱长度 L 应根据模具闭合高度选用或设计，通常使 $L =$ 模具闭合高度 $- (5 \sim 15)$mm。

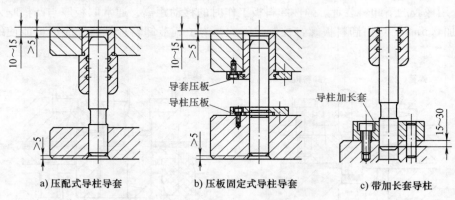

a) 压配式导柱导套　　　　b) 压板固定式导柱导套　　　　c) 带加长套导柱

图 5-63　普通滑动导柱和导套

　　导柱与导套之间的滑配间隙因导柱直径和冲裁精度及冲裁板厚而不同，一般，当凸、凹模间隙小于 0.3mm 时，采用 H6/h5 配合；大于 0.3mm 时，可采用 H7/h6 配合。导柱和导套通常采用 20 钢渗碳淬火处理，渗碳层厚 $0.8 \sim 1.2$mm。导柱、导套在使用过程中，应经常润滑，以减轻表面摩擦。

　　② 精密滚珠导柱和导套。当冲裁精度要求较高或精密冲裁时，可以采用精密滚珠导柱和导套。图 5-64 所示为滚珠导柱导套的示意图。将钢球压入夹持圈槽内以等距离平行倾斜 $5° \sim 10°$ 角排列，使每个钢球在上下运动时都有其各自的滚道而减少磨损。钢球的行间距为 $6 \sim 8$mm，钢球直径通常为 $\phi3 \sim \phi5$mm。钢球与导柱和导套之间有 $0.005 \sim 0.02$mm 的过盈量，使导套运动时与导柱之间通过钢球产生滚动接触，实现无间隙导向。使用精密滚珠式导柱导套中，通常应使导柱与导套不脱离。

　　2）导板导向。导板导向有两种。一种是指为了保护细长凸模，在下模增设一导板，使凸模在上下运动过程中始终不脱离导板内孔并与其滑动配合，如图 5-65 所示。当制件精度要求较高或凸、凹模间隙较小时，为保证冲裁间隙，也可设置导板结构。

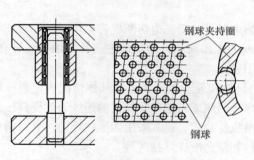 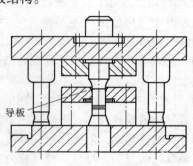

图 5-64　精密滚珠式导柱导套　　　　图 5-65　导板导向

另一种导板导向是指在大型冲裁模结构中，导柱导套已不适用，特别在某一水平方向上具有较强侧向力时，必须采用具有能够平衡该反侧力的导板导向，如图5-66所示。这种导板导向装置的个数和位置，需根据水平反侧力情况及模具结构具体设计，单侧导向滑块可直接铸出，装配后修磨导滑面间隙。

图5-66 大型模具中的导板导向

3）套筒导向。套筒导向是利用导柱与套筒之间较大的接触面积来实现凸、凹模导向，导向精度很高，而且导柱与套筒之间的相对磨损较轻，因而耐用。这种导向结构导致模具工作空间太小，操作不便，通常在精密小型零件的冲裁模中才采用。另外，其结构复杂，制造较困难。

（4）固定零件 冲裁模中的固定零件是指凸、凹模固定板，垫板，模柄及上、下模板等。

1）凸、凹模固定板

① 圆形凸、凹模固定板。采用固定板可以使模具加工、装配简化，目前，规则形状小型凸、凹模固定板已实现了标准化。

图5-67所示为常用中、小型凸模或凹模固定板的结构形式。凸模或凹模刃口直径较大且冲裁板料较厚时，可采用图5-67a所示方形固定板，固定板的边长 L 一般不超过35mm，厚度小于30mm。对于孔距较近的多孔冲裁且孔径不大时，采用图5-67b所示固定板便于调整固定位置，以避免干涉。固定板的外形尺寸按照凸、凹模尺寸大小设计，通常最大长度尺寸 L 小于80mm，宽度视螺钉和柱销孔大小而定，但螺钉、柱销孔壁与凸、凹模压配孔壁或固定板外边缘距离不应小于5mm。小型固定板可采用45钢制造，热处理硬度30～35HRC。

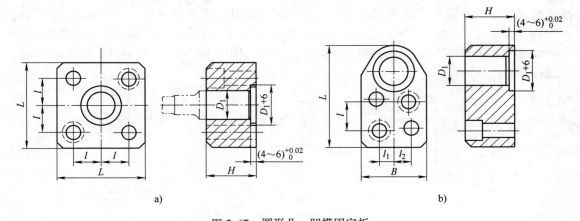

a)   b)

图5-67 圆形凸、凹模固定板

② 非圆形凸、凹模固定板。当凸模或凹模断面长、宽尺寸相差不是很大时，可以采用图5-68所示非圆形固定板固定。为了防止凸、凹模转动，必须将台肩处骑孔缘磨平。针对冲孔或落料形状在模具中的方向位置，磨平面可作相应调整。

对于大型冲裁模，通常采用凸模或凹模直接固定的方式，其中，个别小型凸、凹模可根据模具整体结构具体设计独立固定板。

2）垫板。当冲裁件轮廓尺寸较小但板料较厚时，凸、凹模座对上、下模板端面产生较大的单位压力。因此，需要对模板进行强度校核求出其所受单位压力

$$p = F/A \tag{5-39}$$

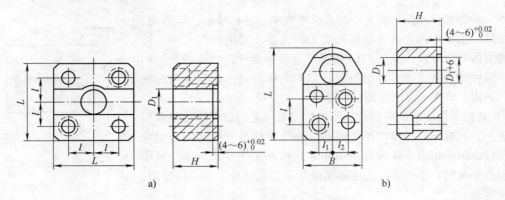

图 5-68　非圆形凸模固定板

式中　F——该凸模或凹模承受的压力（N）；

　　　　A——该凸模或凹模与上、下模板的接触面积（mm^2）。

如果计算结果 $p > [\sigma]_{\text{压}}$（模板材料的许用抗压强度），则需在凸模或凹模与上、下模板之间加设垫片，以缓冲集中压应力的作用。

所加垫片的形状尺寸可根据模具结构具体设计。当采用固定板固定凸、凹模时，垫片的形状尺寸通常与固定板相同，厚度应大于 5mm。垫片尽可能采用如 T8 一类的中高碳钢板，且须经过淬火处理。

3）模柄。在利用曲柄等机械压力机进行中小型冲裁加工时，通常需要利用模柄将上模部分固定在压机滑块中心的模柄孔内。图 5-69a 所示为中小型冲裁模中常用的模柄结构及尺寸，其中，模柄头直径 D 需要根据所用压力机模柄孔直径设计，通常有 $\phi40mm$、$\phi50mm$、$\phi60mm$、$\phi75mm$ 等基本尺寸，取上、下正偏差；底座直径 D_1 与 D 对应取 85～125mm，厚度通常为 15～22mm；总高度 L 可取 70～85mm，所用螺钉一般为 $4 \times M10$（或 M12）。模柄材料一般为 45 钢，可进行发黑处理。

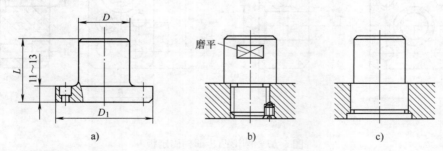

图 5-69　模柄的结构尺寸

图 5-69b 所示为带螺纹的旋入式模柄，为了防止松动，设置一个防转的骑缝螺钉。这种模柄垂直精度较差，主要用于小型模具。图 5-69c 是带台肩的压入式模柄，可以保证较高的同轴度和垂直度精度。

模柄的形式较多，还有整体式、浮动式等多种形式。

4）模板。上、下模板是承载全部模具零部件的载体，通常有圆形、长方形以及菱形的形状，主要根据冲裁件形状、模具安装方式、使用设备等进行设计或选用标准件。为了节省模具钢材，模板通常采用铸铁制造，对于承压较大的模具可用铸钢材料，也可以选用钢材制造。

设计或选用上、下模板时，通常应使模板的长、宽尺寸分别大于凹模外形尺寸 40~70mm。在确定模板最大尺寸时，必须考虑冲压设备的工作台面尺寸、梯形槽位置尺寸等。对于中型模具，应在模板上设置起重孔。对于大型模具，有时还需设置起重棒等。

（5）紧固零件　模具中的紧固零件主要是指螺钉、柱销、卸料板螺钉以及键等，可根据使用情况购入或自行制造。

（6）其他辅助零部件　在冲裁模结构中，除去上面介绍的凸、凹模及辅助零部件外，还有一些特殊用途的辅助零部件。如为防止上模部分突然下落，或考虑模具安放时的刃口保护等时，需要根据模具结构设置圆形、方形或环形限制块。当卸料行程较大需要较长卸料螺钉，而因结构关系或节省材料不能增厚卸料板厚度时，可以采用卸料板套筒解决这一问题。

另外，在弹性推件或卸料装置中，需要采用相应的弹性元件，如弹簧、橡胶、聚氨酯以及氮气缸等。

5. 模具的闭合高度

冲裁模闭合高度是指上、下模完全闭合，即压力机上工作滑块达到下止点时模具的总高度。

压力机的闭合高度是指滑块到达下止点时，滑块下端面到工作台上表面的距离。对于曲柄压力机，由于其连杆有效长度和行程是可调的，因此，具有最大闭合高度和最小闭合高度。曲柄压力机的最大闭合高度 H_{max} 是指连杆调节螺杆旋入（伸出最小长度）时闭合高度；而最小闭合高度 H_{min} 则是指连杆调节螺杆旋出（伸出最大长度）时的闭合高度。

模具的闭合高度 H_m 与压力机的最大、最小闭合高度之间应保证如下关系

$$(H_{max} - H_1) - 5 \geq H_m \geq (H_{min} - H_1) + 10 \tag{5-40}$$

式中　H_1——压力机工作垫板厚度（mm）。

如果模具的闭合高度小于压力机最小闭合高度时，可在工作台上增加垫板来满足压力机的闭合高度要求。但如果模具的闭合高度大于压力机最大闭合高度时，只能在模具各零部件强度允许的条件下减小非重要零件的厚度，或者改用其他压力机。

6. 模具使用寿命

（1）工作刃口的损耗　冲裁模工作刃口的损耗主要包括表面划痕、粘结及腐蚀等，其中，表面粘结是刃口损耗的主要表现形式。刃口表面与被冲板料在高压下相接触，很容易产生局部粘结，而当凸、凹模相对运动时，局部粘结部分使冲裁制件和对应的刃口表面均受到损坏。根据经验，当冲裁力为 F 时，损耗量可表示为

$$V = cFx/\sigma_m \tag{5-41}$$

式中　c——与刃口及被冲板料表面清洁度有关的系数；

x——凸模吃入凹模口深度与冲裁板厚之和（mm）；

σ_m——凸、凹模材料的屈服强度（MPa）。

由上述经验公式可以看出，冲裁力越大、刃口相对滑动接触长度越长以及凸、凹模材料越软，刃口损耗越严重。由于刃口损耗，冲裁时使得毛刺和冲裁件穹弯增大，特别是毛刺的高度与刃口损耗程度大体成比例。

（2）模具的使用寿命　凸、凹模工作刃口经过损耗后，将导致冲裁件断面质量劣化，并且还会增大冲裁力和冲裁功。因此，通常将由于凸、凹模刃口磨损导致的上述变化，作为正常使用寿命的尺度来衡量模具的使用寿命并确定刃磨周期。在实际应用中，往往根据冲裁件的精度要求，认为冲裁件产生的"毛刺"高度达到某一定值时，即将此时该刃口所完成的冲裁件数量作为刃口的使用寿命。

模具刃口损耗可分两种类型，其中一种是刃口模设计不适当导致的异常损耗，另一种则是刃

口工作的正常磨损。

1) 异常损耗。所谓异常损耗，是指在设计冲裁刃口时发生的下述不正确现象：①凸、凹模刃口间隙过小或过大；②凸模吃入凹模口深度过大（凸、凹模侧刃摩擦增大）；③多工位冲裁时，凸模或凹模之间的间隔过小（导致刃口面压过高）；④刃口的表面精度或硬度不足；⑤凸、凹模安装精度或导向精度较差；⑥刃口材料与被冲裁材料不相适应。

2) 正常磨损。冲裁过程中，工作刃口表面磨损是不可避免的，通常，锋利的凸、凹模刃口，产生的初期磨损非常显著。但经过较短使用期间后，刃口形成较稳定圆角（半径约为 5 ~ 100μm），此后，对于磨损的抵抗增强。伴随着冲裁加工，刃口圆角顺次增大，基本形成如图 5-70 所示的形状。一旦达到这种状态，刃口的损耗将急剧增加，冲裁件断面质量显著恶化，其后，将可能导致刃口损坏。当刃口表面非常洁净，金属之间进行摩擦滑动时，极易产生表面粘结。因此，为了减小粘结现象，应对模具刃口表面实施良好润滑。

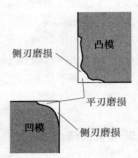

图 5-70　凸、凹模刃口磨损

一般情况下，凸、凹模刃口硬度高可减轻磨损，延长模具使用寿命。但缺乏韧性的工作刃口，特别是刃尖部分，极易崩坏，因刃口缺乏韧性而导致崩刃的生产实例非常多。因此，设计凸、凹模刃口时，必须根据所冲材料的性能，适当调节刃口的硬度和韧性。

第八节　精密冲裁及其他冲裁工艺、模具简介

精密冲裁是在普通冲裁工艺的基础上发展起来的高尺寸精度、高表面精度及高断面质量的冲裁工艺方法，近年来得到了迅速发展。

一、精密冲裁工艺特点及分类

1. 精密冲裁的工艺特点

1) 普通冲裁零件的尺寸精度通常在 IT14 级，而采用精密冲裁工艺方法冲制的零件尺寸精度可以达到 IT9 – 6 级，尺寸公差通常可控制在 0.01mm 以内。目前，精密冲裁件可以满足大部分机械机构的尺寸精度要求，如部分齿轮精冲工艺已可替代锻坯切削加工的传统加工方法，使产品性能、质量提高，生产成本大幅度下降。

2) 与普通冲裁制件断面的表面粗糙度 $Ra12.5 ~ 6.3μm$ 相比，精密冲裁断面的表面粗糙度值通常可达 $Ra1.6 ~ 0.2μm$；冲裁断面斜度小，垂直度可达 89.5°；断面产生毛刺高度小于 0.03mm，塌角高度小于板料厚度 t_0 的 10% ~ 25%；与普通冲裁的最小孔径 $d > t_0$ 相比，精冲小孔可达 $d > 0.6t_0$；另外，高碳钢精冲制件的断面表层硬度比原材料硬度提高 1.4 ~ 2.8 倍。随着模具制造技术的发展，使精密冲裁断面作为产品功能表面的工艺技术正在不断提高。

3) 采用精密冲裁工艺可以冲制带有较长悬臂、细小狭槽以及微小孔的制件，这些特殊的设计要求，是普通冲裁方法很难实现的。

4) 实现精密冲裁复合工艺和扩大精冲材料范围，是目前精冲技术发展的方向之一，也是普及精密冲裁技术的市场需求。

2. 精密冲裁的分类

根据精密冲裁工艺过程、材料的变形特征以及所用模具结构等，具有精密冲裁代表性工艺的

方法主要有齿圈压板冲裁、小间隙非直角刃口冲裁、负间隙冲裁、对向冲裁、上下冲裁以及光洁整修等。

二、齿圈压板精密冲裁

所谓齿圈压板精密冲裁，实质是使凸、凹模刃尖附近变形区域产生较高静水压力状态下进行的冲裁加工，由此可以获得很高冲裁断面质量和尺寸精度的优质冲裁制件。齿圈压板精密冲裁是由瑞士 Essa 公司开发的冲裁加工方法。

1. 精密冲裁工艺过程

齿圈压板精密冲裁工艺原理如图 5-71 所示。与普通冲裁相比，增加了齿圈压板和反向顶杆。另外，凸、凹模间隙极小（通常只有普通冲裁间隙的 10% 左右），并且凸模或凹模刃口带有圆角。凸模下行接触板料之前，齿圈压板的 V 形齿压入将板坯强力压紧在凹模上。冲裁开始时，凸模与沿周的 V 形齿之间较小的区域内产生很大的水平压应力，凸模与反向顶杆夹紧板料下行，凸模、反向顶杆与 V 形齿圈和凹模之间的板料，在冲裁开始的瞬间即已形成了一个近于三向压缩的变形状态。

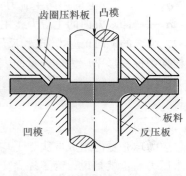

图 5-71　带 V 形齿圈压料的精密冲裁

由于凹模刃口带有小圆角，因此在凸、凹模间隙极小的板料变形区内，冲裁时除凸模刃尖处以外均不易产生应力集中。在这种预应变状态下，凸模压入板料后剪裂纹的产生较迟（据相关资料介绍，凸模压入板料厚度的 80%，才开始产生显微裂纹）。最后，制件在接近纯剪切状态下与板坯分离而结束冲裁。由于凸、凹模间隙极小，分离的制件被反压板挤出时，齿圈挤压材料的径向膨胀使板坯冲裁断面与凹模刃口段强烈摩擦，将可能产生的微裂纹被挤光。因此，冲裁断面上几乎看不到剪裂带的痕迹，通常呈现金属流线连续的全光亮带断面。

2. 精密冲裁变形分析

齿圈压板精密冲裁时变形区材料的受力状态如图 5-72 所示。凸模压入时，板坯对凸模底面作用有 F'_{py} 力和垂直于侧面的 F'_{px} 力，随着凸模下压及 V 形齿压入深度的增加，板坯与凸模刃口表面之间的相对滑动引起摩擦力 $\mu F'_{py}$ 和 $\mu F'_{px}$，F'_{py} 与 $\mu F'_{px}$ 之和构成凸模冲裁力 F_{py}，F'_{px} 与 $\mu F'_{py}$ 之和构成侧向力 F_{px}。由于精冲凸、凹模间隙极小，并受到 V 形齿的强力阻碍，普通冲裁时凸、凹

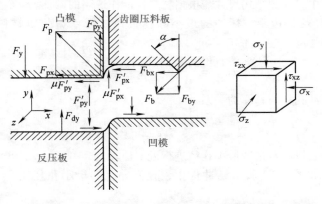

图 5-72　齿圈压板精密冲裁变形区材料受力及应力状态

模间隙中板坯弯曲变形的趋势几乎不存在。在凸模刃尖与 V 形齿之间的板坯受到三个方向压缩而形成静水压力场，提高了塑性，因此，推迟了剪裂纹的发生，这正是精密冲裁制件断面质量提高的根本原因之一。

按照板坯在凸、凹模刃尖附近的应力状态，其平均应力可以表示为

$$\sigma_m = \frac{1}{3}(\sigma_1 + \sigma_2 + \sigma_3) = \frac{1}{3}(\sigma_{tx} + \sigma_{bx} + \sigma_y + + \sigma_{by} + \sigma_{dy} + \sigma_z \cdots) \quad (5\text{-}42)$$

式中　σ_1——x 方向上的侧向主应力，主要由模具约束所产生的 σ_{tx} 和由 V 形齿压入引起的 x 向
　　　　正应力 σ_{bx} 所组成；

　　　σ_2——z 方向上的周向主应力；

　　　σ_3——冲裁方向的主应力，主要包括冲裁力所引起的变形正应力 σ_y、由 V 形齿压入引起
　　　　的 y 向正应力 σ_{by} 和反压板产生的冲裁反向压力 σ_{dy}。

根据塑性变形中应力球张量的表达式

$$\delta_{ij}\sigma_m = \begin{bmatrix} \sigma_m & 0 & 0 \\ 0 & \sigma_m & 0 \\ 0 & 0 & \sigma_m \end{bmatrix}$$

可知，应力球张量的组成取决于平均应力 σ_m，增加 σ_m 中任何一个组成应力值，都将增大变形区的静水压力。也就是说，为了提高变形区的静水压力，可以增大 σ_1、σ_2 或 σ_3 中所包括的任何组成项。

冲裁方向的主应力 σ_3 中包括三个部分，其中 σ_y 由材料力学性能所决定，而另外两个因素可以在模具结构上加以补偿。首先增大齿圈压板在冲裁方向上的分力 σ_{by}，这可以通过改变 V 形齿形状来实现。但增加 y 方向上的 σ_{by}，将减弱 x 方向上的 σ_{bx}。因此，通常考虑加大与冲裁力方向相反的反压力，即增加反压板压应力 σ_{dy} 来增大 σ_3 值。另外，增大反压应力 σ_{dy}，还可能增加板料与凸模刃口之间相对滑动的水平摩擦力，可进一步提高变形区的静水压应力值。

对于冲裁制件形状凹入的部分，由于模具本身约束了材料变形，σ_2 值相对较大。从应力分布状态来看，凸模侧面的静水压力要小于凸模底端面的静水压力。

3. 精冲工艺设计

精冲工艺设计包括精冲件的结构工艺性分析、精冲工艺过程分析和设计等内容。

（1）精冲件的结构工艺性分析

决定精冲件结构工艺性能的主要因素是其制件的几何形状、冲裁精度、断面质量要求以及冲裁材料和厚度等，其中，多数结构尺寸需根据材料性能作适当的调整。

1）最小冲孔直径及其边距。精冲的最小圆孔直径 d 需依据凸模材料许用的许用压应力 $[\sigma_{压}]$ 和材料的抗剪强度 τ_b 进行估算

$$[\sigma_{压}] = \frac{F}{A} = \frac{\pi d t_0 \tau_b}{\pi d^2/4} = \frac{4t_0 \tau_b}{d} \quad (5\text{-}43)$$

由此可以得到精冲孔径与料厚的关系

$$\frac{d}{t_0} = \frac{4\tau_b}{[\sigma_{压}]} \quad (5\text{-}44)$$

通常，也可利用表格法对精冲最小孔径进行近似估算。

根据生产经验，如图 5-73 所示精冲件中，允许冲孔的最小孔径 $d_{min} = 0.6t_0$；最小孔边距 $a_{min} = 0.6t_0$。

2）圆角半径。为避免凸模应力集中产生崩刃或冲裁断面撕裂、毛刺等，精冲件形状上也不

允许出现尖角，并且应适当增大圆角。通常取 $R_b = R_c = 0.6R_a$，$R_d = R_a$，即凹入的圆角半径为凸出圆角半径的 2/3 左右，设计时可参照有关图表进行量取估算。

3）槽宽和悬臂。普通冲裁中，内形孔边或槽边与外轮廓边缘平行时，距边应取 1.5 倍料厚，如不平行，则不应小于料厚。而在精密冲裁中，可以适当减小这一距边尺寸，一般可取 0.6～0.9 倍料厚，如图 5-74 所示。

4）齿形参数。一般齿宽都小于料厚，齿形凸模承受很大的压应力，而凹模孔口内产生侧向胀力。因此，设计时通常将齿形凸模所受最大压应力限制在 1200MPa 以下。

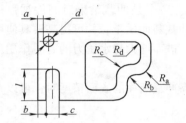 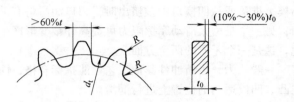

图 5-73　精冲件的合理工艺尺寸　　　　图 5-74　精冲齿形件的设计尺寸

如图 5-74 所示，考虑到凸模强度，一般要求带齿形精冲件的齿宽应大于料厚的 60%，设计时要求齿顶和齿根都应带有相应的圆角过渡。

（2）精冲工艺设计与计算

1）精冲力及辅助工艺力的计算。精冲过程是在材料三向受压状态下完成的，特别是 V 形齿压入板坯时，将产生较大的挤压力，另外，反压板的反压力也应大于普通冲裁中下顶出力。可按经验公式计算精冲力

$$F_1 = (1.1 \sim 1.2)Lt_0\sigma_b \tag{5-45}$$

考虑到凸起高度为 h 的 V 形齿压入板料，压料力可近似计算如下

$$F_2 = f_2L(2h)\sigma_b \tag{5-46}$$

式中　f_2——经验系数，一般随材料强度极限增大而在 1.2～2.2 范围内增大。

适当的反压力与凸模力配合可使冲裁变形区形成较大的静水压力场，但有时需要考虑凸模承压强度，因此，根据生产经验常取反压力

$$F_3 = 0.2F_1 \tag{5-47}$$

这样，作为选用精冲设备的依据，可以得到总的精冲力

$$F = F_1 + F_2 + F_3 \tag{5-48}$$

对于卸料力 F_4 和顶件力 F_5 可作如下估算

$$F_4 = (0.05 \sim 0.1)F \tag{5-49}$$

$$F_5 = (0.05 \sim 0.1)F \tag{5-50}$$

2）精冲工艺过程设计。精冲工艺过程设计包括从材料选择、下料、制订工序等全工艺过程的拟定。

① 选择材料。精冲材料应具有较低的强度和较好的塑性，以及良好的变形特性和组织结构。通常认为材料碳的质量分数小于 0.35% 并且 σ_b 低于 650MPa 的钢材适于精冲。对于含碳量较高的钢材，渗碳体的形状和分布会影响到剪切面能否产生撕裂，在精冲前需要进行球化退火处理。

有色金属中，铝及铝合金较软，具有较好的塑性，多数适于精冲。而铜及铜合金则需要根据其化学成分和冷轧程度具体判断，一般，铜的质量分数超过 63% 的黄铜、铝的质量分数低于 10% 的铝青铜以及纯铜等塑性较好，均适宜于进行精冲加工，而 H59 及铝黄铜等材料的精冲性

能较差。

② 精冲复合工艺。精冲复合工艺是指精冲作为其他成形工艺的后续工序，来完成零件的最终制造。另外，还可利用三动精冲压机实现精冲与其他成形工艺共同组成复合加工或连续加工等复合工艺。比如，利用精冲时由于静水压力场作用使制件与板坯分离较为滞后的特点，可以实现精冲盲孔。另外，还可实现精冲挤压、精冲弯曲以及精冲压印等精冲复合工艺。这种使精冲与其他成形工艺结合起来的复合工艺具有十分显著的技术经济效果，已经在冲压生产中得到了广泛应用。

③ 精冲工艺的润滑。精冲时的润滑应从两个方面来考虑。一个是冲裁结束后制件被强行从凸模上推落或从凹模口中被挤出时，刃口润滑将有助于提高冲裁断面质量，并可提高模具使用寿命；另一个是增大滑动摩擦阻力可提高冲裁变形区平均应力，进而增大静水压力的有益作用。因此，这是一个矛盾的两个方面。

一般认为，当精冲件其他工艺性能指标合格，而为了提高冲裁断面的表面精度时，可以考虑在凸、凹模适当的位置上进行润滑。

4. 精冲模具设计

（1）精冲模的设计要点

1）凸、凹模间隙。小间隙是精冲加工的主要工艺特征之一。精冲时的凸、凹模间隙因落料和冲孔而不同，一般落料凸、凹模的双面间隙取料厚 t_0 的1%左右，冲孔凸、凹模间隙根据孔径与料厚之比 d/t_0 而不同。常用凸、凹模双面间隙如表5-21所示。

齿圈压板的齿顶和齿根部分的凸、凹模间隙应适当加大，通常可加倍。对于带沟槽或类似缺口的制件进行无 V 形齿压料的精冲，外轮廓的相应部分可按内轮廓处理。通常对软质材料取稍大间隙。但间隙过大会产生撕裂现象，影响制件断面质量；而间隙过小，会增加刃口磨损，降低模具使用寿命。

表 5-21　凸、凹模双面间隙 Z

（单位：mm）

料厚 t_0	外形	内形（孔径 d）		
		$d < t_0$	$d = (1 \sim 5)t_0$	$d > 5t_0$
		Z		
0.5	0.01t_0	0.025t_0	0.02t_0	0.01t_0
1		0.025t_0	0.02t_0	0.01t_0
2		0.025t_0	0.01t_0	0.005t_0
3		0.02t_0	0.01t_0	0.005t_0
4		0.017t_0	0.0075t_0	0.005t_0
6		0.017t_0	0.005t_0	0.005t_0
10		0.015t_0	0.005t_0	0.005t_0
15		0.01t_0	0.005t_0	0.005t_0

2）凸、凹模刃口尺寸。一般精冲件的外形尺寸比凹模刃口减小 0.01mm，内形孔的尺寸比冲孔凸模也略小一些。

落料：落料件以凹模为基准，磨损后刃口尺寸变小或变大时

$$D_{\mathrm{d}} = \left(D_{\min} + \frac{1}{4}\Delta \right)^{+\delta} \text{ 或 } D_{\mathrm{d}} = \left(D_{\min} - \frac{1}{4}\Delta \right)_{-\delta} \tag{5-51}$$

凸模按凹模配作，保证单面间隙 C。

冲孔：冲孔件以凸模为基准，磨损后刃口尺寸变大或变小时

$$d_{\mathrm{p}} = \left(d_{\max} - \frac{1}{4}\Delta \right)_{-\delta} \text{ 或 } d_{\mathrm{p}} = \left(d_{\max} + \frac{1}{4}\Delta \right)^{+\delta} \tag{5-52}$$

凹模按凸模配作，保证单面间隙 C。

对于形状孔中心距

$$C_{\mathrm{d}} = \left(C_{\min} + \frac{1}{2}\Delta \right)^{\pm\frac{1}{2}\Delta} \tag{5-53}$$

凹模刃口的小圆角通常取 $R0.05 \sim 1$mm。R 值过大会使冲裁件断面锥度增大，R 值过小容易

产生微小裂纹。R 值通常可在最终调试时进行修正，因此，设计时可以适当减小初始圆角半径。

3）齿圈压板。齿圈压板是仅次于凸、凹模的重要零件之一，其作用除去起到校平板坯、凸模导向及卸料的作用外，主要是在冲裁过程中对变形区材料施加压力，防止金属横向流动，提高变形区静水压力，从而推迟剪切裂纹的发生时间。

如图 5-75 所示，V 形齿的角度 α 一般可分为对称形和非对称形两种，对于料厚小于 4mm 的薄板，a 值通常取 1 ~ 3.2mm，齿高 h 常取 0.15 ~ 0.9mm，均随板厚增加和材料抗拉强度减小而增大。制件外廓具有凹入形状的部分，冲裁时板料偏向剪切变形区，一般冲裁断面相对光滑，因此，V 形齿可以不沿刃口形状布置。当板厚大于 4mm 时，还可在凹模下表面也设置 V 形齿圈，以增大压料力。这时，应将上下齿圈略微错开。冲孔直径较大时，也可在反压板上表面加设 V 形齿圈或做成麻点表面，以增大凸模下部板坯的横向流动阻力。

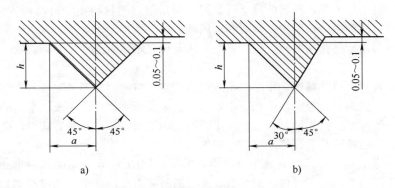

图 5-75　齿圈压板的齿形及尺寸

通常，V 形齿沿冲裁轮廓布置。但当制件形状复杂时，应在易产生窜料的局部位置适当设置 V 形齿，而在其他不重要部位，将 V 形齿线做成规则形状，以方便制造。

4）反压板。精冲模中设置顶件反压板的最主要目的在于它与冲裁力、齿圈压板压力共同作用，使板料变形区产生较大的静水压力场，创造一个接近于纯剪切的变形条件。因此，对减小精冲件断面锥度、板面穹弯和塌角等具有相应的辅助作用。对于小型复杂件的精密冲孔模具，有时不适宜采用齿圈压料板，这时，可采用麻点顶件反压板，也能收到较好的精冲效果。

顶件反压力大，可增强剪切变形区材料的静水压力。但反压力过大，会使凸模产生变形，影响模具使用寿命。

5）其他

精冲模各零部件在模具结构中的相对尺寸，与普通冲裁模大致相同。当齿圈压板和反压板的刚度较好时，可使齿圈压板和反压板分别高出凸模和凹模工作表面 0.1 ~ 0.2mm。如果刚度较差，可适当加大高度。

精冲件的排样基本与普通冲裁相同，由于冲裁时有齿圈压板压料，所以搭边值一般可比普通冲裁稍大些。

（2）精冲模具的主要技术要求　通常要求精冲模架应具有较高的刚度；应保证具有精确稳定的导向装置；严格控制凸模进入凹模的深度，以防止损坏刃口；适当考虑模具工作部分的排气问题。

（3）精冲模具材料　500kN 精冲模具的模架已经实现标准化系列。如自行设计时，对于大型制件的精冲模模板应采用钢板，而在冲裁力不超过 50 吨时，允许采用细晶粒铸铁模板。

模具零部件的硬度和韧性具有一定的矛盾，所以应注意材料的选择和热处理方法。对于凸、凹模，通常采用 W18Cr4V、Cr12MoV、W6Mo5Cr4V2，热处理硬度取 60HRC 以上；压边圈和顶件反压板则可选用 Cr12MoV 或 CrWMn 等，热处理硬度取 58～60HRC；导柱导套常选 GCr15，热处理硬度 58～62HRC。

三、其他精密冲裁工艺简介

1. 小间隙非直角刃口冲裁

小间隙非直角刃口冲裁属于光洁冲裁的一种，采用了很小的凸、凹模间隙，并且凸模或凹模单侧做成非直角刃口。

（1）冲裁工艺过程及特点　冲裁过程中，带有非直角的主刃口端面和侧面板坯将产生径向挤压变形，材料流动相对滞后，由于凸、凹模间隙很小，拉应力成分非常弱，很快形成一个以刃口圆角为中心的静水压力场。随着凸模下行，刃口圆角附近的材料不断沿圆角表面向侧面流动，使刃口侧面原本可能产生的拉应力得到缓和，因此，推迟和抑制了裂纹的发生。当凸模吃入板料一定深度后，材料基于连续性的较大位移，在非圆角刃口附近首先产生剪切裂纹，冲裁末期断裂分离。

在小间隙非直角刃口冲裁中，带小圆角或倒角的主刃口侧通常不产生裂纹，尽管刃角附近的材料可能被拉长，但由于在径向挤压状态中被刃口侧表面压平挤光，形成了平滑的光亮断面，因此可以说这是一种冲裁、挤光的复合工艺。尽管凸、凹模间隙很小，非圆角刃口侧的材料仍被拉长而形成毛刺，但这种毛刺留在了平刃口一侧的废料上。

（2）冲裁工艺分析　小间隙非直角刃口冲裁模具有如图 5-76 所示的三种形式。图 5-76a 所示的凹模刃口带圆角，凸模平刃口。图 5-76b 所示的凸模刃口带圆角，凹模平刃口。图 5-76c 所示为小倒角刃口，即凸模刃口带倒角，凹模为平刃口；当凹模刃口做成小倒角时，则凸模采用平刃口。这种刃口对应原则，分别适用于落料或冲孔工艺。

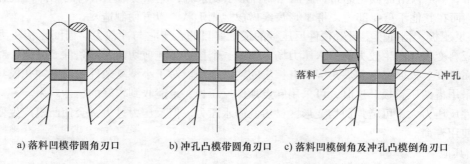

a) 落料凹模带圆角刃口　　b) 冲孔凸模带圆角刃口　　c) 落料凹模倒角及冲孔凸模倒角刃口

图 5-76　小间隙非直角刃口冲裁

小间隙非直角刃口落料加工时，将凹模刃口做成小圆角或倒角，目的为加强凹模刃口附近的静水压应力环境，而迫使凸模平刃口处率先产生剪切裂纹。由于凸、凹模间隙很小，随凸模沿冲裁方向移动的板料侧端面始终受到凹模口侧壁的挤压作用，最后脱出时，断面被挤得很光。冲裁结束后，凹模口内的落料制件获得了良好的光亮断面，而将最后被拉断在非直角刃口附近因被拉长而形成的毛刺留在了凹模上端面的余料孔缘上。但应注意的是，由于落料制件在凹模口内始终受到径向挤压变形，脱出凹模口后，将会因弹性回复而产生径向膨胀。据生产资料介绍，这种弹性回复往往会使落料件外形的最终尺寸增大 0.02～0.05mm。

与落料加工相反，小间隙非直角冲孔时将凸模刃口做成小圆角或倒角，使得凸、凹模刃口附近材料所处的变形流动状态，与凹模圆角刃口落料时恰恰相反。因此，得到的冲孔制件上具有较光滑的冲裁断面,而将塌角和毛刺留在了冲孔废料上。

同样,处于凹模上端面的制件孔内缘始终受到凸模侧表面的径向挤压,当凸模返程脱离冲孔制件后,孔缘材料因弹性回复而产生径向收缩变形,最终使得冲孔直径有所减小。这些回弹变形引起的冲裁精度变化,在凸、凹模刃口尺寸设计时必须予以足够重视。

小间隙倒角刃口冲裁是依据上述变形原理,将相应的刃口小圆角改为小倒角,也可以获得较好的冲裁效果,同时简化了凸、凹模刃口的加工工艺。

(3)模具设计 小间隙非直角冲裁模的关键在于非直角刃口和凸、凹模间隙的确定。图5-77a 所示小圆角刃口凹模是应用较多的形式,圆弧与凹模漏料锥相切点通常取 $R + t_0$,以保证落料断面具有足够的挤光长度。图5-77b 所示为小椭圆角刃口凹模。有时为了加工方便也可使刃口由两段小圆弧光滑连接而成。图5-77c 所示小倒角刃口制造简单,但须保证倒角刃口与直壁垂直漏料孔壁相交处应光滑连接。

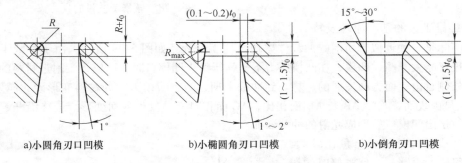

a)小圆角刃口凹模　　　　　b)小椭圆角刃口凹模　　　　　b)小倒角刃口凹模

图 5-77 小间隙非直角刃口凹模结构形式

凹模刃口圆角半径 R 需根据材料性能、状态及板厚具体确定,通常取料厚的 10% ~ 20%。如果 R 太小,因凸、凹模间隙很小而使刃角容易损坏且磨损严重。R 过大,冲裁制件的塌角和毛刺增大,影响冲裁质量。圆角半径的大小,通常需要通过试生产来最后确定,设计时参照表5-22 决定。对于小倒角刃口尺寸,可参考相应的小圆角刃口尺寸确定。

表 5-22 圆角刃口凹模的刃角半径 R (单位:mm)

材料	材料状态	材料厚度	圆角半径 R	材料	材料状态	材料厚度	圆角半径 R
软钢	热轧	4.0	0.5	铝合金	硬	4.0	0.25
		6.4	0.8			6.4	0.5
		9.0	1.4			9.0	0.4
	冷轧	4.0	0.25	钢		4.0	0.25
		6.4	0.8			6.4	0.25
		9.6	1.1			9.6	0.4
铝合金	软	4.0	0.25	钢		4.0	0.25
		6.4	0.25			6.4	0.25
		9.6	0.4			9.0	0.4

对于厚板料,如果孔径小于 $3t_0$,可将凸模底端面磨成120°锥角,以利于凸模切入板坯。

与普通冲裁不同,小间隙非直角冲裁凸、凹模间隙值基本不因板料厚度而变化。凸、凹模间隙值应尽可能小,通常希望单面间隙不大于 0.01mm。

冲裁制件的形状尽可能简单,不宜带有直角或尖角,否则角部容易产生撕裂。为了获得光亮的冲裁断面,必须保证凸、凹模侧刃口表面具有较小的表面粗糙度值,同时可适当进行润滑。

由于小间隙非直角冲裁类似于冲裁挤光的复合工序，因此，要求凸、凹模刃口具有较高的强度和硬度。另外，应考虑冲裁力比普通冲裁大 50%。

2. 整修

如图 5-78 所示，将普通冲裁后的半成品制件修去一定余量（粗糙断面）和冲裁斜度，获得具有光滑切断面制件的冲压工序称为整修。如果按整修的目的不同，通常可分为切除余料整修和挤光整修两种。而按整修方式不同，又可分为外缘整修、内孔整修、叠料整修和振动整修等。

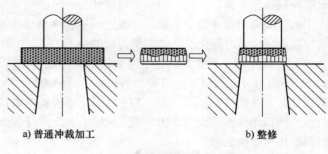

a) 普通冲裁加工　　　　　　　b) 整修

图 5-78　整修工艺目的

（1）整修工艺的基本原理及特点　整修实际是一种近似于切削的冲裁件剪切再加工过程。如图 5-79 所示，由于冲裁半成品的外形尺寸仅仅略大于凸、凹模，在凸模压力下被强行挤入凹模口时，凹模刃尖附近材料的剪切变形具有向外侧自由表面方向发展的趋势。到冲裁末期，凸、凹模刃尖处材料变形硬化越发严重，B、B′处于自由表面，与沿 AB 及 AB′面相比，AC 面相对容易发生剪切变形。最终沿凸、凹模刃尖断裂，被挤出凹模口后形成光滑的冲裁断面。

如果半成品件外缘整修量比较大，加工中途很难产生断屑。但整修时的切除余量较小时，凹模刃尖可能会将半成品件外缘的金属纤维切断，形成环形切屑，最终可能会残留一薄层粗糙的断裂带（一般小于 0.1mm）。

在整修中，类似于切削的塑性变形几乎占据了加工全过程。因此，材料的塑性好坏对整修效果影响不是很大，几

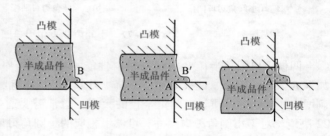

图 5-79　整修工艺过程

乎所有金属材料都可适用于整修加工。但是，厚板件整修时，很难使整个断面都呈光亮表面。对于料厚大于 3mm 或带有尖角形状的半成品件，为了消除撕裂现象，通常需要进行二次或多次整修。经过整修后的制件尺寸比较稳定，比其他精冲件的尺寸回弹要小。另外，由于整修中切除的材料余量较小，所需设备吨位相对较小。

（2）整修的工艺方法　整修主要有外缘整修、内孔整修、挤光整修、叠料整修及振动整修等工艺方法。

1）外缘整修。外缘整修靠凹模刃口切断毛坯余料。为获得光滑平直的整修断面，要求半成品件所留整修余量必须适当。整修余量的大小与半成品件的断面形状，及落料时的凸、凹模间隙有关。一般半成品件的落料凹模双边间隙为 Z，半成品件小端的双边整修余量为 ΔD 时（可查表 5-23），双边切除余量为

$$s = Z + \Delta D \tag{5-54}$$

对于形状简单件，通常可选较小的整修余量。另外，如需二次整修，则应考虑采用较小整修余量。外缘整修时，应将半成品件相对较大的一端置于凹模侧，使大端先被压入凹模口内，可提高断面整修质量并减少毛刺。

表 5-23　　外缘整修余量 Z　　　　　　　　　　（单位：mm）

材料厚度	黄铜、软钢		中等硬度钢		硬钢	
	最小	最大	最小	最大	最小	最大
0.5 ~ 1.6	0.10	0.15	0.15	0.20	0.15	0.25
1.6 ~ 3.0	0.15	0.20	0.20	0.25	0.20	0.30
3.0 ~ 4.0	0.20	0.25	0.25	0.30	0.25	0.35
4.0 ~ 5.2	0.25	0.30	0.30	0.35	0.30	0.40
5.2 ~ 7.0	0.30	0.40	0.40	0.45	0.45	0.50
7.0 ~ 10	0.35	0.45	0.45	0.50	0.55	0.60

2）内形整修。内孔整修靠凸模刃口切除余料，并矫正孔的坐标位置，因此要求凸模刃口应锋利。修孔余量的几何关系如图 5-80 所示。内形整修余量与半成品件的材料性能、板厚及预制孔工艺（如冲孔或钻孔等）因素有关，通常可作如下估算

$$\Delta D = 2s + c = 2\sqrt{\Delta x^2 + \Delta y^2} + c \approx 2.82x + c \qquad (5-55)$$

式中　s——预制孔的最大偏心距（mm）；

　　　x——预制孔中心相对于整修孔中心的偏移量（mm），见表 5-24；

Δx、Δy——预制孔中心坐标对修孔中心的最大平移距离，其值取决于预制孔方法及料厚（mm）；

　　　c——补偿定位误差（mm），见表 5-25。

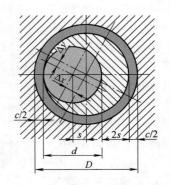

图 5-80　修孔余量的几何关系

表 5-24　预制孔中心坐标的偏移量 x
（单位：mm）

料厚 t	x 值	
	冲裁孔	钻孔
0.5 ~ 1.5	0.02	0.04
1.5 ~ 2.0	0.03	0.05
2.0 ~ 3.5	0.04	0.06

表 5-25　补偿定位误差 c　（单位：mm）

定位基准至修孔中心的距离	c 值	
	以孔为定位基准	以外形为定位基准
< 10	0.02	0.04
10 ~ 20	0.03	0.06
20 ~ 40	0.04	0.08
40 ~ 100	0.06	0.12

内形整修时，同样应将半成品件大端置于凹模一侧，使凸模由孔的小端挤入，可获得较好的修孔效果。

3）挤光整修。挤光整修也是利用凸模或凹模的锋利刃口在强压下挤光半成品件的冲裁断面，主要适用于塑性较好的金属板料，通常整修余量不超过 0.04 ~ 0.06mm。

4）叠料整修。叠料整修的特点是凸模尺寸大于凹模，因此，凸模不能进入凹模口内。如图 5-81 所示，整修时，将待整修制件叠加在正在整修的制件上面，凸模下行，通过待修件将冲压力传递给整修件，整修件被挤入带有锐角的凹模口内切除外缘余料，获得非常光滑的侧断面。

叠料整修凸模不需要精确的形状尺寸，有时可利用一个较大凸模完成多种形状尺寸小型件的整修。缺点是往往带有断面毛刺，并且断屑清除困难。

5）振动整修。振动整修是在普通整修原理的基础之上，给下行的凸模施加一个轴向振动力，即可提高切削速度，同时又容易使切屑分离。由于凸模外形比凹模刃口轮廓大，因此，只将

半成品件压入凹模口内实现整修，获得的断面质量比其他整修方法要好。但很难消除因凸模振幅所致的切削痕迹。瑞士 Essa 公司已经开发出用于振动整修的专用压力机，并采用两个滑块，主滑块上、下运行过程中，装于其内的副滑块由一偏心轴驱动产生上下振动，实现振动整修。

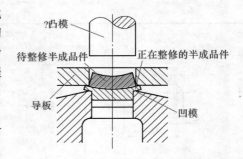

图 5-81　叠料整修工作原理

（3）整修模具及其他　整修模工作部分尺寸的计算方法基本与普通冲裁相同。

一般，整修线长度为 L、总整边余量为 δ，同时处于凹模内的工件数为 n 时，整修力可按下式计算

$$F = L(\delta + 0.1t_0 n)\tau_b \tag{5-56}$$

普通外缘整修凹模的直刃口高度取 $6 \sim 8\mathrm{mm}$，当整修直径大于 $50\mathrm{mm}$ 时，应设推件装置。当外形与内形都需整修时，可以设计成相应的复合整修模。外缘整修时，凸、凹模间隙通常仅 $0.01 \sim 0.025\mathrm{mm}$，因此，应考虑采用滚珠式导柱、导套以及浮动模柄模架结构。

确定断面挤光整修凹模刃口尺寸时，应考虑到挤光后制件的弹性变形较大且随制件厚度增加而增大，凸模通常比凹模大 $(0.1 \sim 0.2) t_0$。采用芯棒或滚珠精压的内缘整修，是利用凸模的压力使硬度 $(63 \sim 66\mathrm{HRC})$ 很高的滚珠或芯棒强行通过略小于要求直径的预制孔中，压平孔的表面。在内缘挤光中，还可以利用芯棒加工非圆形或带缺口的形孔。

3. 其他精密冲裁方法简介

（1）负间隙冲裁　负间隙冲裁是指所用凸模尺寸大于凹模刃口尺寸的冲裁方法，也称为半精冲，仅适合于落料加工。工作原理与小间隙圆角刃口冲裁相似，除凸、凹模负间隙外，圆角刃口只设于凹模侧。

如图 5-82 所示，负间隙冲裁中产生的裂纹方向与普通冲裁相反，制件的形成始终呈一倒锥形。随着凸模下行，材料被强行挤入尺寸较小的凹模口中，断面被挤光成光亮表面。通常认为，负间隙冲裁也是冲裁与挤压或整修的复合加工过程。

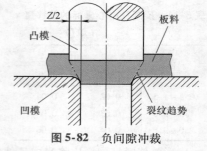

图 5-82　负间隙冲裁

设计负间隙冲裁模时，最重要的是确定沿冲裁轮廓线上凸、凹模负间隙值的分配方法。一般圆形凸模尺寸比凹模大 $(0.05 \sim 0.3) t_0$，使负间隙沿冲裁轮廓线均匀分布。但对于非规则冲裁件，负间隙不宜均匀分布，通常使外凸的尖角部分比平直部分的间隙大 1 倍，而凹入部分则比平直部分减少一半左右，外凸与凹入部分负间隙线应圆滑连接。

负间隙冲裁时，凸模行程的下止点应准确调定在距凹模上工作表面 $0.1 \sim 0.2\mathrm{mm}$ 处，以防压坏模具。滞留在凹模口内的制件，需待冲裁下一个制件时才能被挤出凹模孔，挤出时受到凹模内壁强烈的径向挤压，脱模后会产生一定程度的径向回弹。因此，计算凹模刃口尺寸时，通常需要计入 $0.02 \sim 0.05\mathrm{mm}$ 的径向膨胀量。

由于冲裁过程中需要将尺寸较大的断裂板坯强行挤入凹模口内，因此，冲裁力比该制件普通冲裁时所需冲裁力 F_0 大。通常可按下式估算负间隙冲裁力

$$F = kF_0 \tag{5-57}$$

式中　k——系数，根据材料选取，如铝取 $1.3 \sim 1.6$，黄铜取 $2.2 \sim 2.8$，软钢取 $2.3 \sim 2.5$。

负间隙冲裁适合于延性较好的软金属材料加工，冲裁件断面的表面粗糙度可达 $Ra0.8 \sim$

0.4μm，但制件最后被挤入部分容易形成毛刺。为了减小冲裁力，提高模具使用寿命，应对工作刃口进行良好润滑。

（2）双刃口对向冲裁 双刃口对向冲裁的基本工作过程如图 5-83 所示。工作零部件主要由上凹模、刃口带凸起的双刃凹模、压出凸模及反压顶杆等组成。工作时，上凹模下行切入板坯，反向侧双刃口凹模因具有内、外两条宽度较窄的等宽刃口带，同样也切入板坯。大约在切入 $30\%t$ 前后，上凹模刃尖与双刃口凹模外刃尖之间形成一条初始剪裂线 AB。上凹模继续下行，这条初始剪裂线逐渐压合并被排出至双刃口凹模外刃以外的区域，在上凹模口与双刃口凹模的内刃口内侧，形成尚未断裂的平滑剪切面。当上、下凹模切入板坯总厚度的 85% 左右时，与凸起凹模置于同侧的压出凸模开始冲裁，切断凹模内侧材料相连接部分，使制件与板坯分离。

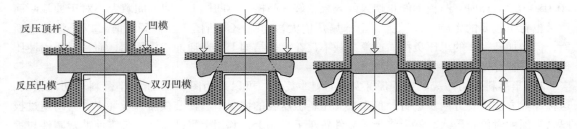

图 5-83 双刃口对向冲裁

双刃口对向冲裁方法对冲裁材料的要求并不严格，几乎能够被用来切削加工的延性或脆性材料都适用于这种冲裁方法。如果适当掌握压出凸模的动作时间，所需冲裁力比普通冲裁力还要小。但是，由于冲裁过程中上、下凹模需要将板坯余料部分向外侧挤压，因此，用于双刃口对向冲裁的毛坯尺寸不宜太大，即不适合条料或带料冲裁。

（3）少无毛刺冲裁 板料冲裁过程中，剪裂纹总是由模具刃尖近旁开始产生，从根本上消除毛刺，在理论上几乎是不可能的。即使在许多精密冲裁加工方法中，也只能使毛刺的数量和长度尽可能减少。因此，如何消除毛刺，已经成为冲裁变形机理研究中的一项重要课题。下面，介绍几种少无毛刺的特殊冲裁工艺方法。

1）往复冲裁。往复冲裁是压力机滑块一次行程中使板料产生两次相反方向的冲裁变形，进而实现少无毛刺的特殊冲裁方法。模具的结构特点是具有两对凸、凹模。图 5-84 所示为往复冲裁的工艺过程。冲裁开始时，先由凸模 1 压入板料，与凹模 1 配合实现先期冲裁。凸模 1 压入至可能产生初始剪裂纹的深度时停止移动，之后，凸模 2 由反方向压入板料，与凹模 2 配合实现后期冲裁。材料完全断裂后，由凸模 1 将与板料分离的制件推出凹模 2，完成一次冲裁的全过程。

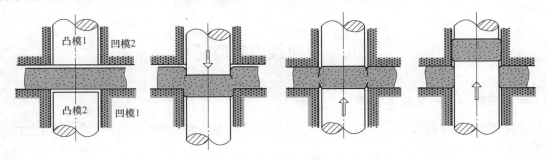

图 5-84 往复冲裁的工艺过程

往复冲裁制件的断面特征分布如图 5-85 所示，冲裁断面上具有两个圆角带和两个光亮带。两个圆角带是凸模 1 和凸模 2 分别从两个相反方向压入板料所形成的。相应地，光亮带即为两个凸模产生剪切变形所致。而中部断裂带，则大部分是由凸模 2 反向顶出时制件与板料之间产生撕裂所形成。往复冲裁增大了光亮带所占比例，更主要的是由于上、下两个方向分别冲裁，尽管塌角增大，但基本消除了毛刺，从而达到了少无毛刺冲裁的最终目的。

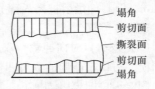

图 5-85　往复冲裁制件的断面特征分布

往复冲裁的难点在于如何确定凸模 1 的切入深度。据资料介绍，一般当凸模切入板料深度 $(0.05 \sim 0.3)\,t_0$ 时，凸模 1 停止切入的效果较好。凸模 1 与凹模 1 之间的间隙大小对于冲裁断面质量也有很重要的影响，间隙大，上部塌角增大。间隙小，凸模 2 反向顶出时可以光整冲裁断面，但增加凸模 2 的承压负担。往复冲裁不仅在模具结构上与普通冲裁模不同，而且对所用冲压设备也有特殊要求。

2）半落料压切冲裁。为了获得少无毛刺冲裁件，可以采用图 5-86 所示半落料压切冲裁法。这种冲裁方法需要分两步进行。首先在无压料板压料的情况下，使凸模压入板坯中，大约超过板厚一半深度时停止压入。然后将半成品件置于下平砧上，利用上平砧压下，最终使冲裁制件与板坯分离。

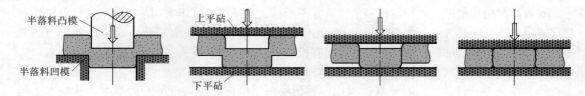

图 5-86　半落料压切法的工艺过程

在半落料冲裁中，当凸模压入并将板料挤入半落料凹模口时，通过凹模刃尖的材料形成圆角。压入一定深度后，在凸模刃尖附近开始产生裂纹。之后再经过上、下平砧对向压切，剪裂纹只能向下发展。剪裂纹起始端在反向移动时，与切断部分向内膨胀的材料产生相互摩擦，使得初始切断面平滑，因此，可以获得两端均无毛刺的冲裁制件。

半落料压切冲裁是获取少无毛刺冲裁件的一种简易冲裁方法，适用于厚板冲裁件加工。关于半落料工序的冲裁深度，是这种冲裁方法的工艺难点，因此，需要根据材料性能、料厚等确定。

第九节　冲裁模制造简介

一、冲裁模的主要技术要求

冲裁模各零部件的材料、尺寸公差、几何公差、表面粗糙度和热处理等必须符合模具图样的技术要求。

凸、凹模侧壁应该平行或稍有斜度，不允许有反向斜度。通常要求工作刃口部分的表面粗糙度为 $Ra0.4\mu m$，装合表面的表面粗糙度为 $Ra0.8\mu m$，凸模热处理硬度为 58 ~ 62HRC，凹模热处理硬度为 60 ~ 64HRC。

二、凸、凹模工作刃口的加工

凸、凹模的传统加工方法有压印法和仿形铣削两种，热处理后的微小变形靠模具钳工用手砂轮或锉刀修整。近年来随着电火花切削加工技术的大力发展，凸模加工可以采用电火花线切割和成形磨削结合的方法，而凹模按制件形状可以采用带锯加工、电火花线切割和电火花成形加工等。用这种加工往往是在热处理后进行精加工的，可以节省人力并提高制造精度。

凹模加工通常需要根据孔形来决定。比如对于圆形孔，经过车、铣或镗孔加工之后，需要在外圆磨床或内圆磨床上进行型孔磨削加工，孔径较小时（< 5mm），常常先精铰，淬火之后用砂布抛光。对于孔距精度要求较高的多孔凹模，需要在坐标镗床上先镗出各孔，淬火处理之后用坐标磨床精加工孔形。对于非圆形孔凹模，传统的加工方法主要是镗削和压印法，现在多采用电火花先切割和电火花成形加工。型孔尺寸较大的凹模可用数控铣，然后还可以利用坐标磨床进行精磨。对于镶拼结构的凹模，也可以用成形磨加工型孔。

1. 压印法

将凸模材料上下断面铣平后压入已经淬硬的凹模内，钳工根据凸模毛坯上压出的凹模印痕将多余的金属锉去。锉修时不允许锉到已经压光的表面，并且要求留有相应的余量。然后再进行反复的压印、锉修，直到压印深度达到所要求的尺寸为止。通常首次压印深度为 0.2 ~ 0.5mm，以后逐次压印深度可大一些。有时为了改善压印表面的粗糙度，常将凹模刃口磨出 0.1mm 左右的圆角，并在凸模表面上涂硫酸铜溶液。如果先加工好凸模，也可利用凸模压印法来加工凹模。压印法最适合于加工无间隙冲模。

2. 仿形加工

首先在车、铣、刨床上将毛坯必要的辅助面进行预加工，磨平凸模端面并划线（通常要留0.2 ~ 0.3mm 的精加工余量），然后用仿形铣床或仿形刨床进行精加工。经仿形加工后的凸模应与凹模配修，淬火之后对工作刃口表面进行研磨和抛光处理。仿形加工凸模的生产率较低，并且受热处理变形的影响，常常要留出较大的研配余量。

3. 带锯切割法

利用带锯切割凸、凹模的方法比较简单，加工效率和加工精度都较高。特别是利用自动带锯机，通常将毛坯上下端面刨或铣平，钳工划线，按照划线凸、凹模形状将白线带贴好。加工时，由光电跟踪仪控制工作台沿坐标轴移动，锯出凸、凹模形状。对于凹模，可根据样板利用透光法锉修刃口，刃处理之后，再用油石研修。

4. 电加工

利用线切割加工，凸模需设计成柱状体。坯料退火后刨或铣平六个平面，将上下端面磨平，凸模上的螺孔、销孔等加工完毕，钻出穿丝孔之后进行热处理淬火。对于镶拼式凸模，尽可能在淬火处理之后将每块镶块拼接面磨好，装配在一起，磨平上下端面再进行电火花线切割加工，以保证形状刃口的连续性。电火花加工冲裁模，不论是冲孔模还是落料模，也应采用配做法，即只在凸模上标注尺寸和公差。因为凹模刃口尺寸是靠电极精度来保证的，因此，凹模只需标注按凸模配作，保证最小间隙值即可。

5. 成形磨削

为了便于加工，希望将凸模设计成柱状体，如果是半封闭式的凸模，希望设计成镶拼结构。加工时，应根据凸模的形状尺寸确定基准面。一般，当凸模有型孔时，应先加工内型孔，以便将其作为加工基准。成形磨削时，为了减少积累误差，通常要先磨精度要求高的部分，先磨凹入圆弧面后磨平面和斜面，先磨大圆弧后磨小圆弧，最后磨削工艺补充和装夹部分。成形磨削加工冲裁模时，不论是冲孔模还是落料模，通常也是采用配做法，即先加工凸模，然后凹模按凸模配作，保证最小间隙。

三、主要零部件的加工

导柱和导套是保证凸、凹模沿形状间隙均匀的重要零部件。一般滑动导柱、导套的配合采用 H6/h5 或 H7/h6。为了保证导柱、导套的工作表面要求具有一定硬度和较高的耐磨性，而其心部需要具有良好的韧性，通常选用 20 钢渗碳淬火（渗碳深度 0.8 ~ 1.2mm，淬火硬度 58 ~ 62HRC）。对于模架精度要求较高的硬质合金冲模或精密冲裁模等，需要采用滚动式导、柱导套结构。这种结构中，导柱、滚珠和导套之间通常需要保证 0.01 ~ 0.02mm 的过盈量，滚珠的直径公差小于 0.002mm，孔径比钢球直径大 0.2 ~ 0.3mm。保持圈通常采用黄铜或硬铝材料车削而成，然后在铣床上用分度头分度，钻出圆周上的小孔。放入钢球之后，利用收口工具将孔铆入三点或一圈，使钢球能够在小孔内转动自如且不致脱出。

模座用来安装导柱、导套、凸模、凹模等，按导柱的布置形式主要有两导柱模架（对角导柱模架、平行中间导柱模架和后置导柱模架）和四角导柱模架。模座上、下平面应严格保证平行，一般刨或铣平后，还要进行精磨。模座上的导柱、导套孔必须与模座上、下端面保持垂直，因此，通常在精磨之后才加工导柱、导套孔。有时为了保证导柱、导套孔的位置精度，可以将上、下模座装夹在一起同时加工。

其他的零部件，如压料板、退料板、安装板、固定板、定位零件等，可根据设计图样采用一定的机加工艺制造。

四、冲裁模的装配与调试

冲裁模装配和调试是模具制造过程中一个非常重要的技术环节，装配质量和调试精度直接影响到模具的工作精度和冲裁质量。所谓装配与调试最后都将体现到凸、凹模间隙是否合于设计要求，沿冲裁轮廓间隙是否合理等。如果所有的模具零部件加工精度都达到设计要求，而装配和调试不到位，那么仍然不会冲裁出质量合格的优质冲裁制件。

1. 凸、凹模的装配

凸模是冲裁模中的关键工作部件，与固定板的连接通常采用压入、压板紧固或环氧树脂粘结的方法，装配时严格要求凸模轴心线与模座平面垂直。另外，需要注意的是凸模非工作端面不得高出固定板上端面，必要时装配之后可以再次通磨上端面。凹模装配时，先半松动紧固固定螺钉，整体装配调好间隙后拧紧螺钉，然后压配柱销定位。

2. 主要零部件装配

导柱、导套是模具的导向装置，如采用压入式导柱、导套，压入之前应确认导柱、导套轴心线是否与上下模板垂直，安装后导柱、导套一定要保证规定的滑配间隙。为了保证导向的精确度，通常要求导柱与导套的滑配间隙应小于凸、凹模之间的冲裁间隙。带模柄冲裁模的模柄夹持柱面应与上模板上端面垂直，安装后模柄座上端面不得高于上模板上端面，必要时，装配完成后应进行锉修或磨平。安装弹性卸料板时，为保证卸料板内型孔与凸模或凹模外轮廓具有足够的间隙，数个退料板螺钉一定要平衡紧固，以防止工作过程中卸料板内型孔与凸模或凹模外轮廓碰撞摩擦。

3. 冲裁模调试

凸、凹模间隙的调整是冲裁模的关键，通常可以采用透光法或切纸法。如果冲裁件形状复杂时，也可以采用凸模镀铜的方法调整凸、凹模间隙。试冲时常常会出现沿冲裁形状局部出现毛刺或刃口相咬的现象，此时应考虑上下模座、固定板或凸、凹模等安装是否不平行，或者刃口不够锋利、淬火硬度过低。有时导柱、导套配合间隙过大等也会出现上述现象。试冲件产生不平正现象时，需要检查凹模型孔是否有倒锥（由于制件挤出时受力过大，薄料会发生翘曲变形）。此外，还应考虑到顶出器与冲裁制件接触面太小，或是定位太紧，比如导正销与预冲顶位孔配合过紧，将冲裁制件压出凹陷。

思 考 题

1. 金属板料冲裁加工中经历了哪几个变形阶段？在各阶段中所产生的变形现象是什么？
2. 简述冲裁件的断面质量特征及它们的形成原因。
3. 简述影响冲裁件断面质量和尺寸精度的主要因素。
4. 冲裁间隙对冲裁工艺性、冲裁质量及模具使用寿命有何影响？
5. 什么是合理冲裁间隙？它与哪些因素有关？
6. 落料件与冲孔件的断面质量分别与模具的哪些因素有关？
7. 确定冲裁模具中凹、凸模尺寸的基本原则是什么？采用这种原则的理由是什么？
8. 冲裁模的尺寸标注有哪几种方法？标注方法与模具制造有何关系？
9. 简述几种模具制造方法的优缺点。
10. 什么是冲裁搭边？其在冲裁工艺及模具设计中有何意义？
11. 降低冲裁力的意义是什么？有哪些工艺措施或模具结构可以降低冲裁力？
12. 说明何谓单工序模、连续模及复合模。
13. 设计大型落料凹模时，采用拼镶结构的原则有哪些？
14. 为什么采用齿圈压板冲裁时可获得较高的断面质量和尺寸精度？其根本原因是什么？
15. 冲裁毛刺的产生机理是什么？可采取哪些工艺措施减小或消除冲裁毛刺？

第六章 弯曲成形工艺与模具设计

学习重点

　　要求了解板材弯曲变形特点及其变形过程，区分弹性弯曲、弹塑性弯曲和塑性弯曲的异同，应能建立弯曲变形中的应力应变关系并计算弯矩及弯曲力；认识和理解板材弯曲变形极限、最小相对弯曲半径的含义及其主要影响因素；熟悉并掌握弯曲回弹量的计算方法，以及减轻或消除回弹的工艺措施及模具结构；正确设计板材弯曲工艺及其典型模具；了解管材弯曲特点、变形过程、成形缺陷及其主要影响因素。

　　弯曲成形是把板料、管材或型材等毛坯弯成一定曲率、角度，从而获得所需制件的冲压成形方法。由于经过塑性弯曲后具有较高的强度、刚度和良好的工艺结构，因而弯曲成形的应用范围越来越广泛。

第一节　板材弯曲成形及其变形分析

　　金属板材的弯曲成形遵循塑性变形的基本原理，但其变形过程因弯曲方式、弯曲形状而不同，既有不同的变形特点，又有相同的变形规律。

一、板材弯曲的工艺分类

　　根据所用设备、工具不同，板材弯曲加工可以分为很多类型，其中主要有压弯（模具弯曲）、折弯、拉弯、辊弯及辊压成形等。

　　1. 压弯成形

　　压弯是利用弯曲模具在压力设备上对板材进行弯曲成形的加工方法，在板材弯曲中所占比例较大。如图 6-1 所示，按照弯曲制件的成形形状，压弯通常有 V 形、U 形、L 形及 S 形弯曲等。其中，V 形弯曲和 U 形弯曲具有压弯成形的典型特征，应用也非常广泛。

　　2. 折弯成形

　　折弯有时也称卷弯，常需在配备有通用工具的折弯机或其他专用设备上完成。如图 6-2 所示，折弯成形包括清角折弯、直角折弯（或称圆角折弯）及任意角折弯。折弯成形多用于窄板弯曲，过宽的板材折弯成形需要大型弯板机或排辊多次弯曲。

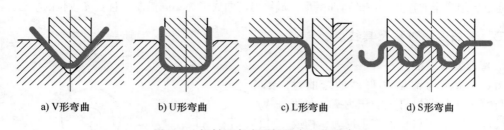

a) V形弯曲　　　　b) U形弯曲　　　　c) L形弯曲　　　　d) S形弯曲

图 6-1　板材压弯成形的基本工艺形式

a) 清角折弯　　　　　b) 直角折弯　　　　　c) 任意角折弯

图 6-2　折弯成形的基本工艺形式

3. 拉弯成形

对飞机蒙皮或大型覆盖件进行小曲率弯曲成形时，常因弯曲变形程度不足而导致回弹很严重。如果采用拉弯工艺，可以较好地解决弯曲回弹问题。图 6-3 所示即为板材拉弯成形的基本工作原理。

4. 辊弯成形

辊弯成形接近于推料弯曲。如图 6-4 所示，加工时将板材送入旋向不同的弯辊中，在送进方向上因弯辊的连续转动和碾压而逐渐被弯曲成形，通常采用 3～4 个弯辊。这种弯曲方法依靠调节各弯辊之间的相对位置，来适应不同板材的厚度及制件的弯曲曲率，各弯辊之间的相对位置对弯曲成形效率有很大影响。

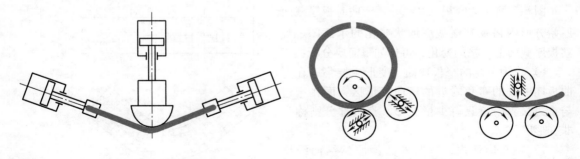

图 6-3　板材拉弯成形　　　　　　　　图 6-4　板材辊弯成形

5. 辊压成形

如图 6-5 所示，辊压成形也是送进弯曲的一种成形方式，与辊弯成形相似，但板料变形方向和方式都不同。辊弯成形时，板料沿弯辊转动方向上产生弯曲变形；而在辊压成形中，板料是在垂直于弯辊转动方向上产生弯曲碾压变形。辊压成形时，通常在送料方向上并列多组型面不同的弯辊，带板通过每组弯辊时产生相应的弯曲变形，最终可弯曲成形为不同横断面且长度较长的型材。

二、弯曲变形过程及其特点

1. 弯曲变形过程

图6-6所示为常见V形件的弯曲过程，凸模在A处向板材施加压力F，在两侧凹模口支撑点B和B'处产生反力，构成弯曲力矩 $M = FL/4$。随着凸模下行，支撑点逐渐内移使力臂减小，弯曲半径 ρ 也随之减小。变形继续增加使板坯内、外表面率先进入屈服状态，并由板坯内、外表面向板厚中心逐渐扩展。而弹性变形区的厚度，随应变中性层曲率的逐渐增大而减小（如果材料的塑性较差，仅在板的中央部

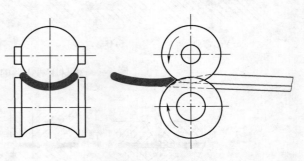

图6-5 辊压成形

位产生较大变形。因此，在支点B和B'的附近不能产生新的屈服），接近行程终了时，翘曲的直边部分逐渐与凸、凹模贴合（镦死），弯曲加工结束。

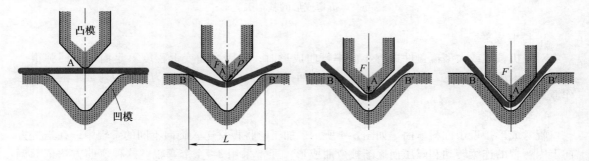

图6-6 V形弯曲的成形过程

2. 弯曲变形特点

图6-7所示为窄板（$B < 3t_0$）弯曲时板厚截面原始方形网格及其横截面形状变化的示意图。观察板厚截面上网格的变化，可作如下简要分析：

1）作为单纯的窄板弯曲，变形主要集中在弯曲板坯中央的弯角附近的弯曲变形区，而在弯边与直边交界附近只有少量变形，直边部分则称为非变形区。

2）在变形区内，弯曲外凸侧原始纵向纤维 Ⅱ-Ⅱ 切向受拉伸长为 Ⅱ'-Ⅱ'，Ⅱ'-Ⅱ' > Ⅱ-Ⅱ；内凹侧纵向纤维 Ⅰ-Ⅰ 因切向受压而缩

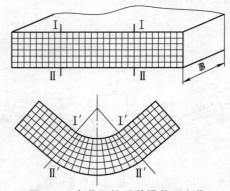

图6-7 弯曲网格及其横截面变化

短为 Ⅰ'-Ⅰ'，Ⅰ'-Ⅰ' < Ⅰ-Ⅰ。板平面曲率变化开始后的任一瞬间，从拉伸区向压缩区过渡，必然存在一个纵向纤维长度与原始长度相等的瞬时分界面，通常称之为应变中性层，它是一层随弯曲曲率变化而移动的非固定纤维层。也就是说，前一时刻的应变中性层与现在时刻的应变中性层不会重合，现在时刻的应变中性层肯定经历过拉伸或压缩的变形过程。因而确切地说，所谓中

性层，是一个具有变形历史的几何面，弯曲过程中始终沿板厚方向移动。

由于中性层随弯曲角度变化具有可移动性，使得在弯曲变形区内产生了非单调变形区。在这一区域内，原来切向受压的纤维层，随着曲率增加将转变为切向拉伸变形。

3）根据存在变形中性层的假设，弯曲内凹侧材料受切向压缩使得这一区域局部厚度增厚，而弯曲外凸侧材料受切向拉伸则局部厚度变薄。但是，弯曲外侧切向拉应力的分力与内侧切向压应力的分力方向相反，使板厚产生变薄趋势，并且中性层面将向内表面侧移动。据有关理论计算结果，当内侧弯曲半径 r_i 大于原始板厚 t_0 的 3 倍以上时，总的板厚减少仅在 1% 以下（本结果由益田森治计算）。

4）表示弯曲内侧的相对弯曲半径 r_i/t_0 越小，弯曲变形程度越大。随着 r_i/t_0 减小，弯曲切向拉变形最大的外凸侧板面将产生拉伸失稳以至于发展成为裂纹，通常将这个极限弯曲半径称为最小弯曲半径。但其并不仅仅针对板材拉裂而言，当产生失稳起皱或严重横截面畸变时的极限弯曲半径也可称为最小弯曲半径。

5）弯曲变形区的应力应变状态不仅与 r_i/t_0 大小有关，而且还受板材的幅宽影响而不同。如图 6-8 所示，弯曲的主体变形是材料沿弯曲切线方向的伸长和缩短变形，因此，弯曲切向应为最大主应力和主应变方向。与单向拉伸相似，由于弯曲外凸侧切向拉伸将导致幅宽方向压缩，内凹侧则因切向压缩而使宽度方向受到拉伸。因此，可能产生如图 6-8a 所示沿幅宽方向的翘曲。

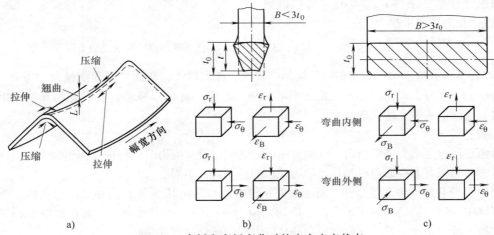

图 6-8　窄板和宽板弯曲时的应力应变状态

当窄板弯曲（$B/t_0 < 3$）时，幅宽尺寸相对小，材料可自由变形。如果忽略幅宽方向的变形阻力，且 $\varepsilon_B \neq 0$，弯曲变形区处于平面应力状态和立体应变状态。弯曲外凸侧变形区域内，切向拉变形导致宽度 B 方向产生压缩；内凹侧区域，切向压缩变形导致原始宽度向外扩张。因此，横截面将变成扇形，如图 6-8b 所示，同时也可能产生翘曲。

宽板（$B/t_0 > 3$）弯曲时，幅宽方向变形阻力增大，材料很难在幅宽方向上产生流动，即不能自由变形，可近似认为 $\varepsilon_B \approx 0$，因此变形区近似处于三向应力和平面应变状态。此时，$\varepsilon_\theta = -\varepsilon_r$，即随着相对弯曲半径 r_i/t_0 增大，板厚方向变形增大。

三、弯曲变形的力学解析

板材弯曲变形因曲率变化而由弹性向塑性过渡，弯曲过程中将产生不同的应力应变分布。

1. 弹性弯曲

所谓弹性弯曲，是指板料在外弯矩作用下产生的较小弯曲变形。利用弹性理论分析弯曲变形行为，其近似效果随弯曲加工程度增大而变差，并且在数学处理时需作如下假设：①弯曲过程中，横截面与纵纤维垂直相交保持为平面，断面形状不变；②只考虑弯曲切线方向的应力，视为单向应力状态；③切线方向符合单向拉伸或压缩时的应力应变关系。

弯曲过程中，在弹性变形范围内，应力中性层与应变中性层重合，且位于板厚中央，中性层曲率半径 $\rho = R + t_0/2$，与中性层距离为 y 处纤维的切向应变可表示为

$$\varepsilon_\theta = \ln \frac{(\rho + y)\theta}{\rho\theta} = \ln\left(1 + \frac{y}{\rho}\right) \approx \frac{y}{\rho} \tag{6-1}$$

式中　θ——弯曲角度（rad）。

因此，切向应力

$$\sigma_\theta = E\varepsilon_\theta \approx E\frac{y}{\rho} \tag{6-2}$$

式中　E——材料的弹性模量（MPa）。

当弯曲内表面圆角半径为 R 时，外侧表面上产生的最大切向应变和应力分别为 $\varepsilon_{\theta max} = \pm\left[(t_0/2)/(R + t_0/2)\right]$ 和 $\sigma_{\theta max} = \pm E\varepsilon_{\theta max} = \pm E\left[(t_0/2)/(R + t_0/2)\right]$，其分布如图 6-9 所示。根据弹性弯曲条件 $\sigma_{\theta max} \leqslant \sigma_s$（材料的屈服强度），相对弯曲半径为

$$\frac{R}{t_0} \geqslant \frac{1}{2}\left(\frac{E}{\sigma_s} - 1\right) \tag{6-3}$$

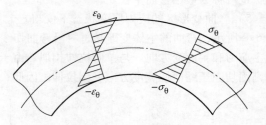

图 6-9　弹性弯曲的应力应变分布

R/t 在某种程度上可以表征板材弯曲加工程度，该值越小，弯曲变形程度越大。当 R/t 接近于 $(E/\sigma_s - 1)/2$ 时，弯曲内、外表面变形率先进入屈服，随 R/t_0 减小，塑性变形开始由板面向内扩展，逐渐进入弹-塑性弯曲。

2. 弹塑性弯曲

弯曲变形程度增大到弯曲内、外侧表面应力达到屈服点应力时，将进入弹塑性弯曲，这时的应力分布状态因弯曲变形程度和材料的力学性能的不同而不同。

（1）无硬化线性弹塑性弯曲　对于无硬化材料，如图 6-10 左半侧所示，由弯曲内、外侧表面到板厚中心层两侧的某一区域内，弯曲切向应力 $\pm\sigma_\theta$ 恒为屈服点应力。而在板厚中心层两侧的弹性核区域内仍处于弹性变形状态，并且应力应变符合线弹性关系。

理想刚塑性板料弯曲如图 6-10 右半侧所示，当弯曲内、外侧表面变形应力达到屈服点应力时，率先进入塑性弯曲，随后向板厚中心扩展。因此，在弯曲某一时刻，板厚中心区附近可能存在一个非常复杂的非塑性变形区。

（2）线性硬化材料的弹塑性弯曲　线性硬化材料弹塑性弯曲时，板厚断面上的应力分布如图 6-11 所示。为简化分析，可采用单一曲线假设，也可近似认为切向应力应变关系与拉伸硬化曲线基本相同。

在尚未进入屈服的弹性变形区，切向应力可近似表示为

$$\sigma_\theta = E\varepsilon_\theta \tag{6-4}$$

在塑性变形区，根据线性硬化关系，外侧和内侧切向应力可近似表示为

$$\sigma_\theta = \pm\left[\sigma_s + D(\varepsilon_\theta - \varepsilon_s)\right] \tag{6-5}$$

式中　D——硬化模数；

　　ε_s、ε_θ——与屈服点应力 σ_s 及 σ_θ 相对应的切向应变。

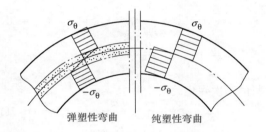

图 6-10 无硬化弹塑性弯曲与
纯塑性弯曲的应力状态

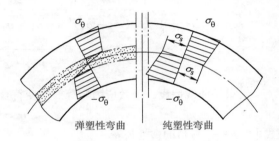

图 6-11 线性硬化材料弹塑性
弯曲与纯塑性弯曲的应力分布

当进入纯塑性弯曲时，外侧和内侧切向应力为

$$\sigma_\theta = \pm(\sigma_s + D\varepsilon_\theta) \text{ 或 } \sigma_\theta = \pm[\sigma_s + D(y/\rho)] \tag{6-6}$$

3. 塑性弯曲

当弯曲程度足够大，变形基本在塑性区域完成，即产生所谓塑性弯曲。为了理解板材塑性弯曲的实质，需要从弯曲应力分布、板厚变化及弯曲中性层位置等几个方面进行分析。

（1）应力分析 为了简化分析，忽略板宽方向变形，将弯曲简化为 $\varepsilon_B = 0$ 的平面应变问题。假设弯曲横截面始终保持为平剖面，并且应力应变关系符合单一曲线假设。根据塑性全量理论，设应变中性层（$\varepsilon_\theta = 0$）的曲率半径为 ρ。在图 6-12 所示柱坐标中，板厚方向上任意半径 r 处的弯曲切向应变可表示为

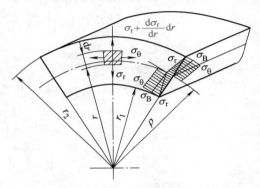

图 6-12 板材弯曲受力及应力分布

$$\varepsilon_\theta = \ln \frac{r}{\rho} \tag{6-7}$$

根据塑性变形体积不变原则 $\varepsilon_\theta + \varepsilon_r + \varepsilon_B = 0$，切向应变与径向应变有如下关系

$$\varepsilon_\theta = -\varepsilon_r = \ln \frac{r}{\rho} \tag{6-7a}$$

设弯曲切向应力 σ_θ、径向应力 σ_r 及幅宽方向应力 σ_B 均为主应力。根据塑性全量应变理论，有

$$\begin{cases} \varepsilon_\theta = \dfrac{\overline{\varepsilon}}{\overline{\sigma}}\left[\sigma_\theta - \dfrac{1}{2}(\sigma_r + \sigma_B)\right] \\ \varepsilon_r = \dfrac{\overline{\varepsilon}}{\overline{\sigma}}\left[\sigma_r - \dfrac{1}{2}(\sigma_B + \sigma_\theta)\right] \\ \varepsilon_B = \dfrac{\overline{\varepsilon}}{\overline{\sigma}}\left[\sigma_B - \dfrac{1}{2}(\sigma_\theta + \sigma_r)\right] \end{cases} \tag{6-7b}$$

式中 $\overline{\varepsilon}$、$\overline{\sigma}$ ——等效应变和等效应力。

由 $\varepsilon_B = 0$ 可得宽向应力即平均应力

$$\sigma_B = \frac{\sigma_\theta + \sigma_r}{2} \tag{6-7c}$$

将式 6-7a 和 c 分别代入由米塞斯屈服准则定义的等效应力和等效应变关系式中，可以得到

$$\bar{\sigma} = \sqrt{\frac{1}{2}\left[(\sigma_\theta - \sigma_r)^2 + (\sigma_r - \sigma_B)^2 + (\sigma_B - \sigma_\theta)^2\right]} = \frac{\sqrt{3}}{2}|\sigma_\theta - \sigma_r| \tag{6-7d}$$

$$\bar{\varepsilon} = \sqrt{\frac{2}{3}(\varepsilon_\theta^2 + \varepsilon_r^2 + \varepsilon_B^2)} = \frac{2}{\sqrt{3}}|\varepsilon_\theta| \tag{6-7e}$$

由单一曲线假设，等效应力与等效应变符合材料的幂次硬化关系。即

$$\bar{\sigma} = K\bar{\varepsilon}^n \tag{6-7f}$$

式中　K——材料的塑性模量。

将式6-7a、式6-7d及式6-7e代入式6-7f则有

$$\sigma_\theta - \sigma_r = \pm\left(\frac{2}{\sqrt{3}}\right)^{1+n} K\left(\pm\ln\frac{r}{\rho}\right)^n \tag{6-8}$$

式6-8中，当$r>\rho$时，取$+$号；$r<\rho$时，取$-$号。根据图6-12中扇形微元体在r方向上的平衡关系，可以得到

$$\frac{d\sigma_r}{dr} = \frac{\sigma_\theta - \sigma_r}{r} \tag{6-9}$$

将式（6-8）代入，并积分后可以导出

$$\sigma_r = \left(\frac{2}{\sqrt{3}}\right)^{1+n}\left(\frac{K}{1+n}\right)\left(\pm\ln\frac{r}{\rho}\right)^{1+n} + C \tag{6-10}$$

式中　C——积分常数。

考虑到在弯曲内表面$r=r_i$和外表面$r=r_o$处$\sigma_r=0$，且径向应力连续，以此为边界条件，可以确定$r>\rho$和$r<\rho$时的积分常数C_i和C_o以及中性层的位置

$$\left.\begin{array}{l} C_i = -\left(\frac{2}{\sqrt{3}}\right)^{1+n}\left(\frac{K}{1+n}\right)\left(-\ln\frac{r_i}{\rho}\right)^{1+n} \\[2mm] C_o = -\left(\frac{2}{\sqrt{3}}\right)^{1+n}\left(\frac{K}{1+n}\right)\left(\ln\frac{r_o}{\rho}\right)^{1+n} \\[2mm] C_i = C_o \end{array}\right\} \tag{6-10a}$$

将上式中的积分常数代入式（6-10），得

$$\sigma_r = \left(\frac{2}{\sqrt{3}}\right)^{1+n}\left(\frac{K}{1+n}\right)\left[\left(\pm\ln\frac{r}{\rho}\right)^{1+n} - \left(-\ln\frac{r_i}{\rho}\right)^{1+n}\right] \tag{6-11}$$

再将此式代入式（6-8），可求得弯曲切向应力为

$$\sigma_\theta = \left(\frac{2}{\sqrt{3}}\right)^{1+n}K\left\{\left(\frac{1}{1+n}\right)\left[\left(\pm\ln\frac{r}{\rho}\right)^{1+n} - \left(-\ln\frac{r_o}{\rho}\right)^{1+n}\right] \pm \left(\pm\ln\frac{r}{\rho}\right)^n\right\} \tag{6-12}$$

根据式（6-7c）的关系，板宽方向的应力

$$\sigma_B = \frac{1}{2}\left(\frac{2}{\sqrt{3}}\right)^{1+n}K\left\{\left(\frac{2}{1+n}\right)\left[\left(\pm\ln\frac{r}{\rho}\right)^{1+n} - \left(-\ln\frac{r_i}{\rho}\right)^{1+n}\right] \pm \left(\pm\ln\frac{r}{\rho}\right)^n\right\} \tag{6-13}$$

（2）板厚变化及中性层曲率

1）弯曲过程中的板厚变化。为获得弯曲问题的完全解以满足工程需求，必须进行板厚变化分析。假设板材原始厚度为t_0，应变中性层纤维保持其原始长度l_0，弯曲内角为θ时，中性层曲率半径ρ层面的纤维长度$l=\rho\theta$。由体积不变条件可知，$l_0 t_0 = (r_o^2 - r_i^2)\theta/2$，因而有

$$\rho t_0 = (r_o^2 - r_i^2)/2 \tag{6-14}$$

利用式（6-10a）的关系，可以得到

$$\ln \frac{r_o}{\rho} = \ln \frac{\rho}{r_i} \text{ 或 } \rho^2 = r_i r_o \tag{6-15}$$

将上述二式联立求解

$$\frac{r_i}{t_0} = \left(\frac{\rho}{t_0}\right)^{\frac{1}{2}} \left\{ \left[\sqrt{1 + \left(\frac{\rho}{t_0}\right)^2} \right] - 1 \right\}^{\frac{1}{2}}$$

$$\frac{r_o}{t_0} = \left(\frac{\rho}{t_0}\right)^{\frac{1}{2}} \left\{ \left[\sqrt{1 + \left(\frac{\rho}{t_0}\right)^2} \right] + 1 \right\}^{\frac{1}{2}} \tag{6-16}$$

由于弯曲过程中的瞬时板厚 $t = r_o - r_i$，将上述两式相减可得

$$t = \sqrt{2}\rho \left[\sqrt{1 + \left(\frac{t_0}{\rho}\right)^2} - 1 \right]^{\frac{1}{2}} \tag{6-17}$$

板材弯曲过程中的板厚变化与弯曲中性层曲率半径 ρ 及原始板厚 t_0 有关。注意，在上述理论计算中，没有计入材料性能参数的影响，因此，计算值有一定偏差。为了比较板厚的变化，可将板厚的相对变化表示为

$$\frac{t}{t_0} = \sqrt{2}\, \frac{\rho}{t_0} \left[\sqrt{1 + \left(\frac{t_0}{\rho}\right)^2} - 1 \right]^{\frac{1}{2}} \tag{6-18}$$

这样可以清楚地看到，板厚的相对变化比 t/t_0 随 ρ/t_0 增大而增大。如图 6-13 所示，t/t_0 随 r_1/t_0 增大而增大。在 $r_1/t_0 \leqslant 1$ 的区域，t/t_0 因 r_1/t_0 减小而急剧下降；$1 < r_1/t_0 < 4$ 范围内，t/t_0 随 r_1/t_0 增大而缓慢增加；而当 $r_1/t_0 > 4$ 之后，板材因弯曲变形产生的板厚相对变化 t/t_0 非常小，从理论计算结果来看不足 1%。因此，在相对弯曲半径 r_1/t_0 较大时，通常可以忽略板厚变形。

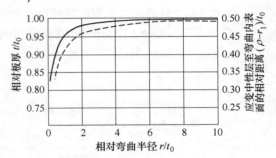

图 6-13　板厚变化及中性层位置与相对弯曲半径的关系

2）应力中性层的相对位置。实际上，由 ρ/t_0 减去式（6-16）的第一式，容易得到应力中性层距弯曲内侧表面的距离：

$$\rho = r_i + \rho \left\{ 1 - \left[\sqrt{1 + \left(\frac{t_0}{\rho}\right)^2} - \frac{t_0}{\rho} \right]^{\frac{1}{2}} \right\} \tag{6-19}$$

为了比较应变中性层至弯曲内表面的相对距离 $(\rho - r_1)/t_0$ 与相对弯曲半径 r_1/t_0 的关系，将其进行换算后同示于图 6-13 中。可以明显看出，弯曲过程中，应变中性层始终处于板厚中心偏向弯曲内侧的区域内，并且随 r_1/t_0 减小，向弯曲内侧的偏移量增大。当 $r_1/t_0 < 1$ 时，应变中性层向着弯曲内侧大约离开原始板厚中心 $(0.1 \sim 0.2)t_0$ 的距离。而随着相对弯曲半径 r_1/t_0 增大，这个偏移量减小，即位于原始板厚中心附近偏向弯曲内侧的某一个位置。

上述分析表明，弯曲过程中的瞬时应变中性层移向弯曲内侧，那么，原始板厚中面肯定产生了切向拉伸。而瞬时中性层在弯曲变形开始时，应处于原始板厚中面偏向弯曲内侧，因此，弯曲变形初期，这一层纤维曾受到切向压缩。而现在时刻成为纵向纤维长度不变的应变中性层，显然在弯曲起始到现在时刻又经历了切向拉伸变形，是由于在此前弯曲过程中的拉压变形相互抵消，才能成为现在时刻的中性层。也就是说，由于瞬时应变中性层纤维被先压后拉使全量应变 $\varepsilon_\theta = 0$，等效应变 $\bar{\varepsilon} = 0$，但其上切向应力 $\sigma_\theta > 0$。实际上，运用全量理论时要求变形过程中不能中途

卸载，因此，这一矛盾应采用应变增量理论来解决（在此不作赘述，可参考其他文献）。

第二节　弯曲力矩及弯曲力

一、弯曲力矩的计算

弯曲力矩的计算，通常是以弯曲变形中板料横截面上正应力所组成内力矩与外加弯矩相平衡的原则来进行的。

如图 6-14 所示，板材弯曲时，由纵中性层到任意纤维层的距离为 r（定义为弯曲外侧为正，弯曲内侧为负），板宽为 B。假设板材上仅作用有纯弯曲力矩 M 时，根据式（6-9）的应力平衡关系有 $\sigma_\theta dr = d\sigma_r r + \sigma_r dr$，并注意到内、外侧表面 $\sigma_r = 0$ 的边界条件，则有

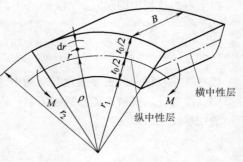

图 6-14　板材的均匀弯曲

$$B \int_{r_1}^{r_2} \sigma_\theta dr = B \int_{r_1}^{r_2} d(r\sigma_r) = B \left[r\sigma_r \right]_{r_1}^{r_2} = 0 \tag{6-20}$$

上式的结果意味着垂直于弯曲横截面上的切向应力 σ_θ 之和为零，即处于应力平衡的横截面上没有外弯矩作用，符合均匀弯曲条件。

现假设在弯曲纵截面上作用有弯矩 M 时

$$M = B \int_{r_1}^{r_2} \sigma_\theta r dr \tag{6-21}$$

利用上式，可针对各种形式的弯曲将 σ_θ 代入，即可求解弯矩。为了简化计算，现将式（6-7）中的切向应力应变关系代入求解

$$M = B \int_{r_1}^{r_2} \sigma_\theta r dr = 2B \int_0^{t/2} K \left(\frac{r}{\rho} \right)^n r dr = \frac{KBt_0^2}{2(2+n)} \left(\frac{t}{2\rho} \right)^n \tag{6-22}$$

对于完全刚塑性体，不考虑硬化时，$n=0$、$K=\sigma_s$，此时，切向应力 $\sigma_\theta = \sigma_s$ 一定，由上式可以得到无硬化弯曲变形时的弯矩

$$M = \frac{Bt_0^2 \sigma_s}{4} \tag{6-23}$$

上述计算结果表示因切向应力恒定而弯矩不随弯曲变形程度变化，但实际工程所用金属材料在冷弯时均存在加工硬化。因此，即使弯曲变形区材料全体屈服后，随着切向应力不断增大，仍将导致弯矩值增大。

二、弯曲力的计算

上述弯曲力矩是针对自由弯曲进行的近似分析。冲压生产中通常是利用模具来实现板材弯曲成形，因而将受到模具接触面变化及表面摩擦等影响。现以 V 形弯曲为例，简要分析压弯曲成形时的弯曲力。

如图 6-15 所示 V 形弯曲过程中，板坯受到凸模垂直压力 F_p 作用，在凹模口肩圆角法线方向产生一个弯曲反力 F_d，其在垂直方向的分力即为 $F_p/2$。将 F_d 分解成垂直于板面的分力 F_n 和平行于板面的摩擦力 μF_n，凹模口宽度为 L、深度为 h 时，板材中心面上任意位置所作用的外弯矩可

以表示为

$$M = \frac{F_p}{2}\left[\left(\frac{L}{2}-x\right)+(h-y)\tan\left(\frac{\pi}{2}-\frac{\alpha}{2}-\nu\right)\right] \tag{6-24}$$

式中　α——凹模侧壁锥角（rad）；

　　　ν——凹模圆角处摩擦角（rad）。

上式表明，弯矩 M 在与凹模口圆角法向反力 F_d 垂直的方向上呈线性增大的分布趋势，图中 $s-M(s)$ 坐标下，在凸模顶点，即 $x=0$ 处产生最大值 $M_{\max}$。

如果材料服从弹塑性无硬化变形规律，由弯曲产生的切向应力分布近似如图 6-16 所示，当板材外表面刚好进入塑性瞬间的弯曲力矩 $\pi/2-\alpha/2$

$$M_s = 2B\int_0^{t_0/2}\left[\sigma_s\left(\frac{\eta}{t_0/2}\right)\right]\eta\,\mathrm{d}\eta = \frac{\sigma_s Bt_0^2}{6} \tag{6-25}$$

式中　η——弹、塑性交界点沿板厚方向的坐标变量。

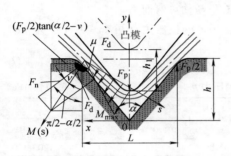

图 6-15　V 形件压弯过程中受力分析

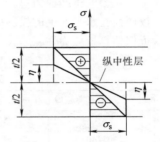

图 6-16　弹塑性无硬化材料弯曲应力的分布

弯曲内、外表面进入屈服状态后，随着弯曲继续进行，塑性变形将向板厚中心扩展。板厚断面整体屈服瞬间，弯矩达到最大值

$$M_{s\,\max} = 2B\int_0^{t_0/2}\sigma_s\eta\,\mathrm{d}\eta = \frac{\sigma_s Bt_0^2}{4} = \frac{3}{2}M_s \tag{6-26}$$

因此，板料因内力所产生的弯矩可表示为

$$M = \frac{3}{2}M_s\left[1-\frac{1}{3}\left(\frac{\eta}{t_0/2}\right)^2\right] \tag{6-27}$$

V 形弯曲的变形主要产生在与凸模接触的板坯中部，弯曲力随变形程度增加而增大。对于硬化材料，即使板厚全部进入屈服后，外弯矩和弯曲力必然继续增大。为了简化计算，忽略其他因素的影响，将上式与式（6-24）联立，令 $x=\eta=0$、$y=h$，可以得到凸模刚好到达下止点时的近似弯曲力

$$F_p = \frac{\sigma_s Bt_0^2}{L} \tag{6-28}$$

实际生产中，考虑工艺稳定性，也可采用经验公式计算相应的弯曲力。即

$$F = \frac{ckBt_0^2}{r+t_0}\sigma_b \tag{6-29}$$

式中　c——弯曲形式系数，V 形件弯曲时取 0.6、U 形件弯曲时取 0.7；

　　　k——安全系数，通常取 1.3。

三、弯曲校压力

弯曲过程中，板坯在弯曲凸、凹模之间的复杂形状变化，导致凸模压力不稳定。如图 6-17 所示的 V 形弯曲，变形初期，板坯在凸模压力和两侧凹模口支撑反力作用下产生弹性变形，压力曲线直线上升。达到最大弯曲力后，凸模载荷开始逐渐下降。弯曲途中，如果板坯瞬间脱离凸、凹模表面，很容易因回弹产生波浪形状。凸模到达下止点时，虽然板坯与凸、凹模完全贴合，但如果立即卸载，弹性变形部分的回复将

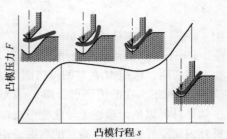

图 6-17　弯曲过程中凸模压力行程曲线

导致弯曲角度和形状发生变化。在生产中，通常将压机滑块的下止点略微下调一点，利用凸模和凹模之间的压力压靠弯曲制件以减轻或消除回弹，常称之为校正弯曲。在此阶段，强烈的挤压力与材料的加工硬化会使得凸模力急剧上升，因此，需要重新估算弯曲力。

通常，校压面在水平面上的投影面积为 A，单位面积上的校压力（可查表 6-1）为 p 时，可以采用下式近似估算校压力

$$F = pA \tag{6-30}$$

表 6-1　单位弯曲校压力 p　　　　　　（单位：MPa）

材料	板厚 t_0/mm		材料	板厚 t_0/mm	
	~3	3~10		~3	3~10
铝	30~40	50~60	25~35 钢	100~120	120~150
黄铜	60~80	80~100	钛合金（BT1）	160~180	180~210
10~20 钢	80~100	100~120	钛合金（BT3）	160~200	200~260

表 6-2 给出了几种弯曲方式的弯曲力经验公式。

表 6-2　弯曲力的经验公式

弯曲方式简图				
弯曲工艺名称	V 形弯曲	V 形校正弯曲	U 形弯曲	U 形校正弯曲
经验公式	$F = \dfrac{0.6KBt_0^2}{r + t_0}\sigma_b$	$F = qA$	$F = \dfrac{0.7kBt_0^2}{r + t_0}\sigma_b$	$F = qA$

压弯成形的顶件力，通常可适当选取弯曲力的 30%~80%。

第三节　板材弯曲加工极限

板材弯曲成形中，一旦产生破坏性缺陷，即认为达到了加工极限。通常，采用最小相对弯曲半径来描述和控制弯曲成形极限。

一、板材弯曲的成形缺陷

板材弯曲的失效形式主要是指裂纹和起皱，生产中同时还将明显的翘曲、横截面畸变以及回弹等也看作是弯曲成形缺陷。

1. 弯曲裂纹和起皱

弯曲加工过程中，板料在弯曲外侧切向受拉，内侧切向受压，如果变形超过材料的拉伸、压缩极限，板面将产生裂纹或皱曲。对于延性材料，在裂纹产生之前还可能发生拉伸颈缩。

板材压弯时，如果相对弯曲半径 r_i/t_0 过小，特别对于脆性材料或弯曲线与板材轧制纤维走向一致时，很容易产生如图 6-18 所示的弯曲裂纹。通常，窄板弯曲（$B/t_0 < 3$）的裂纹发生在板宽的两端，而宽板弯曲（$B/t_0 > 3$）时，裂纹往往会在板宽方向的中部。有时，尽管没有明显裂纹，但由于切向拉变形过大，可能会出现表面拉粗和拉伸颈缩现象。这种过拉变形，一般比由单向拉伸实验所得到的均匀伸长要大，但比断裂部分的局部伸长还要小一些。

2. 横截面畸变和翘曲

板料弯曲的主体变形是外侧切向受拉，内侧切向受压。窄板弯曲时，材料可以向幅宽方向自由流动，近似处于平面应力、立体应变状态。弯曲内侧变形是一压两拉，外侧是一拉两压。因此，很容易导致弯曲成形后在板宽方向产生如图 6-19a 所示的横截面畸变。

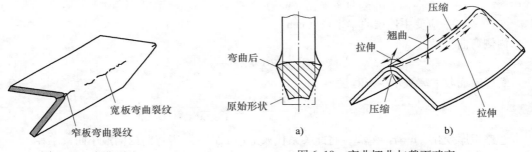

图 6-18　弯曲裂纹

图 6-19　弯曲翘曲与截面畸变

在宽板弯曲中，材料向板宽度方向的流动受到阻碍。对于弯曲外侧，切向拉变形使材料沿弯曲线方向产生压缩趋势，而内侧相反因切向压缩而产生沿弯曲线方向延伸的趋势。由于沿板宽方向变形流动困难而积压在中部，而两端则可将这种变形释放出去。弯曲结束后，中部材料沿弯曲切向外拉、内压变形产生反向回复，又由于板料越宽则沿宽度方向的自身刚度越差，如图 6-19b 所示，最终导致弯曲线中部向内凹入，形成翘曲。

3. 弯曲回弹

弯曲加工也有因成形后角度回弹或引起弯曲半径变化，使制件不合产品要求而报废的情况。如图 6-20 所示，板材弯曲成形角 θ 因卸载回弹而减小了 $\Delta\theta$，这几乎是金属板料弯曲中不可避免的现象，因此设计模具时，通常需要进行预测并采取相应措施来防止或补偿。

4. 板厚变薄及沿弯曲方向板料长度增加

由于板料弯曲切向外侧和内侧拉、压变形量不能互

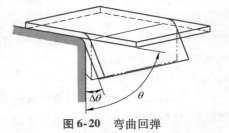

图 6-20　弯曲回弹

补，常导致变形区板厚减薄，而且减薄量一般因相对弯曲半径 r_i/t_0 减小而增大。有时，还会因板厚减薄导致弯曲方向上板料长度增加，即发生板料弯曲增长量问题。

二、最小相对弯曲半径的确定

通常，将板材弯曲产生裂纹、起皱时的弯曲半径称为最小弯曲半径，它是一个受多重因素影响的几何参数。为了更确切地描述板材弯曲的变形程度，习惯上采用弯曲内侧曲率半径 r_i 与原始板厚 t_0 的比值，即相对弯曲半径 r_i/t_0 作为弯曲加工尺度。

1. 最大切向应变决定的最小相对弯曲半径

板材弯曲变形时，板厚方向上各层纤维的切向应变可表示为 $\varepsilon_\theta = y/\rho$，其中 y 为沿板厚方向离开中心层的距离。如果忽略板厚变形，近似认为应变中性层与原始板厚中心层重合。在弯曲内、外侧表面将产生切向应变的最大值 $\varepsilon_{\theta max} = (t_0/2)/\rho$，将 $\rho = r_i + t_0/2$ 代入后，$\varepsilon_{\theta max} = 1/(2r_i/t_0 + 1)$。因此，可以得到受弯曲切向最大线应变限制的最小相对弯曲半径

$$\frac{r_{i\,min}}{t_0} = \frac{1}{2}\left(\frac{1}{\varepsilon_{\theta max}} - 1\right) \tag{6-31}$$

2. 材料延伸率决定的最小相对弯曲半径

如果忽略弯曲过程中板厚的变化，板材弯曲切线方向的延伸率

$$\varepsilon = \frac{r_o - \rho}{\rho} = \frac{(r_i + t_0) - \rho}{\rho} \tag{6-32}$$

式中　r_i、r_o——弯曲内、外侧曲率半径（mm）；

ρ——应变中性层曲率半径（mm）。

内侧弯曲半径

$$r_i = \rho(1 + \varepsilon) - t_0 \tag{6-33}$$

若以断面收缩率表示变形程度

$$\psi = \frac{F_0 - F}{F_0} = \frac{\varepsilon}{1 + \varepsilon} \tag{6-34}$$

忽略板厚变化，$\rho = r_i + t_0/2$，将此关系代入上述二式，可得弯曲内侧最小曲率半径

$$r_{min} = \frac{1}{2}\frac{1 - 2\psi}{\psi}t_0 \tag{6-35}$$

或最小相对弯曲半径

$$\frac{r_{i\,min}}{t_0} = \frac{1 - 2\psi}{2\psi} \tag{6-36}$$

三、最小相对弯曲半径的影响因素

板材的最小相对弯曲半径受诸多因素影响，确定弯曲工艺和模具设计时需要进行综合分析。

1. 材料性能

板材的塑性越好，塑性指标 δ、ψ 等越高，伸长变形能力越强，可以采用的相对弯曲半径 r_i/t_0 也就越小。

2. 材料的热处理状态

一般情况下，经过良好退火处理的板材，可采用较小的 r_i/t_0。而经过冲裁加工的板坯，通常因断面层硬化使塑性降低而不得不增大 r_i/t_0。

3. 板材的各向异性

通常，沿板材轧制方向的塑性比垂直于轧制方向的塑性好。如图 6-21a 所示，使弯曲线垂直于轧制方向弯曲，可以采用较小的相对弯曲半径 r_i/t_0。如果使弯曲线平行于板材轧制方向，如图

6-21b 所示，r_i/t_0 较小时，很容易因延伸性能差导致沿弯曲线产生裂纹。弯曲件上具有多个不同方向弯曲线时，如图 6-21c 所示，应考虑使弯曲线较长且局部 r_i/t_0 较小的弯曲线方向与轧制线的夹角尽可能大，以避免产生弯曲裂纹。

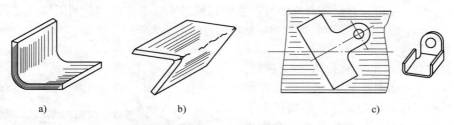

a)　　　　　　　　　　　b)　　　　　　　　　　　c)

图 6-21　弯曲方向与板材纤维方向的关系

4. 弯曲毛坯的质量

用于弯曲的毛坯多为冲裁所得，冲裁断面较厚的硬化层使材料塑性降低。另外，冲裁时产生的断面毛刺和粗糙面，在弯曲时都会形成应力集中而导致弯曲裂纹早期发生。因此，确定 r_i/t_0 时都应予以考虑。一般，对于较大毛刺，必须去除，毛刺较小时，可使有毛刺的一面朝向弯曲内侧，以免因弯曲时应力集中而产生破裂。

5. 弯曲角度 θ

当弯曲半径相同时，变形区随弯曲角 θ 增大而增大，两侧直边部变形缓和效应减弱而使变形集中在弯曲中心区。θ 较小时，两侧直边部材料对弯曲中心区变形缓和效应增强，因而可采用较小的 r_i/t_0。但当 $\theta > 60°$ 后，通常认为 r_i/t_0 受 θ 的影响已经非常小。

6. 相对宽度 B/t_0 及板厚 t_0

B/t_0 较大时，弯曲变形区近似处于平面应变状态，材料内部的应变强度较大。另外，B/t_0 较大的弯曲，内、外侧幅宽方向产生压应力，有利于遏制外侧拉裂的发生。从某种角度来看，B/t_0 较大时可适当减小 r_i/t_0。但也有实验资料介绍，r_i/t_0 随 B/t_0 增大而增大。

t_0 较小时，切向应变梯度大，外表面到应变中性层由最大切向应变迅速衰减为零，具有阻止外表面金属产生局部不稳定塑性变形的作用。因此，t_0 较小时，容易获得较大变形并可适当减小 r_i/t_0。

第四节　弯曲回弹

板材经过弯曲变形后，一旦卸载，起因于弹性所支配部分的变形将按照卸载规律弹性回复，使最终得到的弯曲角及弯曲半径发生变化的现象称为弯曲回弹。

一、弯曲回弹现象

板材弯曲加工中，变形由板坯内、外表面开始逐步向板厚中心发展，当弯曲变形程度不够充分时，板厚中心附近的材料不能进入塑性状态。另外，瞬时应变中性层切向拉、压交替变化而产生加、卸载变化，导致其两侧可能存在弹性变形区。因此，弯曲卸载后，必然要产生弹性回复。在板材压弯成形中，由于模具的接触作用可能导致卸载后的弹性回复方向不同，因而会发生正、负回弹两种弹性回复形式。

1. 弯曲正回弹

弯曲结束后，弯板内、外侧产生与原变形方向相反的弹性回复，即分别向切向伸长和缩短的

方向回弹。即产生绝对回弹角

$$\Delta\theta = \theta - \theta' \tag{6-37}$$

式中 θ、θ'——回弹前、后的弯曲角（°）。

当 $\Delta\theta > 0$ 时，为正回弹。自由弯曲所产生的回弹基本属于正回弹，利用模具进行压弯时，大多数情况下产生的也是正回弹，即回弹后制件的弯曲内角大于模具角度。

2. 弯曲负回弹

当弯曲卸载后产生的回弹角 $\Delta\theta < 0$ 时，则称之为负回弹。如图 6-22 所示，板料各部分在凸、凹模工作表面约束下，分别经历了不同方向的弯曲变形，特别是凸模弯曲圆角以外的板坯也产生了变形。因此，弯曲结束后，制件各部分将分别产生与加载方向相反的回复变形。如果 OA 段与 AB 段回弹之和小于 BC 段回弹量时，将产生负回弹，即回弹后制件的弯曲内角小于凸模角度。对于弯曲负

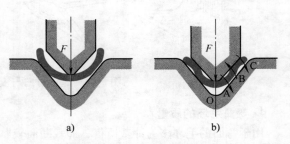

图 6-22   V 形弯曲中板料的变形过程

回弹，很难通过模具结构控制，通常需要根据经验对凸模弯曲角度或弯曲半径进行补偿计算来克服。

另外，当进行校正弯曲时，如果校正镦死力过大，卸载后也可能产生负回弹。

二、残余应力及回弹的理论分析

板材经过塑性弯曲又卸载后，制件中必然存在有残余应力。假设在均匀弯曲中，应变中性层不产生移动，那么，该层的曲率半径 ρ 应为弯矩 M 的函数。距离板厚中心为 y 的任意点处的切向应变 $\varepsilon = y/\rho$，如果应力应变具有 $\sigma = f(\varepsilon)$ 的明确关系，则由弯矩 M 引起的应力

$$\sigma = f(y/\rho) \tag{6-38}$$

板材内任意纵向纤维在弯曲及回弹过程中的应力应变历史如图 6-23a 所示，从弯曲加载（M，σ_θ，ε_θ）到卸载回弹（$M = 0$，σ'_θ，ε'_θ），任意点 y 处的切向应力应变变化分别为 $\Delta\sigma_\theta$ 和 $\Delta\varepsilon_\theta$，则该点的残余应力和残余应变可表示为

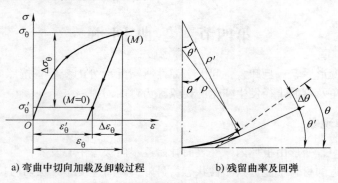

a) 弯曲中切向加载及卸载过程   b) 残留曲率及回弹

图 6-23   弯曲回弹的曲率及回弹角度变化

$$\sigma'_\theta = \sigma_\theta - \Delta\sigma_\theta \tag{6-39}$$
$$\varepsilon'_\theta = \varepsilon_\theta - \Delta\varepsilon_\theta \tag{6-40}$$

由于弯矩 M 卸载可以解释为施加一个 $-M$ 的弹性变形过程，如图 6-23b 所示，应变中性层

的曲率半径由 ρ 变为 ρ'，则有

$$\left.\begin{array}{l} \varepsilon_\theta = \dfrac{y}{\rho} \\[2mm] \varepsilon'_\theta = \dfrac{y}{\rho'} \\[2mm] \Delta\varepsilon_\theta = \dfrac{\Delta\sigma_\theta}{E} = -\dfrac{My}{EI} \end{array}\right\} \tag{6-41}$$

式中　I——板料截面惯性矩，矩形截面板材 $I = Bt_0^3/12$。

将上式代入式（6-40），可以得到

$$\frac{1}{\rho} - \frac{1}{\rho'} = -\frac{M}{EI} \tag{6-42}$$

考虑到应变中性层在加、卸载终了时刻长度不变，即 $\rho\theta = \rho'\theta'$，因此，回弹后角度变化率

$$\frac{\Delta\theta}{\theta} = \frac{\theta - \theta'}{\theta} = 1 - \frac{\rho}{\rho'} = \frac{\Delta(1/\rho)}{(1/\rho)} \tag{6-43}$$

将式（6-42）代入上式，可以得到 $\Delta\theta/\theta = M\rho/(EI)$，再将式（6-22）代入，可以得到弯曲回弹角

$$\Delta\theta = \frac{K}{E}\frac{3}{n+2}\left(\frac{t_0}{2\rho}\right)^{n-1}\theta \tag{6-44}$$

利用 $\theta' = \theta - \Delta\theta$ 及 $\rho\theta = \rho'\theta'$ 的关系，可以得到弯曲回弹后应变中性层的曲率半径

$$\rho' = \frac{\rho}{1 - \dfrac{K}{E}\dfrac{3}{n+2}\left(\dfrac{t_0}{2\rho}\right)^{n-1}} \tag{6-45}$$

在进行压弯模设计时，如果近似认为无硬化弯曲，即 $n = 0$，$K = \sigma_s$，则凸模圆角半径

$$r_\text{p} = \frac{r_\text{i} + t_0/2}{1 + 3\dfrac{\sigma_s(r_\text{i} + t_0/2)}{Et_0}} - \frac{t_0}{2} = \frac{1}{\dfrac{1}{r_\text{i} + t_0/2} + 3\dfrac{\sigma_s}{Et_0}} - \frac{t_0}{2} \tag{6-46}$$

在生产实际中，可根据上式或经验对弯曲模具进行补偿设计，然后在调试过程中进一步修磨，直到加工出合格制件。

三、影响弯曲回弹的因素

1. 材料性能

板材弯曲回弹量与材料性能的关系比较复杂，通常不是单调关系，但有一定规律可循。简略比较图 6-24 所示，当其他变形条件不变，屈服强度 σ_s 基本相同时，由于材料的弹性模量 $E_\text{B} > E_\text{A}$，则 $\Delta\varepsilon_{B\theta} < \Delta\varepsilon_{A\theta}$；$E$ 相同，而屈服强度 $\sigma_{Cs} > \sigma_{Bs}$ 时，卸载回弹量 $\Delta\varepsilon_{C\theta} > \Delta\varepsilon_{A\theta}$；$E$ 和 σ_s 相同，但当硬化指数 $n_D > n_A$ 时，加工硬化较大材料的弯曲回弹量 $\Delta\varepsilon_{D\theta} > \Delta\varepsilon_{A\theta}$。单纯从应力应变单一曲线来看，弯曲回弹量大致与材料的弹性模量成反比，而与屈服强度、塑性模量以及硬化指数成正比。

2. 相对弯曲半径 r_i/t_0

r_i/t_0 越小，弯曲区内板料变形越大。对同一种材料，

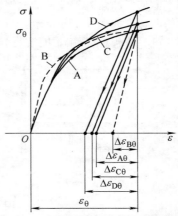

图 6-24　材料性能对弯曲回弹的影响

假设 $\varepsilon_{A\theta} > \varepsilon_{B\theta}$，但成形后将按同一 arctan (σ_s/ε_s) 角度卸载，回弹量基本相等，$\Delta\varepsilon_{A\theta} \approx \Delta\varepsilon_{B\theta}$。由于 $(\Delta\varepsilon_{A\theta}/\varepsilon_{A\theta}) < (\Delta\varepsilon_{B\theta}/\varepsilon_{B\theta})$，即随着 r_i/t_0 减小，总弯曲变形量增大，但相对回弹量减小。通常认为弯曲变形程度越大，塑性变形成分比例越大，而弹性变形增加量相对小，因此，卸载后的相对回弹量减小。

3. 弯曲角 θ

θ 越大，变形区弧长随 $\rho\theta$ 增大，回弹积累值越大。因此，在相同变形条件下，卸载回弹角 $\Delta\theta$ 增大，但对曲率半径影响不明显。

4. 弯曲方式

板料压弯时，如采用无底凹模或不设承压托板弯曲，卸载回弹量增大。

拉弯时，板坯内、外侧均受到弯曲切向拉应力作用，成形结束后，内、外侧回弹方向一致，卸载回弹量减小。

校正弯曲时，由于校正力的作用，使卸载回弹减小。校正力较大时，由于板料受凸模和凹模的压缩作用，减小了变形区的拉应力，尚未来得及弹性回复的变形受到抑制，使卸载回弹明显减小。但校正力过大，有时会发生卸载后的负回弹。

5. 制件形状

U 形弯曲时，弹性承压板或顶件杆使底边角部板厚压缩变形。另外，两侧板坯在凹模肩圆角处受到强烈拉入摩擦而产生较大的塑性变形，因此卸载回弹相对较小。

V 形弯曲时，变形集中在凸模弯曲圆角附近，最终很难实现完全镦死，因此，卸载回弹通常较大。但如果采用校正弯曲，且相对弯曲半径 $r_i/t_0 < 0.2 \sim 0.3$ 时，回弹角可能是负值或零。

6. 凸、凹模间隙

弯曲 U 形件时，凸、凹模之间的间隙越大，回弹角度越大。当单边间隙 $c < t_0$ 时，弯曲后的回弹量将明显减小。如果间隙过小，也可能发生负回弹。

7. 板坯尺寸

通常弯曲制件幅宽方向的尺寸越大，回弹越大。而板厚越厚，则回弹越小。

四、减小回弹的措施

1. 合理设计弯曲制件

（1）改进工件的局部结构　如图 6-25a 所示，在不影响制件使用情况下，可在弯曲区加设加强筋，增加弯曲角处工件的截面惯性矩和刚度，可有效减轻弯曲回弹。小角度弯曲，通常会产生较大的回弹，如图 6-25b 所示在与弯曲线垂直处设计成具有一定高度的边翼侧壁。如果侧壁高度较小，可先将板坯两侧翻边，既增强了制件刚度，又可减小弯曲回弹。

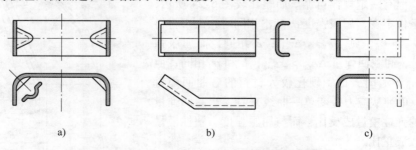

a)　　　　　　　　b)　　　　　　　　c)

图 6-25　减小弯曲回弹的结构形式

U 形弯曲通常比 V 形弯曲的回弹量小一些，因此，对如图 6-25c 所示单角弯曲件，可将产品设计成双角弯曲，成形后切断，可减小弯曲回弹。

（2）选用适当的材料   由前述分析可知，弯曲回弹角 $\Delta\theta$ 通常随材料的屈服强度 σ_s（或塑性模量 C）减小、弹性模量 E 增大而减小。因此，设计选材时，应尽可能选用弯曲回弹较小的软质材料。

2. 选择适当的弯曲方法

所谓弯曲回弹，可以解释为弯曲卸载过程中产生的弹性反弯曲变形。因此，加载时对板坯施加弯矩以外的其他外力，来改变弯曲应力状态，可消除或减轻回弹。也可采用拉弯、压缩弯曲、校正弯曲及软模弯曲等工艺方法。

（1）拉弯成形   如图 6-26 所示，如果采用拉弯工艺（拉—弯、弯—拉、拉—弯—拉），所施加的拉伸力应使弯曲内表面的合成应力（即弯曲内侧表面压应力与施加的拉伸应力之和）大于材料的屈服极限。这样，增大了弯曲件的变形量，使整个断面产生塑性拉伸，卸载后，内、外区回弹方向一致，使回弹量减小。但拉弯时，产生的板厚变薄现象较为严重。

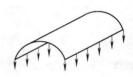

图 6-26   拉弯成形

（2）纵向压缩弯曲   如图 6-27 所示，纵向压缩弯曲是在弯曲成形的最后阶段，楔块向下运动将压缩凸模向上推起，使弯曲制件端头纵向受压镦死，来平衡外层材料受拉的应力状态，以减小回弹变形。

（3）校正弯曲   图 6-28 所示校正弯曲也称压靠弯曲。这种方法是在弯曲结束瞬间，凸模继续施加垂直压力，这样虽然增大了内侧切向压力，但减小了外侧切向拉力。如果外侧形成的切向压应力大于材料的屈服强度，卸载时，外侧伸长回弹可对内侧伸长回弹形成阻碍，可使回弹减轻。

（4）软模弯曲   图 6-29 所示为采用橡胶或聚氨酯代替刚性凹模的软模，在聚氨酯的反弹力作用下使板材弯曲成形。弯曲过程中，板坯始终接受软模单位变形压力能的作用，特别是弯曲圆角部所受单位压力大于两侧，弯曲结束后，角部回弹较小。生产中，通常调节凸模压入软凹模深度来控制弯曲力的大小，可进一步减小回弹。

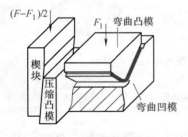

图 6-27   纵向压缩弯曲

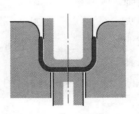

图 6-28   校正弯曲

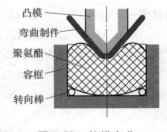

图 6-29   软模弯曲

3. 合理设计模具结构

由于回弹几乎是板材弯曲中不可避免的成形缺陷，因此，利用弯曲结构对可预测回弹量进行经验性补偿，是消除或减轻回弹的有效工艺措施。

（1）利用模具结构尺寸补偿回弹   如图 6-30a 所示，对于 V 形弯曲，可以根据计算或经验将凸模圆角及其半径设计稍小些，通常 $\Delta\theta$ 取 1°～2°，以补偿回弹。这种方法需多次调试和修磨，因此，凸模精加工应放在调试之后进行。

对于如图 6-30b 所示的单角弯曲件，在凸模及承压板上做出斜度 $\Delta\theta = 1°～3°$，将回弹补偿

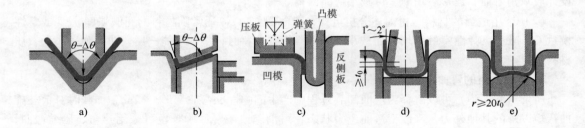

图6-30　利用模具结构补偿回弹的几种形式

量取在模具工作表面上。图6-30c所示为利用反侧板对弯曲凸模导向并起反侧作用，还可调节反侧板位置以调整凸、凹模间隙实现挤压变薄弯曲，具有较好的补偿回弹效果。

对于如图6-30d所示的双角弯曲的回弹补偿，在凸模侧壁上作出回弹补偿斜度 $1° \sim 2°$，倾斜侧壁的下起始点应超过制件圆角中心以上一个料厚，对 $\Delta\theta < 3°$ 的板料弯曲的补偿效果较好。图6-30e所示为利用弯曲反回弹的变形规律，将凸模底面和反压板上端面做成弧面，使卸载后底部产生的反方向回弹来补偿两个圆角处的回弹。根据生产经验，凸模凹槽的圆弧半径应大于20倍料厚。

（2）改变变形区应力状态抵消回弹　由于回弹基本产生在弯曲变形区，并受板厚公差的影响，使整体校正弯曲效果有时不是很明显。因此，利用模具结构单独对弯曲变形区进行整压，可以获得较好的校正效果。

对于板厚 $t_0 \geq 0.8\text{mm}$ 的单角弯曲，将凸模底面做成如图6-31a所示的凸起状工作表面，而大部分非变形区凸模形成空刀。成形后期的压靠阶段，凸模压力集中作用在弯曲变形区，可以削减弯曲外侧的切向拉应力，使卸载后的回弹减轻。图6-31b所示为将凸模底部中央做成凹槽，目的也是为了在压靠阶段能单独对弯曲变形区板坯进行整压，以补

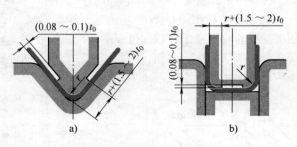

图6-31　变形区校正弯曲

偿回弹。有资料介绍，当弯曲区材料的校正压缩量为板厚的 $2\% \sim 5\%$ 时，整压校正弯曲方法可获得很好的校正回弹效果。

（3）确定合理的凸、凹模间隙　通常认为板材弯曲成形后的回弹与塑性变形不充分有关，因此，在设计U形弯曲模时，可以适当减小凸、凹模间隙，以增加垂直于板面的挤压变形和平行于板面的摩擦变形。考虑到板厚公差，凸、凹模间隙不宜做得过小，通常使单边间隙 $c \approx 95\% t_0$，即可起到一定作用。

第五节　弯曲板坯尺寸的展开

板材弯曲时拉、压变形交替产生，精确计算复杂弯曲制件的毛坯尺寸很困难。因此，在实际生产中，往往需要通过弯曲调试后才能最后确定毛坯尺寸。目前，通常采用的近似计算，主要是

根据板料弯曲应变中性层长度不变的原则进行的。

一、应变中性层位置的近似确定

板材弯曲过程中，瞬时应变中性层随弯曲变形程度不断移动，移动量还因弯曲半径和板厚的影响而不同。在实际生产中，常采用下述方法近似确定应变中性层半径 ρ

$$\rho = r_i + kt_0 \tag{6-47}$$

式中 k——中性层位置系数，可查表 6-3。

表 6-3 中性层位置系数 k

r_1/t_0	0.1	0.2	0.3	0.4	0.5	0.6	0.8
k	0.23 ~ 0.3	0.29 ~ 0.33	0.31 ~ 0.35	0.32 ~ 0.36	0.35 ~ 0.37	0.37 ~ 0.38	0.40 ~ 0.41
r_1/t_0	1	1.5	2	3	4	5	>6.5
k	0.41 ~ 0.42	0.43 ~ 0.44	0.45 ~ 0.46	0.46 ~ 0.47	0.47 ~ 0.48	0.48 ~ 0.49	0.5

应该指出，由于弯曲方法、变形条件及模具结构等都会对弯曲应力应变状态产生不同影响，因此，上述方法只能是近似估算。

二、弯曲毛坯长度的展开与近似计算

宽板弯曲时，一般认为弯曲前、后的板宽和板厚变化较小，因此，毛坯的确定，主要是指长度的展开尺寸。如图 6-32 所示，弯曲毛坯展开时，可按照弯曲变形区板厚不变、减薄或增厚三种基本情况分别计算。

1. 弯曲区板厚不变（$r_i > 0.5t_0$）毛坯的展开

如图 6-32 所示，对于弯曲内圆角半径 $r_i > 0.5t_0$ 的板料弯曲，一般变形区板厚变薄不严重且断面畸变较小，因此，当弯曲件直边长度为 l_{zi}，该弯曲中心角为 α_i 时，可取应变中性层长度等于毛坯长度

$$L = \sum l_{zi} + \sum s_i = \sum l_{zi} + \sum \frac{\pi}{180°}(r_i + k \cdot t_0)\alpha_i \tag{6-48}$$

2. 弯曲区板厚变薄（$r_i < 0.5t_0$）毛坯的展开

当 $r_i < 0.5t_0$ 时，弯曲变形比较剧烈，板厚明显变薄。如图 6-33 所示，展开计算一般根据毛坯与制件体积相等的原则，并考虑到弯曲区板厚变薄，当制件具有 n 个弯曲角时可近似计算为

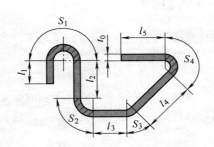

图 6-32 弯曲区板厚不变毛坯的展开

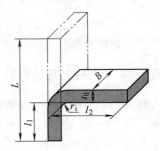

图 6-33 弯曲区板厚变薄毛坯的展开

$$L = \sum l_{zi} + knt_0 \qquad (6\text{-}49)$$

式中　k——展开系数，单角弯曲取 $0.4 \sim 0.45$；双角弯曲取 $0.45 \sim 0.6$；多角弯曲取 0.25。

按上式计算压扁弯曲毛坯长度时，如图所示，可按 $L = l_1 + l_2 - 0.43t_0$ 计算毛坯长度。

3. 弯曲区板厚增厚（$0.6t_0 < r_i < 3.5t_0$）**毛坯的展开**

对于 $0.6t_0 < r_1 < 3.5t_0$ 的铰链卷圆弯曲，展开长度的计算与一般弯曲件相似，不同之处在于铰链弯曲使材料受到挤压和弯曲两重作用，应变中性层向外凸侧方向移动，板厚增厚。并且 r_i/t_0 越小，中性层系数 k 越大。图 6-34 所示两种类型铰链弯曲的毛坯长度可按下式近似计算

a）类
$$L = l_1 + \frac{\pi\alpha}{180°}(r_i + kt_0) \qquad (6\text{-}50)$$

b）类
$$L = l_1 + l_2 + \frac{\pi\alpha}{180°}(r_i + kt_0) \qquad (6\text{-}51)$$

式中　k——铰链弯曲中性层系数，见表 6-4。

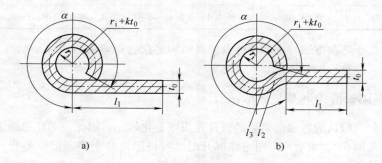

图 6-34　铰链卷圆毛坯的展开

表 6-4　铰链弯曲中性层位置系数 k

r_i/t_0	$>0.5 \sim 0.6$	$0.6 \sim 0.8$	$>0.8 \sim 1$	$>1 \sim 1.2$	$>1.2 \sim 1.5$	$>1.5 \sim 1.8$	$>1.8 \sim 2$	$>2 \sim 2.2$	>2.2
k	0.76	0.73	0.7	0.67	0.64	0.61	0.58	0.54	0.5

对于图 6-34b 所示铰链弯曲，如果卷曲与直边相交需有两段圆弧连接时，则两段圆弧应分别计算弧长后，加入毛坯总长度之内。

第六节　弯曲工艺设计

弯曲工艺设计包括弯曲件的工艺性分析、提高弯曲件成形质量以及确定弯曲工艺等内容。

一、弯曲件的工艺性分析

弯曲件的工艺性是指弯曲件的形状尺寸、材料的选用及技术要求等是否适合于弯曲加工的工艺要求。弯曲件的结构合理，可以简化工艺过程，提高弯曲件的公差等级。良好的工艺性是弯曲加工顺利进行的重要保证。

1. 弯曲半径

弯曲半径通常根据使用要求由产品设计所决定，弯曲半径过小，容易产生外侧拉裂。弯曲半径过大，塑性变形不充分，卸载回弹较大，影响弯曲精度。如果制件设计要求弯曲半径小于最小

许可弯曲半径时，可加设一道整形工序，压出较小弯曲半径。对于厚料弯曲，如图 6-35 所示，可沿压弯线内侧开槽后弯曲，但槽深不宜超过板厚的 1/3。

另外，对于特殊厚板料，也可采用加热弯曲。

2. 弯曲件的结构形状

弯曲件形状应尽可能以弯曲内角中心为对称，双角弯曲件的左右弯曲半径应一致，以防因摩擦阻力不均匀而使板坯弯曲时偏移。对于非对称弯曲工件，如图 6-36a 所示，可在弯曲凹模内加设麻点托板，防止板坯横向窜动。如果条件许可，也可增设工艺定位孔。

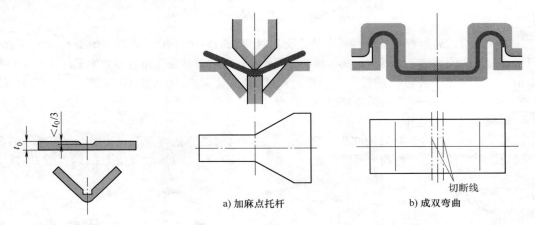

图 6-35 厚板开槽弯曲

a) 加麻点托杆   b) 成双弯曲

图 6-36 非对称形状件弯曲

对于结构形状对称性很差的多角弯曲件，如图 6-36b 所示，可以考虑成对弯曲，然后再切断。

3. 弯曲件的直壁高度

对 90°弯曲，必须使直边高度 $H > 2t_0$，如果 $H < 2t_0$，会因弯矩不足（力臂过小）而弯曲不到位。对于如图 6-37a 所示的弯曲件，可先行压槽后再弯曲。另外，也可以增加弯曲高度，如图 6-37b 所示，弯曲后再将工艺余料修去。

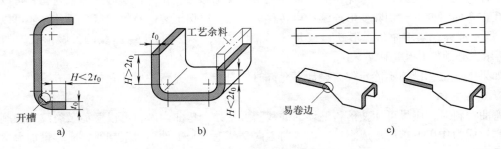

图 6-37 不合理弯边的工艺改进措施

如图 6-37c 所示弯边带有斜边时，斜边与非弯曲直边交接处会产生外铲。这时，可使交接处斜边与非弯曲直边垂直相交，并应适当加高侧面弯曲高度。

4. 工艺孔、槽及缺口的应用

如图 6-38a 所示，为使板坯准确定位，或防止较宽板坯在弯曲时位置窜动，可在落料毛坯上加冲工艺孔。对多工序弯曲模，以工艺孔作定位基准，可减少积累误差。

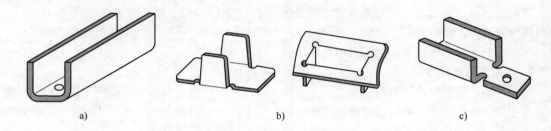

a)　　　　　　　　　　b)　　　　　　　　　　c)

图 6-38　工艺孔、槽及缺口的应用

零件边缘需局部弯曲成形时，为防止交接处弯曲时应力集中而撕裂，如图 6-38b、c 所示，可预冲卸荷孔或切槽，也可将弯曲线移动一段距离，避开形状突变位置。为使工件易于从凹模内推出，弯曲部分一般可做成梯形。一般，开槽深度：$L = r_1 + t_0 + B/2$，工艺孔直径常取 $d \geqslant t_0$（B——切槽宽；r_1——弯曲圆角半径）。

5. 弯曲件的孔边距

对于带孔弯曲件，如果先冲孔后弯曲，弯曲区内的已冲孔将变形。如图 6-39a 所示的弯曲件，设计时应使孔位于弯曲变形区以外。一般 $t_0 < 2\mathrm{mm}$ 时，取 $L \geqslant t_0$；$t_0 \geqslant 2\mathrm{mm}$ 时，取 $L \geqslant 2t_0$。

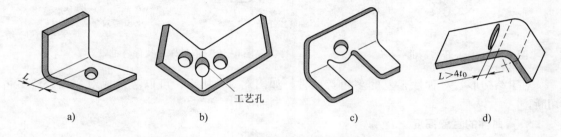

a)　　　　　　　　b)　　　　　　　　c)　　　　　　　　d)

图 6-39　防止孔变形的工艺措施

如图 6-39b 所示弯曲件，可在制件弯曲变形区预冲工艺孔或工艺槽来吸收弯曲线附近的流动变形。即使工艺孔变形，但可保持制件设计孔不致发生形状变化。在变形区冲工艺孔，可以防止装配孔在弯曲时变形，切断变形连续性可转移变形区，以保证装配孔的精度。另外，还可以如图 6-39c 所示那样，采用冲凸缘形缺口或月牙形槽的方法。对平行于弯曲线的长腰形孔，如图 6-39d 所示，必须使其孔边距 $L > 4t_0$。

如果上述工艺措施不能奏效或设计不允许时，只能考虑先弯曲后冲孔的工艺方案。

6. 弯曲方向

弯曲送料时，应尽可能使落料毛坯的冲裁断裂带处于弯曲内侧，可以避免微裂纹或毛刺根部在外侧拉应力作用下扩展形成裂口。当弯曲方向受到毛坯与工件形状限制时，应尽量加大弯曲半径或采取其他工艺措施，如滚光毛刺等。

应尽可能使弯曲线与板料轧制纤维方向垂直。弯曲线与纤维方向平行时，弯曲外侧易产生裂纹。

7. 弯曲件的尺寸精度及其标注

弯曲件的尺寸，一般不属于配合尺寸。生产中，常取 10 级精度的一半来表示正负公差。如产品设计未注弯曲公差时，可根据制件形状尺寸确定或参考表 6-5。

表 6-5　未注公差弯曲件上长度尺寸的极限偏差制　　　　　　　（单位：mm）

长度 板厚	3 ~ 6	6 ~ 18	18 ~ 50	50 ~ 120	120 ~ 260	260 ~ 500
≤2	± 0.3	± 0.4	± 0.6	± 0.8	± 1.0	± 1.5
>2 ~ 4	± 0.4	± 0.6	± 0.8	± 1.2	± 1.5	± 2.0
>4	—	± 0.8	± 1.0	± 1.5	± 2.0	± 2.5

一般，弯曲件尺寸的标注方法不同，应采用不同的冲压排序。如图 6-40a 所示，孔位按弯曲外缘标出时，在不致影响孔位精度的情况下，可先落料冲孔后弯曲，使工艺简化。如图 6-40b 所示，孔位标注在弯曲件侧壁上，冲孔只能安排在弯曲之后，即落料、弯曲后再冲孔。此时应注意，弯曲立壁的垂直度对冲孔孔位精度的影响。

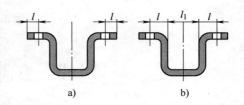

图 6-40　弯曲件尺寸标注对工艺的影响

二、提高弯曲件质量的工艺措施

1. 拉裂

材料塑性较差或相对弯曲半径较小时，应变梯度随板料增厚而减小，抑制裂纹产生和发展的能力减弱，容易产生弯曲裂纹。因此，可考虑增大凸模圆角半径、改用塑性较好的材料、使弯曲线与板材轧制方向垂直或倾斜一个角度以及增大顶件力等方法。

2. 横截面畸变及翘曲

$r_1/t_0 < 8$ 的板料弯曲时，容易引起横截面畸变或弯曲线挠曲（见图 6-19）。针对这类弯曲缺陷，有时采用强力侧压板，以阻止材料沿弯曲线方向和垂直方向的流动，或根据经验在凸模上预留反翘曲余量。

3. 回弹

回弹较小，常采用校正弯曲、拉弯、纵向加压等方法。有时，回弹量很大，严重影响弯曲质量，而普通工艺措施不能收到效果时，可以根据回弹规律预估回弹量，将凸模圆角半径 r_p 和弯曲角 θ 做小一些，以补偿可能发生的卸载回弹，通过试弯、修磨后达到精度要求。

三、弯曲工序的制订

制订弯曲工序时通常遵照以下原则：

1）根据产品设计的要求和特点，考虑毛坯定位的可靠性，同时还需兼顾送料、卸件的操作方便。

2）非对称弯曲件应尽量采取对称弯曲，必要时可添加工艺补充。

3）多角弯曲应考虑制件的对称性制定工序，如图 6-41a、b 所示。一般，应先弯外角后弯内角。

4）多工序弯曲时，应尽可能把回弹量大、需要调试修磨的工序安排在后续工序。

5）复杂形状的弯曲件一般采取级进模（利于送料和安全生产）。

6）应尽可能避免使用斜楔模进行校正，因斜楔模校正力不稳定。

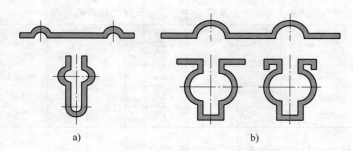

图 6-41　多工序弯曲

第七节　弯曲模工作部分设计计算

弯曲模的工作部分尺寸包括凸模弯曲圆角半径和凹模口圆角半径及深度，除 V 形件以外的弯曲模，还涉及凸、凹模间隙等。

一、凸、凹模圆角半径

常见弯曲模主要有 V 形件弯曲模和 U 形件弯曲模，其工作部分结构尺寸如图 6-42 所示。

1. 凸模圆角半径

如果工件的弯曲圆角半径 r 大于许可最小弯曲圆角半径 $r_{\min}$，且没有特殊要求时，凸模圆角半径就等于弯曲件内圆角半径。如果弯曲工件 $r < r_{\min}$，则需增加校正工序，校正凸模圆角半径 $r_p = r$。

如果弯曲工件的相对弯曲半径较大（$r_i/t_0 > 10$），则应考虑回弹，可参考式（6-46）对凸模圆角半径 r_p 作相应修正。

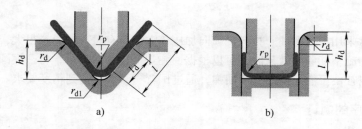

图 6-42　弯曲凸、凹模结构尺寸

2. 凹模圆角半径

（1）凹模口圆角半径　凹模口圆角半径 r_d 的大小，通常根据板厚确定。$t_0 \leqslant 2\text{mm}$ 时，取 $r_d = (3 \sim 6) t_0$；$t_0 = (2 \sim 4)$ mm 时，取 $r_d = (2 \sim 3) t_0$；$t_0 > 4\text{mm}$ 时，取 $r_d = 2t_0$。

V 形弯曲时，凸模与凹模口圆角接触点之间的距离构成初始弯曲力臂，板料滑过凹模口圆角进入凹模内，因此，r_d 过小，容易划伤工件外表面，通常应大于 3mm。另外，r_d 的大小、表面粗糙度应一致，以防止弯曲时两侧摩擦力不同使板坯偏移。

（2）凹模底圆角半径　V 形弯曲时，通常底部圆角处不镦死，可在凹模底部开躲避槽。凹模底圆角半径 r_{d1} 应小于工件外侧圆角半径，以防止弯曲制件外表面产生压痕，一般取 $r_{d1} = (0.6 \sim 0.8)(r + t_0)$。

二、凹模深度

V 形弯曲时，如果对直边平直度要求不高，允许直边部分不进入凹模。但有直边平度要求时，应使直边部进入凹模，在弯曲最后阶段，利用压靠力来校正直边的平直度。

U 形弯曲件应尽可能使直边部分通过凹模口圆角进入凹模型腔内，因此，一般凹模深度应 $h_d \geqslant L + r_d + (1 \sim 2)t_0$。即凹模直壁深度一般应大于弯曲件直壁高度。$h_d$ 过小，直边自由部分长，弯曲回弹大，且不平直。

三、凸、凹模间隙

弯曲 V 形件时，凸、凹模间隙是靠调整压机滑块的闭合高度来控制的，设计时应考虑校正程度。压靠时的模具闭合高度，应保证弯曲质量，并注意安全。

弯曲 U 形件时，凸、凹模间隙对制件成形质量和弯曲力有很大影响。间隙过小，会使制件直壁变薄，降低凹模使用寿命，且弯曲力增大；间隙过大，卸载回弹增大，降低成形精度。

凸、凹模间隙值与板材的厚度、力学性能、弯曲回弹大小、直边长度等有关。对有色金属：凸、凹模单边间隙 $Z = t_{min} + kt_0$；黑色金属：$Z = t_{max} + kt_0$；其中，k 为系数，一般取 $0.2 \sim 0.5$（可查表6-3）。根据生产经验，有时 $t_0 \leqslant 1.5\,\mathrm{mm}$ 时，取 $c = t_0$；$t_0 > 1.5\,\mathrm{mm}$ 时，取 $c = t_0 + \Delta$。其中 Δ 为产品公差。

四、凸、凹模工作部分的尺寸与公差

凸、凹模工作部分的尺寸，需要根据制件的具体形状尺寸确定，同时应考虑强度和磨损。V 形件弯曲模主要根据强度和模具整体结构确定，而 U 形件弯曲模还需考虑凸、凹模磨损问题。现以 U 形件弯曲模为例说明如下。

1）如图6-43a、b、c所示，弯曲件尺寸标注在外侧时，按照磨损规律，应以凹模为基准，即先确定凹模尺寸，间隙取在凸模上。弯曲件尺寸标注为单向公差 Δ，凹模的制造偏差为 δ_d 时，凹模宽度

$$L_d = (L - 0.75\Delta)^{+\delta_d}_{0} \tag{6-52}$$

标注尺寸为双向公差时

$$L_d = (L - 0.5\Delta)^{+\delta_d}_{0} \tag{6-53}$$

凸模尺寸按凹模配作，保证单面间隙 c。

2）如图6-44a、b、c所示，弯曲件尺寸标注在内侧时，则应以凸模为基准，同时，还需考虑磨损和回弹的影响。标注尺寸为单向公差，凸模制造偏差为 δ_p 时，凸模宽度

$$L_p = (L + 0.25\Delta)^{0}_{-\delta_p} \tag{6-54}$$

标注尺寸为双向公差时

$$L_p = (L + 0.5\Delta)^{0}_{-\delta_p} \tag{6-55}$$

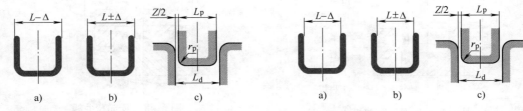

图6-43　标注外形弯曲件的凸、凹模尺寸　　　图6-44　标注内形弯曲件的凸、凹模尺寸

凹模尺寸按凸模配作，保证单面间隙 c。

一般 δ_d、δ_p 按 IT6 ~ IT8 级公差等级选取。

凸模和凹模材料一般用碳素工具钢（T8 ~ T10），工作部分表面粗糙度应为 $Ra1.6 ~ 0.8\mu m$，加热弯曲时，可选用 5GrNiMo 或 5GrNiTi 等，并经过淬火。

第八节　弯曲模的典型结构

弯曲模的结构类型很多，根据弯曲件的形状特征常可分为单角弯曲模、双角弯曲模、多角弯曲模、铰链弯曲模及特种弯曲模等。

一、单角弯曲模

单角弯曲模是指对称或非对称 V 形弯曲模。这类弯曲模在工作过程中，由于凸、凹模两侧与板坯之间的摩擦力不均匀，因而板坯容易左、右窜动造成两侧边长不一致。因此，除利用定位块限制板坯位置外，还可在下模内设置一弹性顶杆，如图 6-45 所示。这样，弹性顶杆既可用于顶件，又可与凸模夹紧料防止其左、右滑动，以保证弯曲精度。

两边不等长的 V 形弯曲件，如图 6-46 所示，可采用定位销钉定位，凸模与顶出器夹紧坯料进行弯曲。为平衡侧向力，弯曲反侧可加侧压导板（这种方法对板厚公差要求较严格，否则会使工件回弹不一致）。

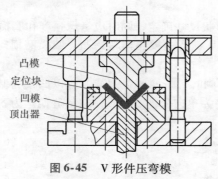

图 6-45　V 形件压弯模

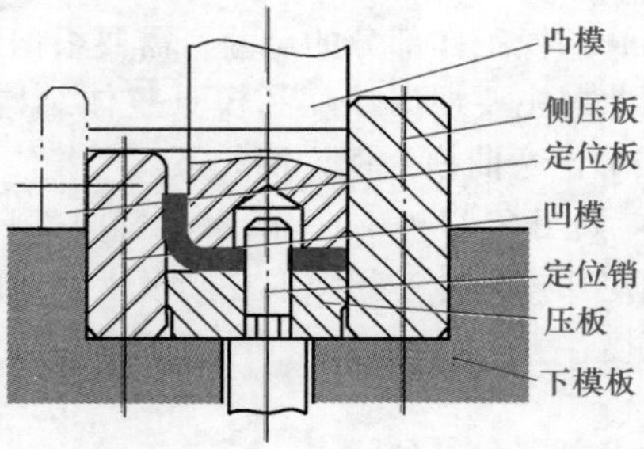

图 6-46　两边不等长单角弯曲模

二、双角弯曲模

1）普通 U 形弯曲件弯曲模如图 6-47 所示。为减小回弹且保证底面平直，可设置压板及顶杆。

2）两个弯曲角方向相反且左右直角边大致相等时，第一道工序先弯左端，取出工件反向插入压料板上的沟槽内再弯右端。如果 $t_0 > 1mm$，如图 6-48 所示，可敞开弯曲。但必须注意，为防止窜动，应使凸模各低点同时接触板坯。

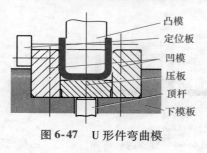

图 6-47　U 形件弯曲模

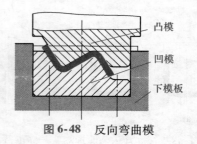

图 6-48　反向弯曲模

3）对于弯曲角 $\alpha < 90°$ 的锐角弯曲，弯曲模可采用水平斜楔机构，如图 6-49 所示。凸模装在导板内，可与导板做相对移动，上端垫有一定可压缩性的橡皮，将凸模向下顶出。凸模的最下端位置由限位块限定，最上端位置以橡皮的最大压缩量调定。凸模下行，借助于活动凹模将板料先弯成大于 90° 的弯角。继续下行，斜楔挤入固定座与活动凹模之间，利用楔面推动活动凹模水平移动，实现锐角弯曲。滑块返程时，斜楔与上模板同时上行，而凸模因橡皮弹力作用而移动滞后，当活动凹模倾斜部分让开后，限位块带动凸模随上模板返程，完成一次弯曲。

三、多角弯曲模

多角弯曲，根据板厚、弯曲半径、工件高度等可采用不同的弯曲方法。

1）一次多角弯曲。当工件高度 $< (8 \sim 10)t_0$，弯曲半径较大，且 $t_0 < 1\text{mm}$ 时，可采用图 6-50 所示结构，一次弯成四个弯角的制件。

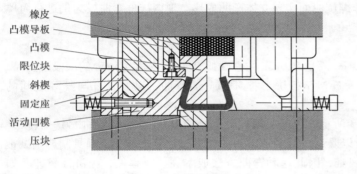

橡皮
凸模导板
凸模
限位块
斜楔
固定座
活动凹模
压块

图 6-49 斜楔弯曲模

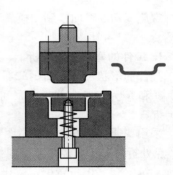

图 6-50 一次多角弯曲模

2）摆块式四角弯曲。要求高度 $< (8 \sim 10)t_0$，$t_0 < 1\text{mm}$ 时，弯曲质量好。

3）多角形工件的弯边较高。对于外侧圆角小、角度公差要求很严的工件，须采用两道工序。应先弯外角，然后反向弯出内角。一般工件高度应在 $(12 \sim 15)t_0$ 左右，为避免第二道弯曲凹模壁部强度不足，最好采用定位孔定位，使第二道弯曲后弯边高度一致。

4）工件弯边短。板料较厚时，应先弯成直角敞口形，R 可适当放大，便于弯曲，第二道复弯、压平。

5）弯边较高、材料较厚，$R/t_0 < 1$ 时，仅靠凹模圆角很难达到产品要求，应采用倒装硬弯的方法。

四、圆环形弯曲模

1）直径在 $\phi 10\text{mm}$ 以下的小圆环件，可以二次弯曲成形。

2）如果料厚、直径小时，且对制件成形圆度要求较高时，如图 6-51 所示，可用三道工序完成。

3）当直径大于 $\phi 10\text{mm}$ 小于 $\phi 40\text{mm}$，且 t_0 在 1mm 左右时，可用斜楔式模具一次弯曲成形。如果生产批量大，也可采用落料弯曲级进模效果更好。

五、螺旋式切断弯曲模

螺旋弯曲属于旋弯成形，是一种弯制杆料或线材的特殊弯曲方法。螺旋弯曲的模具结构简单，生产效率高，便于实现机械化自动化。

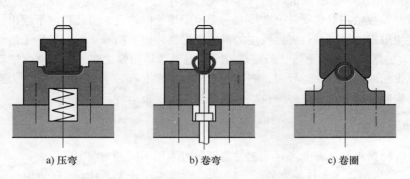

| a) 压弯 | b) 卷弯 | c) 卷圈 |

图 6-51　厚料小圆环的三道工序弯曲

　　螺旋式切断弯曲模利用模具工作螺旋曲面实现立体弯曲成形。现以挂件弯曲模为例进行简单介绍。

1. 工件的弯曲工艺分析

　　挂件的形状尺寸如图 6-52 所示，cd 段是 R16mm 的大圆弧，bc 和 de 是 R5mm 的两段小圆弧，ab、ef 和 fg 为三段直线。成形可分为近似于椭圆形挂环部分的弯曲，以及直杆与挂环之间的 120°折弯。

　　采用普通弯曲方法，可由图 6-53 所示斜楔模实现挂环部分的形状弯曲，然后由另一套模具在 f 点处折弯 120°，需用双层斜楔，以躲避 fg 段折起。由于斜楔运动要求准确，模具制造调试难度大，第二套 120°折弯模定位比较困难，因此这种弯曲方法成本高、效率低、经济性较差。如果采用切断、螺旋弯曲方法，则可一次弯曲成形。

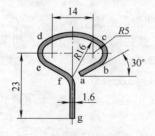

图 6-52　挂件零件图

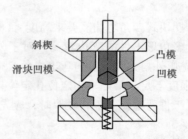

图 6-53　斜楔弯曲模示意图

2. 切断弯曲过程及模具结构简介

　　螺旋式切断弯曲模如图 6-54 所示。将钢丝插入切断凹模孔内并通过螺旋凹模上表面，利用左侧板上的可调定位螺栓定位。压机滑块下行，弯曲凸模槽将钢丝压紧在螺旋凹模上表面的同时，右侧切断凸模与固定凹模剪断钢丝。钢丝被凸模下压沿凹模螺旋面滑动并缠绕在凸模下凸台细颈表面（该细颈外轮廓形状与挂件环部内形一致），在水平方向上完成 a、b、c、d、e 环形部分的弯曲成形并进入凹模口内。此时，e 点以外钢丝仍呈直线状，f 点以外钢丝在凹模右下侧外螺旋面约束下随凸模下行，完成 f 点处的 120°折弯，并进入凹模纵向通槽中。成形后的挂件随凸模下行至凹模下端较大轮廓处，由于周向失去了约束，弹性回复向外扩张而脱离凸模。最后，凸模随滑块返程通过成形型腔（即相对收缩区）时，被凹模内型腔刮落后，留在下模座漏料孔中，完成挂件切断螺旋弯曲。

3. 凸、凹模设计

（1）切断凸、凹模　切断凸模采用平刃口（钢丝直径较大时，也可采用圆弧形刃口），切断凹模孔直径略大于钢丝直径加丝径公差。考虑到刃口磨损，凹模应做成可拆卸镶块结构。凸、凹模刃口间隙取 0.1mm。

如图 6-55 所示，确定切断凸模与弯曲凸模的相对安装高度时，应保证钢丝被切断瞬时，钢丝下表面与弯曲凹模螺旋面起始线处于同一水平面上，即弯曲凸模的凹槽下端面与切断凸模下端面处于同一水平面上，保证切断终了时刻即开始螺旋弯曲。

（2）弯曲凸模　凸模上部外轮廓与挂件环部外形相同，下部凸台外轮廓与挂件内形相同，即弯曲时钢丝缠绕在凸模下凸台外轮廓表面。考虑到弯曲回弹，可按图 6-56 所示尺寸设计制造。

（3）弯曲凹模　图 6-57a 所示为螺旋弯曲凹

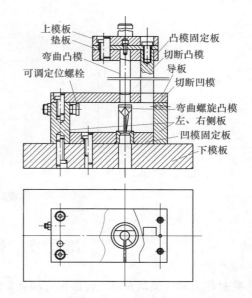

图 6-54　弯曲螺旋模示意图

模。图 6-57b 中的凹模螺旋升角 α 是旋弯凹模的主要参数。α 角选择适当，易于弯曲成形。螺旋升角的大小还直接影响到凹模高度，α 角越大，凹模高度越高。因此，确定凹模螺旋升角时，必须考虑压力机行程及其开启高度。一般认为螺旋角取 50°～70°比较合适。

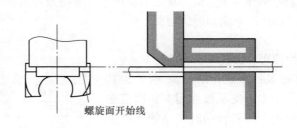

图 6-55　弯曲模与切断模的相对位置

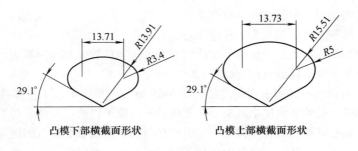

图 6-56　弯曲凸模的计算尺寸

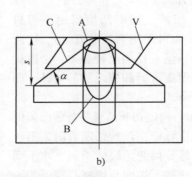

a)　　　　　　　　　　　　　　b)

图 6-57　螺旋凹模工作原理示意图

第九节　管材弯曲成形

管材作为输送流动介质、传递压力和流量的工程构件，具有广泛的应用前景。由于管的中空结构具有柔韧性、吸收冲击以及外载荷能量耗散机制等优点，非常适合飞机、汽车、船舶等运动机械轻量化技术的要求，这无疑对管材精确弯曲、数控弯曲技术提出了新的挑战。因此，管材塑性弯曲理论研究及其成形技术亟待发展。

一、管材弯曲工艺分类

管材弯曲是一种古老的塑性加工方法，从变形机理来看主要分为以拉应力场为主体的拉伸弯曲、以压缩应力场为主体的压缩弯曲和缠绕弯曲。

1. 拉伸弯曲

拉伸弯曲通常可分为拉弯、回转牵引弯曲等。

（1）拉弯　拉弯也有多种形式，图 6-58 所示为其中的一种。使管坯通过三个水平支承辊并用夹头固定在与转轮联结成一体的转臂上，转臂转动时带动管坯产生弯曲变形。与自由弯曲不同的是，在支承辊压紧反力的作用下拉弯时，管坯弯曲内、外侧均产生一定量的切向拉伸变形。因此，由于部分抵消了弯曲内侧的切向压缩应力而不会发生起皱，但外侧管壁变薄较严重。

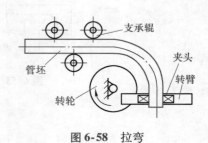

图 6-58　拉弯

拉弯成形时，调节支承辊和夹头与转轮轴心的距离，可以改变管的弯曲半径。如果在管坯进入弯曲区之前的适当位置安装加热装置，如利用中频感应电流加热管坯，即可实现中频感应拉弯成形。

（2）回转牵引弯曲　回转牵引弯曲方法如图 6-59 所示，每个弯模工作零件表面都具有与管材外径相匹配的凹槽，其轮廓线比半圆略小。更换回转弯模可以改变弯曲半径。管坯被牵引模和压紧块压靠在可绕轴心转动的回转弯模上，牵引模在与回转弯模轴心具有固定半径的圆弧轨道上滑动，带动管坯在径向压力和切向摩擦力作用下与回转弯模一起转动实现弯曲成形。由于管坯外侧在切线方向上产生一定的拉伸变形而具有拉弯性质，但弯管内侧受到回转弯模凹槽的径向压缩和切向摩擦作用而容易起皱。

2. 压缩弯曲

压缩弯曲中包括压弯、回转压缩弯曲及推弯等。

（1）压弯 如图6-60所示，管材压弯与板材V形弯曲相似。弯模和支承辊均带有与管径相同且略小于半圆的凹槽，管坯被与推杆固结的具有一定弯曲半径的弯模推出，在两侧可转动支承辊之间滚动而弯曲成形。更换弯模可以改变弯曲半径，而弯曲角度由弯模推出行程决定。压弯时所加弯曲力集中在两支承辊之间，很容易产生弯管内侧皱曲和横截面畸变。

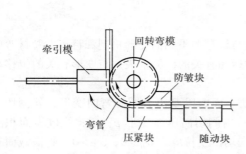

图6-59 回转牵引弯曲

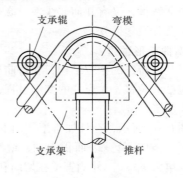

图6-60 压弯

（2）回转压缩弯曲 回转压缩弯曲与回转牵引弯曲在形式上有些相似，但管材的变形机理不同。如图6-61所示，弯曲时，滑动压模或辊子一边向管坯施加径向压力，一边绕固定弯模轴心转动，使管坯逐渐贴向固定弯模凹槽表面弯曲成形。弯管外侧壁在弯曲切向的拉变形较小，但内侧壁切向压缩变形较大，因此容易产生内侧起皱。

（3）推弯 图6-62所示为型模推弯示意图，型模由沿弯曲平面对中的两半模组成。管坯在压模轴向推力作用下通过导套后压入弯曲型腔被强制弯曲成形。管坯在型模内的弯曲变形过程比较复杂，除受弯曲力矩作用外，还受到轴向推力及与其运动方向相反的摩擦力作用。型模推弯与普通弯曲不同的是，其管壁应变中性层可能向弯曲外侧移动，使外侧壁厚减薄大为缓解。据资料介绍，型模推弯可成形的最小相对弯曲半径 R/d 约为 1.3，弯头横截面椭圆度可小于 $3\% \sim 5\%$。型模冷推弯曲通常用于弯制各种等径弯头。

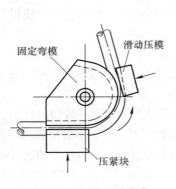

图6-61 回转压缩弯曲

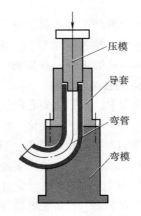

图6-62 型模冷推弯曲

管材推弯还包括带芯棒热推弯，也称扩径热推弯，通常需在专用机床上实现推弯成形。利用牛角芯棒将加热管坯推入弯模型腔内，使其周向扩张的同时产生轴向弯曲变形，将较小直径的管坯弯成较大直径的弯头。

3. 其他弯曲方法

管材弯曲的方法很多，常用的还有绕弯、滚弯、填充弯曲及加热弯曲等。

二、管材弯曲变形过程分析

管材弯曲成形是一个材料性能、结构形式以及变形条件等多因素耦合作用的复杂变形过程，既有材料非线性，又有几何非线性，既有大变形、小位移，又有小变形、大位移，既要计及弹性变形，又要计及塑性变形。

1. 弯曲变形过程

管材具有特殊的中空结构，在弯曲过程中表现出与板弯曲不同的变形机制和特点。管材弯曲是一个包括大位移、大应变的变形过程，其中与刚性运动有关的位移很大，与变形有关的位移相对很小。

如图 6-63 所示，在外加弯矩作用下，管坯在弯曲平面内以 O 点为圆心弯曲变形，外侧切向拉伸变形 $\varepsilon_\theta > 0$，管壁表面积增加，壁厚减小 $\varepsilon_r < 0$；内侧切向压缩变形 $\varepsilon_\theta < 0$，管壁表面积减小，壁厚增大 $\varepsilon_r > 0$。外侧管壁在切向和管横截面周向均产生拉应力 $\sigma_\theta > 0$、$\sigma_\varphi > 0$，管横截面径向产生压应力 $\sigma_r < 0$；内侧管壁受弯模的刚性约束，径向产生压应力 $\sigma_r < 0$，弯曲切向和管横截面周向产生压应力 $\sigma_\theta < 0$、$\sigma_\varphi < 0$。

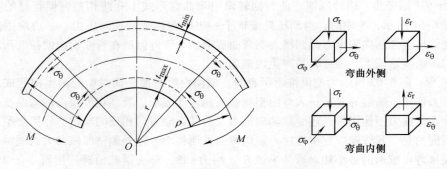

图 6-63　管材弯曲变形的应力应变状态

根据塑性变形理论分析和部分实验验证，拉伸类弯管的瞬时应变中性层移向弯曲内侧，其移动量与相对弯曲半径 R/d_0 成反比。由于应变中性层附近涉及瞬时加、卸载过程，使得管壁变形区域的划分和准确解析进一步复杂化。

2. 弯曲成形缺陷的分析

在工程应用中，人们更关心的是管材弯曲过程中的变形力学行为，及其所产生的各种成形缺陷，其中，主要是弯管壁厚变化、横截面畸变及回弹等问题。

（1）弯曲引起的管壁厚变形　管材弯曲成形主要是由弯曲外侧管壁材料切向伸长、壁厚减薄和内侧切向压缩、壁厚增加来实现的。大量实验证明，弯管壁厚应变 ε_t 沿管线非均匀分布，不论内、外侧，$|\varepsilon_t|_{max}$ 都产生在弯曲内角中部靠向始弯端一侧，并且外侧减薄应变的绝对值 $|\varepsilon_{to}|_{max}$ 大于内侧增厚应变 ε_{timax}。对于延伸性较好的管材，弯曲过程中较少发生弯裂现象。因为发生弯裂之前，由于拉伸失稳引起管横截面畸变或管壁塌陷，就已经使管弯曲达到成形极限。因此，研究管材的抗失稳性对于弯曲变形分析具有很重要的意义。

1）硬化指数 n 对弯管壁厚减薄的影响。弯管外侧切向受拉，能否产生失稳或拉裂都与材料

的 n 值密切相关。弯管外侧切向应力 σ_θ 是最大主应力，薄壁管表层附近径向应力 $\sigma_t = 0$，即有 $\sigma_\theta > \sigma_\varphi > \sigma_t = 0$ 的应力关系。其中，σ_φ 为横截面周向应力。按照 Tresca 屈服条件，应有 $\sigma_\theta = \sigma_s$。如果近似认为弯管横截面周向应变 ε_φ 与径向应变 ε_t 相等，则 $\varepsilon_\varphi = \varepsilon_t = -\varepsilon_\theta/2$。对于塑性模量为 C 的幂指数硬化材料 $\sigma = C\varepsilon_\theta^n$，切向应变 $\varepsilon_\theta = -2\varepsilon_t = -2\ln(t/t_0) = \ln(t_0/t)^2$，于是

$$\sigma = C\ln^n\left(\frac{t_0}{t}\right)^2 \tag{6-56}$$

作为衡量弯管质量的指标之一，在工程中通常采用弯管壁厚减薄率 $\nu = (t_0 - t)/t_0$ 来控制弯管壁厚减薄程度。将此关系代入式（6-56）

$$\nu = 1 - e^{-\frac{1}{2}\left(\frac{\sigma_s}{C}\right)^{\frac{1}{n}}} \tag{6-57}$$

一般金属材料 $(\sigma/C) < 1$，n 值通常在 $0.1 \sim 1$ 之间变化，$(1/n) \geqslant 1$，$(\sigma/C)^{1/n} < 1$，上式中右边第二项在 $0 \sim 1$ 范围内变动且恒小于 1。因此，可以近似认为 n 值越大，弯管外侧壁厚减薄率 ν 越大。

管弯曲过程中，如果切向拉应力达到材料的抗拉强度 σ_b 时，缩颈发生点处的应变 $\varepsilon_b = n$，即 $\sigma_b = C\varepsilon_b^n = Cn^n$，$\sigma_b/C = n^n$。此时，式（6-57）可以改写成

$$\nu = \frac{t_0 - t}{t_0} = 1 - e^{-\frac{n}{2}} \tag{6-58}$$

事实上，弯管外侧在发生拉裂之前，通常先产生管横截面畸变或管壁塌陷，使弯管成形失效。因此，上述公式只能用来近似估算材料 n 值对 ν 的影响趋势。

如果计及弯曲过程中弯管横截面圆周方向上的拉应力 $\sigma_\varphi > 0$，弯管外侧将处于二向不等拉伸应力状态[4]。这时，根据 Swift 分散性失稳理论，在近似平面应变状态下，应变强度 $\bar{\varepsilon} \approx 2n/\sqrt{3}$，将此关系代入上式，可得将要发生分散性失稳或管横截面形状畸变情况下，ν 与 n 值之间的近似关系

$$\nu = 1 - e^{-\frac{n}{\sqrt{3}}} \tag{6-59}$$

将上述弯管壁厚减薄率 ν 的近似计算及部分实验结果示于图 6-64 中，计算值大于实测值。对同一种材料，根据棒料拉伸与管料拉伸实验计算所得 n 值略有差异，ν 与 n 的关系也不同。一般工程中规定，高压管 $\nu < 10\%$，中、低压管 $\nu < 15\%$。对于 n 值较大的管材来说，壁厚减薄率 ν 的估算值显然过大。

通常，金属材料的伸长率 δ 与 n 值具有近似的正比关系，δ 值越大，延伸能力越强。因此，δ 与 n 对弯管外侧壁厚减薄率 ν 的影响效果相同，即 δ 值越大的管材，ν 越大。

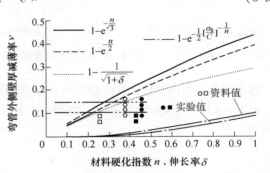

图 6-64　弯管壁厚减薄率与硬化指数及伸长率的关系

2）其他材料性能对弯管壁厚减薄率的影响。为了简化分析，将管材弯曲外侧近似为理想弹塑性材料单向拉伸状态，由图 6-65 所示线性强化模型可以看出

$$\sigma_b = \sigma_s + C(\varepsilon_\theta^p - \varepsilon_\theta^e) = \sigma_s + C\left(\varepsilon_\theta^p - \frac{\sigma_s}{E}\right) \tag{6-60}$$

因此有

$$\sigma_b - \sigma_s + \sigma_s \frac{C}{E} = C\varepsilon_\theta^p \tag{6-61}$$

同样将 $\varepsilon_\theta = -2\varepsilon_t = -2\ln(t/t_0) = \ln(t_0/t)^2$ 的关系代入上式，经过整理后

$$\nu = 1 - e^{-\frac{1}{2}\alpha} \tag{6-62}$$

式中　$\alpha = \dfrac{\sigma_b}{C}\Big[1 - \dfrac{\sigma_s}{\sigma_b}\Big(1 - \dfrac{C}{E}\Big)\Big]$。

可以看出，$\alpha > 0$，上式右端第二项 $e^{-\alpha/2} < 1$，并且 α 越大，ν 越大。材料的抗拉强度 σ_b 越大，α 越大，ν 越大。塑性模数 C 值越大，α 越小，则 ν 也越小。对于（σ_s/σ_b）$(1-C/E)$ 来说，由于 $E > C$，$0 < (1-C/E) < 1$，所以，屈强比 σ_s/σ_b 越大，α 越小，弯管外侧壁厚减薄量 ν 相对小。

图 6-66 所示为在材料的 C 及 E 值一定，σ_b 从 200～1 000MPa 之间变化时，壁厚减薄率 ν 的部分实验值和计算值与材料屈强比 σ_s/σ_b 之间的关系。可以看出，ν 随 σ_s/σ_b 减小

图 6-65　管材线性强化弹塑性模型

而增大。图中 $\sigma_s/\sigma_b = 1$ 的点为理想弹塑性材料，不能反映实际变形情况。但通常认为，抗拉强度 σ_b 越大的管材，抵抗因壁厚减薄而导致拉裂的能力越强。因此，σ_s/σ_b 越小，允许管壁厚减薄率 ν 越大。

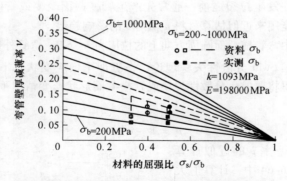

图 6-66　弯管外侧壁厚减薄率与材料屈强比的关系

选取弯曲平面内单位宽度的弯管外侧壁作为研究对象，考察切向伸长和壁厚变薄之间的关系。由于 $\varepsilon = \ln(l/l_0) = \ln(1+\delta)$，仍利用上述单向应力状态中 $\varepsilon_\varphi = \varepsilon_t = -\varepsilon_\theta/2$ 的关系，容易导出

$$\nu = 1 - \frac{1}{\sqrt{1+\delta}} \tag{6-63}$$

管材的伸长率 δ 越大，伸展能力越强，根据不可压缩原则，弯管壁厚减薄率 ν 就越大。因此，对延展性较好的管材，需重视弯管外侧壁厚的减薄情况。

（2）弯管横截面畸变分析　管材弯曲过程中，材料的强化机制主要集中在弯管内、外侧局部区域，而应变中性层附近属于大位移、小变形区。在外加弯矩作用下，弯管内、外侧切向压、拉力及其与径向力的合力近似指向管横截面中心，它们与沿管横截面圆周方向受力的共同作用达到一定值时，管壁产生横截面周向变形和位移，将导致弯管横截面扁平化变形。

1）管材弯曲变形的基本假定。在宽板弯曲中，平面应变假设条件下的应力应变解析结果具有足够的工程精度[3]。利用梁的弯曲理论对管材弯曲变形近似解析时，通常也忽略弯管横截面圆

周方向的变形。但对于高压、射流用弯管，横截面形状变化却是不容忽视的一项重要质量缺陷。由于三向应力给工程解析带来很大困难，因此，为简化起见，仅考虑弯曲切向最大主应力 σ_θ 和径向最小主应力 σ_r，即忽略中间主应力（横截面周向应力）σ_φ，近似将管材弯曲过程看做平面应力问题。另外，认为应力与应变在弯曲纵向均匀一致，其他条件与平面应变解析时相同。

2）弯曲应力应变分析。管材在弯曲过程中，弯曲切向、径向和弯管横截面圆周方向的真实主应变可近似表示为

$$\varepsilon_\theta = \ln\left(1 + \frac{r}{\rho}\right); \quad \varepsilon_r = \ln\frac{t}{t_0}; \quad \varepsilon_\varphi = \ln\frac{r}{r_0} \tag{6-64}$$

式中　t_0、t——弯曲前、后的管壁厚（mm）；

r_0、r——弯曲前、后外侧管壁上任一点的径向坐标值（mm）；

ρ——中性层的曲率半径（mm）。

根据全量理论，应力应变有如下关系

$$\frac{\varepsilon_r}{2\sigma_r - \sigma_\theta - \sigma_\varphi} = \frac{\varepsilon_\theta}{2\sigma_\theta - \sigma_\varphi - \sigma_r} = \frac{\varepsilon_\varphi}{2\sigma_\varphi - \sigma_r - \sigma_\theta} \tag{6-65}$$

由基本假设，近似认为 $\sigma_\varphi = 0$，有

$$\frac{\varepsilon_\varphi}{\varepsilon_\theta} = \frac{-(\sigma_r + \sigma_\theta)}{2\sigma_\theta - \sigma_r} = \frac{\sigma_r + \sigma_\theta}{\sigma_r - 2\sigma_\theta} \tag{6-66}$$

在考虑弯曲外侧管壁材料位移时，忽略壁厚变化对弯曲切向应变的影响，将式（6-64）中的应变关系代入上式，可以得到

$$\frac{r_d}{r_0} = \left(1 + \frac{r}{\rho}\right)^{\frac{\sigma_r + \sigma_\theta}{\sigma_r - 2\sigma_\theta}} \tag{6-67}$$

式中　r_d——产生径向位移后外侧外半径（mm）。

在管弯曲外侧表面处，径向应力 $\sigma_r = 0$，这样，管壁外表面材料将处于单向（弯曲切向）拉伸状态。弯曲中切面外侧材料将产生径向位移

$$\Delta r = r_0\left(1 - \sqrt{\frac{\rho}{\rho + r_0}}\right) \tag{6-68}$$

3）弯管横截面形状畸变分析。管材弯曲过程中，沿管壁外侧的切向拉力和内侧切向压力的合力，以及径向力都近似指向管横截面中心，使管壁材料在径向和周向产生变形和位移[4]。其结果导致弯曲平面内的管径减小，垂直于弯曲平面的管径略有增大，形成图 6-67 所示的扁平形状。工程上通常采用椭圆率（扁平度）$\varphi = (d_{max} - d_{min})/d_0$、长轴变化率 $\varphi_c = (d_{max} - d_0)/d_0$ 和短轴变化率 $\varphi_d = (d_0 - d_{min})/d_0$ 来检测和控制这种弯管横截面在某一方向上的形状变化。

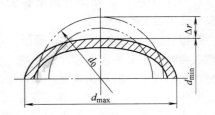

图 6-67　弯管横截面的扁平化变形

图 6-68a 和 b 所示分别为实际弯曲试样切片和有限元模拟结果，弯曲试验和有限元模拟条件一致，弯曲试样为原始外径 $d_0 = 10\text{mm}$、壁厚 $t_0 = 1\text{mm}$ 的 1Cr18Ni9Ti 管，相对弯曲半径 $R/d_0 = 2.5$。可以看出，弯管内凹侧壁厚明显增厚，外凸侧壁厚变薄，并且沿弯曲线不同角度处横截面变化程度有一定区别。沿整个弯曲线上，弯管外凸侧管壁产生了明显的向心移动，并且横截面扁化变形在弯曲中心角分线附近更为明显。起弯侧 φ_c 和 φ_d 和较大，而终弯侧 φ_c 和 φ_d 和较小，并且 $\varphi_c < \varphi_d$。由于短轴变化率 φ_d 可更明确地反映弯管横截面扁平化畸变程度，所以，在工程中具

有重要的实际应用意义。通常认为管材弯曲过程中，已经弯曲成形部分的管坯将不再参与变形。但实质上，由于后续管坯在弯曲变形时，已弯曲部分始终承担弯曲力的传递作用，因此加剧了弯管横截面形状扁平化畸变。

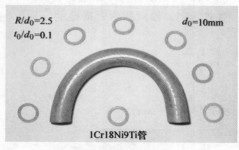

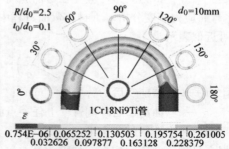

a) 弯曲试样及横截面切片　　　　　　**b) 等效应变及横截面扁化变形的有限元模拟**

图 6-68　弯管横截面扁化变形的试验切片及有限元模拟结果

由图 6-68b 中弯管等效应变分布的有限元计算结果可见，弯管横截面上较大等效应变 $\bar{\varepsilon}$ 主要集中在内凹侧和外凸侧，并且内凹侧 $\bar{\varepsilon}$ 大于外凸侧。而在内凹侧与外凸侧之间的某一层上 $\bar{\varepsilon}$ 值很小，该金属层即所谓的瞬时应变中性层。这个应变中性层在终弯端附近消失，其原因与邻近终弯端的直管段材料部分地吸收了弯曲区内变形有关。

4）弯管横截面形状畸变的有限元模拟。在变形方式、材料参数与实验完全相同的条件下，进行了有限元模拟。采用基于中心差分法的动态显示时间积分的有限元算法，模型单元全部为 SHELL163 薄壳单元。将相对壁厚 $t_0/d_0 = 0.125$、0.083，相对弯曲半径 $R/d_0 = 2.5$，弯曲角度 135° 时弯管中央（67.5°）处横截面形状变化的模拟结果示于图 6-69 中。

图 6-69　弯管横截面形状变化的有限元模拟结果

模拟计算与试验结果都显示出，弯管横截面畸变主要表现在弯曲平面内。在试验中，弯曲切向压缩变形过大时，还因管壁失稳而产生突然凹向管中心的塌陷现象。垂直于弯曲平面方向的外径略有增大，位移和变形与外侧相比很小。另外，对于同一 R/d_0，相对壁厚 t_0/d_0 较小时，弯管横截面形状畸变严重。由于管壁刚度随 t_0/d_0 减小而降低，因此，弯曲时产生的位移和变形增大。图中所示模拟结果与实验基本吻合，t_0/d_0 较大的管材弯曲，横截面扁平率在压力弯管允差之内，t_0/d_0 较小的弯管，如图 6-69 所示，φ_d 早已超差。而过小 t_0/d_0 的管材弯曲，则会产生比横截面扁平化更为严重的管壁塌陷现象。

5）受横截面形状畸变约束的最小相对弯曲半径。在管材弯曲生产中，通常采用最小相对弯曲半径 $(R/d_0)_{min}$ 作为弯管极限成形指标。弯管成形极限受多种变形缺陷制约，其中包括管壁减薄、拉裂、皱曲及横截面形状扁平化变形等。$(R/d_0)_{min}$ 越小，弯曲变形程度越大，各种缺陷产生的可能性越大。如果将短轴变化率 $\varphi_d = (d_0 - d_{min})/d_0$ 代入相对弯曲半径计算公式中，可以得到限制弯管横截面短轴变化率的最小相对弯曲半径

$$\left(\frac{R}{d_0}\right)_{min} = \frac{(1 - \varphi_d)^2}{2\varphi_d(2 - \varphi_d)} \tag{6-69}$$

由上式可以看出，随着 $(R/d_0)_{min}$ 值增大，φ_d 逐渐减小。与弯曲平面垂直方向的弯管外半径 r_c 的变化非常复杂，如果忽略弯管壁厚变形，认为横截面面积不变且近似呈椭圆形状，根据 $2r_0 = r_c + r_d$ 的关系，长半径可近似表示为

$$r_c = r_0 \left(2 - \sqrt{\frac{\rho}{\rho + r_0}} \right) \tag{6-70}$$

受长轴变化率制约的最小相对弯曲半径为

$$\left(\frac{R}{d_0} \right)_{cmin} = \frac{(1 - \varphi_c)^2}{2\varphi_c (2 + \varphi_c)} \tag{6-71}$$

由此可得

$$\varphi_d = 1 - \sqrt{\frac{2 (R/d_0)_{max}}{1 + 2 (R/d_0)_{max}}} \tag{6-72}$$

$$\varphi_c = 1 - \sqrt{\frac{2 (R/d_0)_{max}}{2 (R/d_0)_{max} - 1}} \tag{6-73}$$

在弯管设计中，利用式（6-69）和式（6-70）可根据许用横截面长、短轴变化率来确定合理的弯曲半径。在弯管生产中，可以根据式（6-72）和式（6-73）判断已给相对弯曲半径条件下弯管可能产生的横截面扁平化变形，即判断长、短轴变化率的大小。

上述讨论集中在弯管横截面外周形状扁平化的变形分析方面，而忽略了管材弯曲过程中管壁厚度变形。实际上，真正影响弯管输送流体压力、流速及流量稳定性的更重要实质性因素，应是弯管横截面内壁的形状变化。也就是说，从工程应用角度来看，弯管横截面长、短轴变化率更应该计及管壁变薄和增厚所造成的通流截面面积变化以及湿周变化。由 $(d_{max} + d_{min}) < 2d_0$ 可知，弯管横截面畸变是一种复杂的非对称性形状变形。另外，弯管横截面的椭圆畸变随 t_0/d_0 增大而减小。在相同 R/d_0 和 t_0/d_0 的条件下，塑性较好的管材弯曲时具有横截面椭圆畸变增大的倾向。对于回转牵引弯曲成形，R/d_0 较小时，靠近夹头侧的椭圆畸变相对严重。

（3）管材弯曲的回弹变形　弯管回弹是严重阻碍管材精确弯曲、数控弯管生产顺利进行和普及推广的变形现象，也一直是管材弯曲变形理论和实验研究的难点。管材弯曲是一个连续渐进的变形过程，但变形体中可能存在应力、应变不连续现象。通常已变形区材料仍需作为传力介质参与成形，大量变形集中在弯曲水平面的内、外侧，所谓瞬时应变中性层附近处于加、卸载的弹性状态。另外，终弯侧弯、直切点附近处于弹塑性变形状态。因此，这种弹、塑性变形分布以及变形不连续性，使得卸载后的弯曲回弹分析陷入复杂化。

1）变形分析。与板材弯曲不同，由于管材具有中空、薄壁的特殊结构，特别是回转牵引弯曲时材料的变形和位移均具有相应的空间自由度，因此，很难准确建立管壁上任一点的应力应变关系。在进行管材弯曲变形解析时，通常利用 $\varepsilon_\theta = \ln(1 + d_0/2R)$ 来表示弯管外侧切向应变。但实际上，弯管外侧受拉变薄、内侧受压增厚是管材弯曲的变形主体，因此，不宜忽略弯曲过程中管侧壁厚度的变化[1]。下面给出忽略管壁厚向应力和横截面周向变形（$\sigma_r = 0$；$\varepsilon_\varphi = 0$）、利用 $\varepsilon_\theta + \varepsilon_r + \varepsilon_\varphi = 0$ 及 $\varepsilon_\theta = -\varepsilon_r$ 的平面应变条件时弯管外侧壁表面的平均切向应变

$$\varepsilon_\theta = \ln \left| \frac{1}{2} + \frac{d_0}{4R} - \frac{\delta_0}{2R} + \sqrt{\left(\frac{1}{2} + \frac{d_0}{4R} - \frac{\delta_0}{2R} \right)^2 + \frac{\delta_0}{R}} \right| \tag{6-74}$$

式中　R——管材中心轴线的弯曲半径（mm）。

上式没有考虑材料性能的影响，是根据管材弯曲的应力应变和变形几何关系所导出 ε_θ 的平均值[2]。在图 6-70 弯曲角度 $\theta = 135°$ 时弯管（理想弹塑性硬化模式）等效应力 $\bar{\varepsilon}$ 分布的有限元模拟结果中可以看到，弯曲平面内最外侧 $\bar{\varepsilon}$ 值较大，$\bar{\varepsilon}_{max}$ 产生在起弯侧附近。切向应变 ε_θ 和壁厚应

变 ε_r 的数值模拟与试验测试结果大体一致，即起弯侧 ε_θ 及 ε_r 的绝对值均略大于终弯侧[3]。起弯侧管壁受模具夹紧首先产生弯曲变形，之后一直作为传力体承受切向拉力的传递作用[4]。因此，在后续管材弯曲过程中，这部分材料仍然处于微量的硬化变形状态，$\bar{\varepsilon}$ 逐渐增大。起弯侧和终弯侧 $\bar{\varepsilon}$ 的分布状态不同，起弯点以外的直管部有明显的 $\bar{\varepsilon}$ 分布，而终弯点以外的直管部 $\bar{\varepsilon}$ 迅速减为零。

2）弹性变形导致的弯曲回弹。为了简化分析，假设管材弯曲处于图 6-71 所示的理想弹塑性硬化变形状态。成形至弯曲内角 θ 时，弯管外侧材料经历了由弹性到塑性的变形过程。如果将终弯点附近管材所受的递减应力 σ 与应变 ε 的关系近似地看作图中的 OA 段直线，则有限元模拟结果与预测相同，即越靠近直管段 σ 越小。因此，终弯点附近的部分材料处于尚未进入屈服的弹性变形状态，弯曲结束时，这部分弹性弯曲变形将率先释放、恢复，即产生回弹。在试验过程中，弹性弯曲回弹表现得非常明显，几乎与夹持端径向卸载同时发生。

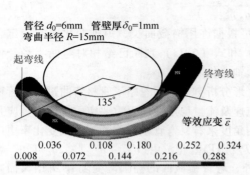

管径 d_0=6mm　管壁厚 δ_0=1mm
弯曲半径 R=15mm

起弯线　　终弯线

135°

等效应变 $\bar{\varepsilon}$

0.036　0.108　0.180　0.252　0.324
0.008　0.072　0.144　0.216　0.288

图 6-70　弯管等效应变分布的有限元模拟结果

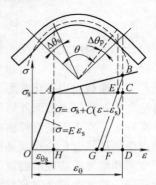

图 6-71　弯曲变形对应的材料理想弹塑性模型

近似认为 OH/OD = $\Delta\theta_e/\theta$，则 OH 对应于终弯点附近的弹性变形 $\varepsilon_{\theta s}$，即弯曲结束后的弹性回复量 $\Delta\theta_e$；而 OD 对应于包括弹性变形和塑性变形在内的弯管整体变形量 ε_θ，即总弯曲角 θ。于是有

$$\frac{\Delta\theta_e}{\theta} = \frac{\sigma_s/E}{\varepsilon_\theta} \tag{6-75}$$

式中　E——管材的弹性模量（MPa）。

如果不考虑弯曲过程中外侧管壁减薄变形，由弹性变形导致的弯曲回弹角

$$\Delta\theta_e = \frac{\sigma_s}{E} \cdot \frac{\theta}{\varepsilon_\theta} = \frac{\sigma_s}{E} \cdot \frac{\theta}{\ln\left[1 + d_0/2R\right]} \tag{6-76}$$

由大量试验结果可知，在对拉弯、回转牵引弯曲等以拉伸为主的弯曲成形进行应力应变分析时，不宜忽视弯管外侧壁厚变形。因此，将考虑到弯管外侧壁变薄时 ε_θ 的近似计算代入上式，可以得到进一步精确的弹性弯曲回弹量

$$\Delta\theta_e = \frac{\sigma_s}{E} \cdot \frac{\theta}{\ln\left[\dfrac{1}{2} + \dfrac{d_0}{4R} - \dfrac{\delta_0}{2R} + \sqrt{\left(\dfrac{1}{2} + \dfrac{d_0}{4R} - \dfrac{\delta_0}{2R}\right)^2 + \dfrac{\delta_0}{R}}\right]} \tag{6-77}$$

3）塑性变形导致的弯曲回弹。假设管材弯曲处于线性强化弹塑性状态，起弯侧大部分管段材料发生应变强化，卸载后，经过塑性弯曲的管材同样会产生一定量的弹性回复[5]。并且与前述弹性弯曲回弹不同，回弹通常在弯曲卸载之后的某一段时间内发生。按照应变强化塑性体的卸载规律，假设卸载后的回弹量为图 6-71 中的 GF 直线段，且 GF = EC。由于 $\triangle OAH \backsim \triangle EBC$，则有

$\overline{EC}/\overline{OH} = \overline{BC}/\overline{AH}$，即 $\overline{EC} = \overline{BC} \cdot \overline{OH}/\overline{AH}$。其中，$\overline{EC}$ 对应于塑性变形区弯管卸载后的弹性回复 $\Delta\theta_\mathrm{p}$；$\overline{BC}$ 对应于 $\sigma - \sigma_\mathrm{s} = C(\varepsilon_\theta - \varepsilon_{\theta\mathrm{s}})$；$\overline{OH}$ 对应于 $\varepsilon_{\theta\mathrm{s}}$，即弹性变形区弯管卸载后的弹性回复 $\Delta\theta_\mathrm{e}$；$\overline{AH}$ 对应于 σ_s。因此，产生塑性弯曲部分的弹性回复

$$\Delta\theta_\mathrm{p} = \frac{C}{E}\left\{\ln\left[\frac{1}{2} + \frac{d_0}{4R} + \frac{\delta_0}{2R} + \sqrt{\left(\frac{1}{2} + \frac{d_0}{4R} - \frac{\delta_0}{2R}\right)^2 + \frac{\delta_0}{R}}\right] - \frac{\sigma_\mathrm{s}}{E}\right\} \tag{6-78}$$

式中 C——管材的塑性模量（MPa）。

由上式可以看出，理想弹塑性硬化材料产生塑性弯曲变形后的回弹量 $\Delta\theta_\mathrm{p}$，主要取决于 C、E、σ_s 以及 ε_θ（包括管材参数 d_0、δ_0、R）。按照卸载规律，ε_θ 相同的情况下，C 值越大，$\Delta\theta_\mathrm{p}$ 也越大。但应注意到 σ 相同时，C 越大，产生的 ε_θ 越小这一事实。也就是说，C 值对 $\Delta\theta_\mathrm{p}$ 的影响受其他变形条件制约，比较复杂。E 值大小对 $\Delta\theta_\mathrm{p}$ 的影响也是非单调的，但如果将式（6-77）简化并整理成下列形式

$$E = \frac{C\varepsilon_\theta}{2\Delta\theta_\mathrm{p}} + \sqrt{\left(\frac{C\varepsilon_\theta}{2\Delta\theta_\mathrm{p}}\right)^2 - \frac{C\sigma_\mathrm{s}}{\Delta\theta_\mathrm{p}}} \tag{6-79}$$

这个判别式成立的前提是 $(C\varepsilon_\theta/2\Delta\theta_\mathrm{p})^2 \geqslant C\sigma_\mathrm{s}/\Delta\theta_\mathrm{p}$，由 $C\varepsilon_\theta/2\Delta\theta_\mathrm{p}$ 与 E 的关系可知，$\Delta\theta_\mathrm{p}$ 随 E 增大而减小。在同样弯曲变形量的情况下，σ_s 越大，$\Delta\theta_\mathrm{p}$ 越小，这一点与弹性弯曲回弹 $\Delta\theta_\mathrm{e}$ 不同，因为 σ_s 越大，$\Delta\theta_\mathrm{e}$ 越大。纵切向应变 ε_θ 对 $\Delta\theta_\mathrm{p}$ 的影响与 C 值有关，与非硬化理想弹塑性变形时 $\Delta\theta_\mathrm{e}$ 随 ε_θ 增大而减小的现象相比，较为复杂[6]。

将式（6-75）和式（6-76）合并，即得到由弹性变形和塑性变形共同引起的总回弹

$$\Delta\theta = \frac{C}{E} \cdot \ln\left[\frac{1}{2} + \frac{d_0}{4R} - \frac{\delta_0}{2R} + \sqrt{\left(\frac{1}{2} + \frac{d_0}{4R} - \frac{\delta_0}{2R}\right)^2 + \frac{\delta_0}{R}}\right] +$$

$$\frac{\sigma_\mathrm{s}}{E} \cdot \frac{\theta}{\ln\left[\frac{1}{2} + \frac{d_0}{4R} - \frac{\delta_0}{2R} + \sqrt{\left(\frac{1}{2} + \frac{d_0}{4R} - \frac{\delta_0}{2R}\right)^2 + \frac{\delta_0}{R}}\right]}\left(1 - \frac{C}{E}\right) \tag{6-80}$$

由于管材的中空结构导致弯曲卸载后产生的回弹变形与板材不同，在变形机理还没有充分掌握的情况下，很难对弯曲回弹开展精确的理论解析。

管材弯曲加载时，管壁材料产生了弹、塑性变形，卸载后，起因于材料弹性的那部分变形必然要回复，产生的回弹使得弯曲中心角 θ 增大、弯曲角减小、弯曲半径 R 增大。塑性弯曲在加载中满足塑性应力应变关系，而在卸载回弹时遵循弹性规律。一般认为减小相对壁厚 t_0/d_0，可以降低弯管变形加工度，但会增大弹性变形在总变形量中所占的比例，因此，R' 值随 t_0/d_0 减小而增大。另外，影响 R' 值变化的主要参数是管材的塑性模数 C 和弹性模数 E，C 越大，管材对弯曲塑性变形的抵抗能力越强，R' 增大；E 越大，材料对弹性变形的抵抗能力增强，弹性变形所占比例减小，R' 减小。与部分试验结果相同，回弹半径 R' 随 n 值增大而减小，一般，E 相同而 n 值较大的材料，卸载后的回弹变形相对增大，但这种情况通常发生在 $\varepsilon > 1$ 以后。

增大弯曲内角 θ，回弹积累随弯曲变形区扩大而增加，回弹角 $\Delta\theta$ 增大。R/d_0 越大，弯曲变形程度减轻，$\Delta\theta$ 减小。壁厚半径比 t_0/R 越大，弯曲加工度增加，但由于塑性变形区扩大使弹性变形成分相对减少，因此 $\Delta\theta$ 随 t_0/R 增大而减小。C 值越大，E 值越小，$\Delta\theta$ 越大。对于常用金属管材，$0 \leqslant n \leqslant 1$，通常认为 $\Delta\theta$ 随 n 值增大而增大。

三、管材弯曲的工艺性及其改善

目前，管材弯曲加工工艺还相对落后，可以说是塑性成形领域中比较薄弱的环节。特别是对

于单件小批量生产，通常需要按照样件进行试弯或对比弯曲。技术不健全和工艺欠缺的现状，严重影响了管材精确弯曲和数控弯曲的推广和普及，亟待改善。

实际上，管材弯曲加工中诸多成形缺陷不仅仅是弯曲技术和工艺落后所造成的，与管材制造本身也有一定关系，比如，管材出厂时的热处理质量、壁厚及圆度公差等，都构成弯管成形缺陷的产生以及实验研究重复性误差增大的原因。因此，推进管材弯曲加工技术提高的同时，还期待管材制造的质量和性能有所改善。

1. 弯曲工艺性的改善

弯曲时管材各部分的变形状态因弯曲方法和加载方式不同而有所不同，但弯曲凸面管壁受拉、凹面管壁受压的现象大致是一致的。因此，需要根据材料的成形性能，采取相应的工艺措施控制易产生缺陷部位的应力状态，其中包括合理变更弯模构件的形状尺寸、表面性状以及填充的尺寸、位置等。

在充液弯曲中，增大内压力可减轻弯管横截面扁平化变形，但内压力过高可能导致弯管扩颈。根据实验和有限元模拟结果，适当加大内压的同时施加轴向力进行弯曲，既可减轻弯管横截面扁平化变形，又可以减小管壁增厚变薄差，但使平均壁厚减小。

低熔点合金填充弯曲是一种约束弯管内表面位移变形的加工方法，用以克服芯棒刚度过高导致的弯矩过大等缺陷。这种加工方法与管材壁厚无关，几乎可以完全消除横截面扁平化现象，但不能解决弯管壁厚非均匀变形问题。另外，为防止弯管横截面扁平化变形，可以对弯曲模具进行适当改造，比如采用过半圆凹模进行回转压缩弯曲、平行平板回转压缩弯曲等。这些方法可以在某种程度上约束弯管横截面长轴变化率，但对于弯曲变形量较大的横截面短轴率变化却无法有效控制。

2. 特殊弯曲工艺方法

常规弯曲方法很难消除管材弯曲中产生的各类缺陷，因此，针对具体的弯曲缺陷开发出许多新型的弯曲方法，其中包括热应力弯曲、无模弯曲以及凹模挤压弯曲等。

所谓热应力弯曲是利用各种热能来控制变形区应力场的弯曲方法，因加热方式不同可分为氧－乙炔火焰加热弯曲、整体加热弯曲以及激光加热弯曲等。乙炔火焰加热弯曲是一种最常用的热应力弯曲方法，利用乙炔火焰给待弯曲管材局部加热，降低材料的变形抗力，进而减轻或消除拉裂、管型塌陷等弯曲缺陷，但弯管内应力和表面性状是这种弯曲方法难以克服的缺点。整体加热弯曲是将整管在加热炉内加热到一定温度后水平浸入水中，利用金属热胀冷缩的原理控制加热温度使管材产生一定程度的弯曲。这种方法弯曲的管材变形相对均匀，但弯曲精度较差，弯管横截面扁平化变形与普通弯曲方法相反，即横截面长轴产生在弯曲半径方向。提高管坯的初始温度，增加整体加热、浸水冷却的次数，可获得较大的弯曲变形量。

激光弯曲是利用激光反复照射待弯曲管坯的局部部位，使其内部形成非均匀热应力场，从而产生弯曲变形。激光弯曲、扫描加热无模弯曲属于非接触成形，不受外力作用，几乎不产生回弹，但需根据弯曲角度和形状不同进行反复照射，弯曲温度场的设置较为复杂，是这种弯曲方法的一项关键性技术。加热弯曲过程中，弯曲精度不易控制，另外，由于加工成本较高，目前仅适用于异型管的复杂形状弯曲。

对于大直径厚壁高合金钢管材的弯曲加工，常规弯管机很难胜任。因此，可采用中频感应加热弯管工艺。弯曲时，利用后夹头推动管坯经滚轮导向并通过瞬间产生 $800 \sim 900 ℃$ 高温的感应加热器，前端在固定于弯曲中心的摇臂牵引下实现弯曲成形，随即喷水冷却。在中频感应加热弯曲中，正确控制感应加热带的宽度，可有效防止弯管内侧失稳起皱。中频感应加热弯曲属于无模弯曲，工艺适应性较强。

　　所谓无模弯曲，是指一种没有固定弯模的管材特殊弯曲方法。弯曲时，弯曲部位处于空间非接触状态，外力不直接作用在管料变形区，而变形由管料两端所加外力控制。无模弯曲时，弯曲变形区内各点的曲率瞬时变化，运动夹头的几何关系成为弯曲精度的重要影响因素，而材料性能的影响相对减弱。目前的无模弯曲方法都存在弯曲精度的控制问题，但对于建筑造型或公共设施用弯管来说，主要取其外形美观，而弯曲精度要求不是很高，因此具有广泛的应用前景。

3. 管材弯曲变形的测量及预测

　　管材弯曲精度的测量，包括弯曲成形角度、壁厚及内横截面形状变化的测量，它不仅是弯管生产现场的精度检查的重要环节，同时也是管材弯曲试验研究的重要保证。没有准确的测量，就没有正确的计算推论依据，更谈不上精度的预测。因此，弯管测量已经成为管材弯曲领域的一项关键性技术。

　　目前用于管材弯曲精度测量的主要是三坐标测量仪，但并非弯管精度、管型测量的专用仪器。国外进口数控弯管机通常配有弯管测量装置，但价格很高，而且实际应用率非常低。国内开发的接触式弯管测量机，需要对弯管进行接触式多点测量，利用光电角位移编码器经转换后输出弯管的几何参数，使用不便，重复精度低。而非接触式弯管测量机提高了测试效率，但不具备测试弯管的伸长、起弯点位置等重要功能。管材弯曲后的检测仪器、检测方法及检测精度等，对管材精确弯曲、数控弯管以及弯曲变形机理的实验研究有很大影响，亟待开发解决。

　　关于管材弯曲成形缺陷的预测，是一个非常复杂的问题。通常的预测是指通过理论、实验及经验的统合，针对尚未进行弯曲加工而可能出现的成形缺陷给出预算结果，以便在加工中给予必要的补偿和修正。但是，由于目前对管材弯曲变形机理以及各种成形缺陷形成机制的理解还不够深入，因此，很难提出准确的预测，这给管材的数控弯曲加工精度带来了很大困难。现行弯管的数控加工基本是利用弯管测量机测试一个已经正确成形的试件或样件，或将弯管图样的形状尺寸进行转化，获取管件的弯曲参数，在计算机内建立样件的尺寸模型。在数控弯管机上进行弯管成形，将测量机测得的实际形状参数与计算机内的样件进行比较后，提供给数控弯管机一个运动补偿依据。这种加工方法显然有碍于管材数控弯曲加工的快速普及，因此，推动管材弯曲向精确成形和数控加工方向发展，最重要的是真正认识、理解和掌握管材弯曲的变形实质及其影响因素。

四、管材弯曲技术的发展趋势

　　随着弯管构件在各行各业中的应用日益广泛，管材的弯曲精度、质量越发受到重视。目前，这项塑性成形技术正在朝向精确弯曲和数字化制造方向发展。

　　所谓管材精确弯曲成形，不外乎是要求保证弯曲精度、弯曲质量并提高成形效率。而实现这三个目标的前提，除去需要良好的弯曲设备和测量手段之外，更重要的则是掌握管材弯曲变形特点、成形缺陷的产生原因及其防治措施。管材的精确弯曲成形应建立在弯曲变形理论与生产实践密切结合的基础上，不仅需要在理论上研究管材的弯曲变形实质，而且需要针对实际弯管生产中的成形缺陷进行分析、解决和预测，从而使管材精确弯曲作为精密塑性成形的一个组成部分发挥重要作用。

　　近年来，国内也在逐步开展弯管数字化设计制造技术研究，在航空航天、汽车及船舶等领域，设计部门已经开始尝试在三维计算机环境下设计管路系统并取得一定成效。国内弯管数字化制造技术起步较晚，引进的数控弯管机应用情况普遍不理想，没有像预期的那样取代手工或半自动弯管。由于缺乏全面的弯管工艺系统支持，工艺参数的确定主要靠传统经验，导致工艺文件指导性不强、预见性差、可继承性差，因此，需要通过大量试验来修正工艺文件。在数控弯管机编程方面，还没有一种像数控车、铣加工那样的通用编程系统，除了编程时要占用大量的机床作动时间外，还存在编程手段有限、适应性较差、编程效率低、通用性差等问题。

现在还没有通用的管材弯曲成形仿真系统，只有极少数弯管机控制系统自带的简易仿真系统，大多数企业只能在弯管机上进行实物仿真，要浪费许多管材、占用大量的机床工作时间，最终结果也不便于保存和共享。另外，数控弯管的顺利进行需要大量模胎的支持，国内企业由于经费限制，不可能引进大量的弯管模胎，生产过程中缺少的模胎需要临时设计。由于模胎设计缺乏成熟的工艺参数和相应的行业规范支持，造成设计周期长、反复多，不能满足数控弯管生产要求，造成浪费。上述四个问题是阻碍国内数字化弯管制造技术推广普及、提高数控弯管机利用率的主要原因。

思　考　题

1. 什么是板材弯曲成形中的应力中性层和应变中性层？简述应变中性层的变化过程。
2. 什么是最小相对弯曲半径？它与哪些变形条件有关？
3. 板材弯曲中经常产生哪些成形缺陷？简述其产生的主要原因。
4. 试分析板材弯曲回弹的产生原因及其主要影响因素。
5. 克服或减小弯曲回弹有哪些主要工艺措施及模具结构措施？
6. 管材弯曲有哪些主要工艺方法？其各有什么特点？
7. 试分析金属管材弯曲与板材弯曲的主要区别。
8. 管材弯曲成形有哪些失效形式？生产中采用哪些主要指标检验管材弯曲成形质量？
9. 生产中经常采用哪些减小或消除管材弯曲成形缺陷的工艺措施？

第七章　拉深工艺及模具设计

学习重点

在认识法兰变形流动规律的基础之上，掌握板料拉深的变形实质、应力应变分布状态、成形极限、容易形成破裂和起皱的位置及其产生原因和影响因素；要求熟练掌握简单制件的拉深系数、多道次拉深次数、拉深力、拉深功和压料力的计算方法、能够合理确定拉深工艺；了解拉深凸、凹模肩圆角半径大小对包括拉裂和起皱等的成形极限的影响，要求独立完成轴对称拉深模具的结构设计，正确计算并标注尺寸、公差及配合条件；了解非回转对称制件的拉深变形过程，基本掌握各种变形条件对其成形极限的影响，学会分析各种成形缺陷的产生原因并提出相应的工艺补偿。

拉深是利用模具将板料毛坯成形为开口空心零件的冲压加工方法。圆筒形件拉深如图 7-1 所示。拉深时，凸模下表面接触到板坯后随其下行将板坯压入凹模口内，凹模表面上的板坯在半径方向受到拉伸变形的同时，沿圆周切线方向产生收缩变形，随凸模进入凹模口后形成侧壁。侧壁可以是圆筒形、锥形、抛物面形、盒形或其他不规则形状。拉深与其他冲压工艺结合，可加工各种复杂零件。因此，在汽车、航空、机电和日常用品的生产中被广泛应用。

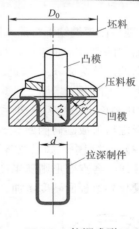

图 7-1　拉深成形

第一节　拉深过程的力学分析

一、拉深变形过程

由拉深所成形的制件形状是多种多样的，为便于理解它的成形机理，可以圆形板坯拉深成圆筒形件为例，来分析拉深的变形过程。

假想在圆形板坯表面画出网格如图7-2所示，从外缘开始将小三角形 b_1、b_2、b_3…切除，只留下矩形小窄条 a_1、a_2、a_3…。沿直径为 d 的圆周线将矩形小窄条折起，就可以形成一个直径为 d 的圆筒形制件。但实际拉深时，材料的连续性不允许这部分"多余"的小三角形消失。又由于凹模口轮廓线尺寸的限制，小三角中的一部分材料必须沿圆周方向挤入两侧矩形小窄条区，另一部分沿半径方向向外延展，压料面上板料厚度增加，拉深结束后，制件侧壁厚度增加了 Δt，高度 $h > (D - d)/2$，即制件高度比板坯原始径向长度增加了 Δh。

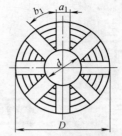

图7-2　板坯与拉深制件的材料分配关系

为了分析拉深过程中板料的流动情况，再假想在板坯表面画出许多径向间距为 l 的同心圆和等分度半径线，如图7-3所示。拉深结束后，圆筒底部的网格基本上保持原来的形状，只是筒底和侧壁交接处径向略有伸长，即 $l' > l$，但筒壁部分的网格发生了很大变化，原来坯料上的同心圆变成了筒壁的水平圆周线，原始同心圆径向间距 l 增大，越靠近筒口部增大越多，即 $l_1 > l_2 > l_3 > \cdots > l_n$。另外，原来筒底以外的等分度半径线变成了与筒轴平行的垂直线，如果忽略板料各向异性的影响，在筒壁上间距完全相等，即 $s_1 = s_2 = s_3 = \cdots = s_n$。

观察板坯上网格的变化情况发现，原始的扇形网格拉深后变成了矩形，如果忽略板厚的微小变化，可以近似认为拉深前后网格保持了初始面积。利用这些原始小扇形拉深后变成等面积小矩形的现象，可以近似地描述拉深变形的过程如下：

1）在凸模接触板坯的拉深初始时刻，由于压料压力、压料板和凹模工作表面摩擦的作用，变形首先发生在凸、凹模之间的间隙处。凸模圆角附近板坯受到带有冲击性的径向拉变形，板坯表面形成所谓冲击线。凸模下行，凹模肩圆角处板料在径向拉伸的同时，产生了一定量的周向压缩变形。

2）随着凸模继续下行深入凹模，压料面上法兰材料克服垂直于板面的压料力和滑动摩擦阻力，开始向凹模口方向移动，每个小扇形单元体之间相互作用，产生径向的拉伸应力 σ_r 及圆周切线方向的压缩应力 σ_θ。靠近凹模口附近，径向拉变形增大，而板坯外缘的周向压变形大于径向拉变形，板厚开始增厚。

3）压料面上法兰板料塑性变形的同时，逐渐被拉至凹模口，并在凹模口肩圆角处弯曲、反弯曲变形之后形成圆筒侧壁。

4）拉深过程中，如果忽略板料各向异性的影响，法兰同一半径的圆周线上各点变形相同，但沿半径线上各点变形则随半径大小而异。如图7-4所示，形成圆筒后的筒口部分板厚增厚，并因变形硬化导致板面硬度增加。

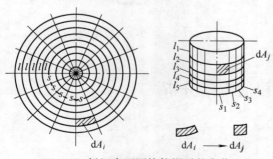

图7-3　板坯表面网格拉深后的变化

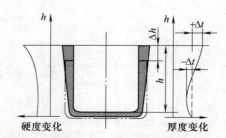

图7-4　沿直壁高度方向硬度和厚度的变化

二、拉深变形过程中板材的应力应变状态

拉深成形过程中，处于不同位置板坯的应力应变状态明显不同。如图 7-5 所示，根据应力应变的分布情况，大致可分为五个不同的变形区。

1. 凸缘部分

凸缘或称法兰，是拉深的主变形区，板面内变形路径如图 7-6 中点（线）a 所示。板料随凸模下行被拉向凹模口，法兰材料受径向拉应力 σ_r 作用产生径向拉伸变形 ε_r。由于凹模口流入半径相对小，材料必须在圆周方向上缩小线长度，因而在周向压应力 σ_θ 作用下产生周向压缩变形 ε_θ。法兰流动变形时，较大区域中周向压缩始终占优势，由于 $|\varepsilon_\theta| > |\varepsilon_r|$，而有 $\varepsilon_t > 0$，即板厚增厚。这种趋势在法兰外缘处最为明显，随着靠近凹模口附近逐渐减弱。

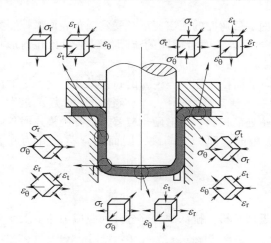

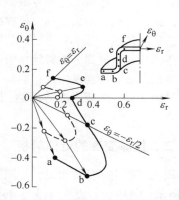

图 7-5　拉深过程中各特征区的应力应变分布状态　　　　图 7-6　拉深应变路径简图

分析法兰板厚变形时，可分为压料和不压料两种情况。不压料拉深时，法兰板厚方向应力 $\sigma_t = 0$，流向凹模口时厚度方向产生自由变形 ε_t，外缘部周向压缩使得 ε_t 最大，板料增厚严重；压料拉深时，板厚方向作用有压应力 σ_t，压料面上法兰流动摩擦阻力 μF 使径向拉应力 σ_r 增大。法兰外缘在板厚方向的变形受到一定抑制，需要转移的材料多，仍产生最大板厚应变 ε_{tmax}。

2. 凹模肩圆角部

凹模入口点（线），即凹模肩圆角与压料平面切点（线）b，应力应变分布与压料面上法兰基本一致。但进入凹模肩圆角时板面内两向应变的比例发生了变化，即径向拉应变 ε_r 增大，而周向压应变的绝对值 $|\varepsilon_\theta|$ 略具减小的趋势。

板坯通过凹模口肩圆角时，在径向拉应力 σ_r、周向压应力 σ_θ 和复杂摩擦力作用下，经历了弯曲、反弯曲（拉直）变形，并导致板厚方向上产生压应力 σ_t，由于 $\varepsilon_r > |\varepsilon_\theta|$ 而持续有 $\varepsilon_t < 0$ 的较小板厚减薄变形。

凹模出口点（线），即形成的侧壁脱（离凹）模点（线）c 处，σ_r 基本转变为拉深轴线方向，板料即将脱离肩圆角摩擦的影响而进入无拘束的自由状态。通常认为变形接近于沿拉深方向的单向拉伸。因此，当忽略各向异性影响的情况下，$\varepsilon_\theta \approx \varepsilon_t$，该点在应变路径简图上处于 $\varepsilon_\theta = -\varepsilon_r/2$ 线上。

3. 侧壁部分

侧壁板料的一端是凹模脱模点 c，另一端是凸模脱模点 e，属于立体应变的拉－压变形向双

拉变形转变的过渡区。如果变形连续，必然有一点（圆周线）处于拉－压平面变形状态，如图中 d 点。侧壁材料主要传递由法兰流动变形抵抗引起的凸模力，近似处于 $\varepsilon_t = \varepsilon_\theta = -\varepsilon_r/2$ 的单轴拉伸状态，板厚继续减薄，$\varepsilon_t < 0$。如果忽略凸、凹模间隙的影响，认为垂直立壁上周向应变 $\varepsilon_\theta \approx 0$，则处于 $\varepsilon_t = -\varepsilon_r$ 的平面应变状态。但实际上，对于非变薄拉深，由于凸、凹模间隙的存在，凸模侧筒壁直径比凹模侧略有减小，将产生很小的周向压缩变形 $\varepsilon_\theta < 0$。

4. 凸模肩圆角部

包在凸模肩圆角上的板料变形特征，通常可分为脱模线和肩圆角与底部平面相切线，如图 7-6 中的 e 点（线）和 f 点（线），其间处于双拉变形区。为缓和法兰进料阻力，凸模底部材料被迫流向凸模肩圆角，如果不计板料各向异性的影响，f 点（线）近似处于两向等拉（胀形）应力应变状态，即 $\sigma_r \approx \sigma_\theta$，$\varepsilon_r = \varepsilon_\theta$。由于 $\varepsilon_t = -(\varepsilon_r + \varepsilon_\theta) < 0$，板厚减薄（减薄率 1% ~ 3%），这种流出变形因凸模底部摩擦阻力增大而减小。

凸模肩圆角上板料被拉压在圆角上产生弯曲、反弯曲的流出变形，受到圆角表面摩擦阻力的影响，由于法兰进料阻力是导致流出变形的主要原因，而沿周向的流动仅仅是圆角几何形状所致，因此径向拉伸增大，周向拉伸减小，$\varepsilon_r > \varepsilon_\theta$。

凸模脱模点（线）e 处于双向等拉 $\varepsilon_r = \varepsilon_\theta$ 向平面拉－压 $\varepsilon_r = -\varepsilon_t$ 的过渡状态，$\varepsilon_r > \varepsilon_\theta$ 的应变趋势逐渐增强。这部分板料承担着侧壁伸长和法兰流动变形抵抗，因而径向拉应力 σ_r 最大，板厚变薄最严重。特别是拉深初期位于凸模肩圆角处的板料，变形硬化较弱，离开脱模点时伴随有板面增加变形，当板厚过薄而达到材料强度极限时，即产生断裂，因而通常称此处为断裂危险区。

三、拉深变形的近似解析

现从工程应用角度出发，对圆筒拉深进行近似解析。拉深中各部分几何及应力应变关系如图 7-7 所示，其中应力应变符号同前述说明。

1. 不压料拉深时平面应变条件下的近似解析

为了简化分析，因拉深过程中板厚变化较小而近似认为不变，即将法兰视为平面应变状态，且不考虑压料力的影响，可作如下近似解析。

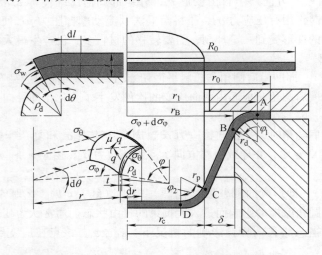

图 7-7 筒形件拉深中各部分几何及应力应变关系

首先，写出半径方向的受力平衡方程

$$\frac{d\sigma_r}{dr} + \frac{\sigma_r - \sigma_\theta}{r} = 0 \tag{7-1}$$

在法兰部 $\sigma_r \geqslant 0 > \sigma_\theta$，密席斯准则可简化成 $\sigma_r - \sigma_\theta = \beta\sigma_s$ 的形式（β 值的变化范围为 1 ~ 1.155），代入式（7-1）并进行积分可得 $\sigma_r = C_1 - \beta\sigma_s \ln r$。法兰外缘 $r = r_0$ 处 $\sigma_r = 0$，因此

$$\sigma_r = \beta\sigma_s \ln \frac{r_0}{r} , \ \sigma_\theta = -\beta\sigma_s \left(1 - \ln \frac{r_0}{r}\right) \tag{7-2}$$

在法兰内缘，即上述凹模入口 $r = r_c + \delta + r_d$ 处，利用凹模口肩圆角 A 点处子午线应力 σ_φ 与法兰内缘径向应力 σ_{r1} 相等的条件可得

$$\sigma_\varphi = \sigma_{r1} = \beta\sigma_s \ln \frac{r_0}{r_c + \delta + r_r} , \ \sigma_{\theta1} = -\beta\sigma_s \left(1 - \ln \frac{r_0}{r_c + \delta + r_d}\right) \tag{7-3}$$

同样，在凹模肩圆角上，将 $\sigma_\varphi - \sigma_\theta = \beta\sigma_s$ 的关系代入力的平衡方程式（7-1）中，解得 $C_2 = \beta\sigma_s \left(\ln r + \ln \frac{r_0}{r_c + \delta + r_d}\right) = \beta\sigma_s \ln r_0$ ，于是

$$\sigma_\varphi = \beta\sigma_s \ln \frac{r_0}{r} , \ \sigma_\theta = -\beta\sigma_s \left(1 - \ln \frac{r_0}{r}\right) \tag{7-4}$$

凹模肩圆角上点 B 处 $r = r_B = r_c + \delta + r_d - (r_d + t/2)\sin\varphi$，即脱模点的子午线应力和周向应力分别为

$$\sigma_{\varphi B} = \beta\sigma_s \ln \frac{r_0}{r_c + \delta + r_d - (r_d + t/2)\sin\varphi_1}$$

$$\sigma_{\theta B} = -\beta\sigma_s \left(1 - \ln \frac{r_0}{r_c + \delta + r_d - (r_d + t/2)\sin\varphi_1}\right) \tag{7-5}$$

板坯被拉至凹模肩圆角时开始弯曲变形，之后又被拉直。因此，拉深应力中应该附加一个弯曲、反弯曲应力。忽略摩擦影响，这部分应力可以近似取为 $2\sigma_w = \beta\sigma_s t/(2\rho_d)$。进而，B 点（$r = r_B$）的子午线应力和周向应力

$$\sigma_{\varphi B} = \beta\sigma_s \left\{\ln \left[\frac{r_0}{r_c + \delta + r_d - (r_d + t/2)\sin\varphi_1}\right] + \frac{t}{2(r_d + t/2)}\right\}$$

$$\sigma_{\theta B} = -\beta\sigma_s \left\{1 - \ln \left[\frac{r_0}{r_c + \delta + r_d - (r_d + t/2)\sin\varphi_1}\right] - \frac{t}{2(r_d + t/2)}\right\} \tag{7-6}$$

2. 压料拉深时平面应变条件下的简化解析

假设作用于法兰板面上的压料力 F_H 恒定不变，且法兰与压料板和凹模工作表面之间的摩擦系数为常数 μ。从生产实际出发，压料力的分布应根据板料材质、厚度及法兰变形面积等区别对待，也就是说，可分为压料力均匀作用在法兰板面和集中作用在法兰外缘两种情况。

（1）压料力均匀作用于法兰表面　压料面上板坯瞬时半径为 r_0，拉深凸模直径为 r_c 时，均匀压料力 F_H 单独作用时板料厚度方向产生的瞬时压料应力

$$\sigma_H = \frac{F_H}{\pi[r_0^2 - (r_c + \delta + r_d)^2]} \tag{7-7}$$

由于将法兰变形看作平面应力状态，因此，仅计及压料力在材料流动方向上产生作用时的径向力平衡方程

$$\frac{d\sigma_r}{dr} + \frac{\sigma_r - \sigma_\theta}{r} + \frac{2\mu F_H}{\pi[r_0^2 - (r_c + \delta + r_d)]t} = 0 \tag{7-8}$$

将屈服条件通式 $\sigma_r - \sigma_\theta = \beta\sigma_s$ 代入上式积分，并利用法兰外缘 $r = r_0$ 处 $\sigma_r = 0$ 的边界条件，可得

$$\sigma_r = \beta\sigma_s\ln\frac{r_0}{r} + \frac{2\mu F_H}{\pi[r_0^2 - (r_c + \delta + r_d)^2]t}(r_0 - r) \tag{7-9}$$

凹模入口点 A 处的径向应力

$$\sigma_{rA} = \beta\sigma_s\ln\frac{r_0}{r_c + \delta + r_d} + \frac{2\mu F_H}{\pi[r_0 + r_c + \delta + r_d]t} \tag{7-10}$$

凹模口内板料脱模点 B 处的径向应力

$$\sigma_{\varphi B} = \beta\sigma_s\ln\frac{r_0}{r_c + \delta + r_d - (t/2 + r_d)\sin\varphi_1} + \frac{2\mu F_H}{\pi[r_0 + r_c + \delta + (t/2 + r_d)\sin\varphi_1]t} \tag{7-11}$$

进入凹模口后，上述径向应力 σ_r 可改写为 σ_φ。同理，可以求出上述两点的周向应力（从略）。

（2）压料力集中作用在法兰外缘　实际拉深时，法兰外缘板厚增厚最严重，压料力集中作用在外缘板厚最厚的地方。此时，由法兰外缘附近径向应力 σ_{r0} 产生的径向拉力与摩擦力 $2\mu F_H$ 的作用平衡，即 $2\pi r_0 t\sigma_{r0} = 2\mu F_N$。将 $r = r_0$ 附近，$\sigma_r = \sigma_{r0} \approx \mu F_H/(\pi r_0 t)$ 的边界条件代入式（7-1）的积分结果，可以得到

$$\sigma_r = \beta\sigma_s\ln\left(\frac{r_0}{r}\right) + \frac{\mu F_H}{\pi r_0 t} \tag{7-12}$$

如果计及板坯通过凹模肩圆角时产生的弯曲、反弯曲变形，并认为其变形能与变形功相等，由此产生的附加应力

$$\Delta\sigma_r = \beta\sigma_s\left(\frac{t}{2}\right)^2 / [t(t/2 + r_d)\sin\varphi] = \beta\sigma_s\frac{t}{4(t/2 + r_d)\sin\varphi_1} \tag{7-13}$$

如果再计入凹模肩圆角处弯曲、反弯曲拉入时因摩擦而增加的应力倍率 $e^{\mu\varphi}$，拉深总应力可以表示为

$$\sigma_{\varphi B} = \left[\beta\sigma_s\ln\left(\frac{r_0}{r}\right) + \frac{\mu F_H}{\pi r_0 t}\right]e^{\mu\varphi_1} + \beta\sigma_s\frac{t}{4(t/2 + r_d)\sin\varphi_1}(1 + e^{\mu\varphi_1})$$

$$= \left\{\beta\sigma_s\ln\left[\frac{r_0}{r_c + \delta + r_d - (t/2 + r_d)\sin\varphi_1}\right] + \frac{\mu F_H}{\pi r_0 t}\right\}e^{\mu\varphi_1} + \beta\sigma_s\frac{t}{4(t/2 + r_d)\sin\varphi_1}(1 + e^{\mu\varphi_1})$$

$$\tag{7-14}$$

上述推导过程中，没有考虑金属板料加工硬化和各向异性等所产生的影响，可作为分析参考。

第二节　拉深成形极限及拉深系数

一、拉深成形极限

拉深成功与否，主要由断裂、起皱及各种形状不良所决定，同时受材料性能、制件形状、压料条件及摩擦润滑等变形条件的影响。一般，当拉深制件产生断裂或形成的皱曲已经影响到使用性能或外表美观性时，即认为达到了成形极限。

1. 拉深破裂及防止措施

（1）拉深破裂现象　拉深的成形极限是由法兰变形抵抗与制件壁部材料抗断裂能力的平衡

来决定的，所以，来自于各种变形条件的影响，几乎都可能以断裂的形式表现出来。板材拉深时
的破裂，根据产生原因、形式及位置不同，通常可分为拉深破
裂、胀形破裂等。如图 7-8 所示，拉深破裂通常发生在侧壁部
分，特别是凸模肩圆角与侧壁的交界附近，即所谓破裂危险区。
破裂部材料在拉深初期，没有经过凹模肩圆角处的弯曲、反弯
曲变形，在凸模肩圆角处受到纵向、周向拉伸和弯曲变形而减

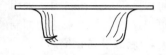

图 7-8　拉深破裂

薄，当法兰变形抗力超过该处材料强度时发生破裂。有时，圆筒形拉深的破裂也会产生在靠近法
兰的侧壁部分，即通常所说因变形量过大引起的塑性破坏。

（2）抗拉深断裂强度的估算　忽略板料的各向异性影响，凸模肩圆角附近破裂危险点处的
径向应力可近似为 $\sigma_{\varphi C} \approx \sigma_{\varphi B}$（$r_B/r_C$），用材料的抗拉强度 σ_b 代替 $\beta\sigma_s$，该危险点处的抗拉强度为

$$\sigma_{\varphi C} = \left[\sigma_b \ln \frac{r_0}{r_c + \delta + r_d - (t/2 + r_d)\sin\varphi_1} + \frac{2\mu F_H}{\pi[r_0 + r_c + \delta + (t/2 + r_d)\sin\varphi_1]t} \right] \frac{r_B}{r_C} \quad (7\text{-}15)$$

对于产生在凸模肩圆角处的拉深断裂，需要考虑板坯受力向侧壁部流入时，在肩圆角处产生
的弯曲、反弯曲变形所需弯曲应力，因为这个弯曲应力使得材料的抗拉强度有所降低。如果利用
式（7-13）的结果，凸模肩圆角处材料的实际抗断裂应力为

$$\sigma_k = \left\{ \sigma_b \left[\ln \frac{r_0}{r_c + \delta + r_d - (t/2 + r_d)\sin\varphi_1} + \frac{t}{4(t/2 + r_p)\sin\varphi_2} \right] \right.$$

$$\left. + \frac{2\mu F_H}{\pi[r_0 + r_c + \delta + (t/2 + r_d)\sin\varphi_1]\cdot t} \right\} \frac{r_B}{r_C}$$

$$\sigma_k = 2 \left(\frac{1}{\sqrt{3}} \right)^{1+n} \sigma_b \frac{t}{r_c} - \beta\sigma_s \frac{t}{4(t/2 + r_p)\sin\varphi_2} \quad (7\text{-}16)$$

式中　φ_2——凸模肩圆角处板料包角（°）。

上述计算通过对图 7-9 所示纯铜薄板圆筒形拉深
实验验证，基本正确。但当材料性能、模具尺寸及其
他变形条件等改变时，会略有出入。一般认为，破裂
的产生是由于法兰变形量过大，即拉深比 D/d 过大所
致。如图中当板坯直径超过一定尺寸之后，拉深载荷
上升梯度急剧增加，导致成形初期即产生破裂。该实
验采用自制石墨牛脂混合润滑剂进行压料面润滑，测
得摩擦系数 $\mu < 0.1$。实际上，当改为润滑性能较差的
极压拉深油润滑时，$\phi 70mm$ 的板坯即在拉深初期产生
破裂。因此，拉深比对破裂的影响固然重要，但也不
能忽视法兰流入摩擦阻力过大，使破裂危险点处拉应
力超过材料破裂极限导致拉深失败的情况。上述理论

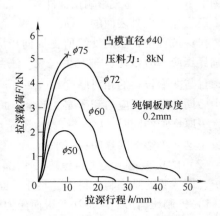

图 7-9　拉深力–行程曲线

计算没能计入其他变形条件的影响，可能会与实际生产有所偏差，因此，还有待于进一步修正。

（3）防止措施　与起皱和各种形状不稳定性相比较，破裂是直接宣告拉深失败的信号，也
是拉深中最主要的质量问题。抑制拉深破裂，通常需要从多方面影响因素来考虑。

单纯从材料的抗断裂强度来看，选用屈强比 σ_s/σ_b 较小、硬化指数 n 较大的材料，可提高材
料的抗断裂能力。另外，作为深拉深板料，还应具有较高的均匀伸长率和断面收缩率等。

另一方面，则是如何降低破裂危险处变形应力的工艺问题。对于普通轴对称拉深来说，如工

艺允许，增大凹模肩圆角半径和适当减小肩圆角表面粗糙度是防止破裂产生的有效措施。此外，还可以降低过大压料力，采用合适的润滑剂减小法兰流入摩擦阻力，改善压料面表面粗糙度等，都可以从不同角度来达到抑制破裂发生的目的。

2. 起皱及防止措施

（1）拉深起皱　不压料拉深时，法兰厚向应力 $\sigma_t \approx 0$。利用塑性变形体积不变条件 $\varepsilon_r + \varepsilon_\theta + \varepsilon_t = 0$，将式（7-4）的关系代入简单加载条件的应力应变关系 $\dfrac{\sigma_r - \sigma_\theta}{\varepsilon_r - \varepsilon_\theta} = \dfrac{\sigma_\theta - \sigma_t}{\varepsilon_\theta - \varepsilon_t}$ 中，经整理可得板厚应变

$$\varepsilon_t = -\frac{1 - 2\ln\dfrac{r_0}{r}}{2 - \ln\dfrac{r_0}{r}}\varepsilon_\theta \tag{7-17}$$

利用上式并根据 $\varepsilon_\theta < 0$ 的关系，可以近似判断法兰板厚变形的分布情况。当 $\ln(r_0/r) = 1/2$ 时，板厚应变 $\varepsilon_t = 0$。即在半径 $r = 0.607r_0$ 的圆周线上，板厚不发生变化，该圆周线上 $\varepsilon_r = -\varepsilon_\theta$，应变位于图 7-6 中平面应变等拉–压线上；当 $r > 0.607r_0$ 时，上式分子中 $2\ln(r_0/r) < 1$，ε_t 与 ε_θ 符号相反，板厚应变 $\varepsilon_t > 0$，说明板厚增厚变形，由 $\varepsilon_t < |\varepsilon_\theta|$ 可知，$\varepsilon_r > 0$，处于两拉一压变形状态；如果 $r < 0.607r_0$，则 ε_t 与 ε_θ 同号，板厚减薄 $\varepsilon_t < 0$，显然该区域处于 $\varepsilon_r > 0$ 的一拉两压变形状态。也就是说，在不压料拉深时，如果忽略板材各向异性的影响，从凹模口至 $r = 0.607r_0$ 区域内，法兰产生板厚减薄变形，而从 $r = 0.607r_0$ 开始到法兰外缘为板厚增厚区，但法兰整体的半径方向均为拉应变。

在薄板拉深成形中，板厚尺寸与板面尺寸相比显著小，上述板料增厚区材料 ε_t 值过大时，对失稳的抵抗减弱而容易产生法兰皱曲，如图 7-10 所示。起皱影响拉深件外观质量，并容易引起消去时的破裂，还会加剧工具表面的磨损。

拉深过程中，法兰外缘所受周向压应力最大，因此，当超过材料临界压应力时该处首先发生起皱。法兰起皱类似于压杆的塑性失

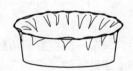

图 7-10　拉深起皱

稳，且与变形板料的相对厚度 $t/(r_f - r_c)$ 有关（r_f、r_c 分别为法兰外缘瞬时半径和凸模半径）。拉深中后期，周向压应力和压缩变形量不断增大，起皱趋势也不断增大。但由于法兰变形区不断缩小，板厚增加的同时，$t/(r_f - r_c)$ 也不断增大，使抗塑性失稳能力也不断增强。因此，起皱与否取决于这两个影响因素的相互平衡。

（2）防止措施　法兰的起皱机理比较复杂，目前只能通过各种工艺措施来防止起皱的产生。其中，最主要的是控制压料力，此外，也可对各种影响因素进行调整来达到防止起皱的目的。

1）控制压料力。增加法兰板面压力可直接阻止失稳变形，是抑制起皱的最有效措施。但可能因滑动摩擦力增大而使拉深阻力增大，结果导致侧壁破裂。实际上，破裂和起皱是影响拉深极限的两个对立因素。因此，需要寻求一个最佳压料力，在两个对立因素相互平衡的条件下提高拉深成形极限。目前，广泛提出变压料力拉深，即对法兰施加最佳压料力，以缓解两个对立矛盾的直接冲突。

在传统板拉深中，压料力的加载路径独立于板材塑性变形路径。也就是说，压料力不能适应法兰的应力应变特性，因此没能创造充分发挥成形性的变形条件。科学的压料力应能有助于法兰材料的合理流动，而目前已有的压料力计算公式，都由于计算较繁且误差很大而没能在生产中得到实际应用。工程界认为，法兰不致起皱的最低压料力即为最佳压料力。但由于双动压机副滑块

还无法实现合理的瞬时自动调节，这使得最佳压料力拉深变为一纸空谈。20 世纪 80 年代，国外开始形成变压料力控制的研究热点。1983 年，德国 E. Doege 等就发表了关于压料力控制的研究论文。1990 年，Hardt 设计制造了第一套压料力可调设备，在拉深过程中提供恒定的单位压料力。1993 年，德国斯图加特大学 K. Siegert 等人将盒形件压料板分成 8 块，开创了分块压料的首例实验。之后，又开发了利用探针传感器进行变形反馈的平面分段压料装置。1994 年，密西根大学的 K. J. Weinmann 第一次在有拉延筋模具上同时调整压料力和拉延筋高度进行了变压料力拉深实验。日本尼桑公司和美国俄亥俄州立大学合作，利用相似模拟方法进行了汽车挡泥板压料力可控拉深的实验研究。基于变压料力加载模型实验和理论研究的困难性，近些年来，各国学者正在广泛开展变压料力技术的数值模拟研究。1996 年，日本真锅键一等人对 Murata 和 Matsui 系统进行了修改，将压边圈的角部分成 12 个不同的独立部分，并用于方形盒件拉深中，可对压边圈的三个不同部分施加不同的压边曲线。1998 年，又将人工神经网络技术应用到拉深的自适应控制系统中，进而计算最佳压料力控制曲线。瑞典的 Lars Gunnarsson 等人开发了一套气体弹簧控制系统，使得压边力随凸模行程分别以恒定、上升和下降式变化。2004 年，日本 Tetsuya，Yaga-mi 等人建立了分块智能压边装置，将压料板细化为许多压料模块，每个模块有三个液压缸进行控制，利用虚拟数据库和有限元辅助控制系统提供压边力变化轨迹。

诸多研究方法的提出和部分阶段性成果，在提高板材成形性的研究中起到了一定的促进作用。分块变压料力方法已经被广泛提出，但是如何具体分块、拼缝如何衔接，变压料力加载轨迹如何控制以及在极短成形瞬间保持控制信号与控制装置同步等许多问题都需要对法兰变形力学行为、对模具具体结构具有足够的了解，都需要结合实际逐一研究解决。

2）其他工艺措施。为了防止法兰起皱，拉深工艺设计时，应尽可能增大法兰相对厚度 $t/(r_f - r_e)$ 值，利用增大板坯厚向刚度来提高抗失稳能力。确定拉深材料时，可选择 σ_s/σ_b 较小的板料，σ_s 较小的板料拉深时法兰周向压应力较小，不易起皱。选用厚向异性系数 r 值较大的板料，可增大沿板面内的变形能力，降低板厚方向的变形量，也可相对抑制起皱的产生。此外，改善压料面润滑效果的同时，适当加大压料力也可有效抑制法兰起皱。

3. 形状稳定性

除去上述破裂和起皱两缺陷左右板料拉深成形极限之外，近年来，随着汽车工业的快速发展，又对板料成形提出了一个新的极限指标，即板料成形后的形状稳定性。这一极限指标的提出，对于汽车覆盖件成形生产具有重要意义。板料成形后，产生的局部回弹破坏成形制件的形状精度，这是一个非常复杂的工艺问题，到目前还处于研究阶段。

二、拉深系数与拉深次数

通过理论分析和生产实践很容易发现，板坯直径 D 与拉深制件直径 d 之间的关系直接涉及破裂、起皱等拉深成形性和成形极限问题。因此，通常将二者之比用来表示拉深变形程度并用来分析拉深成形性和成形极限。

1. 拉深比和拉深系数

（1）拉深比　拉深比 D/d 是拉深变形解析中最重要的几何参数，它可以表示板料在圆周方向上的压缩变形程度。如果利用名义应变来表示板料周向变形量，则有

$$\varepsilon'_\theta = \frac{\pi d - \pi D}{\pi D} = \frac{d - D}{D} = \frac{d}{D} - 1 \tag{7-18}$$

在理论解析中，表示变形量的参数主要是 $\ln(r_0/r)$，其值越大，拉深变形量越大。为方便将等式右端第一项的倒数 D/d 称为拉深比。如果不考虑摩擦、凹模圆角半径、材料硬化等的影响

时，可推导出理论极限拉深比 $k_{\max} = 2.72$。

（2）拉深系数　在工程中，将 d 与 D 之比称作拉深系数，常用 m 表示

$$m = \frac{d}{D} \tag{7-19}$$

拉深系数 m 是工艺和模具设计中的一个重要参数，m 越小，变形越大。同样，存在一个最小理论拉深系数 $m_{\min} = 0.37$。在实际生产中，由于加工条件的影响，最小拉深系数应大于 0.37。因此，根据实验和经验得出了很多在特定加工条件下（如毛坯的相对厚度 t/D、材料性能、种类等）的极限拉深系数和极限拉深比。

（3）影响拉深系数的主要因素

1）材料的特性及供应状态。板材的塑性好、组织均匀、晶粒大小适当、屈强比小、塑性应变比 r 值较高时，拉深性能较好，常可适当减小拉深系数。低碳钢（如 08 钢）及纯铝等，当内部晶粒过大（钢 1～4 级；纯铝，大于 0.035mm）时，虽然塑性好，但拉深工件表面会出现橘皮状组织，有时还会导致局部破裂。

一般用于拉深的材料为软化状态，即退火状态，而奥氏体不锈钢和高温合金常为淬火态。对于硬化严重的板料，往往需要进行工序间热处理以恢复材料塑性，才可进行后续拉深。

2）毛坯的相对厚度 t_0/D。t_0/D 越大，抗失稳起皱能力越强。根据计算压料力的经验公式 $F_H = \frac{\sigma_b + \sigma_s}{180} D_0 \left(\frac{D_0 - d_\alpha - 2r_\alpha}{t_0} - 8 \right)$ 可知，t_0/D 较大时可以减小压料力。比如，当 $t_0/D = 0.677$ $\sqrt{\frac{\beta_3}{a_B \cdot a_D}} \sqrt{\frac{\sigma_s}{E_0}}$ 时，可以不压料拉深，以减小板坯的滑动摩擦阻力，使变形抗力减小。相反，t_0/D 越小，越容易起皱，必须加大压料力，因而增大摩擦阻力，使极限拉深系数增大。

3）板料的各向异性系数 r 和硬化指数 n。随 r 值增大，相对拉深力（拉深力 F 与危险断面处材料的拉深破裂载荷 F_k 之比）下降，可相应减小极限拉深系数。另外，r 值对拉深性能的影响还与板料面内各向异性类型有关。如对不同组织的金属板料，即使 r 值相同，但其面内各向异性程度也不大相同，如在 45° 方向 r_{45} 值最大的板料，拉深性能就不好。

对于普通金属材料，n 值越大，应力上升斜度越大。对于像铝那样的 r 值各向差别不大的金属，当 n 值由 0.2 增至 0.5 时，最大拉深力向行程增大的方向移动。但最大拉深力本身并不见减小。因此，n 值的影响比 r 值的影响小。

总的来说，软钢板的 r 值较高，拉深性能好，铝镇静钢比沸腾钢拉深性能好。奥氏体不锈钢（如 12Cr18Ni9）适用于非对称拉深，r 值比软钢小，极限拉深系数比软钢大，即拉深性能不好（铝的 r 值在 1.0 以下，但 n 值比软钢略高）。

4）凸模圆角半径 r_p 和凹模圆角半径 r_d。r_p 过小时，板坯在凸模肩圆角上弯曲变形苛刻，削弱破裂危险区的强度，应适当加大极限拉深系数。r_d 过小时，增加板坯在凹模口的流入阻力，增大侧壁拉深方向的应力，结果也使极限拉深系数增大。

5）模具工作表面性状及润滑状态。是指压料板与凹模组成的压料面、凸模和凹模肩圆角以及凸模工作底端面。一般认为压料表面光滑，可降低板料滑动摩擦阻力，但当采用高黏度润滑剂时，略微粗糙的压料表面可以获得含油润滑的效果。因此，确定压料表面粗糙度是一个较复杂的问题，生产中通常使压料表面粗糙度值尽可能小，特别是不润滑拉深。通常，凹模肩圆角也尽可能减粗糙度值，减小板坯拉入和弯曲、反弯曲时的摩擦阻力。大量试验表明，凸模底端面过于光滑，使筒底未经加工硬化的材料流出，成形中、后期较大拉深力作用下容易产生危险区破裂。

一般，模具工作表面润滑良好，可减小变形摩擦阻力，改善金属流动条件，因此，可适当降

低极限拉深系数。

6）凸、凹模间隙及锥面凹模。较大的拉深间隙可减小板坯在凸、凹模肩部的变形包角 α，减小弯曲、反弯曲变形及滑动摩擦阻力减小，因而可降低极限拉深系数。锥面压料面凹模与平压料面凹模相比，可相对减小拉深系数。根据生产经验，通常采用锥面凹模不压料拉深时能够降低拉深系数达 25% ~ 30%。

7）拉深方式。采用压料板拉深时不易起皱，极限拉深系数可取小些。不压料拉深时，极限拉深系数应取大些。

8）拉深速度。通常，提高拉深速度，软钢的变形抵抗和断裂强度同时增加，而压料面和凸模底端面的摩擦抵抗有所降低。就普通冲压设备的工作速度来看，拉深速度对拉深性能影响不大。但变形速度敏感的金属（如不锈钢、钛合金及耐热钢等），拉深速度较大时，极限拉深系数应适当加大。

2. 拉深次数

计算拉深系数有两个目的：一是求出制件与板坯的直径比 d_1/D，用于预算坯料尺寸；另一个是判断能否拉深成功。如果计算拉深系数 m 小于板料在该成形条件下的极限拉深系数 $m_{\min}$ 时，说明变形程度过大，如图7-11 所示，必须分次拉深，否则将产生破裂导致拉深失败。因此，在确定拉深工艺时，就需要计算拉深次数

$$m_1 = d_1/D$$

以后各次拉深

$$m_2 = d_2/d_1 ; m_3 = d_3/d_2 ; \cdots m_n = d_n/d_{n-1} \quad (7\text{-}20)$$

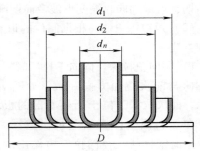

图7-11　多次拉深工序

式中　　m_1、m_2、$m_3 \cdots m_n$——各道次拉深系数；

　　　　d_1、d_2、$d_3 \cdots d_n$——每次拉深后制件的直径（mm）。

总拉深系数　　　　　　　$m = m_1 \cdot m_2 \cdot m_3 \cdots m_n = d_n/D$

计算时，设产品最终要求的直径为 d_n，首次拉深件成形直径 $d_1 = m_1 D$；第二道次工序件直径 $d_2 = m_2 d_1 = m_2 m_1 D$。如果 $d_2 > d_n$，继续取 $m_3 \cdots$，如果 $d_2 \leqslant d_n$，则两次拉深即可完成加工。制订拉深工艺时，应尽可能减少拉深次数，希望采用较小的拉深系数来完成成形加工。但拉深系数过小，容易产生破裂或局部变薄超差。因此，拉深系数 m 的减小有一个界限，即极限拉深系数 $m_{\min}$，也称最小拉深系数。

确定拉深系数时，必须使各道拉深系数 m_1、m_2、$m_3 \cdots m_n$ 大于极限拉深系数 $m_{\min}$，且应满足 $m_1 < m_2 < m_3 < \cdots < m_n$，这是由于每次拉深后，板料硬化不断增加，塑性降低，无中间软化处理时硬化尤为严重，因此，通常使后道次拉深系数都必须大于前道次拉深系数。

3. 再拉深的特点和方法

再拉深的毛坯是经过相似塑性变形的工序件，而不是原始的轧制板坯，所以与初始拉深有许多不同之处。

（1）再拉深的特点

1）首次拉深板坯的厚度、力学性能大体均匀，而再拉深时，工序件各部位厚度、力学性能及已有塑性变形量发生了变化。例如，筒壁上半部需要经过凹模口两次径向拉伸、周向压缩及弯曲、反弯曲（拉直）变形，加之还需要使侧壁向水平面过渡等，变形非常复杂，从这个角度来看，后续拉深系数应比首次拉深系数大。

2）首次拉深时，法兰变形面积逐渐缩小，但材料加工硬化增强使拉深力逐渐增大，当这两

个相反因素达到平衡时，产生最大拉深力。而后续拉深时，变形区始终局限在前（$i-1$）次拉深与本（i）次拉深直径差 $d_{n-1} - d_n$ 所形成的环状区域内，并且材料的加工硬化程度沿着壁部高度逐渐增加。因此，如图7-12所示，拉深力–行程曲线几乎始终呈上升的趋势，直到拉深后期才达到最大载荷。

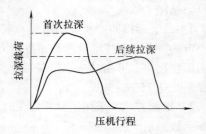

图7-12　首次拉深与后续拉深时拉深载荷的变化

3）再拉深与首次拉深的破裂危险点都在本道次拉深凸模肩圆角与侧壁交界附近，但首次拉深的最大拉深力产生在变形初始阶段，所以，过小拉深系数导致的破裂发生在拉深初期。而再拉深的最大拉深力滞后产生，所以破裂则往往发生在拉深末期。

4）再拉深时，法兰外缘经加工硬化后抗失稳能力增强，具有一定刚性，不易起皱。但再拉深后期，大量周向收缩变形波及筒壁圆角部坯料时，过小拉深系数仍可能引发起皱。

（2）再拉深方法　根据制件的形状尺寸等具体情况，再拉深可以采用同向正拉深和反拉深两种方法。

1）同向正拉深。同向正拉深时板坯变形方向与前次拉深方向一致，如图7-13a所示，前次拉深时位于凸模底部的板坯一部分在压料面上作为法兰再次拉深变形，而原始筒壁材料在径向拉应力作用下沿压料圈外表面滑动，当通过压料圈外圆角时产生弯曲、反弯曲后，在新压料面上再次重复径向拉伸和周向压缩的变形过程。首次拉深被硬化的破裂危险区材料通过压料

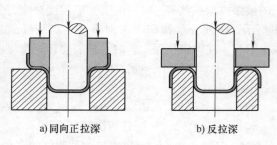

a）同向正拉深　　b）反拉深

图7-13　再拉深方法

圈后，产生周向压缩变形而使原来的破裂危险区转移，有助于提高拉深极限。有时，对于圆筒形件，也可利用阶梯形凸、凹模，在压机一次行程中完成多次再拉深，但破裂危险区始终处于最小凸模肩圆角附近，不利于提高成形极限。

2）反拉深。如图7-13b所示，反拉深方向与前次拉深方向相反，前次拉深件的内表面变成反拉深的外表面。反拉深时内、外表面翻转，使制件外表面经180°凹模包角的挤磨，可进一步提高表面质量。此外，反拉深具有如下特点：

① 工序件被拉入180°包角的凹模上时，较大接触面导致流动摩擦阻力增大，不易起皱。因此，一般不用压料板，可避免因压料力过大引起的拉裂。但反拉深时，板坯多次改变变形方向，加工硬化严重，导致反拉深力比正拉深力大20%~30%。

② 反拉深时，前次拉深工序件变薄严重的破裂危险部位，再拉深时，已不再处于破裂危险部位。而新的破裂危险区材料经过变形硬化，强度有所提高，通常不是前道次拉深时板厚变薄严重的部位，因此，拉深系数可比正拉深系数减小10%~15%。

③ 反拉深系数通常受凹模强度限制，d_i/d_{i-1} 较小时，反拉深凹模的壁厚过薄，因强度不足容易损坏。通常，应使反拉深件的最小直径 $d_i > (30~60)t_0$，且应保证凹模最小圆角半径 $r > (2~6)t_0$。

反拉深不仅可用于圆筒形件的再拉深，还可用于锥形、球面、抛物面等复杂旋转体拉深。

第三节 拉深力、拉深功及压料力计算

塑性成形力学的最基本任务之一，是要确定金属材料成形过程中所需要的变形力，从而合理选用成形设备、设计模具并制订合理的冲压工序。板料拉深成形中，拉深力和压料力是通过模具表面及板坯的弹塑性变形传递给变形金属的，必须确定变形体与模具接触表面或变形区界面上的应力分布状态，才能获得准确计算结果。目前工程中，通常采用近似计算或经验确定的方法决定设备吨位，在有保险系数的情况下应用于生产。但近年来，随着科学技术的发展和进步，精确塑性成形要求对拉深压料力给出确定值，甚至提出适应于各变形阶段、各变形部位不同变形时刻的合理变压料力。因此，如何准确计算拉深过程中任意时刻所需压料力的问题，已经成为板成形工艺和模具设计的重要任务。

一、拉深力及拉深功的计算

1. 拉深力的计算

（1）拉深力的理论计算 板料拉深过程中，拉深力通过凸模传递给变形板坯。因此，计算总变形力需考查凸模受力情况。考虑到凸模脱模点与凹模脱模点之间板坯所需变形力较小，可利用凹模脱模点处的径向应力来计算近似拉深力

$$F = 2\pi r_B t_0 \sigma_{\varphi B}\sin\varphi_1 \tag{7-21}$$

1）不压料拉深时的拉深力。不压料拉深时，近似认为垂直于板面方向上的应力 $\sigma_t = 0$。参照图 7-7 所示的变形几何关系，将式（7-6）代入式（7-21）中，即可得到不压料拉深时的拉深力

$$F_1 = 2\pi[r_c + \delta + r_d - (r_d + t_0/2)\sin\varphi_1]t_0\sigma_{\varphi e}\sin\varphi_1$$
$$= 2\pi[r_c + \delta + r_d - (r_d + t_0/2)\sin\varphi_1]t_0\beta\sigma_s\left\{\ln\left[\frac{r_0}{r_c + \delta + r_d - (r_d + t_0/2)\sin\varphi}\right] + \frac{t}{2(r_d + t_0/2)}\right\}\sin\varphi_1 \tag{7-22}$$

2）压料拉深时的拉深力。压料拉深时，可将压料力分为法兰均匀压料和外缘集中压料两种情况。

① 均匀压料时的拉深力。设压料力为 F_H，将式（7-11）代入式（7-21）中，可得均匀压料拉深时的拉深力

$$F_2 = 2\pi[r_c + \delta + r_d - (t_0/2 + r_d)\sin\varphi_1]t_0\sigma_{\varphi B}\sin\varphi_1$$
$$= 2\pi[r_c + \delta + r_d - (t_0/2 + r_d)\sin\varphi_1]t_0\sin\varphi_1$$

$$\left\{\begin{array}{l}\beta\sigma_s\ln\dfrac{r_0}{r_c + \delta + r_d - (t_0/2 + r_d)\sin\varphi_1} \\ + \dfrac{2\mu F_H}{\pi\{r_0^2 - [r_c + \delta + (t_0/2 + r_d)\sin\varphi_1]^2\}t_0}[r_0 - r_c - \delta - r_d + (t_0/2 + r_d)\sin\varphi_1]\end{array}\right\} \tag{7-23}$$

② 压料力集中作用时的拉深力。同理，将式（7-14）代入式（7-21）中，得
$$F_3 = 2\pi[r_c + \delta + r_d - (t_0/2 + r_d)\sin\varphi_1]t_0\sigma_{\varphi B}$$
$$= 2\pi[r_c + \delta + r_d - (t_0/2 + r_d)\sin\varphi_1]t_0\sin\varphi_1\left\{\beta\sigma_s\ln\left[\frac{r_0}{r_c + \delta + r_d - (t_0/2 + r_d)\sin\varphi_1}\right] + \frac{\mu F_H}{\pi r_0 t_0}\right\}e^{\mu\varphi_1}$$
$$+ \beta\sigma_s\frac{t}{4(t_0/2 + r_d)\sin\varphi_1}(1 + e^{\mu\varphi_1})t_0\sin\varphi_1 \tag{7-24}$$

　　上述拉深力的计算是由理论近似推导得出，计算相对繁琐，但可根据生产实际情况对其中参数进行相应的取舍，进而使计算简化且符合实际。

　　（2）拉深力的估算　生产中，对拉深所需设备吨位通常采用估算的方法。其原因有两个：一是计算繁琐，计算结果又无法验证；二是因为即使计算得出结果，也很难获取与之完全相对应吨位的压力机。工艺计算和模具设计中，难免忽略一些次要影响因素，因而只能采用增大修正系数的估算方法确定拉深设备。

　　1）不压料时的拉深力估算。对于板料强度极限为 σ_b 的圆筒形件，不压料时的拉深力为

$$F = 1.25\pi(D - d)t_0\sigma_b \tag{7-25}$$

　　2）压料时的拉深力估算。根据经验估算拉深力时，通常将一系列影响因素都统括在修正系数中估算第 n 道次的拉深力

$$F = k_n\pi d_n t_0\sigma_b \tag{7-26}$$

式中　k_n——第 n 次拉深的修正系数，该值随拉深系数增大而减小，当拉深系数在 $0.6 \sim 0.9$ 之间变化时，常在 $0.4 \sim 0.9$ 之间取值。

　　2. 拉深功的计算

　　与其他成形工艺不同，板料拉深时，压力机滑块在较大行程中都要输出压力，因此，常需计算或估算拉深功，以适应设备的运行功率。压力机滑块在工作行程中，其所做功与开始拉深至成形结束（深度 h）时的有效压力输出有关，当最大拉深力为 F_{max} 时，通常采用下式进行估算

$$W = kF_{max}h \times 10^{-3} \tag{7-27}$$

式中　k——系数，一般取值为 $0.6 \sim 0.8$。

二、压料力的近似计算

　　1. 确定压料条件及压料形式

　　（1）压料条件的判断　在拉深过程中，法兰是否失稳起皱，主要取决于板料的抗失稳能力、板面切向应力、切向变形的大小及板坯的相对厚度。切向应力的大小与材料的力学性能和变形程度有关，而切向变形程度又与拉深系数和板坯的相对厚度有关。因此，准确地判断起皱的发生与否，是一个相当复杂的问题。对于薄板拉深，通常必须压料拉深。

　　用普通平面凹模拉深时，据资料介绍，材料不起皱的条件是首次拉深 $t_0/D \geqslant 0.045(1 - m)$；以后各次拉深 $t_0/D \geqslant 0.045(1/m - 1)$。

　　根据生产经验，压料时的首次拉深 $m_1 < 0.6$，$t_0/D < 1.5\%$ 或以后各次拉深 $m_i < 0.8$，$t_0/d_{i-1} < 1\%$ 时，通常不致起皱或皱曲很小；而当不压料拉深时，必须保证首次拉深 $m_1 > 0.6$，$t_0/D > 2.0\%$ 或以后各次拉深 $m > 0.8$，$t_0/d_{i-1} > 1.5\%$ 的条件，才可能不产生起皱。

　　（2）压料形式

　　1）首次拉深。实际生产中，为保持压料力均衡且防止将毛坯压得过紧，可采用带限位块的压料板，以控制拉深过程中压料板与凹模表面之间的间隙 s。拉深有凸缘件时 $s = t_0 + (0.05 \sim 0.1)$mm；拉深铝合金零件时 $s = 1.1t_0$；拉深铜零件时 $s = 1.2t_0$。

　　宽凸缘件拉深或成形后修掉凸缘时，可适当减小压料面积。对于大型制件拉深，可采用拉延筋或拉延坎等增强局部压料效果。单动压力机拉深时，弹性压料力随滑块行程增加而增大，因此，需根据皱曲可能产生的拉深深度，适当调节弹性元件的压力曲线。

　　2）以后各次拉深。筒形件再拉深时的压料板形状也为筒形，稳定性比较好，所需压边力也较小，一般应采用压料间隙限位装置。特别是采用弹性压料板进行深拉深时，弹性压料力随拉深深度增加而增加。应防止因压料力过大导致拉深破裂。

2. 压料力的近似计算

拉深过程中法兰变形面积瞬时减小，且加工硬化使材料抗失稳能力增强，追求拉深全过程的合理恒压料力是不现实的，因此导致压料力的精确计算非常复杂。

（1）理论计算　为了简化，现以第一节中讨论板料临界压缩失稳应力的近似结果为依据，假设压料力均匀作用在法兰板面。如果认为法兰板面方向的变形应力达到临界压缩失稳应力时，与其相对应的压料力为合理压料力，则将式（7-15）与式（7-11）联立并经整理后可得理论压料力为

$$F_H = \frac{\pi}{2\mu}\left[r_0 + r_c + \delta + \left(\frac{t_0}{2} + r_d\right)\sin\varphi_1\right]\left\{\frac{\pi^2 C}{12}\left(\frac{t_0}{l}\right)^2 - \beta\sigma_s\ln\left[\frac{r_0}{r_c + \delta + (t_0/2 + r_d)\sin\varphi_1}\right]\right\}$$

$$(7\text{-}28)$$

式（7-28）是根据板料产生压缩失稳时的临界应力来计算的理论压料力（式中符号同前），计算比较繁琐，并且计算值偏大。

（2）经验估算　实际拉深生产中，常需反复调试后，才能确定适当压料力。真正合理的压料力，应适应拉深行程每一瞬时法兰材料的压料需求，因此，设计压料装置时应能使压料力根据拉深行程可调。目前，当单位压料力为 p，压料板下板坯的投影面积为 A 时，通常只能采用如下方法简单估算压料力。即

$$F_H = pA \tag{7-29}$$

根据生产经验，单位压料力因板料力学性能而异。一般情况下，铝板：$0.8 \sim 1.2\text{MPa}$、纯铜或硬铝（退火）板：$1.2 \sim 1.8\text{MPa}$、黄铜板：$1.5 \sim 2.0\text{MPa}$、软钢板：（$t_0 < 0.5\text{mm}$）时 $2.5 \sim 3.0\text{MPa}$、（$t_0 > 0.5\text{mm}$）时 $2.0 \sim 2.5\text{MPa}$、不锈钢板：$3.0 \sim 4.5\text{MPa}$。在生产中，为了简便，有时也可取 $F_H = F_{拉深}/4$。

三、拉深压力机的选择

确定拉深压料机吨位时，应取拉深力与压料力之和作为总冲压力来选择压力机。对于机械压力机，还必须了解压力机的压力 - 行程曲线。普通曲柄压力机的压力 - 行程曲线如图7-14所示，其有效压力输出通常仅在下止点以上（连杆与压力机主轴线夹角 $\alpha < 22°$）附近的一个范围内。因此，必须保证最大拉深力产生在曲柄连杆机构的有效转动角度之内。另外，如图7-14b所示，还必须保证拉深力落于压力机压力 - 行程曲线所覆盖的区域内，以防压力机超载造成设备损坏。

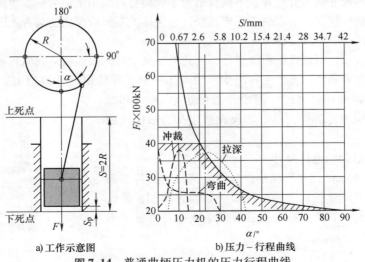

a) 工作示意图　　　　　b) 压力 - 行程曲线

图7-14　普通曲柄压力机的压力行程曲线

在实际生产中，当计算拉深力、压料力和其他变形力的总和为 $\sum F$，而压力机公称压力为 F_0 时，应大致符合如下关系：

浅拉深时

$$\sum F = (0.7 \sim 0.8)F_0 \tag{7-30}$$

深拉深时

$$\sum F = (0.5 \sim 0.6)F_0 \tag{7-31}$$

拉深深度较大时，特别是在落料－拉深或拉深－修边等复合工序中，由于压力机长时间工作，应防止电动机因功率超载而烧损。考虑压力机每分钟的行程次数 n，计算拉深功为 A 时，通常还需检验压力机的电动机功率。拉深时电动机应具功率

$$N = \frac{A\xi n}{60 \times 75 \times \eta_1 \times \eta_2 \times 1.36 \times 10} \tag{7-32}$$

式中　ξ——不均衡系数（常取 $1.2 \sim 1.4$）；

　η_1、η_2——分别为压力机效率（$0.6 \sim 0.8$）及电动机效率（$0.9 \sim 0.95$）；

　1.36——由马力转换成千瓦的转换系数。

此外，在选择压力机时还应考虑滑块的运行速度。对于大型覆盖件或不锈钢、钛合金等硬化效应较强的板料拉深，宜采用较低拉深速度，通常选择滑块运动速度低于 $250\mathrm{mm/s}$。一般曲柄压力机滑块的运动速度偏快，因而可选用液压压力机比较适合。

第四节　旋转体拉深

旋转体拉深制件包括很多种类型，如圆筒形件、阶梯圆筒形件、锥形件、半球形件及抛物面形件等。这类拉深制件的法兰变形旋转对称，因此，与前面讨论的拉深变形过程及采用的各种工艺参数也都相似。

一、圆筒形件拉深

圆筒形件中包括无凸缘筒形件、带凸缘筒形件、阶梯筒形件等。

拉深制件毛坯尺寸的展开计算，不仅仅是为了提高材料利用率，另一层重要意义在于提高拉深成形性。由于板料拉深系数取决于毛坯直径，它直接关系到拉深成功与否，因此毛坯的展开计算是拉深工艺中的一个重要步骤。

对于不变薄拉深，可以忽略板厚变化，因此毛坯尺寸可以按照板坯表面积不变的原则进行计算。由于板料具有方向性，会产生各向变形流动不一致，导致筒形件口边不齐，即产生拉深凸耳。因此，在计算毛坯尺寸时，需要计及修边余量。同时，在修边余量中还应考虑到拉深凸、凹模及修边凸、凹模间隙等因素的影响。

1. 简单圆筒形件的毛坯尺寸

类似图 7-15 所示的简单圆筒形件，可将其分解成若干简单的几何体，分别计算各部分的中性层或单面表面积，最后加起来即可求出工件的表面积。然后根据毛坯总表面积 A 不变原则，求出毛坯直径

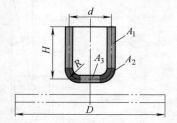

图 7-15　简单圆筒形件毛坯展开

$$D = \sqrt{\frac{4}{\pi}A} = \sqrt{\frac{4}{\pi}\sum A_i} \qquad (7\text{-}33)$$

式中　$\sum A_i$——圆筒形拉深件各简单几何体面积之和（mm^2），如图示为 $\sum A_i = A_1 + A_2 + A_3$。

计算时，工件直径按板厚中心计算，当板料厚度 <1 时，也可按工件内径或外径计算各简单几何体的中性层面积：$A_1 = \pi d(H - R)$；$A_2 = \pi R(\pi d_1 + 4R)/2 = \pi[2\pi R(d - 2R) + 8R^2]/4$；$A_3 = \pi(d - 2R)^2/4$，最后求出毛坯直径

$$D = \sqrt{\frac{4}{\pi}(A_1 + A_2 + A_3)} = \sqrt{d_1^2 + 4d(h + \delta) + 0.28Rd + 8R^2}$$

$$= \sqrt{(d - 2R)^2 + 2\pi R(d - 2R) + 8R^2 + 4d(H - R)}$$

2. 复杂旋转体拉深件的毛坯尺寸

旋转体的表面积 S 等于母线长度 L 与该母线的重心 R_s 绕其旋转轴一周所得周长的乘积

$$S = 2\pi R_s L$$

如果设毛坯的直径为 D，则其平面面积 $\pi D^2/4$ 应与此旋转体表面积相等，于是

$$D = \sqrt{8LR_s} = \sqrt{8\sum lr_s} \qquad (7\text{-}34)$$

式中　l、r_s——组成该旋转体各简单几何体的母线长度、该段母线重心至旋转轴的距离。

根据上述原理，可以将旋转体分解成为数个简单几何体，利用每个简单几何体母线长度与其至旋转轴距离乘积之和来求出该旋转体的外表面积。实际计算时，通常采用两种方法，即作图法和作图解析法。

（1）作图法　作图法是在实体比例图上按照上述原则求出旋转体表面积的方法，现结合图 7-16 说明作图步骤。

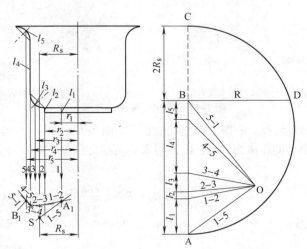

图 7-16　利用作图法求毛坯直径的基本步骤

1）将旋转体零件的轮廓线按直线、弧线分成若干个简单几何线段，并标注出数字代号 l_1、l_2、$l_3 \cdots l_n$ 表示其母线长度，找出各线段的重心。

2）由各线段重心引出平行于旋转轴线的平行线，并标出其对应序号 1、2、3$\cdots n$。

3）在旋转体图形外任取一点 A 作直线平行于旋转轴，以 A 点为起始点在该线段上截取长度 l_1、l_2、$l_3 \cdots l_n$，得到终点 B_1。

4）在 A 点附近任取一点 O，由 O 点向 l_1、l_2、l_3…l_n 各端点作连线 O–l_1、O–l_2、O–l_3… O–l_n，标出相应的标号。

5）由距旋转轴最近的平行线 1 上任取一点 A_1，由该点作与右图中 1–2 直线平行的直线与线 2 相交，由此交点再作平行于直线 2–3 的直线与线 3 相交，以此类推，最后在线 5 上得到交点 B_1。

6）作一平行于直线 1–5 的直线通过 A_1 点，另作一平行于直线 5–1 的直线通过 B_1 点，由两条直线的交点得到点 S，则点 S 至旋转轴的垂直距离即为该旋转体重心的半径 R_s。

7）在右图 AB 延长线上截取长度为 $2R_s$ 的线段 BC，以 AC 为直径作圆，自 B 点作垂直于 AB 线的直线交该圆于 D 点，则线段 BD 长度 R 即为所求毛坯的半径 R。

由上述作图过程可以看出，作图法的误差较大，但方法简单，如在实际设计图样上求解时，精度可相对提高。

（2）作图解析法　作图解析法的步骤如下：

1）将旋转体零件轮廓线按直线、弧线分成若干个简单几何线段，求出各简单几何线段重心至旋转轴的旋转半径 r_1、r_2、r_3…r_n。

2）求出各简单几何线段的实际长度 l_1、l_2、l_3…l_n；求出各部分长度与旋转半径乘积之和 $\sum (l_1 r_1 + l_2 r_2 + l_3 r_3 + \cdots l_n r_n)$。

3）根据毛坯与旋转体零件表面积相等原则，代入式（7-34）中，即可求出毛坯直径 D。

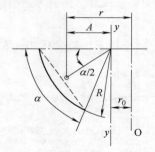
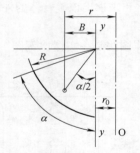

a) 圆弧与水平线相交　　　　b) 圆弧与铅锤线相交

图 7-17　确定圆弧中心位置

上述简单几何体的直线段重心即为该直线中心，如图 7-17 所示，当其圆弧中心层半径为 R、旋转轴 O 至各段圆弧中心的距离为 r_0 时，圆弧与水平轴相交和与垂直轴相交的两种圆弧重心，可按下式求出

$$A = R \frac{\sin \alpha}{\alpha} ; \quad B = R \frac{1 - \cos \alpha}{\alpha}$$

对于外凸圆弧，旋转半径 $r = A + r_0$ 或 $r = B + r_0$；对于内凹圆弧，$r = r_0 - A$ 或 $r = r_0 - B$。

二、无凸缘圆筒形件的拉深

前面论及的筒形件拉深分析、公式等均是以无凸圆筒形件为例进行的，对于无凸缘圆筒形件拉深都可应用。但由于上述讨论多未涉及拉深模具的影响，所以应用时，必须结合拉深模结构参数具体分析。拉深模工作结构如图 7-18 所示，模具结构对无凸缘圆筒形件拉深成形性的影响，主要是指凸、凹模肩圆

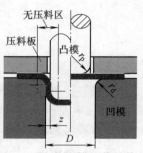

图 7-18　拉深模工作结构

角、间隙，以及由这些参数所带来的其他间接影响等。

1. 拉深凸、凹模肩圆角半径

为了防止混淆，通常称凸模底端面向侧面过渡或凹模压料面向凹模口内侧壁过渡的圆角，称为肩部圆角，简称肩圆角，是左右筒形件拉深成形的最重要模具参数。

（1）凸模肩圆角　凸模肩圆角半径 r_p 大小对拉深力的影响不是很大，但它承担着几乎全部拉深变形力的传递作用，因此，r_p 的大小至关重要。如果 r_p 过小，法兰变形抵抗增大时，凸模底部材料向外流出困难，不能补充凸模下行与法兰流入凹模口之间材料缺失。这时有两种情况需要讨论。一是希望凸模底部材料流出，以缓解法兰流入困难；另一方面，则是希望凸模底部材料不流出，以免在受较大两向拉应力作用的同时产生弯曲、反弯曲变形，使板厚过分减薄而导致破裂。不管哪一种观点，板坯在较小凸模圆角上承担拉深载荷都会导致应力集中，因此，实际生产中不希望 r_p 过小。而 r_p 过大，将增大拉深初期板坯的悬空部分（未压料）体积，使这部分材料未经变形硬化即包在凸模肩圆角上，削弱断裂危险区材料抵抗破坏的能力。

由图 7-19 所示凸模肩圆角半径对拉深制件壁厚应变的影响中可以看出，当 $r_p = 1(= 5t_0)$ 时，断裂危险区板厚应变 $\varepsilon_t \approx -0.2$。相同变形条件下，采用 $r_p = 0.5(= 2.5t_0)$ 的凸模拉深成形时，断裂危险区板厚应变 $\varepsilon_t \approx -0.32$。这说明法兰变形抵抗虽没有变化，但由于 r_p 过小，导致凸模肩圆角处板坯严重变薄。这种变形条件下，虽然没有因 r_p 减小而引起破裂，但明显不利于提高拉深成形性。

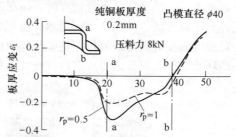

图 7-19　凸模肩圆角半径对拉深制件壁厚的影响

通常，拉深制件的底圆角半径是由产品设计所决定的。但从冲压工艺的角度来看，必须保证 $r_p \geqslant 2t_0$。如产品设计要求 $r_p < 2t_0$，则需先加大 r_p 拉深，成形后增设一道圆角整形工序，以达到产品设计要求。对于多道次拉深，通常可按如下经验确定凸模肩圆角半径 r_p，使首次拉深的 r_p 与凹模肩圆角半径 r_d 的关系为

$$r_p = (0.7 \sim 1.0)r_d \tag{7-35}$$

多次拉深中以后的各次拉深时的凸模肩圆角半径

$$r_{p_{n-1}} = \frac{d_{n-1} - d_n - 2t_0}{2} \tag{7-36}$$

式中　d_{n-1}、d_n——第 $n-1$、n 次拉深时的凸模直径（mm）。

（2）凹模肩圆角半径　凹模肩圆角半径 r_d 的大小影响到拉深载荷、法兰流入抵抗以至拉深成形极限。此外，r_d 的大小，还对拉深制件侧壁成形质量有直接影响。

凹模肩圆角半径 r_d 对拉深载荷和法兰流入抵抗的影响，可从前述变形应力解析和拉深力计算公式中明显看到，r_d 越小，板料流入凹模口时在肩圆角上的变形阻力增大，弯曲、反弯曲变形苛刻，所需拉深力也越大。因此，r_d 过小，会严重影响到拉深成形性，降低成形极限。

r_d 较大时，板料在通过凹模肩圆角时的径向拉变形、周向压变形以及弯曲、反弯曲变形都得到缓和，因此，可以降低拉深力。但随着 r_d 增大，如图 7-18 所示成形初期，板坯无压料区增大，导致板料变形硬化不均，起皱倾向严重。如果 r_d 过大，由于无压料区应变松弛导致筒形件侧壁刚度不足，严重时产生侧壁皱曲，影响拉深质量。

实际生产中，在不致产生皱曲和影响侧壁刚度的情况下，尽可能增大凹模肩圆角半径 r_d。通常按经验公式计算

$$r_{\mathrm{d}} = 0.8 \sqrt{(D-d)t_0} \tag{7-37}$$

为了简化计算，也可参考经验数据确定凹模肩圆角半径。表 7-1 中给出了常用板料首次拉深时 r_{d} 的经验数据。

表 7-1　首次拉深时凹模肩圆角半径 r_{d}　　　　　　（单位：mm）

材料厚度 材料种类	≤3	>3~6	>6~20
钢	$(10\sim6)t_0$	$(6\sim4)t_0$	$(4\sim2)t_0$
纯铜、黄铜、铝	$(8\sim5)t_0$	$(5\sim3)t_0$	$(3\sim1.5)t_0$

注：上表中薄料取上限，厚料取下限。

考虑到再拉深时的板坯变形抵抗提高时，可适当减小 r_{d}，按 $r_{\mathrm{dn}} = (0.6\sim0.8)r_{\mathrm{d}(n-1)}$ 计算，但不宜小于 $2t_0$。

如果产品的凸缘转角半径较大时，拉深凹模肩圆角半径 r_{d} 即已确定。为了保证拉深质量，可采用补充压料方法。如图 7-20a 所示，将压料板工作端面加工、镶入或堆焊出适当凸环状压料面，对较大凹模肩圆角处的板坯实施凸环面压料。也可如图 7-20b 所示，在压料板非压料区内套装一凸环状辅助压料板，也可取得较好的压料效果。

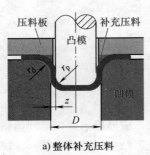

a) 整体补充压料

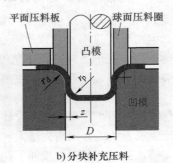

b) 分块补充压料

图 7-20　补充压料

2. 拉深间隙

拉深凸模与凹模之间的间隙对拉深力、成形性、拉深质量及模具使用寿命都有一定影响。

（1）对拉深力的影响　如果凸、凹模间隙大于最大板料厚度，并保证大于法兰变形增厚的板厚时，板料在凸、凹模肩圆角上的包角减小，可使拉深力有所降低。如果上述条件不能保证，随凸模下行，增厚板坯将在凸、凹模间隙内产生较大滑动摩擦阻力，导致拉深力上升，对成形不利。

（2）对拉深成形性的影响　凸、凹模间隙较大时，由前述凸、凹模受力和拉深力的分析可知，$e^{\mu\alpha}$ 值随 α 在 $0°\sim90°$ 范围内减小而减小（$\alpha = 90°$ 时，$e^{\mu\alpha}$ 值最大，约等于 $1+1.6\mu$），板坯在凸、凹模肩圆角上的变形略有减轻。减小凸、凹模间隙，可减小板料在肩圆角上的弯曲、反弯曲变形抵抗。凹模侧良好润滑时，板坯包紧在凸模外表面上可减轻流出变形，具有阻碍断裂危险区板厚变薄的效果。但凸、凹模间隙过小，板坯进入凹模口后移动阻力增大，不利于提高拉深成形性。

（3）对拉深制件外观质量的影响　凸、凹模间隙过大，制件侧壁形成锥度，影响成形质量。另外，过大凸、凹模间隙使侧壁材料处于无拘束的轴向拉伸和周向收缩变形，容易诱发起皱。

（4）对模具使用寿命的影响　过小的凸、凹模间隙，会增大板坯流动变形时与模具工作表面之间的磨损，降低模具使用寿命。

对此，生产中通常希望使凸、凹模间隙略大于板坯最大厚度 $t_{max}=t_0+\Delta$（板厚正公差），取间隙

$$Z/2 = t_{max} + ct \qquad (7\text{-}38)$$

式中 c——料厚增大系数，随板料厚度增加，在 $0.1\sim0.5$ 范围内取值。

拉深间隙也可参考经验数据确定，见表7-2。

表7-2 圆筒形件常用拉深间隙 （单位：mm）

材料	间隙		
	第一次拉深	中间各次拉深	最后拉深
软钢	$(1.3\sim1.5)t_0$	$(1.2\sim1.3)t_0$	$1.1t_0$
黄铜、铝	$(1.3\sim1.4)t_0$	$(1.15\sim1.2)t_0$	$1.1t_0$

3. 凸、凹模工作部分尺寸及公差

拉深制件的形状尺寸精度取决于末道次拉深凸、凹模工作部分的尺寸精度。因此，需按制件的要求来确定最终凸、凹模工作部分的尺寸及公差。

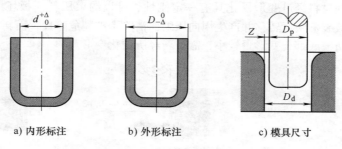

a) 内形标注　　　b) 外形标注　　　c) 模具尺寸

图7-21 制件与模具尺寸标注

如图7-21a所示，当制件要求内形尺寸时，凸、凹模尺寸应如下标注

$$D_p = (d+0.4\Delta)_{-\delta_p}^{\ 0} \qquad (7\text{-}39)$$

$$D_d = (d+0.4\Delta+Z)_0^{+\delta_d} \qquad (7\text{-}40)$$

如图7-21b所示，当制件要求外形尺寸时，凸、凹模尺寸应如下标注

$$D_d = (D-0.75\Delta)_0^{+\delta_d} \qquad (7\text{-}41)$$

$$D_p = (D-0.75\Delta-Z)_{-\delta_p}^{\ 0} \qquad (7\text{-}42)$$

式中 δ_p、δ_d——凸、凹模制造公差（mm），一般按公差等级IT6~IT8选取，或查表7-3。

表7-3 拉深凸、凹模制造公差 （单位：mm）

材料厚度 t	拉深制件直径 D					
	≤20		20~100		>100	
	δ_p	δ_d	δ_p	δ_d	δ_p	δ_d
≤0.5	0.01	0.02	0.02	0.03	—	—
>0.5~1.5	0.02	0.04	0.03	0.05	0.05	0.08
≥1.5	0.04	0.06	0.05	0.08	0.06	0.10

对于多次拉深，工序件尺寸无需特殊要求，凹模：$D_d = D_1^{+\delta_d}{}_0$，凸模：$D_p = (D_1 - Z)^0_{-\delta_p}$。式中 D_1 为工序件的基本尺寸。

一般凸模工作表面的表面粗糙度为 $Ra1.6 \sim 0.8\mu m$，凹模工作表面和型腔表面的表面粗糙度应达到 $Ra0.8\mu m$，肩圆角表面粗糙度数值应稍低。

4. 凸、凹模结构形式

拉深凸、凹模的结构形式取决于制件的形状、尺寸、拉深方法和拉深次数，需要根据制件的具体情况合理设计。

（1）不压料拉深的凹模结构　凸模按制件内形尺寸设计，可采用锥形凹模口，如图 7-22 所示。拉深时，板坯随凸模沿锥面下行，在凹模内壁刚性约束下易于产生周向压缩变形，在锥面凹模过渡段形成空间曲面形状，可相应提高抗失稳能力。另外，锥形凹模口有利于金属流动，减小摩擦阻力和弯曲变形阻力，有利于提高拉深成形性。锥形凹模结构，通常只适用于中、小型制件拉深。此外，还可将凹模口内壁做成渐开线形状，也可收到同样成形效果，但模具制造相对复杂。

（2）压料拉深的凹模结构　常用带压料板的多次拉深模结构，如图 7-23 所示。当拉深直径 $d \leqslant 100mm$ 时，可采用图 7-23a 所示结构。首次拉深时，凸、凹模与普通拉深模结构相同。再拉深时，因筒形件侧壁材料经过变形硬化具有一定刚性，可以约束压料面板坯周向压缩皱曲的产生。前次拉深中的破裂危险区转移并产生周向压缩而消除了破裂危险性，而新的破裂危险区材料在前次拉深时位于凸模底部，变形量较小，需重新经历硬化变形。

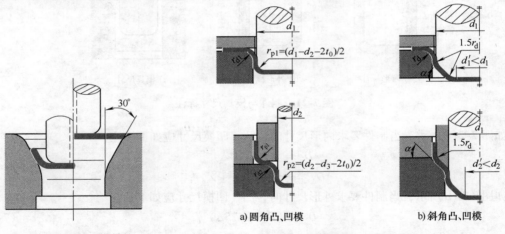

图 7-22　锥形凹模结构　　　　图 7-23　带压料板的多次拉深模结构

当 $d \geqslant 100mm$ 时，可以采用如图 7-23b 所示锥角凸、凹模结构。这种结构除具有一般锥形凸、凹模可改善金属流动的特点外，由于各次拉深凹模的锥角相同，可使后续拉深时工序件定位方便且准确。适当增大过渡压料面锥角 α 对径向拉伸和周向压缩都有利。但 α 过大，锥面法兰具有起皱倾向。因此，可根据板坯厚度进行适当调整。通常，当板厚 $t_0 = 0.5 \sim 1.0mm$ 时，取 $\alpha = 35° \sim 40°$；$t_0 = 1.0 \sim 2.0mm$ 时，可取 $\alpha = 40° \sim 50°$。由于增大锥角 α，会增大拉深行程，因而必须同时考虑拉深力与压力机压力 - 行程曲线的关系。

三、带凸缘筒形件的拉深

所谓带凸缘筒形件，即指拉深结束后仍需保留凸缘作为产品一部分的拉深制件，其拉深变形过程与无凸缘筒形件相同。但由于凸缘并没有全部转换成侧壁，加之保留凸缘的宽窄与板料整体变形程度有关,因而工艺计算方法与普通无凸缘筒形件又有一定区别。

1. 带凸缘筒形件的拉深特点

如图 7-24 所示,无凸缘件拉深过程途中停止变形,即可获得带凸缘筒形件,所以成形过程中的应力应变状态与无凸缘件拉深完全相同。但由于在带凸缘筒形件拉深时,板坯直径 D 和圆筒直径 d,对应不同的凸缘直径 d_t 和圆筒高度 h,因此无凸缘筒形件的拉深系数 $m = d/D$,不能精确表达不同 d_t 和 h 时刻的实际变形程度,只能近似表示拉深极限。通常,采用下式作为带凸缘筒形件的拉深系数

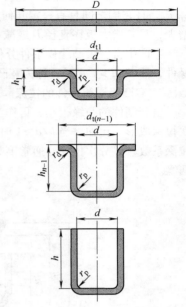

图 7-24 筒形件拉深过程

$$m_t = \frac{d}{D} = \cfrac{1}{\sqrt{\left(\dfrac{d_t}{d}\right)^2 + 4\dfrac{h}{d} - 1.72\dfrac{r_p + r_d}{d} + 0.56\left(\dfrac{r_d^2 - r_p^2}{d^2}\right)}}$$

$$(7\text{-}43)$$

如果令 $r_d = r_p = r$,则上式改写为

$$m_t = \frac{d}{D} = \cfrac{1}{\sqrt{\left(\dfrac{d_{t1}}{d_1}\right)^2 + 4\dfrac{h_1}{d_1} - 3.44\dfrac{r}{d_1}}} \qquad (7\text{-}44)$$

式中 d_{t1}/d_1——凸缘的相对直径(d_{t1} 中应包括修边余量)。

由上式明显可看出,m_t 与 d_{t1}/d_1、相对高度 h_1/d_1 及相对圆角半径 r/d_1 三个因素有关。如果忽略板坯半径方向的伸长,则有 $d_{t1} - d_1 \approx 2h_1$ 的关系。因此,尽管拉深过程中某一时刻所需拉深力不同,那仅仅代表该时刻板坯的变形程度,而不能以此来评价拉深系数的大小。因为决定拉深成否的只能是板坯直径 D 和筒形件直径 d。生产中常用带凸缘筒形件的拉深系数见表 7-4、表 7-5。

表 7-4 **常用带凸缘件的第一次拉深系数 m_1**(适用于 08、10 钢)

凸缘相对直径 $d_2 > d_1$	板坯相对厚度 t/D(%)				
	>0.06 ~ 0.2	>0.2 ~ 0.5	>0.5 ~ 1.0	>1.0 ~ 1.5	>1.5
~1.1	0.59	0.57	0.55	0.53	0.50
>1.1 ~ 1.3	0.55	0.54	0.53	0.51	0.49
>1.3 ~ 1.5	0.52	0.51	0.50	0.49	0.47
>1.5 ~ 1.8	0.48	0.48	0.47	0.46	0.45
>1.8 ~ 2.0	0.45	0.45	0.44	0.43	0.42
>2.0 ~ 2.2	0.42	0.42	0.42	0.41	0.40
>2.2 ~ 2.5	0.38	0.38	0.38	0.38	0.37
>2.5 ~ 2.8	0.35	0.35	0.34	0.34	0.33
>2.8 ~ 3.0	0.33	0.33	0.32	0.32	0.31

表 7-5 **常用带凸缘件后续各道拉深系数**(适用于 08、10 钢)

拉深系数	板坯相对厚度 t/D(%)				
	0.15 ~ 0.3	0.3 ~ 0.6	0.6 ~ 1.0	1.0 ~ 1.5	1.5 ~ 2.0
m_2	0.80	0.78	0.76	0.75	0.73
m_3	0.82	0.80	0.79	0.78	0.75
m_4	0.84	0.83	0.82	0.80	0.78
m_5	0.86	0.85	0.84	0.82	0.80

其实，当 m_t 一经确定后，可在任意时刻停止成形，这就等于说可以实现各种不同的 d_{t1}/d_1 和 h_1/d_1，且它们之间具有一定几何关系。d_{t1}/d_1 大，则 h_1/d_1 就小，否则相反。如果希望两者同时增大，只有增大板坯直径 D 或减小工件直径 d。

生产中常将带凸缘筒形件分作两种，即所谓窄凸缘件和宽凸缘件。$d_t/d = 1.1 \sim 1.4$ 称为窄凸缘件，而 $d_t/d > 1.4$ 时，称为宽凸缘件。这是由于它们的工序设计有所不同。

2. 窄凸缘圆筒形件的拉深

由于制件的凸缘很小，可作为一般圆筒形件拉深。成形的相对高度 h/d 较大时，则需通过多次拉深成形。比如，当 $h/d \geq 1$ 时，很难一次成形。这时，如图 7-25 所示，可按无凸缘拉深计算拉深系数，并分次拉深。通常倒数第二或第三道拉深时，拉出锥形凸缘，最后一道拉深时整形出凸缘。

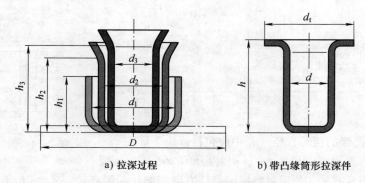

a) 拉深过程　　　　　b) 带凸缘筒形拉深件

图 7-25　窄凸缘圆筒形件拉深过程

3. 宽凸缘筒形件的拉深

宽凸缘筒形件拉深的工艺设计方法与无凸缘拉深时一样。先计算拉深系数，判断可否一次拉成。如需多次拉深，可按表 7-6 所示第一次拉深的最大相对高度和极限拉深系数，来确定多次拉深的中间过渡形状。宽凸缘件拉深通常分为两种工艺方法。

表 7-6　常用带凸缘件第一次拉深的最大相对高度 h_1/d_1（适用于 08、10 钢）

凸缘相对直径 d_t/d_1	板坯相对厚度 t_0/D（%）				
	>0.06 ~ 0.2	>0.2 ~ 0.5	>0.5 ~ 1.0	>1.0 ~ 1.5	>1.5
~ 1.1	0.45 ~ 0.52	0.50 ~ 0.62	0.57 ~ 0.70	0.60 ~ 0.80	0.75 ~ 0.90
>1.1 ~ 1.3	0.40 ~ 0.47	0.45 ~ 0.53	0.50 ~ 0.60	0.56 ~ 0.72	0.65 ~ 0.80
>1.3 ~ 1.5	0.35 ~ 0.42	0.40 ~ 0.48	0.45 ~ 0.53	0.50 ~ 0.63	0.58 ~ 0.70
>1.5 ~ 1.8	0.29 ~ 0.35	0.34 ~ 0.39	0.37 ~ 0.44	0.42 ~ 0.53	0.48 ~ 0.58
>1.8 ~ 2.0	0.25 ~ 0.30	0.29 ~ 0.34	0.32 ~ 0.38	0.36 ~ 0.46	0.42 ~ 0.51
>2.0 ~ 2.2	0.22 ~ 0.26	0.25 ~ 0.29	0.27 ~ 0.33	0.31 ~ 0.40	0.35 ~ 0.45
>2.2 ~ 2.5	0.17 ~ 0.21	0.20 ~ 0.23	0.22 ~ 0.27	0.25 ~ 0.32	0.28 ~ 0.35
>2.5 ~ 2.8	0.16 ~ 0.18	0.15 ~ 0.18	0.17 ~ 0.21	0.19 ~ 0.24	0.22 ~ 0.27
>2.8 ~ 3.0	0.10 ~ 0.13	0.12 ~ 0.15	0.14 ~ 0.17	0.16 ~ 0.20	0.18 ~ 0.22

（1）减小筒径增加筒高　如图 7-26a 所示，对于中、小型宽凸缘件拉深，当 $d_t \leq 200mm$ 时，通常采用逐步减小筒径 d_i、增加筒高 h_i 的工艺方法。首次拉深出凸缘直径 d_t，后续拉深中基本保持不变。每道工序中凸模肩板厚变薄部分基本位于下一道凹模口附近，拉深时法兰起皱倾向较弱。但凸缘和筒壁表面常会残留每道次拉深时形成凸缘后的转换痕迹，对制件外观质量有一定影

响。因此，通常在最后需增设一道强力整形工序。

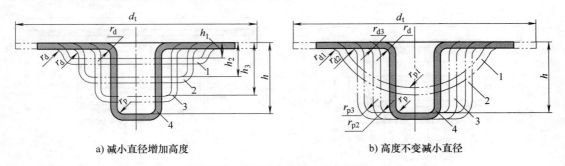

a) 减小直径增加高度　　　　　b) 高度不变减小直径

图7-26　宽凸缘筒形件拉深过程

（2）保持筒高减小筒径　对于 $d_t > 200\text{mm}$ 的大型宽凸缘筒形件，通常采用图7-26b所示的拉深方法。即首次拉深将制件深度 h 成形到位，拉出相应的中间筒形直径 d_i。在后续拉深中逐步改变中间筒径 d_i，直至最后达到产品要求，并且每道工序中适当改变凸、凹模肩圆角半径 r_p 和 r_d。通常认为采用这种工艺成形的制件表面质量较好，板厚相对均匀。对于较大制件，首次拉深时常需采用球底凸模，有利于成形。但由于 r_{p1} 较大，容易产生起皱，如后续拉深中不能消除，则同样需要增设一道整形工序。当凸、凹模肩圆角半径 r_{d1} 时，可以计算出第一次拉深系数。

四、带阶梯筒形件拉深

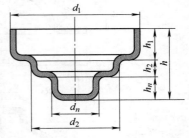

图7-27　带阶梯筒形件

带阶梯筒形件拉深如图7-27所示，其拉深变形与圆筒拉深基本相同。如果在前述宽凸缘筒形件减小直径增加高度的拉深工艺中，只需保留每道工序的筒形形状，而在筒底进行下一道拉深即可制成带阶梯筒形件，即每一个阶梯相当于一道筒形件拉深。但会使多次拉深的后续板坯变薄，因而需针对产品的具体条件采用对应的工艺方法。

1. 确定拉深次数

带阶梯筒形件的成形过程比较复杂，阶梯数越多，拉深工艺也越复杂。因此，很难用一种统一的方法来确定工艺程序。一般，阶梯件的总高度与最小直径之比 h/d_n 小于筒形件一次拉深成形的最大相对高度，则认为可以一次拉深成形。即

$$(h_1 + h_2 + \cdots + h_n)/d_n \leqslant h/d_n \tag{7-45}$$

式中　h_1、$h_2 \cdots h_n$——制件各阶梯高度（mm）。

其中，h/d_n 为一次拉深的许可最大相对高度，可按筒形件一次拉深的最大相对高度计算，也可参考表7-6所给数据。如果不能满足上式，则需要多次拉深。

2. 确定拉深工艺方法

多次拉深带阶梯筒形件时，通常需要根据工序件的直径变化情况具体确定拉深工艺。

（1）由大直径至小直径逐次拉深　如果任意相邻两筒径之比 d_n/d_{n-1} 都不小于筒形件的极限拉深系数，则可由较大直径向较小直径依次拉出，即每次拉出一个台阶，如图7-28所示，制件的阶梯数即拉深次数。

（2）补充中间直径拉深　如果相邻两筒径之比 d_i/d_{i-1} 小于筒形件的极限拉深系数 $d_i/d_{i-1} < m_{\min}$，即不可能每次拉深出一个阶梯直径，这时需增设中间直径补充拉深。如图7-29所示，由于计算拉深系数过小，不得不增设第一、二道中间补充拉深，之后再消除中间工序成形形状，最后

一道工序将凸缘拉直,完成拉深成形。

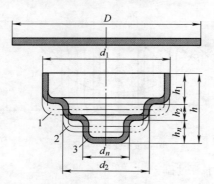

图 7-28 由大直径至小直径逐次拉深

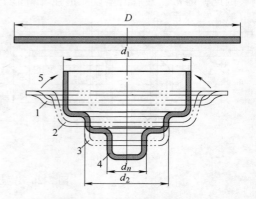

图 7-29 补充中间直径拉深

(3) 浅阶梯筒形件拉深 浅阶梯筒形件拉深时,制件刚度不易保证。另外,有时因拉深件大、小直径相差悬殊使得拉深系数较小,常需多次拉深。如图 7-30 所示,可以考虑先拉成半球形或大圆角筒形件后,再整形为带阶梯筒形制件。

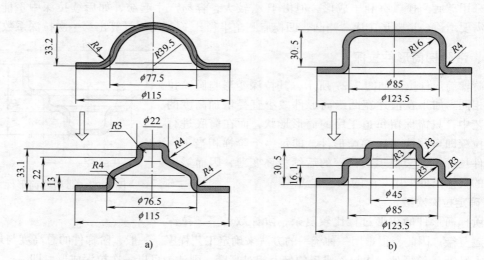

图 7-30 浅阶梯筒形件拉深

五、非垂直侧壁旋转体拉深工艺简介

所谓非垂直侧壁旋转体零件,主要是指球面、抛物面、锥面零件,这类零件拉深时,不仅压料面上法兰材料发生塑性变形,而且凹模口内材料也有较大变形。最终成形形状都需要大部分板坯逐渐贴靠凸模工作表面,即变形方式与筒形件拉深有所不同。另外,有的制件成形过程中侧壁变形更接近于胀形,因此,筒形件的拉深系数也失去了判断成形难易的意义,并且工艺和模具设计方法也将发生相应的变化。

1. 球面制件拉深

将筒形件拉深凸模肩圆角半径 r_p 增大至 $D_p/2$ 时,即成为如图 7-31a 所示的球面拉深。采用球头凸模拉深时,破裂危险区转移至球头凸模下端某一环形区域。法兰变形与筒形件拉深相同,径向受拉周向受压流入凹模口,由凹模口向法兰外缘板厚逐渐增厚。在凹模孔内,与凸模贴靠部分板坯的应力状态是两拉一压，板厚减薄 $\varepsilon_t < 0$，变形与胀形相似，不同之处在于后者仅允许少量的法兰流入。由于拉深开始后进入凹模口的板料在压料面上因周向压缩而板厚增厚，因此，在某一半径处形成一个板厚应变 $\varepsilon_t = 0$ 的环形区域，随着拉深半径增大 $\varepsilon_t > 0$，如图 7-31b 所示。板厚减薄是球头拉深的主要变形方式，离开凸模最下端一段距离的某一环形范围内产生最大板厚变薄。拉深过程中，尽管压料面上材料有部分流入补充，但大部分变形仍接近于胀形。

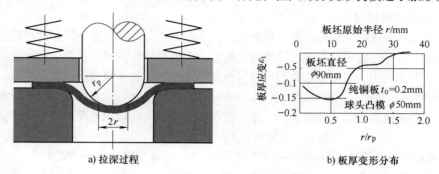

a) 拉深过程　　　　　　　　　　　　　b) 板厚变形分布

图 7-31　球面零件拉深及其板厚变形

　　球头凸模拉深时的材料转移不仅发生在压料面上，同时在凹模孔内与凸模尚未贴靠部分板料也发生材料转移。成形初期，贴靠在凸模底部和被压紧在压料面上的板料面积相对小，相当一部分板料处于悬空的自由状态，因此，皱曲可能同时产生在法兰外缘和凹模孔内。特别是薄板料，由于板面变形无约束，当径向拉力不均时，很容易产生凸起皱纹。

　　球面制件主要有半球形件、球底筒形件、带凸缘球面制件和浅球面制件等，如图 7-32 所示。对于图 7-32a 所示的半球形件来说，如果认为拉深前、后板坯与制件表面积相等，则其拉深系数 $m = 0.707$，是一个与拉深直径无关的常数。因此，生产中常利用板坯的相对厚度 t_0/D 来衡量半球面件拉深的难易程度，并将其作为确定拉深方法的依据。

　　当 $t_0/D > 3\%$ 时，由于板坯相对厚度较大，成形中不易起皱，可不压料拉深。但由于板坯在凹模口前后失去变形约束，实际上仍具有起皱倾向。另外，考虑到板坯贴模性而通常采用带型腔凹模拉深，在成形终了时进行必要的整形。

　　当 $t_0/D = 0.5\% \sim 3\%$ 时，为防止起皱，需压料拉深。

　　当 $t_0/D < 0.5\%$ 时，由于板厚度很小，非常容易起皱，常需在压料面上增设拉延筋，或采用反拉深工艺，促使板坯变形更充分。

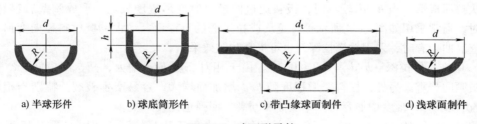

a) 半球形件　　　b) 球底筒形件　　　c) 带凸缘球面制件　　　d) 浅球面制件

图 7-32　球面形零件

　　对于图 7-32b、c 所示球底筒形件和带凸缘球面制件拉深时，需根据制件高度 h 或凸缘相对宽度 d_t/d 来具体确定拉深次数和拉深方法。而对于不带垂直侧壁或凸缘的球面制件，则需适当加大板坯尺寸，球面成形后进行修边。

图 7-32d 所示浅球面制件拉深时，不易起皱，成形结束后回弹较严重。因此，应根据相对厚度 t_0/D 大小，采用不同的模具结构进行拉深。当坯料直径 $D \leqslant 9$ $(Rt_0)^{1/2}$ 时，可不压料拉深，但成形初期板坯容易窜动，因此，常采用弹性顶出器或带底凹模拉深，成形终了时进行适当整形；当 $D > 9$ $(Rt_0)^{1/2}$ 时，容易起皱，通常需加大坯料尺寸，并采用带压料装置或拉深筋的模具进行拉深，最后再增设一道修边工序。

2. 抛物面形制件拉深

具有抛物线形纵断面制件的拉深与球面制件拉深基本相似，但这类零件深度与凹模口径之比相对大。另外，拉深过程中贴靠在凸模表面上的板坯变形比球头拉深要复杂，介于球头拉深和锥面拉深之间。在生产中，通常将这类制件分为浅抛物面形拉深和深抛物面形拉深。

1）浅抛物面形制件（$h/d < 0.5 \sim 0.6$）的相对高度与半球形件接近，通常可按球面制件拉深方法成形。但应注意与球头凸模相比，抛物面凸模头部较尖，拉深速度不宜过快，初始压料力不宜太大。

2）深抛物面形制件（$h/d > 0.5 \sim 0.6$）是曲面部分高度与横断面直径之比较大的制件，为了使中间部分贴模而不起皱，必须增大径向拉应力，但为了防止板坯中心破裂，常需采用过渡凸模多次拉深，或用带拉延筋模具。对于抛物面形零件，为了减少拉深次数、减轻板坯与模具表面摩擦的影响，采用充液拉深可以得到较好的成形效果。

3. 锥形件拉深

锥形件拉深与球面拉深相似，成形过程中板料与凸模接触面积更少，凸、凹模间隙之间悬空材料的自由变形面积大，很容易起皱。锥形件拉深途中与筒形件大间隙拉深的情况相似，不同的是锥形件拉深终了时板料才贴靠凸模表面成形。锥底和开口部分的直径差较大，拉深末端若不镦死，成形后的回弹现象也比较严重，几何形状误差导致成形冻结性较差。

锥形件如图 7-33 所示，相对高度 h/d_2 越大，处于凸、凹模之间的侧壁材料多，起皱倾向越严重。另外，h/d_2 越大，所需板坯直径越大。拉深初期，法兰变形面积大容易拉断，常需多次拉深。锥底与口边直径比 d_1/d_2 大，变形接近筒形件拉深，板坯通过凹模肩圆角时的包角增大，弯曲、反弯曲变形强烈。而 d_1/d_2 较小时，板料通过凹模口时变形硬化效应弱，形成侧壁后容易皱曲。因此，通常将锥形拉深件分为浅锥、中锥和深锥三种类型。

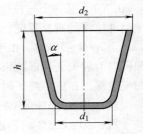

图 7-33　锥形拉深件

（1）浅锥形件拉深（$h/d_2 < 0.25 \sim 0.3$）　由于拉深深度较浅，通常可一次拉深成形。当 d_1/d_2 较小时，板料通过凹模口时变形程度较弱，形成侧壁后容易皱曲。$\alpha > 45°$ 时，通常采用如图 7-34 所示带拉延坎或拉延筋的拉深模，增大侧壁材料径向变形量，以防止侧壁皱曲。有时，采用软模拉深，也可提高防皱效果。

（2）中锥形件拉深（$h/d_2 = 0.3 \sim 0.7$）　由于相对高度 h/d_2 增大，凸、凹模间悬空材料增多，起皱倾向严重。另外，板料变形程度随 h/d_2 增加而增大，容易产生破裂。特别当相对锥顶直径 d_1/d_2 较小时，锥度增加容易产生皱曲和断裂，回弹也比较严重。

当相对板厚 $t_0/D > 0.025$ 时，通常不易起皱，可考虑不压料拉深，利用如图 7-35 所示带有过渡曲面的凹模一次拉深成形。如果制件要求精度较高，可在锥底处增设一顶出器，用于成形终了时压靠整形。

当 $t_0/D = 0.015 \sim 0.02$ 时，也可一次成形。考虑到相对板厚较小，为防止起皱，常需压料拉深，并适当增大压料面积。

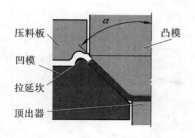

图 7-34　浅锥形件压料拉深

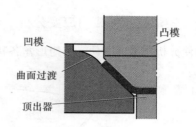

图 7-35　中锥形件不压料拉深

当 $t_0/D < 0.015$ 时，应进行预成形，即先拉成筒形件或半球形件后，再进行正或反拉深成设计所要求的形状尺寸。

（3）深锥形件拉深（$h/d_2 \geqslant 0.8$）　由于锥度小深度大，一般都需多次拉深，且应根据制件的几何尺寸采用不同工艺逐步拉深成形，如图 7-36 所示。

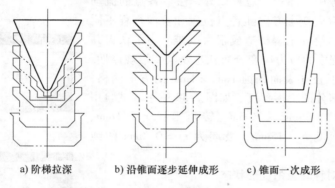

a) 阶梯拉深　　　　b) 沿锥面逐步延伸成形　　　　c) 锥面一次成形

图 7-36　深锥形件的拉深方法

1）阶梯拉深。利用几道工序将板料拉深成带阶梯筒形件，逐步使每一台阶的内径接近于锥形件相应深度处的直径，最后一道工序将其整形成为产品要求的锥形制件，如图 7-36a 所示。

2）沿锥面逐步延伸成形。如图 7-36b 所示，先将板坯拉深成直径与锥形件大端直径相等且表面积与锥形件表面积相等或略大的筒形件，然后通过若干道拉深逐渐拉成深度依次增加的锥面，最后完成深锥形件拉深。

3）锥面一次成形。先将板坯拉成圆筒形，然后由底面减径并向上拉成与制件要求角度相同的带直壁浅锥形的工序件，之后的工序保证锥面角度而增加深度，如图 7-36c 所示，最后拉深成制件要求的形状尺寸。

第五节　盒形件拉深

对于圆筒形件拉深，如果板料各向同性，成形中法兰半径线上各点基本做向心移动，由于应力和应变的主方向不变，可以进行轴对称变形的理论解析。但对于非回转对称体拉深，法兰面上各点处应力应变主轴瞬时变化，即使是各向同性材料，也很难进行精确的理论解析。因此，通常只能作相应的试验分析、有限元计算或近似解析。

一般，常用的非回转对称体件主要有方盒形件、矩形盒件及椭圆盒形件，有时，将它们统称为盒形件。其中，矩形盒件最具有非回转对称成形的典型特征。

一、矩形盒拉深应力应变分析

为使分析和描述方便，将矩形盒各特征区划分如图 7-37 所示。

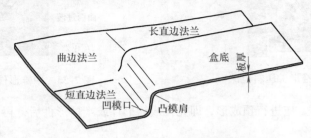

图 7-37　矩形盒各特征区划分示意图

矩形盒拉深过程中，除长、短轴以外，法兰各点的流动变形都不向心，应力应变主方向随各点位置和拉深行程不同而瞬时变化，因此，给理论解析造成很大困难。为了认识并理解矩形盒拉深过程中的应力应变分布状态及其变形规律性，利用光刻方法在成形板坯表面刻蚀 1mm × 1mm 的方形网格，用来观察并测算各部分的变形程度，如图 7-38 所示。试验用拉深凸模长、短边长 36mm × 72mm，转角半径 $r_c = 1mm$、3mm、9mm，拉深深度 $h = 15mm$，板坯为 $t_0 = 0.2mm$ 的纯铜板。

1. 法兰外缘及对称轴上的变形状态

（1）沿法兰外缘的应力应变分布

1）法兰外缘的周向变形。图 7-39 所示为根据光刻网格长度变化测算出矩形盒拉深中沿板坯外缘的周向应变 ε_θ 分布情况，法兰形状变化间接反映了材料向凹模口的流入速度及各部分的变形抵抗。直边中部材料几乎平行地移向凹模口，速度较快。曲边材料明显过剩，角对称线附近必须周向压缩的同时被拉向凹模口，而两侧大部分板料被滞留在压料面上。法兰角端部作为"变形死区"在前方变形材料拖动下略为偏向长边侧地移向凹模口，转角半径 r_c 越大，角端向长边侧的偏移量越大。

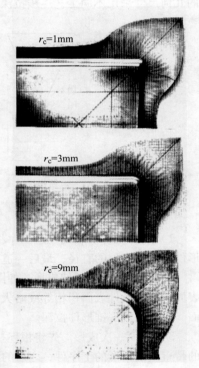

图 7-38　拉深过程中的矩形盒件

2）法兰外缘的板厚变形。为分析法兰外缘应变状态，将外缘网格节点处板厚应变 ε_t 和周向应变 ε_θ 的测算值示于图 7-40 中，角端部 $\varepsilon_\theta = 0$，离开角端逐渐产生周向拉应变 $\varepsilon_\theta > 0$。$r_c = 3mm$ 时，直、曲边交界线附近出现 ε_θ 的极大值，$r_c = 9mm$ 的 ε_θ 极大值相对小。进入直边侧，ε_θ 减小，并转变为周向压缩变形 $\varepsilon_\theta < 0$。$\varepsilon_\theta < 0$ 是拉深变形波及到直边所致，短边侧 $|\varepsilon_\theta|$ 比长边侧大，长、短边对称轴上 $|\varepsilon_\theta|$ 比较小。转角半径与凸模长边长度之比 r_c/l 越大，对称轴端的周向压缩变形越大。

法兰外缘径向应力 $\sigma_r = 0$，如果忽略压料力的影响，仅有周向应力 σ_θ 作用。对应于 $\varepsilon_\theta > 0$ 和 $\varepsilon_\theta < 0$，$\sigma_\theta = Y(\varepsilon_\theta) > 0$ 和 $\sigma_\theta = Y(|\varepsilon_\theta|) < 0$。这里，$Y$ 是用屈服应力表示的函数。单位压料力作为应力很小，如果建立屈服条件时忽视它的影响，法兰外缘应变从对应点的应变测算结果来看，

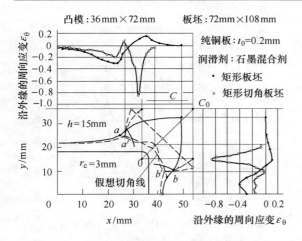

图 7-39　拉深过程中沿法兰外缘周向应变分布

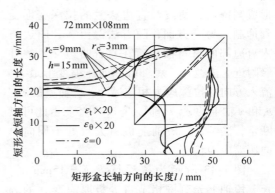

图 7-40　沿法兰外缘周向应变与板厚应变的分布

$$\varepsilon_r = \varepsilon_t = -\frac{\varepsilon_\theta}{2} \tag{7-46}$$

应变比 $\varepsilon_t / \varepsilon_\theta$ 大致等于 -0.5。

3）矩形盒转角半径对法兰外缘变形的影响。图 7-41 给出了拉深深度 $h = 15\text{mm}$ 时，法兰形状变化和外缘周向应变 ε_θ 随矩形盒圆角半径 r_c 的变化情况。r_c 越大，曲边外缘被拉向直边的趋势越弱，即 ε_θ 相对小。r_c 较小（1mm、3mm）时，在原始直、曲边交界端附近 ε_θ 开始转为小于零。r_c 较大（9mm）时，ε_θ 变异点明显提前。即 r_c 越大，曲边拉深区域大，直、曲边流入速度差减小。因此，直边牵引曲边流入的趋势减弱，σ_θ 减小。从 ε_θ 变异点一直到对称轴端，法兰外缘始终产生周向压缩变形 $\varepsilon_\theta < 0$。由 $r_c = 3\text{mm}$、9mm 时，短边外缘 $|\varepsilon_\theta|_{max}$ 达到 0.4。在法兰外缘部，该处板厚变形最大，实验测量、数值计算与上式给出的结果吻合，$|\varepsilon_t|_{max} \approx 0.2$。

（2）矩形盒对称轴上的应变分布　矩形盒转角半径 $r_c = 9\text{mm}$ 时，法兰长、短轴（x、y 轴）上的径向应变随拉深行程的变化如图 7-42 所示。长边侧 y 轴（短轴）上 $\varepsilon_x < 0$，短边侧 x 轴（长轴）上 $\varepsilon_x < 0$，引起拉深变形。因来自法兰曲边材料流入的影响不同，与短轴上的 $|\varepsilon_x|$ 相比，长轴上的 $|\varepsilon_y|$ 更大些，即（短边侧）长轴上周向压缩变形量相对大。

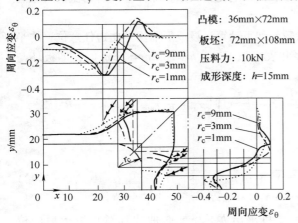

图 7-41　法兰外缘应变状态与矩形盒圆角半径的关系

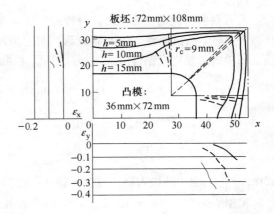

图 7-42　法兰对称轴上的径向应变分布状态

长、短轴上的周向应变$|\varepsilon_x|$及$|\varepsilon_y|$在外缘处最大，靠近凹模口逐渐变小。流入凹模口形成侧壁后，使波及直边法兰的拉深变形受到抑制。另一方面，随着法兰流入，曲边挤入直边部的材料被积蓄在直、曲边交界的外缘附近。法兰长、短轴端周向压缩变形最大，流入方向的拉深应力相应减小。y轴上的$\varepsilon_y/\varepsilon_x$和$x$轴上的$\varepsilon_x/\varepsilon_y$都接近于$-0.5$。由此可以断定，法兰长、短轴上板料大致处于周向单向压缩应力状态。

图 7-43 所示为拉深行程 $h = 15$mm 时，长、短轴上光刻网格节点处板厚应变ε_t的分

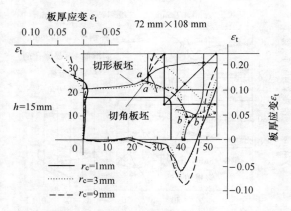

图 7-43　对称轴上的板厚应变分布状态

布状态，$|\varepsilon_t|_{max}$产生在凸模肩圆角附近的侧壁部。法兰短边流入相对迟缓，变形抵抗大，沿长轴侧壁的$|\varepsilon_t|$很大。r_c越大，法兰曲/直边面积比越大，直边受曲边材料挤入的影响越大，因而$|\varepsilon_t|$也相对增大。

矩形盒底部的板厚变化非常小，但可间接反映出沿凸模肩圆角的应力分布状况。短轴（y轴）上$\varepsilon_x > 0$，$\varepsilon_y < 0$，处于x的单向拉伸应力状态。长轴（x轴）上$\varepsilon_x > 0$，变形分布与短轴相似。ε_y的分布具有一定特征，在盒底中心处$\varepsilon_y < 0$，随着移向凸模肩部又转为$\varepsilon_y > 0$。也就是说，在中心处$\varepsilon_y/\varepsilon_x \approx -0.5$，中途变为$\varepsilon_y = 0$（平面应变），$x = 30$mm 附近最大，$\varepsilon_y/\varepsilon_x = 3$（$y$方向拉伸占优势的两向拉伸状态）。这种应变分布，是受凸模转角部拉深应力在y方向成分较大的影响，因此，断裂通常由短边侧引起。

法兰直边对称轴上大致呈周向单向压应力状态，而流入方向的拉应力很小。

2. 法兰曲边变形状态

矩形盒拉深中，法兰曲边变形受多重因素耦合作用，直接影响成形性和拉深极限。

（1）法兰曲边的流动变位　矩形盒拉深中法兰曲边的材料流动与方形盒拉深不同，长、短边变形刚性的差异使板坯角对称线向长边方向偏转，角端部偏移量最大。长、曲边交界端向长边侧的流入量比短边侧大，但如果考虑到流入量和吸收面积的比例关系，显然这种材料流入对短边变形的影响更大。

为考察曲边流动变形状态，对特定矩形盒参数作如下计算。设成形前法兰曲边任意位置的半径为 R，对于凸模半径 r_c 的圆筒拉深，假定板厚和表面积不变，$h = r_p + r_d = 3$mm 时，即板坯与凸、凹模肩圆角完全贴合时的半径位置 r_{RD3} 根据

$$\pi(r_c - r_p)^2 + 2\pi\left(r_c - r_p + \frac{0.9}{\sqrt{2}}r_p\right)\frac{\pi}{2}r_p + 2\pi\left(r_i - \frac{0.9}{\sqrt{2}}r_d\right)\frac{\pi}{2}r_d + \pi(r_{RD3}{}^2 - r_i{}^2) = \pi R^2$$

$$(7-47)$$

的关系，可以得到

$$r_{RD3} = \sqrt{R^2 + r_i^2 - \left[(r_c - r_p)^2 + \pi(r_c - r_p + r_i)r_p\right]} \qquad (7-48)$$

式中　r_i——曲边凹模入口的转角半径（mm），$r_i = r_c + \delta + r_d$，δ 为凸、凹模间隙。

根据 $2\pi r_c(h - 3) = \pi(r_{RD3}^2 - r_{RD}^2)$ 的关系，还可求出 $h > 3$mm 时曲边任意点变形后的位置 r_{RD}

$$r_{RD} = \sqrt{r_{RD3}^2 - 2\pi r_c(h - 3)} \qquad (7-49)$$

于是，法兰曲边任意点的理论向心移动量可由下式表示

$$v_{RD} = R - r_{RD} = R - \left\{ R^2 + r_i^2 - \left[(r_c - r_p)^2 + \pi(r_c - r_p + r_i)r_p \right] - 2r_c(h-3) \right\}^{\frac{1}{2}} \quad (7-50)$$

曲边角中心线上任意点变位 u_c 的分布如图 7-44 所示，其中，向左上倾斜的虚线为理论计算值，实线为试验测试值。u_c 随成形高度 h 增加而增大，大致为 $0.4h$，因半径位置 R 所产生的变化异常小。R 较大的区域作刚性变位，所以 u_c 是一定的。与实测值相比，u_c 的理论计算值几乎在全域中增大，这是拉深变形向直边扩散的结果。但 u_c 实测值不变化的区域几乎延伸到凹模口附近。R 较小的区域，u_c 的计算值显著增大，具有大于实测值的变化趋势，可推定是凸模肩圆角附近双向拉伸部导致板厚减少和材料流出等原因所致。

设法兰直、曲边材料作板厚不变的独立变形，在凸、凹

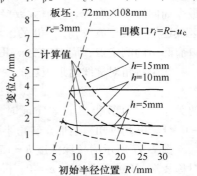

模肩圆角刚好被贴模（$h = r_p + r_d$）时，曲边因周向收缩和径向拉伸导致向凹模口的流入长度小于直边。因此，曲边流入半径 R_{tc} 与直边流入线长度 R_{ts} 之差 $\Delta R_t = R_{ts} - R_{tc}$ 将随 r_c 大小而变化。假设凸、凹模间隙 $\delta = t_0$、$r_p = r_d = \rho$，无量纲的直、曲边相对流入差可以表示为

图 7-44 法兰曲边任意点的流动变位

$$\frac{\Delta R}{\rho} = \pi - 1 + \frac{r_c}{\rho} + \frac{\pi t_0}{2\rho} - \sqrt{\left(\frac{r_c}{\rho} - 1 \right)^2 + \pi \left(\frac{2r_c}{\rho} + \frac{t_0}{\rho} \right) \left(1 + \frac{t_0}{2\rho} \right)} \quad (7-51)$$

式中 ρ——模具肩圆角曲率半径（$\rho = r_p = r_d$）。

由上式可以看出，r_c/r_d 越小，$\Delta R/\rho$ 越大，即法兰直、曲边流入差越大。图 7-45 表示 $\Delta R/\rho$ 的计算值随 r_c 变化的关系。r_c 越大，法兰曲边拉深区域增大，变形分散使得 $\Delta R/\rho$ 减小。如果拉深变形导致曲边板厚增加，$\Delta R/\rho$ 将相应变小。但实际上，曲边板厚增加量很小，局部区域甚至产生胀形的变形趋势，所以，对 $\Delta R/\rho$ 影响不是很大。$\Delta R/\rho$ 还与板厚相对曲率 t_0/r_d 有关，曲边板坯在凹模肩圆角处伴随径向拉伸和周向压缩而产生弯曲、反弯曲变形，常用 $(t_0/r_d)/2$ 表示弯曲加工度。t_0/r_d 越大，弯曲加工程度增加导致 $\Delta R/\rho$ 增

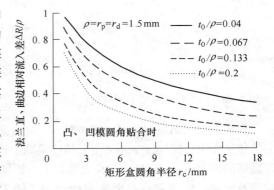

图 7-45 直、曲边相对流入差与变形条件的关系

大，法兰直边先行加速，曲边流入更加迟缓。但从另一个角度看，由此增大的附加剪切力，将有助于促进曲边流入，增强"背压"效果。

（2）法兰曲边角对称线上的应变分析 根据板坯上光刻网格变形前、后的测算结果，在以凸模转角中心为圆心的柱坐标（r，θ）中，近似计算角对称线上的径向应变 ε_r 和周向应变 ε_θ

$$\varepsilon_r = \ln \left(\frac{dr}{dr_0} \right), \quad \varepsilon_\theta = \ln \left(\frac{s}{s_0} \right) \quad (7-52)$$

式中 s，s_0——变形前、后网格的周向标距（mm）；

r，r_0——变形前、后网格的径向标距（mm）。

将按上式计算得出的 ε_r 和 ε_θ 置于变形后的位置 $r \approx R - u_c$，示于图 7-46 中。其中 R 为变形前被测点与凸模转角中心的距离，u_c 为变形后被测点的刚性位移。如同由 u_c 的分布可以预想的那样，在较广的范围内 $\varepsilon_r \approx 0$。在法兰角部"变形死区"，$\varepsilon_r \approx \varepsilon_\theta \approx 0$。自凹模口前某一位置起，先

产生周向压应变 $\varepsilon_\theta < 0$，而径向拉应变 $\varepsilon_r > 0$ 的产生明显滞后，这种倾向随 r_c 减小而增强。靠近凹模口肩圆角（$r_i = r_c + \delta + r_d$）附近，$|\varepsilon_\theta|$ 和 ε_r 迅速增大，最大拉应变 ε_{rmax} 值随 r_c 增大而增加，最大周向压缩应变 $|\varepsilon_\theta|_{max}$ 值大致接近于 0.3。另一方面，表示拉深变形 $\varepsilon_\theta < 0$ 的区域比 $\varepsilon_r > 0$ 的区域还广，甚至波及到 $\varepsilon_r \approx 0$ 的区域。这种现象，$r_c = 1$mm、3mm 时更明显。此外，最接近凹模口肩圆角的测定点，周向应变 ε_θ 几乎都是 -0.3。

如果将角对称线附近板坯的变形近似看作圆筒拉深，根据

$$\varepsilon_{\theta RD} = \ln\left[r/(r + u_c) \right] \tag{7-53}$$

的关系，可计算得出 $r_c = 1$mm 时，$\varepsilon_\theta = -1.03$；$r_c = 3$mm 时，$\varepsilon_\theta = -0.71$；$r_c = 9$mm 时，$\varepsilon_\theta = -0.41$。由此可知，矩形盒转角半径 r_c 越大，拉深变形被缓和的效果越明显。

图 7-47 所示为拉深深度 $h = 15$mm 时，板厚应变 ε_t 测算值沿角对称线的分布图。法兰曲边角对称线端（0 点）附近，$\varepsilon_t \approx 0$。随着靠近凹模口，周向压缩和径向拉伸加剧，由于 $|\varepsilon_\theta| > \varepsilon_r$，板厚逐渐增加，在凹模口附近产生 ε_{tmax}。r_c 越小，沿法兰角对称线上同一位置处，应变比 $|\varepsilon_\theta|/\varepsilon_r$ 越大，因而 ε_t 增加越大。

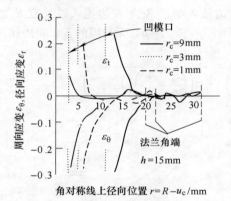

图 7-46　法兰角对称线上周向应变和径向应变

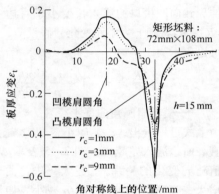

图 7-47　角对称线上板厚应变分布

板坯被拉至凹模圆角时，产生弯曲、反弯曲变形，ε_t 开始减小。形成侧壁后，承担法兰拉深力的传递作用，随 $|\varepsilon_\theta|/\varepsilon_r$ 减小，ε_t 始终呈减小趋势，直至凸模肩圆角处产生沿矩形盒对角线上板厚减薄的极值 $|\varepsilon_t|_{max}$。处于凸模肩圆角上的板坯支撑并传递法兰变形抵抗，在肩圆角处产生双向拉伸及弯曲、反弯曲变形而流向壁部，伴随表面积增加，$|\varepsilon_t|$ 急剧增大，成为拉深破裂危险部位。

沿角对称线上板厚变形程度，因转角半径 r_c 有所不同。随 r_c 减小，法兰曲边变形面积减小，周向收缩向法兰角对称线上集中使板厚增厚显著。与此相对应，凸模肩部板坯的载荷负担增大，因此，r_c 越小，肩圆角附近板厚减薄越严重，即 $|\varepsilon_t|_{max}$ 值相对大。

（3）曲边对角线上变形应力分析　矩形盒拉深时，法兰外缘应变在 ε_θ（$-$）轴和 ε_t（$+$）轴之间变化。当 r_c 较小时，曲边产生径向压应变 $\varepsilon_r < 0$。角对称线上的应变随 r_c 不同而异，r_c 越小，ε_t 越大。$r_c = 1$ 时，应变点在 ε_t（$+$）轴和 ε_θ（$-$）轴之间移动，$\sigma_\theta < 0$。根据全量理论，法兰变形区的应力应变之间具有下列关系

$$\frac{\varepsilon_r}{2\sigma_r - \sigma_\theta - \sigma_t} = \frac{\varepsilon_\theta}{2\sigma_\theta - \sigma_t - \sigma_r} = \frac{\varepsilon_t}{2\sigma_t - \sigma_r - \sigma_\theta} \tag{7-54}$$

根据大量实验及有限元计算结果，对于 $r_c = 1$mm、3mm、9mm，压料力为 10kN 时的矩形盒拉深，成形深度达到 $h = 15$mm 的过程中，单位压料力仅在 $2 \sim 9$MPa 之间变化，这种压料应力与成形过

程中的法兰变形应力相比非常小。因此，如果忽略压料力和板厚应力影响，近似认为处于 $\sigma_t \approx 0$ 的平面应力状态，由

$$\frac{\varepsilon_t}{\varepsilon_\theta} = \frac{\sigma_r + \sigma_\theta}{\sigma_r - 2\sigma_\theta} \tag{7-55}$$

可以判断 σ_r 也变为负值，并且一直延续到凹模肩圆角附近。将测量并计算的原始光刻网格角对称线变形近似看作主应变示于图 7-48。严格地讲，应该根据应变增量的矢量方向来判断应力状态。但由图示结果足以近似证明 r_c 越小，形成压应力 $\sigma_r < 0$ 的区域越广，即所谓"背压"效应越强这一结论。r_c 越小，离开凹模口近旁处 ε_r 急剧减小，甚至在很大一段距离上 $\varepsilon_r < 0$。根据平面应力假设，曲边对角线上的应力应变关系变为

$$\varepsilon_\theta = \frac{\overline{\varepsilon}}{\overline{\sigma}} \left| \sigma_\theta - \frac{1}{2}\sigma_r \right|$$

$$\varepsilon_r = \frac{\overline{\varepsilon}}{\overline{\sigma}} \left| \sigma_r - \frac{1}{2}\sigma_\theta \right| \tag{7-56}$$

$$\varepsilon_t = \frac{\overline{\varepsilon}}{\overline{\sigma}} \left| -\frac{1}{2}(\sigma_\theta + \sigma_r) \right|$$

式中　$\overline{\varepsilon}$、$\overline{\sigma}$——分别为等效应变和等效应力。

在 $\varepsilon_r = 0$ 处，$\sigma_r = \sigma_\theta/2$，因此，$\overline{\varepsilon} = (2/\sqrt{3})|\varepsilon_\theta|$，$\overline{\sigma} = (\sqrt{3}/2)|\sigma_\theta|$。由图示法兰曲边角对称线上应变分布状态可以看出，$r_c$ 越小，板厚应变 ε_t 越大。但还不能由此认为 r_c 越小，拉深变形越强烈。因为在图示范围内，$|\varepsilon_\theta|_{r_c=1} < |\varepsilon_\theta|_{r_c=3} < |\varepsilon_\theta|_{r_c=9}$，即周向压缩应变 $|\varepsilon_\theta|$ 随 r_c 减小而减弱。因此，不妨理解为 r_c 越小，等效应变 $\overline{\varepsilon}$ 越小。也就是说，法兰曲边角对称线上的应变强度随矩形盒转角半径 r_c 减小而减小。

根据图 7-44 中距凹模肩圆角最近的测定点 $\varepsilon_r/\varepsilon_\theta = -0.3 \sim 0.8$ 可知，如果忽略压料应力，是接近于 $\sigma_r = 0$、$\sigma_\theta = -Y$ 的 θ 方向单向压缩状态（$\varepsilon_r/\varepsilon_\theta = -0.5$）。在略微离开凹模口圆角 $\varepsilon_r = 0$、$\varepsilon_\theta < 0$ 的区域，处于 $\sigma_r = (\sigma_t + \sigma_\theta)/2$ 的平面应变状态，由于 $|\sigma_\theta| > \sigma_t$，$\sigma_\theta < 0$，即使在半径方向上也作用有压缩应力 $\sigma_r < 0$。在 $r_c = 3\text{mm}$、$h = 15\text{mm}$ 的曲边变形状态图 7-49 中，直、曲边交界附近沿外缘产生拉伸应力（$\varepsilon_\theta > 0$），点 A、B 处 σ 为正，切应力 τ 作用在图中所示的方向上。AB 上 σ 的积分为 0，所以，在中央部 $\sigma < 0$（$\sigma_r < 0$）。如果 σ 的分布如图示那样呈简单的波形，线 AB 接近凹模入口时，对于 A、B 点 $\sigma < 0$，中央部 $\sigma > 0$（$\sigma_r > 0$）。也就是说，在 OC 上的一定范围内，$\sigma_r < 0$，从接近凹模口的某一位置开始，转变为 $\sigma_r > 0$。

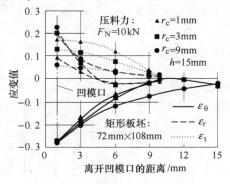

图 7-48　法兰角对称线上的应变分布状态

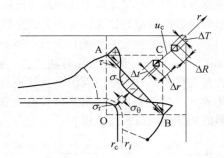

图 7-49　法兰曲边变形状态

实际上，法兰直边快速流入对曲边产生沿外缘拖曳的作用，得法兰曲边沿外缘方向的拉应力，而曲边两侧的拉应力将造成对角线方向的背压力和弯矩，将减轻曲边径向拉力。这也是上述分析认为沿曲边角对称线方向产生径向压应力，或应力间断的重要原因之一。

由上述分析，可以明确法兰曲边角对称线上的变形状态与圆筒拉深存在很大区别。如果认为法兰曲边独立进行拉深变形，那么，r_c 越小，近似利用（法兰曲边面积/凸模角部断面积）$^{1/2}$ 表示的局部拉深比 β_1 将越大。$r_c = 3mm$，坯料尺寸为 $72mm \times 108mm$ 的场合，$\beta_1 = 7.9$，这是圆筒拉深中无法实现的拉深比。矩形盒拉深之所以能实现很大的拉深比，不仅仅是拉深变形向法兰直边部扩散的应变缓和效应，而且包括流入方向上所需拉伸应力 σ_r 在很大程度上被缓和等应力状态影响的结果。

3. 直、曲边交界线附近的变形状态

矩形盒拉深中，凹模口具有长度不等的直、曲线轮廓形状，导致法兰各区域内变形并非独立，始终相互干涉、相互影响。直边材料快速流入受曲边滞后流入的拖曳，交界附近因流速不同而产生流入方向的切应力，使得该区域的板料变形极为复杂。

图 7-50 所示为拉深行程 $h = 15mm$ 时，凹模肩圆角前 2.5mm（$r = r_i + 2.5mm$），以及凹模肩圆角中央（$r = r_i - 1mm$）处，板厚应变 ε_t 的测试计算值沿凹模口的分布状态。曲边角对称线（$\theta = 0$）上，$r_c = 3mm$ 时，ε_t（> 0）是最大值，对于 $r_c = 9mm$ 是极小值，其 $|\varepsilon_t|_{max}$ 出现在长边侧。无论 r_c 大小，ε_t 的最小值都产生在直、曲边交界（$\theta = 45°$）略微进入直边的区域。该区域作用有较大切应力 $\tau_{r\theta}$ 而导致剪切变形，显然 σ_r 和 σ_θ 都不应是主应力，并且 $|\sigma_r|$、$|\sigma_\theta|$ 值都比中心线上小。

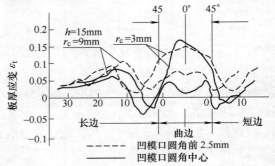

图 7-50　沿凹模口方向的板厚应变分布

二、矩形盒拉深极限分析

矩形盒拉深极限也由断裂和起皱所左右，但因其自身几何参数对成形性的影响比较复杂，目前还无法像圆筒拉深一样确定拉深极限的工艺表示方法。

1. 矩形盒拉深变形程度

矩形盒拉深中，法兰变形因位置和拉深行程而不同，并且瞬时变化，不能像圆筒形拉深那样，根据板坯和工具尺寸简单地判断变形程度。为了简化分析，可以采用直、曲边独立变形和整体变形假设，或根据与拉深深度相关的参数来近似判断拉深变形程度。

（1）直、曲边独立变形的拉深比　矩形盒拉深的几何参数如图 7-51 所示。假设拉深时法兰直、曲边独立变形，将包含盒底转角部分的曲边面积 A_c 置换成具有相同面积且半径为 R_0 的 1/4 当量圆，不考虑邻接直边变形的影响，曲边变形的局部当量拉深比 β_1 可表示为

$$\beta_{r_c} = \frac{R_0}{r_c} = \frac{\sqrt{(L - l + 2r_c)(W - w + 2r_c)/\pi}}{r_c}$$

$$(7-57)$$

将试验测试值代入上式，计算出极限拉深比

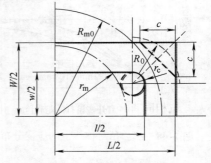

图 7-51　矩形盒几何参数

$\beta_{rc1max} = 21.5$；$\beta_{rc3max} = 9.0$；$\beta_{rc9max} = 3.6$。不论 r_c 大小，对于圆筒拉深来说，上述拉深比都是难以实现的。

（2）整体变形的拉深比 实际拉深过程中，法兰直、曲边在相互变形干涉的情况下被拉入凹模口。因此，考虑到变形的整体性，将矩形板坯和凸模分别置换成圆形板坯的当量半径 R_{m0} 和圆形凸模的当量半径 r_m 时，整体拉深比 β_m 为

$$\beta_m = \frac{R_{m0}}{r_m} = \sqrt{\frac{LW}{l \cdot w - (4 - \pi)r_c^2}} \tag{7-58}$$

$r_c = 1mm$、$3mm$、$9mm$ 时，β_m 分别为 1.73、1.94、1.84；切角板坯的 β_m 分别为 1.65、1.98、1.83，接近于圆筒的极限拉深比。拉深时，法兰曲边材料向直边挤入，在某种程度上缓解了曲边变形，同时也增加了法兰的总变形抵抗。角部切除后，拉深变形集中在法兰曲边，相对减轻了直、曲边变形干涉，成形性有所改善。适量切除角部使板坯变形面积减小，成形高度略有增加，但削弱了曲边法兰的"背压"效应，β_m 基本没有变化。

利用实际极限拉深的变形参数，按上述两种方法分别计算得到的拉深比相差很大。

（3）考虑成形深度的拉深比 通常，最大成形深度 h_{max} 可反映矩形盒拉深极限，而相对极限成形深度 h_{max}/r_c 还可用来近似判定板坯角部收缩变形程度。为了分析矩形盒相对转角半径 r_c/w 与短边相对极限成形深度 h_{max}/w 的关系，将实际极限拉深的测定值示于图 7-52 中。

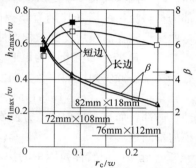

图 7-52 拉深成形极限

r_c/w 较小时，相对极限成形深度 h_{max}/w 减小，$r_c/w = 0.1$ 附近（$r_c = 3mm$），直、曲边分割比对成形有利，h_{max}/w 最大。随着 r_c 增大，h_{max}/w 呈降低趋势。作为矩形盒拉深中法兰的流入特征，r_c/w 越大，法兰曲边挤入导致短边变形材料增加、变形抵抗增大，因而短边最终成形高度大于长边。另一方面，假设法兰曲边变形与圆筒拉深一样，成形深度为 h 时，位于半径 R 处的材料恰好到达凹模口，忽略直、曲边变形干涉和板厚变化，应有 $\pi(R^2 - r_c^2) = 2\pi r_c h$ 的关系。因此，瞬时当量拉深比可表示为

$$\beta_h = \frac{R}{r_c} = \sqrt{1 + 2\frac{h}{r_c}} \tag{7-59}$$

根据成形深度与凸模角半径之比 h/r_c，可近似判断板坯实际收缩变形程度。实际上，矩形盒相对转角半径 r_c/w 越大，法兰短、曲边变形越接近于圆筒拉深，曲边拉深加工度减小。r_c/w 小，曲边拉深加工度增大。特别是 $r_c/w < 0.1$ 的领域，随 r_c/w 减小，曲边加工度急剧增大。$r_c = 1mm$ 时，曲边局部拉深比 $\beta_{rc1max} > 20$。也就是说，r_c 或 r_c/w 越小，法兰直边使曲边变形缓和的作用越大，能够实现比圆筒形件理论极限拉深比大得多的拉深成形。

瞬时当量拉深比忽略了法兰角端部"死区"材料的变形约束和法兰直边变形的影响，β_h 随 r_c 增大而减小。实际上 r_c 越大，短边变形体积越小，从而越发接近圆筒形件的拉深比。

如果将法兰曲边板坯在凹模肩圆角上的拉入比表示为

$$\beta = (r_c + \delta + r_d)/r_c \tag{7-60}$$

板坯在凹模口上的变形程度 β 随 r_c 减小而增大，即 $\beta_{r_c=1} > \beta_{r_c=3} > \beta_{r_c=9}$。$r_c$ 越小，曲边局部拉深比越大，与相同直径的圆筒拉深相比，相对成形极限的提高越显著。由式 7-60 还可以看出，增大 δ 和 r_d，可以减轻凹模肩圆角上的滑动摩擦以及弯曲、反弯曲变形程度，同样可以提高拉深极限。

另外，矩形盒转角的凸模肩圆角附近板厚的较大局部减薄也成为支配拉深成形性的重要因素，该处材料流出量远远大于直边部，因此，缓解了法兰曲边的强烈变形抵抗。但是，r_c/r_d 越

小，板材从平底凸模向肩圆角流出时的周向应变 ε_θ 越大，仅此原因使得板厚减少 $|\varepsilon_1|$ 也将增大。这对于缺乏延伸性的板材来说，构成成形不利因素。

2. 拉深极限

破裂和起皱是表明拉深成形极限的两个最重要标志。

（1）破裂　矩形盒拉深中的破裂通常产生在对应于矩形盒转角的凸模肩圆角附近。由于法兰曲边材料过剩导致流入阻力增大，使得材料在双向拉伸作用下流出凸模底部，并在肩圆角上弯曲、反弯曲变形，当板厚减薄承载能力降低至一定程度时发生破裂。矩形盒拉深中，既产生强度破裂，也可能产生因塑性变形量过大所导致的壁部裂纹。

矩形盒拉深破裂通常产生在凸模肩圆角对称中心略微偏向短边侧的位置。形成的裂纹向两侧发展，但短边侧发展速度较快，短边侧破裂成为典型的全周形破裂，而长边侧断裂则是随凸模行程继续而发展的撕裂。将破裂发展与沿凸模肩周向板厚分布结合起来看，转角半径较大（ $r_{\mathrm{c}}=$ 9mm）时，拉深破裂基本是从板厚最薄的位置开始向断面应力较大的方向发展。如果从凸模底面角部的材料流出变形（伴随有摩擦的双向拉伸变形）来看，破裂部材料未经历凹模肩部弯曲、反弯曲变形，在凸模肩受到拉伸弯曲而减薄，几乎负担着集中作用在角部的大部分拉深力。

对于转角半径 $r_{\mathrm{c}}=3\mathrm{mm}$ 的矩形盒，沿凸模肩圆角与侧壁切点处的破裂大致从直、曲边交界附近开始按某一倾斜角度向法兰方向发展，在侧壁高度1/2处交汇，短边侧壁全体破裂。

转角半径更小（ $r_{\mathrm{c}}=1\mathrm{mm}$ ）时，破裂也发生在凸模肩圆角与侧壁切点附近，但裂纹发展不是沿凸模肩部，而是直接向法兰方向发展，裂纹形式与通常的壁部裂纹相似，但破裂产生位置却在凸模肩部附近。

（2）起皱　回转体拉深中的法兰起皱和盒底起皱，相对来说现象比较简单，容易抑制。非回转对称拉深，影响起皱发生的因素很多，如法兰变形流动抵抗、速度、方向不同等，难以定量地把握和控制。

1）法兰长、短轴端起皱。拉深时，法兰长、短轴板料流动摩擦的线长度最小，流入抵抗比曲边部要小，因此流入速度最快。受曲边材料挤入的影响，在周向压应力作用下产生皱曲。起因于外部材料挤入的皱曲，因 r_{c}/w 大小而程度不同，对短边影响较大，短边中部的皱曲比长边中部显著。

2）法兰直、曲边交界附近起皱。法兰直边材料流入先行，使曲边外缘受到拉应力作用。但曲边过剩材料挤入使直边产生周向压应力，引起直、曲边交界附近的大量皱曲，起皱程度对 r_{c}/w 的依附性较小。

3）凹模口转角附近起皱。曲边法兰因背压力作用减轻了径向拉伸，移至凹模口附近时产生很大的周向压缩，由于凹模入口相对窄小，过剩材料不能被周围吸收，因而容易形成皱曲。这种起皱依靠适当增大压料力，合理变更板坯形状和尺寸，控制材料流动等可以抑制。

对于回转对称拉深，调节压料力可在起皱和破裂产生的两极限内寻求相对平衡。但矩形盒拉深时，凹模入口的轮廓形状导致法兰非均匀流动变形，均衡压料力往往只能是顾此失彼。因此，需要将材料变形状态和成形条件结合起来，抑制易变形区材料变形，促进难变形区材料变形，如利用曲面压料、分块变压料力控制等方法来减轻或消除起皱。

三、拉深力、压料力及摩擦条件

矩形盒可否拉深成形是由最大拉深力与板料断裂强度决定的。但拉深力不仅与板坯的材料性能有关，还与变形方式、压料载荷及压料面上摩擦状况等变形条件密切相关。

1. 拉深力及平均拉深应力

（1）拉深载荷——行程曲线的特征　图 7-53 所示为实际圆筒形和矩形盒拉深载荷 – 行程曲线，拉深初期的加载曲线基本相同。圆筒拉深时的材料硬化增长率与法兰变形体积减少率基本平衡时，产生最大载荷，之后迅速降落。而矩形盒拉深时的最大载荷点不明显，尽管法兰变形体积基本随拉深深度成比例减少，但变形硬化效应持续增强，导致拉深力下降缓慢。只是当法兰长边外缘接近凹模口时，载荷急剧下降。拉深载荷随板坯尺寸增大而增大，并且具有断裂载荷随板坯尺寸增大而增大这一特征（该图中未示出）。

增大板坯尺寸，法兰曲边实际产生拉深变形的范围有限，但增大了挤入直边的流动变形量。材料的变形硬化抵抗及破裂危险区的应力负担，不一定随法兰总变形抵抗增加而成比例地增大，因此，拉深临界载荷不固定。

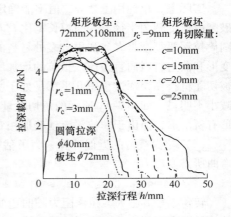

图 7-53　拉深载荷 – 行程曲线

（2）拉深应力的近似分析　图 7-54 表示矩形盒壁部平均拉深应力 σ = 拉深载荷/（凸模周长 × 板坯厚度）与行程的关系，并同时给出了拉深比 1.8 的圆筒拉深（凸模直径 ϕ40mm，$r_p = r_d = 1.5$mm，模具工作表面的表面粗糙度 $Ra0.4\mu$m，板坯直径 ϕ72mm）的测算曲线。尽管矩形盒整体拉深比都接近于 1.8，但凸模的周长较大，因此 σ 比圆筒拉深时小。矩形盒拉深中，法兰直边变形体积减少快，仅使直边流入凹模口所需加工力相对小，如果将曲边拉深域的变形近似地看作圆筒拉深的一部分，那么，像圆筒拉深那样从应该产生应力峰值的位置开始，直到法兰短轴被拉入凹模口为止，应力持续升高的现象，可以认为是由于法兰曲边材料挤向直边部的流动抵抗不断增加所致。

（3）破裂应力的近似分析　为了分析拉深破裂应力，将最大拉深力与制件侧壁受力面积之比及其与板坯相对变形面积之间的关系示于图 7-55 中。对于抗拉强度 $\sigma_b = 260$MPa 的试验用纯铜板坯，圆筒拉深 $\sigma_{max} = 270$MPa 时产生破裂。而矩形盒拉深时，σ_{max} 达到其 1/2 时就发生破裂。显然与壁部应力分布不均有关，即实际直边应力比 σ_{max} 小，而曲边应力比 σ_{max} 大。成形极限的 β_m 值（整体拉深比），$r_c = 3$mm 时最大。另外，过大板坯的 σ_{max} 不确定，正如在方形盒拉深时指出的那样，σ_{max} 随板坯尺寸的增加而增大。

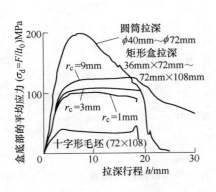

图 7-54　平均应力 – 行程曲线

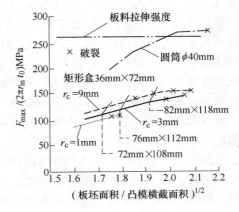

图 7-55　最大应力与变形面积比的关系

　　实际上，单纯用上述 σ_{max} 值不能确定矩形盒拉深时材料的抗断裂极限。因为矩形盒拉深时的破裂载荷受转角半径 r_c、凸模长宽比 l/w、板坯形状及压料面摩擦润滑等诸多因素的影响，比起圆筒拉深要复杂得多。如果破裂处材料的承载能力不变，可以认为 σ_{max} 的增大，是由法兰非拉深变形和曲边材料向直边流入抵抗的增加所造成的。使用矩形切角或矩形圆角板坯进行拉深试验，被切除材料在拉深过程中几乎都是处于所谓"变形死区"，并不参与实际拉深变形，因此，载荷减小不明显。如图 7-51 所示的角切除量 c 超过一定值（$r_c = 9mm$ 时，$c = 25mm$）后，尽管拉深变形有所增加，但由于非拉深流动变形相对减少，因而使拉深载荷略有降低。

　　（4）拉深载荷的近似计算　为了估算拉深载荷，首先确定凹模肩圆角处板料受到弯曲、反弯曲所需变形力

$$F_b \approx 2\left[(l + w - 4r_c) + \pi r_c\right]t_0\sigma_b(t_0/2r_d) \tag{7-61}$$

　　转角半径 r_c 越大，拉深阻力随曲边变形体积的增加而增大，拉深载荷上升。按照式（7-58）整体拉深变形假设，利用平均拉深比 β_m 可近似估算矩形盒侧壁所承受的拉深力

$$F_{dm} = 2\left[(l + w - 4r_c) + \pi r_c\right]t_0\sigma_b\ln\beta_m \tag{7-62}$$

　　上式所示拉深力 F_{dm} 主要取决于 r_c 和 $\ln\beta_m$，并且 β_m 同样与 r_c 有关，不考虑加工硬化，将板厚 t_0 和抗拉强度 σ_b 作为不变量，使上述两式相加，即得到按整体拉深比计算的总拉深力

$$F_m = F_{dm} + F_b = 2(l + w - 4r_c + \pi r_c)t_0\sigma_b\left[\ln\left(\sqrt{\frac{LW}{lw - 0.858r_c^2}}\right) + \frac{t_0}{2r_d}\right] \tag{7-63}$$

式中　L、W——矩形板坯的长、宽尺寸（mm）。

　　如果分割法兰直、曲边，认为这两部分板坯独立变形，则应考虑因流入速度不同而产生在法兰直、曲边交界附近的切应力。为简化计算，设该切应力为 $\tau = \sigma_b/2$，这一附加剪切力

$$F_j = (L + W - l - w - 2r_p - 2r_d)t_0\sigma_b \tag{7-64}$$

　　这样，根据式（7-57）即可得到假定法兰直、曲边独立变形，且考虑板坯在凹模肩圆角上的弯曲、反弯曲变形，以及法兰直、曲边交界处作用的剪切力时的总拉深力

$$F_s = F_1 + F_b + F_j = 2\pi r_c t_0\sigma_b\ln\left[\frac{\sqrt{(L - l + 2r_c)(W - w + 2r_c)/\pi}}{r_c}\right] + \tag{7-65}$$

$$2(l + w - 4r_c + \pi r_c)t_0\sigma_b\left(\frac{t_0}{2r_d}\right) + (L + W - l - w - 2r_p - 2r_d)t_0\sigma_b$$

　　图 7-56 所示为实际拉深力测算值与根据式（7-63）及式（7-65）所得计算值，近似换算成应力值的比较结果（其中，l 为凹模口脱模线长度）。r_c 较小时（转角半径与凸模当量半径之比 $r_c/r_m \to 0$），曲边变形体积小，总拉深变形阻力相对小，剪切变形抵抗在总变形抵抗中所占的比例较大。利用式（7-65）计算时，曲边拉深变形力的成分虽然减小，但考虑了直、曲边交界附近的剪切力成分，拉深应力计算值接近于实验测算值。而 r_c 较大时（$r_c/r_m \to 1$），法兰拉深变形和非拉深流动变形随曲边变形体积增加而增大，式（7-63）虽然未考虑上述剪切力的影响，但直、曲边交界附近的剪切变形抵抗占总变形抵抗的比例相对小，所以，利用该式得到的拉

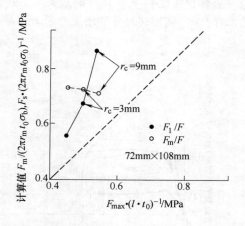

图 7-56　最大拉深应力的测算值与计算值的比较

深应力计算值接近于实验测算结果。

拉深力主要与 r_c 和 β_m 有关，但不成简单比例。因为在 β_m 的计算中，没有考虑板坯形状特征对变形及其变形应力的影响。同一凸模转角半径 r_c 和相等的法兰曲边面积，由于板坯形状不同所产生的拉深与非拉深变形比例不同，导致拉深载荷不同。

2. 压料力及摩擦

薄板拉深往往属于较大相对变形直径的塑性成形，是在板面压力作用下伴随着与模具工作表面相互摩擦所产生的塑性变形。因此，压料力和板面摩擦是直接影响拉深载荷及法兰流动变形的两个重要因素。

（1）压料力对拉深载荷的影响　矩形盒拉深中，法兰变形瞬间局部化改变的表现非常显著，压料力的影响难以捕捉，但它对拉深载荷的影响却是较为直观的。由图 7-57 可以看出，尽管压料力 F_H 所产生的单位压力与其他变形应力相比很小，但 F_H 的增加使法兰滑动摩擦抵抗 $2\mu F_H$ 增大，导致拉深力明显上升。而反映在压料面上，显然是增大了法兰流动变形阻力。

由十字形板坯（切除矩形曲边部）压料弯曲力的实测值 F_H 可知，板坯在压料面与凹模工作表面间的摩擦力 $2\mu F_H$，利用弯曲、反弯曲力的计算值，求得石墨混合剂的摩擦系数 $\mu = 0.03 \sim 0.04$。如果根据最大拉深载荷增量 ΔF_{max} 和压料力增量 ΔF_H 的关系，按

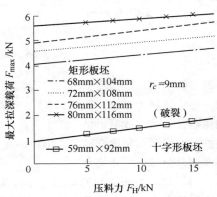

图 7-57　压料力对最大拉深载荷的影响

$$\mu = \left(\frac{\Delta F_{max}}{\Delta F_H}\right)/2 \tag{7-66}$$

推算，上述十字形板坯压料弯曲时，板坯在压料面和凹模工作表面间的滑动摩擦系数 $\mu = 0.019 \sim 0.022$。

另外，增大压料力导致十字形板坯成形力的上升梯度，比矩形板坯拉深载荷的上升梯度还大，考虑是因后者的曲边变形抵抗在法兰总变形抵抗中所占比例很大，增大压料力引起摩擦抵抗的增加并不明显。而压料弯曲时的弯曲、反弯曲变形仅沿凹模肩圆角增大了拉应力，但压料面上的滑动摩擦阻力增加显著，因此，对压料力的变化相对敏感。

（2）润滑对拉深载荷的影响　由图 7-58 可以看出，在其他变形条件相同的情况下，更换润滑剂引起矩形切角（$c = 20\text{mm}$）坯料拉深载荷的变化相当大。与石墨混合剂相比，单独使用牛脂或猪脂润滑时，拉深载荷增大约 30%，而使用通用拉深油时则增大到 2 倍以上。从板坯与凸、凹模肩部圆角贴合之前的载荷增加梯度来看，润滑效果越差（μ 大），由于法兰流动变形产生的摩擦抵抗增加，载荷的增加率随之增大。并且板坯与凸、凹模肩圆角贴合时的载荷明显增大，载荷增加的变曲点依次向右（拉深行程增加的方向）偏移。假设实验板材符合以下材料模型

$$\sigma = C(\varepsilon_0 + \varepsilon)^n \tag{7-67}$$

根据实验计算得出硬化指数 $n = 0.309 \sim 0.310$、塑性系数 $C \approx 490$ 及相当预应变 $\varepsilon_0 \approx 0.024$，将板坯按照同一轧制方向置放，进行了大量圆筒拉深、矩形盒拉深和十字形压料弯曲润滑试验并进行比较分析，推测上述现象，是由于压料面润滑恶化导致法兰流动摩擦抵抗和板材加工硬化增长率增大，因而与压料面上法兰变形体积减少率的平衡点向成形后期延伸所致。

图 7-58 所示实验中，矩形板坯 56mm × 92mm，角部切除 $c = 20\text{mm}$，曲边角对称线上的拉深半径只有 $R = 12.7\text{mm}$，拉深 - 行程曲线的形状与圆筒拉深时接近，拉深曲线均随压料力增大而

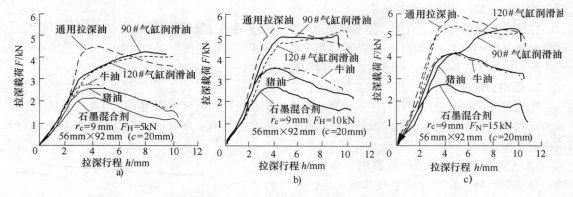

图7-58　润滑对拉深载荷 – 行程曲线的影响

升高。但采用良好润滑剂时的升高幅度明显小。润滑效果较差（如图7-58中采用气缸润滑油）时，尽管压料力很小（$F_N = 5kN$），较大摩擦阻力使法兰曲边变形抵抗增大，板坯与凸、凹模肩圆角贴合之后，载荷仍呈持续上升的趋势。根据拉深 – 行程曲线的比较可以断定，尽管成形过程中的法兰变形体积逐渐减少，但板坯在压料板表面与凹模表面间所受的表面压力却不断升高，使得摩擦系数 μ 进一步增大。

（3）法兰变形流动的有限元分析及压料力控制　轴对称拉深过程中 μ 变化不大时，法兰变形摩擦阻力 $F_f = 2\mu F_N$ 与压料力也近似呈线性关系。但非回转对称拉深中，压料面上法兰各部分流动方向及应力应变分布差异很大，所谓最佳压料力需要分别适应不同的变形状态。试验中，采用调压溢流阀对液压压料系统进行了适时调压拉深，并利用数值计算进行分块模拟试验，尚未获得提高成形极限的理想效果。整体刚性压料板对于流动方向和变形状态完全不同的法兰整体来说，增大压料力可提高法兰面内压缩流动区的防皱效果，但使伸长流动区变形阻力增大，导致破裂早期发生。减小压料力，有助于法兰流入变形，但压缩流动区材料面内变形增大，引起皱曲。因此，关于如何实施非回转对称零件分块变压料力拉深技术，必须在深刻理解和掌握法兰流动变形规律的基础之上来开展研究。

图7-59 所示为利用有限元方法计算的拉深过程中法兰板厚应变 ε_t 分布状态，其分布规律及应变值基本与试验测试结果吻合。图示拉深深度 $h = 15mm$ 时，法兰板厚增加最大的区域在原始直、曲边交界附近，$\varepsilon_{t\,max} \approx 0.17$，试验测试值为 $\varepsilon_{t\,max} \approx 0.12$。板厚最大减薄应变发生在凸模肩圆角附近，$|\varepsilon_t|_{max} \approx 0.44$，试验测试值 $|\varepsilon_t|_{max} \approx 0.42$。压料面上板厚应变分布反映了法兰流动规律和变形历史，而凸模转角附近的板厚减

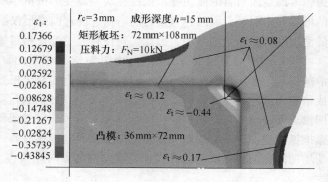

图7-59　法兰板厚变形的有限元模拟结果

薄则既反映法兰流入抵抗，同时也可预示破裂发生时刻。因此，研究如何预测、掌握和有效控制每一时刻的板厚应变分布状态，是提高非回转对称拉深成形性的重要环节。

在图7-60 所示矩形盒拉深过程中法兰流动方向及流动速度的有限元模拟结果中，除去长、短边上材料做向心流动以外，包括角对称线及其他各点的流动方向，都不垂直于凹模口轮廓线。

曲边凹模口附近的板料在周向压缩状态（$\varepsilon_\theta < 0$）下被拉入，离开凹模口越远，周向压缩变形趋势越弱，靠近外缘 $\varepsilon_\theta > 0$，产生周向应变不连续现象。由于法兰长边面积较大而导致曲边材料容易流入，因此，长边部提供的法兰应变缓和效应较强，流动速端方向与凹模口轮廓法线夹角较大。受曲边法兰挤入影响，短曲边材料密集，单元网格畸变严重，流动速端方向与凹模口轮廓法线间的夹角较小，在法兰短、曲边交界靠近长轴附近形成流入速端线密集区。这

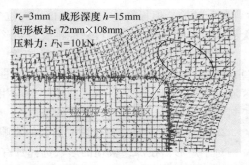

$r_c = 3mm$ 成形深度 $h = 15mm$
矩形板坯: $72mm \times 108mm$
压料力: $F_N = 10kN$

图 7-60 压料面上法兰材料的变形流动趋势

种材料流动变形的非线性分布特征，给 ε_t 值的预测和 F_N 的理论计算带来困难，不仅是法兰变形的分析内容，而且也是压料力分块控制所必须掌握的重要依据。

四、板坯形状尺寸对成形性的影响

矩形盒拉深之所以与圆筒拉深不同，其关键在于凹模口形状及法兰板料流入不同。

1. 法兰材料的流入几何特性

假设法兰曲边与直边各自独立变形且板厚一定，图 7-61 表示凸模和凹模肩圆角大致被板坯包覆时，即拉深行程 $h = r_p + r_d$ 的法兰流入状态。

由于在矩形盒转角处法兰产生周向压缩，覆盖凸模转角处肩圆角所需子午线长度 R_{1c} 比直边法兰的流入半径 R_{1s} 要短，两者之差 $\Delta R_1 = R_{1s} - R_{1c}$，有如下关系

$$\frac{\Delta R_1}{r_p} = \frac{\pi}{2} - 1 + \frac{r_c}{r_p} + \frac{\pi t}{4 r_p}$$
$$- \sqrt{\left(\frac{r_c}{r_p} - 1\right)^2 + \pi \div \left(\frac{r_c}{r_p} + 0.32 \frac{t_0}{r_p} - 0.364\right)\left(1 + \frac{t_0}{2 r_p}\right)} \tag{7-68}$$

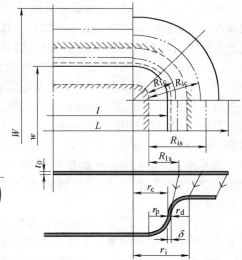

r_c / r_p 越小，ΔR_1 越大。如果产生拉深变形，板厚增加，$\Delta R_1 / r_p$ 将减小。实际上，由于径向拉变形占优势，使得板厚减小，$\Delta R_1 / r_p$ 变得更大，因而法兰曲边的流入相对迟缓。

图 7-61 法兰直、曲边材料流入的几何关系

同样用 $h = r_p + r_d$ 来计算到达凹模口处材料初始子午线位置 R_{2s} 与 R_{2c} 之差 $\Delta R_2 = R_{2s} - R_{2c}$，$\delta = t_0$，$r_p = r_d = r$ 时

$$\frac{\Delta R}{r_p} = \pi - 1 + \frac{r_c}{r_p} + \frac{\pi t_0}{4 r_p} - \sqrt{\left(\frac{r_c}{r_p} - 1\right)^2 + \pi \left(\frac{2 r_c}{r_p} + \frac{t_0}{r_p}\right)\left(1 + \frac{t_0}{2 r_p}\right)} \tag{7-69}$$

$r_c / r = 2$，$t_0 / r = 1/7.5$ 时，$\Delta R_1 = 0.10$，$\Delta R_2 = 0.50$。这样，r_c / r 越小，拉深初始阶段法兰曲边的流入迟缓和直边流入先行越显著，因此，相对于一定的 r，如果减小 r_c / w，可增大法兰曲边变形的"背压"作用，将有助于提高矩形盒拉深成形极限。

矩形盒拉深时，板坯在凸模转角处的径向拉变形也是支配成形性的重要因素，这部分板料向肩圆角流出量比直边大，降低曲边法兰流入速度可相对加快直边法兰流入速度，同样有助于增大

"背压"效应。但板料流出时，局部周向拉变形 ε_θ 随 r_c/r 减小而增大，导致板厚减薄应变 $|\varepsilon_t|$ 增大，这对于缺乏延性的材料来说将成为变形不利条件。

通常，软质材料拉深时变形容易扩散，而硬质材料成形时容易变形集中，对于矩形板坯来说，角部"变形死区"将会扩大，使法兰曲边的拉深变形区域变窄。但由于拉深屈服应力作用区域被减小，因此，会产生"背压"效应相对增大的可能性。对于 $r_c/w < 0.1$ 的场合，已有硬质板料的拉深极限比软质板料更高的报道。

2. 板坯形状、尺寸对拉深成形性的影响

对于矩形盒拉深，板坯的形状选择具有一定的自由度，不单纯局限于矩形板坯，也常采用矩形切角或矩形圆角板坯等。

（1）板坯形状　板坯形状不仅决定矩形盒拉深后的口边形状，而且影响法兰曲边的变形状态和向直边的挤入变形。改变板坯形状，拉深中法兰外缘的流动方向以及流动量发生变化，并改变整个法兰变形抵抗的分布状态，使成形性和拉深极限有所变化。矩形切角量 c 较小，曲边外缘非拉深流动减轻，对凹模口附近拉深变形的促进效果减小，显现不出成形性提高的效果。如果角切除量 c 超过一定界限（$r_c = 9\text{mm}$ 的场合，角对称线上的拉深比 $\beta < 3$ 时），c 越大，后方约束被减轻，切角线的中央产生周向压缩，可促进法兰曲边拉深变形，对成形有利，因而成形极限有所提高。但由于"背压"效应弱化，成形极限的提高效果不显著。

适当增大切角量 c，由角端材料约束造成的曲边拉深变形抵抗，及其向直边挤入的变形抵抗被减小，可减轻凸模肩圆角破裂危险处的载荷负担。但这也是凹模口转角附近产生壁部裂纹的重要诱发原因，即容易使壁部破裂危险点转移。

（2）板坯尺寸　矩形盒拉深与方形盒拉深的最大区别在于，法兰曲边与两侧直边的变形干涉和变形缓和效果不同，其差异随形状参数 r_c/w 的增大而越发显著。r_c/w 较大的场合，如果垂直于凹模口轮廓线方向的板坯长边流入尺寸大于短边的流入尺寸，将降低长边流入速度使波及法兰曲边的"背压"效应均匀化，抑制曲边流动抵抗的偏心分布，可提高成形极限。例如，$r_c = 9\text{mm}$ 的场合，法兰长、短边流入长度相同时的 $76\text{mm} \times 112\text{mm}$ 是板坯的极限成形尺寸，但采用 $84\text{mm} \times 124\text{mm}$ 的板坯（即垂直于凹模口轮廓线的流入尺寸，短边 24mm，长边 26mm）时，虽然增大了板坯极限成形尺寸但却拉深成功，成形界限 h_{max} 由 20mm 提高到 23mm。

将曲边对称线上凹模口附近的应力状态投影到 π 平面（主轴空间中，通过原点外法线，且与主轴坐标系等倾角的平面）上，可以看到 r_c 越小，$\varepsilon_t/|\varepsilon_\theta|$ 减小，$\sigma_r < 0$，即"背压"效应增强。利用"背压"效应，可能解释依赖于方形盒拉深中所谈到的各种加工条件，如凸模角部几何尺寸、材料加工硬化性、凸模润滑等所造成的拉深成形性恶化现象。实际上，矩形盒拉深时，法兰直边快速流入，曲边流入滞后，"背压"效应增强是成形极限提高的重要影响因素之一。

板坯尺寸越大，曲边材料向直边部的流动变形体积增大，所以，过大板坯的拉深力随流动变形抵抗的增加而增大。随 r_c 减小，直、曲边交界附近的剪切变形抵抗和非拉深变形流动抵抗占法兰总变形抵抗的比例增大。因此，增大 r_c 使曲边变形体积增加，虽然拉深载荷增大，但剪切变形抵抗及材料流动变形抵抗在法兰总变形抵抗中所占的比例减小。

五、矩形盒拉深成形的有限元辅助分析简介

板材冲压成形数值仿真技术经历了从简单到复杂的发展历程：从膜单元到壳单元、实体单元、退化的壳单元；从刚塑性方法发展到弹塑性方法；从线性到非线性、大位移大转动复杂问题；从单一结构场求解发展到耦合诸多物理场问题的求解。特别是在板材非回转对称成形问题

中，有限元分析技术发挥了巨大的作用。现对矩形盒拉深的部分有限元分析结果作一简单介绍。

图 7-62 所示为矩形盒拉深的有限元建模示意图，其中，图 7-62a 右前侧为矩形板坯切角模型，图 7-62b 为圆角矩形板坯模型，图 7-62c 为分块压料模型。

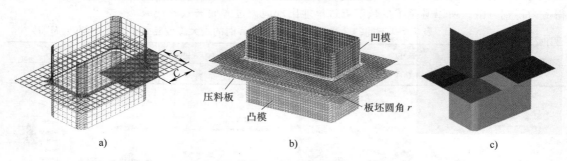

图 7-62　有限元建模示意图

1. 转角半径 r_c 对矩形盒拉深成形性的影响

图 7-63 所示分别为转角半径 r_c = 3mm、6mm、9mm、18mm 矩形盒拉深深度 h = 7mm 时的有限元模拟结果。可以看出，随着 r_c 增大，改善了角区域的应变情况，极限成形深度 h_{max} 有所增加。但当 r_c 继续增大至短直边为半圆的长圆盒时，h_{max} 又有一定的回落。r_c 较小时，破裂点基本位于转角处凸模肩中心节点的角分线上。但当 r_c 逐渐增大，破裂点周向位置向短边中心方向移动，并且破裂点应变随之由双向拉伸向平面应变过渡。

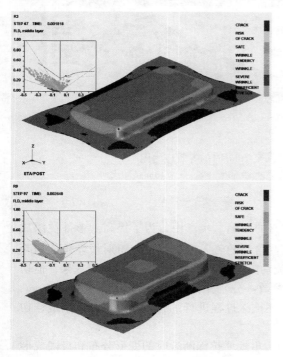 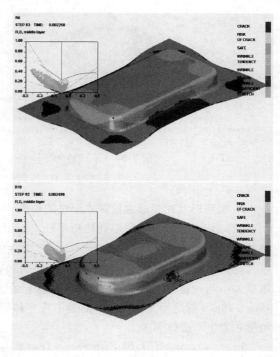

图 7-63　不同转角半径的矩形盒拉深至破裂时的成形极限图
上左：r_c = 3mm；上右：r_c = 6mm；下左：r_c = 9mm；下右：r_c = 18mm

表 7-7 所示为不同转角半径 r_c 在成形至 $h=7$mm 时的最大等效应力 $\bar{\sigma}_{\max}$，随着 r_c 增大，$\bar{\sigma}_{\max}$ 显著降低。另外，由图 7-64 所示等效应力分布图可见，r_c 较小时，$\bar{\sigma}_{\max}$ 集中在凸模肩和凹模口转角处，而当 r_c 增大后，$\bar{\sigma}_{\max}$ 主要向凹模口转角处转移。随着 r_c 增大，扩大了凹模口转角区范围，使得应力得到分散，所以避免了少数节点过早地出现应力过大而失效的现象。

表 7-7　不同转角半径下成形至 7mm 时的最大等效应力　　　（单位：MPa）

$r_c=1$mm	$r_c=3$mm	$r_c=6$mm	$r_c=9$mm	$r_c=18$mm
1 045	1 004	999	994	880

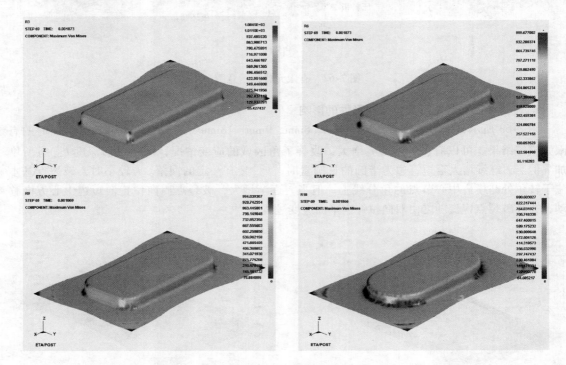

图 7-64　不同转角半径的矩形盒拉深至 7mm 时的等效应力图
上左：$r_c=3$mm；上右：$r_c=6$mm；下左：$r_c=9$mm；下右：$r_c=18$mm

2. 板坯形状对矩形盒拉深成形性的影响

（1）切角矩形板坯对不同转角半径 r_c 矩形盒拉深的影响　生产中，为了提高盒形件拉深成形极限，通常将板坯的角部切除一部分，以减轻法兰角部的流入变形抵抗。矩形板坯角部切除后，在某种程度上可以缓解曲边法兰的径向和周向流动阻力，因而通常可以产生一定效果，但切角量大小则一直是生产工艺部门很难确定的工艺参数。分别采用转角 $r_c=1$mm、3mm、6mm、9mm、18mm 的矩形盒拉深模，对矩形板坯和切角板坯拉深过程进行了有限元模拟，以求最佳切角量并为生产提供参考。

1）$r_c=1$mm。图 7-65 所示为 $r_c=1$mm 的矩形和切角板坯拉深断裂时的变形分布和极限成形图。矩形板坯在拉深深度 $h=5.6$mm 时达到成形极限，而板坯角部切除 $c=24$mm 后，拉深至 $h=9.2$mm 产生破裂。板坯角端部材料被切除后，作刚体移动的部分材料对流入方向的变形阻力得到减轻，并且周向流动量也减小，在某种程度上促进了法兰角部变形，因而极限成形深度有所提高。矩形板坯拉深破裂时破裂危险区比较集中，破裂点接近双向等拉变形。而切角板坯拉深破裂时，破裂点产生在凸模转角和凹模入口与侧壁交界的拉压变形区，显然两者的破裂机理有所不同。

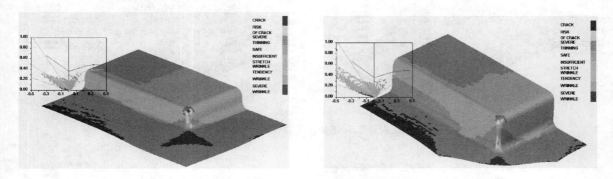

图 7-65 $r_c = 1\text{mm}$ 时矩形和切角板坯拉深的变形分布及成形极限图

2）$r_c = 3\text{mm}$。如图 7-66 所示为 $r_c = 3\text{mm}$ 时矩形和切角板坯拉深的变形分布及成形极限图。矩形板坯在拉深深度 $h = 6.4\text{mm}$ 时达到成形极限，r_c 增大使法兰曲边变形有所缓解，极限成形深度较 $r_c = 1\text{mm}$ 时提高了 0.8mm。同时破裂危险区略有扩大，破裂点位置略为偏向短边侧。将矩形板坯角部切除 $c = 23\text{mm}$ 后，拉深至 $h = 10.8\text{mm}$ 时产生破裂，与矩形板坯相比，极限拉深深度提高 $\Delta h = 4.4\text{mm}$，与 $r_c = 1\text{mm}$ 切角板坯拉深相比 $\Delta h = 1.6\text{mm}$。角端部材料被切除后，转角侧壁部起皱趋势增强，极限变形点仍然产生在凹模口与侧壁转角附近的拉压变形区。

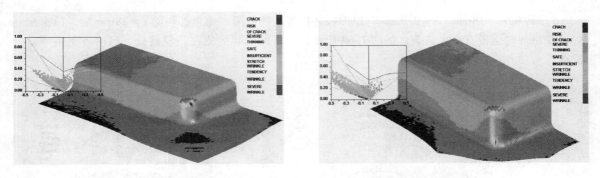

图 7-66 $r_c = 3\text{mm}$ 时矩形和切角板坯拉深的变形分布及成形极限图

3）$r_c = 6\text{mm}$。进一步增大矩形盒转角半径，如图 7-67 所示，法兰曲边变形面积增大，曲边材料向直边的流入量增加，增强了直边对曲边的应变缓和作用，$h_{max} = 8.0\text{mm}$。与此对应的凸模破裂危险区进一步扩大，破裂点向平面应变方向移动。角部切除 $c = 26\text{mm}$ 后，h_{max} 提高至 13.6mm，与矩形板坯相比，$\Delta h = 5.6\text{mm}$。矩形板坯拉深时凸模转角的破裂危险区转变为安全区。但起皱趋势几乎占据了整个侧壁转角部分，与 $r_c = 1\text{mm}$、3mm 切角板坯拉深不同的是，达到成形极限时的破裂危险区仅仅限于侧壁转角部的一个较小范围内。

4）$r_c = 9\text{mm}$。如图 7-68 所示，矩形板坯在 $h = 10.0\text{mm}$ 时达到成形极限，而将矩形板坯角部切除 $c = 24\text{mm}$ 后，$h = 20.0\text{mm}$ 时也没有产生破裂，只在离开凹模口的侧壁转角附近产生危险区。

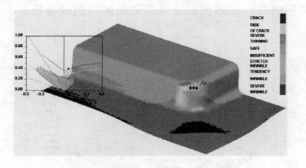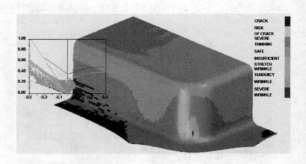

图 7-67　$r_c = 6mm$ 时矩形和切角板坯拉深的变形分布及成形极限图

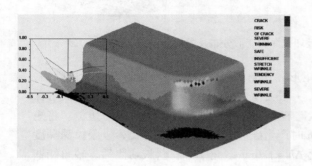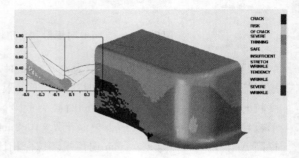

图 7-68　$r_c = 9mm$ 时矩形和切角板坯拉深的变形分布及成形极限图

5）转角 $r_c = 18mm$。$h = 9.0mm$ 时矩形板坯拉深达到极限，而角部切除 $c = 28mm$ 后，拉深至 $h = 20.0mm$ 时也没有产生破裂。如图 7-69 所示，二者的危险区均在凸模肩处，且接近于矩形盒长轴。

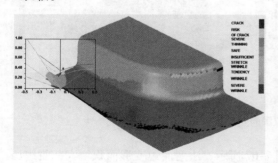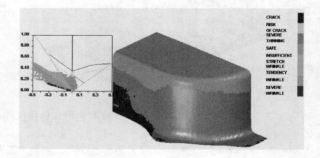

图 7-69　$r_c = 18mm$ 时矩形和切角板坯拉深的变形分布及成形极限图

（2）圆角矩形板坯拉深　以 $r_c = 3mm$ 为例，对 DP600 圆角矩形板坯进行拉深模拟，如图 7-70所示，板坯圆角 r 从 0 ~ 35mm 每隔 5mm 进行模拟计算得出。$r \leqslant 30mm$ 时，曲边法兰角端仍有"变形死区"材料，法兰长、短边中心线上起皱严重，破裂点均产生在凸模肩处。

如图 7-71 所示，当 $r = 35mm$ 时，曲边法兰上基本没有"变形死区"材料，法兰长、短边中心部分的起皱得到缓解，短直边尤为明显。但侧壁转角处起皱趋势区增大，转角处凸模肩和凹模口同时形成破裂危险区。

（3）毛坯最佳形状的反求　通过大量试验和有限元分析发现，优化板坯的形状尺寸可以合理控制法兰流动变形，减轻拉深应力集中和局部变薄现象，进而提高拉深成形极限。如图 7-72 所示，基于反向模拟法优化得出毛坯初始形状，并用于矩形盒拉深时，$h_{max} = 8.8mm$，极限拉深深度增加了 0.8mm。

图 7-70　$r = 30mm$ 圆角矩形板坯拉深

图 7-71　$r = 35mm$ 圆角矩形板坯拉深

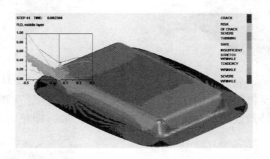

图 7-72　基于反向模拟法优化板坯的矩形盒拉深成形

3. 最佳压料力对矩形盒拉深成形性的影响

考虑到法兰长、短边及曲边材料流动变形的差异，将法兰变形分为四个特征区，各区所示变压料力如表 7-8 所示。

表 7-8　各部分压边圈所应施加的合理变压边力

压边圈名称	面积比	平均压边力/N	单位压边力比例	合理变压边力/N
长直边	4.01	810.4 ×4	1	810.4 ×4
长直边与曲边的过渡部分	1.67	337.5 ×4	0.7	236.25 ×4
曲边	4.02	812.5 ×4	0.3	243.75 ×4
短直边与曲边的过渡部分	1.00	202 ×4	0.7	141.4 ×4
短直边	1.67	337.5 ×4	1	337.5 ×4

整体恒压料力拉深的有限元模拟中，极限拉深深度 $h_{max} = 6.6mm$ 时即产生破裂点。按照上述计算进行分块变压边力拉深的有限元模拟结果，$h_{max} = 7.6mm$。如图 7-73、图 7-74 所示，整体恒压料力和分块变压料力拉深中，达到成形极限时应变分布状况基本相同。达到成形极限时，整体恒压料力拉深只有一点到达破裂线，而分块变压料力拉深时则有两点同时到达破裂线。

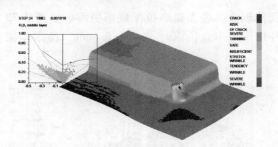 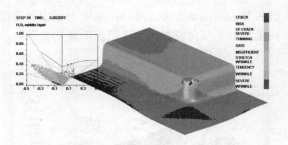

图 7-73　整体恒压料力拉深成形极限图　　　　图 7-74　分块变压料力拉深成形极限图

由图 7-75、图 7-76 所示两种压料方式拉深至成形极限时的等效应变分布可以看出，分块变压料力拉深时，侧壁转角的最大等效应变分布区域有所增大，但破裂危险部分的最大等效应变分布区域有所减小。

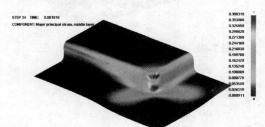 

图 7-75　整体恒压料力拉深的等效应变分布　　　图 7-76　分块变压料力拉深的等效应变分布

两种形式压料力拉深至极限成形时的主应力分布如图 7-77、图 7-78 所示。由于对法兰实施分块变压料力拉深，使得转角处最大等效应力分布区略有扩散，即相对缓和了应力集中现象。

图 7-77　整体恒压料力拉深的等效应力分布　　　图 7-78　分块变压料力拉深的等效应力分布

通过上述有限元模拟分析可知，如果能够根据法兰变形规律进行分块变压料力拉深，可能在某种程度上提高板料的拉深成形性。但由于压料板分块的合理性，各分块压料板所施加压料力数值的准确性，以及如何控制拉深任意瞬时法兰流动变形都是相当困难的，因此，仅凭简单计算或经验判断，很难获得理想的拉深极限提高效果。

4. 摩擦的影响

图 7-79 所示为压料面不同摩擦系数时拉深至 $h=7$mm 的成形极限图。可以看出，摩擦力的变化没有使破裂区和起皱区的分布发生改变。但在较小的摩擦系数 $\mu=0.08$ 及 $\mu=0.1$ 条件下，破裂危险区的拉应变较小，但直边法兰起皱略为显著；增大摩擦力可以抑制法兰起皱，但增大凸模肩转角破裂危险区应力负担，如 $\mu=0.15$ 时，$h=7$mm 就出现了大量的破裂点。

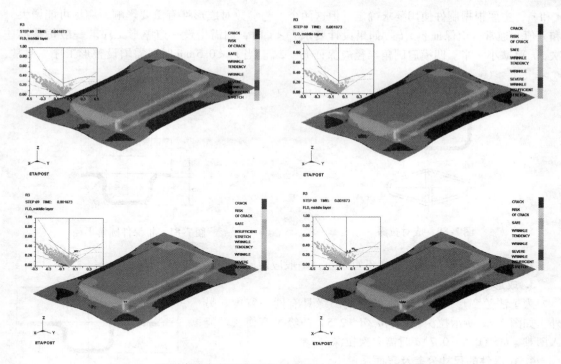

图 7-79　不同摩擦条件下的矩形盒拉深至 $h = 7\mathrm{mm}$ 时的成形极限图

上左：$\mu = 0.08$；上右：$\mu = 0.1$；下左：$\mu = 0.125$；下右：$\mu = 0.15$

第六节　拉深件工艺设计

拉深件工艺设计直接影响拉深成形的难易程度、制件的成形质量等，它主要包括拉深件的工艺性分析及相应的工序设计等。

一、拉深件的工艺性分析

拉深件的工艺性分析，主要讨论拉深件的形状尺寸，凸、凹模肩圆角半径的确定等。

1. 拉深件形状

拉深制件的轮廓尺寸通常是由其使用性能所决定的，设计时，应尽可能减小过深的拉深深度，避免多次拉深。圆筒形件一次拉成的深度通常为 $h \leqslant (0.5 \sim 0.7) d$（$d$ 为筒直径）。对于矩形盒件，一次可拉成的深度约为 $h \leqslant (0.3 \sim 0.8) w$（$w$ 为矩形盒短边长度）。

非回转对称拉深成形时法兰各部变形形式不同，成形后制件各部分厚度不一致，通常允许厚度变化范围为 $(0.6 \sim 1.2) t$。因此，在设计拉深制件时，必须考虑制件壁厚分布不均的情况。对于壁厚要求严格的制件，应采取相应的工艺措施；拉深制件应避免尖底形状；盒形件断面转角不宜太小，以避免凸模肩及凹模口外材料变形集中，降低拉深成形性；制件形状应尽可能对称，以保证法兰变形均匀。如图 7-80 所示，对侧壁不完整的制件，可考虑组合拉深并留有一定切断余量，拉深成形后剖切分件。

2. 拉深圆角半径

如图 7-81 所示，拉深件底部与侧壁、凸缘与侧壁之间的圆角半径，即凸、凹模肩圆角半径

r_p 和 r_d，主要根据制件使用要求确定。但这两个工艺参数对成形性有重要影响，应尽可能增大 r_p 和 r_d 值。通常，应保证 $r_p > t_0$。如果设计要求 $r_p < t_0$ 时，则需增设一道整形工序。一般每整形一次，r_p 可减小一半。凹模肩圆角半径应保证 $r_d > 2t_0$。当 $r_d < 0.5mm$ 时，需增设整形工序。通常，$r_d > r_p$、$r_d \geqslant (3 \sim 5)t_0$。

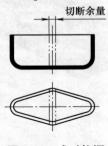

图 7-80   成对拉深

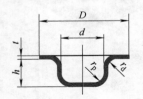

图 7-81   拉深件圆角半径

对于盒形件，其转角半径 r_c 不宜过小，一般应使 $r_c > 3t_0$。

3. 成形要素的比例尺寸

为了法兰变形一致，应尽可能使凸缘具有同一宽度。另外，如图 7-82 所示拉深制件，$d_t/d > 2.5$，凸缘过宽使法兰流入困难，$h > (0.5 \sim 0.7)d$ 时需多次拉深。

4. 拉深件的尺寸公差及表面质量

无论有凸缘或无凸缘拉深，最终制件通常需经修边，因此，尺寸公差可以参考冲裁精度标出。对于形状精度要求较高的制件，可适当增设整形工序来达到尺寸精度要求。

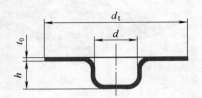

图 7-82   拉深制件的凸缘不宜过宽

拉深件表面质量既取决于板料自身的表面质量，又与模具工作表面的表面粗糙度有关。另外，还与拉深变形量有一定关系。因此，确定拉深制件表面精度时，需综合考虑上述因素的影响。

二、拉深工艺计算及工序设计

1. 拉深工艺计算

拉深工艺计算主要包括板坯尺寸计算、拉深系数、拉深力及压料力的计算等，是确定工序、选用设备及压料方式等的重要依据。这些工艺计算的内容及方法已在本章第三节中作了相应的讨论，这里不再赘述。

2. 工序设计

工序设计是指拉深制件生产过程的工艺路线设计，如采用落料制取拉深板坯，或采用落料拉深复合工序；对于无凸缘件拉深，设置最后一道修边工序，或采用拉深修边复合工序。另外，对于需多次拉深的制件，还需确定拉深次数、每道工序的拉深系数分配及是否需要中间热处理等。

第七节   其他拉深方法简介

除去上述介绍的常规拉深工艺方法以外，为了满足特殊零件对形状、尺寸的要求，或提高板料的成形性、提高生产率等，还有很多具有不同变形工艺的特种拉深方法。

一、变薄拉深

1. 变薄拉深工艺

变薄拉深是凸、凹模间隙小于板坯厚度的一种拉深方法，如图 7-83 所示。变薄拉深可以减小拉深工序件壁厚和直径，增加制件高度的同时提高侧壁强度和刚度。变薄拉深时，侧壁在轴向拉应力、径向和周向压应力及强烈摩擦作用下生成表面粗糙度值很小（可达 $Ra0.2\mu m$）的新生表面。通常，对润滑要求较高，对模具材料也有强度和耐磨性的特殊要求。

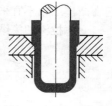

图 7-83　变薄拉深

变薄拉深有两种方式，一种是使工序件壁厚减薄，内、外径略微缩小，即工序件内径略大于变薄拉深凸模外径。另一种方法是变薄拉深后制件内径不缩小，仅使壁厚和外径减小。这种方法容易产生破裂，一般较少采用。

2. 变形程度、板坯尺寸及变形力

无论内径是否变化，用拉深后剖面面积 A_n 与拉深前剖面面积 A_{n-1} 之比都可近似表示变薄拉深系数

$$k_n = \frac{A_n}{A_{n-1}} \tag{7-70}$$

如果用一个直径不变的凸模通过一个或几个凹模拉深，即保持工序件内径不变，只是外径经过一次或几次缩小，使壁部变薄。变薄拉深的变形程度通常只考虑其壁厚变薄量，如果前、后两道拉深工序的板料厚分别为 t_{i-1}、t_i 时，则变薄系数可表示为

$$\eta = t_i/t_{i-1} \tag{7-71}$$

常用极限变薄系数 η 可参考表 7-9。

表 7-9　常用板料的极限变薄系数 η

材料	首次变薄系数 η_1	中间各次变薄系数 η_i	末次变薄系数 η_n
铜、黄铜（H68、H80）	0.45 ~ 0.55	0.58 ~ 0.65	0.65 ~ 0.73
铝	0.50 ~ 0.60	0.62 ~ 0.68	0.72 ~ 0.77
软钢	0.53 ~ 0.63	0.63 ~ 0.72	0.75 ~ 0.77
中碳钢（碳的质量分数为 0.25% ~ 0.35%）	0.70 ~ 0.75	0.78 ~ 0.82	0.85 ~ 0.90
不锈钢	0.65 ~ 0.70	0.70 ~ 0.75	0.75 ~ 0.80

注：厚板取较小值，薄板取较大值。

为了确定变薄拉深的板坯直径，需要根据拉深前、后板坯体积 V 不变的原则近似计算

$$D = 1.13 \sqrt{\frac{\alpha V}{t_0}} \tag{7-72}$$

式中　α——考虑修边余量的系数，通常取 $\alpha = 1.15 ~ 1.20$。

当凹模倾角 α 很小时，$1/\cos\alpha \approx 1$，在不考虑摩擦损失的情况下，轴向应力

$$\sigma_z = 1.15\overline{\sigma}\ln(1/k_n) \tag{7-73}$$

如令 $\sigma_z = \sigma_b$，可以求出理论拉深比 k_n

$$\sigma_b = 1.15\overline{\sigma}\ln(1/k_n)\frac{\sigma_b}{\overline{\sigma}}\frac{\sqrt{3}}{2} = \ln(1/k_n), k_n = e^{-\frac{\sqrt{3}}{2}\frac{\sigma_b}{\overline{\sigma}}}$$

$$k_n = e^{-\frac{\sqrt{3}}{2}\frac{\sigma_b}{\overline{\sigma}}} \tag{7-74}$$

由此可近似计算出变薄拉深力。

3. 变薄拉深模具简介

变薄拉深凸模如图 7-84 所示，肩圆角半径 r_p 直接影响拉深成形性，为防止应力集中产生早期破裂，r_p 不宜过小。考虑脱模方便，凸模常需有 1/1000 的轴向锥度。变薄拉深工件可能会紧包在凸模上，不宜采用刮件方法卸料。有时可在凸模底部开油孔，利用油压力卸件。

变薄拉深凹模结构如图 7-85 所示，其主要尺寸参数可参考表 7-10 进行设计。

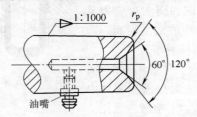

图 7-84　变薄拉深凸模的几何形状

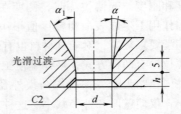

图 7-85　变薄拉深凹模的几何形状

表 7-10　变薄拉深凹模的几何尺寸　　　　　　　　（单位：mm）

d	≤10	>10~20	>20~30	>30~50	>50
h	0.9	1	1.5~2	2~2.5	2.5~3
α_2	6°~10°				
α_1	10°~30°				

凸模材料一般选用 T10A 或 CrWMn，热处理硬度为 63~65HRC，凹模材料常用 CrWMn 或 Cr12MoV，大批量生产用模具可用硬质合金 YG15 等，热处理硬度 65~67HRC。

二、锥形压料面拉深

锥形压料面拉深通常也称为压锥拉深，即将凹模和压料板工作表面都做成锥面，以利于法兰流入变形，从而在一次行程中可以获得较大的变形程度并降低拉深系数。如图 7-86 所示，锥面压料面拉深时，板坯在锥面压料面上主要经过压锥、翻边（类似于浅拉深）和拉深等顺序变形，变形过程有些类似于多道拉深。从拉深系数来看，如果取压锥系数 m_y、翻边（浅拉深）系数 m_f、锥面压料时的拉深系数为 m_z，锥面压料拉深与采用平面压料时的首次拉深系数具有如下的近似关系

$$m = m_y m_f m_z < m_p \tag{7-75}$$

1. 压锥

压锥相当于浅锥形件拉深。压锥圈（压成平底锥时的工序件）直径为 D_1 时，最小拉深系数可以近表示为

$$m_y = D_1 / D_0 \tag{7-76}$$

2. 翻边

翻边外径为 D_2 时，压成锥形盘后再进行翻边的允许翻边系数为

$$m_f = D_2 / D_1 \tag{7-77}$$

3. 带锥面压料板的拉深系数

带锥面压料板的拉深系数为

$$m = d_1 / D_0 = K m_p \tag{7-78}$$

式中　K——带锥面压料板的拉深修正系数，可查表 7-11。

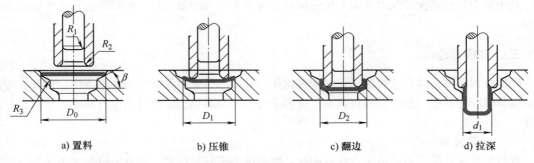

a) 置料   b) 压锥   c) 翻边   d) 拉深

图 7-86   锥面压料拉深成形过程

表 7-11   锥面压料拉深的修正系数 K 值

β	8°	10°	12°	15°	20°	25°	30°	35°	40°	45°	50°	60°
K	0.987	0.983	0.98	0.973	0.966	0.957	0.947	0.94	0.932	0.925	0.908	0.9

因此，利用锥面压料板压料将直径为 D 板坯拉深为直径为 d 的筒形件时的最小拉深修正系数为

$$m = m_y m_f m_K = m_y m_f K m_1 = K_K m_1 \tag{7-79}$$

式中 K_K——带锥面压料板压锥翻边拉深时的最小拉深修正系数，可查表 7-12。

表 7-12   锥面压料的最小拉深修正系数 K_K 值

β / $t/D \times 100\%$	8°	10°	12°	15°	20°	25°	30°	35°	40°	45°	50°	60°
1.5	0.622	0.62	0.618	0.614	0.61	0.603	0.599	0.593	0.588	0.582	0.578	0.57
1.3	0.683	0.681	0.679	0.677	0.67	0.664	0.656	0.652	0.647	0.641		
1.1	0.739	0.737	0.734	0.731	0.723	0.716	0.709	0.703	0.697			
0.9	0.792	0.79	0.787	0.783	0.777	0.768	0.762					
0.7	0.842	0.839	0.837	0.832	0.825	0.817						
0.5	0.899	0.886	0.883	0.879								

4. 直接压锥拉深

当拉深深度较小时，为了简化模具制造，也可采用如图 7-87 所示直接压锥拉深的工艺方法。计算拉深系数时，不需考虑翻边。

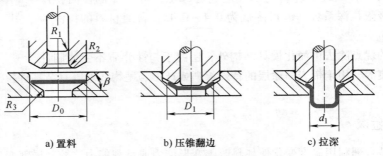

a) 置料   b) 压锥翻边   c) 拉深

图 7-87   直接锥面压料拉深成形过程

采用锥面压多道次拉深时，需要先将板坯拉成锥形底面的筒形件，然后再进行逐次锥面压料拉深。

三、软模拉深

软模拉深也称弹性介质拉深或强制润滑拉深，其中包括液体拉深。即利用液体、橡胶、塑料或聚氨酯橡胶等具有一定弹性的材料易于变形又便于控制的特点，代替钢质凸模或凹模来进行的拉深。

1. 软凸模拉深

软凸模拉深是指利用液体压力代替刚性凸模的压力进行的拉深，其成形过程如图 7-88 所示。将平板坯料置于压料板和凹模工作表面之间，在液体压力作用下，压料面上板坯径向移动被压入凹模口内，逐渐向凹模表面贴靠，最终形成与凹模形状相同的筒形制件。液体凸模拉深时，压料面上板坯向凹模内的移动量及其胀形程度，需要控制油液压力和压料力来实现。对于板坯厚度 t_0、直径为 d 的筒形件，拉深所需平均单位压力为 p 时，可以根据 $\pi d^2 p_0 / 4 = \pi d t_0 p$ 的关系求得开始拉深时所需液压力 p_0。即

$$p_0 = 4pt_0 / d \qquad (7-80)$$

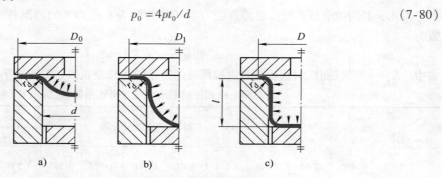

图 7-88 液体凸模拉深的成形过程

液体凸模拉深时，模具相对简单，有时不用冲压设备也可实现。但由于液体与板料之间的摩擦力极小，零件容易偏移，底部胀形使板厚变薄。这种方法对锥形件、半球形件和抛物形件拉深效果较好。

2. 软凹模拉深

如图 7-89 所示，利用聚氨脂橡胶或高压液体代替刚性凹模的拉深方法称为软凹模拉深。拉深过程中，凸模与坯料之间产生摩擦力，可减轻局部变薄现象。另外，减轻了坯料与凹模之间的摩擦，可以降低径向拉应力，从而减小极限拉深系数（m 可降低为 $0.4 \sim 0.45$，普通材料的拉深系数为 $0.5 \sim 0.9$）。

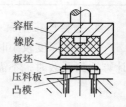

图 7-89 软凹模拉深

软模拉深的优点除去可简化模具结构外，还由于弹性介质不会使制件产生划伤、压痕等，用于带表面涂层的特殊板料或球形、抛物线形等复杂零件拉深成形，具有很大的优越性。

四、差温拉深

差温拉深是合理利用温度变化使坯料改善变形能力或承载能力，控制局部变形程度，从而提高拉深极限的工艺方法。

1. 凸缘加热拉深

凸缘加热拉深是先将板坯置于凹模与压料板的加热面（装有电阻丝）之间加热，增加凸缘部分塑性并降低变形抗力，进而提高成形性的差温拉深方法。为了不致因加热而降低侧壁的抗拉强度，在凹模口内和凸模心部通入冷却水，使得进入凹模口后的板料温度迅速降低，将热量散逸到冷却水中。差温拉深可提高钛合金、镁合金等低塑性材料及复杂形状的极限拉深深度。

2. 局部冷却拉深

拉深时使法兰材料处于室温，而对空心凸模特别是破裂危险部分进行局部冷却（通入液态氨可达 $-150°C$ 以下），可以明显提高破裂危险区材料的 σ_s、σ_b 和承载能力。有资料介绍，采用这种局部冷却方法可使低碳钢拉深系数降低为 $m = 0.37 \sim 0.39$，而使部分不锈钢的拉深系数降低为 $m = 0.35 \sim 0.37$。另外，还可在凹模和压料板之间设置加热器将法兰坯料加热，使法兰材料提高塑性降低抗力，而凸模传力区材料因被冷却又不致降低承载能力。用这种拉深方法可以提高变形程度、降低拉深系数，适合于利用低塑性板料进行复杂形状零件的深拉深加工。

思 考 题

1. 简述圆筒形件拉深过程中各特征区的金属变形特点。
2. 拉深成形极限主要取决于哪些变形失效现象？简述它们的产生机理。
3. 什么是拉深系数？简述影响拉深系数的主要因素。
4. 简述再拉深的变形特点及方法。
5. 试分析压料力对拉深成形性和成形极限的影响。
6. 分析拉深凸、凹模肩圆角半径及其间隙对拉深成形性的影响。
7. 什么是极限拉深系数？它主要受哪些条件限制？
8. 多道次拉深工艺中，各道次拉深系数应如何确定？为什么？
9. 盒形件拉深与旋转体拉深的主要区别是什么？
10. 简述盒形件拉深中各特征区的金属变形特点。
11. 简述变薄拉深与普通拉深的主要区别。
12. 试分析曲面压料拉深的板料变形特点。

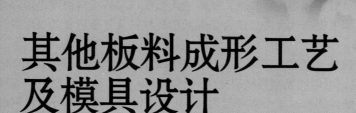

第八章 其他板料成形工艺及模具设计

学习重点

　　掌握板料胀形、翻边、缩口、扩口及旋压成形的工艺方法及其变形过程；根据几种成形工艺中板料的变形形式，分析它们的成形性和成形极限的影响因素，正确计算成形极限系数，并能够设计相应的模具结构。基本了解爆炸成形、电液成形及电磁成形等高能率成形原理、方法及应用，重点了解金属超塑性的成形条件和分类及其在成形领域中的应用和发展前景。

　　金属板材的塑性成形加工具有多种形式，除去上述介绍的弯曲和拉深方法以外，还有胀形、翻边、扩口、缩口和旋压等多种成形方法，通常将它们统称为成形加工。

第一节　胀形工艺及模具

　　胀形是利用刚性凸模或高压气、液体等柔性介质使板坯产生双向拉伸变形，加工旋转体空心零件的成形方法，如图 8-1 所示。所用毛坯可以是平板、空心或管状坯料，后者主要是使薄壁件向外扩张形成所需曲面零件的胀形加工。

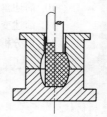

图 8-1　胀形

一、胀形的变形特点及成形极限

1. 变形特点

　　用球形凸模局部胀形平板毛坯时，如图 8-2 所示，变形区几乎被限制在凹模口内，压料面上板坯被压料筋限制，只能向凹模口内产生少量的流入变形。随凸模下行，凹模口内板坯在双向拉力作用下与凸模接触面积逐渐增大，径向和切向伸长，$\varepsilon_r > 0$，$\varepsilon_\theta > 0$，板厚变薄 $\varepsilon_t < 0$ 使表面积增大。

　　胀形的特点是板坯所受平均应力较大，材料流动量较少。如图 8-3 所示应变分布状态可以看出，凹模口内板料双向拉变形 $\varepsilon_r > \varepsilon_\theta$，球头凸模下部板面内拉伸和板厚减薄变形较大，$|\varepsilon_t|_{max}$ 产生在离开凸模中心一段距离的地方。随着接近于凹模口，应变量逐渐减小。在整个胀形过程中，主要靠板厚减薄、表面积增加来形成所需形状的制件。

2. 胀形极限

　　板厚过度变薄产生破裂是胀形的失效形式。通常将制件的最大局部减薄量和发生破裂作为成

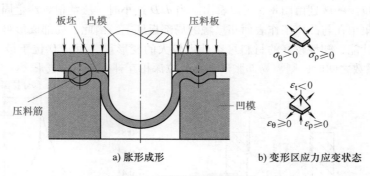

a) 胀形成形 b) 变形区应力应变状态

图 8-2 平板毛坯胀形成形

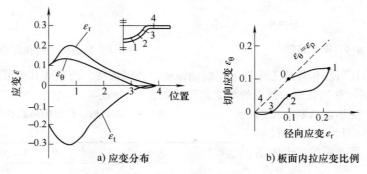

a) 应变分布 b) 板面内拉应变比例

图 8-3 平板毛坯胀形中的应变分布状态

形极限。对于不同的胀形工艺，成形极限的表示方法也不同。局部胀形时，常用最大胀形高度 h_{max} 表示成形极限；压筋时采用许用断面变形程度 ε_p；圆柱形空心毛坯胀形时采用极限胀形系数 K_p 或极限拉胀系数 K_{max} 等表示。虽然胀形方法各有不同，但变形区内材料的应变性质基本类似，破裂总是发生在板厚减薄最严重的部位。所以，影响胀形极限的主要材料性能参数有硬化指数 n 和均匀延伸率 δ。n 值越大，材料应变强化能力增强，可促进变形分布均匀，使整体变形程度增大；δ 较大时，板材具有较好的塑性变形稳定性，使胀形极限提高。胀形极限取决于变形区内的应变分布和应变路径，此外，还随板坯厚度增加而有所提高。

二、胀形工艺与模具

根据胀形板坯的变形特点，在制订冲压工艺时需要考虑胀形制件的形状合理性。一般来说，胀形制件应为旋转体板壳件。对于非旋转体制件，应避免轮廓的急剧变化，在形状变化处尽可能采用大圆角圆滑过渡，以防壁厚过分减薄。胀形还应避免过分聚料和分料。比如局部胀形时不宜深度过深，需控制胀形形状的高径比或高宽比不能过大。与平头凸模相比，用球头凸模胀形时，应变分布均匀，可获得变形量较大的胀形高度。良好的润滑可减小板坯与凸模之间的摩擦力，使变形分散而增加胀形高度。

胀形的工艺方法较多，其中主要有局部胀形、空心件胀形成形及胀拉成形等。

1. 局部胀形

局部胀形有时也称起伏成形。如图 8-4 所示，在平板毛坯或半成品毛坯的局部位置成形出凸起或凹入形状，与宽凸缘拉深的变形过程有些近似。但当拉深比 $D/d > 3$ 时，凸缘周向收缩量过大，必须靠凹模口内板料减薄和压料面上板料局部径向拉伸来完成成形加工。

局部胀形与拉深的区别由图 8-5 可以看出。当 d/D 过小时，法兰很难产生周向收缩而流入凹模口，变形只能集中在与凸模工作表面相接触的局部板坯上。因此，局部成形可否实现，主要取决于板料的成形性能，塑性较好的材料可以获得较大的变形量。而 d/D 位于最小极限拉深系数 m_{min} 和常规拉深系数之间时，则需局部胀形和部分拉深相互补充来完成成形。

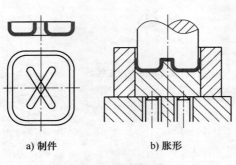

a) 制件　　　b) 胀形

图 8-4　局部胀形

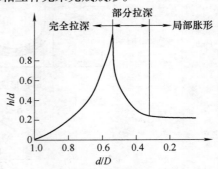

图 8-5　局部胀形与拉深成形的区别

利用局部胀形还可在板坯或工序件上压制加强筋、装饰棱线、凸包或其他形状。

（1）压加强筋　常用胀形加强筋的形式和尺寸如表 8-1 所示。

压加强筋时，变形区横断面压筋前、后的线长度分别为 l_0、l，材料均匀伸长率 δ 时，可以一次成形的条件通常表示为

$$\varepsilon = \frac{l - l_0}{l_0} \le (0.7 \sim 0.75)\delta$$

(8-1)

系数 $0.7 \sim 0.75$ 根据加强筋形状而定，半球形取上限值，梯形取下限值。如果加强筋不能一次成形，可以先压制成半球形过渡形状，然后再压出工件所需形状。

表 8-1　加强筋、凸包的形式和尺寸

（单位：mm）

名称	图例	R	h	D 或 B	r	$\alpha/°$
压筋		$(3 \sim 4)t_0$	$(2 \sim 3)t_0$	$(7 \sim 10)t_0$	$(1 \sim 2)t_0$	—
压凸		—	$(1.5 \sim 2)t_0$	$\ge 3h$	$(0.5 \sim 1.5)t_0$	$15 \sim 30$

加强筋的周长为 L、板厚为 t 时，成形力为

$$F = KLt_0\sigma_b$$

(8-2)

式中　K——取值范围为 $0.7 \sim 1$ 的系数（加强筋形状窄而深时取大值，宽而浅时取小值）。

如果加强筋与边缘距离小于 $(3 \sim 3.5)t_0$，压料面上材料可能会向内收缩。因此，应考虑加大制件外形尺寸，成形后再修边。

（2）压凸包　平板局部压凸包成形时，受材料性能、模具几何形状尺寸及润滑条件的影响，凸包高度不能太大。常用板料压凸包的极限高度尺寸、凸包与凸包之间以及凸包与边缘的最小极限尺寸如表 8-2 所示。

局部胀形面积为 A 时，成形力可按下式计算

$$F = KAt_0^2$$

(8-3)

式中　K——压凸系数（钢材取 $200 \sim 300 \text{N/mm}^4$、铜取 $50 \sim 200 \text{N/mm}^4$）

通常板坯直径与凸模直径之比应大于 4，以保证凸缘部分材料不致流入凹模口内，否则将成为拉深成形。

表 8-2　平板毛坯局部冲压凸包的许用成形高度及相关尺寸　　　　　（单位：mm）

材料	成形凸包的极限高度 h_{max}	
软钢	$\leqslant (0.15 \sim 0.2) d$	
铝	$\leqslant (0.1 \sim 0.15) d$	
黄铜	$\leqslant (0.15 \sim 0.22) d$	
D	L	l
6.5	10	6
8.5	13	7.5
10.5	15	9
13	18	11
15	22	13
18	26	16
24	34	20
31	44	26
36	51	30
43	60	35
48	68	40
55	78	45

2. 空心件胀形成形

将空心毛坯件或管状坯料沿径向向外扩张，加工出侧面具有曲面形状零件的成形方法称为空心件胀形成形，常用来加工高压气瓶、波纹管等带有异形截面的空心件。

根据所用模具不同，可将空心件胀形分为刚性凸模胀形和软体凸模胀形。

（1）成形方式及模具结构

1）刚性凸模胀形。刚性凸模胀形必须考虑成形后凸模从制件内腔退出的方式，因此，通常需要成形结束后使凸模让行。图 8-6 所示为采用分瓣式刚性凸模的胀形模结构。根据胀形制件的形状尺寸，常需有凸模和分瓣凸模、固定凹模和活动凹模结构，利用活动凸模在导块斜面上滑动来实现水平方向的伸出和缩回。一般将刚性凸模分成 8 ~ 12 瓣，使用过程中还需经常给凸模和导块之间的滑动面加以润滑，模具设计复杂，制造也比较困难。

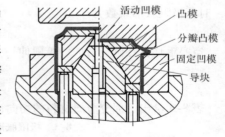

图 8-6　分瓣凸模胀形

刚性凸模胀形时，板坯与凸模工作表面之间的非均匀摩擦导致应力应变分布不均匀，成形后制件的壁厚不均，成形精度较低。

2）软凸模胀形。所谓软模胀形，是指利用橡胶、聚氨酯或液体等作凸模，而凹模仍采用钢模的胀形方法。根据所用凸模材料的性质不同，可分为固体软模胀形和液体软模胀形两种。

① 固体软模胀形。如图 8-7 所示，利用固体软模胀形时，可将凹模做成可分式。成形时，将空心坯料置于刚性凹模内，压柱向下压缩弹性介质，迫使空心坯料向外胀形贴靠在凹模内壁上，形成一定形状的空心制件。为避免凹模与空心毛坯之间的残留气体形成阻力，应在凹模侧壁

适当的位置开设排气孔。固体软模胀形成形时，板料切向伸长变形，材料流动相对均匀，便于成形外轮廓形状复杂的空心制件。根据采用弹性介质材料不同，一般软凸模的压缩量可控制在 10% ~ 35% 之间。

② 液体软模胀形。也称为液压胀形，是利用液体代替凸模，在压力作用下使空心毛坯径向扩张，产生周向伸长变形后，贴靠在凹模内壁形成制件的成形方法。液压胀形时，流动液体与板坯表面产生的摩擦很小，传力均匀，成形制件厚度均匀，力学性能较好，适用于精度要求较高的复杂空心件成形。图 8-8 所示为两种液压胀形方法。其中，图 8-8a 所示为直接液压胀形。成形时，将有底空心毛坯件开口端密封后，压缩封闭液体使其产生高压并等值地传递至各个方向，迫使空心坯料径向扩张贴靠凹模内壁成形。图 8-8b 所示为间接液压胀形。即在空心毛坯件内腔置入盛有一定体积液体的橡皮囊，然后在橡皮囊内向液体加压，通过橡皮囊将液体膨胀力传递给空心毛坯件使之贴靠凹模成形。间接液压胀形操作简单，生产效率较高，密封性易于保证。但橡皮囊使用寿命有限，增加了生产成本。

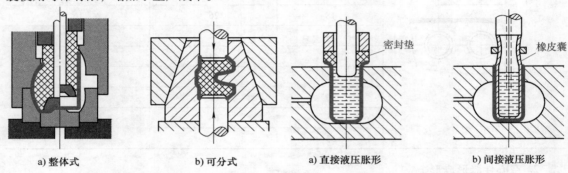

a) 整体式   b) 可分式   a) 直接液压胀形   b) 间接液压胀形

图 8-7   固体软模胀形   图 8-8   液压胀形

（2）空心毛坯胀形工艺计算

1）胀形变形程度。圆柱空心件胀形时，局部板料直径增大切向伸长，板厚变薄。因此，通常根据径向尺寸变化来估算变形程度。空心毛坯原始直径及胀形后零件的最大直径分别为 d_0、d_{max} 时，极限胀形系数为

$$k_p = d_{max}/d_0 \tag{8-4}$$

空心毛坯件在圆周方向的极限伸长率与极限胀形系数有如下关系。即

$$\delta_\theta = \frac{\pi d_{max} - \pi d_0}{\pi d_0} = k_p - 1 \tag{8-5}$$

表 8-3 给出了部分金属材料的切向许用伸长率和极限胀形系数，可供参考使用。

表 8-3   极限胀形系数和切向许用伸长率（试验值）

材料	厚度/mm	极限胀形系数 k_p	切向许用伸长率 δ_θ
铝合金 5A02	0.5	1.25	25%
1070A、1060	1.0	1.28	28%
纯铝 1050A、1035	1.5	1.32	32%
1200、8A06	2.0	1.32	32%
黄铜 H62	0.5 ~ 1.0	1.35	35%
H68	1.5 ~ 2.0	1.40	40%
低碳钢 08F	0.5	1.20	20%
10、20	1.0	1.24	24%
不锈钢	0.5	1.26 ~ 1.32	26% ~ 32%
1Cr18Ni9Ti	1.0	1.28 ~ 1.34	28% ~ 34%

2）毛坯尺寸计算。空心毛坯胀形时，通常上、下不固定，这样可利用上、下端自由收缩来缓解板料切向变形程度，以减轻板厚减薄变形。因此，如图8-9所示，空心毛坯的线长度L_0通常大于成形后制件的母线长度L。对于修边余量为Δh的空心毛坯胀形，根据式（8-4）和式（8-5），可近似估算其毛坯长度

$$L_0 = L\left[1 + (0.3 \sim 0.4)\delta_\theta\right] + \Delta h \tag{8-6}$$

3）胀形力的估算。利用刚性凸模胀形时的成形力可根据拉深力近似估算，通常需考虑凸模镶块与导块之间及其与板坯之间的滑动摩擦影响。对于软凸模胀形，可分为两种情况计算其胀形力。

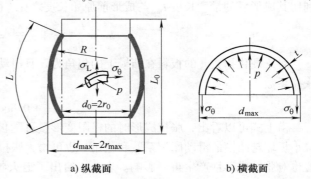

a) 纵截面　　　　b) 横截面

图8-9　胀形毛坯尺寸

① 两端不固定，允许毛坯轴向自由收缩时（图8-9），制件各横截面的曲率、切向拉应力σ_θ和母线曲率、沿母线方向的拉应力σ_L都是变化的，但一般情况下母线曲率较小，且允许轴线方向有自由收缩，因而可忽略σ_L，近似认为变形处于σ_θ和板面法线方向单位压力p共同作用的平面应力状态。由图8-9b所示，在横截面最大胀形直径d_{max}处取一单位宽度的环带，由半环的力平衡条件可得

$$\int_0^\pi p \frac{d_{max}}{2}\sin\theta \cdot d\theta = 2\sigma_\theta t_0$$

积分并整理后，考虑到加工硬化的影响，用材料的抗拉强度σ_b代替σ_θ，可得软模胀形时的单位压力

$$p = \frac{2t_0}{d_{max}}\sigma_b \tag{8-7}$$

② 两端固定，限制毛坯产生轴向收缩时。根据拉普拉斯方程可以得到

$\dfrac{\sigma_\theta}{d_{max}/2} + \dfrac{\sigma_L}{R} = \dfrac{P}{t}$，近似认为$\sigma_L \approx \sigma_\theta \leqslant \sigma_b$，则求得软模胀形时的单位压力为

$$p = 2\sigma_b t_0\left(\frac{1}{d_{max}} + \frac{1}{2R}\right) \tag{8-8}$$

式中符号同图8-9所示。

3. 胀拉成形

胀拉成形也称拉形，是一些大型薄板件，特别像飞机蒙皮等具有大曲率半径制件的重要成形方法。这类曲面制件的曲率半径较大，成形时的变形量相对小，成形后回弹严重导致形状冻结性很差。因此，通常需采用胀拉成形方法。

（1）成形特点　图8-10所示为胀拉成形示意图，虽与拉弯有些相似，但由于凸模纵向表面并非直纹面而与拉弯有所不同。对于横曲或纵曲类单方向拉形制件，成形之前，将板坯沿成形方向拉紧，然后凸模垂直于拉紧力方向运动，使处于拉紧状态下的板坯逐渐贴靠在凸模工作表面上。拉形时，板料变形区处于与凸模表面相接触状态，而不接触部分为传力区。后者没有表面摩擦作用，所受拉应力较大，夹持端钳

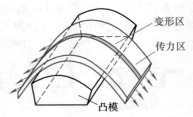

图8-10　胀拉成形

口附近，常因应力集中而产生拉裂。

胀拉成形时，沿板面的预拉力有助于促使其贴模，提高成形精度。另外，拉形时板坯内、外表面均受拉应力作用，因而可消除或减轻卸载后因两侧反向回复引起的回弹，同时还可增强制件的刚度。

（2）变形程度 胀拉变形计算较复杂，生产中常近似估算。即在拉形方向上取出一段窄条，利用其成形后的最大长度 $l_{\max}$ 与成形前原始长度之比 l_0 衡量胀拉变形程度，通常称为胀拉系数

$$k_1 = \frac{l_{\max}}{l_0} = 1 + \frac{\Delta l}{l_0} = 1 + \delta \tag{8-9}$$

对于硬化指数 n 的板料在凸模上的包角为 α 且滑动摩擦系数为 μ 时，生产中允许使用的极限胀拉系数

$$k_{1\max} = 1 + 0.8\delta e^{-\frac{\mu a}{2n}} \tag{8-10}$$

由上式可以看出，胀拉成形时的极限变形量可随板料伸长率和硬化指数增大而增大。同时，减小板坯与凸模的滑动摩擦系数和包角，也可增大胀拉变形量。实际上，夹钳口形状及其设置位置也对胀拉成形性产生重要影响。表 8-4 给出了退火状态下铝合金 2A12 和 7A04 的极限胀拉系数，当实际计算胀拉系数 $k_1 > k_{1\max}$ 时，应考虑增加工序或其他工艺措施。

表 8-4 退火状态下铝合金 2A12 和 7A04 的极限胀拉系数 $k_{1\max}$

材料厚度/mm	1	2	3	4
$k_{1\max}$	1.04 ~ 1.05	1.045 ~ 1.06	1.05 ~ 1.07	1.06 ~ 1.08

（3）毛坯尺寸计算 制件的展开长度 l_0，修边余量 Δl_1（一般取 10 ~ 20mm）、凸模与夹口之间的过渡长度 Δl_2（一般取 150 ~ 200mm）及夹持长度 Δl_3（一般取 50mm）确定时，毛坯的下料长度可按下式近似估算

$$l = l_0 + 2(\Delta l_1 + \Delta l_2 + \Delta l_3) \tag{8-11}$$

制件的展开宽度 b_0、修边余量 Δl_4（一般取 20mm）确定时，毛坯宽度可按下式计算

$$b = b_0 + 2\Delta l_4 \tag{8-12}$$

（4）胀拉力计算 考虑到生产中产生拉裂的位置多为夹紧钳口附近，当夹在钳口内板坯的断面积为 A 时，通常以该处板坯不致被拉断时的拉力近似作为胀拉力，其计算式为

$$F = 0.9\sigma_b A \tag{8-13}$$

第二节 翻边工艺及模具

翻边是指利用模具将工序件的内形或外形边缘翻起成具有一定角度的立边的冲压工艺。如图 8-11 所示，根据形状和变形状态不同，可分为圆孔翻边，外缘翻边及压缩类翻边和拉伸类翻边。如图 8-11a 所示的平板翻孔（也称圆孔翻边）和图 8-11b 的拉深件上翻孔；外缘翻边又因翻边方向和变形性质分作图 8-11c 所示的外缘内曲翻边和图 8-11d 所示的外缘外曲翻边。根据翻边时的变形方式，也可分作图 8-11e 所示压缩类外曲翻边和图 8-11f 所示拉伸类内曲翻边。此外，根据翻边壁厚的变化情况，还可分为不变薄翻边和变薄翻边等。

a) 圆孔翻边　　b) 拉深件上翻孔　　c) 外缘内曲翻边　　d) 外缘外曲翻边　　e) 压缩类外曲翻边　　f) 拉伸类内曲翻边

图 8-11 翻边类型

一、圆孔翻边

圆孔翻边也称为翻孔，是把板料或空心半成品件上预制圆孔冲扩成带有垂直立壁的较大直径圆孔，属于伸长类变形。

1. 圆孔翻边的变形特点

圆孔翻边时，变形区板坯主要受切向和径向拉伸。由图 8-12 所示的网格变化可以看出，预制孔直径由原来的 d_0 被冲扩成 D，板面上原有的扇形网格转化为翻孔后孔壁上的矩形网格。原始同心圆的间距大致等于翻孔后直壁上水平网络的间距，但原有直径不同的各同心圆，翻孔后在直壁上变成了直径近似相等的圆周线。翻起后的直壁与平板相交接区域内，材料变形移动量较小，而越靠近原预制孔缘的直壁顶端部位，圆周方向的伸长变形越大。翻起后的孔缘板厚变薄最严重，当周向伸长达到材料的变形极限时，将产生口边裂纹。

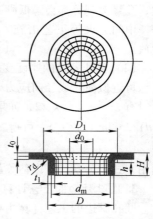

图 8-12　圆孔翻边的网格变形

2. 成形极限

（1）翻边系数　预制孔径及翻孔后竖边的中径分别为 d_0、d_m 时，生产中常采用翻边系数

$$k_f = d_0/d_m \qquad (8\text{-}14)$$

翻边系数 k_f 值越小，表示翻孔变形程度越大。由于圆孔翻边时的主要失效形式是口边开裂，因而可作为翻孔的成形极限，即将不致产生翻孔裂纹时的最小翻孔系数定义为极限翻边系数。表 8-5 和表 8-6 分别给出了低碳钢及其他常用金属材料的翻边系数。

表 8-5　低碳钢圆孔翻边系数 k_f

凸模形式	孔的加工方式	孔径板厚比 d_0/D										
		100	50	35	20	15	10	8	6.5	5	3	1
球头凸模	钻孔	0.7	0.6	0.52	0.45	0.4	0.36	0.33	0.31	0.3	0.25	0.2
	冲孔	0.75	0.65	0.57	0.52	0.48	0.45	0.44	0.43	0.42	0.42	—
圆柱形凸模	钻孔	0.8	0.7	0.6	0.5	0.45	0.42	0.4	0.37	0.35	0.3	0.25
	冲孔	0.85	0.75	0.65	0.6	0.55	0.52	0.5	0.50	0.48	0.47	—

表 8-6　其他金属材料的翻边系数

经退火的毛坯材料	翻边系数		经退火的毛坯材料	翻边系数	
	k_f	k_{fmax}		k_f	k_{fmax}
白铁皮	0.70	0.65	钛合金 TA1（冷态）	0.64 ~ 0.68	0.55
黄铜 H62，$t = 0.5 \sim 6.0mm$	0.68	0.62	TA1（300~400℃）	0.40 ~ 0.50	—
铝，$t = 0.5 \sim 5.0mm$	0.70	0.64	TA5（冷态）	0.85 ~ 0.90	0.75
硬铝合金	0.89	0.80	TA5（500~600℃）	0.65 ~ 0.70	0.55
			不锈钢、高温合金	0.85 ~ 0.69	0.57 ~ 0.61

由 k_f 与板料伸长率 δ 之间的近似关系 $\delta = (\pi d_m - \pi d_0)/(\pi d_0) = d_m/d_0 - 1 = (1/k_f) - 1$ 可知，$k_f = 1/(1 + \delta) = 1 - \psi$。这说明，$\delta$ 值及断面收缩率 ψ 越大的塑性材料翻孔变形能力越强，因而极限翻边系数 k_f 值可适当减小。同样，板料的相对厚度 t_0/D 较大时，翻孔破裂之前的绝对伸长量

相应增大，也可适当减小 k_f 值。

凸模形状对圆孔翻孔有很大影响，如采用球形或锥形凸模翻孔时，成形效果比平底凸模要好，相对可减小 k_f 值。而对于平底凸模来说，其相对圆角半径 r_p/t_0 越大，越有利于翻孔成形。

此外，预制孔的孔口状态对圆孔翻边也有很大影响。采用预冲孔作为底孔时，冲裁变形硬化、孔缘毛刺等都会降低翻孔成形性，需适当增大翻边系数。为避免这种影响，可采用冲孔后钻修、中间退火等工艺措施。对于不可避免的孔缘毛刺，翻孔时，应将有毛刺的一侧朝向凸模置放。

（2）翻孔孔缘的厚度变化　圆孔翻边时，孔缘板厚变薄最严重。如果忽略模具的接触应力，孔缘可近似简化成径向应力 $\sigma_r = 0$、厚向应力 $\sigma_t = 0$，而仅有切向应力 σ_θ 作用的单轴应力状态。这时有 $\varepsilon_t = \varepsilon_r = -\varepsilon_\theta/2$，如果翻孔前、后的板厚分别为 t_0 和 t，则由 $\varepsilon_t = \ln\ (t/t_0)\ = -\ln\ (d_m\theta/d_m\theta)/2 = \ln\ (d_0/d_m)^{1/2}$ 可得

$$t = t_0 \sqrt{k_f} \tag{8-15}$$

利用上式的关系，可以估算翻孔后的孔缘壁厚。

3. 圆孔翻边的工艺计算

圆孔翻边的工艺计算主要有两方面内容，一是根据制件尺寸计算预制孔的直径 d_0；二是根据许用翻边系数校核制件的翻边高度能否一次翻成。

（1）平板毛坯预制孔直径及翻起高度　圆孔翻边时，板坯在半径方向的尺寸与翻起后的高度尺寸相差不是很大，为了简化，通常利用弯曲展开来近似计算预制孔直径。即

$$d_0 = D_1 - \left[\pi \left(r_d + \frac{t_0}{2} \right) + 2h \right] \tag{8-16}$$

式中各参数含义如图 8-13 所示，如果将翻孔变形区直径 $D_1 = d_m + 2r_d + t_0$，翻起直边高度 $h_1 = h - r_d - t_0$ 近似的关系代入式（8-16），经整理后可得简化表达式为

$$d_0 = d_m - 2(h - 0.43r_d - 0.72t_0) \tag{8-17}$$

根据式（8-17）可得翻边高度

$$h_1 = \frac{d_m}{2}(1 - k) + 0.43r_d + 0.72t_0 \tag{8-18}$$

将计算得出的翻边系数 k_f 值代入上式，即可求得相应的翻边高度 h。当采用极限翻边系数 $k_{f\max}$ 时，由上式计算得出的翻边高度则为极限翻边高度 $h_{\max}$。如果产品设计的翻边高度 $h > h_{\max}$，只能先拉深出一段孔壁高度，然后冲底孔再沿已有孔壁翻边至 h。有时，也可采用多次翻边方法，但需进行工序间退火处理。

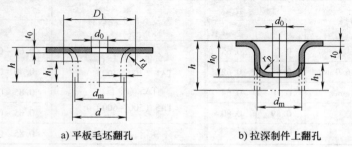

a）平板毛坯翻孔　　　　　　　　b）拉深制件上翻孔

图 8-13　圆孔翻边尺寸

（2）拉深后再翻边的预制孔径及翻起高度　如图 8-13b 所示，在拉深制件的底面冲孔翻边

时，应先计算允许的翻边高度 h_1，然后按制件的要求高度 h 及 h_1，确定拉深高度 h_0 和预制孔径 d_0。拉深件底部的允许翻边高度根据

$$h_1 = \frac{d_m - d_0}{2} - \left(r_p + \frac{t_0}{2}\right) + \frac{\pi}{2}\left(r_p + \frac{t_0}{2}\right)$$

可得

$$h_1 = \frac{d_m}{2}(1 - k) + 0.57\left(r_p + \frac{t_0}{2}\right) \tag{8-19}$$

预冲孔直径

$$d_0 = kd_m \text{ 或 } d_0 = d_m + 1.14(r_p + t_0/2) - 2h \tag{8-20}$$

翻边前制件的拉深高度

$$h_0 = h - h_1 + r_p + t_0 \tag{8-21}$$

4. 圆孔翻边力

如图 8-12 所示圆孔翻边变形区，近似认为厚向应力 $\sigma_t = 0$，极坐标系中平面应力状态的平衡方程为

$$\frac{d\sigma_r}{dr} + \frac{\sigma_r - \sigma_\theta}{r} = 0 \tag{8-22a}$$

翻边过程中，变形区处于双拉应力状态，$\sigma_{max} = \sigma_\theta > 0$，$\sigma_{min} = \sigma_t = 0$，而中间主应力为径向应力 $\sigma_r > 0$。采用塑性条件 $\sigma_\theta = \beta\sigma_s$（$\sigma_s$ 为板料的屈服强度）代入式 8-22a

$$\frac{d\sigma_r}{dr} + \frac{\sigma_r}{r} - \frac{\beta\sigma_s}{r} = 0 \tag{8-22b}$$

假定材料为理想塑性体，（$t =$ 常数），与式 8-22b 对应的齐次方程为

$$\frac{d\sigma_r}{dr} + \frac{\sigma_r}{r} = 0$$

求得通解

$$\sigma_r = C_1/r \tag{8-22c}$$

其中，C_1 对于式 8-22b 来说并非常数。现对式 8-22c 微分

$$d\sigma_r = \frac{dC_1 r - C_1 dr}{r^2} = \frac{dC_1}{r} - C_1\frac{dr}{r^2}$$

将 $d\sigma_r$ 和 σ_r 代入式 8-22b，整理后

$$\frac{dC_1}{dr} - \beta\sigma_s = 0$$

解得

$$C_1 = \beta\sigma_s r + C \tag{8-22d}$$

式中 C 为积分常数，将式 8-22d 代入式 8-22c，经整理后得到

$$\sigma_r = \beta\sigma_s + \frac{C}{r} \tag{8-22e}$$

当 r 等于预制孔半径 r_0 时，孔缘处径向应力 $\sigma_r = 0$，因而 $C = -\beta\sigma_s r_0$，将此代入式（8-22e）

$$\sigma_r = \beta\sigma_s\left(1 - \frac{r_0}{r}\right) \tag{8-22f}$$

当 $r = R_m = d_m/2$（翻孔的底缘半径）时，$\sigma_r = \sigma_{r\,max}$，可得

$$\sigma_{r\,max} = \beta\sigma_s\left(1 - \frac{d_0}{d_m}\right) = \beta\sigma_s(1 - k_f) \tag{8-22g}$$

圆孔翻边时很快达到最大翻边载荷，采用 $t = t_0$，则翻边力

$$F = \beta \sigma_s \pi d_m t_0 (1 - k_f) \qquad (8\text{-}22\mathrm{h})$$

为简化实际计算，取应力系数 $\beta = 1.1$，当采用普通平底凸模翻边时，所需翻边力

$$F = 1.1 \pi (d_m - d_0) t_0 \sigma_s \qquad (8\text{-}23)$$

如果采用球底凸模进行翻边，所需翻边力相应减小，可按下式近似计算

$$F = 1.2 \pi d_m t_0 \sigma_s m \qquad (8\text{-}24)$$

式中　m——与翻边系数 k_f 有关的系数，当 k_f 在 $0.5 \sim 0.8$ 之间变化时，取值范围为 $0.05 \sim 0.2$，
　　　　k_f 较大时，m 取较小值。

5. 翻边模设计

圆孔翻边模的基本结构如图 8-14 所示，通常需设置弹性压料板和顶件器，以确保毛坯的翻孔位置，且使翻孔后能顺利脱件。

凸模的形状尺寸对圆孔翻边成形性及翻边力等有很大影响，通常将凸模肩圆角半径 r_p 取大些，或直接做成球形或其他曲面形状，一般应保证 $r_p \geq 4t_0$。图 8-15 所示为几种常用圆孔翻边凸模的形状和相应的尺寸。图 8-15a 所示凸模适用于预制孔径 $d_0 \leq 4\mathrm{mm}$ 的小孔翻边；图 8-15b 用于 $d_0 \leq 10\mathrm{mm}$ 的圆孔翻边；图 8-15c 适用于 $d_0 > 10\mathrm{mm}$ 的较大圆孔翻边；图 8-15d 可用于凹模侧不设定位销的任意孔翻边，便于自动导向。

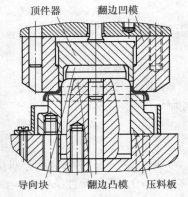

图 8-14　圆孔翻边模结构

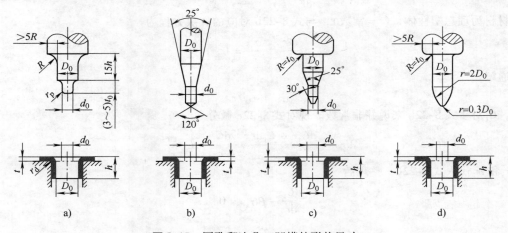

图 8-15　圆孔翻边凸、凹模的形状尺寸

翻边凹模肩圆角半径 r_d 对翻边成形影响不大，应按制件设计尺寸做出。如果制件孔壁没有垂直度要求，适当放大凸、凹模间隙，可有利于翻边成形。孔壁垂直度要求较高时，可使凸、凹模间隙值略小于板厚，其单边间隙可取 $c = (0.75 \sim 0.85) t_0$。也可参照表 8-7 选取。

表 8-7　翻边凸、凹模的单边间隙　　　　　　　　　　　　　（单位：mm）

材料厚度	0.3	0.5	0.7	0.8	1.0	1.2	1.5	2.0
平板毛坯翻边	0.25	0.45	0.8	0.7	0.85	1.0	1.3	1.7
拉深后翻边	—	—	—	0.6	0.75	0.9	1.1	1.5

二、外缘翻边

为了增加制件内凹曲线边缘的刚度和强度，或基于装配连接的要求，将工序件内凹或外凸曲边的一部分翻成立边的成形方法称作外缘翻边。有时，复杂形状的外缘翻边可以看作弯曲、浅拉深和翻孔变形的组合。根据翻边线的内凹或外凸，通常分为内曲翻边和外曲翻边两种。

1. 内曲翻边

内曲翻边是指翻边线相对于工序件板面是一条内凹曲线的翻边工艺，如图8-16所示。内曲翻边时，变形区的应力、应变与翻孔类似，属于伸长类翻边。

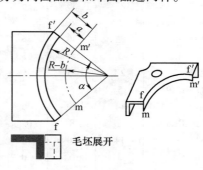

图 8-16　内曲翻边

内曲翻边时，翻边线附近板料产生弯曲变形，而翻起的立边部分则发生沿翻边线切线方向的拉伸变形，翻边宽度（翻起边缘至翻边线的距离）b越大，远离翻边线的翻起边缘线$\overset{\frown}{mm'}$产生的切向拉应变越大。另外，翻边线曲率半径R越小，翻起边缘线长度$\overset{\frown}{mm'}$越小，变形越苛刻。由于$\overset{\frown}{m-m'} < \overset{\frown}{f-f'}$，过大的$b$和过小的$R$都可能导致翻起边缘变薄开裂，因此，内曲翻边的极限变形程度取决于翻边宽度b和翻边线曲率半径R的大小。其变形程度可按式8-25近似估算

$$E_S = \frac{b}{R-b} \tag{8-25}$$

内曲翻边的毛坯形状和尺寸，可参照翻孔的方法计算。

2. 外曲翻边

与内曲翻边相对应，翻边线是板面上一条外凸曲线的翻边，称之为外曲翻边。

如图8-17所示，外曲翻边时，翻起竖边的板坯沿翻边线切线方向产生压缩，同时受垂直于翻边线方向拉应力作用产生翻起方向的伸长变形，应力应变分布特点与不压料的开口浅拉深非常相似，属于压缩类翻边。由于翻边外缘的线长度大于翻边线长度，即$\overset{\frown}{n-n'} > \overset{\frown}{f-f'}$，翻起竖边材料过剩容易引起外缘皱曲。因此，外曲翻边的极限变形程度主要受变形区板料失稳起皱的限制。

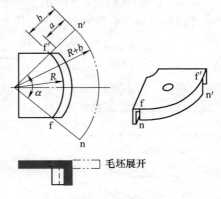

图 8-17　外曲翻边

外曲翻边时的变形程度

$$E_C = \frac{b}{R+b} \tag{8-26}$$

考虑到变形性质相似，外曲翻边的毛坯形状和尺寸可参照浅拉深进行计算。

外曲翻边时，可以采用刚性冲模也可以采用软模（如橡胶模等），为了防止起皱，可以适当减小翻边凸、凹模间隙。

表8-8列出了外缘翻边允许的极限变形程度，可供设计参考。

表 8-8　外缘翻边允许的极限变形程度

材料名称及牌号	E_{Sl}（%）		E_{Cl}（%）		材料名称及牌号	E_{Sl}（%）		E_{Cl}（%）	
	橡胶成形	模具成形	橡胶成形	模具成形		橡胶成形	模具成形	橡胶成形	模具成形
铝合金					黄铜				
1A30—0	25	30	6	40	H62 软	30	40	8	45
1A30—HX9	5	8	3	12	H62 半硬	10	14	4	16
3A21—0	23	30	6	40	H68 软	35	45	8	55
3A21—HX9	5	8	3	12	H68 半硬	10	14	4	16
5A02—0	20	25	6	35	钢				
5A03—HX9	5	8	3	12	10	—	38	—	10
2A12—0	14	20	6	30	20	—	22	—	10
2A12—HX8	6	8	0.5	9	12Cr18Ni9 软		40		10
2A11—0	14	20	4	30	12Cr18Ni9 硬		15		10
2A11—HX8	5	6	0	0	2Cr18Ni9		40		10

三、非圆形内孔翻边

在板料上进行非圆孔翻边时，翻边线凸、凹及其曲率半径的变化导致翻边变形复杂化，有时还会沿翻边线同时产生伸长或压缩翻边、弯曲、拉深等变形成分。如图 8-18 所示，AB 和 EF 为直线段，翻孔过程中基本只发生弯曲变形；BC、CD、DE、FG 及 HA 段都是伸长类翻边；而 GH 段则属于外曲压缩类翻边。但成形时，伸长类翻边区的材料不足，可以从直线段或压缩类翻边区得到补充。同样，压缩类翻边区的材料过剩，可以向直边区或伸长类翻边区扩散。由于翻孔过程中存在变形缓和效应，使得非圆形内孔翻边的成形极限有所提高，即可适当减小翻边系数 k'_f。据资料介绍，内凹弧段的极限翻边系数 k'_f 可以小于圆孔翻边时的极限翻边系数 $k_{f\,max}$。通常二者之间的关系为 $k'_f \approx (0.85 \sim 0.9) k_{f\,max}$。表 8-9 列出了低碳钢非圆形孔翻边时的极限翻边系数 $k'_{f\,max}$ 与孔缘线段对应圆心角 α 的关系，其中，r 表示孔缘曲线的曲率半径。

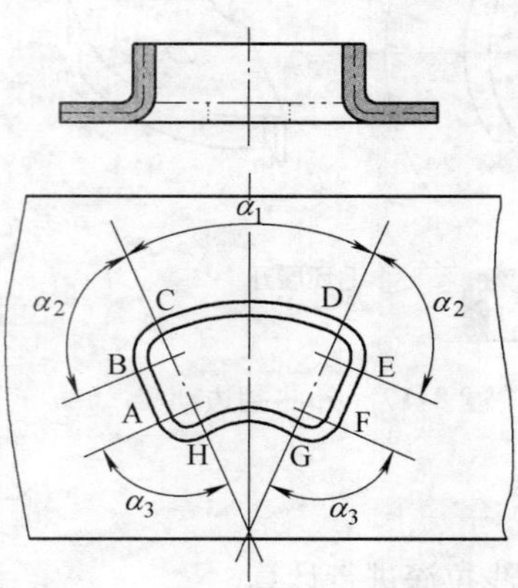

图 8-18　非圆形内孔翻边

表 8-9　非圆形孔翻边时的极限翻边系数（低碳钢材料）

α	比值 $r/2t_0$						
	50	33	20	12.5～8.3	6.6	5	3.3
180°～360°	0.8	0.6	0.52	0.5	0.48	0.46	0.45
165°	0.73	0.55	0.48	0.46	0.44	0.42	0.43
150°	0.67	0.5	0.43	0.42	0.4	0.38	0.375
135°	0.6	0.45	0.39	0.38	0.36	0.35	0.34
120°	0.53	0.4	0.35	0.33	0.32	0.31	0.3
105°	0.47	0.35	0.30	0.29	0.28	0.27	0.26
90°	0.4	0.3	0.26	0.25	0.24	0.23	0.225
75°	0.33	0.25	0.22	0.21	0.2	0.19	0.165
60°	0.27	0.2	0.17	0.17	0.16	0.15	0.145
45°	0.2	0.15	0.13	0.13	0.12	0.12	0.11
30°	0.14	0.1	0.09	0.08	0.08	0.08	0.08
15°	0.07	0.05	0.04	0.04	0.04	0.04	0.04

计算非圆形孔翻边毛坯的展开尺寸时，可以根据各段翻边线处的变形性质分别类比于圆孔翻边、弯曲或浅拉深确定。通常照此估算的曲线翻边高度略低于直线翻边高度，因而曲线展开宽度应大于直线段展开宽度的 5% ~ 10% 。如果口边要求齐平时，则需增设修边工序。

四、变薄翻边

所谓变薄翻边，是指减小翻边凸、凹模间隙，使翻起的竖边高度增加、壁厚减小的翻边方法。变薄翻边可提高翻起竖边的强度和刚性，同时解决翻边高度不足的问题。

变薄翻边时的材料变形与圆孔形翻边基本相同，只是凸、凹模间隙明显小于板坯厚度，翻起的竖边在小间隙中与凸、凹模表面滑动摩擦并受到强烈的挤压而减薄，显著提高侧壁的强度和刚度。

变薄翻边的变形程度不仅与翻边系数有关，还需考虑板料的变薄程度。翻边变形前、后板坯的厚度分别为 t_0、t 时，变薄系数为

$$k_b = \frac{t}{t_0} \tag{8-27}$$

据资料介绍，一次变薄翻边的变薄系数 k_b 可取 0.4 ~ 0.5。变形区板坯在凸、凹模的侧向挤压及很大表面摩擦力作用下变形，对于塑性较好的板料，k_b 还可取得更小。由于增加了板料减薄变形，变薄翻边力要比普通翻边力大得多，并且变形力的增大与板坯变薄量成正比例。

图 8-19 所示为利用阶梯凸模进行的变薄翻边，翻起竖边的厚度由原始板厚的 2mm 变薄至 0.8mm。在这种大变薄量的翻边中，既需要有足够的压料力，以防止凸缘材料流入凹模口内，又需要良好的润滑，以减轻表面摩擦。另外，各段增径凸模之间的距离，通常大于制件的翻起高度，以使前一阶小直径凸模挤压变形结束后，后一阶大直径凸模再开始工作。

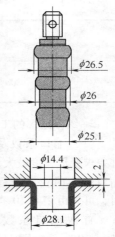

图 8-19 变薄翻边

第三节 缩、扩口成形工艺及模具

缩口是利用模具将空心工序件或管坯的开口端直径缩小的成形工艺；相反，扩口则是使其开口端直径扩大的成形工艺。

一、缩口成形及模具

1. 缩口的特点和变形程度

图 8-20 所示为空心毛坯缩口成形，缩口变形区材料在凹模压力和其自身形状的约束下，沿凹模型腔内表面作切向收缩滑动的同时，壁厚和高度有所增加。如果空心件原始壁厚不是很大，缩口变形区近似处于切向和轴向同时受压的平面应力状态。

缩口成形时，空心件开口端上表面 $\varepsilon_3 = 0$，处于 $\varepsilon_1 = \varepsilon_2$ 的平面应变状态。过大的切向压应力导致开口径急剧收缩，变形超过板料的增厚极限时，将产生失稳和起皱。而非变形区筒壁材料承受全部缩口压力，也可能会因局部失稳而塌陷。缩口的极限变形程度取决于材料的抗失稳能力，失稳起皱可能发生在缩口变形区内，形成纵向皱曲，也可能发生在非变形区的受力支撑部位，形成横向皱曲。为了控制

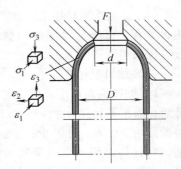

图 8-20 筒形件的缩口成形

缩口变形量，通常采用工序件直径 D 和缩口后开口端直径 d 之比来衡量缩口变形程度。即缩口系数

$$m_s = \frac{d}{D} \qquad (8-28)$$

缩口变形区材料的变形行为受多重因素影响，m_s 只能大致表示缩口变形区的最终变形程度。实际生产中使用的 m_s 常需根据材料的力学性能、板厚、表面质量及模具结构形式等不同而适当调整。表 8-10 所示为常用缩口系数 m_s 随板厚和材料变化的参考值。

表 8-10　平均缩口系数的参考值

材料	材料厚度/mm		
	~0.5	>0.5 ~1.0	>1.0
黄铜	0.85	0.80 ~0.70	0.70 ~0.65
钢	0.85	0.75	0.70 ~0.65

2. 缩口成形的工艺计算

（1）缩口系数及缩口次数　当制件要求变形程度较大，超过材料的极限缩口能力时，需进行多道次缩口。这时，可先由表 8-10 查出平均缩口系数 m_s，首次缩口系数 m_1 通常比 m_s 小 5% ~10%。考虑到后续缩口加工时变形硬化等的影响，应比 m_s 增大 5% ~10%。通常将各道次缩口系数进行合理分配如下

首次缩口系数

$$m_1 = 0.9m_s$$

以后各道次缩口系数

$$m_n = (1.05 ~1.10)m_s$$

而 n 次缩口的平均缩口系数

$$m_s = \frac{m_1 + m_2 + \cdots m_n}{n}$$

对于多道次缩口加工，通常需中间退火处理，以降低工序件的强度和硬度，提高塑性和韧性。

（2）缩口毛坯件尺寸

1）缩口毛坯高度。在确定缩口系数后，需根据制件尺寸计算缩口前工序件的原始高度 H，通常可根据缩口变形前、后材料体积不变的原则来近似估算。表 8-11 列出了几种常见的缩口类型及其工序件高度的近似计算公式

表 8-11　缩口工序件原始高度的计算公式

（单位：mm）

图例	高度 H
锥形缩口	$H = (1 ~1.05)\left[h_1 + \dfrac{d_0^2 - d^2}{8d_0\sin\alpha}\left(1 + \sqrt{\dfrac{d_0}{d}}\right)\right]$ （8-29）
锥柱形缩口	$H = \left\{1 ~1.05\left[h_1 + h\sqrt{\dfrac{d}{d_0}} + \dfrac{d_0^2 - d^2}{8d_0\sin\alpha}\left(1 + \sqrt{\dfrac{d_0}{d}}\right)\right]\right\}$ （8-30）
半球缺形缩口	$H = h_1 + \dfrac{1}{4}\left(1 + \sqrt{\dfrac{d_0}{d}}\right)\sqrt{d_0^2 - d^2}$ （8-31）

2）口边厚度。缩口成形后，变形区板厚增加，第 n 及 $n-1$ 次缩口后的开口端直径分别为 d_n、d_{n-1}，第 $n-1$ 次缩口后颈部壁厚为 t_{n-1} 时，通常可按下式估算第 n 次缩口后的颈部厚度

$$t_n = t_{n-1} \sqrt{\frac{d_{n-1}}{d_n}} \tag{8-32}$$

（3）缩口力　缩口变形力的计算是设计缩口模和选用成形设备的重要依据。缩口力与缩口方法即缩口模结构形式有关。当板料与凹模之间的摩擦系数为 μ、速度系数为 k（曲柄压力机取 $k=1.15$）时，通常采用两种方法近似计算。

对于圆角半径 r_d，型腔半锥角 α 的凹模，无内、外支撑的缩口力

$$F = k\left[1.1\pi d_0 t_0 \sigma_s \left(1 - \frac{d}{d_0}\right)(1 + \mu\cot\alpha)\,\frac{1}{\cos\alpha} \right] \tag{8-33}$$

有内、外支撑的缩口力

$$F = k\left\{ \left[1.1\pi d_0 t_0 \sigma_s \left(1 - \frac{d}{d_0}\right)(1 + \mu\cot\alpha)\,\frac{1}{\cos\alpha} \right] + 1.82\sigma' t_0^2 \left[d + r_d(1 - \cos\alpha)\,\frac{1}{r_d} \right] \right\}$$

$$F = k\left\{ \left[1.1\pi d_0 t_0 \sigma_s \left(1 - \frac{d}{d_0}\right)\left(1 + \mu\cot\alpha\,\frac{1}{\cos\alpha}\right) \right] + 1.82\sigma' t_0^2 \left[d + r_d(1 - \cos\alpha)\,\frac{1}{r_d} \right] \right\}$$

$$\tag{8-34}$$

式中　σ_s、σ'——板料的屈服强度及缩口硬化的变形力（MPa）。

其他具体参数值可查阅相关资料。

3. 缩口成形方法及模具

缩口成形方式因模具结构不同而不同，通常可分为无支撑缩口和有支撑缩口两种形式。

（1）无支撑缩口　如图 8-21a 所示为无支撑简单缩口，仅靠凹模工作表面实现空心毛坯件开口端的缩口变形。由于筒形毛坯内、外均无支撑，容易失稳起皱，甚至筒壁塌陷，内腔形状尺寸精度都不易保证。这种成形方法只适用于缩口制件高度较小且精度要求不高的情况，因此其颈部变形量不宜太大。

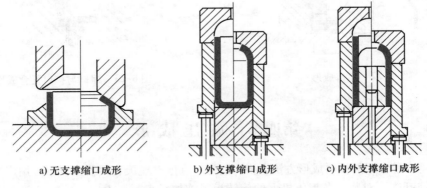

a) 无支撑缩口成形　　b) 外支撑缩口成形　　c) 内外支撑缩口成形

图 8-21　缩口的成形方式

（2）有支撑缩口　有支撑缩口按支撑形式，还可分为内支撑缩口和外支撑缩口两种。

图 8-21b 所示为在筒形毛坯外部非缩口变形区设置了可动支撑，增强非变形区承载能力，较好的制件稳定性可使缩口系数适当减小。

图 8-21c 所示为除设有外支撑，还在空心件内部增加了芯撑，限制颈部变形区板厚方向的变形，相应提高了缩口高度。内外支撑缩口不仅成形稳定性好，可以进一步减小缩口系数，而且制件的成形精度也较高。但对于有底筒形件，缩口结束后芯撑取出困难，模具结构较为复杂。

表 8-12 列出了适用于不同模具结构的平均缩口系数的经验数据，可供参考使用。

表 8-12 平均缩口系数 m_p

材料	支撑方式		
	无支撑	外支撑	内、外支撑
软钢	0.70 ~ 0.75	0.55 ~ 0.60	0.30 ~ 0.35
黄铜 H62、H68	0.65 ~ 0.70	0.50 ~ 0.55	0.27 ~ 0.32
铝 3A21	0.68 ~ 0.72	0.53 ~ 0.57	0.27 ~ 0.32
硬铝（退火）	0.73 ~ 0.80	0.60 ~ 0.63	0.35 ~ 0.40
硬铝（淬火）	0.75 ~ 0.80	0.68 ~ 0.72	0.40 ~ 0.43

二、扩口工艺简介

扩口成形如图 8-22 所示，扩口时将原始内径为 d_0 的空心毛坯件插入凹模内，并套在型腔底部的定位芯棒上，当大端直径 d_k 的锥体凸模压入时，使空心毛坯的一端内径扩为 d_k，即完成扩口成形。与缩口成形相似，通常采用扩口系数 $m_k = d_k / d_0$ 表示扩口变形量大小，具体应用可查阅相关手册。

此外，还可将扩口与缩口结合起来，实现扩 – 缩口复合成形。当要求管形件两端直径差较大时，即可对管形毛坯件两端分别进行缩口与扩口成形，如图 8-23 所示。成形时，锥体凸模压入管形毛坯内迫使上端扩径，而位于内径较小锥形凹模腔内的毛坯下端，在同一作用力下实现缩径。凸、凹模锥度适当，即可成形出大小端直径差很大的锥形空心件。

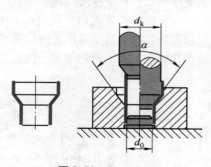

图 8-22 扩口成形

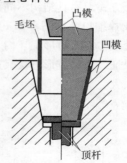

图 8-23 缩口与扩口复合成形

第四节 旋压成形

旋压也是一种常用的板料成形方法，俗称赶形，在航空航天和兵器工业中应用广泛。旋压是利用旋轮（或赶棒）对装夹在旋压机上的旋转板料施加垂直赶压力，使板料局部产生非连续性变形逐步贴向模芯，最终形成旋转体空心零件的成形方法。如图 8-24 所示，由拉深、翻边、缩口及胀形等成形方法加工的空心零件，都可以利用旋压方法成形。

旋压的方法较多，通常按照成形后筒壁是否变薄而分为不变薄旋压和变薄旋压两种。

一、旋压成形过程及特点

1. 旋压成形过程

旋压的加工过程如图 8-25 所示，通过顶板将平板毛坯或半成品工序件底部紧紧顶压在模芯

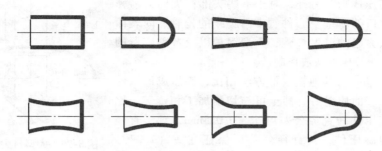

图 8-24　旋压件的形状

底端面上，在旋压机（或车床）主轴带动下同步旋转，旋轮（或赶棒）作轴向移动强行将坯料压向模芯侧表面，由点到线、由线到面，逐渐形成与模芯外形相同的空心制件。

旋压过程中，变形区板料在旋轮和模芯之间受到较强压力作用，变形仅仅产生在与芯棒头相接触的很小局部区域内，明显存在应变分散效应。因此，旋压时可以获得较大的变形量。另外，工件在旋压变形中，晶粒被致密细化并沿母线拉长，强度、硬度提高，力学性能得到相应改善。

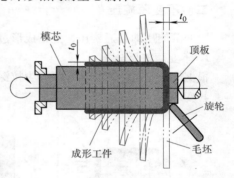

图 8-25　旋压成形过程

2. 旋压加工的变形特点

（1）材料的变形状态　对于不变薄旋压，毛坯在模芯圆周方向压缩，轴线方向拉伸，因此，板厚基本不变，变形与圆筒拉深中法兰中部的变形类似，近似处于平面应变状态。但与拉深不同，旋压时赶棒与板坯之间基本是点接触，板料在赶棒辗压作用下产生两种变形，一种是与赶头直接接触处的局部塑性变形；另一种是材料沿赶棒移动方向的倒伏移动。

变薄旋压则不同，随着旋轮在轴线方向的强力擀压，板坯轴向伸长，厚向压缩而明显变薄。

（2）旋压过程的变形不连续　在旋压过程中，模芯旋转一周，变形区内每一质点只加载变形一次，之后瞬即卸载，属于典型的逐点变形。交替加、卸载有利于应变扩散，可获得较大的变形量。

（3）旋压成形极限　在不变薄旋压中，制件底部紧贴在模芯底端面上，几乎不发生流动，产生破裂的可能性很小。但凸缘部分处于悬空状态，如果模芯转速过低，坯料边缘容易失稳起皱。变薄旋压中，一般不会发生凸缘起皱，也不受毛坯相对厚度的限制。通常可以一次旋出深度较大的空心制件。

3. 旋压成形的工艺特点

（1）旋压成形力小　旋压是典型局部连续变形的过程，瞬时变形区很小，因而成形力也很小。与其他冲压方法相比，所需要的设备输出力要小得多。旋压设备，特别是自动旋压机，调整和控制简便，具有很大的柔性，适合于多品种的单件小批量生产。

（2）旋压工装简单　与同类产品的成形相比，旋压的工装简单，通常工装费用仅为拉深、挤压时模具费用的 1/10 左右。

（3）应用范围广　旋压具有较大的灵活性，适于成形各种复杂、以至于普通冲压方法很难加工的旋转体空心件。如图 8-26 所示大型封头制件，由于存在设备、模具等难以解决的问题，目前只能采用旋压成形。另外，对于一些头部很尖的火箭弹锥形药罩、有收口的薄壁空心件、带内膛线的枪管、内表面带有分散的点状突起的反射灯碗、大型锅炉以及各种容器的封头等，均可采用旋压方法成形制造。

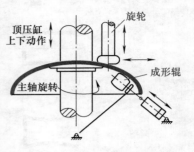

图8-26   大型封头制件旋压成形

（4）成形质量   与其他板成形方法相比，旋压成形制件的尺寸精度高、表面质量好，甚至可与切削加工相媲美。比如，普通大型旋压件的直径公差可达 ±0.025mm，对于直径6~8m的特大型旋压件，其直径公差可保证在 ±（1.27~1.54）mm 范围内。

另外，板材经过旋压加工后，抗疲劳强度、屈服强度、抗拉强度及硬度均有所提高，使制件获得较好的使用性能。

二、不变薄旋压

不变薄旋压即普通旋压，是指成形过程中，板坯厚度基本不变或变化很小的旋压工艺。

1. 不变薄旋压分类

根据旋压时的变形特征，可分为拉深旋压（拉旋）、缩颈旋压（缩旋）及扩径旋压（扩旋）等，其变形特征如图8-27所示。

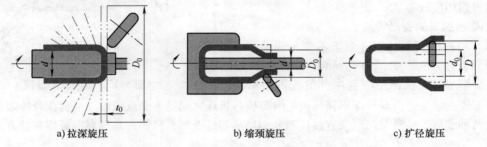

a) 拉深旋压   b) 缩颈旋压   c) 扩径旋压

图8-27   普通旋压

拉旋是使平板毛坯包覆在模芯表面形成空心旋转体零件的成形方法，成形的制件与拉深成形制件有些类似，即利用旋压方法成形拉深制件。因此，有时也称为拉深旋压，是生产中应用最广泛的旋压方法之一。缩旋和扩旋用于使筒形工序件开口端直径减小或增大的场合，如密封容器的收口或扩口等。

此外，旋压还可对回转体空心件或管材进行缩径或扩径等局部成形加工。利用相应的模具，还可实现回转体翻边、卷边、压肋及叠缝等多种成形。

2. 不变薄旋压工艺及模具参数

（1）旋压系数   旋压成形中，当坯料及旋压件直径分别为 D、d 时，变形程度常采用旋压系数 m_x 表示。即

$$m_x = \frac{d}{D}$$

（8-35）

圆筒形旋压件极限旋压系数 $m_{x\,min}$ 可取 0.6~0.8，当相对厚度 $t_0/D = 0.5\%$ 时取大值，$t_0/D = 2.5\%$ 时取小值；对于锥形旋压件，上式中 d 应代入锥体小端直径，$m_{x\,min}$ 可适当减小至 0.2~0.3。

当制件的形状尺寸要求板料移动变形量过大，一次旋压难以成形时，可多道次旋压。此时，如图8-28所示，各道次旋压模芯的大端直径应由大到小，即 $d_1 > d_2 > \cdots > d_n$，旋压高度逐次增

大，但最小直径 d_p 应保持不变。根据制件材料，常需增设中间退火，以消除加工硬化的影响。

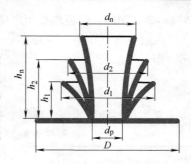

图 8-28　多道次旋压

（2）旋压机主轴转速　不变薄旋压过程中，毛坯法向受压，如果不能正确控制模芯转速和旋轮的移动速度以及所施压力，容易引起板坯失稳起皱或破裂。特别是拉旋，如果模芯转速过高，容易造成板坯严重变薄；而模芯转速过低，非接触变形的外缘部分容易起皱，不仅增加了变形阻力，也会因皱曲部分被赶入筒壁形成折纹，影响成形质量。

合理的主轴转速与旋压材料的力学性能、板厚及零件的尺寸形状有关。根据生产经验，旋压软钢时取 $400 \sim 600 \text{r/min}$；铜及其他有色金属常取 $600 \sim 1200 \text{r/min}$。表 8-13 给出了铝合金板料不同板厚时旋压机主轴的适用转速。

（3）旋压芯模及工具　旋压芯模外形与制件内腔形状尺寸相同，软质材料小批量生产时，可用硬木或铸铁制成。否则，需采用钢制芯模，而且表面硬度与普通冲模相同，应达到 50 ~ 62HRC。小型芯模可直接装夹在旋压机或普通车床的三爪自定心卡盘中，大型芯模则需用螺钉固定在旋压机主轴上。

表 8-13　旋压机主轴转速（铝合金）

（单位：r/min）

料厚/mm	毛坯外径/mm	加工温度/℃	转速
1.0 ~ 1.5	<300	室温	600 ~ 1200
1.5 ~ 3.0	300 ~ 600	室温	400 ~ 750
3.0 ~ 5.0	600 ~ 900	室温	250 ~ 600
5.0 ~ 10.0	900 ~ 1800	200	50 ~ 250

旋压工具系指旋轮或旋棒，如图 8-29 所示。前者与工件作滚动摩擦，有助于提高旋压质量并降低机床功率消耗。旋轮与毛坯相接触的工作圆角半径 R 是一个重要参数，直接影响旋压质量。R 较大时，旋压件表面光洁，板厚变薄较小，但操作费力；R 较小时，操作省力，但制件表面易产生压痕，影响旋压质量。一般，当旋轮直径在 $50 \sim 150 \text{mm}$ 之间变化时，R 常在 $4 \sim 30 \text{mm}$ 之间取值。旋棒长度可取 $700 \sim 1200 \text{mm}$，过

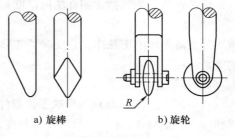

a) 旋棒　　　b) 旋轮

图 8-29　旋棒和旋轮的结构示意

长摆动剧烈，过短则操作费力。旋轮和旋棒多为碳钢或工具钢淬火、抛光后使用，也可选用桃木、枣木或胶木等制作。据资料介绍，当旋压加工不锈钢等较硬材料时，采用青铜镶块做旋轮或旋棒，可减轻旋压过程中的材料粘附现象。

三、变薄旋压

变薄旋压是伴随着板坯厚度明显减薄的旋压加工，也称作强力旋压。通常用来加工圆筒形件，使其壁厚减薄，筒深增大，并增强筒壁刚度。也可用来加工锥形、抛物线形和半球形件。由于旋压过程中材料的变形方式不同，常将前者称为挤压旋压，后者称为剪切旋压。

1. 变薄旋压的变形特点

变薄旋压中，变形区内材料的变形对非变形区影响很小，凸缘直径基本保持不变。图 8-30 所示为半锥角为 α 的锥形件变薄旋压，旋轮对旋转毛坯强力滚轧，压力可达

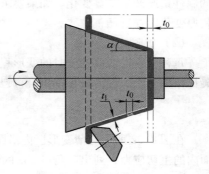

图 8-30　锥形件变薄旋压

2000~3000MPa,使板坯按预定尺寸变薄,变形过程类似旋转挤压。

一般变薄旋压中,变形前、后的板坯厚度分别为 t_0、t 时,变形程度可用变薄率 η 来表示。即

$$\eta = \frac{t_0 - t}{t_0} = 1 - \frac{t}{t_0} \tag{8-36}$$

常用材料旋压的最大减薄率见表8-14。

表8-14 旋压加工的最大减薄率 η（无中间退火）

材料	圆锥形（%）	半球形（%）	圆筒形（%）
不锈钢	60~75	45~50	65~75
高温合金	65~75	50	75~82
铝合金	50~75	35~50	70~75
钛合金（加热旋压）	30~55	—	30~35

变薄旋压时的旋轮或旋棒进给量常取 0.25~0.75mm/r,旋轮工作圆角半径不小于毛坯厚度。

2. 剪切旋压

(1) 板厚变形规律 锥形、抛物线形及半球形件变薄旋压时,材料的变形状态接近于纯剪切,因而称之为剪切旋压。如图8-30所示的锥形件变薄旋压中,工件旋转和旋轮进给使局部变形区不断扩展,逐点产生轴向剪切变形,还可能绕对称轴产生一定的扭转变形。锥形件变薄旋压时,模芯锥角 α 为常数,制件法向厚度 t 与板坯原始厚度 t_0 存在如下关系

$$t = t_0 \sin\alpha \tag{8-37}$$

该式为变薄旋压的正弦律,它反映了变形前、后板料厚度的变化规律。由厚向应变 $\varepsilon_t = \ln(t/t_0)$ 的关系,可得

$$\varepsilon_t = \ln(\sin\alpha) \tag{8-38}$$

式8-38说明,α 直观地反映了锥形件旋压中板料的变形程度。α 越小,板厚变形量越大。可以利用最小锥角 α_{min} 来表示极限变形程度,有时也采用最大减薄率 $\eta_{max} = 1 - \sin\alpha$ 来限制变薄旋压的变形程度,对于一般材料可取 $\eta \leqslant 0.3~0.4$。

图8-31所示为等直径半球形变薄旋压。可以看到,成形过程中板坯只是沿轴向发生剪切滑移而无其他任何变形,并且轴向厚度实际上基本没有变化。上述正弦律也适用于母线为曲线的旋转体旋压成形。但需注意,母线上各点的半锥角 α 是变化的,因而 ε_t 也因位置而变化。剪切旋压的毛坯可以是平板,也可以是预制坯。半球形或抛物面形件旋压成形时,等断面毛坯旋压成形后的制件壁厚产生不等变化。如果要求制件法向厚度相等,则需预先加工出变厚度板坯,旋压时的板厚变化同样遵循正弦律。

(2) 极限旋压角 α_{min}

每种材料在变薄旋压时的变形程度都有一定的限度,通常可用极限旋压角 α_{min} 来表示（极限旋压角即上文所说的最小锥角）。旋压时的最大变薄率

$$\eta_{max} = \frac{t_0 - t_{min}}{t_0} = 1 - \sin\alpha_{min} \tag{8-39}$$

在图8-32所示旋薄变形区内沿圆周方向取一单位长度,设 σ 为 t 断面内的拉应力,τ 为 t_0 断面内的主切应力,列出三角形 abc 的静力平衡方程

$$\sigma t = t_0 \tau \cos\alpha \tag{8-40}$$

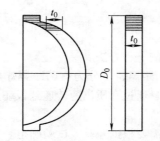

图 8-31 变薄旋压时的纯剪切变形

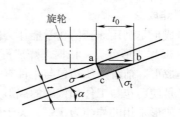

图 8-32 变薄旋压时应力结构

按形变能（M）理论，将 $\tau_s = \dfrac{\sigma_s}{\sqrt{3}}$ 代入式 8-40，由 $t = t_0 \sin\alpha$ 可得

$$\cot\alpha = \frac{\sqrt{3}\sigma}{\sigma_s} \tag{8-41}$$

如果认为达到极限旋压角 α_{min} 时，危险断面应力达到 σ_b 而发生失稳，则极限旋压角

$$\alpha_{min} = \text{arccot}\,\frac{\sqrt{3}\sigma_b}{\sigma_s} \tag{8-42}$$

α_{min} 与材料力学性能有关。但上式中没有计入板料厚度、摩擦系数、旋轮几何参数等。对于 1mm 的 LY12M 板料旋薄，按式 8-42 计算可得 $\alpha_{min} = 17.8°$，计算值与实验值比较接近。但随着板厚增加，二者之间的差别也增大。

3. 挤压旋压

筒形工序件变薄旋压时，壁厚变化没有正弦关系，仅仅产生材料的体积位移，因此，常称之为挤压旋压或流动旋压。

如图 8-33 所示，按照旋压时旋轮的进给方向和材料的流动方向不同，可分为正旋和反旋两种。正旋时，旋轮的运动方向与材料的流动方向相同，反旋时，二者运动方向相反。

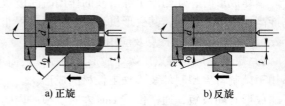

图 8-33 筒形件变薄旋压

筒形件变薄旋压中，当变薄率超过一定界限时，筒壁可能产生破裂，在旋轮前方还容易产生类似于板材起皱的隆起现象。这种材料流动过程中的失稳隆起不严重且能保持稳定状态时，旋压仍可继续进行。但隆起较严重时，可能产生金属掉皮现象，应注意清除，以防压伤制件表面。

第五节 其他成形方法简介

一、高能率成形技术

高能率成形主要是指利用电、化学及液压等能源在极短时间内释放出很大的能量，有时还将其转化为周围介质如气体或液体的高压冲击波使材料成形的方法。成形过程中材料的变形速度较快，因而也称之为高能高速成形。

高能率成形的方法很多，其中包括爆炸成形、电磁成形、电液成形等，这里只对部分成形方法作简单介绍。

1. 爆炸成形

爆炸成形是利用炸药的化学能作为能源，进行板料成形的一种方法。

（1）爆炸成形分类　根据爆炸成形时药包与工件之间的距离，可分为有药距爆炸成形和无药距爆炸成形。前者是使药包与工件有一定距离，引爆后能量通过介质迅速传递到板坯上使其成形；后者是使药包与工件相接触的成形。

爆炸成形常用的炸药为 TNT，关于药形、药量和药位等需要根据经验或试验确定。

（2）爆炸成形的工艺过程　爆炸成形使用最多的介质是水，其次是砂，也有用空气和水双重介质的。以水为能量传递介质时，可以在水井中进行爆炸成形。如图 8-34 所示，将模具放入水中，以水为能量传递介质。炸药由雷管引爆后，在几十万分之一秒内完全转化为高温高压气体（爆炸中心处产生 3000℃ 以上的高温和 2000MPa 以上的压力），并以 2000 ~ 8000m/min 的高速猛烈推动周围介质，产生向四周扩散的强

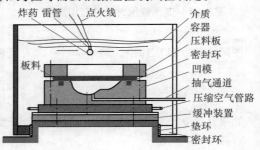

图 8-34　爆炸成形原理

压缩冲击波，并以脉冲波的形式传到板料表面。由于冲击波的压力远远超过板料的变形抗力而使其迅速移向凹模，并以很大的加速度积累其自身的运动速度。之后，所形成的高温高压气体急剧膨胀，推动介质产生很大的流动压力，使板料受到二次加载，进一步与凹模内表面贴合。由于板料获得相当高的能量，当冲击波压力低于板料变形抗力和冲击波停止作用后，运动惯性使其仍能继续变形且最后紧紧贴靠在凹模内壁上，完成成形过程。

爆炸成形时，炸药产生冲击波的作用时间极短，仅为板料变形流动时间的一小部分。金属在高能高速条件下成形，其变形机理及其变形过程非常复杂，与常规板料成形有着根本的差别。

（3）爆炸成形的特点及应用

1）爆炸成形的特点。爆炸成形所用模具很简单，只需一个成形凹模和相应的压料板，特别适用于试制特大型制件及难加工板材的成形。

成形时间极短，通常仅需 1ms 左右，模腔内的空气如来不及排出，将影响成形效果。因此，通常在引爆前将模腔抽成真空，但需考虑模腔密封问题。

成形前需制造药包，安装模具等，机械化操作程度较低。因此，目前的爆炸成形只能作为单件、小批量生产方法使用。

2）爆炸成形的应用。爆炸成形可用于多种板料成形加工，如弯曲、拉深、胀形、扩口等，还可以用于爆炸焊接、表面强化及粉末压制等。介质中爆炸成形主要有板、管的二次成形及压印、翻边等，通常可实现自由成形、圆筒成形和曲体成形三种基本形式。如图 8-35 所示，对于管坯胀形，采用爆炸成形可以获得很好的形状尺寸精度，并且工艺相对简单。

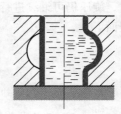

图 8-35　爆炸胀形

2. 电液成形

电液成形是指利用高压电极瞬间放电产生强电流脉冲波，利用液体作为传递介质使板料产生快速变形的高能率成形方法。

（1）电液成形原理　电液成形的基本原理如图 8-36 所示。能源装置由充电回路和放电回路两部分组成，升压变压器、整流器和充电电阻组成充电回路，电容器、辅助开关及电极构成放电回路。

凹模、压料板、电极和板料均放入液体中。利用升压变压器将电压升高，再经高压整流器向电容器充电。当充电电压达到一定值时辅助电极被击穿，高压电在瞬间加到两放电电极构成的主放电间隙上，击穿主间隙，产生高压放电。几万焦耳的能量在几万分之一秒内由两放电电极之间的间隙中突然释放出来，在放电回路中形成高达几十万安培的强大冲击电流，使液体介质产生很强的冲击波，迫使板料以极快的速度贴向凹模型腔（贴模精度可达0.02~0.05mm），完成电液成形。

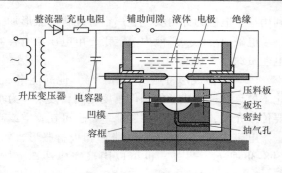

图 8-36 电液成形原理

（2）电液成形特点及应用 电液成形常分为电极间放电成形和电爆成形两种。

与爆炸成形相同，电液成形可使模具简化，成形精度较高，并且成形能量比爆炸成形更容易控制和调节。电液成形过程相对稳定，操作方便，生产率较高，且比较安全。但电极间隙受能力充分利用的限制，若液体间隙过大则很难被击穿而放电。对于尺寸较大及复杂制件，通常可采用电爆成形。所谓电爆成形，是指带细金属丝的电液成形，在电极之间连接截面积很小的导体，当电流通过导体时产生高温，使之气化、爆炸，其体积急剧膨胀，发出的强大冲击波通过液体迅速传递给板坯，使之产生变形流动贴向凹模内壁而成形。

电液成形可用于对板料或管料进行拉深、胀形或局部翻边等，同时也可用于高强度合金钢和特种金属的成形加工。由于电液成形的能力受到设备的限制，通常只适用于中、小型零件的成形加工。

3. 电磁成形

电磁成形是利用电磁效应将电能转换成机械能，进而由脉冲磁场中产生的斥力强迫金属材料成形的一种加工方法。

（1）电磁成形原理 电磁成形与电液成形相比较，充电部分相同，而放电部分不同。电液成形的放电元件是水介质中的电极，而电磁成形的放电元件是空气中的线圈。图 8-37 所示为电磁成形的基本原理示意图。如图8-37a 所示，当工作线圈通过强脉冲电流 i 时，在线圈空间产生一个强脉冲磁场。如图 8-37b 所示，置于线圈内的空心件外表面因感应脉冲电流 i' 而产生感

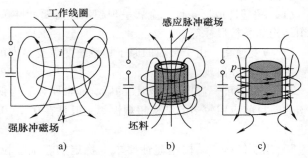

图 8-37 电磁成形原理

应脉冲磁场；放电瞬间，空心坯料内部的放电磁场与感应磁场方向相反而相互抵消，空心件外部如图 8-37c 所示，放电磁场与感应磁场方向相同而得到加强，结果导致坯料外表面受到很大的磁场力 p。磁场力若达到金属材料的屈服点，坯料即会产生径向压缩变形。由于这种装置产生的磁场总是迫使坯料向背离线圈的方向变形，因此，如果将工作线圈置于空心件内部，成形线圈相当于变压器的一次侧，空心件相当于变压器的二次侧。放电时，空心件内表面的感应电流 i' 与线圈内的放电电流 i 的方向相反，两种电流产生的磁场磁力线在线圈内部空间因方向相反而互相抵消，而在线圈与坯料内表面之间方向相同得到加强，结果导致坯料内表面受到很大的强磁场力，

利用这个电磁力即可实现金属空心坯料的胀形加工。

电磁成形的加工能力决定于充电电压与电容器的电容量。常用的充电电压为 5 ~ 10kV，而充电能量约为 520kJ。

（2）电磁成形特点及应用　与其他高能率成形方法相同，电磁成形仅需要凸模或凹模，简化了模具制造。成形的制件精度较高，残余应力小，成形结束后的回弹也相对小。电磁成形不需要传压介质，能够准确控制能量，也可在真空或高温条件下成形。

电磁成形可以实现管材胀形和板材胀形，如图 8-38 所示。另外，也可以用来完成冲孔、拉深、翻边、扩口等工序，目前用于加工厚度不大的小型零件。

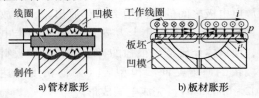

a) 管材胀形　　b) 板材胀形

图 8-38　电磁成形

电磁成形制件应具有较好的导电性，但对于导电性较差的材料，可在工序件表面涂覆一层导电材料后，同样可以用来进行电磁成形。

二、超塑性成形

超塑性成形是利用金属在特定条件下表现出的超常塑性能力进行加工的一种成形技术，近年来，在航空航天等工业中应用越来越广泛。

1. 超塑性及其成形条件和分类

超塑性是指金属在一定的内部构造和外部条件下，呈现出异常低的流变抗力、异常高的流变性能的现象。金属材料在室温下单轴拉伸时，一般黑色金属的伸长率为 30% ~ 40%，纯铜的伸长率为 50% ~ 60%。即使在高温下，这些材料的伸长率也很难超过 100%。而在某种特定条件下，有些金属或合金的伸长率可以达到百分之几百或百分之一千以上。例如钢的伸长率超过 500%，Ti - 6Al - 4V 合金超过 1000%，锌铝共晶合金超过 2000%，将金属所具有的这种超常的变形性能称为超塑性。

（1）超塑性成形条件　金属呈现超塑性需要特殊条件，其中，主要是变形速度、变形温度、组织结构和晶粒尺寸等。

1）应变速率。由于金属的原子扩散蠕变需要足够的时间，因此，超塑性只有在 $\dot{\varepsilon} = 10^{-4}$ ~ 10^{-1}/s 范围内才出现。

2）变形温度。温度对超塑性的影响非常明显，当低于或超过某一温度范围时，金属不呈现超塑性。目前应用较多的结构超塑性，一般是在 $0.5 ~ 0.7T_m$（T_m 是以绝对温度表示的熔化温度）下进行。

3）组织结构。结构超塑性要求有稳定的超细晶粒，通常是用稳定的第二相来阻止晶粒长大，因而要求第二相占有一定的体积比例。也有用弥散的氧化物质点或夹杂来阻止晶粒长大，以获得超塑性的方法。

（2）超塑性分类

1）恒温超塑性（或称第一类超塑性）。根据材料的组织形态特点也称之为微细晶粒超塑性。一般所指超塑性多属这类超塑性，其特点是材料具有微细的等轴晶粒组织。

2）相变超塑性（或称第二类超塑性）。亦称转变超塑性或变态超塑性。这类超塑性，并不要求材料有超细晶粒，而是在一定的温度和负荷条件下，经过多次循环相变或同素异形转变获得超大延伸。

3）其他超塑性（或称第三类超塑性）。消除应力退火过程中在应力作用下也可以获得超塑性。

2. 超塑性成形应用

由于金属在超塑性状态具有异常高的塑性，极小的流动应力，极大的活性及扩散能力，可以在很多领域中应用，包括压力加工、热处理、焊接、铸造、甚至切削加工等方面。

（1）超塑性压力加工方面的应用　超塑性压力加工，属于黏性和不完全黏性加工，对于形状复杂或变形量很大的零件，都可以一次直接成形。其优点是流动性好，填充性好，需要设备吨位小，材料利用率高，成形件表面精度质量高。如图8-39所示，利用超塑性成形技术生产的等速万向节、锥齿轮和十字轴等汽车零件，只需经过精磨即可装配使用。

图8-39　超塑性压力加工的产品

（2）相变超塑性在热处理方面的应用　相变超塑性在热处理领域可获得多方面的应用，例如钢材的形变热处理、渗碳、渗氮等，都可应用相变超塑性原理来增加处理效果。相变超塑性还可有效地细化晶粒，改善材料品质。

（3）超塑性在焊接方面的应用　利用恒温超塑性或相变超塑性的流动特性及高扩散能力可以实现特殊焊接。使两块金属接触，利用相变超塑性原理施加很小的负荷和加热冷却循环，即可使接触面完全粘和，得到牢固的焊接件，称之为相变超塑性焊接（TSW）。

（4）相变诱发塑性（TRIP）的应用　相变诱发塑性在许多领域得到应用，例如淬火时用卡具校形，在紧固力不太高的情况下能控制马氏体转变时的变形，即利用其相变诱发塑性的作用。有些不锈钢（AISI301）在室温压力加工时可以得到很大的变形，其中就有马氏体的诱发转变。

（5）超塑成形 – 扩散连接　利用某些材料（如钛合金）超塑成形所要求的工艺条件与扩散焊接（DB）相近的特点，将两种工艺结合起来生产整体结构件的复合工艺称为超塑成形 – 扩散连接。

超塑成形 – 扩散连接方法可直接制造出整体结构件，在飞机、导弹等结构制造中可显示极大的优越性。如图8-40所示，利用钛合金超塑成形 – 扩散连接方法可以制造单层、双层、多层结构板和蜂窝板等复杂结构钣金零件，在航空航天制造业中发挥着日益重要的作用。

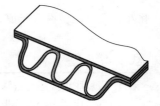

图8-40　超塑成形 – 扩散连接制件

3. 超塑性成形工艺简介

超塑性成形有气、液压成形，挤压、锻造、拉延、无模成形等多种方式。

超塑性真空成形是将金属板坯置于凹模上（其间抽真空），利用加热元件加热到一定温度时，在变形方向上充入压缩空气，使板坯在超塑性状态下贴向凸模或凹模表面实现成形。

如图8-41a所示，凹模真空成形是将被加热板坯在加压、抽真空条件下，使之吸附到凹模表面上成形的一种方法，适合于外形尺寸精度要求较高的浅型腔制件成形。凸模真空成形用于制件内形尺寸有精度要求且形状简单，或具有较深内腔制件的成形，如图8-41b所示。

真空成形不适合高强度厚板件成形。对于在一个大气压下不能成形的厚板件，可利用空气或氮气的吹塑成形（充气法），或吹塑和真空成形并用。有时，为了增大压缩力，也可采用液体压缩成形方法。

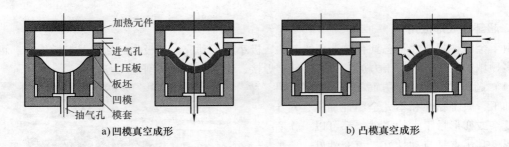

a) 凹模真空成形　　　　　　　　　　　b) 凸模真空成形

图 8-41　板料真空成形

反向加压真空成形也称吹塑成形，移动模具迫使已成形制件再次产生反方向变形，可获得壁厚非常均匀的成形制件。

压力可变真空成形的实质是在普通真空成形的基础上，增加了一道反向成形工艺，如图 8-42 所示。板坯在模套上压室加压成形后，由于各部位材料成形时移动距离和变形程度不同，导致制件板厚分布不均。因此，如图 8-42c 所示，在保持模套上室压力的状态下，由底部进气孔道引入压缩空气，推动凹模向上微量移动，迫使已成形制件反向变形，从而获得更加清晰的制件轮廓，并提高壁厚的均匀程度。

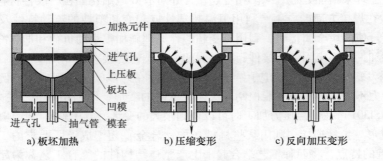

a) 板坯加热　　　　　　　　b) 压缩变形　　　　　　　c) 反向加压变形

图 8-42　反向加压真空成形

此外，还有超塑性气胀成形及超塑性体积成形等成形方法。

思　考　题

1. 板料胀形成形与拉深成形有什么区别？
2. 翻边成形中变形区板料产生怎样的变化？导致达到翻边极限的主要因素是什么？
3. 缩口加工中变形区板料产生怎样的变化？导致达到缩口极限的主要因素是什么？
4. 旋压成形与拉深成形的区别是什么？
5. 针对同一件筒形制件，试分析拉深和旋压加工时的区别。
6. 什么是高速高能成形？具有哪些特点？
7. 什么是金属的超塑性？金属超塑性变形有什么特点？

第三篇　锻造工艺与模具设计

　　锻造是在外力作用下使金属坯料产生塑性变形，从而获得具有一定形状、尺寸和使用性能的毛坯或零件的加工方法，它是机械制造工业中提供毛坯的主要生产途径之一。随着科学技术的不断发展，锻造已不再单纯提供毛坯，而逐渐进入直接生产机械零件的发展阶段，成为现代先进制造技术的重要组成之一。

第
九
章

锻造工艺概述

学习重点

　　掌握锻造的分类、生产方式及其工艺特点，包括锻造生产的主要工艺流程。在此基础上，了解常用锻造设备的分类、基本结构形式和功用，并能根据不同锻造工艺方法正确选用适当的设备类型。

第一节　锻造工艺分类及特点

　　锻造加工属于体积成形，是利用锻压机械通过模具对金属坯料施加压力，使之产生塑性流动变形，从而获得所需制件或机加工毛坯的加工方法。

一、锻造工艺分类

　　锻造是具有多种工艺的塑性成形方法，通常可按金属变形时的温度、设备和变形形式不同等进行分类。

1. 按锻造温度分类

　　（1）冷锻　冷锻通常是指坯料在常温下进行的锻造加工。冷锻成形制件的形状和尺寸精度较高，表面光洁。许多冷锻件可以直接用作结构零件或制品，而不需再进行切削或其他加工。但冷锻加工时，金属塑性较低，不适于大变形和较大金属流动。另外，冷态成形时的变形抗力大，易产生开裂，需要较大吨位的锻压设备。

　　（2）热锻　将金属坯料加工至再结晶温度以上锻造的方法称为热锻。金属加热时的原子运动能量增大使位错运动加剧，可提高塑性，抵消加工硬化，有利于改善锻件的内部质量，易于产生较大流动变形，可降低所需锻压设备吨位。

　　（3）温锻　将锻坯加热至再结晶温度以下进行的锻造称为温锻。锻坯加热后处于相对软化状态，加工硬化被部分消除，变形抗力相对降低，所需设备吨位也可减小。由于是在较低温度范围内加热，氧化、脱碳及烧损减轻，锻件的成形精度高，表面较光洁，力学性能也比退火件要好。

　　锻造加热温度划分方法，在生产中并不完全统一。比如，钢的再结晶温度约为460℃，但普遍采用800℃作为划分线，高于800℃为热锻；在300~800℃之间称为温锻或半热锻。

2. 按生产方式分类

如果按照锻造的生产方式分类，应分为手工锻造和机械锻造两大类。手工锻造是指利用手锤及简单工具进行的锻造，仅用于铁器修补或制造特殊的单件小型锻件。机械锻造根据其使用的设备和模具不同分为自由锻、模锻、胎模锻及特种锻造等。

（1）自由锻　自由锻是指坯料在锻击方向以外的变形基本不受外部限制，利用锤砧或简单通用性工具进行的锻造。自由锻造时，锻坯的流动方向及变形量由操作者直接控制，因而锻件的形状尺寸精度及生产效率很低，只用于锻造机加工毛坯的单件、小批量生产。

（2）模锻　模锻是指金属坯料在受到模具型腔限制的同时产生体积再分配的锻造方法，包括开式和闭式锻造，主要用于锻造形状较复杂的锻件，又因生产效率高而适合于大批量生产。

（3）胎模锻　胎模锻是介于自由锻与模锻之间的一种过渡型锻造方法。胎模锻造时，先将坯料自由锻造成较规则形状，然后利用可移动的简单胎模具进行锻造，获取一定形状尺寸的机加工毛坯锻件。胎模锻是具有一定灵活性的简易模锻方法，适合于单件小批量及试制性生产。

（4）特种锻造　所谓特种锻造，是指具有一定特色工艺的锻造方法。即当锻件成形受到传统工艺限制或具有某种特殊形状时，所采用的具有特殊变形方式的锻造方法。越来越广泛的多样化市场需求促进了特种锻造技术的发展。新型特种锻造工艺的不断涌现，扩大了锻造的应用范畴。

二、锻造工艺特点

1. 改善金属组织、提高力学和物理性能

金属铸锭经过锻造加工，原有粗大枝状晶被打碎，在再结晶温度下变形使晶粒得到细化；锻合原有的气孔、缩松等缺陷，使材料结构均匀、密实；金属经过锻击后沿流动方向形成纤维组织，获得较强的抵抗能力，力学和物理性能得到提高。

2. 生产效率高

锻造是在高速打击力作用下使金属产生体积再分配，因而生产效率非常高。以螺栓和螺母的生产为例，一台自动冷锻机的生产量大约相当于十八台自动车床的生产量。据资料介绍，美国用315000kN水压机模锻F-102歼击机的整体大梁，取代了272个零件和3200个铆钉，使飞机质量减轻了约50kg。特别是采用精密锻造工艺，可使得锻造生产效率大幅度提高。

3. 材料利用率高

锻造通过将坯料体积重新分配来获得所需的形状和尺寸，属于少、无切屑加工，可大幅度减少因制件形状所需切削加工的材料去除，降低材料浪费和切削加工量。而精密锻造使锻件尺寸精度和表面粗糙度接近成品要求，可进一步提高材料利用率。

4. 适用范围广

利用锻造方法可以加工各种机械零件，从简单螺钉到形状复杂的曲轴，从质量不足1克的表针到重达数百吨的大轴都可加工制造。

与其他任何制造方法一样，锻造也存在一些不足和缺欠，如不能加工脆性材料，生产外形和内腔复杂的零件比较困难。对热锻来说，加热使金属产生氧化、脱碳及烧损等。

三、锻造工艺现状及发展

1. 锻造生产在工业中的重要地位

锻造是机械制造中重要的加工方法之一，可以提供机械加工毛坯，也可以直接制造机械零件。金属经过锻造可以改变强度、硬度等力学性能，显著优于同种材料的铸件。许多需要承受交变载荷的零部件或毛坯，都须锻造加工，以满足使用性能要求。

在工业制造中，锻造产品占有相当大的比重。锻件的质量分别占飞机和坦克总质量的85%和70%，占载重汽车总质量的80%左右；许多机器主轴、齿轮等重要零部件也都采用锻件制成。

近年来，锻造技术的提高和发展，使其在汽车、航空、兵器及电器工业中占有越来越重要的地位。

2. 锻造生产现状

据统计，目前我国拥有各类锻压设备超过3万台；能够制造120000kN锻造水压机和80000kN以下的热模锻压力机，并可自行制造辊锻、摆辗等先进锻压设备。一些高精度、高效率的特种锻造工艺在许多大、中型企业中得到应用，并发挥了相当重要的作用。从加热设备来看，煤气和燃油加热炉已被广泛采用，中频、工频感应加热炉的应用也日益增多。更重要的是，目前我国已经掌握了一些复杂大型合金钢零件的锻造技术，重大设备所需大型锻件，基本可自行生产制造。

3. 锻造技术的发展

从整体上来看，我国锻造生产规模和技术水平与工业先进国家相比还有一段差距。突出表现在模锻件生产量不足锻件生产总量的30%，而先进国家这一比例已高达80%，并且我国模锻件生产仍以锤上模锻为主，热模锻压力机等先进设备利用较少，锻造生产自动化程度相对较低。另外，一些重要锻模的使用寿命明显低于世界先进水平，致使锻件成本居高不下，阻碍了我国锻造生产和锻造技术的快速发展。

综合上述简单分析可见，我国锻造行业当前面临的主要任务是，扩大模锻件生产幅度；提高大型合金钢锻件的生产质量，开发制造大型先进锻造设备；开发研制高强度耐热锻模钢，结合先进模具设计制造技术，提高锻模使用寿命；将计算机技术和机器人技术有机地结合到生产中，尽快实现锻造生产机械化和自动化。

第二节 锻造工艺流程

锻造工艺流程是指锻造生产中的各工序的组成顺序。通常将在同一设备上利用同一工模具所完成的加工叫做一个工序；在一个工序中，在同一工位上完成的锻造加工，称作一个工步。这些有机联系的加工工序构成锻造生产的工艺过程。不同的锻造加工方法具有不同的工艺流程，其中，热模锻加工的工艺流程最长，如图9-1所示。

备料 ⇒ 加热 ⇒ 制坯 ⇒ 成形 ⇒ 切边（或冲孔、压弯）⇒ 热校正（或热精压）
⇓
检验 ⇐ 清理（包括冷校正、冷精压）⇐ 热处理 ⇐ 中间检验

图9-1 热模锻工艺流程简图

一、备料工序

1. 确定锻造材料

锻造用金属材料需具有一定塑性，变形流动性好而不易破裂。碳素钢、合金钢以及铜、铝等非铁合金均可用于锻造加工。但铸铁的塑性很差，在外力作用下易碎裂，因此不能锻造。锻造材料的原始状态有铸锭，经开坯的棒、锭料，金属粉末和液态金属等。

2. 下料

锻造毛坯下料时，通常采用锯切、剪切、冷折、砂轮切割以及火焰切割和阳极切割等方法。

（1）剪切下料 大批量生产时，锻坯通常利用剪床剪切下料，对其质量要求主要是坯料长度、质量公差及端部平行度等。旧式剪床的剪切速度为 $0.3 \sim 0.6 \mathrm{m/s}$，新型专用设备的剪切速度可达 $10 \mathrm{m/s}$。剪切下料过程中，坯料夹紧力为剪切力的 $1.5 \sim 2$ 倍时，可获得较好的剪切质量。剪切下料分为冷切和热切两种，冷切生产效率高，但所需剪切力大。对于含碳及合金量较高的钢材，因塑性较差，冷切时端部易产生崩裂，因而需热切下料。热切时的预热温度随材料硬度增加而升高，常用预热温度为 $350 \sim 550 \mathrm{℃}$。

（2）折断下料 折断下料是利用锯切或气割预先开出缺口，施加压力使缺口处产生应力集中而折断的下料方法。折断下料只适用于硬度较高的高碳或高合金钢，可在普通压力机上完成，通常也需将坯料加热至 $200 \sim 400 \mathrm{℃}$。

（3）锯切下料 锯切下料适用于断面较大的坯料，锯切端面平整，长度尺寸精确。圆形锯盘直径达 $2 \mathrm{m}$，可以锯切的棒料直径为 $750 \mathrm{mm}$。但锯切下料生产效率低，金属损耗量大。

对于硬度非常高的金属坯料，如高温合金等，可采用砂轮片或其他方法切割下料。

二、加热工序

加热及加热温度范围的控制是确保热锻生产顺利进行的重要工序之一。加热的原则是在保证坯料整体均匀热透的前提下，尽可能缩短加热时间，以减少金属的氧化，并降低燃料消耗。因此，需要正确确定始锻温度和终锻温度。锻造加热方法主要有火焰加热、电加热及少无氧化加热等。

三、变形工序

变形工序即锻造成形工序，是锻造生产的主体工序。不同锻件及其锻造工艺方法，变形工序各不相同。对于模锻工艺来说，变形可分为制坯工序（步）和模锻工序（步）两种。制坯的方法比较多，模锻工序（步）只分为预锻和终锻。变形工序（步）有多有少，但终锻工序（步）是必不可少的。各种锻造工艺的变形工序，将在后续内容中详细介绍。

四、锻后工序

锻后工序的作用是补充完成模锻和其他前期工序的不足，使锻件完全符合锻件图及其技术条件要求的辅助工序。锻后工序主要包括切边、冲孔、弯曲、扭转、热处理、校正、表面清理、去除飞边、精压等。

1. 切边、冲孔

在开式模锻中，为了促使金属充满型腔和容纳多余金属，均设有飞边槽。因此，锻后需由切边工序将这部分废料切除。另外，对于带孔锻件，模锻时无法锻出通孔，锻后必须增设冲孔工序，将锻造盲孔内连皮冲掉。齿轮类锻件，既有飞边，又有连皮，通常采用切边、冲孔复合工序完成。

2. 校正

对于细长杆、薄盘类锻件，终锻起模、切边、冲孔时处于红热状态，也易造成形状畸变。另外，锻件热处理、清理及运送过程中，由于各种原因也会产生上述非加工变形。因此，当锻件走样变形超过允许范围时，就必须增设校正工序。锻后校正可分为热校正和冷校正两种方式，一般应按锻件图技术要求或工艺规范利用平砧、触头或专用校正模等进行校正。

3. 热处理

由于加热温度、加热时间及锻打温度、变形程度、冷却不均匀等原因，可能导致模锻件晶粒粗大、组织不均匀且有残余应力存在。因此，锻后必须进行相应的热处理，消除内应力、细化晶粒、改善组织和力学性能，以提高切削性能或达到锻件设计的各项要求。锻后热处理主要有正火和调质两种。硬度要求较低的锻件，可正火处理，对于硬度要求较高的锻件，往往需要调质处理。

4. 清理

锻后清理的目的主要是去除锻件表层氧化皮，为其后的电镀、喷漆或切削加工提供清洁表面，同时使氧化坑暴露出来，为检验锻件质量提供条件。锻后清理的方法主要有滚筒清理、喷丸清理、抛丸清理及酸洗等。酸洗后锻件的表面和轮廓更加清晰，既可暴露表面裂纹，又方便检验锻件形状尺寸。

五、检验工序

检验是锻造生产中一项必不可少的重要环节，通常分为工序间检验和最终检验两种。检验项目包括几何形状尺寸、表面质量、金属组织和力学性能等，需根据锻件的具体要求确定。

第三节　锻 造 设 备

一、锻造设备分类、表示及选用

1. 模锻设备的分类

按锻造方式，可分为常规模锻设备、专用及精密模锻设备等。

按设备输出力的形式，可分为锻锤、机械压力机和液压压力机。锤类主要有空气锤、蒸汽-空气锤、高速锤、夹板锤、液压锤等；机械压力机主要有曲柄压力机、摩擦压力机、平锻机、电动螺旋压力机等；液压压力机包括普通液压压力机、液压螺旋压力机、热模锻压力机及多向模锻液压压力机等。

2. 锻造设备能力的表示方法

（1）输出压力 kN　一般机械压力机输出用公称压力（kN）表示。但曲柄压力机的实际输出压力随曲柄转角不同而变化，选用时须注意额定压力角范围。而液压压力机输出压力仅与液压缸输出能力有关。

（2）落下部分质量 kg 或 t　各种带砧座锻锤，如空气锤、蒸汽-空气锤等，习惯采用包括锤头、锤杆及活塞环等落下部分的质量（kg 或 t）间接表示输出能力。这类设备的输出打击力不确定，因锤头与工作活塞之间的相对位置及其操作差异，同吨位锻锤输出的打击力完全不同。

（3）输出能量 kJ　对于无砧座锤、高速锤等对击类锻锤，采用打击能量 kJ 表示输出能力。

（4）用输出压力 kN 和打击能量 kJ 双重表示　摩擦压力机通常给出两种输出参数，如10000kN的摩擦压力机，同时还给出其最大打击能量为160kJ。

3. 锻造设备的选用

（1）保证足够的变形力　设备吨位过小，心部锻不透，不仅降低锻件质量，而且生产效率低。设备吨位过大，浪费动力且容易损坏模具。因此，应通过计算并参考相应资料正确选择锻造设备。

（2）按锻造方式确定设备类型　自由锻和胎模锻时通常采用空气锤、蒸汽-空气锤或水压机；模锻则采用曲柄压力机、蒸汽－空气锤或液压压力机等；具有对称形状的精密锻件，可考虑选用螺旋压力机；大型轻金属模锻件适合于在液压压力机上成形。

（3）根据锻件质量要求及生产批量　在满足锻造成形力的基础上，应根据锻件形状的复杂程度和精度要求确定锻造设备。精度要求较高的复杂锻件，可选用液压压力机或曲柄压力机。大批量生产，通常选用模锻锤或模锻压力机。

二、锻锤

1. 空气锤

空气锤是由电动机通过曲轴带动压缩活塞，产生压缩空气驱动工作活塞和锤头上下运动的锻锤，其结构形式及工作原理如图 9-2 所示，有图 9-2a 所示单臂式和图 9-2b 所示拱式锤身结构。此外，还有桥式锤身结构。其主要结构组成如下：

（1）电动机　电动机作为控制系统的动力源。

（2）机械传动机构　机械传动机构由减速装置、曲柄、连杆等组成。其作用是将电动机的旋转运动经减速器减速后，传递给曲柄及连杆机构。

（3）压缩缸　压缩活塞与连杆连接实现上、下运动时，其端面与缸体构成的两个封闭容积分别增大和减小，并交替产生压缩空气。

（4）工作缸　即空气锤的驱动缸，其工作活塞与锤杆相连。利用输入的压缩空气通过工作活塞带动锤杆、锤头上、下运动。当压缩气体从上部输入时，压力气体压下活塞及与其相连的锤杆、锤头快速向下运动实现打击。

（5）操纵机构　包括转阀、连接杠杆、踏杆或手柄等。利用踏杆或手柄操纵转阀，控制工作缸气体的进出，即控制锤头实现抬起、慢打及快打等动作。

（6）锤砧　由下砧铁、砧垫及砧座等组成。下砧铁通过砧垫固定在下砧座的燕尾槽内，用以支撑锻件或工具。

（7）锤身　通常与压缩缸、工作缸铸成一体，用以安装和固定其他组成零部件。

（8）落下部分　主要包括工作活塞、锤杆、锤头及上砧铁等。

起动时，电动机通过减速器带动曲柄转动，经连杆再传递给压缩缸活塞，使其往复直线运动。调节气阀使压缩空气通过转阀交替进入工作缸的上、下部。踏下踏杆，驱动工作缸活塞连同锤杆、锤头和上砧铁一起向下运动，进行打击锻造。通过手柄或脚踏板控制进、排气阀的位置，可使锤头实现上悬、单击、连击和下压等动作。

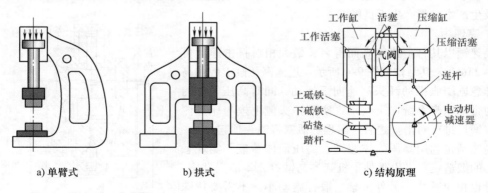

a）单臂式　　　　b）拱式　　　　c）结构原理

图 9-2　空气锤结构原理

空气锤的打击力，是落下部分质量的 800~1000 倍，打击速度快，作用力呈冲击性，适用于小型锻件生产。

2. 蒸汽-空气锤

图 9-3 所示为蒸汽-空气锤的基本结构及工作原理图。如图 9-3a 所示，蒸汽-空气锤与拱式自由锻锤有些相似，但其砧座比相同吨位空气锤的砧座要大得多，锤身与砧座用带强力弹簧的螺栓联成一个封闭的整体。靠锤头与导轨之间的配合保证锤头垂直运动精度，使落下打击时的横向移动量较小，因而锻造精度相对高。蒸汽-空气锤的动作原理如图 9-3b 所示。当滑阀处于图示位置时，压力蒸汽沿进气管道经滑阀外环形空隙进入工作缸上腔，迫使活塞连同锤杆、锤头下行打击。活塞下部的废气经滑阀中孔沿排气管道排出。当滑阀移至下端时，外环隙将进气管与气缸下部接通，蒸汽推动活塞连同锤杆、锤头上升，活塞上腔废气则直接经排气管排出。

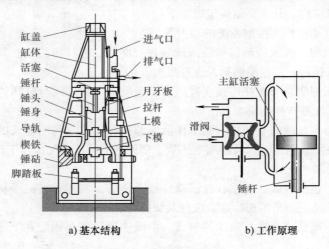

a) 基本结构　　　　　　　b) 工作原理

图 9-3　蒸汽-空气锤

蒸汽-空气锤通常利用 0.4~0.9MPa 的压力蒸汽作为传动介质，显著放大落下部分质量，提高锤头打击能量。一般，锻件开始变形时，锤头的打击速度可达 6~8m/s。蒸汽-空气锤的规格通常有 0.5t、1t、1.5t、2t、2.5t、3t、5t、10t、16t 等，通常可锻打 150kg 以下的锻件。

为了保证蒸汽锤的动能大部分转化为锻件的变形功，其砧座的质量须为其落下部分质量的 10~15 倍。尽管如此，锻造过程中仍有一部分打击能量会消耗于砧座和地基的震动，对于附近环境及生产本身都产生不良影响。

3. 高速锤

高速锤以其打击速度高而得名，最大相对打击速度可达 12~25m/s，其结构如图 9-4 所示。进入高压缸上腔的高压气体急剧膨胀推动锤头高速向下运动，同时高压气体的膨胀力带动床身系统向上运动，实现锤头侧上模与床身侧下模对锻坯进行对击。之后，回程缸活塞将锤头顶起。

高速锤是利用高压气体驱动、高压液体蓄能，实现悬空对击的锻造设备。由于整个机架参与锻打，不需大砧座，总质量也相应减小。另外，悬空锻打震动小，不需要特殊地基，对周围建筑、设备影响不大。高速锤锻造时打击速度快，金属充型性好，具有明显的变形力惯性和变形热效

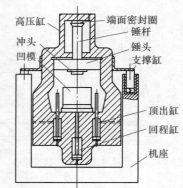

图 9-4　高速锤的基本结构及工作原理

应，控制得当可提高金属充型性。常用来锻造常规设备上难以成形的薄壁、带有高肋形状的精密锻件，特别适合于锻造高强度、低塑性合金，如钛合金、钨、钼等高温合金。

4. 液压锤

液压锤出现于 20 世纪 50 年代，是以液压油为工作介质，利用液压传动来带动锤头上下运动的锻压设备。可分为气液和纯液压两种驱动形式。气液驱动原理为：工作之前，先向气腔一次充入定量的高压气体（氮气或压缩空气），借助于下腔压力的改变，对定量的封闭气体进行反复的压缩和膨胀做功，使锤头得到提升和快速下降。其工作特点是：油腔进油，锤头提升；油腔排油，锤头下降。纯液压式模锻锤的特点是：液压缸下腔通常压；上腔进油，锤头快速下降进行锻击，上腔排油，锤头提升。

液压锤具有高效、节能、环保的优点，利用气液驱动制成的液压动力头来改造高能耗的蒸汽－空气锤，在我国已有巨大的发展。液压锤的缺点是设备较复杂，操作不如蒸汽－空气锤方便灵活，规格一般为 25～400kJ。

此外，还有落锤，即把锤头提升到一定高度，靠其自重落下进行打击的锻锤。落锤按不同的提升构件又可分为夹板锤、皮带锤、链条锤等。落锤打击能量小、工作效率低，已经很少应用。

三、机械压力机

锻造用机械压力机主要包括曲柄压力机、热模锻压力机、摩擦压力机及平锻机等。

1. 曲柄压力机

曲柄压力机是以曲柄连杆机构作为主传动结构的机械式压力机，其传动机构如图 9-5 所示。曲柄压力机的工作原理及基本结构可参照第四章冲压工艺基础第四节冲压设备中的内容。

曲柄压力机滑块的上下运动次数通常为 40～85 次/min，但毛坯开始变形时滑块的运动速度只有 0.5～1m/s（约为锤上锻造时的 1/10），其锻打力并不是冲击力，而是压力。因此，曲柄压力机上模锻的锻模可以设计成镶块式结构，制造简单、易于更换维修。曲柄压力机的吨位通常是 2000～120000kN。

2. 热模锻压力机

通常简称为锻压机，它是针对锤类设备的缺点，由普通曲柄压力机发展而成的高效率锻造设备，其结构及基本工作原理如图 9-6 所示。工作特性与曲柄压力机相似，利用曲柄连杆机构带动滑块作往复运动，锻造时的金属变形抗力对滑块的工作行程及金属变形量基本没有影响。滑块的运动速度较低，但当模锻所需变形功大于电动机输出能量及飞轮蓄能之和时，会产生闷车。

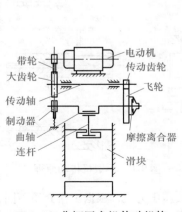

图 9-5　曲柄压力机传动机构

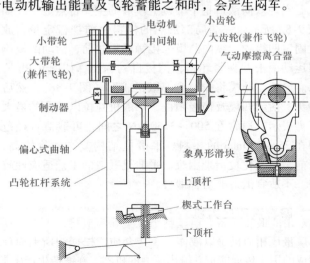

图 9-6　锻压机结构及工作原理

锻压机锻造时的金属变形抗力由工作台、滑块及曲柄连杆机构共同组成的床身封闭系统吸收，依靠封闭系统的弹性变形来平衡。而滑块下行到下死点前的公称压力角，一般为 3°～4°。锻压机模锻时，可用多型腔模进行多击模锻，可实施切边、冲孔工序，但不适宜拔长工步。对于长轴类锻件，需配备专用制坯机械。锻压机结构较复杂，成本高，劳动条件较好，但生产效率没有显著提高。

3. 摩擦压力机

摩擦压力机也称螺旋压力机，传动系统如图 9-7 所示。其工作原理及基本结构可参照第四章冲压工艺基础第四节冲压设备中的内容。

摩擦压力机是螺旋副传动，因而锻造时飞轮动能转变为坯料塑性变形功的过程中，在滑块和工作台之间产生巨大的压力。工作时滑块的运动速度为 0.5～1.0m/s，对坯料变形具有一定的冲击作用。由于滑块行程不固定，可实现轻打和重打，也可作连续打击。摩擦压力机滑块运动速度不高，金属变形过程中可充分进行再结晶，适于锻造低塑性金属，实现弯曲、校正、压印及修边等工序。但摩擦压力机承受偏载的能力较差，通常只适用于单膛锻模的锻造。由于滑块运动速度低，不适合于大批量生产。

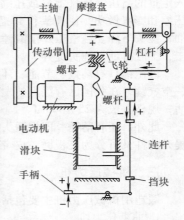

图 9-7　摩擦压力机传动机构

4. 平锻机

平锻机的主要结构与曲柄压力机类似，有时也称卧式曲柄压力机。由于具有水平运动的主滑块和侧滑块，因此，可同时实现两个方向的锻造加工。平锻机传动原理如图 9-8 所示。电动机通过传动带将动力传递给曲柄连杆机构，推动主滑块带动凸模前后往复运动完成纵向锻打；另一方面，凸轮轴杆随曲柄一同旋转的同时，推动侧滑块带动活动凹模作侧向运动，固定凹模与活动凹模闭合、开启，实现侧向锻造。

实现双向锻造是平锻机上模锻的主要特点之一。如图 9-8a 所示，一端局部加热的棒料由前挡板定位，放在固定凹模中。纵向凸模未接触棒料之前，活动凹模侧向运动锻击并夹紧坯料，挡板自动退出，如图 9-8b 所示。最后，凸模将棒料头部镦粗成形（图 9-8c）。然后冲头、活动凹模及挡板归位。平锻机吨位以冲头的最大压力表示，通常在 500～31500kN 之间，可锻造直径范围在 25～230mm 的棒料。平锻机结构复杂，价格高，锻前金属氧化皮清理困难。平锻机锻造的工艺适应性较差，不适宜锻造非对称锻件。

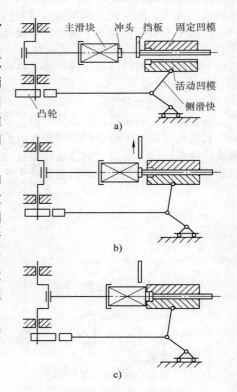

图 9-8　平锻机传动原理

四、液压压力机

液压压力机是以液体为工作介质，根据帕斯卡原理制成的用于传递能量并输出压力的机器。在锻造生产中常用的液压压力机，根据工作介质不同，可分为液压压力机和水压机两大类。后者的吨位大于前者，通常用于大型或超大型自由锻造生产。

1. 液压压力机（油压机）

液压压力机通常也称为油压机，一般由主机、动力系统及液压控制系统三部分组成。其驱动系统主要有泵直接驱动和泵－蓄能器驱动两种形式。直接驱动系统环节少，结构简单，油液压力按工作载荷自动调节，可减少电能消耗。泵－蓄能器驱动电能消耗量较大，系统环节多，结构比较复杂，多用于大型液压机，或者用一套驱动系统驱动数台液压机。

油压机的工作原理遵循帕斯卡定律，即封闭系统中液体压力各处相等。如果大、小柱塞面积分别为 A_2、A_1，则输出压力 $F_2 = F_1$ （A_2/A_1）。由于液压增大，而功不增益，因此大柱塞的移动距离 $h_2 = h_1$ （A_1/A_2），其中 h_1 为小柱塞移动距离。

压力机通过模具对金属施加压力，在公称压力下压力机虽然不破坏，但床身伸长和工作台挠度等各部位弹性变形对锻造加工也有很大影响。因此，压力机应具有足够静态精度和动态精度，后者与压力机各部分的刚性直接相关。

2. 水压机

水压机是以水基液体为工作介质的液压压力机，以高压泵所产生的高压水作为能源进行工作，其工作原理如图9-9所示。当高压水经过上部管道进入工作水缸时，在水压力作用下，柱塞连同横梁和上抵铁向下对坯料施加压力，同时返程缸下部的水经排水管道排出。扳动手柄调节高压水阀，使高压水进入返程缸，可使横梁及上抵铁向上运动，工作缸中的水经管道排出。

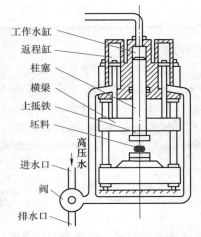

工作水缸
返程缸
柱塞
横梁
上抵铁
坯料
高压水
进水口
阀
排水口

图9-9 水压机结构简图

大型锻造水压机采用立柱－横梁式刚性框架结构，由泵－蓄能器驱动。通常有 4～8 个立柱和 1～8 个工作缸。为保证锻造精度，框架和连接几个框架的纵向大梁必须具有足够的刚度，并采用液压或电－液自动伺服系统来控制活动横梁偏载时的倾斜度。

锻造用水压机又分为模锻水压机和自由锻水压机两种。水压机上自由锻时，高压水压力可达 20～35MPa。水压机的吨位用压力表示，常用吨位在 600～15000t 之间，可锻钢锭质量达 300t。金属坯料在水压机上锻造成形时，其锻透率比在锤上锻造还要高，容易获得整个截面都是细晶粒组织的锻件。

水压机锻造时，以静压力作用在坯料上（上砧的下行速度为 0.1～0.3m/s），工作时震动小，劳动条件好。其缺点是设备庞大，需要有一套供水系统和操纵系统，设备造价高。

除去常规锻造水压机外，还有可用多个冲头从不同方向同时进行锻造的多向横锻水压机。

思 考 题

1. 与铸件相比，锻件有哪些优点？

2. 热锻和冷锻是如何定义的？这两种锻造工艺有哪些区别？

3. 简述金属经锻造加工后都有哪些组织和性能改变。

4. 金属锻造生产在国民经济建设中有何重要意义？

5. 简述热模锻加工的工艺流程。

6. 简述常用锻造设备所适应的锻造工艺。

第十章 热锻工艺及模具设计

学习重点

　　本章学习要求掌握锻造加热的目的、方法及产生的缺陷；了解自由锻、胎模锻的工艺特征及其与模锻的区别；重点学习锻造时金属的变形过程，学会分析模锻中镦粗、拔长中金属变形的工艺效率，正确计算主要变形方式的锻造比或变形程度；学会设计锤上模锻的锻模结构、模膛形状尺寸及其在模块中的位置等。要求了解机械压力机模锻和热模锻压力机模锻的工艺过程、工艺特点、基本模具结构及其适应范围和锻后工序等。

第一节　锻造加热

　　热锻是将锻坯加热到一定温度时进行的锻造成形。加热及加热温度的控制是确保锻造生产顺利进行和提高锻件质量的重要工艺程序。

一、锻坯加热的目的

　　金属加热时，随温度升高，原子的热运动加剧，内部能量增加，削弱原子间的结合力的同时，滑移阻力减小，因而塑性提高，变形抗力减小，改善了可锻性。当变形温度升高至再结晶温度以上时，由于再结晶速度高于变形硬化速度，减轻或消除硬化影响并获得再结晶组织，可利用较小外力使金属产生较大变形且不致破裂。例如，在1150℃静拉伸试验时，碳钢的强度极限仅为常温时的1/20；而合金结构钢的强度极限则为常温时的1/30。实际上，在锻造温度范围内，各种碳钢和合金结构钢的强度差别不是很大。从宏观上看，加热可使锻造时金属的流动性增强，提高充型性。因此，加热不仅可以改善金属变形组织，还可提高锻造生产效率，节省动力能源。

二、确定锻造温度范围

　　锻造温度范围是指开始锻造和终结锻造间的一段温度间隔。制定加热温度是以钢的铁碳相图为基础，参考材料的塑性抗力图和再结晶图来综合决定。

1. 始锻温度

　　如果忽略锻坯出炉至开始锻打之间的温降，始锻温度即为锻造时允许加热的最高温度。确定始锻温度时，应保证金属不发生"过热""过烧"现象；始锻温度过低，缩小锻造温度范围，减少锻造可操作时间，增加加热火次，浪费能源，降低生产效率。

2. 终锻温度

终锻温度是允许的最低锻造温度。确定终锻温度时，既要保证终锻前金属具有足够的塑性，又要使锻件获得良好的组织性能。终锻温度低些可延长锻造操作时间，减少加热火次。但过低，会使可锻性变差，不仅影响锻后组织，还会损坏锻模；终锻温度也不宜过高，因在过高温度下停锻后，静态再结晶将使金属晶粒继续长大，会削弱锻件的力学性能。

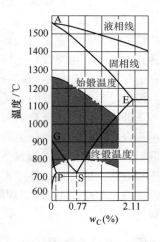

图 10-1 碳钢的锻造温度范围

一般，碳钢的锻造温度范围根据铁碳相图可以直接确定，为避免过热、过烧，始锻温度应处于始熔线以下 150~250℃，如图 10-1 所示。锻造主要在奥氏体相区内进行，钢呈单相固溶体，具有较高的塑性。始锻温度随含碳量增高而降低，但低碳钢和过共析钢的终锻温度均跨越两相区。对于低碳钢来说，此时其组织为铁素体和奥氏体，仍具有较好的塑性；对于过共析钢，则必须在两相区内进行锻造，以便锻造时能够击碎二次渗碳体的网状组织，改善钢的性能。

多数合金钢的锻造温度范围，可参照含碳量相同的碳钢确定。对于塑性较低的高合金钢及奥氏体钢等不产生相变的钢种必须通过试验决定。表 10-1 列出了常用钢材的锻造温度范围。

表 10-1 常用钢材的锻造温度范围 （单位：℃）

合金种类	始锻温度	终锻温度	锻造温度范围
碳的质量分数 <0.3% 的碳素钢	1200~1250	750~800	450
碳的质量分数为 0.3%~0.5% 的碳素钢	1150~1200	750~800	400
碳的质量分数为 0.5%~0.9% 的碳素钢	1100~1150	800	300~350
碳的质量分数 >0.9% 的碳素钢	1050~1100	800	250~300
合金结构钢	1150~1200	800~850	350
低合金工具钢	1100~1150	850	250~300
高速钢	1100~1150	900	200~250

无相变的钢种不能用热处理的方法来细化晶粒，只有通过锻造变形来控制晶粒度。为使锻件获得细小晶粒，可使终锻温度偏低。利用锻后余热进行热处理时，终锻温度应满足热处理要求。

三、加热速度及锻后冷却方法

加热速度直接影响锻造生产效率，且与锻造质量密切相关。此外，锻后冷却也同样影响锻件质量。

1. 加热速度

通常，提高加热速度有利于提高生产率，降低燃料消耗，而且还能减少氧化和脱碳，降低金属的烧损。钢材长期处于高温加热状态下，炉气中的氧与钢的表层反应生成氧化铁皮，每次加热时的损耗可达钢材总质量的 1%~3%；锻造时，氧化皮被压入锻件表层，影响表面质量，并加速锻模表面磨损；高温加热状态下，钢料表层的一部分碳会被烧失，造成脱碳现象。

因此，快速加热可有效地减轻氧化和脱碳。但过快的加热速度使塑性较差的大型铸锭内、外层产生较大温差，因膨胀不一致产生热应力，容易产生内部裂纹。根据生产经验，3t 以下的碳素钢锭，可直接装入 1200℃ 的高温炉内快速加热。而较大的钢锭，通常需要缓慢预热，至金属具有一定塑性后，方可快速加热。

2. 锻后冷却

锻件停锻后至室温的冷却过程中，速度不宜过快。因内、外温差引起的内应力过大时，会使锻件翘曲甚至产生裂纹，过快冷却使锻件表层过硬而降低切削性能。因此，需要根据材料特性、锻件形状尺寸，确定不同的冷却方式和冷却速度。

锻后冷却通常有五种方式。空冷是将锻件均匀摆放在干燥地面上，在静止空气中自然冷却，适用于低、中碳钢及合金结构钢的中、小型锻件；坑冷是将热锻件放入地坑或铁箱中缓慢冷却，适用于合金工具钢锻件；炉冷是指锻后的锻件放入炉中，随炉缓慢冷却，高合金钢及大型锻件通常锻后置于 500～700℃温度下随炉缓慢冷却；对于低合金钢及截面尺寸较大的锻件，可采用灰砂冷却方法，即将热锻件埋入砂、石灰或炉渣中缓慢冷却，锻件入砂温度一般不应低于 500℃，当温度降至 150℃时出砂，周围蓄砂厚度不应少于 80mm；此外，还有将锻件堆放在地面上自然冷却的堆冷方法。

四、加热方法及设备

根据热源不同，锻造加热可分为火焰加热和电加热两大类。

1. 火焰加热

火焰加热是利用煤、焦炭、重油、柴油或煤气等燃烧产生热能的高温气体，由金属表面向中心热传导，最终将坯料整体加热的方法。火焰加热成本较低，适用范围较广。但加热速度慢、效率低，并且难于准确控制加热温度。

火焰加热中，传热主要有对流和辐射两种方式。

对流传热是利用火焰在炉内不断流动，使高温气体与坯料表面产生频繁的热交换，金属吸收热能而温度升高。当温度低于 600～700℃时，主要靠对流传热加热金属。

辐射传热则是高温气体在炉膛内的热能转变为辐射能，以电磁波方式传播而被金属表面吸收后，转变为热能而使金属温度升高。温度高于 700～800℃后，加热以辐射传热为主。根据资料介绍，金属在火焰加热炉中加热时，90%以上的热能来自于辐射传热，对流传热只占很小一部分。

火焰加热在锻造生产中应用广泛，加热设备主要有明火炉、反射炉、室式炉等。

（1）明火炉　将金属置于以煤为燃料的火焰中加热的炉子，称为明火炉或手锻炉，其结构简单，可移动。但加热温度不均匀，效率低，加热质量不易控制。仅适用于手工锻造或小型空气锤自由锻。

（2）反射炉　利用燃料在燃烧室中燃烧产生高温炉气及被炉顶反射到加热室中的火焰加热金属的炉子，称为反射加热炉，其基本结构如图 10-2 所示。燃烧所需空气经换热器预热后进入燃烧室，高温炉气及火焰越过火墙从拱顶反射到加热室内，产生大量辐射热使金属温度升高。燃烧废气经烟道排出，加热室温度可达1350℃。煤气反射炉加热面积大，加热质量好，适用于中小批量生产。

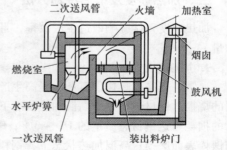

图 10-2　反射炉的基本结构

（3）室（箱）式加热炉　如图 10-3 所示，室式加热炉的炉膛两或三面为耐火墙，一或两面为装、出料门，可以煤、煤气或重油为燃料。油炉和煤气炉的结构基本相同，分别由两个喷嘴将燃料与空气直接喷射到加热室燃烧并加热金属，燃烧后的废气由烟道排出。室式炉的炉体结构比反射炉简单、紧凑，热效率较高，主要用于大批量锻造和大型钢锭加热的自由锻造生产。

2. 电加热

电加热是将电能转化为热能，以辐射和对流方式进行加热的方法，即利用加热元件产生的电阻热来间接加热金属。其中，主要有感应电加热、接触电加热、电阻炉及盐浴炉加热等。

（1）感应电加热 感应电加热的基本原理如图 10-4 所示。将坯料置入感应器内，其两端通入交变电压 u，感应圈内电流 I_e 生成的交变磁场使金属内部产生感应电流，依靠

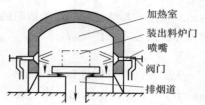

图 10-3 室式加热炉基本结构

金属自身阻抗产生热量。感应加热时，沿坯料断面的电流分布不均匀，最大感应电流出现在导体表面，心部只能靠外侧传导加热，因集肤效应导致加热质量较差。对于大直径金属坯料，为提高加热速度，应选用较低电流频率，以增大电流透入深度；而对于小直径坯料，可采用较高电流频率，以提高电效率。

通常，按电流频率不同将感应电加热分为三种：高频加热时，$f = 10^5 \sim 10^6 Hz$；中频加热时，$f = 500 \sim 10000 Hz$；工频加热时，$f = 50 Hz$。其中，中频电感应加热在锻造生产中应用较广。感应加热速度快，坯料周围的热气氛不产生强烈流动，因此氧化脱碳较少。加热时，烧损通常小于 0.5%，工作稳定，便于与锻造设备组成机械化自动化生产。

（2）接触电加热 直接通入低压大电流，利用金属电阻产生热量将其自身加热，如图 10-5 所示。由于一般金属的电阻值较小，需采用低压大电流来提高生成热量，因而变压器二次侧空载电压只有 $2 \sim 15V$。接触电加热的特点是加热速度快，金属烧损较少，耗电量少，成本低且操作简单。但对加热金属的表面粗糙度和形状尺寸要求比较严格，加热温度的测量和控制也相对困难。

图 10-4 感应电加热的基本原理

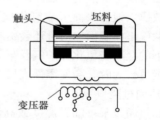

图 10-5 接触电加热基本原理

（3）电阻炉加热 电阻炉是利用电热元件将电能转变为热能，以辐射和对流方式加热金属的。图 10-6 所示为箱式电阻丝加热炉。将坯料装入炉中，关闭炉门即可送电加热。采用电阻炉加热，可准确控制炉温，还可通入各种保护性气体，以避免或减轻加热氧化。所用电热元件分为两种：中温电炉用铁铬铝合金或镍铬合金电阻丝，最高使用温度可达 1100℃；高温电炉所用加热元件为非金属碳化硅或二硅化钼棒，最高使用温度可达 1350℃ 以上。

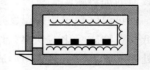

图 10-6 箱式电阻丝加热炉

（4）盐浴炉加热 盐浴炉加热是指用熔融盐液作为加热介质，将金属浸入盐液内进行加热的方法。盐浴炉的加热速度快，温度均匀。锻坯始终处于盐液内被加热，出炉时表面附有一层盐

膜，能防止表面氧化和脱碳。加热用盐浴炉分内热式和外热式。内热式盐浴炉主要有电极盐浴炉和电热元件盐浴炉两种；外热式盐浴炉的金属坩埚置于炉膛内，用电或火焰加热，热效率较低。内热式盐浴炉加热通常用于精锻时的少氧化加热。盐浴炉加热介质的蒸气对人体有害，使用时须通风并严格遵守操作规程。

3. 少无氧化加热

为了提高锻件质量和节约钢材，锻造生产需要无氧化或少氧化加热，一般认为加热时金属烧损低于 0.5% 即为少氧化加热。实际上，感应电加热时钢的烧损常在 0.5% 以下，脱碳为 0.1 ~ 0.4mm。随着精锻工艺的发展，出现了许多少无氧化加热工艺，如快速加热、介质保护加热及少无氧化火焰加热等。

（1）快速加热　快速加热方法较多，常用的主要有火焰辐射快速加热和对流快速加热、电感应加热和接触电加热等。由于提高了加热速度，使金属没有足够时间发生氧化，因而表面氧化层很薄。

（2）介质保护加热　介质保护加热是指利用保护介质使坯料与氧化性炉气隔离加热，可以避免氧化。通常采用的保护介质有气体（惰性气体、石油液化气等）、液体（如玻璃熔体、熔盐等）、固体（如玻璃粉、珐琅粉等）。

（3）少无氧化火焰加热　少无氧化火焰加热是指适当控制燃烧的炉气性质，采用敞焰加热或平焰加热消除氧化氛围的加热方法。敞焰加热是使燃料在炉内分层燃烧，下部为低温无氧化区，上部为高温氧化区，坯料置于下部加热可有效减轻表面氧化。但不能防止脱碳，炉温调整困难，坯料出炉后还可能发生二次氧化。平焰加热是利用平焰烧嘴燃烧，实现强化燃烧和强化传热，具有升温快、炉温均匀及控制简单等优点。

五、加热缺陷及危害

1. 氧化与脱碳

金属在高温下加热时，表层的铁与炉中的氧化性气体发生反应生成氧化皮，造成烧损。锻造时氧化皮被压入锻件表面形成氧化坑，严重时使锻件形状、尺寸不足导致报废。氧化皮又硬又脆，磨损锻模工作表面，而且还会引起炉底腐蚀损坏。

高温下的金属与氧化性炉气及某些还原性气体接触时，使表层一定深度内碳元素烧失，称为脱碳。脱碳量较大时，会使零件表层硬度和耐磨性显著降低。

2. 过热和过烧

金属加热超过某一临界温度或高温下停留时间过长，内部晶粒迅速变成粗大晶粒，称为过热。过热金属冷却到室温时，晶粒粗大导致塑性特别是冲击韧性极低。但对锻造来说，过热还不是致命的加热缺陷。有时，经塑性变形或随后的热处理，可以消除或部分消除钢的过热组织。

加热温度超过始锻温度过多，或在氧化性气氛的高温炉中过长时间保温，晶粒边界出现氧化或低熔点物质熔化的现象，称为过烧。过烧是由于炉气中的氧原子吸附于钢坯表面，并渗透到晶界处使 FeS 等氧化，进而形成低熔点氧化物或低熔点氧化物的共晶体，严重破坏了晶粒间的联结能力。过烧是金属加热的致命缺陷，只有回炉重新冶炼或局部切除。

3. 内部裂纹

加热金属的表层与心部温差较大时会形成温度应力，易使心部产生裂纹。高碳钢或合金钢加热速度过快或装炉温度过高时，内、外产生较大温差和膨胀不一致，很容易引起内部裂纹。

第二节　自由锻造工艺

利用简单的通用性工模具或上、下砧铁直接对毛坯施加外力，使其产生变形而获得所需锻件的锻造方法称为自由锻造，简称自由锻。自由锻时，金属在变形过程中局部受工具限制，其余均为自由变形。

一、自由锻工艺特点及其分类

1. 工艺特点

1）与其他锻造方法相比，自由锻最突出的特点之一，是具有很大的灵活性、不需专用模具，适合于单件小批量生产。

2）自由锻属于局部成形，工艺适应性强，所需锻打力比模锻小得多。因此，在大型、超大型锻件生产中，具有特殊的重要作用。

3）使用简单通用性工具实现锻造，对设备精度要求不高，不需工装准备，因而容易组织生产。

4）自由锻主要靠人工控制坯料的变形量和变形方向，要求操作者具有一定锻打技术，只能锻造形状简单尺寸要求不高的毛坯件，生产效率比模锻低得多，劳动强度大。

2. 自由锻造方法分类

根据锻造设备产生作用力的性质，可分为锤上自由锻和压力机自由锻。空气锤落下部分质量小于 750kg，只能用来锻造质量为 $0.5 \sim 12kg$ 的小型锻件；蒸汽 – 空气锤的吨位较大，用于锻造质量在 150kg 以下的中型锻件。压力机自由锻造震动小，容易获得较大变形，适合于大型或超大型锻件生产。

二、自由锻工序分析

根据变形性质、变形程度可将自由锻分为基本工序、辅助工序和精整工序三大类。

1. 基本工序

自由锻基本工序是改变坯料形状尺寸及其组织性能的核心工序，主要包括镦粗、拔长、冲孔、芯轴扩孔、芯轴拔长、弯曲、切割、错移、扭转和锻接等。

（1）镦粗　镦粗是自由锻的最基本工序，不仅可改变锻坯高径，而且在其他拔长、滚压等锻造工序中也包含镦粗因素。如图 10-7 所示，镦粗可分为平砧墩粗、垫环镦粗及局部镦粗。

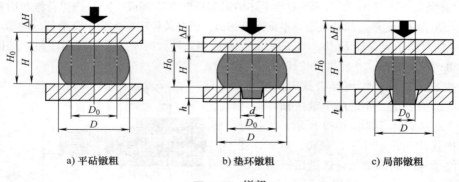

a) 平砧镦粗　　　　b) 垫环镦粗　　　　c) 局部镦粗

图 10-7　镦粗

1）平砧镦粗。如图 10-7a 所示，平砧镦粗是将锻坯置于上、下平砧之间锻击，使其高度减

小直径增大的锻造工序。镦粗前、后的坯料高度分别为 H_0、H 时，变形程度常用镦粗比 k_H 表示

$$k_H = \frac{H_0}{H} = \frac{H + \Delta H}{H} = 1 + \frac{\Delta H}{H} \tag{10-1}$$

式中 ΔH——镦粗压下量（mm）。

为了分析平砧镦粗的变形过程，在两块铅质半圆柱纵断面上画出正方形网格线，如图 10-8a 所示。然后利用低熔点合金对接粘合成圆柱体，镦粗变形到一定程度时熔开，原始正方形网格变形至图 10-8b 所示形状。与上、下砧面接触的 I 区金属受砧面摩擦影响，变形较小。中心 II 区是主变形区，受工具表面摩擦影响较小，如图 10-8c 所示，径向应变 ε_r 和轴向应变 ε_z 都很大。该区金属受到三向压应力作用，变形量较大时，原有的铸造缺陷可被锻合。外侧 III 区因中心金属径向膨胀，产生切向拉应力 σ_θ，过大变形容易造成纵向裂纹。生产中，对塑性较差的锻坯，常在球面砧或模具中镦粗，以改善其应力状态。

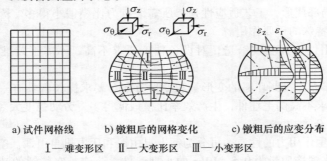

a）试件网格线   b）镦粗后的网格变化   c）镦粗后的应变分布

I—难变形区   II—大变形区   III—小变形区

图 10-8   圆柱形坯料镦粗变形分布状态

高径比 $H_0/D_0 > 3$ 的锻坯镦粗时，易产生纵向弯曲，使锻坯变形失稳。因此，圆形截面锻坯，应保证 $H_0/D_0 \leqslant 2.5 \sim 3$，对方形或矩形截面锻坯，高宽比应小于 $3.5 \sim 4$。

镦粗时为充分发挥锻锤能量，要求 H_0 小于锤头最大行程的 75%。锤击力要重，避免产生细腰。当锻坯 $H_0/D_0 = 0.8 \sim 2$ 时，中部易产生鼓形。另外，合金钢锭和大于 $8 \sim 15t$ 的碳素钢锭在镦粗前必须倒棱。水压机镦粗时，通常对坯料没有特殊的高度限制。

2）垫环镦粗。垫环镦粗也称为镦挤，常用于锻造单面或双面带有凸起的齿轮、带法兰的盘类零件，如图 10-7b 所示，锻出的凸包直径和高度都比较小。垫环镦粗与平砧镦粗的区别是既有径向流动，增大外径；也有向孔内的轴向流动。通常认为在变形区存在一个不产生流动的"分流面"，位置因径向和轴向流动量及其流动阻力不同而变化。

3）局部镦粗。如图 10-7c 所示，只在毛坯的局部长度（端部或中间）内进行镦粗时称为局部镦粗。局部镦粗时，变形金属的流动与平砧镦粗相似，但在某种程度上受不变形部分的影响。为了避免产生纵向弯曲，应保证 $H_0/D_0 < 2.5 \sim 3.0$。直径相差较大时，应采用较粗坯料，先拔长杆部再局部镦粗；或先镦粗，然后再拔长杆部。

（2）拔长   拔长是使坯料横截面积减小、轴向长度增加的锻造工序，用于锻造轴杆类件并改善锻件内部质量。如图 10-9 所示，拔长时坯料沿轴向逐次送进、压下、翻转、压下，变形过程类似于连续局部镦粗，送进段侧面形成鼓凸，中心变形相对大。根据变形方式不同，可分为普通拔长和带芯轴拔长两种工序。

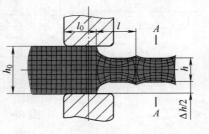

图 10-9   拔长变形过程

拔长过程是一向压缩、两向伸长的断续性局部变形，需反复翻转坯料逐段送进来实现，如何保证锻造质量和提高生产效率是确定拔长工艺的关键。

1）变形分析。拔长的变形程度可用变形前、后的坯料横截面积 A_0、A 之比，即锻造比来表示

$$k_L = \frac{A_0}{A} \tag{10-2}$$

设拔长前、后变形区坯料长、宽、高方向的尺寸分别为 l_0、b_0、h_0 和 l、b、h。其中，l_0 为每次拔长的送进量；$\Delta l = l - l_0$ 为拔长量；$\Delta h = h_0 - h$ 为压下量；$\Delta b = b - b_0$ 为展宽量。一般将 l_0/h_0 称为相对送进量，而将 l_0/b_0 称为进料比。根据图 10-10 所示拔长过程中坯料各方向尺寸的变化关系可以看出，锻锤一次打击压下量 Δh 恒定时，如果进料比 $l_0/b_0 = 1$（送进量与坯料宽度相等），忽略金属各向异性影响，拔长量与展宽量相等，即 $\Delta l \approx \Delta b$；$l_0/b_0 > 1$ 时，$\Delta l < \Delta b$；而 $l_0/b_0 < 1$ 时，$\Delta l > \Delta b$。由此简单关系可知，减小进料比 l_0/b_0，不利于展宽，有利于轴向伸长而提高拔长效率。但过小的进料比会增加锻打次数，反而降低拔长效率。

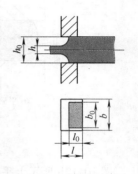

图 10-10 拔长坯料尺寸变化关系

2）拔长效率与成形质量。拔长方向的变形程度因送进量不同而变化。当相对送进量 $l_0/h_0 \approx 1$，锻造比为 3.0 时，坯料轴线上的锻造比在 1.5～5.0 之间变化，轴向送进段的中间部分变形最大，而两次锤击的交接处变形量最小。如果 $l_0/h_0 < 0.5$，坯料中心锻不透，变形集中在表层，轴向流动慢侧面产生双鼓形，如图 10-11a 所示。这种情况下，坯料中心区产生轴向拉应力，而表面作用有压应力。当金属塑性较差时，中心容易产生如图 10-11b 所示的横向裂纹。$l_0/h_0 > 0.5$ 时，相当于短坯镦粗，心部金属承受压应力作用流动最快。如果 $l_0/h_0 > 1$，坯料心部变形较大，但变形区可能产生单鼓形，侧面拉应力过大，容易产生表面裂纹。根据生产经验，一般取相对送进量 $l_0/h_0 = 0.5～0.8$ 时，可以获得较好的拔长变形及拔长效率。

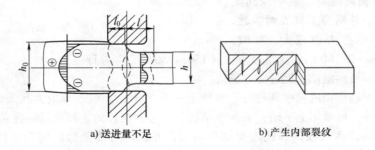

a）送进量不足　　　　b）产生内部裂纹

图 10-11 拔长送进量的影响

拔长时的压下量 Δh 也是影响拔长效率和锻造质量的重要因素。Δh 较大可增大心部变形、锻合内部缺陷，提高锻透率和拔长效率。但 Δh 过大，翻转锻打时，容易产生折叠。一般情况下，常取单边压下量 $\Delta h/2 \leqslant l_0$。锻造阶梯杆类件时，压肩深度可取台阶高度的 $1/3～1/2$。

拔长时锻坯既增长又展宽，如使 $\Delta l > \Delta b$，可提高拔长效率。因此，考虑到金属流动规律，应采用较小的相对送进量 l_0/h_0 和进料比 l_0/b_0。方形截面可获得较大压缩量，提高拔长效率，所以，平砧拔长时，总是先锻方，待拔长至一定长度时，再改锻成所需截面形状。短毛坯拔长时，从一端向另一端持续拔长；对于长毛坯或大型钢锭拔长时，应从中间开始分别向两端拔长。

3）砧形对拔长变形及效率的影响。为获得光滑平整的锻坯表面，应使送进反方向的锤击边缘为下一锤击的送进段中部，因此，习惯采用宽砧和较大送进量拔长。生产中把相对送进量 $l_0/h_0 \geq 0.5$ 的操作称为宽砧拔长，可提高锻透率，而窄砧拔长时的拔长效率高。

此外，锻砧形状也对拔长质量有一定影响。图 10-12a 所示上、下平砧拔长圆形截面锻坯时，锻坯与砧面接触面积小，金属横向流动大，而纵向流动小，使拔长效率降低。

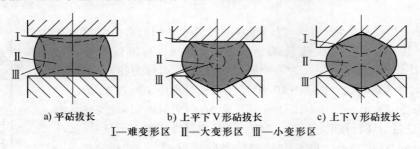

a) 平砧拔长　　　　b) 上平下 V 形砧拔长　　　　c) 上下 V 形砧拔长
Ⅰ—难变形区　Ⅱ—大变形区　Ⅲ—小变形区

图 10-12　砧形对拔长变形及效率的影响

图 10-12b 所示上平下 V 形砧拔长时，最大变形区产生在锻坯中心与 V 形砧表面之间，中心变形较小，锻透性较差，拔长效率较低。另外，拔长时需翻转角度准确，否则锻坯轴线容易偏移。

如果采用图 10-12c 所示上、下 V 形砧拔长，锻坯中心在三向压应力状态下产生较大变形，容易锻合内部缺陷，拔长效率较高。

4）带芯轴拔长。为了减小空心毛坯的外径和壁厚，增大内径和轴向长度时，可采用芯轴拔长。如图 10-13 所示，芯轴拔长时，变形主要产生在锤击方向的上、下壁厚之间。为了提高拔长效率，希望增强金属的轴向流动，减小径向流动。由于锻坯内、外均与工具表面接触，温度下降较快，摩擦力也较大。一般，

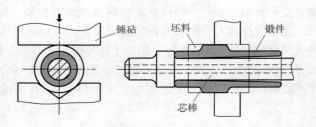

图 10-13　带芯轴拔长

将芯棒做成 1/150 ~ 1/100 的斜度，并预热到 150 ~ 250℃ 后再进行拔长。此外，在型砧上芯轴拔长可相对限制金属径向流动，促进轴向流动。

对壁厚小于芯轴半径的薄壁环形件，可用上、下 V 形砧，以改善应力状态，增强金属轴向流动；而对厚壁件，可采用上平砧、下 V 形砧拔长。芯轴拔长的主要质量问题是壁厚分布不均，内壁及两端面容易产生裂纹，因此需要加热均匀，并且尽可能使每次转动角度和压下量保持一致。

（3）冲孔　冲孔是利用冲头在坯料或工序件上冲出通孔或盲孔的锻造工序。根据所用工具可分为如图 10-14 所示实心冲头冲孔、空心冲头冲孔和垫环上冲孔三种方式。直径小于 25mm 的孔一般不冲出，留待切削加工。冲通孔时，冲孔孔径 $d < 400mm$ 用实心冲头，$d > 400mm$ 时用空心冲头。

1）实心冲头冲孔。实心冲头冲孔时，变形主要集中在冲头下部的圆柱形区域内，冲头压入使该区域在外侧圆环区材料包围下产生类似于镦粗的压缩变形，一部分材料沿径向挤出使锻坯下部形成腰鼓状。而外侧圆环区金属受径向挤压、周向拉伸的同时，因中心圆柱区金属拉拽而下移，产生拉缩变形，使上端面下凹而高度略有减小。实心冲头冲孔时，通常先由锻坯一面冲入，

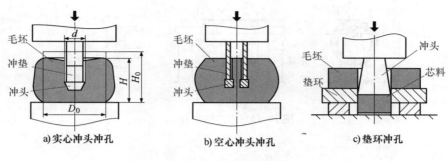

图 10-14 冲孔方式

a)实心冲头冲孔 b)空心冲头冲孔 c)垫环冲孔

当冲入深度达到锻坯原始高度 H_0 的 70%~80% 时，再将锻坯翻转 180°，由另一面将孔冲透。

如图 10-14a 所示，一般当 $D_0/d \geqslant 5$ 时，$H_0 = H$；当 $D_0/d < 5$ 时，应使 $H_0 = (1.1 \sim 1.2)H$。当 $D_0 < (2.5 \sim 3)d$ 时，冲孔比较困难，最好冲孔之前将锻坯先镦粗，使其满足 $D_0 \geqslant (2.5 \sim 3)d$。

2）空心冲头冲孔。对外形质量要求较高或冲孔直径较大时，可采用空心冲头冲孔，如图 10-14b 所示。这时，可将钢锭中心杂质密集等质量较差的部分冲掉。冲孔时应将钢锭冒口一端朝下。

3）垫环冲孔。如图 10-14c 所示，锻坯置于垫环之上，将连皮冲入垫环内孔中。通常，只有高径比 $H_0/D_0 < 0.125$ 的薄盘类锻件适于垫环冲孔，坯料走样较小。

（4）扩孔 对于高度较小具有较大孔径的薄壁锻件，通常先冲出一个直径较小的孔，然后利用冲头扩孔或芯轴扩孔工艺再扩孔。

1）冲头扩孔。冲头扩孔是利用带锥形冲头对已有小孔进行胀孔，如图 10-15 所示。扩孔时，锻坯孔缘产生切向拉应力，容易胀裂，因此，变形量不宜过大。根据生产经验，一次扩孔量不宜超过 25~30mm。另外，考虑到扩孔时冲头压入端面产生轴向拉缩会使孔缘高度减小，通常使扩孔前的锻坯高度尺寸比锻件要求高度大 5%。冲头扩孔适用于直径比 $D_0/d_0 > 1.7$ 和 $H_0 \geqslant 0.125D_0$ 且壁厚较厚的锻件。

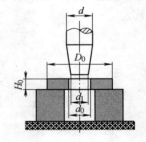

图 10-15 冲头扩孔

2）芯轴扩孔。如图 10-16 所示，芯轴扩孔的变形实质是使锻坯沿圆周方向拔长，而在长度 l 方向上的流动较少，随壁厚变薄，内、外径同时扩大，长度略有增加。为使内壁光滑，芯轴直径应随扩孔直径增大而增大，扩孔量较大时，需数次更换芯棒。通常，要求芯棒直径 $d \geqslant 0.35l$。每次压下量和转动量应尽量一致。芯轴扩孔时，锻坯受力状态较好，不易产生裂纹等缺陷，通常用来锻造扩孔量较大的薄壁环形锻件。

（5）弯曲 小型锻件弯曲时，可使用简单工具在锤击下完成。对于中、大型锻坯可将其压紧在上、下砧之间，如图 10-17a 所示，利用起重设备（吊车）进行拉弯。

弯曲过程中，弯曲外侧锻坯表面产生切向拉应力，如果切向拉变形过大，容易产生裂纹；而弯曲内侧受切向压应力作用，弯曲半径过小时，容易失稳起皱。另外，如图 10-17b 所示，弯曲半径过小时，变形区横截面形状尺寸将发生变化。因此，有时需在弯曲变形区部分预留径向厚度尺寸，以补偿横截面拉缩变形。弯曲锻坯的加热部分不宜太长，最好仅对弯曲段局部加热。

（6）切割 自由锻中常用的切割方法如图 10-18 所示，利用锤头对剁刀打击力将锻坯劈缝。

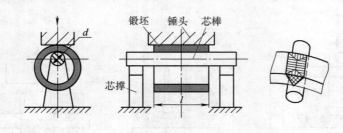

图 10-16 带芯轴扩孔

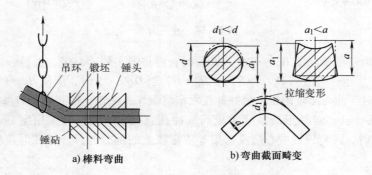

a) 棒料弯曲   b) 弯曲截面畸变

图 10-17 锻造弯曲

在单面劈开一定深度后，翻转锻坯，在另一面用切断刀或切块将锻坯切断。

（7）错移 错移是将锻坯的一部分相对于另一部分平行错开一定距离的加工，如图 10-19 所示。通常在错移加工前还需压豁或压肩。错移常用于锻造曲轴等带有变轴线形状的轴、杆类锻坯。

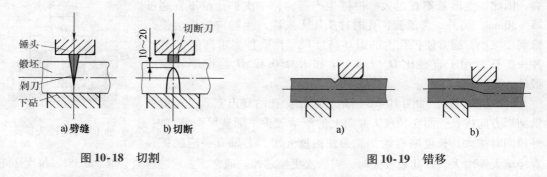

a) 劈缝   b) 切断   a)   b)

图 10-18 切割   图 10-19 错移

（8）其他基本工序 自由锻工艺比较灵活，除去上面介绍的几种主要工序外，还有扭转、锻接等多种锻造工序。

2. 预变形工序

预变形工序是为基本工序操作方便而进行的预先成形，一般对锻坯实施少量变形加工，如压棱边、压钳口、碾光、压肩等。

3. 精整工序

精整是为消除锻件表面缺陷的少量变形工序，目的是提高表面锻造质量，如校平、校直、消除锻件表面凸凹不平等。精整工序一般在终锻温度以下进行。

三、自由锻件的结构工艺性

自由锻需适应多品种、单件和小批量生产。又由于所用工模具简单，锻件的形状尺寸精度受到较大限制。设计自由锻件时，除需满足其使用性能要求外，还必须考虑锻件的结构工艺性。

1. 避免锥体或斜面

对于杆类锻件，应避免在轴线方向上出现斜度。如图 10-20a 所示锻件，很难用自由锻成形，在不影响使用性能的前提下，如改成图 10-20b 所示结构，可使锻造工艺简化。

2. 避免非平面交接

如图 10-21a 所示杆件，几何形体的相贯线形成了空间曲线，自由锻无法锻出。而图 10-21b 所示将圆柱面与圆柱面和圆柱面与平面的交界线改为平面与平面相交，使几何形体之间的相贯线简化，利于锻造成形。

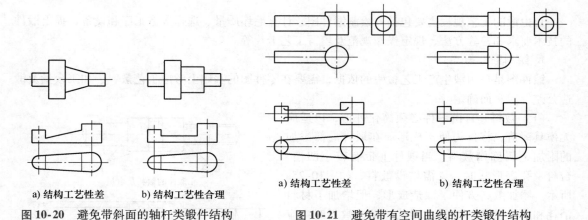

a) 结构工艺性差　　b) 结构工艺性合理

图 10-20　避免带斜面的轴杆类锻件结构

a) 结构工艺性差　　b) 结构工艺性合理

图 10-21　避免带有空间曲线的杆类锻件结构

3. 应避免加强筋或凸台

自由锻很难锻出锻件上的加强筋、凸台和交叉形截面。图 10-22a 在大、小圆柱之间设置加强筋，使工艺复杂化。图 10-22b 取消了加强筋后，可方便自由锻造成形。

如图 10-23a 所示盘类零件，法兰上的凸台给自由锻造成很大困难。改为图 10-23b 所示结构，锻后可对螺钉孔端面锪沉孔，既不影响使用，且使自由锻造容易实现。

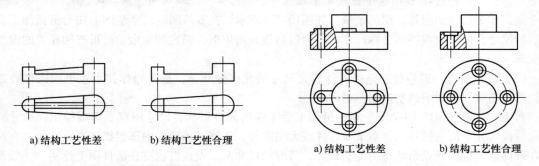

a) 结构工艺性差　　b) 结构工艺性合理

图 10-22　避免带有加强筋结构

a) 结构工艺性差　　b) 结构工艺性合理

图 10-23　避免带有凸台结构

4. 将复杂形状设计成简单形状的组合体

如图 10-24 所示由几个不同形状组成的锻件，整体自由锻很困难。图 10-24a 将锻件分为两部分，锻后可由机械连接组合成整体零件。图 10-24b 所示锻件较长，且在不同方向上带有特殊形状，自由锻无法成形。设计时，将锻件分割成三部分，使自由锻可能分别锻出，然后再焊合成整体零件。

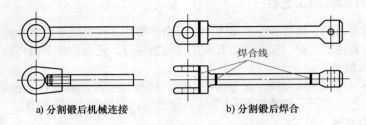

a) 分割锻后机械连接   b) 分割锻后焊合

图 10-24   分割锻造后的组合零件

四、制定自由锻造工艺规程

自由锻的工艺规程主要包括：绘制锻件图、计算毛坯质量、选择锻造工序和设备、提出锻件的技术要求和检验方法、规定操作规范及填写工艺卡片等。

1. 绘制锻件图

锻件图是自由锻生产工艺检验的依据，需要在零件图的基础上考虑工艺敷料、加工余量及锻造公差等因素而确定。

（1）敷料   自由锻件必须简化外形，以适应无模具锻造，将仅为便于成形而在锻件局部添加的附加金属称作敷料。当锻件上带有较小凹槽、台阶及孔等形状时，皆需增设敷料，如图10-25a所示。添加敷料方便了锻造成形，但增加了材料消耗和后续机械加工量。因此，设计敷料时，应从工艺、生产条件及经济效益等多方面因素综合考虑后确定。

（2）加工余量   自由锻造属于毛坯生产，绝大多数锻件需经机械加工后，才能作为结构零件使用。因此，零件图标明尺寸精度和表面粗糙度的地方，在自由锻件图上相应位置处都需增设一

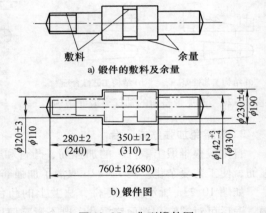

敷料   余量

a) 锻件的敷料及余量

b) 锻件图

图 10-25   典型锻件图

层金属，作为后续切削加工用的余量。如图10-25b所示，在零件图的尺寸基础上加上机械加工余量后的尺寸，即成为锻件的公称尺寸，作为锻后检验的依据。确定加工余量时可查阅相关的锻工手册。

（3）锻造公差   锻造公差是指锻件名义尺寸的允许变动量，是受操作技术水平和锻件收缩量估算误差等因素影响的制造偏差量。

典型自由锻件如图 10-25b 所示，机加工后零件的最终形状、尺寸用双点画线绘出，尺寸标注在锻件尺寸下面的括号内。对重要锻件或大型锻件，为测试该锻件内部组织和力学性能，有时需在锻件适当位置增设余块作为检验试样，其形状尺寸及所设位置也应在锻件图上标明。一般试样余块应能反映该锻件的组织与性能，通常取在钢锭的冒口一端，并且对试样余块部分所施锻造比应与锻件本体相同。

锻件的余量、公称尺寸及公差之间的关系如图 10-26 所示，设计时可查阅有关标准。

2. 确定坯料质量和尺寸

确定毛坯尺寸是自由锻生产中一个重要的工艺环节，毛坯过小，锻件形状尺寸不足；毛坯过

大，降低生产率且浪费原材料。生产中，通常先计算毛坯质量和体积，然后根据钢材规格确定其具体尺寸。

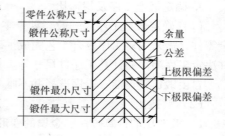

图 10-26 锻件余量及公称尺寸关系

（1）坯料质量的计算 锻造用原材料一般有两种，一种是轧材，多用于中、小型锻件；另一种是铸锭，用于大型锻件。锻坯质量 $m_{坯}$ 为锻件质量 $m_{锻}$ 与锻造过程中金属损耗质量 $m_{损}$（包括烧损 $m_{烧}$、冲孔连皮 $m_{冲}$、料头在内的金属损耗质量）之和。中、小型锻件采用型钢作坯料时

$$m_{坯} = m_{锻} + m_{损} \qquad (10\text{-}3)$$

锻坯的加热烧损通常用烧损率 δ，即毛坯质量的百分比表示。其数值与加热设备、加热方式等有关，可参考表 10-2。

冲孔连皮的损失，取决于冲孔方式、冲孔前坯料高度 H 和冲头直径 D。可通过表 10-3 所示的计算方法求出。

表 10-2 不同加热方法的钢料烧损率 δ

加热方法	δ（%）	备注
室式煤炉	2.5 ~ 4	热坯再次加热时，烧损率减半；空心件加热时，烧损率取大值
油炉	2 ~ 3	
煤气炉	1.5 ~ 2.5	
电阻炉	1 ~ 1.5	
接触和感应加热	< 0.5	

表 10-3 冲孔连皮的计算

冲孔方式	连皮体积/cm³	连皮质量/kg
实心冲头冲孔	$(0.15 \sim 0.20)D^2H$	$(1.18 \sim 1.57)D^2H$
在垫环上冲孔	$(0.55 \sim 0.60)D^2H$	$(4.32 \sim 4.71)D^2H$

采用钢锭作坯料时，还应考虑切掉的头部和尾部质量，这部分切除量与坯料形状及锻造所用设备有关，其值可参考表 10-4。

（2）确定坯料尺寸 根据上述计算得出坯料质量按照钢材密度换算成体积，然后根据所选锭料或棒料等计算出下料尺寸。同时，还需考虑锻造比，以及成形过程中坯料的稳定性等因素。

镦粗时，应避免坯料过高产生弯曲，坯料高径比 H_0/D_0 不宜超过 2.5。但过短会使剪切下

表 10-4 切除端部料头体积

（单位：kg）

毛坯形状	锻造设备	切除端部料头体积
棒料	锻锤	$1.8D^3$
	水压机	$1.38D^3$
方料	锻锤	$2.36B^2H$
	水压机	$2.2B^2H$

注：表中：D——棒料直径；B、H——方料的宽度和高度

料困难，H_0/D_0 还应大于 1.25。因此，镦粗所用坯料尺寸受到一定限制，通常需保证 $1.25D_0 \leqslant H_0 \leqslant 2.5D_0$。根据上述计算得出的毛坯质量 $m_{坯}$，当材料密度为 ρ 时，可求得毛坯体积

$$V_{坯} = m_{坯}/\rho \qquad (10\text{-}4)$$

毛坯直径 D_0 或边长 a_0 可计算如下：

对于圆棒料，根据 $V_{坯} = \pi D_0^2 H/4 = \pi D_0^2(1.25 \sim 2.5)D_0/4 = (0.98 \sim 1.96)D_0^3$ 的关系，有

$$D_0 = (0.8 \sim 1.0)\sqrt[3]{V_{坯}} \qquad (10\text{-}5)$$

对于方料边长 $$\alpha_0 = (0.75 \sim 0.90)\sqrt[3]{V_{坯}} \qquad (10\text{-}6)$$

确定坯料直径或边长后，即可求得下料长度或高度 $H_0 = V_{坯}/A_{坯}$。

碳素钢坯料拔长时，锻造比 k_L 不应小于 2.5 ~ 3，轧材拔长时，k_L 可取 1.3 ~ 1.5。坯料面积或直径的计算为

$$A_{坯} = k_L A_{锻}, \quad D_0 = 1.13\sqrt{k_L V_{坯}} \qquad (10\text{-}7)$$

同样，可以求得坯料长度 $L_0 = V_{坯}/A_{坯}$。

3. 确定锻造工序及锻造比

（1）确定锻造工序　一般，盘类零件常需镦粗成形，轴杆类零件则需拔长成形。形状较复杂零件，需采用多工序复合工艺完成。确定基本工序后，还需选择相应的辅助工序和修正工序，并决定工序顺序和计算工序件尺寸等。

自由锻比较灵活，工序选择并不唯一，可通过经验并参考典型工艺确定。

（2）锻造比

1）锻造比的计算方法。金属的变形程度是反映锻件质量的重要指标之一，可利用与锻造变形相应的工程应变或锻造比来表示。镦粗前、后锻坯高度为 $H_{前}$、$H_{后}$ 时，变形程度和锻造比可分别表示为

$$\varepsilon = \frac{H_{前} - H_{后}}{H_{前}} \times 100\% , \quad B_{镦} = \frac{H_{前}}{H_{后}} \tag{10-8}$$

拔长前、后锻坯截面积为 $A_{前}$、$A_{后}$ 时，拔长变形程度和锻造比分别为

$$\varepsilon = \frac{A_{前} - A_{后}}{A_{前}} \times 100\% , \quad B_{拔} = \frac{A_{前}}{A_{后}} \tag{10-9}$$

2）锻造比对金属组织性能的影响。较大锻造比加工的锻件，如 $B = 1.5 \sim 3$ 时，可击碎铸态组织的枝状晶。而在再结晶温度下塑性变形，可形成细小等轴晶粒。因此，为获得细晶组织，终锻温度不宜过高。

锻造时，如果具备足够大的变形程度或局部锻造比、较高的加热温度且锻坯缺陷表面具有一定纯洁度等条件，钢锭内部原有缺陷将被锻合。常规锻造时，宏观缺陷的锻合分为两个阶段。首先是缺陷区金属受到强烈锻击，内部空隙发生变形使两壁相互靠合，形成闭合阶段；之后，在压应力和高温作用下，缺陷两壁金属焊合，即锻合阶段。一般，树枝晶与晶内微观缺陷，以较小的锻造比变形即可锻合；而尺寸较大的缺陷，如 V 形偏析区的疏松，则需较大的锻造比以及在有利的应力状态下才能被锻合。锻造比足够大的拔长，可消除钢锭中的轴向缺陷。对于径向缺陷，则需采用锻造比相应的镦粗来消除。锻造比过大，将产生明显的纤维组织使异向性增强，甚至可能造成卷入折纹等。因此，必须确定一个合理的锻造比。

通常，使用轧材进行中、小型锻造时（除莱氏体锻坯外），一般不必特意增大锻造比，而用钢锭或有色金属铸锭锻造时则需考虑锻造比。合金结构钢锭比碳素结构钢锭的铸造缺陷严重，锻造比应大些。对于一般结构钢锻坯，零件受力方向与原有纤维方向不一致时，为了保证横向性能，可取锻造比 $2 \sim 2.5$。当零件受力方向与坯料原有纤维方向一致时，为提高纵向性能，可取锻造比为 4。对于一些重要锻件，为了充分改善原有铸态组织，可选取镦粗拔长联合工艺，并将锻造比提高到 $6 \sim 8$。

4. 确定锻造设备吨位

在自由锻造生产中，确定锻造设备吨位有理论计算和经验公式－图表两种方法。中、小型自由锻造的常用设备是几乎不存在过载损失的锻锤和水压机，锻造时变形面积不固定；另外，自由锻设备的吨位级差较大，无法使每一火次变形力与设备吨位相匹配，最多只能按最大变形力火次来估算设备吨位。因此，通常采用后一种方法估算设备吨位。

但上述原因并不构成自由锻设备可任意选定的理由。如果吨位过小，锻坯心部锻不透，内部变形不充分，不仅达不到改善锻件组织性能的目的，而且降低生产效率；选择设备吨位过大，既浪费动力资源，又因轻、重打不易控制以及操作不便而同样降低生产效率。一般，可直接按锻锤落下部分的质量确定设备吨位。锻件镦粗后的接触面积为 A 时，估算锻锤吨位（单位为 kg）

$$G = (0.002 \sim 0.003) kA \tag{10-10}$$

式中　k——材料强度系数，金属强度极限 σ_b 为 400MPa 时，k 取 3 ~ 5；σ_b 为 600MPa 时，k 取 5 ~ 8；σ_b 为 800MPa 时，k 取 8 ~ 13；

　　拔长时的锻锤吨位（单位为 kg）

$$G = 2.5A \tag{10-11}$$

　　关于自由锻锤和水压机的锻造能力，可参考相应资料手册。

5. 制定工艺卡

　　自由锻工艺卡由所定锻造工艺规程汇总而成，主要包括锻件图、锻坯质量与尺寸的计算及下料方法、工序安排、锻打火次、加热设备、加热及冷却规范、锻造设备及工具、锻件锻后处理，最后还需确定工时定额及相应的劳动组织等。表 10-5 所示为阶梯轴自由锻造工艺卡。

表 10-5　阶梯轴自由锻造工艺卡

锻件名称	阶梯轴	每坯锻件数	1 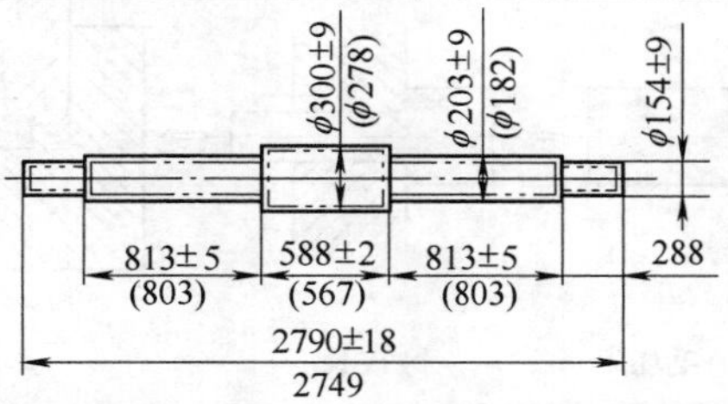
材料	45 钢	锻造温度范围	1200 ~ 800℃
锻件质量	700kg	锻造设备	5t 蒸汽锤
坯料质量	836kg	冷却方法	空冷
坯料尺寸	ϕ320mm × 1000mm	生产数量	5

火次	工序说明	变形过程图	使用工具
1	拔长	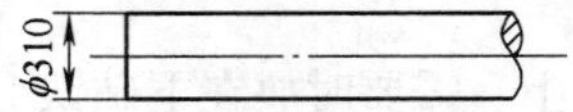	上、下平砧
	压肩	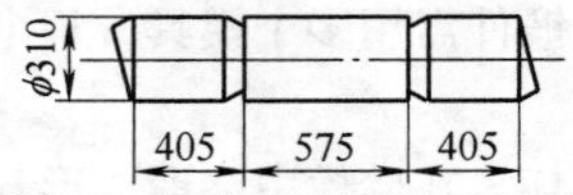	上、下平砧，三角刀
	一端拔长、压肩	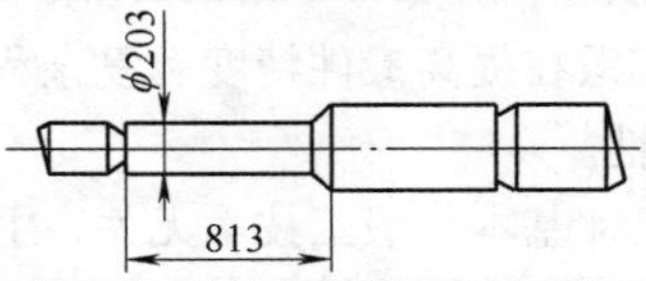	上、下平砧，三角刀
2	另一端拔长、压肩	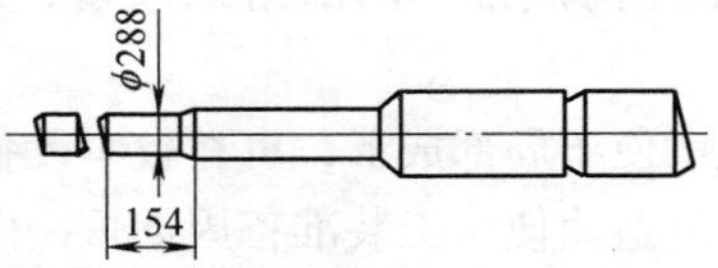	上、下平砧、剁刀，圆弧垫铁
	调头、拔长各自台阶、切头、修整	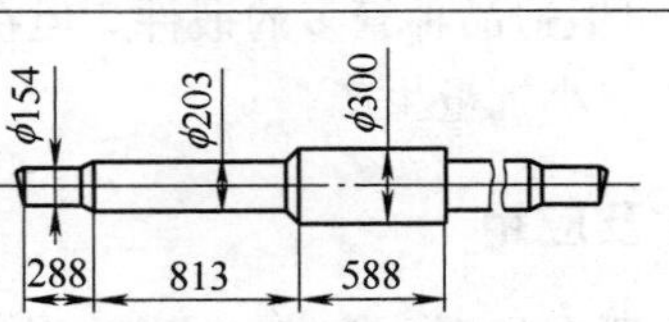	上、下平砧、剁刀，圆弧垫铁

第三节　胎模锻造工艺及胎模具

　　胎模锻造是介于自由锻和模锻之间的一种锻造方法，也称胎模锻，是在自由锻设备上利用可移动胎模具进行的简单模型锻造。

一、胎模锻造工艺及特点

1. 胎模锻造工艺

胎模锻生产工艺包括制定工艺规程、胎模制造、备料、加热、锻制胎模锻件及后续工序等。

在工艺规程制定中，制坯工序与自由锻基本相同，而终锻工序又接近于模锻。制坯时可采用自由锻的各种方法，当锻坯接近锻件形状尺寸时，采用胎模终锻成形。终锻分模面的选取相对灵活，数量不限于一个，不同工序可选取不同的分模面，以便于制造胎模和锻造成形。

图 10-27 所示为带法兰台阶轴的胎模锻造工艺过程。将毛坯拔长后放入胎模中镦锻法兰头部，再次拔长杆端，最终锻成带法兰台阶轴。

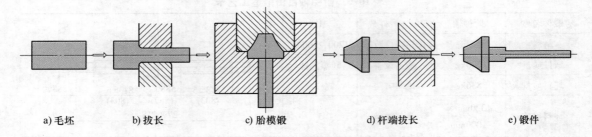

|　a) 毛坯　|　b) 拔长　|　c) 胎模锻　|　d) 杆端拔长　|　e) 锻件　|

图 10-27　胎模锻造工艺过程举例

胎模不固定在锤头或砧座上，需要时放在下砧铁上或扣在锻件上使用。胎模的结构形式多种多样，且简便灵活，有时一个锻件需用多个模具，每个模具完成一道工序。

2. 胎模锻造工艺特点

胎模锻利用自由锻方法制坯，在胎模中终锻成形，具有自由锻和模锻的综合特点。

1）与自由锻相比，胎模锻在提高锻件精度和复杂程度、减少敷料和机加工余量，以及节约金属等方面具有明显的优越性。

2）胎模锻件的形状、尺寸基本与锻工技术无关，主要靠终锻模具精度保证。

3）锻件最终在胎模型腔内成形，内部组织致密，纤维分布有利于提高胎模锻件的力学性能。

4）与模锻相比，胎模锻便于局部成形，可在较小设备上实现较大锻件的锻造成形。

5）与模锻相比，胎模制造简便，工装准备周期短，使用设备灵活，因而可降低生产成本。

6）胎模锻工艺灵活，可锻造品种繁多的锻件。但在生产率、锻件精度等方面不及模锻，生产劳动强度较大，适合于中、小批量生产。

二、胎模的主要种类及应用

胎模结构种类较多，主要有扣模、筒模、摔模、垫模及合模等。

1. 扣模

如图 10-28 所示，扣模由上扣和下扣两部分组成，图 10-28a 和 10-28b 分别为开式和闭式扣模，为保证上、下位置准确，可加设导锁。图 10-28c 为弯曲扣模，将上扣置于锻坯上锻打时自行找正，因而未设导向装置。用扣模锻造时，毛坯不转动，扣形后翻转 90°，可在锤砧上平整侧面。

扣模用于制坯或弯曲、局部或全部扣形，常用于非回转体长杆类锻件成形。

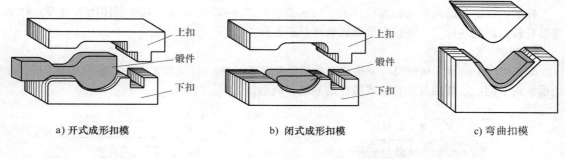

a) 开式成形扣模　　　　b) 闭式成形扣模　　　　c) 弯曲扣模

图 10-28　扣模

2. 筒模

也称套模或套筒模，主要用来锻造齿轮、法兰盘等回转体类锻件，常分为开式筒模和闭式筒模。

（1）开式筒模　开式筒模有时称为小飞边锻造胎模，通常只有下模，利用锤砧面作为上模，如图 10-29a 所示。分型面设在锻件最大断面的端部最后充满的地方，飞边形成较晚，且飞边质量一般不超过锻件质量的 5%。

开式筒模主要用于较短回转体轴类锻件制坯或终锻成形。由于上模用锤砧平面代替，因此，最后成形的锻件端面必须是平面。根据锻件形状，还可做成整体筒模、镶块式筒模和带垫式筒模。

通常将带底筒模称为跳模，用于锻造形状简单、高度较小的锻件。一般拔模斜度大于 7°，型腔光洁，在最终锤击时锻件常可从型腔中跳出，因而也称之为跳模。

a)开式筒模　　　　b)闭式筒模　　　　c)组合式筒模

图 10-29　筒模

（2）闭式筒模　闭式筒模如图 10-29b 所示，也称其为无飞边锻造胎模，由上、下模垫和套筒组成。锻造时，上模垫在锤击方向的最终位置取决于坯料的体积大小，因而不存在固定的分型面。金属在封闭型腔内变形，有时会挤入上模垫与套筒之间的间隙内，容易形成纵向飞边并很快冷却，卡在上模垫与套筒之间，妨碍继续锻打，而且锻后也不易去除。

图 10-29c 所示组合式筒模用于锻造形状复杂制件，在筒模内再加两个半模（即增加一个分型面），锻坯在两个半模内成形，锻后先取出两个半模，然后取出锻件。复合筒模可以用来锻造上、下端面带有凸凹形状的锻件，如齿轮或轮毂等，有时也可用于非回转体锻件成形。

3. 摔模

摔模常称为摔子，也是一种最简单的胎模。一般由上、下摔组成，锻造时每击一锤，将锻件旋转一个角度，不产生飞边，与滚挤很相似。主要用于回转体制坯或成形，如图 10-30 所示。上、下模块靠有弹性的模把连接并定位。锻造时，使毛坯连续转动直至与型腔完全贴合并且上、下模块闭合为止。制坯摔子多用于回转体长轴类锻件局部滚挤成形，或为合模滚摔制坯，锻造时，坯料在型腔中变形量较大。整形摔子用于已成形锻件的校形，提高锻件同心度，坯料变形量不大。

摔子的口部是胎模的关键部位，为了防止锻造时"夹肉"、卡模，口部需用圆弧过渡。对于变形量较大的制坯摔子，横截面常做成椭圆形或菱形。

4. 垫模

如图 10-31 所示，垫模只有下模块，利用锤砧作为上模进行锻打，产生一定量的横向飞边。垫模常用于圆盘、圆轴及法兰盘类锻件的制坯和成形。

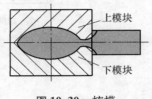

图 10-30 摔模

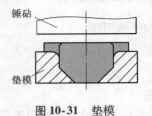

图 10-31 垫模

5. 合模

合模属于有飞边锻造胎模，由上、下模及导向装置组成，如图 10-32 所示。合模的分型面设在锻件最大横截面上，并有飞边槽，与模锻很相似。锻造导致上、下模错移力较大时，可采用导锁导向。但导锁加工调试较繁，增加模块质量，使锻模成本提高。

合模是通用性很好的一种胎模，适用于各种形状

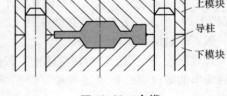

图 10-32 合模

复杂的非回转体、长轴类锻件的最终成形，如连杆、拨叉等叉杆类锻件。由于有少量飞边的调节作用，可获得高度方向较高的尺寸精度，其飞边损耗约为锻件质量的 10% 以上。

第四节 模锻工艺及模具

模锻是模型锻造的简称，是利用锻压设备的打击力或压力使坯料在模具型腔内变形，从而获得锻件的锻造方法。

一、模锻工艺特点及分类

1. 模锻工艺特点

模锻是锻造成形的最重要加工方法，也是反映锻造技术的重要标志之一。模锻工艺及所用模具与自由锻和胎模锻不同，具有许多独到的工艺特点，表现在成形质量、成形精度、生产效率等多方面。

（1）模锻成形质量 模锻过程中，金属在锻模型腔中的变形是在锤头通过模具多次打击下逐步完成的，金属流动受到型腔壁部的限制，形成较好的压应力状态，因此，模锻件内部组织和力学性能非常好。

1）改善金属流线分布。模锻不能消除金属流线，但可改善锻件的流线分布。由于锻模型腔的约束，模锻件的流线沿主要轮廓连续分布，通常可适应于零件工作载荷的方向性。模锻件内部的锻造流线比较完整，可提高锻件的力学性能和使用寿命。许多承受交变载荷的重要零件，如曲轴、齿轮等，都需要采用模锻毛坯或直接由精密模锻制造，可以获得良好的使用性能。模锻所获

得的优良力学性能，是其他成形方法很难取代的。

2）改善或消除带状显微组织。经冶炼产生的带状显微组织严重影响金属材料的使用性能，单纯依靠热处理的方法很难消除。但经过模锻后再进行相应的热处理，如正火＋回火等，内部带状组织可以得到较大程度的改善，甚至消除。金属带状显微组织的改善取决于变形温度与变形程度，而通常的热锻温度在1000℃左右，加之模锻时金属在较强的压应力状态下产生变形，因此，可使模锻件的带状显微组织大为改善。

3）模锻件的晶粒度。受终锻温度较高及变形不均匀的影响，一般模锻件的晶粒较粗大且不均匀。对于有相变钢，除非形成严重的粗晶，一般都可利用锻后热处理时的相变重结晶获得较好的细晶组织。对于无相变的奥氏体钢、铁素体钢及一些耐热合金模锻件，晶粒度决定于变形温度和变形程度，不能利用锻后热处理来均化和细化晶粒，则应尽可能利用均匀的模锻变形来获取锻件晶粒度的均匀性。但对于航空发动机的涡轮盘和叶片等，对晶粒度要求较严格，因此这类零件的模锻工艺通常是以"变性"为首要目的，而将"变形"置于第二位。

（2）模锻成形精度　由于锻模型腔的约束作用，模锻件形状尺寸精度比较高，且表面光洁，因此，预留机加工余量相对小。通常对于复杂形状锻件的外形不需过多简化，因节省敷料而降低了材料消耗。

锻模导向精度有限，特别是锤上锻造时的锤头行程和打击力不稳定，使模锻质量精度受到影响。

（3）生产效率　模锻件的形状和精度由锻模型腔保证，对操作技术要求不高。与自由锻和胎模锻相比，模锻简化了许多工序，生产效率高，并且易于实现机械化和自动化生产。

模锻过程中的较大热应力导致模具使用寿命降低，使模锻件成本提高。另外，金属整体变形要求锻造设备吨位较大。

2. 模锻件的工艺性分类

模锻件的工艺性分类是指按锻件成形所需变形工序进行的分类，直接关系到合理选用末端设备及正确确定变形工序。

一般，将模锻件的主轴线定义为锻造变形前原毛坯的轴线，即与其原始流线方向一致。主轴线走向及其几何形状尺寸特征，反映了对变形工序的要求。因此，可按主轴线尺寸特征，将模锻件分为短轴类和长轴类两种基本工艺类型。表10-6所示为模锻件工艺性基本分类。

表10-6　模锻件工艺性基本分类

类型		锻件图例	形状及变形特点
短轴类（轴对称）	一、简单形状	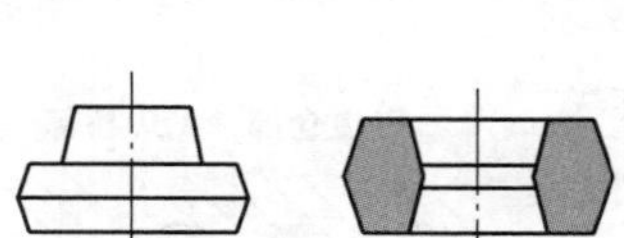	锻件在主轴线方向上的尺寸略小于或等于其他两个方向的尺寸，垂直于主轴线方向的两个尺寸相等或接近
	二、复杂形状	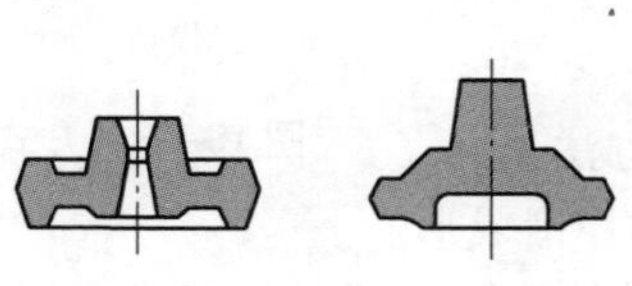	主变形工序的锻击方向一般与主轴线方向一致，模锻成形时，金属沿高度、长度和宽度方向同时流动，属于体积成形

（续）

类型		锻件图例	形状及变形特点
长轴类（平面变形）	一、长直轴类		锻件在主轴线方向上的尺寸大于其他两个方向的尺寸，变形工序的锻击方向一般垂直于主轴线方向 终锻成形时，金属沿主轴线方向流动一般很小，变形主要发生在垂直于主轴线的横向和高度方向，所以常可简化为平面变形
	二、弯曲轴线		
	三、叉类		
复合类	一、具有粗大头部的长轴线类		锻件几何形状既有短轴类特征，又有长轴类特征 制坯成形时，已对锻件变形体积进行了合理的再分配。终锻成形的主要目的是局部充满，变形过程具有上述长、短轴类零件变形特点的交叉和组合
	二、具有等断面细长杆的短轴线类		

3. 模锻的种类

根据所用锻压设备及其锻造变形方式，通常将模锻分为锤上模锻、压力机模锻及平锻机模锻等；按照锻模形式及锻后是否产生横向飞边，又可分为开式模锻和闭式模锻两种；如果考虑锻造时锻坯的温度，还可分为冷态模锻、温态模锻和热态模锻。

二、模锻工艺分析

模锻工序主要有利用锻模制坯和模锻，后者包括预锻工步和终锻工步。模锻件最终形状尺寸靠终锻工步完成，因此，必须设有终锻工步。而是否采用制坯和预锻工步需视锻件变形需要，形状简单的小型模锻件，如汽车行星齿轮等，即可不设制坯和预锻工步，而由终锻直接完成锻件成形。

终锻工步是模锻工艺过程的核心环节，按锻造工艺及锻模型腔的设计特点，可将模锻分为开式模锻和闭式模锻两大类，如图10-33所示。开式模锻的锻件形成飞边；而闭式模锻不产生飞边，因而又称为无飞边模锻。

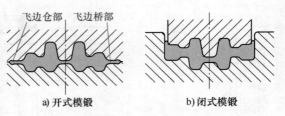

飞边仓部　飞边桥部

a) 开式模锻　　　b) 闭式模锻

图 10-33　开式模锻与闭式模锻示意

1. 开式模锻

开式模锻是目前应用最广泛的模锻方法，可利用通用锻造设备实现各种类型锻件的模锻成形。

（1）金属流动变形特征　短轴类回转体锻件开式模锻时，金属沿垂直于锻压方向沿径向流动呈轴对称变形。长轴类模锻件终锻成形时，端部金属也具有轴对称流动特性，但杆部金属仅在垂直于杆轴线方向上产生流动，即呈平面变形特征。因此，根据锻件在锻压方向的投影形状，可近似判断模锻过程中金属的流动变形特征。通常可将复杂模锻件划分为几个特征部分来分析其锻造变形过程。

（2）金属流动变形过程 开式模锻过程中，终锻时产生平面变形的锻件变形前、后在锻压方向上的断面积相等，而产生轴对称变形的锻件变形前、后体积相等。变形过程通常可分为自由变形、形成飞边充模及锻足三个阶段。

1）自由变形阶段是指开始终锻至金属流动与飞边槽开口相接触之前，金属变形与自由锻略有相似特点是产生足够的横向流动。

2）形成飞边充模阶段是指金属横向流入飞边桥部开始，至完全充满型腔为止。在此阶段中，金属产生两种变形流动，一种是横向挤入飞边槽形成飞边，另一种是向锤击方向充型。桥部飞边因锤击变薄且迅速降温，形成横向流动摩擦阻力，迫使金属挤入型腔难充满部位。模腔内的三向压应力状态使充满阶段的金属变形抗力和变形功急剧增大，因此，应尽可能减小此阶段的变形行程。

3）锻足阶段通常也称打靠阶段，由金属完全充满型腔开始，至上、下模闭合为止。这一阶段将多余金属由飞边桥部挤入仓部，以保证锻件的高度尺寸。

开式模锻顺利实现上述三个阶段的变形过程，即可避免充不满和锻不足等锻造缺陷。

开式模锻因飞边槽的充模补偿作用，提高了复杂模锻件充模性及成形稳定性。但飞边材料的损耗量占锻件质量的10%～50%，而材料费用又占锻件成本的50%～70%，因此，设置飞边使锻件成本提高。

2. 闭式模锻

闭式模锻不设飞边槽，锻造变形力和变形功比开式模锻低30%～50%。但只适用于轴对称或近似于轴对称变形的锻件成形，目前应用较多的是短轴类回转体锻件。

闭式模锻通常利用螺旋压力机、平锻机、液压压力机和高速锤等实现。

（1）闭式模锻变形过程 闭式模锻过程也可分为基本成形、充满及形成纵向飞边三个变形阶段。

1）基本成形阶段是指由锻坯开始变形至基本充满模腔阶段。金属的变形流动可分为整体或局部镦锻和挤压两种类型。

整体镦锻是指以坯料外径定位（贴靠在型腔内壁），金属分流挤入型腔凹入部分。局部镦粗是以坯料不变形部位定位，主要是局部镦粗和冲孔两种变形。

挤压也可分作正、反挤压和横向挤压三种类型，金属变形流动规律及特征与这三种挤压成形基本相同。

2）充满阶段。进入充满阶段时，锻坯端面和中心区都处于三向压应力状态，变形缩小至未充满的局部区域，此阶段结束时的变形力比基本成形阶段末可增大2～3倍，但实际变形量却很小。

3）形成纵向飞边阶段。这一阶段的坯料基本已成为不变形的刚体，但在很大变形力及打击能量作用下，使锻坯端面金属流动形成纵向飞边。飞边不仅影响锻模使用寿命，而且去除困难，通常只能采用砂轮机手工去除。

闭式模锻变形在形成纵向飞边之前结束，因而常在分型处存在少量充不满现象。型腔的受力状况与锻件高径比 H/D 有关，H/D 越小，型腔受力状况越好。因此，H/D 小的锻件，适宜于闭式模锻。

（2）各类锻造设备闭式模锻的特点　液压机闭式模锻时，如果设备选择合理，当变形抗力增大到设备额定输出压力时，变形自行停止，一般不会产生纵向飞边。因此，依靠变形力与设备的匹配关系，可使产生飞边之前结束变形。平锻机闭式模锻时可由坯料不变形长度稳妥定位，通常不产生或只产生较小飞边，模锻工艺稳定性较好。对于锻压机来说，必须采用保证工艺稳定性的技术措施，否则不宜进行闭式模锻。锤上闭式模锻的最大问题，则是锻模寿命低和产生较大的纵向飞边。

三、锤上模锻

锤上模锻是指在锻锤上进行的模型锻造，是目前生产中采用最多的一种模锻成形方式。锤上模锻常用的锻压设备是蒸汽－空气锤、高速锤等。近年来，为了节省动力资源，利用电液锤或将蒸汽－空气锤改造成电液控制方式的锤上模锻，正在形成一种发展趋势。

1. 锤上模锻的变形工序及型腔

（1）锤上模锻的变形工序　锤上模锻的变形工序主要有制坯和模锻。制坯工序实现锻坯的初始形状体积分配，即利用相应的锻模型槽、台、坎等将原始等断面毛坯去除氧化皮，锻成形状、尺寸接近于锻件的中间坯料，使终锻时消耗最少的金属和变形功，并顺利充满锻模型腔。模锻工序则完成锻件的最终成形。

长轴类锻件终锻时近似呈平面变形，因而要求中间坯料沿轴线合理分配并接近锻件平面图形状。主要采用拔长、滚挤、弯曲及成形等制坯工步。

短轴类锻件终锻时近似于轴对称变形，要求中间坯料按锻件纵断面形状合理分配，主要采用镦锻类制坯工步。

复合类锻件兼有上述两种类型锻件的变形特征，因此，需根据锻件的具体形状、尺寸确定制坯工步。

（2）变形工步及模膛　锤上模锻的变形工步及相应的模膛示于表 10-7 中。

表 10-7　锤上模锻的变形工步及其型腔

工步名称		简图	特点	作用及用途
制坯工序	镦粗	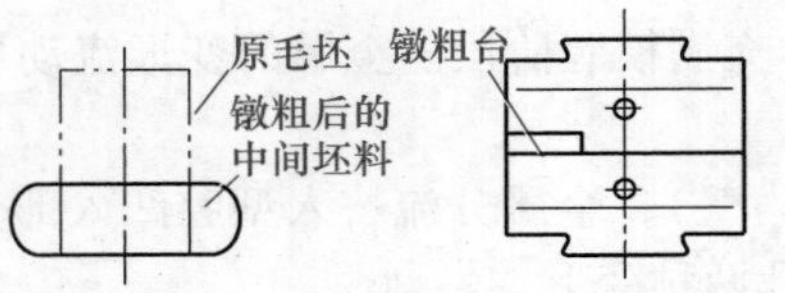 原毛坯　镦粗台 镦粗后的中间坯料	镦粗台的横向尺寸必须大于镦粗后坯料的最大横向尺寸，设于锻模左侧，便于锻工操作 中、小型锻模可在具有一定平面的角部完成镦粗制坯，而大型锻模上则需设置专用镦粗台供锻件镦粗成形，以防止镦粗过程中锻坯偏斜或锤击下飞出而造成事故	减小坯料高度，增大径向尺寸；对于盘类锻件，为了改善锻后金属内部组织，通常需将高径比较大的锻坯镦粗后放入预锻或终锻型腔内锻造成形 用于短轴类锻件中间制坯
	压扁	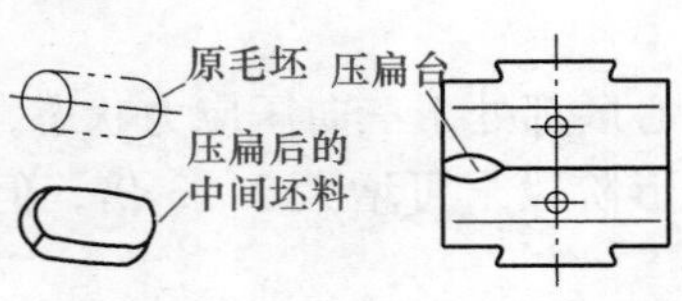 原毛坯　压扁台 压扁后的中间坯料		去除氧化皮，减小坯料横截面高度，增大宽度尺寸 用于短轴类锻件中间制坯
	拔长	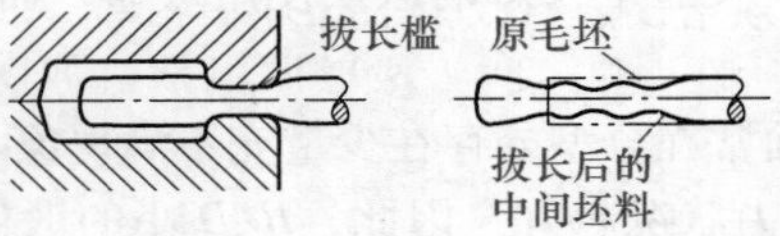 拔长槛　原毛坯 拔长后的中间坯料	拔长时前一次送进量的末端是后一次送进量的中部，考虑操作方便，拔长槛通常设置在锻模左侧	去除氧化皮，减小横截面积，增大长度，同时提高锻件力学性能

（续）

工步名称		简图	特点	作用及用途
制坯工序	滚挤	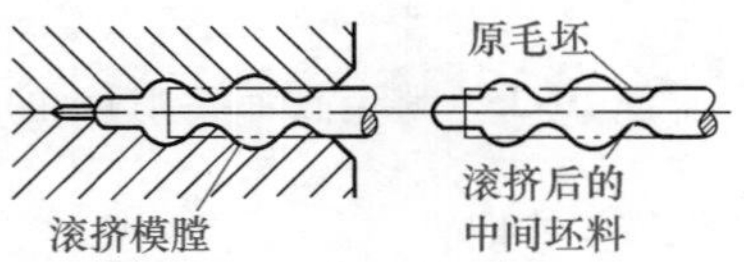 滚挤模腔 原毛坯 滚挤后的中间坯料	对于多型腔锻模，滚挤型腔常设在操作者左侧，多型腔锻模可借用拔长型腔前方的空间开设滚挤型腔。滚挤型腔可分开式和闭式两种。闭式滚压型腔是指在滚挤方向上封闭的型腔。通常，当锻坯沿轴线的截面积相差不大或为修整拔长后的外廓形状时，采用开式滚挤型腔；而锻坯最大截面积和最小截面积相差较大时，采用闭式滚挤型腔	为适应预锻或终锻型腔形状要求，增大一个方向上锻坯的截面尺寸，同时减小与之垂直方向截面尺寸，另外使锻坯进入预锻或终锻型腔前具有较圆滑的轴向轮廓 开始滚挤时，金属横向展宽较大，轴向流动较少；而闭式滚挤时，金属的横向展宽较小，轴向流动较大
	弯曲	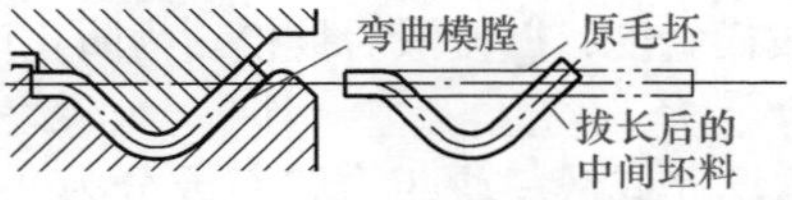 弯曲模腔 原毛坯 拔长后的中间坯料	型槽的纵截面形状与终锻时坯料的水平投影基本一致，型槽的宽度应保证坯料弯曲后不致挤出模外	改变坯料轴线形状，使之在某一个方向上适合于预锻或终锻型腔的形状
	成形	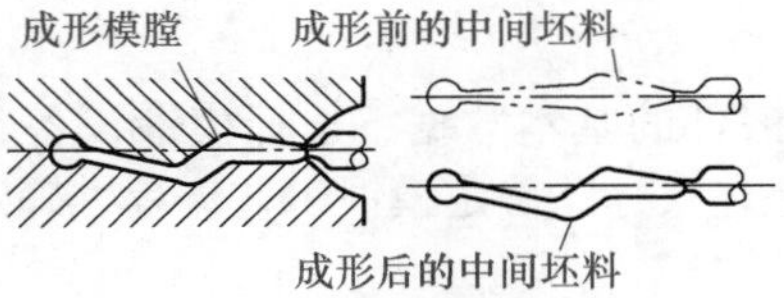 成形模腔 成形前的中间坯料 成形后的中间坯料	一般将弯曲型腔设于操作者的左前侧；锻坯经弯曲变形后送入预锻或终锻型腔，根据锻件形状，有时还需翻转90°	改变坯料轴线形状，通过局部转移金属获得与锻件平面图相似的形状，金属流动量较大，并产生相应的聚料作用
模锻工序	预锻	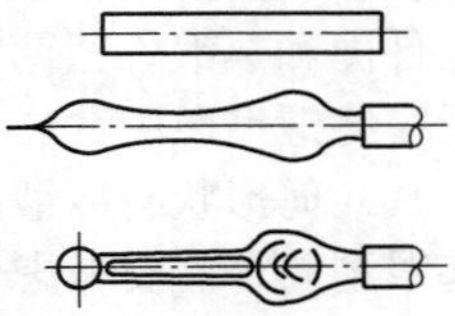	预锻型腔与终锻型腔接近，但高度和宽度略小、容积略大、过渡圆角大、不带飞边槽	保证终锻易于充模，减少终锻变形量；减小终锻型腔的磨损，延长模具使用寿命 用于形状复杂锻件预成形
	终锻	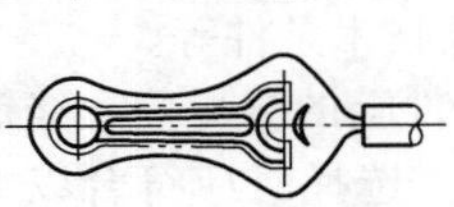	终锻型腔尺寸与热锻件图一致，开式模锻设有飞边槽；与预锻变形力的合力作用点设于锻模中心	用于锻件的最终成形
切断工序	切断	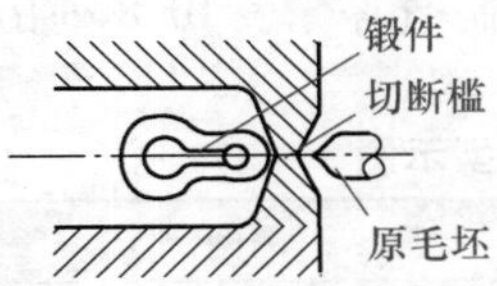 锻件 切断槛 原毛坯	切断操作时应注意钳口切勿夹得过紧，否则因切断时的后坐力会造成安全事故	条料多件小型锻造时，利用切断刀切断成形后的锻件。对于成双锻造，采用调头锻，可将后一火钳口修扁

2. 锤上模锻件的结构工艺性

1）便于锻后拔模。如图 10-34 所示零件，上、下端面及柱面上均带有侧凹，不论将分型面设于什么位置，都不能保证锻后拔模，因此，必须增设敷料改变锻件外形轮廓。

2）力求形状简单、对称，避免截面差别过大的凸起、凹入或壁厚过薄。如图 10-35a 所示，零件最小和最大截面之比小于 0.5，而且凸缘直径与壁厚相差过大，模锻时，凸缘端部不易充满，容易粘模。而且凸缘厚度过薄，锻模散热性差。图 10-35b 零件的内凹深度与宽度之比过大，上模极易折断和变形。

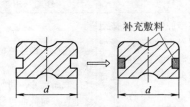

图 10-34 在侧凹处补充敷料便于起模

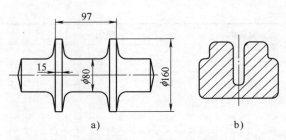

图 10-35 避免截面差别过大的凸起或凹入

图 10-36 所示零件锻造时薄壁处锻模受力严重，容易损坏。此外，锻件平面面积过大，锻造过程中坯料易冷却，很难保证成形质量。

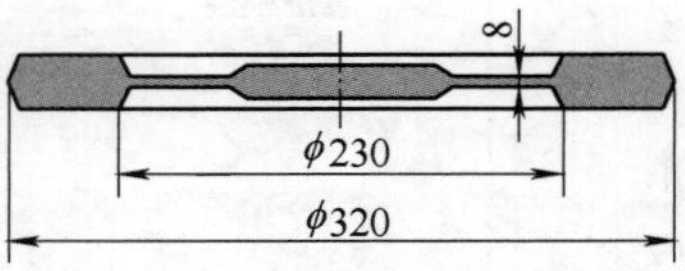

3）零件上直径小于 20mm 的孔或孔深大于直径 2 倍时，不宜锻出，可考虑锻出凹穴，然后切削加工。

4）零件的非配合表面可设计成非加工面，保留锻件黑皮表面。零件上与锻打方向平行的非加工表面应设拔模斜度，以便锻后拔模。为防止产生折叠和应力集中，非加工表面间的交接处用圆角过渡。

图 10-36 零件壁厚过薄

5）对不宜模锻成形的大型复杂零件，可考虑设计成锻 - 焊组合件，或分为几部分锻出后，采用机械连接方法组成构件。

3. 制定模锻工艺规程

完整的模锻工艺规程包括绘制锻件图、确定锻件的基本数据、选择模锻设备、设计锻模结构、设计终锻和预锻型腔、确定模锻工步、计算毛坯尺寸、确定模锻工艺流程、确定修整工序及检验规则等多项内容。

（1）绘制模锻锻件图　锻件图是根据产品零件图制定的，也是确定模锻生产工艺、计算坯料尺寸和设计锻模的依据及锻后检验的标准，可分为冷锻件图和热锻件图两种。冷锻件图即通常所说的锻件图，用于冷态锻件的最终检验。热锻件图是锻模终锻型腔图，二者一凸一凹，用于锻模设计、制造及检验。热锻件图是根据冷锻件图绘制的，其几何形状与冷锻件图基本相同，相差一个金属线膨胀值。制定模锻锻件图的实质内容是设计终锻型腔，需要考虑分型面位置、确定敷料、余量和公差、模锻斜度、圆角半径、冲孔连皮及各项技术条件等。

1）分型面位置的选择。分型面是指上、下锻模在锻件上的分界面，终锻型腔（不包括飞边槽）与分型面的交线即为锻件水平投影的最大外轮廓线。选择时应符合以下原则：有利于金属充满型腔，便于锻后拔模和切边及调整错差，简化锻模制造等。表 10-8 列出了一些确定锻模分型面的示例，可供参考。

表 10-8　锻模分型面典型示例

选择分型面原则	图例	
	合理分型面	不合理分型面
分型面应设于锻件最大截面处；尽可能避免型腔过深；使金属易于流动充型；便于锻后拔模和切边；力求简化模具制造	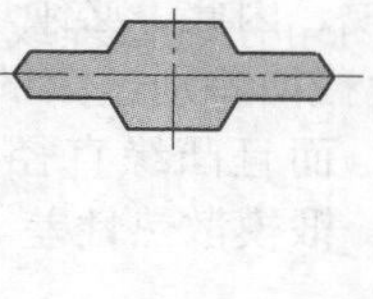	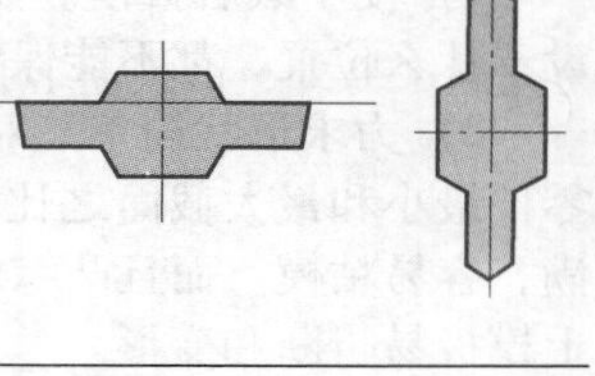

（续）

选择分型面原则	图例	
	合理分型面	不合理分型面
对于落差不是很大的长轴类锻件，尽可能使分型面为平面，避免产生锻造弯矩造成的错移；避免因折线或曲线分型面导致的锻模易磨、易损，甚至毁坏		
尽可能使上、下模沿分型面的型腔轮廓一致，以方便中间检验发现上、下模错差。考虑到上模易于充满，应将较复杂型腔置于上模侧		
分型面设置应充分利用飞边槽的辅助作用并便于锻后切边；不应将分型面设在锻件截面的终了处，防止锻后切边时产生粘连和飞边	切边凹模	切边凹模

2）敷料、加工余量和公差。对零件上不便终锻成形的沟槽及局部内凹等部位，可适当增设敷料，以简化模锻件形状。

锻件上需后续机械加工的部位，应根据加工尺寸、精度及加工方法预留加工余量。通常模锻件可留 1~5mm 的加工余量，要求精度较高及大型锻件可取较大值。

尺寸公差是指锻件实际尺寸与锻件图规定的公称尺寸之间的偏差。考虑到模锻时欠压、错模、表面氧化、锻模磨损及锻件冷却收缩不均等，需根据锻件外形尺寸、精度、表面粗糙度等级等，在 ±0.3~3mm 之间选用尺寸公差。具体确定时，可参考相关资料。

3）拔模斜度。为了便于锻后拔模，型腔侧壁必须做成一定斜度，称为拔模斜度。如图 10-37 所示，锻件冷却时，其外壁因收缩而趋向于离开型腔，而内壁容易箍紧型腔突出部分。因此，模锻内斜度 α_2 应比外斜度 α_1 稍大一些，一般外拔模斜度 α_1 取 5°~7°，内拔模斜度 α_2 取 7°~12°。当锻件材料为铝、镁合金时，内、外拔模斜度可适当减小。

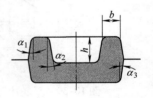

图 10-37 拔模斜度

当型腔深度较大而宽度较小即 h/b 较大时，应适当增大斜度。有时，为了使拔模斜度在分型线处相接，可适当增大匹配斜度 α_3。通常，高度尺寸小、形状简单的锻件容易脱模，考虑到节省锻件材料、减少机加工量，应尽量减小拔模斜度。

4）圆角半径的确定。为了便于金属流动充型，避免应力集中并保持金属流线的连续性，必须把锻件上的面与面交界部分设计成圆弧连接，如图 10-38 所示。

锻件外凸圆角半径 r 太小，金属在锻模型腔凹入角处流动困难，不易充满。另外，锻模型腔内的尖锐凹角在热处理或锻打时因应力集中而容易开裂。锻件内凹圆角半径 R 太小，锻造时型腔相应凸角处容易磨损、压塌等，也不利于锻后拔模，此外，R 太小容易形成折纹，而 R 太大会增加材料消耗。

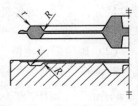

图 10-38 模锻圆角

圆角半径的数值与锻件形状尺寸有关，锻模型腔深且窄时，金属充型困难，可适当增大圆角半径；型腔浅而宽时可取较小圆角半径。设计时，应使锻件内凹圆角半径 R 大于外圆角半径 r，通常取 $R = (2 \sim 3)r$。为了便于模具制造，如无特殊需求，锻件上同类圆角尽可能取同一半径值。

5）冲孔连皮。模锻时，只能锻成盲孔，待锻后冲出通孔。盲孔中间留有一层金属，称为连皮。当孔径 $d > 25\text{mm}$，且深径比 $h/d < 1$ 时，可利用锻后余热直接冲掉连皮。如果 $d < 25\text{mm}$，而厚度又较大的锻件，考虑到锻模和冲孔凸模的热强度不足，模锻时只能在孔位处压出凹穴，待锻后切削成孔。

连皮的厚度 s 与锻件孔径 d、孔深 h 有关，可按经验公式近似计算如下

$$s = 0.45\sqrt{d - 0.25h - 5} + 0.6\sqrt{h}$$

连皮与盲孔壁之间以适当圆角连接。s 太太小，冲孔时单位压力很大，冲头容易磨损或变形，还会在锻件上产生折纹。但 s 太大，浪费金属多，冲孔力增大，容易使锻件走形。一般平底连皮的厚度也可根据图 10-39 确定。

有时为使模锻时冲头处金属易于流动，也可设计成斜底连皮，有利于减轻锻模磨损，另外也可避免锻打时孔缘处产生折纹。但斜底连皮会使锻后冲孔困难。

6）锻件图及锻件图的技术条件。上述锻件基本数据确定后，即可着手绘制锻件图。通常在锻件图中将零件的主要轮廓用双点画线表示出来，使锻造敷料及加工余量清晰可见。为了使锻件尺寸与零件尺寸相对照便于校核余量大小，通常将零件尺寸用括号标注在相应锻件尺寸之下，如图 10-40 所示。

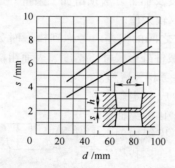

图 10-39　平底冲孔连皮的厚度

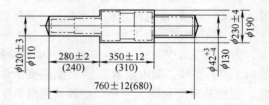

图 10-40　阶梯轴锻件图示例

锻件质量检验及锻模制造技术事项，可作为技术条件记入锻件图中。一般应包括①锻件的热处理方式及硬度要求；②锻后清理方法；③允许的锻件表面缺陷，如氧化坑深度、局部未充满的程度及残余飞边宽度等；④其他如锻件几何精度要求、注明圆角半径、拔模斜度及上、下模允许错差量等；⑤规定的各种试验，如对于重要锻件所要求的金相组织、宏观纤维及各种必要的性能试验等。

（2）确定锻锤吨位　终锻成形时，锻坯温度已有所降低，变形抗力及所需变形功增大，因此，锻锤吨位必须按此时的变形功来确定。锻锤吨位的理论计算繁琐且与实际情况出入很大，因此，生产中常采用经验公式或半经验公式图表估算锻锤吨位。

确定模锻设备吨位的依据是锻件的总变形力。在确定锻件基本数据时，需要计算锻件在分型面上的投影面积 $A_\text{分}$、锻件轮廓线长度 $L_\text{周}$、锻件体积 $V_\text{锻}$ 及锻件质量 $G_\text{锻}$ 等，先假定一个飞边宽度 $B_\text{宽}$，近似计算出锻件的总变形面积 $A_\text{总} = A_\text{分} + L_\text{周} \times B_\text{宽}$，即可按如下经验公式计算所需锻锤吨位

G（kN）

$$G = (3.5 \sim 6.3)kA_{总} \qquad (10\text{-}12)$$

式中 k——钢种系数，可参考表 10-9。

表 10-9 钢种系数 k

钢种	k
碳的质量分数低于 0.25% 的碳素结构钢，如 10、20	0.9
碳的质量分数高于 0.25% 的碳素结构钢及碳的质量分数低于 0.25% 的低合金钢，如 30、45、20Cr	1.0
碳的质量分数高于 0.25% 的低合金结构钢，如 40Cr、45CrNi	1.1
高合金钢、耐热钢、不锈钢，如 GCr15、2Cr13、45CrNiMo 及硅铬合金钢等	1.25

（3）设计终锻型腔　终锻型腔是使锻件最终锻造成形的型腔，它是按热锻件图制造和检验的。开式模锻时，终锻型腔沿分型面设有飞边槽。因此，它的主要设计内容是绘制热锻件图、确定飞边槽尺寸及相应的钳口尺寸等。

1）绘制热锻件图。热锻件图根据冷锻件图增加冷缩值并考虑实际的生产因素绘制，终锻型腔尺寸比冷锻件尺寸放大一个收缩量，常用钢锻件取 1.5%。对于细长杆类、薄壁以及一些冷却快、打击次数多、停锻温度较低的锻件，收缩率略低，通常可取 1.2%。对于较复杂中、大型锻件，特别是带有局部较大尺寸的长杆类锻件，应根据具体情况分块计算收缩率。对于锻后冲孔制件，热锻件图上不画冲孔连皮。

一般，热锻件图的形状与锻件图完全相同，但考虑到锻造过程中金属流动难易等，可对某些局部尺寸作相应修正。

① 型腔易磨损处，应在锻件负公差范围内增加一定磨损量，以延长锻模使用寿命。

② 对具有明显锻不足的局部位置，可在锻件负公差范围内适当降低高度尺寸；锻模承压面积不足易造成承压面塌陷时，可在锻件正公差范围内适当增大高度尺寸，以保证锻模承压面略有下陷时仍能锻出合格锻件。

③ 在一般加工过程中，体积力的作用远远小于表面力，往往忽略不计。但加速度较大的场合，体积力不能忽略。锤上模锻时，锻坯受到与打击力相反方向的惯性力作用而有利于填充上模，故常把形状复杂、不易充满的型腔设置在上模侧。

2）设计飞边槽

① 锤上模锻时金属的流动过程大致可分为四个阶段：

第一阶段：敦粗变形，金属与型腔侧壁接触之前，镦粗变形力并不大。

第二阶段：飞边形成过程，金属流向高度方向的同时，开始形成少许飞边，所需变形力增大。

第三阶段：充满过程，飞边对金属横向流动的阻碍作用，使型腔内形成三向压应力状态。在这一阶段，飞边厚度减小，宽度增大，金属径横流动阻力增大，促使整个型腔得以充满，锻坯温度下降使变形抗力明显上升。

第四阶段：打靠或锻足阶段，为把多余金属排入温度很低的飞边槽，使上下模打靠，所需打击力最大，消耗的打击能量为锻件成形全过程消耗能量的 30% ~ 50%。

② 飞边槽的作用。飞边槽的仓部容纳多余金属，桥部形成横向流动阻力，迫使金属充型；一般模锻飞边较薄，相对降温快，容易吸收上、下模打击力，既起缓冲作用又有利于金属充型，可防止锻模早期破裂和压塌。

③ 飞边槽的结构形式。最常用的锤锻模飞边槽结构如图 10-41 所示。靠近型腔边缘的桥部飞边槽较浅，有利于增大金属向外的流动阻力，迫使其型腔聚料充型，保证锻件的厚度尺寸，并便于锻后切边。实际锻件的桥部飞边厚度 h 大于锻模该处空载时的闭合高度 h。远离锻模型腔的部分称为仓部飞边槽，用来容纳多余金属。

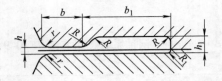

图 10-41　锤模锻基本型飞边槽的结构尺寸

由于上模受热时间相对短，因而通常将桥部凸台置于上模侧。但有时为了方便锻后切边或其他原因，也可将桥部凸台置于下模侧。

模锻飞边槽结构形式较多，如图 10-42 所示。图 10-42a 所示平飞边槽用于锻件形状简单制坯良好的胎模锻，可简化锻模加工并改善桥部受热条件。图 10-42b 所示双仓飞边槽用于局部挤出飞边较大的位置，如曲轴锻模的曲拐部。图 10-42c 带阻流沟飞边槽可增大金属外流阻力，用于高筋、分叉或枝芽等局部难充满的部位，也可用于迫使金属在型腔中顺阻流沟方向产生少量流动的场合。

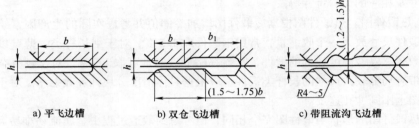

a) 平飞边槽　　　　b) 双仓飞边槽　　　　c) 带阻流沟飞边槽

图 10-42　其他模锻飞边槽结构形式

④ 确定飞边槽尺寸。影响飞边槽阻流作用的尺寸主要是桥部高度 h 和宽高比 b/h，h 越小、b/h 越大，阻流作用越强。b/h 并不单纯影响金属充型效果，同时还影响到模锻变形力、变形功和飞边材料损耗。据资料介绍，当 $b/h \approx 5$ 时，模锻变形能力最小，过大的 b/h 只能增大变形力和变形功。桥部飞边槽在金属流动摩擦作用下，磨损较严重，有时会使原始桥部高度增大 2 倍左右，因此，确定飞边槽尺寸时应予以考虑。锻件在分型面上的投影面积为 $A_分$ 时，通常先计算桥部高度 h。即

$$h = 0.015\sqrt{A_分} \tag{10-13}$$

平面图形为方形锻件时，$h = 0.015a_分$，$a_分$ 为锻件在分型面上的边长；
平面图形为圆形锻件时，$h = 0.015D_分$，$D_分$ 为锻件在分型面上的直径。

由上式计算得出桥部高度 h 后，可根据所用设备吨位按表 10-10 确定飞边槽的其他尺寸。

表 10-10　锤模锻基本型飞边槽尺寸　　　　　　　　　（单位：mm）

模锻锤吨位/t	$h(\approx R)$	b			h_1	b_1	r
		镦粗成形	冲孔或劈开	挤入成形			
1	1.0~1.6	6	8	8	4	22~25	1.5
2	1.8~2.2	8	10	12	5~6	25~30	2.5
3	2.5~3.0	10	12~14	14~16	6~8	30~40	3
5	3~4	12~14	14~16	16~22	8~10	40~50	3
10	4~6	14~16	16~22	22~30	10~12	50~60	4
16	6~8	16~18	18~26	28~32	10~12	60~80	4

3）确定钳口的形状尺寸。钳口是指在锻工操作端的预锻和终锻型槽以外开出与锻模外相通的空腔，用来容纳料头和夹钳，如图10-43所示。短轴类锻件模锻时不需钳夹头，设置钳口可方便取件。另外，制造锻模时，通常以钳口作为浇口浇入铅或其他冷缩性较小的盐液来复制型腔的形状，用于型腔的最终检验。钳口与型腔之间的沟槽称为钳口颈，用于增强锻件与钳夹头的连接强度，便于锻造过程中翻转及锻后拔模。

常用钳口形式如图10-44所示。钳口颈过大，浪费锻坯材料。钳口颈过小，热锻件与料头连接不牢固，不利于锻后拔模，且容易将钳夹头切断飞出造成人身安全事故。当不需夹持锻造时，钳口为单纯的浇灌口，钳口宽度 B 只需作为漏斗保证浇灌时液体不致外溢即可，通常要求 $B \geqslant 50mm$，单侧钳口高度 $h = B/(2 \sim 5)$。钳口及钳口颈尺寸可参照表10-11和表10-12设计。

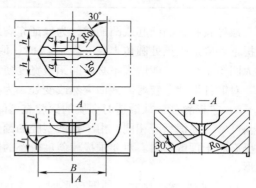

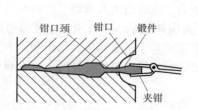

图10-43 锻模钳口的作用

图10-44 钳口的结构尺寸

表10-11 钳口尺寸

(单位：mm)

钳夹头直径 d	B	h	R_0
<18	50	20	10
18~28	60	25	10
28~35	70	30	10
35~40	80	35	15
40~50	90	40	15
50~55	100	45	15
55~60	110	50	15
60~65	120	55	15
65~75	130	60	15
75~85	140	65	20
85~95	150	70	20
95~105	160	75	20
105~115	170	80	20

表10-12 钳口颈尺寸

(单位：mm)

锻件质量/kg	b	a	l
0.2	5	1	
0.2~2.0	6	1.5	
2.0~3.5	7	2	
3.5~5.0	8	2.5	$l \geqslant 0.5s_0$
5.0~6.5	10	3	
6.5~8.0	12	3.5	
8.0~10.0	14	4	

（4）设计预锻型腔 对某些形状较复杂的锻件，通常需经预锻工步后，才可最后实现终锻成形。设置预锻型腔可按锻件的形状尺寸使坯料预先产生合理的体积分配，减少终锻时不必要的金属流失。另外，还可减轻终锻型腔的磨损，提高锻模使用寿命。但设置预锻型腔会带来偏心打击导致错模、增加模块尺寸等缺点。因此，是否采用预锻工步，需根据具体情况分析后决定。

预锻型腔的形状尺寸尽可能与终锻型腔接近，形成合理的金属流动趋势，使不易充满的局部区域有足够的积料。预锻型腔应有较大的斜度和圆角，除特殊复杂锻件外不设飞边槽，以防金属过早流失及预锻时粘模。

1）圆角半径。为便于流动聚料，预锻型腔各处圆角半径应比终锻相应处圆角半径略大 1～2mm。如图 10-45 所示，对应的终锻型腔圆角半径为 R，且考虑到与型腔深度有关的圆角半径增大值 C（可参考表 10-13）时，预锻型腔入口处圆角半径 R_1 可按下式计算

$$R_1 = R + C \tag{10-14}$$

表 10-13　与型腔深度相关的圆角半径增大值　　　　　　（单位：mm）

型腔深度	<10	10～25	25～50	>50
C	2	3	4	5

锻件具有较高凸起或凸筋时，为保证充满终锻型腔，在适当减小预锻型腔宽度及长度尺寸的前提下，应加大该处圆角半径。当 $h \le b$ 时，取 $R_2 = R$；当 $h > b$ 时，取 $R_2 = 1.2R + 3$。但应注意，过大圆角半径，可能增大不必要的预锻宽度使余肉过多，而在终锻时容易产生折纹。

对锻件形状急转弯或截面突然改变处，为减小流动阻力，应适当增大预锻型腔的圆角半径。

2）拔模斜度。从锻造时金属的深腔充型能力来看，拔模斜度略小些有利。但预锻型腔的拔模斜度常与终锻型腔相同，由于预锻型腔的圆角半径均大于或等于终锻型腔，因而相同的拔模斜度仍有利于预锻聚料。对要求拔模斜度较小的锻件，在预锻时将拔模斜度略微增大可有利于终锻成形。

3）型腔形状、尺寸。预锻成形时上、下模不打靠，型腔的高、宽尺寸与终锻型腔的区别，应视锻件具体形状尺寸而定。

① 具有较高凸起的锻件。如图 10-45 中所示，为使终锻时易于充满深腔凸起部位，可略微减小预锻型腔中凸起部位的高度 h' 和宽度 b'。比如使 $b' = b$，$h' - h - (3 \sim 5)$ mm，即相当于减小了预锻成形高度增大了拔模斜度，又由于圆角半径相对较大，可提高终锻成形性。对于这类带有较高凸起的锻件，为获得完整的终锻形状尺寸，有时预锻的充填性要相对重要些。

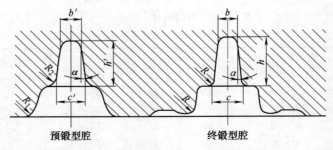

图 10-45　预锻型腔与终锻型腔及其尺寸关系

② 带叉形锻件。对于汽车连杆、分离叉等带叉形锻件，预锻时需利用劈料台将锻坯劈开分配，以使终锻时叉角部易于充满，如图 10-46 所示。常需设置劈料台如图 10-46a 所示，劈料台面宽度 $A \approx 0.25B$，锻件叉形宽度 B 较大时，应保证 8mm $< A <$ 30mm。劈料台过窄，强度不足，容易损坏模具；劈料台过宽，金属不易分流，分料效果不好。上、下劈料台高度 $h =$

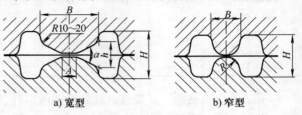

a) 宽型　　　　b) 窄型

图 10-46　预锻劈料台

$(0.4 \sim 0.7)B$，分料面倾角 $\alpha = 10° \sim 45°$，也可视劈料台高度 h 而定。

当锻件叉形宽度 B 较小且叉角较深时，可采用图 10-46b 所示窄型柱面劈料结构，分料效果较好，但柱面半径 R 不宜过大，避免终锻时叉角内侧形成折纹。

③ 带工字形断面的锻件。对于 10-47 所示带有工字形断面的锻件,特别是当锻件中间腹板较薄、较宽且转角半径较小时,应预先使金属合理分流,以避免终锻时两翼角部充不满或在腹板转角处产生折纹。应尽可能加大该处圆角半径,使与预锻型腔各处均能圆滑过渡。

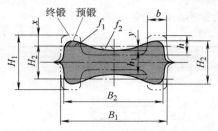

图 10-47 带工字形断面的预锻型腔

考虑到预锻不可能打靠,因而计算工字形断面积时,应计入欠压部分面积 f_2。当 $h < 2b$ 时,使预锻型腔宽度 $B_2 = B_1 - (2 \sim 3)$ mm。当 $h > 2b$ 时,取 $B_2 = B_1 - (1 \sim 2)$ mm,保证 $B_2 < B_1$。

确定预锻型腔的高度时,考虑工字形断面处终锻型腔的断面积及单侧飞边断面积 A 和 A_1,须先求出锻件在工字形断面处的等效断面积 A'

$$A' = A + 2A_1 - A_2 \tag{10-15}$$

式中 A_2——预锻时未打靠部分的金属断面积(mm^2),如果锻足则近似有 $A_2 = B_2 h'$,据资料介绍,3t 锤模锻时,欠压金属高度 $h' = 1.5 \sim 3.5mm$,可供参考。

将工字形断面处的预锻型腔简化成矩形,可求得预锻型腔的等效高度

$$H'_2 = \frac{A + 2A_1}{B_2} - \frac{h}{2} \tag{10-16}$$

令 $x = (H_1 - H'_2)/4$,使矩形上、下侧边面积相等 $f_1 = f_2$,并用圆滑曲线近似连接成工字形预锻型腔断面。终锻具有难充满的高筋时,可适当减小预锻型腔筋高,增大顶部圆角,切勿使终锻时金属倒流,以避免形成折伤。锻件带有枝芽形状时,应尽量使预锻型腔的枝芽形状简化,必要时可增设阻力沟。

预锻型腔的高、宽尺寸,应视锻件终锻时的变形性质确定。终锻以镦粗变形为主时,预锻型腔高度可比终锻相应部位大 2~5mm,宽度比终锻型腔小 1~2mm,即使横断面积比终锻型腔大,容积也略大于终锻型腔。终锻时的金属以挤入方式充填型腔时,应使预锻型腔与终锻型腔略有差异。设计原则是使终锻型腔内的预锻坯侧面一开始变形时就贴靠终锻型腔侧壁上,即限止金属横向流动,迫使其向型腔深处挤入填充。

此外,预锻型腔与终锻型腔不同的地方,应在热锻件图上注明,其余按热锻件图制造。

(5)确定模锻工步 模锻工步是指坯料在锻模中所经历的每一种变形方式,需根据锻件的形状、尺寸具体确定。锤上模锻时,绝大多数制坯工序与终锻是利用同一锻模一火次完成的,因此,模锻工步不宜太多。按模锻件形状常可分为短轴和长轴两大类。

1)短轴类件的模锻工步。短轴类零件通常采用直径较小的坯料经镦粗或成形镦粗等制坯工序后终锻成形。所谓成形镦粗,是将坯料在型腔内镦制成接近于终锻型腔形状的制坯方法。形状复杂的短轴类锻件,有时还需设置预锻工序。形状简单的小型盘类零件,如汽车行星齿轮等,可直接终锻成形。确定模锻工步时,应根据锻件的纵断面形状,如轮毂、轮辐及轮缘等的比例,以分流面为基准面合理分配金属。对于套环类锻件,应以轮缘成形为主,制坯时尽可能增大镦粗直径。但应注意中间部分金属较少时,容易产生折纹,必要时可成形镦粗。当轮毂较高且凸缘较大,又需锻出盲孔时,为保证轮毂及凸缘都能充满,通常需要成形镦粗。确定模锻工步时,可参考表 10-14 具体选用。

短轴类件模锻时,必须保证中间坯料在终锻型腔中准确定位,特别是高径比较大的镦后坯料,应避免形成局部飞边偏大且充不满现象,造成锻件质量、密度分配不均,甚至因后续机加工

余量不足而报废。

表 10-14　短轴类锻件锤上模锻工步

锻件简图	纵断面特征	变形工步
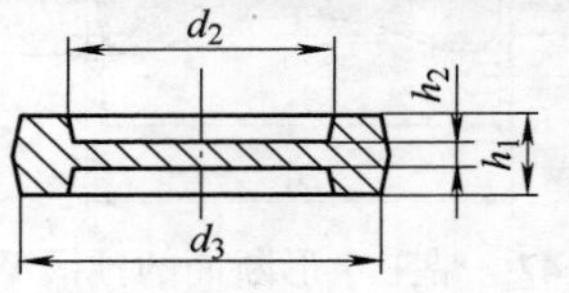	$h_1/h_2 < 2$	镦粗→终锻
	$h_1/h_2 > 2$	自由镦粗（或成形镦粗）→终锻
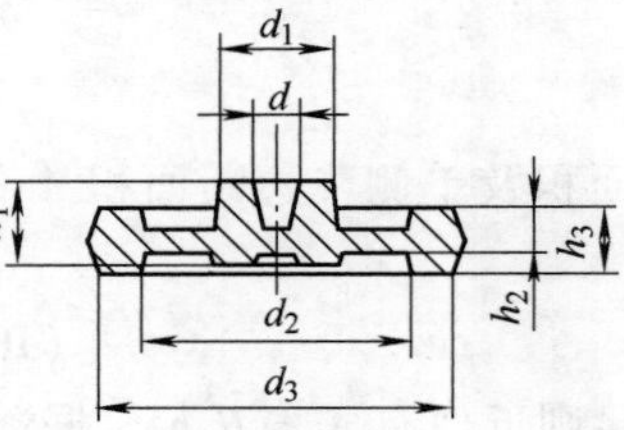	$h_3/h_2 < 1.3$	镦粗→终锻
	$h_3/h_2 = 1.3 \sim 4$	自由镦粗→终锻
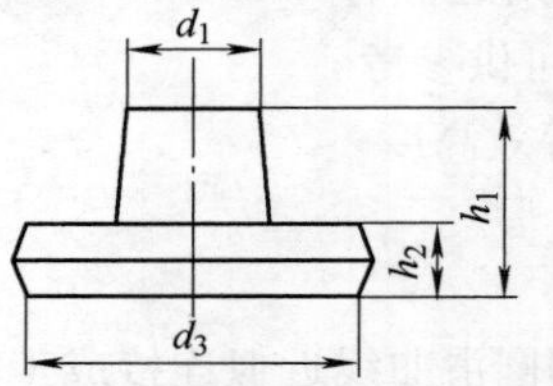	$h_3/h_2 > 4$ $d_3 < 350\text{mm}$	自由镦粗（或成形镦粗）→终锻
	$h_3/h_2 > 4$ $d_3 > 350\text{mm}$	预锻→终锻

　　2）长轴类零件的模锻工步。长轴类零件的长宽比较大，锻造时打击力垂直于坯料轴线。终锻时，横向流动阻力比沿轴向要小得多，因而金属主要沿高度和宽度方向流动变形，轴向流动不显著，即终锻近似于平面变形。因此，应使各部分横截面积近似等于相应的终锻型腔与飞边槽横截面积之和。当坯料横截面积大于锻件最大横截面积时，可只拔长。但当坯料横截面积小于锻件最大横截面积时，拔长之后有必要增设滚挤工步，以保证充满锻件最大横截面积。因此，为获得断面积与相应处终锻型腔近似的中间坯料，需要合理确定制坯工序并计算中间坯料的形状尺寸。根据平面变形假设计算所得中间坯料通常称为计算坯料，它是长轴类锻件选择制坯工序、确定坯料尺寸及设计制坯型槽结构的基本依据。

　　① 计算坯料截面图。计算的原则是坯料某断面计算面积 $A_计$ 等于相应锻件截面积 $A_锻$ 与飞边断面积 $A_飞边$ 之和，即 $A_计 = A_锻 + A_飞边$。坯料直径为 d 或边长为 a 时，$A_计 = \pi d_计^2/4$ 或 $A_计 = a_计^2$，可以求出毛坯的截面尺寸为

$$d_计 = 1.13 \sqrt{A_计}，\text{ 或 } a_计 = \sqrt{A_计} \tag{10-17}$$

选定截面处飞边槽截面面积 $A_{飞边槽}$ 时，利用飞边槽充满系数 ζ（参考表 10-15），可计算相应的飞边投影面积

$$A_飞边 = 2\zeta A_{飞边槽} \tag{10-18}$$

同一锻件不同截面处飞边的大、小可能不一致，较难成形截面可适当增大飞边槽充满系数，或增大飞边槽尺寸。

为了绘制计算坯料图，设定一个适当的作图比例系数 M，利用所得 $A_计$ 求出各对应截面的高度

$$h_线 = A_计/M \tag{10-19}$$

以线段的轴线尺寸 L 为横坐标、缩小比例的横截面面积 $A_计 = h_线 M$ 及计算直径 $d_计$ 或计算边长 $a_计$ 为纵坐标，将各截面数据标出，并将线段交点用光滑曲线连接起来，便可得到计算坯料截面

图，如图 10-48 所示。将图中各点的面积乘以 M，即可获得坯料相应截面处的近似截面面积。

表 10-15　飞边槽充满系数 ζ

锻件 类型	质量 /kg	ζ			
		镦粗	冲孔或 劈开	挤入	冲孔或劈 开内毛边
短轴类	<1	0.3	0.4	0.5	
	1~5	0.4	0.5	0.6	1
	>5	0.5	0.6	0.7	
长轴类	<1	0.4	0.5	0.6	
	1~5	0.5	0.6	0.7	1
	>5	0.6	0.7	0.8	

注：在锻件两端面，由于未考虑端部飞边，一般可取
$\zeta = 1$。

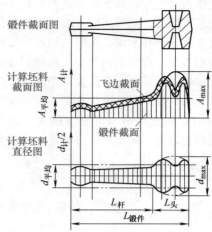

图 10-48　计算坯料图

② 计算坯料直径图。利用所得截面面积 $A_{计}$，根据式（10-17）可计算出坯料各特征点或截面处的直径 $d_{计}$ 或 $a_{计}$，同样，将其连接成光滑曲线即为计算坯料直径图或边长图。

③ 计算坯料平均截面积及平均直径。在坯料截面图上取一轴线方向的微段 dL，根据式（10-19）该微段处坯料的微小计算体积具有 $dV = A_{计}dL = h_{计}MdL$ 的关系，可得该坯料的计算总体积

$$V_{计} = \int_0^L Mh_{计}\,dL$$

根据计算坯料图可得计算坯料的平均截面积

$$A_{平均} = \frac{M\int_0^L h_{计}\,dL}{L} = \frac{M\sum A_{计}}{L} \tag{10-20}$$

这样，利用

$$d_{平均} = 1.13\sqrt{A_{平均}}, \text{或 } a_{平均} = \sqrt{A_{平均}} \tag{10-21}$$

可绘出计算坯料平均截面图和平均直径图，如图 10-48 双点画线所示。

④ 计算坯料的修正及简化。由上述计算坯料简图可以看到，当锻件带有压凹或形孔时，计算截面图和计算坯料简图在该处会产生突变，为了便于聚料制坯、简化制坯型槽结构，通常按照截面图上面积相等的原则进行简化修正，以获得具有光顺外形的截面图和计算坯料图。

对于带有折线或曲线组成凸起形状的锻件杆部，当计算坯料的杆部体积为 $V_{杆}$、杆部长度为 $L_{杆}$、计算杆部最小直径为 d_{min} 时，杆部与凸起部转角处的坯料直径

$$d_k = \sqrt{3.82\frac{V_{杆}}{L_{杆}} - 0.75d_{min}^2} - 0.5d_{min} \tag{10-22}$$

杆部与凸起转接处的过渡直径 d_k 也可由坯料截面图的关系求出，即 $d_k = 1.13\sqrt{A_k} = 1.13\sqrt{h_k M}$。

对于形状较复杂的锻件，处理计算坯料与平均计算坯料图形时可能会产生多头多杆的复杂形状，通常需要根据截面图上面积相等的原则将其简化为一头一杆、一头两杆或两头一杆等简单计算坯料形式，以便于选择制坯工步。

3）模锻工步的综合选择。合理的模锻工步应使毛坯在锻造过程中符合金属流动变形规律，获得高质量、低成本锻件，同时还应考虑到锻打操作方便和安全。对于拔长制坯来说，头部的相对尺寸越大，金属聚料量越多，应选择聚料效率较高的制坯工步；锻件相对长度较长，锻造时金属流动距离大，需选择拔长效率较高的制坯工步；锻件杆部锥度越大，作用在制坯型槽上金属变形的水平分力越大；另外，锻件越大，坯料也越重。因而可综合考虑坯料的头部相对尺寸 $\alpha = \dfrac{d_{max}}{d_{平均}} = \dfrac{A_{max}}{A_{平均}}$、锻件相对长度 $\beta = \dfrac{L_{件}}{d_{平均}} = \dfrac{L_{件}}{1.13\sqrt{A_{平均}}}$、

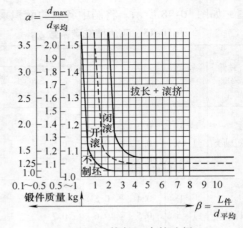

图 10-49　拔长工步的选择

杆部锥度 $K = \dfrac{d_K - d_{min}}{L_{杆}}$ 及坯料质量 $G_{坯}$ 这四个因素的综合关系来选择拔长类制坯工步。通常，可计算得出上述四个影响因素的相应数值，利用图 10-49 所示工步选择图解来具体确定制坯工步。例如，计算得出 $\alpha = 1.37$、$\beta = 3.2$、$G_{锻} = 0.8\text{kg}$ 时，由工步选择图解可查得应采用闭式滚挤制坯。

一般，各种制坯工步转移金属的效率按开滚、闭滚、拔长、拔长 + 开滚、拔长 + 闭滚顺序递增。

此外，根据坯料尺寸也可以确定制坯工步。一般，不经拔长而直接滚挤成形时，原坯料的断面积总是大于平均计算坯料断面积，而小于头部平均断面积，大体上可以取 $A_{坯}/A_{max} \geqslant 0.7 \sim 0.85$。当锻件大头靠近钳口一端时，由以上方法选择的坯料长度与滚挤型腔长度之差小于 $1.13\sqrt{A_{平均}}$（即 $d_{平均}$），在滚挤过程中，充满大头的同时，也能获得所需长度。如果坯料长度与滚挤型腔长度之差小于 $1.13\sqrt{A_{平均}}$，则应选择拔长制坯。当锻件大头在钳口相反一端时，由于差值正处于头部附近，滚挤时要求由杆部流入头部的金属更多一些，因而允许的差值还应减小。

（6）制坯型腔的设计　制坯型槽主要包括拔长、滚挤、压肩、弯曲、镦粗或压扁及切断等。

1）拔长型槽。用于拔长的型槽是指设于分型面上的一个凸台，通常称为拔长台或拔长坎。锻坯拔长后的最小高度由模具闭合时上、下坎面的距离所决定。

拔长坎主要由坎部和仓部两部分组成，坎部为使金属拔长变形的工作部分，常设计成开式结构。仓部是用于容纳拔长后坯料并可控制拔长杆部长度的空腔部分。拔长坎常可分为直排和斜排两种形式，其形状尺寸关系如图 10-50 所示。

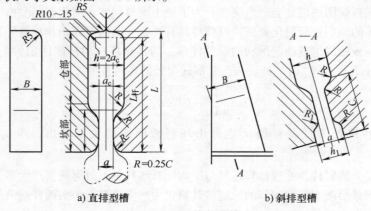

a）直排型槽　　　　b）斜排型槽

图 10-50　拔长型槽

杆部的横截面尺寸变化不是很大，可直接拔长至接近于计算坯料的横截面尺寸，之后不需再进行滚挤。当计算坯料的最小直径为 d_{min} 时，拔长坎上、下端面高度距离

$$a = (0.7 \sim 0.8)d_{min} \tag{10-23}$$

如果杆部横截面尺寸变化较大，拔长后还需进一步滚挤成形时，上、下坎端面高度距离

$$a = (0.8 \sim 0.9)a_c = (0.8 \sim 0.9)\sqrt{\frac{V_杆}{L_杆}} \tag{10-24}$$

其中，计算坯料的杆部长度 $L_杆 \geqslant 500mm$ 时，取较小系数；$L_杆 < 200mm$ 时，取较大系数。坯料直径为 $D_坯$ 时，坎部长度

$$C = (1 \sim 2)D \tag{10-25}$$

拔长型槽的宽度

$$B = (1.2 \sim 1.5)D_坯 + 20(mm) \tag{10-26}$$

$D_坯 < 40mm$ 时，取较大系数；$D_坯 > 80mm$ 时，取较小系数。

拔长型槽长度

$$L = L_杆 + (5 \sim 10)(mm) \tag{10-27}$$

拔长型槽高度

$$h = 2a_c \tag{10-28}$$

坎部转角半径 $R = 0.25C$、$R_1 = 10R$，将拔长坎的纵断面做成凸圆弧形，有助于金属轴向流动，增大 R_1 可避免拔长后的坯料表面形成急突波浪形状。

为了提高拔长效率和拔长后杆部表面质量，也可将拔长型槽做成闭式结构。但由于操作困难、制造复杂，一般不常采用。

此外，拔长部分较短时，也可采用简易拔长台。即在锻模左侧分型面上设置一凸起平台，将棱角倒圆也可用于拔长制坯。

2）滚挤型腔

滚挤工步通常也称为碾光，用来减小坯料某一部分截面积，同时增大另一部分的截面积，使坯料在预锻和终锻之前进行合理的材料分配，将坯料表面滚光，避免预锻或终锻时产生折叠，并可去除氧化皮。

如图 10-51 所示，滚挤型腔也有开式、闭式及混合式之分。开式滚挤型槽一侧是敞开着的，闭式滚挤型槽两侧封闭，而混合式滚挤型槽通常是杆部两侧封闭，而头部的一侧是敞开的。开式滚挤时，金属横向展宽大，轴向流动较小，操作方便，制模简单，滚挤后的坯料横断面近似于矩形；闭式滚挤相反，椭圆形模壁阻碍金属横向流动，横向展宽小，迫使金属沿轴向流动，聚料作用较强，经滚挤后的坯料横断面呈椭圆形。混合式滚挤型槽用于要求制坯后杆部同时具有圆形断面和矩形断面的情况。

有时，为了节省模面，还可在一个开式不对称滚挤型腔中同时完成滚挤和成形制坯，成形效果比利用普通成形型腔还好，只是操作不方便。一般具有工字形断面、有冲孔连皮或具有劈开形状的锻件，为便于后续成形，常使滚挤后坯料的断面呈矩形，这时可选用如图 10-52 所示开式滚挤型槽。

滚挤型腔由钳口、滚挤型槽本体及毛刺槽三部分组成，滚挤型槽以计算坯料图为依据设计，主要是确定型槽本体每一断面的高度 h、宽度 B 和长度 L。

① 滚挤型槽高度。闭式滚挤型槽的杆部高度，可根据计算坯料截面积 $A_计$ 与滚挤后坯料相应部分截面积相等的原则确定

$$h_杆 = \sqrt{\frac{4}{\pi(1.6 \sim 2)}A_计^2} = (0.9 \sim 0.8)A_计 \tag{10-29}$$

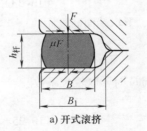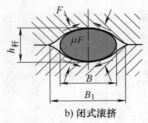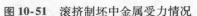

图 10-51　滚挤制坯中金属受力情况

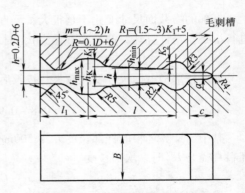

图 10-52　开式滚挤型腔结构尺寸

计算坯料相应部分的截面直径为 $d_{计}$ 时,开式滚挤型槽的杆部高度

$$h_{杆} = \sqrt{\frac{\pi}{4(1.4 \sim 1.8)}d_{计}^2} = (0.75 \sim 0.65)d_{计} \tag{10-30}$$

通常,滚挤型槽高度因计算坯料直径 $d_{计}$ 或相应截面积 $A_{计}$ 而变化,即 $h_{杆} = kd_{计}$ 或 $h_{杆} = kA_{计}$,设计时,型槽高度系数 k 可参考表 10-16 选用。

为减小滚挤聚料时的头部阻力,应使头部高度大于计算坯料头部直径或边长,即 $h_{头} > d_{计}$ 或 $h_{头} > a_{计}$。

② 滚挤型槽宽度。滚挤型槽的宽度 B 取决于坯料断面积大小和型槽最小高度 h_{min},B 较大时,操作方便,但对闭式滚挤型槽来说,聚料作用减弱;B 较小时,闭式滚挤的聚料作用增强,使模块尺寸减小,但操作不方便,甚至会导致金属挤出至分型面上,翻转时形成折叠。

表 10-16　滚挤型槽高度系数 k

$d_{坯}/mm$	开式滚挤		闭式滚挤		头部
	$d_{计} < d_{平均}$	$d_{计} < d_{平均}$	$d_{计} < d_{平均}$	$d_{计} < d_{平均}$	
<30	0.75	0.85	0.80	0.90	1.20
30 ~ 60	0.70	0.80	0.75	0.85	1.15
>60	0.65	0.75	0.70	0.80	1.10

对于闭式滚挤,为防止头部金属流至模面上,避免翻转 $90°$ 后再打击时产生纵向弯曲,可按照断面积相等原则确定杆部型槽宽度

$$B \leqslant \sqrt{1.27 \times 2.8A_{坯}} = 1.9a_{坯}(或 1.7d_{坯}) \tag{10-31}$$

开式滚挤时杆部型槽宽度

$$B \leqslant \sqrt{2.8A_{坯}} = 1.7a_{坯}(或 1.5d_{坯}) \tag{10-32}$$

滚挤型槽各部分的宽度应大于坯料相应部分在变形过程中所达到的最大宽度,以防止滚挤时金属流至模面上形成折叠;另外,为保证展宽后的坯料翻转时不致失去稳定性,还应满足 $B/h < 2.8$。表 10-17 给出了滚挤型槽宽度的计算公式。

表 10-17　滚挤型槽宽度 B 的计算公式

坯料形式	闭式滚挤	开式滚挤
原坯料	$1.7d_{坯}(1.9a_{坯}) > B > 1.15A_{坯}/h_{min}$ 但 $B > 1.1d_{max}$	$1.7a_{坯}(1.5d_{坯}) > B > A_{坯}/h_{min} + 10$ 但 $B > d_{max} + 10$
经拔长后的坯料	$(1.4 \sim 1.6)d_{坯} > B > 1.25A_{杆}/h_{min}$ 但 $B > 1.1d_{max}$	$(1.4 \sim 1.6)d_{坯} > B > 1.15A_{杆}/h_{min} + 10$ 但 $B > d_{max} + 10$
变宽度型槽	杆部 $B_{杆} = 1.25A_{计}/h_{min}$ 头部 $B_{头} = 1.1d_{max}$	

表中　d_{max}——计算坯料最大直径（mm）；

$A_{杆}$——计算坯料杆部平均断面积（mm^2），$A_{杆} = V_{杆}/L_{杆}$

式中　$V_{杆}$、$L_{杆}$——计算坯料杆部体积（mm^3）和长度（mm）；

③ 滚挤型槽长度　滚挤型槽长度应由热锻件图决定，如果计算坯料的长度是根据冷锻件图做出，直轴类滚挤型槽长度 L 与计算坯料长度 $L_{计}$ 应满足如下关系

$$L = L_{计}(1 + 1.5\%)　　　　　　　　　　　(10-33)$$

弯轴类滚挤型槽长度按锻件的曲率半径展开计算，具体展开方法可参考相应资料。

④ 其他尺寸　钳口尺寸 $m = (1 \sim 2)h$，$h = 0.2d_{坯} + 6mm$，$R = 0.1d_{坯} + 6mm$。飞边槽尺寸参考表 10-18 确定。

3）弯曲型槽。对于形状带有弯曲的杆类锻件，通常先利用弯曲型槽来改变锻坯的轴线，然后再进行形状充填锻造。弯曲时坯料在型槽内的轴向流动很小，通常只锻打 1~2 次，然后翻转 90°放入型腔内锻造成形。

表 10-18　飞边槽尺寸

（单位：mm）

模具结构	$d_{坯}$	a	c	R_3	R_4
无切刀	<30	4	20	5	4
	30~60	6	25	5	6
	60~100	8	30	10	8
	>100	10	35	10	10
有切刀	<30	6	25	5	6
	>30	8	30	5	8

按操作方式可将弯曲制坯分为自由弯曲和夹持弯曲两类。如图 10-53a 所示的自由弯曲用于成形相对光顺弯曲锻件，图 10-53b 所示夹持弯曲时坯料伸长较大，有一定的成形效果，多用于曲轴类具有急突弯曲形状的锻件制坯。

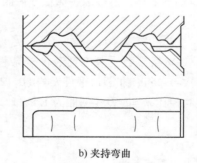

a) 自由弯曲　　　　　　　　b) 夹持弯曲

图 10-53　弯曲型腔

弯曲型腔分为定位台、弯曲型槽本体及钳口三部分，弯曲型槽的断面形状通常按锻件平面图采用作图法确定。型槽急弯处应作成较大圆角，以防止终锻时该处形成折纹；为将弯曲后的坯料顺利放入模锻型腔内，并以镦粗方式填充，弯曲型槽的轮廓线应从分型面上模锻型腔轮廓线每边向里缩进 1~5mm；适当加大弯角处型槽高度 h，可保证弯角处金属不被挤出；为防止弯角部分在预锻或终锻时形成折纹，应使型槽内侧弯曲半径 R 大于模锻型腔相应部分的弯曲半径；非夹持弯曲时，应在下模侧设两个等高度支点，以方便定位并置放坯料；为防止弯曲过程中坯料横向移动，弯曲型槽凸出部分的横断面应做成如图 10-53b 中 $A—A$ 所示内凹弧形；设计弯曲型腔的凸出部分时，应尽可能使上、下模大致相等。

为保证坯料弯曲时不致挤出模外，弯曲型槽宽度 B 与坯料截面积 $A_{坯}$ 及型腔最小高度 h_{min} 应具有如下关系

$$B = \frac{A_{坯}}{h_{min}} + (10 \sim 20)(mm) \qquad (10\text{-}34)$$

弯曲上模横截面内凹深度

$$h_1 = (0.1 \sim 0.2)h \qquad (10\text{-}35)$$

为了防止上、下型槽凸出部分工作时撞击模面，上、下型槽凸起和凹入部分应设一定的水平间隙 Δ，其值可参考表 10-19。

4) 其他制坯型腔。

① 镦粗台与压扁台。镦粗台通常设在操作者左侧，根据坯料镦粗量将下模角部去除一定高度。镦粗台的水平长、宽尺寸一定要大于镦粗后坯料最大直径，且留有一定余量，以防锻坯受横向力作用飞出，造成人身伤亡事故。

表 10-19　上、下模间隙 Δ

（单位：mm）

模锻锤吨位/t	<1	1~1.5	2~2.5	3~4	5~8	10~15
间隙 Δ	3	4	5	6	7	9

压扁台是用来压扁坯料，使其厚度减小宽度增加，以利于模锻充型。设计时应根据锻件具体形状尺寸适当确定。

② 切断刀。在一料多件连锻的小型锻模中，需利用切断刀切断已成形锻件。切断刀的设计请参考相关资料。

（7）毛坯体积计算与尺寸确定　锻坯下料通常先根据锻件形状尺寸求出所需金属体积，然后计算出毛坯的截面尺寸和下料长度。由于模锻变形方式不同，毛坯尺寸的计算方法也略有不同。

1) 短轴类锻件。终锻属于体积变形的短轴类锻件，应以镦粗变形为依据，毛坯体积可按下式计算

$$V_{镦} = (1 + k)V \qquad (10\text{-}36)$$

式中　k——宽裕系数，考虑到锻件复杂程度影响飞边体积及火耗量。圆形锻件 $k = (0.12 \sim 0.25)$；非圆形锻件 $k = (0.12 \sim 0.35)$。

毛坯高径比 $m = L/D$（一般为 1.8~2.2）时，毛坯直径

$$D_{坯} = 1.13 \sqrt[3]{\frac{(1+k)V_{镦}}{m}} \qquad (10\text{-}37)$$

近似求出毛坯长度

$$L_{坯} = (2.6 \sim 3.2)V_{坯}/D_{坯}^2 \qquad (10\text{-}38)$$

2) 长轴类锻件。长轴类件终锻时近似于平面变形，所以确定毛坯尺寸时，应以计算毛坯图为依据，并考虑采制坯方式计算出所需毛坯的截面积 $A'_{坯}$，然后再选取标准直径 $D_{坯}$，最终确定毛坯的长度。

① 毛坯截面计算。根据所采用的变形工步，计算出毛坯的截面积 $A'_{坯}$ 后，按下式确定毛坯的直径或边长

$$D_{坯} = 1.13(A'_{坯})^{1/2} 或 B_{坯} = (A'_{坯})^{1/2} \qquad (10\text{-}39)$$

根据计算结果，按国家型钢标准直径 $D_{坯}$ 或 $B_{坯}$ 换算成 $A_{坯}$。

② 毛坯长度确定。当夹钳头长度为 $l_{夹}$、金属火耗为 δ（查表 10-20）时，毛坯长度

$$L_{坯} = V_{坯}/A_{坯} + l_{夹} \qquad (10\text{-}40)$$

式中　$V_{坯}$——毛坯体积（包括飞边、连皮），$V_{坯} = (V_{锻} + V_{飞})(1 + \delta\%)(mm^3)$，$V_{锻}$、$V_{飞}$ 分别为锻件及飞边体积；

（8）锤锻模结构设计　开式锤锻模的基本结构如图 10-54 所示，分别设有上模和下模两部分，通常上模和下模都设有型腔，沿分型面型腔轮廓线还设有桥部和仓部飞边槽。设计锤锻模包括型腔布置、选择导向结构、确定模块尺寸及锻模材料的选用等内容。

表 10-20　金属材料的火耗 δ

加热方式	δ（%）	加热方式	δ（%）
室式煤炉	4 ~ 2.5	连续式煤气炉	2 ~ 1.5
室式油炉	3 ~ 2.5	电炉	1.5 ~ 1
连续式油炉、室式煤气炉	2.5 ~ 2	感应式接触电加热	1 ~ 0.5

1）模锻型腔的布置。锤上模锻时的锻锤打击力通过锤杆中心线、上模燕尾及键槽中心线的交点传至上、下模，因此，通常将锻模燕尾中心线与键槽中心线的交点称为锻模中心，而型腔中心则是指锻造时金属在型腔中变形抗力合力的作用点。锻坯变形抗力均匀分布时，型腔中心即是预锻及终锻型腔与桥部飞边槽在分型面上的投影面积的形心。锻坯变形抗力分布不均匀时，型腔中心则由面积重心偏向变形抗力较大的一侧。对于具有预锻型腔和终锻型腔的锻模，两个型腔的中心均不与锻模中心重合，因此，布置预锻和终锻型腔位置时，需要考虑如下几个方面：

① 不设预锻工步时，锻模只有终锻型腔及其他制坯型槽时，通常使终锻型腔中心与锻模中心重合。如图 10-55 所示齿轮锻模，虽然锻模左侧设置了镦粗台，考虑到镦粗力和去氧化皮点击力相对小，仍将模锻型腔中心设于锻模中心上，以避免终锻时偏心打击。

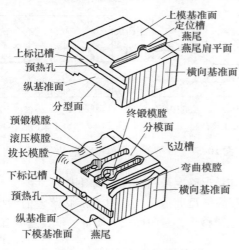

图 10-54　锤锻模结构示意图

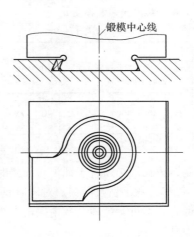

图 10-55　无预锻型腔锻模

② 设有预锻型腔时，锻造过程中偏心打击是不可避免的，关键是应尽可能减小偏击力矩。根据生产经验，一般终锻变形抗力约为预锻变形抗力的 2 倍以上，因而应尽可能使终锻型腔中心线靠近燕尾中心线，但预锻型腔应保证位于燕尾宽度范围内。如图 10-56 所示，通常要求 $a/b < 1/2$，使终锻型腔中心偏移量 a 不超过表 10-21 所给数值。当 $a < L/5$ 时，应给上模预锻型腔中心相对于下模预锻型腔中心设置一个反向错移量 Δ，以平衡预锻时的较大偏载，Δ 可视具体情况在 1 ~ 4mm 之间内取值。

③ 短轴类件如需预锻成形，通常预锻和终锻型腔中心距离较大，必要时应分别置于两个模块上。

④ 轴线形状带有落差锻件的锻模应采用平衡块式锁扣，考虑到减少错移量及平衡块磨损，将平衡块凸起部分置于下模侧，如图 10-57a 所示。为平衡偏心打击力所产生的力矩 M，应使型

腔中心向所设平衡块相反方向移动一段距离，即离开锻模中心 $s = (0.2 \sim 0.4)h$；平衡块凸出部分置于上模侧时，型腔中心也应向平衡块方向移近 $s = (0.2 \sim 0.4)h$。

⑤ 关于型腔在锻模前后方向的布置，通常将锻件质量分布较大的头部型腔置于钳口侧，以便于锻打操作。为弥补钳口处飞边阻力小、充型性较差等缺陷，可适当加宽钳口处飞边槽桥部宽度。

2）制坯型槽的布置。布置制坯型槽时，除力求锻模受力平衡外，还应考虑到便于操作。

① 制坯型槽应按工步顺序布置在锻模两侧，考虑到锻打操作、送料方便及氧化皮风管吹向，通常第一道制坯型槽应置于操作者左前侧。

② 弯曲型槽的凹部常置下模侧，以便于弯曲后使锻件倒入模锻型腔内。但对于曲率较大的夹持弯曲件，需考虑操作安全性。

③ 拔长坎置于锻模左前侧，可方便锻工操作。因锻模

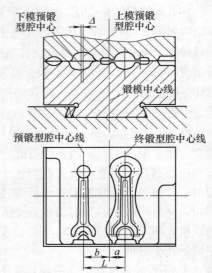

图 10-56　有预锻型腔锻模

表 10-21　终锻型腔中心线与锻模燕尾中心线的允许偏移量 a

（单位：mm）

设备吨位/t	1	1.5	2	3	5	10	16
a	25	30	40	50	60	70	75

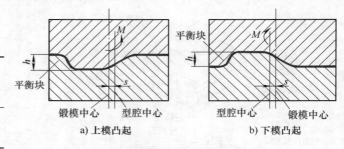

a) 上模凸起　　　　b) 下模凸起

图 10-57　带落差的锻模型腔布置

结构限制，拔长坎必须置于锻模右前侧时，应根据具体情况确定采用直拔坎或斜拔坎。

3）错移力的平衡及导锁。对同时具有预锻型腔和终锻型腔或分型面具有形状落差的锻模，锻造成形时，不可避免地会产生偏击力矩，使锻模产生错移力，对锻件成形质量、模具及锻造设备造成不良影响。

① 锻造错移力。锻模分型面不在同一平面时，锻造过程中将产生水平错移力，设计锻模结构时必须考虑如何平衡锻造错移力。小型锻件可成双锻造，以使错移力平衡；当锻件的轴向落差高度 $H < 15$mm 时，使锻件两端点位于同一平面上倾斜锻造，也可平衡或减轻错移力；当 $H = 15 \sim 50$mm 时，须采用导锁结构（$h:H$）来平衡错移力，如图 10-57b 所示；如果锻件落差高度 $H > 50$mm，仅靠导锁很难平衡过大错移力，因而可同时将型腔倾斜一个角度，设计成如图 10-58 所示的混合式平衡导锁结构。其中，导锁壁厚 $b \geq 1.5h$，导锁斜度 $\alpha = 3° \sim 5°$。

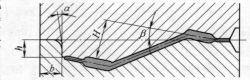

图 10-58　混合式平衡导锁

② 导锁的形式。导向导锁常用于下述情况：要求锻件错差量小于 0.5mm 的锻件、细长轴类锻件、冷切边锻件、形状复杂的锻件、模锻时不易检查和调整错移量的锻件等。常用导向导锁有圆形导锁、纵向导锁、侧向导锁及角导锁等。

盘类锻件通常采用图 10-59 所示圆形导锁，可防止锻造时各个方向的错移。圆形导锁中间凸出部分常设于上模侧，便于锻后起模，并可避免锻造时受热膨胀不一致而使上、下模闷死。如果因某种原因需将凸出部分置于下模侧，如锥齿轮坯锻模，则导锁间隙应加大。为避免飞边流入导锁间隙内，飞边仓部宽度 b_1 应比普通仓部宽度范围在 5 ～ 10mm 之间。

对于长杆类锻件，为减小宽度方向的错移量，可采用如图 10-60 所示的纵向导锁。对于一模多件的锻模，也可采用这种纵向导锁。表 10-22 是圆形导锁和纵向导锁结构尺寸的经验数据。

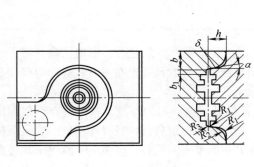

图 10-59　圆形导锁

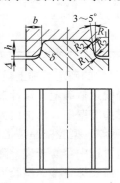

图 10-60　纵向导锁

表 10-22　圆形导锁和纵向导锁尺寸　　　　　　　（单位：mm）

锻锤吨位/t	h	b	δ	Δ	$\alpha/°$	R_1	R_2
1	25	35	0.2 ~ 0.4	1 ~ 2	5	3	5
2	30	40	0.2 ~ 0.4	1 ~ 2	5	3	5
3	35	45	0.2 ~ 0.4	1 ~ 2	3	3	5
5	40	50	0.2 ~ 0.4	1 ~ 2	3	5	8
10	50	60	0.2 ~ 0.4	1 ~ 2	3	5	8
16	60	70	0.2 ~ 0.4	1 ~ 2	3	5	8

在难以判断错移方向，或纵横方向上都有可能产生错移，导致上、下模转动的场合，可采用如图 10-61 所示的双向导锁。但这种导锁制造困难，需要同时调整双向间隙。

此外，对于小型锻模，也可采用如图 10-62 所示的角导锁结构。与双向导锁相比，角导锁的强度较弱，容易发生掉块甚至飞块事故。双向导锁和角导锁的结构尺寸可参考表 10-23。

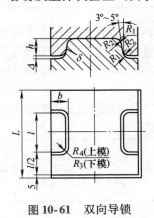

图 10-61　双向导锁

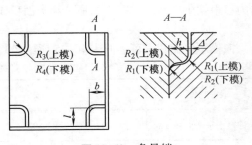

图 10-62　角导锁

表 10-23　双向导锁和角导锁的结构尺寸　　　　　　（单位：mm）

锻锤吨位/t	h	b	l	δ	Δ	$\alpha/$ (°)	R_1	R_2	R_3	R_4
1 ~ 1.5	30	50	75	0.2	1	5	3	5	8	10
2	35	60	90	0.2	1	3	3	5	9	12
3	40	70	100	0.3	1	3	5	5	10	15
5	45	75	110	0.4	1	3	5	8	12	15
10	55	90	150	0.5	1.5	3	5	8	15	20
16	70	120	180	0.6	1.5	3	6	10	20	25

　　4）模块尺寸的确定。锤上模锻时的打击力不稳定，锻模受力非常复杂，很难精确计算，一般只能根据经验近似确定。设计锻模时，需要根据型腔数量、形状尺寸及布置方式等确定模块尺寸，并需考虑型腔壁厚、承击面大小、模块高度、模块宽度等。

　　① 型腔壁厚。型腔壁厚是指各型腔之间及其至锻模外侧壁表面的厚度。壁厚过小，削弱锻模强度，锻造过程中容易开裂，降低模具使用寿命；壁厚过大，浪费材料且操作不便。确定锻模型腔壁厚时，需要综合考虑型腔形状、深度及金属在其中的变形方式等。表 10-24 给出了几种典型壁厚的近似计算方法。

表 10-24　锻模壁厚及型腔间距　　　　　　（单位：mm）

型腔形式	图例	近似计算公式
预锻与终锻型腔之间及终锻与锻模外侧表面之间的最小壁厚		$s_0 = (1 \sim 2)h$ 型腔深度 h 较小时取较大系数值
滚挤型腔与锻模外侧壁及模锻型腔之间的最小壁厚		$s_1 = 5 \sim 10$ $s_2 = 10 \sim 15$
一模多件模锻时，相邻两终（预）锻型腔之间的最小壁厚		$s_3 = (0.5 \sim 1.0)h$

　　② 承击面。承击面是指分型面上除去型腔和飞边槽以外，锻模闭合时上、下模相接触的表面。为保证锻造时的承击能力和承压强度，要求锻模应有足够的承击面积，它直接取决于锻锤打击力。根据生产经验，锻模的最小承击面积 A（cm^2）与锻锤吨位 G（t）之间应满足

$$A \geqslant (300 \sim 400)G \tag{10-41}$$

锻模承击面积也可参照表 10-25 所给经验数据取值。燕尾承击面每吨锤不低于 450cm^2。

表 10-25　锻模最小承击面积

锻锤吨位/t	1	2	3	5	10	16
允许最小承击面积/cm^2	300	500	700	900	1600	2500

　　③ 模块的长、宽、高尺寸。为保证锻模紧固可靠及锻打操作安全，应使锻模伸出锤头以外

悬空部分长度满足 $f < H_1/3$，其中 H_1 为上模块高度，如图 10-63 所示。另外，锻模长度与锤头及砧座长度应尽量避免锻模长度大于锤头及砧座长度，长期使用长度过小的锻模会导致锤头及砧座燕尾槽的承击面塌陷，影响设备正常使用。

一般，应保证上模侧表面与锤头导轨之间的距离大于 20mm，最小宽度应超过两侧燕尾外凸尺寸 10mm。

确定模块高度 H 时，需考虑锻模型腔深度 h、装摸高度及锻模翻新维修余量。从锻模翻新余量考虑，希望模块尽可能高一些。但模块过高影响锤头上、下摆动距离，甚至导致打击力不足。一般取上、下模的闭合高度 $(H + H_1) = (1.3 \sim 1.8) H_{min}$（锻锤允许的最小高度，可查阅相关资料）。模块的最小高度与模锻型腔深度的关系，可参考表 10-26。

此外，H_1 应保证上模最大质量不得超过锻锤吨位的 35%。通常上模质量约占落下部分质量的 $1/5 \sim 1/3$，避免锻模中心相对于模块中心（分模面上对角线的交点）过分偏移，要求偏移量不大于模块轮廓尺寸的 10%。此外，要求锻模材料的金属流线方向应垂直于锻锤打击方向。

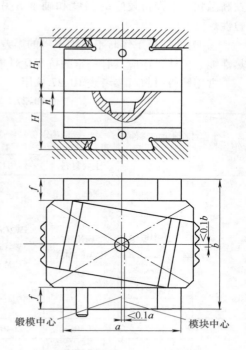

图 10-63 锻模尺寸及允许偏移量

表 10-26 模块最小高度与模锻型腔深度的关系 （单位：mm）

终锻型腔最大深度 h	>32	32~43	40~50	50~60	60~80	80~100	100~120	120~160	160~200	200~240	240~280
模块最小高度 H	170	190	210	230	260	290	320	390	450	500	550

5）锻模的合理紧固如图 10-64 所示，锻模均采用燕尾、楔铁并加垫片的方式固定在模锻锤上。横向以右端燕尾为基准，前后方向的定位，以上、下模底面定位槽（见图 10-64）与锤头和下锤砧中部的定位块相配合，保证模块中心与锤杆中心线重合。锻模燕尾及定位键槽尺寸，需按锻锤燕尾槽及定位块尺寸具体确定。关于锻模燕尾及定位键槽的设计尺寸等，可参考相关资料。

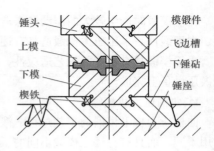

图 10-64 模锻锤上的锻模安装

6）锤锻模材料。锤锻模工作时在高温状态下承受很大并带有冲击性质的压力作用，容易产生开裂和热疲劳裂纹，金属的高速流动摩擦导致型腔表面极易磨损。因此，热锻模用材料应具有以下性能：

① 在高温及冷热交变工作条件下，须具有较高的强度、硬度和耐冲击性能，同时，还应具备耐热疲劳性能和耐高温磨损性能。

② 锻模用钢材应具有较好的淬透性和一定的热硬性，以保证模块各部分力学性能均匀，并

在高温状态下保持较好的强度和硬度。另外，还应有良好的回火稳定性，特别是较低的回火脆性。

③ 为使锻模工作时不致因本身的温差影响其强度和耐冲击性能，锻模材料应具有较好的导热性能。另外，还应具有一定的抗氧化性能，以避免型腔表面热腐蚀导致锻模精度降低。

常用锻模材料可参考表 10-27 选用。

表 10-27　常用锤锻模材料及其硬度

锻模种类	锻模或零件名称	锻模钢牌号		锻模硬度			
				型腔表面		燕尾部分	
		主要材料	代用材料	HBW	HRC	HBW	HRC
锻钢锻模	小型锻模	5CrNiMo 5CrMnSiMoV	5W2CrSiV 3W4Cr2V 5CrMnMo	387 ~ 444① 364 ~ 415②	42 ~ 47① 39 ~ 44②	321 ~ 364	35 ~ 39
	中小型锻模			364 ~ 415① 340 ~ 387②	39 ~ 44① 37 ~ 42②	302 ~ 340	32 ~ 37
	中型锻模			321 ~ 364	35 ~ 39	286 ~ 321	30 ~ 35
	大型锻模			302 ~ 340	32 ~ 37	269 ~ 321	28 ~ 35
	校正模			390 ~ 460	42 ~ 47	302 ~ 340	32 ~ 37
镶块锻模	模体	ZG50Cr	ZG40Cr	硬度要求与锻钢锻模相同			
	镶块	5CrNiMo 5CrMnSiMoV 3Cr12W8V	5CrMnMo 5CrMnSi				
铸钢堆焊锻模	模体	ZG45Mn2	—				
	堆焊材料	5CrNiMo 5Cr2MnMo	—				

① 用于锻件形状简单且型腔较浅的锻模；
② 用于锻件形状复杂且型腔较深的锻模。

四、其他模锻工艺

锤上模锻时产生较大的震动和噪声。另外，蒸汽效率低，能源消耗大。因此，近些年来对于中、大型锻件，采用压力机锻造具有逐步取代锤上锻造的趋势。

由于模锻具有较好的工艺适应性，通常可在曲柄压力机、热模锻压力机、摩擦压力机及平锻机锻压设备上完成。

1. 曲柄压力机模锻

曲柄压力机上模锻的工艺过程、锻件的结构工艺性与锤上模锻基本相同。但由于设备结构、功用不同，而具有与锤上模锻不同的工艺特点。

1）曲柄压力机工作时产生的变形抗力主要由机身承受，不是直接传递给地基，因此，锻造时的振动和噪声比锤上模锻小。

2）滑块行程通常为 40 ~ 85 次/分，毛坯开始变形时滑块的运动速度只有 0.5 ~ 1m/s（约为锤上锻造时的 1/10），输出锻造力是压力而不是冲击力。因此，锻模可以采用镶块式结构，制造简单，易于更换、维修。

3）滑块行程固定，导向精度高，与锤上模锻相比，锻件精度较高，加工余量和公差及拔模斜度都比较小。另外，机床配有上、下顶出装置，易于实现自动化。

4）由于抗偏载能力较强，因而可进行多工位锻造。

5）曲柄压力机模锻时，不宜实施拔长、碾压等，只能在其他设备上完成制坯后再由曲柄压力机进行终锻。一次成形时金属变形量过大，不易充满。另外，锻坯氧化皮去除困难，影响锻件质量。

曲柄压力机结构复杂，设备投资较高，使模锻件成本提高，故应用不是很广泛。

2. 热模锻压力机模锻工艺及模具

热模锻压力机即锻压机，是被广泛采用的模锻设备之一，其用量仅次于锻锤，除制坯外，热模锻压力机几乎可以胜任所有锤上模锻件的锻造生产。

（1）热模锻压力机模锻的工艺特点

1）由于热模锻压力机滑块行程一定，压下速度相对慢，不适于使金属逐步变形，通常仅用于单击模锻。滑块一次行程压力可获得较大的金属变形量，材料沿水平方向流动强烈，容易产生裂纹并形成较大飞边，不利于复杂零件的填充变形。因此，常需在其他专用设备上增设制坯工序。

2）热模锻压力机配有上、下顶出装置，锻后拔模不构成工艺困难，因而分型面的选择相对灵活。另外，拔模斜度可略小于锤上模锻，一般外拔模斜度常取 5° 左右，而内拔模斜度为7° ~ 10°。

3）与锻锤和其他锻压设备相比较，热模锻压力机导向精度较高，因此，采用导柱、导套锻模，可锻造高精度锻件。特别对于如汽车分离叉等模锻工艺性较差的锻件，锤上模锻时金属流动不充分，可利用热模锻压力机补充精锻。

4）热模锻压力机滑块打击速度低，不宜使用水剂润滑，通常需采用油脂润滑剂。但随润滑剂配制技术的发展，目前也可对部分小型简单锻件进行水剂润滑模锻生产。

5）热模锻压力机预锻成形时容易闷车，确定设备吨位时，锻造变形力不宜大于压机公称吨位的80%。

6）由于热模锻压力机滑块行程固定，无法在锻前碾除锻坯氧化皮，因此，最好配备相应的无氧化加热设备。

（2）确定模锻工步 热模锻压力机模锻工步选择与锤上模锻相似，但由于滑块工作特性所限，通常只能选择镦粗和挤压类制坯、预锻和终锻工步。模锻时，每个型腔只能进行一次锻压，除断面形状简单的锻件能在终锻工步一次充满外，多数情况下，都需在两个甚至三个型腔中顺序完成。如图 10-65 所示，为使金属向最终形状流动变形，常需制坯工步提供具有合理形状和尺寸的中间坯料。

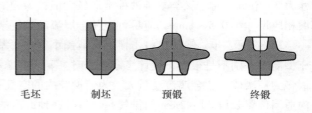

毛坯　　制坯　　预锻　　终锻

图 10-65 热模锻压力机模锻工步简例

热模锻压力机模锻一般允许选用1~2个制坯工步，锻件横向尺寸大于坯料直径1.5~2.0倍时，可考虑增设镦粗或压扁工步。当坯料与锻件的断面尺寸相差较大时，常需由辊锻、平锻等制坯，然后在锻压机上预锻、终锻成形。

（3）制坯工步 热模锻压力机模锻仅适宜于镦粗或少量挤压制坯。现以齿轮镦粗为例作一简单介绍。

1）制坯工步设计。热模锻压力机镦粗常用封闭式和敞开式两种方法，如图10-66所示。前者在型腔内镦粗，兼有成形效果，可使镦粗后的坯料更接近于锻件形状，有利于最后终锻成形。而多数情况下，则是在锻模平面上进行开式镦粗。有时采用方料制坯，既有利于预锻或终锻定位，又符合金属充型规律。对于长轴类锻件，还可利用锻压机挤压成形杆部。

2）坯料镦粗直径。锻压机镦粗后的坯料直径应大于齿轮预锻型腔中轮辐的凸台直径，且要求单边超出轮缘宽度的2/3左右。为保证充满轮缘，尽可能接近预锻型腔的边缘，镦粗后坯料的直径与模锻型腔的尺寸关系如图10-67所示。

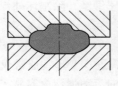

a）封闭式镦粗　　b）敞开式镦粗

图10-66　镦粗方式

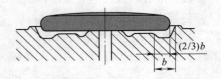

图10-67　镦粗坯料与模锻型腔的尺寸关系

3）坯料镦粗高度。镦粗后的坯料高度 h，可按假想直径为 D_1 的齿轮轮毂部分体积 V_D 等于或略小于镦粗后圆柱体坯料体积 V'_D 的关系求得，如图10-68所示。对于不同形状齿轮锻件，V_D 与 V'_D 的估算方法不同。比如，当锻件轮毂 H 较高时，$V_D - V'_D = (1 \sim 5)\% V_D$；如果 H 小且底圆角半径较大，可按 $V_D - V'_D = (1 \sim 3)\% V_D$ 确定镦粗高度 h。V'_D 过大，预锻时会使大量金属通过轮辐流向型腔侧壁，模锻初期轮缘内侧缺肉，而锻足时金属回流生成折纹，影响锻件成形质量。

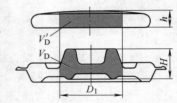

图10-68　坯料镦粗高度

（4）模锻工序　热模锻压力机模锻工艺中，常需采用预锻工步，并且预锻型腔与终锻型腔的差别也较大。因此，在设计模锻工序时，除设计热锻件图外，有时还需设计主要变形工步的毛坯图，用于计算坯料尺寸和制造锻模型腔。

1）预锻工步。热模锻压力机模锻时，金属沿水平方向流动剧烈，向高度方向的流动相对缓慢，容易产生充不满和折叠。因此，要求预锻型腔比终锻型腔略大，一般高度尺寸比终锻相应尺寸大2~5mm，对于叉类复杂锻件常取较大值；为控制金属横向流动便于充型，宽度尺寸常比终锻相应尺寸小0.5~1mm，应尽可能使金属流动较复杂部位的形状尺寸接近于终锻工步。

2）终锻工步。锻压机打击惯性比锻锤小得多，基本属于静压力，因此，上、下型腔的金属充型能力差别不是很大，设计终锻型腔时主要应考虑坯料的锻前定位和锻后拔模。由于锻压机模锻多为一次成形，金属流动量大，为使型腔内的空气不致阻碍金属流动变形能力，应在终锻型腔内适当位置开设 $\phi 1 \sim 2mm$ 的排气孔。另外，预锻后的中间坯料体积偏大，因而飞边槽与锤上模锻略有不同，常将仓部外端设计成敞开形式，以便容纳更多金属。

（5）锻模结构　热模锻压力机抗偏载能力强，且带有上、下顶出装置，因而锻模可采用镶块式组合结构，便于拆卸、维修及更换。

1）模架。按镶块在模板上的紧固方式，可将常用模架分为压板紧固、楔块紧固和偏头键定位压板紧固三种类型。

压板紧固模架利用螺钉将压在镶块压板台上的压板块紧固在模座上模架。图10-69所示为圆形镶块用压板紧固模架。此外，还有矩形镶块用压板紧固模架。斜面压板式紧固模架刚性好，镶块紧固牢靠，结构简单。但对于多镶块锻模，采用压板块紧固时，拆装较困难，调整不方便，通用性较差。

图 10-70 所示为楔块压紧式模架，与压板式模架相似，区别在于用楔块代替了压板。

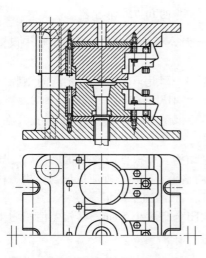

图 10-69　圆形镶块用压板紧固模架

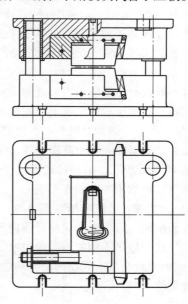

图 10-70　楔块压紧式模架

偏头键定位压板块紧固形式中，镶块与垫板、垫板与模座的定位均采用四个相互垂直的偏头键定位，利用压板螺钉压紧，镶块拆卸方便，调整时只需更换不同偏心距的偏头键。但紧固刚性较差，锻造时容易产生错差。另外，对配合件的制造精度要求较高。

2）型腔模块

热模锻压力机用锻模的型腔模块可分为整体式和镶块组合式两种。型腔易损，为便于维修更换，通常采用镶块组合式锻模。

镶块外形分圆形和矩形两种，其中，矩形镶块调整方便，适用于任何形状锻件。另外，镶块外形因模架不同而有所不同。图 10-71 所示为用于偏头键式模架的锻模镶块。

锻压机公称压力为 F，锻模材料的需用压力为 $[\sigma]$ 时，应保证镶块具有足够的承击面积

$$A = F/[\sigma] \qquad (10-42)$$

镶块壁厚 δ 应保证具有足够的强度，型腔最大深度为 h_{max} 时，通常可取

$$\delta = (1 \sim 1.5)h_{max} \geqslant 40mm \qquad (10-43)$$

3）顶出装置。顶出装置应根据锻件的

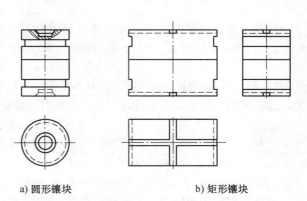

a) 圆形镶块　　　b) 矩形镶块

图 10-71　偏头键式模架用锻模镶块

形状尺寸具体设计。为保证锻件表面质量，防止产生较深压痕和顶杆孔内毛刺，应尽可能使顶出位置避开锻件本体。可根据锻件形状在飞边部设置若干个顶出位置，如图 10-72a 所示。锻件带有冲孔连皮时，可使顶杆顶在连皮位置，也可顶在锻件待加工表面或不影响外观的部位，如图 10-72b 所示。

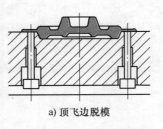

a) 顶飞边脱模　　　b) 顶锻件脱模

图 10-72　顶出器

当锻件形状与锻压机顶出装置的顶杆数目、位置或行程等不相吻合时，可在垫板中设置顶板或杠杆机构，借助于锻压机顶出力间接顶出锻件。

4）排气孔。终锻型腔较深时，内部空气阻碍金属充型。因此，应在最后充满的型腔位置设置排气孔。如果型腔底部设有顶杆或其他可排气缝隙时，可不设专门的排气孔。

如图 10-73a 所示，型腔排气孔应设于腔底处，而不应像图 10-73b 所示将排气孔开在角部，这样容易导致对称角处金属充不满。

5）导向装置。锻压机用锻模导向一般采用导柱导套结构。可根据锻模形状尺寸确定导柱导套的个数和位置，后置两套导柱导套便于操作、维修及调整等。导柱长度应保证当压机滑块在上止点时，导柱与导套不相脱离，滑块处于下死点时，导柱不致触碰下垫板。

6）锻模闭合高度。锻模的闭合高度应比锻压机最大闭合高度小 5mm，其相差值约为工作台最大调节量的 60%。

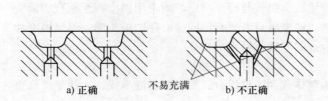

a) 正确　　不易充满　　b) 不正确

图 10-73　型腔排气孔

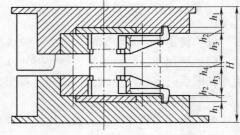

图 10-74　锻模闭合高度

锻模零部件高度方向的尺寸关系如图 10-74 所示，设上、下模座厚度 h_1，上、下垫板厚度 h_2，上、下镶块厚度 h_3，上、下模间隙 h_4，则其闭合高度

$$H = 2(h_1 + h_2 + h_3) + h_4 \tag{10-44}$$

7）确定热模锻压力机吨位。确定热模锻压力机吨位的主要依据是终锻时金属的最大变形抗力，通常采用经验公式近似计算。终锻成形时的锻造压力

$$F = (0.64 \sim 0.73)kA \tag{10-45}$$

式中　A——包括飞边、连皮在内的锻件在分型面上的投影面积（mm^2），根据锻件复杂程度由小到大在 0.64 和 0.73 之间取值；

　　　k——钢种系数，取值范围 0.9 ~ 1.25，高强度钢材取较大系数。

锻压机的使用吨位应小于公称吨位的 80%，以避免锻造时超载。锻压机闭式模锻时，锻造压力可近似按开式模锻减小 20% ~ 30% 来计算。

3. 摩擦压力机上模锻

摩擦压力机模锻主要适用于中、小型锻件生产，多用于不需制坯的单模模锻或精密模锻。

（1）摩擦压力机模锻的工艺特点

1）摩擦压力机滑块行程不固定，具有一定冲击力，可实现轻、重打，并能在一个型腔中对坯料进行多次打击，可满足模锻主要成形工序的要求。

2）滑块打击速度较低，主要靠旋转动能使金属产生变形，有利于金属再结晶，因而适用于合金钢等塑性较差金属的锻造成形。

3）可以采用镶块组合式锻模进行锻造生产，并可减少锻件敷料、减小拔模斜度，提高模锻精度。

4）传动螺杆承受偏心载荷的能力较差，通常为单腔模锻。因滑块运动速度较低，不适合于拔长类制坯成形。

（2）摩擦压力机模锻制坯　摩擦压力机模锻时，金属充型能力低于锤上模锻，因而要求模锻前制坯的形状尺寸更接近于终锻型腔。制坯多在其他设备上进行，也可在同一台摩擦压力机上采用更换模具的多火次制坯。

（3）锻模型腔设计　摩擦压力机用锻模型腔的设计方法，与锤上模锻基本相同。但摩擦压力机的螺杆和滑块是非刚性连接，不宜承受偏心载荷，因此，锻模通常只设单腔终锻型腔。对于小型锻件，如需在同一模块上实现预锻和终锻时，则要求两型腔压力中心之间的距离应小于摩擦压力机螺杆直径的1/2，且要求终锻型腔压力中心至螺杆中心的距离应大约为两腔压力中心距的1/3。

（4）锻模结构

1）锻模的结构形式。摩擦压力机用锻模的结构形式有两种。一种是整体式锻模，适用于形状简单的大型锻件，设计方法与锤锻模基本相同。另一种是镶块组合式锻模，可方便维修、更换零部件，并降低制造成本，提高模具使用寿命。与锻压机模锻同样，组合式锻模的镶块主要分圆形和矩形两种。前者用于圆形锻件或轴向长度较小的小型锻件，后者则用于长杆类锻件。

2）锻模的紧固方式。如图10-75a所示，整体锻模与锤锻模一样，可采用燕尾紧固。对于镶块组合式锻模，镶块与模座之间可由侧面用螺钉紧固，如图10-75b所示。螺钉紧固便于更换，适用于型腔较浅的镶块。对于圆形镶块，特别是需要使用顶杆时，可采用图10-75c所示的压板或压圈紧固方式。

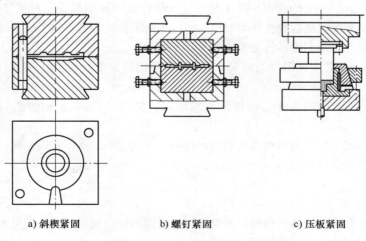

a) 斜楔紧固　　　　b) 螺钉紧固　　　　c) 压板紧固

图10-75　摩擦压力机用锻模的结构形式

3）导向装置。摩擦压力机滑块本身导向精度较高，但为平衡模锻错移力，提高模锻精度，仍需在锻模中设置导向装置。主要导向形式有导柱导套、锁扣及凸、凹模错口导向等。

① 导柱导套导向。适用于锻件精度要求较高且大批量生产条件。对精度要求不是很高的简单锻模，也可采用导销导向，即在下模设置若干个导销，而在上摸相应模座或垫板上开出导销孔，导向要求与导柱导套导向相同。

② 锁扣导向。锁扣常称为导锁，多用于大型摩擦压力机锻模。一般将锁扣分为导向锁扣和力平衡锁扣两种。前者与锤锻模导向结构相同，而力平衡锁扣用于有落差分型面的锻模，以定向平衡错移力。

③ 凸、凹模错口导向。即环形锁扣导向，适用于回转对称锻件，即将飞边边缘之外上、下模块制成圆柱面或圆锥面凸起和凹入的错口用来导向（见图10-59）。设计时，应考虑温度变化对错口间隙的影响，一般可取间隙值为 $0.05 \sim 0.3\text{mm}$。

（5）确定摩擦压力机吨位　摩擦压力机主要是靠飞轮储蓄的能量进行工作的设备。因此，不能单纯以其公称压力吨位来确定它的锻造能力。摩擦压力机储蓄的能量用于克服螺杆转动、滑块与导轨之间的摩擦力，消耗于金属锻件的变形功和机件的弹性变形功等。因此，与热模锻压力机的实际输出压力有所不同。

根据生产经验，当包括飞边、连皮在内的锻件在分型面上的投影面积为 A 时，摩擦压力机的吨位

$$F = (1.75 \sim 2.8)kA \qquad (10\text{-}46)$$

其中 k 为钢种系数，取值范围 $1 \sim 1.25$，高强度钢材取较大系数。计算时，在 $1.75 \sim 2.8$ 范围内按锻件复杂程度由小到大取值。

4. 平锻机上模锻

长杆类锻件且带有较大法兰时，锻锤和压力机模锻受到安装空间和模具结构的限制，往往很困难或无法实现，但适用于平锻机模锻。

（1）平锻机模锻的工艺特点　平锻机模锻应用最多的是局部镦粗，其次是冲孔和穿孔，还可进行弯曲、切断等。平锻机具有可沿两个相互垂直方向作水平运动的主滑块和副滑块，因此，模锻成形具有如下工艺特点：

1）平锻机模锻可以锻出两个不同方向上带有凸台或凹槽的锻件；可使坯料只产生局部变形，锻造如汽车半轴等带法兰的长杆类锻件，如汽车倒车齿轮等具有两个凸缘的锻件，以及带有通孔的锻件，如滚动轴承套圈、管类锻件等。

2）在主滑块上设置不同形状的冲头，侧滑块和侧向固定工作台上设置多个凹模，可顺序完成多道模锻工序。

3）平锻锻模的拔模斜度小，锻件形状精度高；甚至可以不设飞边槽，因而材料利用率较高。

平锻机是专门用于局部镦粗和冲孔的模锻设备，通用性不如锻锤和锻压机，不适用于非回转体模锻，另外，设备造价较高。

（2）平锻模结构

1）平锻模结构特点

平锻模一般由凸模夹持器、凸模、凹模及后挡板四部分组成，其中凸模可由凸模本体和凸模柄、凹模可由凹模本体和凹模镶块组合而成。

齿轮平锻模如图10-76所示。平锻机主滑块中设有可安装凸模夹持器的凸模安装座，可上、下安装若干个工步的凸模。凹模可有若干组，每组由上、下或左、右两块组成。其中，固定凹模

镶块安装在机身上，工作时固定不动；活动凹模安装在平锻机夹紧滑块上，工作时随夹紧滑块水平或上下运动。

前挡板设在平锻机上，用于锻坯定位，也称为定位板。后挡板通常设在锻模上，用来控制杆类件的变形长度。

2）平锻模设计要点

当凹模型腔直径 D_M、型腔最小壁厚为 t 时，镶块外形直径

$$D_{se} = D_M + 2t \qquad (10\text{-}47)$$

凹模体壁厚根据凹模长度确定，凹模体高度决定于镶块直径和最小允许壁厚之和，且与平锻机规定的装模空间尺寸相适应。凸模直径决定于锻件尺寸，凸模柄、凸模夹持器等形状尺寸需根据平锻机结构，并参考相应资料具体确定。

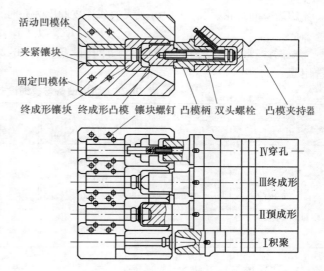

图 10-76　水平分模平锻齿轮锻模总图

平锻件轴向可不设斜度，但孔壁应有 $0.5° \sim 2°$ 的斜度，圆角半径应不小于 $1.5 \sim 2\text{mm}$。另外，棒料镦粗部分的长度应不大于其直径的 $10 \sim 12$ 倍，并且直径小于 25mm 的深孔不宜采用锻造的方式加工。

第五节　模锻后续工序

模锻成形后的锻件还需经过相应的后续加工才能成为一个完整的锻件。如切边、冲孔、热处理、表面清理，特别对精度要求较高的锻件，还须精压整形等。后续工序对模锻件的最终质量有重要影响，而且其在整个模锻生产周期中所占的时间往往比模锻工序还长，这些工序的合理安排和顺利完成，直接关系到模锻生产效率和锻件成本。

一、模锻件切边和冲孔

切除开式模锻件的飞边或带孔模锻件的连皮，通常是模锻成形后的第一道后续工序，可在曲柄压力机或摩擦压力机上完成。可利用模锻件余热在锻后直接进行，也可待锻件冷却至室温后集中完成。

1. 确定冷、热切边

热切、热冲所需变形力约为冷切、冷冲的 20% 左右，而且锻件在热态下具有较好的塑性，切边或冲孔时不易产生裂纹。但冷切、冷冲具有劳动环境好，锻件走样小，切边、冲孔模调试简单等优点。确定冷、热切边时，可参考以下原则：

对于高合金钢、高碳钢及中、大型锻件，连皮较厚、孔径较小的锻件，特别是切边或冲孔后还需校正、弯曲的锻件，切边和冲孔工序应在锻后马上进行，以便利用锻件余热，降低能源消耗和模具损耗。

碳的质量分数小于 0.45% 的碳钢或低合金钢或非铁合金且质量小于 0.5kg 的锻件，特别是叉形锻件，其叉口内热切飞边不易打磨，以及形状尺寸精度要求较高且不需热校正的小型锻件，通常进行冷切、冷冲。

2. 确定切边力、冲孔力

切边或冲孔轮廓线长度为 L、飞边或连皮厚度为 h 时，通常可按经验公式近似计算切边冲孔力

$$F = (1.2 \sim 1.6)\sigma_b Lh \tag{10-48}$$

根据计算结果，即可选择切边、冲孔设备。表 10-28 为生产中常用设备配套关系，可参考选用。

表 10-28　切边设备与模锻设备的配套关系

模锻锤 吨位/t	热模锻压力机 吨位/kN·m	切边压力机 吨位/kN	模锻锤 吨位/t	热模锻压力机 吨位/kN·m	切边压力机 吨位/kN
0.5	800	100	4.0 ~ 5.0	4000	400
0.75	1000	100 ~ 125	6.0	6300	400 ~ 500
1.0	1000	160	8.0	8000	500 ~ 630
1.5 ~ 2.0	1600	200	10.0		630 ~ 1250
2.5 ~ 3.0	2500	315	16.0		1250 ~ 1600

3. 切边模及冲孔模

如图 10-77 所示，切边时，凸模压住锻件向下运动，飞边在凹模刃口的剪切作用下与锻件本体分离，由于凸、凹模之间存在一定间隙，切边过程中锻件将伴随有弯曲、拉伸变形。凸模一般只起传递压力作用，将锻件压入凹模口内，凹模刃口起剪切作用。冲孔时，冲孔凹模支撑锻件，凸模传递压力的同时，工作刃口剪切使连皮与锻件本体分离。

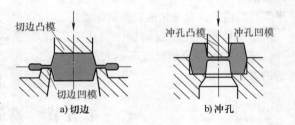

图 10-77　模锻件切边及冲孔

切边、冲孔模也可分作单工序模、连续模和复合模，中、小型锻件切边、冲孔通常在一套复合模中完成。

（1）切边模

1）切边凹模。切边凹模可分为整体式和镶块组合式两种，镶块组合式凹模制造简单，热处理变形小，便于磨修更换，多用于复杂形状模锻件切边。图 10-78 所示为汽车连杆切边模，采用三镶块组合形式。其中，包括大头外侧的左、右杆部为两块镶块，大头内侧叉形舌部三面受热，切边时磨损严重，因此单独分成一块，以便于磨修。各镶块对缝处留有适当间隙，调整时可适当楔入垫片。但对缝间隙过大会使锻件产生切边毛刺。

为使模锻件平稳置放于切边凹模上，应作出高度约 5mm 的刃口带，其宽度 b 比相应的飞边桥部宽度小 $1 \sim 2$mm。在凹模本体上还应留出钳口形状，以便于切边操作。刃口边缘至切边模钳口的距离 E 应大于等于终锻型腔前端至锻模钳口壁之间的距离。

一般凹模刃口有三种形式，如图 10-79 所示。图 10-79a 为直刃口，便于刃磨，但切边时变形力较大，常用于圆形锻件或整体式凹模。为减小切边力，可采用图 10-79b 所示斜刃口，刃口磨损后可将上端面磨去一层。为弥补磨修后刃口轮廓整体扩大，须

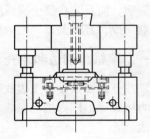

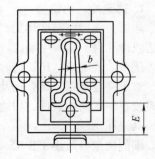

图 10-78　汽车连杆切边模

将各镶块接缝处也磨去一层，重新调整到正确凹模口轮廓形状尺寸后继续使用。对于大型切边模，有时可进行局部堆焊磨修后继续使用。图 10-79c 所示为更经济实用的堆焊刃口，凹模本体可由铸钢制造，仅在刃口处采用模具钢焊条堆焊，可使锻模成本大为降低。

切边凹模或镶块多用螺钉紧固，螺钉孔做成长圆形，便于调整刃口镶块位置。

2）切边凸模。切边凸模常称为冲头，切边时主要起传递压力作用，因此凸模底端面应与锻件上端面良好接触，以免切边力不均匀导致锻件局部走样。如图 10-80a 所示，凸模底端面与锻件上端面较大平面相吻合，可保证切边压力均匀分布。当锻件上端面带有凸凹形状时，凸模底端面在凸凹过渡处应留出间隙 Δ，避免锻件错差时被凸模压坏。Δ 值可视锻件相应尺寸确定，一般应等于锻件在该处水平方向尺寸正公差的一半再加 $0.3 \sim 0.5$ mm。凸模与锻件接触部位对均衡承载影响不大时，可将凸模底面形状适当简化，以便于制造。

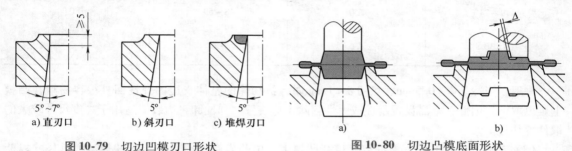

a) 直刃口　　b) 斜刃口　　c) 堆焊刃口

图 10-79　切边凹模刃口形状

a)　　　　　　b)

图 10-80　切边凸模底面形状

当飞边厚度 e 为 $3 \sim 5$ mm 时，凸模伸出凸模座的高度可根据压力机装模高度 $H_{装}$ 确定

$$H_{凸} = (\quad + e) - (H_{上} + H_{凹} + H_{下}) \qquad (10\text{-}49)$$

通常要求 $H_{装}$ 分别大于和小于压力机最小、最大闭合高度 $15 \sim 20$ mm。$H_{上}$、$H_{凹}$、$H_{下}$ 的关系见图 10-81。

3）凸、凹模间隙。一般以凹模口轮廓尺寸为基准，将间隙 δ 取在凸模上。间隙大小与锻件断面形状尺寸有关，有时近似按切边压力机吨位，在 $0.6 \sim 1.5$ mm 范围内取值，如表 10-29 所示。

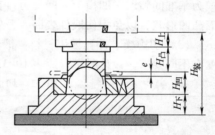

图 10-81　切边模零部件高度计算

为避免切边时凸模将锻件表面压出压痕并防止刃口受损，凸模下端面不应有尖角。如图 10-82 中形式 Ⅱ 和 Ⅲ 所示，应将刃尖削平或倒圆并保证刃口强度，对于小型锻件其宽度常取 $1.5 \sim 2.5$ mm；中型锻件取 $2 \sim 3$ mm；大型锻件可取 $3 \sim 5$ mm。

表 10-29　切边凸、凹模间隙 δ 与压力机吨位的关系

切边压力机吨位/kN	δ/mm
$1600 \sim 2500$	$0.5 \sim 0.8$
$3150 \sim 5000$	$0.8 \sim 1.2$
10000	$1.2 \sim 1.5$

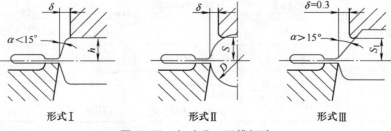

形式Ⅰ　　　　　形式Ⅱ　　　　　形式Ⅲ

图 10-82　切边凸、凹模间隙

凸、凹模间隙 δ 直接影响锻件切边质量。δ 过大，锻件分型线上形成飞边，打磨困难；δ 过小，使锻件切肉，有时会胀坏凹模。对于图 10-82 中 I 和 II 形式，可参考表 10-30 确定凸、凹模间隙值。

表 10-30　合理凸、凹模间隙值　（单位：mm）

形式 I		形式 II	
h	δ	D	δ
<5	0.3	<20	0.3
5~10	0.5	20~30	0.5
10~19	0.8	30~48	0.8
19~24	1.0	48~59	1.0
24~20	1.2	59~70	1.2
>30	1.5	>70	1.5

一般，当冷切 δ<0.5mm、热切 δ<1mm 时，被切除的整体飞边因弹性回复很容易箍在凸模上难以取下，因此，常需设置刚性或弹性卸除飞边装置。弹性卸飞边装置适用于高度尺寸较大的锻件冷切边。

（2）冲孔模　冲孔时，锻件被支撑在凹模上，由凸模端面刃口将连皮冲掉。模具尺寸以凸模为基准间隙取在凹模上。凹模刃口直径应略小于锻件孔径，且凹模工作端面也应避开锻件底端面凸凹形状，以免损伤锻件表面。另外，还要求凹模上端面做出相应的形状，为锻件冲孔定位。

（3）切边模、冲孔模用材料　锻件切边、冲孔有冷热之分，因而对模具材料及其热处理硬度有不同要求，设计时可参照表 10-31。

表 10-31　切边模、冲孔模常用材料及其热处理硬度

零件名称	主要材料		代用材料	
	钢号	热处理硬度	钢号	热处理硬度
热切边凹模	8Cr13	368~415HBW	5CrNiMo、7Cr3、T8A、5CrNiSi	368~415HBW
冷切边凹模	Cr12MoV、Cr12Si	444~514HBW	T10A、T9A	444~514HBW
热切边凸模	8Cr3	368~415HBW	5CrNiMo、7Cr3、5CrNiSi	368~415HBW
冷切边凸模	9CrV3	444~514HBW	8CrV	444~514HBW
热冲孔凹模	8Cr3	321~368HBW	7Cr3、5CrNiSi	321~368HBW
冷冲孔凹模	T10A	54~58HRC	T9A	54~58HRC
热冲孔凸模	8Cr3	368~415HBW	3CrW8V、6CrW2Si	368~415HBW
冷冲孔凸模	Cr12MoV、Cr12V	56~60HRC	T10A、T9A	56~60HRC

二、锻件校正

模锻件在锻后拔模、切边、冲孔及工序间运输过程中，因冷却不均、碰撞或局部受力等原因会产生形状变化。因此，对于精度要求较高的细长轴类零件，锻后常需进行校正。根据校正时锻件的温度不同，可分为热校正和冷校正。

1. 热校正

热校正是指与模锻同一火次进行的校正。小批量生产时，可将切边、冲孔后的模锻件再放入终锻型腔内直接热校正。对于大批量生产，则需在专用校正模内进行热校正。热校正不仅可以校正锻件形状，而且还可减小因欠压而增加的锻件高度尺寸。

2. 冷校正

冷校正通常安排在锻件热处理和表面清理后，在夹板锤、螺旋压力机或液压机等设备上安装的校正模内完成。有时冷校正前还需正火或退火处理，以防产生裂纹。冷校正适用于切边、冲孔或热处理时容易走形的中、小型锻件。

对于曲轴类形状复杂的大型模锻件，锻后走样大且形状尺寸精度要求较高，通常需要多次锻后校正。如汽车曲轴模锻、切边、平锻之后进行一次热校正，热处理、酸洗后还需相应的冷校正。

3. 校正模

校正模根据冷、热锻件图设计，型腔不一定与锻件形状完全吻合，而是针对锻后易走样的规律和特点设计，力求形状简单、操作方便。如图 10-83 所示，校正模常可分为平面校正和形状校正两种形式。图 10-83a 所示的平面校正只控制校正模高度尺寸，图 10-83b 所示的形状校正，则需针对锻件走样规律具体确定校正模工作尺寸。

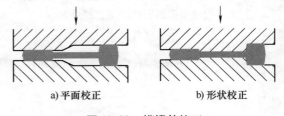

a) 平面校正　　　b) 形状校正

图 10-83　模锻件校正

对于锻造欠压或带有切边飞边锻件的闭式校正，应考虑到校正后锻件横向尺寸可能增大，校正型腔水平方向应留有与锻件横向尺寸正偏差相应的间隙。利用锻锤和摩擦压力机校正时，校正模型腔深度通常等于锻件高度。但对大、中型锻件，由于锻不足现象较为普遍，校正模型腔深度应比锻件高度小一锻件许用负偏差值。在曲柄压力机上校正时，校正模上、下分型面之间应留有 $1 \sim 2$mm 间隙，以防卡模或压坏校正模。校正模膛沿分型面的轮廓应倒成 $R3 \sim 5$mm 的圆角，且应保证足够的承压面积。

三、其他后续工序

模锻件的后续工序还有热处理、表面清理及质量检验等，这些内容已在上一章中简要谈及，此处不再赘述。

思 考 题

1. 锻造加热的目的是什么？

2. 什么是始锻温度和终锻温度？确定这两个温度的理论根据是什么？

3. 简述常用锻造加热方法有哪几种？什么是少无氧化加热？

4. 何谓自由锻？具有怎样形状的锻件不适于自由锻造加工？

5. 为什么特大型锻件需要采用自由锻锻造？

6. 什么是锻造敷料和锻造余料？它们有什么不同？

7. 什么是胎模锻造？它有哪些工艺特点？

8. 模锻、自由锻、胎模锻有何区别？

9. 锻造加工中的平砧拔长和 V 形砧有何区别？

10. 开式模锻的锻模中为什么要设置飞边槽？它包括哪些部分？有何作用？

11. 锤上模锻主要有哪两种变形工序？

12. 锤上开式模锻时，金属流动过程大致可分为哪几个阶段？

13. 锤上模锻用锻模采用什么方法可保证上、下模不致错移？

14. 为什么说曲柄压力机模锻中不宜安排拔长或滚挤工序？

15. 热模锻压力机锻模与锤锻模有何区别？为什么？

16. 简述平锻机模锻的工艺特点。

17. 锻后切边、冲孔与板料冲裁中的切边、冲孔有何区别？

第十一章 冷锻工艺及模具设计

学习重点

要求掌握冷锻的工艺特点、分类。了解冷镦、精压及冷态模锻工艺过程及其模具。重点学习冷挤压工艺特点、分类，学会分析正、反及复合挤压过程中的金属流动、应力应变关系，掌握冷挤压模具结构特征及其凸、凹模和预应力圈的设计计算方法。

冷锻是指在室温或冷态下对金属进行的锻造加工。

第一节 冷锻工艺概述

一、冷锻的工艺特点及分类

金属都具有其特定的最低再结晶温度，比如，铁和钢的最低再结晶温度为 360~450℃，铜为 200~270℃，铝在 100~150℃就发生再结晶变化。而对铅、锡等即使在室温进行成形加工，也会因不断再结晶而减轻或抵消加工硬化。因此，冷锻对于温度而言，只能是相对的。

1. 冷锻的工艺特点

1）与热锻、铸造等相比，冷锻制件精度高、强度性能好。

2）冷锻是金属在再结晶温度下进行的锻造加工，因此，基本不发生脱氧、脱碳现象，不存在因金属加热所带来的锻造质量和环境污染等问题。

3）属于近净成形，材料利用率高。

4）生产率高，适合于大批量生产，可加工出最终产品。

5）由于金属在冷态下锻造成形，便于实现机械化和自动化生产。

就目前的工艺状况，冷锻主要适合于有色金属锻造，而碳钢及其合金冷锻时受到很多变形条件的限制。由于材料在冷态下成形，变形抗力很大，要求锻造打击力或压力相对大。比如，冷挤压时，单位挤压力将达到被挤压材料强度极限的 4~6 倍以上。

冷锻加工时，金属的变形抗力有时会超过现有模具材料的固有强度，比如，压印或精压时可能高达 3500MPa。因此，要求模具材料具有很高的抗压强度。

此外，金属在冷态下锻造变形，为避免冷脆，需选用含杂质少的材料，特别应控制导致冷脆的磷含量。

为防止冷锻过程中坯料与模具表面的强烈摩擦而增大成形力，毛坯须进行软化退火和表面磷化、皂化等润滑处理。

2. 冷锻工艺的分类

按照坯料的变形形式，冷锻可分为镦锻、挤压、型锻、压印和模锻等基本工艺。

二、冷锻技术的发展及现状

现代冷锻技术从 18 世纪开始，法国人在机械压力机上反挤压加工铅管和锡管等。之后，第二次世界大战期间，德国人利用使钢材表面生成磷酸盐薄膜的润滑处理，成功挤压出子弹壳。近代工业的扩张需求，为冷锻技术提供了发展原动力。在汽车工业中，冷锻零件已达 1000 多种。20 世纪 80 年代以来，精密锻造技术研究者开始将分流锻造理论应用于正齿轮和螺旋齿轮的冷锻成形，使齿轮少、无切削加工迅速达到了产业化规模，提高材料利用率近 40%，生产成本大为降低。

我国冷锻技术的发展速度与先进国家有一定差距，据统计，目前国产轿车中冷锻件质量仅在 20kg 左右，相当于工业发达国家的一半。因此，推广和开发冷锻技术已经成为我国塑性成形领域中的一项重要任务。

三、冷锻技术的未来发展趋势

冷锻工艺的优越性和冷锻件所具有的独特性能品质，使其正在向切削、铸造及热锻等制造领域渗透，或取而代之，或与之结合而构成新型复合加工工艺。比如，由热锻实现主要变形过程，而利用冷锻精度高的优势来成形零件重要部分，由此构成的热 - 冷锻复合成形技术已经开始出现，并将获得越来越广泛的应用。

随着计算机技术的发展，有限元计算大量应用于冷锻领域，避开热应力场的干扰，直接获得冷态金属流动的应力应变分布，这将有力促进冷锻变形分析、工艺计算准确化、预示模具失效及锻件成形缺陷等。诸多新知识、新技术的交叉应用，将改变传统塑性加工领域中主要依靠经验、试行的落后状态，推动冷锻工艺和模具设计制造技术向更高层次发展。

由于先进制造技术的发展和市场需求，冷锻材料正在由有色金属、软钢逐步向碳钢和合金钢扩展。目前，冷锻技术的发展主要受高强度模具材料和大吨位专用机床的制约，亟需材料制备和机床工业的有力支持。

第二节　镦锻工艺

冷镦锻是在冷态下将金属镦锻成形的一种锻造工艺，是利用压力设备通过模具对坯料施加打击，使其轴向压缩、径向扩展的锻造方法。根据镦锻工艺需采用不同设备，主要有液压压力机、曲柄压力机、螺栓镦锻机、二模三冲镦锻机及多工位镦锻机等。图 11-1 所示为镦锻机的一种。

一、冷镦工艺分类及特征

1. 冷镦工艺分类

按照坯料的变形位置和模具结构等，可将镦锻分为整体

图 11-1　镦锻机

镦粗、顶镦、中间镦粗等工序，如图 11-2 所示。

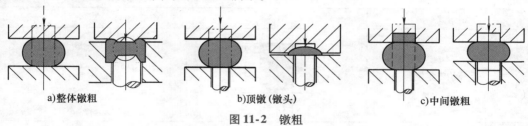

a)整体镦粗　　　　　　　b)顶镦 (镦头)　　　　　　　c)中间镦粗

图 11-2　镦粗

冷镦广泛用于制造螺母、螺钉、铆钉及双头螺栓等，并不局限于使坯料端部变形或传统镦粗变形，也可使坯料沿轴向产生局部变形，还可与挤压组成复合成形工艺。

2. 冷镦工艺特点

镦锻的变形特点主要是坯料横截面或局部横截面积增大，用于成形带头杆类或带杆盘类零件。冷镦几乎没有废料，如冷镦螺母时的材料利用率可达 95%；冷作硬化效应可提高锻件强度；可控制金属的纤维流线，进而提高锻件的使用性能。

冷镦还可用来制造带有各种型孔的空心轴对称零件、复杂头部形状及带有非对称凸缘的杆类零件等，如图 11-3 所示。

图 11-3　冷镦产品

3. 成形性能评价

冷镦性能是利用镦粗坯料的原始高径比 h_0/d_0 来评价的。金属在冷态镦锻时冷作硬化使其变形抗力增大，容易产生纵向弯曲且不易恢复。另外，考虑到模具强度，坯料聚集量不宜过大，要求变形部分的高径比应小于热镦时的高径比，通常取 $h_0/d_0 \leqslant 1.7 \sim 2.5$。表 11-1 给出了各种冷镦变形时的许用高径比。

表 11-1　冷镦的许用高径比 h_0/d_0

镦锻形式	图例	高径比
上、下平模镦粗		$h_0/d_0 \leqslant 2$
上模为平模，下模带定位套		$h_0/d_0 \leqslant 2.3$
上模带定位套，下模为平模		$h_0/d_0 \leqslant 2.3$

（续）

镦锻形式	图例	高径比
上、下模均带定位套	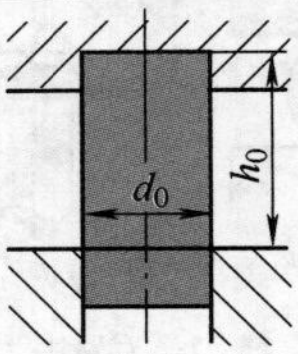	$h_0/d_0 \leqslant 2.5$
下模定位，并在其型腔内镦粗	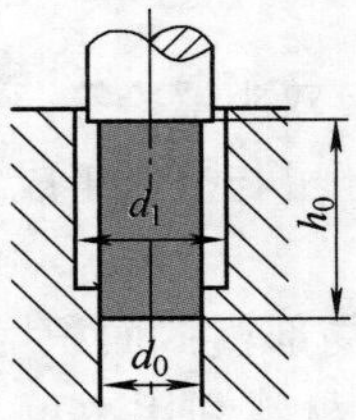	当 $d_1 \leqslant 1.5d_0$ 时，$h_0/d_0 \leqslant 4$；当 $d_1 > 1.5d_0$ 时，$h_0/d_0 \leqslant 2.5$
下模定位，在垂直型腔内镦粗，变形初始时，坯料有一定轴向伸长	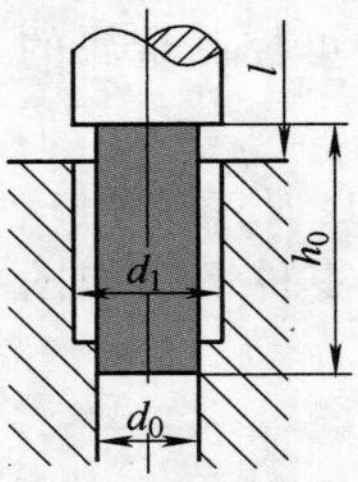	当 $d_1 < 1.5d_0$，$l \leqslant d_0$ 时，$h_0/d_0 \leqslant 4$；当 $d_1 > 1.5d_0$，$l \leqslant d_0$ 时，$h_0/d_0 \leqslant 2.5$；当 $d_1 > 1.5d_0$，$l > d_0$ 时，$h_0/d_0 \leqslant 2.3$
在锻模型腔内镦粗	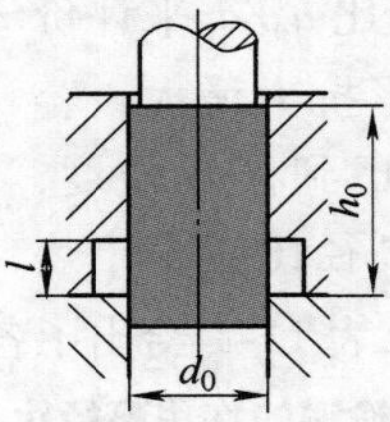	当 $l \leqslant 2.5d_0$ 时，$h_0/d_0 \leqslant 4.5$；当 $l > 2.5d_0$ 时，$h_0/d_0 \leqslant 2.5$
下模定位，上模带有锥形型腔	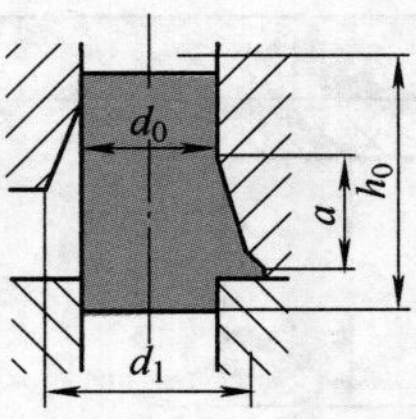	$d_1 = 1.3d_0$，$a = h_0 - 1.9d_0$，$h_0/d_0 \leqslant 4.5$

　　有时，也可用最大镦粗直径与坯料直径之比来表示镦头极限，通常在拉伸试验中截面的减小与上述定义的镦头极限之间存在有一定关系。

二、整体镦粗

1. 镦粗变形量

　　整体镦粗的工艺参数主要有高径比 h_0/d_0 和镦粗率 ε_h。h_0/d_0 的确定需根据锻件尺寸及体积不变原则计算，一般不宜超过 $2 \sim 2.5$，以避免产生轴向弯扭等成形缺陷。

　　镦粗率是衡量整体镦粗时坯料轴向变形程度的指标，h_0、h 分别为镦粗前、后坯料高度时可表示为

$$\varepsilon_h = \frac{h_0 - h}{h_0} \times 100\% \tag{11-1}$$

ε_h 实际是坯料的压缩变形量，它随钢中含碳量及合金含量增加而降低（碳钢的极限镦粗率 ε_{hmax} 通常在 40% ~ 80% 之间）。有色金属的 ε_{hmax} 相对较高，一般超过 50%，纯铝的 ε_{hmax} 最高可达 95%。ε_h 或 h_0/d_0 过大，镦粗时将会产生失稳弯曲、鼓凸、表面折叠及裂纹等变形缺陷。

2. 变形缺陷及其防止

（1）轴向弯曲　根据生产经验，$h_0/d_0 > 2.5$ 时，多会发生轴向弯曲，如图 11-4 所示。另外，初始棒料不直、凸、凹模工作表面不平等，也容易引起轴向弯曲。

当 $h_0/d_0 > 2.5$ 时，利用图 11-5 所示带锥形型腔的上模先镦制成带锥形的中间坯料，再最终镦粗成形，可避免轴向弯曲。

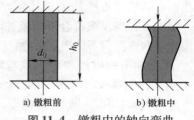

a) 镦粗前　　　b) 镦粗中

图 11-4　镦粗中的轴向弯曲

（2）鼓凸　鼓凸的产生与模具工作表面摩擦状态直接相关。减小模具与坯料端面的摩擦，增强润滑是减小鼓凸的主要途径之一。另外，也可由半封闭镦粗或铆镦预先将坯料两端局部镦成中间凹形，再进行整体镦粗。

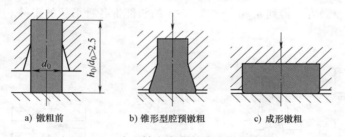

a) 镦粗前　　　b) 锥形型腔预镦粗　　　c) 成形镦粗

图 11-5　防止轴向弯曲的多次镦粗成形

（3）裂纹　镦粗时，坯料轴向压缩是绝对值最大的主应变，径向压应力过大会导致切向拉变形，当切向应力超过一定值时，坯料侧表面将产生纵向或倾斜裂纹。为防止产生裂纹，需检查坯料是否有刮痕，尽可能采用塑性好、纤维组织较细的金属料进行镦粗。另外，采用半封闭模具或增强润滑效果，也可避免裂纹的产生。

制坯过程中，平砧拔长使坯料心部受到附加拉应力作用，容易产生心部裂纹。对镦粗变形量较大的制坯工序，应采用 V 形砧拔长。

（4）表面折叠　镦粗变形量较大时，坯料表面与表面贴合在一起被压入表层，即形成表面折叠。因此，应确定合理的高径比，并注意使用合理的压下量。

三、顶镦

顶镦也称为镦头，是使棒料一端轴向压缩并径向扩展的镦锻工序。顶镦可使金属体积重新分配，形成一定的局部增厚。

1. 顶镦工艺特点

顶镦时坯料的变形与镦粗完全相同，可视为局部镦粗，因而应遵循镦粗规则。生产中总结出的局部镦粗规则有如下两种：

规则 I：坯料局部镦粗高径比 $h_0/d_0 < 1.5 \sim 3$ 时，可不经制坯一次镦成。通常该 h_0/d_0 与夹紧方法、坯料端面质量及冲头形状等有关，如局部镦粗部分 h_0/d_0 大于许用值，则将产生如图

11-6 所示轴向弯曲或折叠等缺陷。局部 h_0/d_0 较大时，应在锥形型腔约束下聚料镦粗，如图 11-7 所示，可防止因轴向弯曲而产生折叠。也可采用凹模圆柱形型腔聚料，但金属容易由坯料端部及分型面处挤出而影响锻件质量。

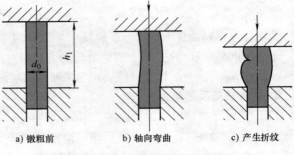

a) 镦粗前　　　b) 轴向弯曲　　　c) 产生折纹

图 11-6　平冲头顶镦的成形缺陷

规则Ⅱ：当顶镦符合下列条件时，可能出现轴向弯曲但不致产生折叠：

① 在冲头的锥形型腔内聚料时，如果 $d_m = d_0$，$D_m \leqslant 1.25d$，取 $h' \leqslant 3d_0$；如果 $d_m = d_0$，$D_m \leqslant 1.5d_0$，则取 $h' \leqslant 2d_0$。

② 在凹模内聚料时，应满足 $D_m \leqslant (1.25 \sim 1.5)d_0$。

2. 顶镦的应用

一次顶镦用来制造半圆头螺钉或其他顶镦毛坯相对长度不大的工件，通常在整体凹模中完成。制件头部表面精度要求严格或变形量较大时，如图 11-8 所示，可预成形圆弧端面后再进行顶镦。通常，二次顶镦可以得到 $h_0/d_0 = 3.5 \sim 5.5$ 的头部带各种形状的工件。

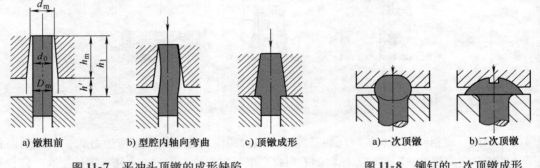

a) 镦粗前　　　b) 型腔内轴向弯曲　　　c) 顶镦成形

图 11-7　平冲头顶镦的成形缺陷

a) 一次顶镦　　　b) 二次顶镦

图 11-8　铆钉的二次顶镦成形

一般顶镦制件的端部形状尺寸都有一定要求，因此，顶镦模具与整体镦粗不同。比如，顶镦凹模的肩部应有圆角过渡，凹模内孔与坯料应保证有一定间隙。由于顶镦时坯料头部将充满凸模内腔，因此，在不影响制件精度要求时，通常需设置通气孔，以排除顶镦时凸模内腔的残留气体。

四、中间镦粗

如图 11-9 所示，中间镦粗是将棒料置于凹模内，利用型腔压力使坯料中部轴向压缩并向径向扩展的锻造方法。

中间镦粗时，变形区金属的变形机理与普通镦粗基本相同。但因局部变形而对工艺和模具有一定要求。为防止因应力集中造成变形缺陷，凸、凹模工作肩部均需圆角过渡。特别是对中部变形区终锻形状有要求时，通常需采用封闭式镦粗。另外，对中间形状复杂或不易成形的制件，应采用多道次逐步成形工艺。

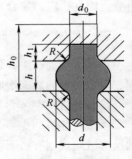

图 11-9　中间镦粗

第三节　精压工艺及模具

精压是改善已成形锻件局部或全部表面粗糙度和形状、尺寸精度的一种锻造方法。

一、精压工艺分类及特点

精压时，制件产生较小的压缩变形和形状变化。根据精压时金属的流动特点，可将其分为平面精压与体积精压两大类，如表 11-2 所示。

表 11-2　精压分类及特点

分类	图例	变形特点	使用设备	说明
平面精压		平面精压实质是平板间的自由镦粗，金属在水平方向流动，服从镦粗变形规律　精压可使变形部分获得较低的表面粗糙度值	可在精压机或曲柄压力机、液压压力机上进行；如在摩擦压力机上精压，模具应带有限制行程的结构	对多平面锻件精压时容易引起平面连接部分产生弯曲变形　对几何公差要求较高的零件，不宜采用
体积精压		利用模具使模锻件整个表面受到挤压而发生少量变形，多余金属可能被挤出模膛，在分型面上形成飞边；体积精压时变形抗力较大，精压后的锻件所有尺寸精度都得到提高	通常在精压机上进行，有时也可利用曲柄压力机或液压压力机进行体积精压，如在摩擦压力机上精压，所用模具应带有行程限制结构	冷态体积精压多用于有色金属或经过精锻后的锻件

二、精压件成形缺陷及改善措施

精压缺陷主要是指锻件变形过大引起的形状变化和尺寸精度不足，以及润滑不良等原因导致制件表面粗糙。当同时精压多个平面时，还可能造成制件形状走样等。平面精压时，变形抗力使与制件接触的精压板表面及其附近区域易产生弹性凹陷，上垫板的支撑面积大于制件与精压板的接触面积也将产生弹性弯曲。两个弹性变形的叠加效果使得精压板工作表面向上凹入较大，导致精压件中心表面凸起，如图 11-10 所示。

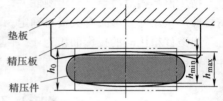

图 11-10　精压件表面凸起

精压件的表面凸起高度 $f = (h_{max} - h_{min})/2$ 可达 0.13 ~ 0.5mm。凸起高度主要与制件所受平均单位压力及精压面积成正比，而与精压板的弹性模量成反比。因此，为了提高精压精度，需从以下三个方面采取相应措施：

1. 降低精压时的平均单位压力

1）热精压可降低平均单位压力，并减小平面凸起高度 f。但精压后的表面粗糙度较差。因此，先热精压后再利用冷精压改善制件表面质量，可收到较好的成形效果。

2）精压时制件与精压板表面的摩擦使压缩应力分布不均匀，适当润滑可均化应力分布而减小凸起高度。但过厚及不均匀涂布的润滑剂层可能导致精压件表面质量降低。

3）精压量越大，制件变形程度越大，强烈的加工硬化导致平均单位压力增大而增大凸起高度。因此，一般将变形程度控制在 $1\% \sim 2\%$。表 11-3 列出相应的数据可供参考。

表 11-3　平面精压的双面余量　（单位：mm）

精压面积/cm²	d_0/h_0（d_0—精压平面直径；h_0—精压平面高度）								
	<2			2 ~ 4			4 ~ 6		
	坯料精度级别								
	高精度	普通精度	热精度	高精度	普通精度	热精度	高精度	普通精度	热精度
<10	0.25	0.35	0.35	0.20	0.30	0.30	0.15	0.25	0.25
10 ~ 16	0.30	0.45	0.45	0.25	0.35	0.35	0.20	0.30	0.30
17 ~ 25	0.35	0.50	0.50	0.30	0.45	0.45	0.25	0.35	0.45
26 ~ 40	0.40	0.60	0.60	0.35	0.50	0.50	0.30	0.45	0.50
41 ~ 80	—	0.70	0.70	—	0.60	0.60	—	0.50	0.60
81 ~ 160	—	—	0.80	—	—	0.70	—	—	0.70
161 ~ 320	—	—	0.90	—	—	0.80	—	—	0.80

体积精压量可参考平面精压确定。冷精压时，可在粗锻模膛的高度方向留 $0.3 \sim 0.5\,\mathrm{mm}$ 余量，粗锻模膛的水平尺寸要比体积精压模膛略小一些。

2. 减小精压加工面积

为使精压面应力分布均匀，应尽可能减小精压件的受压面积。制件允许时，在精压面中部预先锻出凹孔或凹穴，可降低精压单位压力并减小精压件平面凸起高度。

3. 提高模具质量

采用弹性模数较大的材料制造精压板，提高表面硬度，都会增强模具结构刚性，减小制件凸起高度。设计时，应使精压板具有足够的厚度和面积。此外，将精压板表面预先做成略微带有中心凸起的形状，也可抵消精压后的制件中心凸起。

三、精压模具及精压力计算

精压模具相对简单，要求刚性大，主要包括模座、垫板及精压板三种构件，具体结构应根据精压件形状尺寸并参阅有关资料确定。

当锻件精压时的投影面积为 A、平均单位压力（参考表 11-4）为 p 时，可根据下述公式近似计算精压力 F

$$F = pA \tag{11-2}$$

表 11-4　不同材料精压时的平均单位压力　（单位：MPa）

材料	单位压力	
	平面精压	体积精压
LY11、Ld5 及类似铝合金	1000 ~ 1200	1400 ~ 1700
10CrA、15CrA、13Ni3A 及类似钢	1300 ~ 1600	1800 ~ 2200

（续）

材料	单位压力	
	平面精压	体积精压
25CrNi3A、12CrNi3A、12Cr2Ni4A \ 21Ni5A	1800~2200	2500~3000
13CrNiWA、18CrNiWA、38CrA、40CrVA	1800~2200	2500~3000
35CrMnSiA、 45CrMnSiA、 30CrMnSiA、27CrNi3A	2500~3000	3000~4000
38CrmoA1A、40CrNiMoA	2500~3000	3000~4000
铜、金和银		1400~2000

体积精压时，模具承受一定的侧向力，设计模具时，需精确计算制件体积。而平面精压的变形量小，但压缩面积较大，因此，所需精压力较大。

第四节　冷态模锻工艺

冷态模锻是指在室温或再结晶温度以下利用模具使金属锻造成形的方法，常简称为冷锻。

一、冷态模锻工艺特点及分类

从变形形式来看，冷锻是挤压和局部镦粗相结合的成形方法。利用冷锻可以锻造各种带法兰的短轴类零件及弯钩拉臂、双头呆扳手等长轴类异形零件。

1. 工艺特点

1）冷锻时，金属处于三向不等压应力状态，晶粒组织致密，纤维流线不被切断而沿零件轮廓线连续分布。冷作硬化效应使锻件强度大为提高，提供了用低强度钢代替高强度钢的可能性。

2）一般冷锻在机械压力机上进行。变形过程中，金属在锻模型腔光滑表面下被熨平，可获得高尺寸精度且表面粗糙度达 $Ra0.1~0.2\mu m$ 的优质锻件。

3）在不被破坏的条件下使金属体积转移，产生塑性变形，实现少、无切屑加工。由普通锻压加切削方法制造零件的材料利用率通常为 40%~60%，而冷锻材料利用率可达 80%~95%。

4）利用机械压力机滑块的一次行程可完成多道模锻工序。与多工序加热模锻相比，可大幅度提高生产效率。

5）冷锻可减少或代替切削加工，显著降低零件的生产成本和周期。例如，冷锻两用扳手，比热锻生产的成本降低 40%~50%。

冷锻时金属受压缩，变形抗力大，单位挤压力可达金属抗拉强度的 4~6 倍以上，变形程度可达 80%~90%，因此，所需设备吨位大。设计冷锻工艺时，必须精确计算使坯料体积等于锻模型腔体积，否则会发生压力机闷车或损坏模具。由于单位冷锻力接近或超过现有模具材料的抗压强度，因此，坯料必须进行软化退火、表面磷化皂化及润滑处理等。

2. 工艺分类

根据所用模具及锻造时金属的流动方式，通常可分为开式、半闭式和闭式冷态模锻。

二、开式冷态模锻

锻造时，受压缩的冷态金属可自由向横向延展的变形方式即开式冷态模锻，也称开式冷锻。开式冷锻如图 11-11 所示。模孔内径 d，当毛坯直径 D_0 符合 $d<D_0<4d$ 时，上模孔内的金属

基本不变形，凸起高度与坯料原始高度相同或略微低一点，只有
模孔以外材料轴向压缩后横向自由扩展，变形与镦锻基本相同。
如果 $D_0 > 4d$，模孔外部直径大于等于 d 附近的材料所受径向流
动阻力较大，反向流入模孔的变形趋势导致模孔内制件高度 H
大于原始坯料高度 H_0。这种情况下，坯料变形既有镦锻又有挤
压，属于镦挤复合变形。

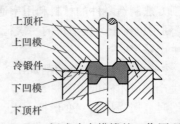

图 11-11　开式模锻

三、半闭式冷态模锻

半闭式冷锻是指利用带飞边槽锻模进行的冷态模锻，适用于工件需在锻造方向上有大量金属
材料充填的情况，如前述 $D_0 > 4d$ 且模孔内充填高度较大的锻件。

如图 11-12 所示，半闭式冷锻金属通常经历镦粗、充填和剩余材料挤入飞边槽三个阶段。开
始锻造时，坯料在凸模压力作用下轴向压缩，随凸模继续下行，模孔附近部分材料因径向阻力而
反挤入模孔，使模孔内坯料高度略有增加，当径向流动金属在飞边桥部受到阻碍时，反向流入模
孔内金属实现充满。继续锻压使多余金属挤入飞边仓部，完成锻造。

四、闭式冷态模锻

闭式冷锻也称闭塞冷锻或单工位多动作冷锻，是将金属完全限制在模具型腔内且不设飞边槽的锻
造工艺。图 11-13 所示为利用专用双动液压压力机进行闭式冷锻的工作原理。坯料置于下凹
模内，上凹模向下移动使模具闭合，然后利用上、下顶杆镶块进行冷锻。这种方法常用来锻造齿轮类锻件。

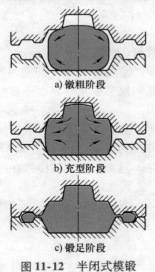

a) 镦粗阶段

b) 充型阶段

c) 锻足阶段

图 11-12　半闭式模锻

11-13　闭式冷态模锻的工作原理

第五节　冷挤压工艺及模具

挤压是利用锻压设备的简单往复运动，通过模具使金属在三向不等压应力作用下产生变形，
从模孔中挤出或流入型腔内，以获得所需形状尺寸制件的锻造方法。

一、挤压加工的分类及特点

挤压成形的分类方法很多，通常可按金属变形流动方向与挤压力作用方向，或变形温度进行分类。

1. 挤压加工分类

根据金属变形时的温度，可分成冷挤压、温挤压和热挤压三种类型。一般，变形温度在坯料再结晶温度以上时称为热挤压；变形温度在室温时称为冷挤压。而有时将金属在室温以上再结晶温度以下，或在一般热压力加工温度以下某个温度范围内进行的挤压称为温挤压。这里，主要介绍冷挤压。

根据挤压时金属流动方向与挤压凸模运动方向的关系，可将挤压加工分为正挤压、反挤压、复合挤压、径向挤压及镦挤等几种形式，如表 11-5 所示。

表 11-5　挤压加工分类

	图例	金属流动方向
正挤压	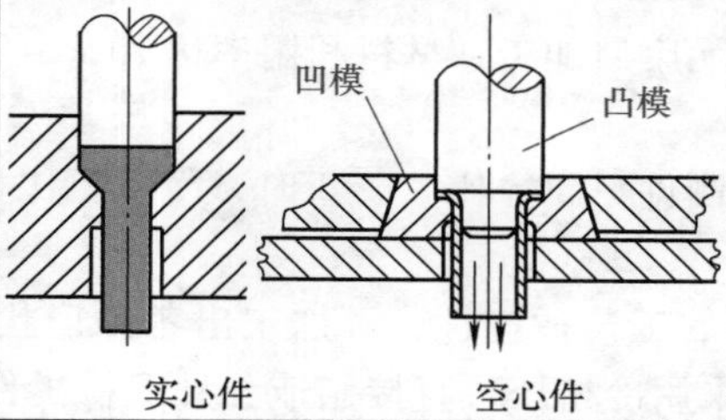 实心件　　空心件	挤压凹模出口处的金属流动方向与凸模的运动方向相同
反挤压	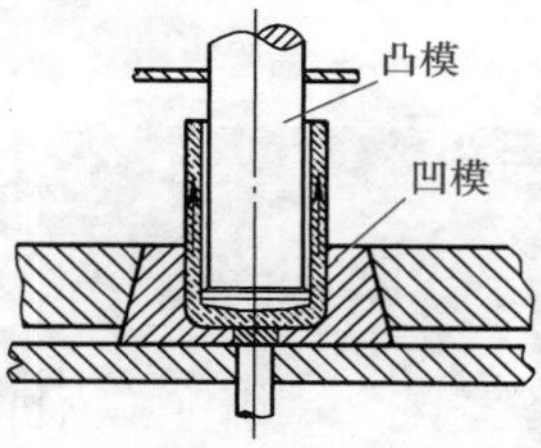	挤压凹模出口处的金属流动方向与凸模的运动方向相反
复合挤压	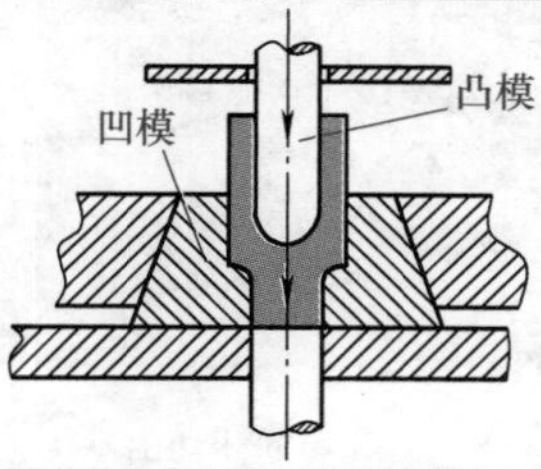	挤压时，一部分金属的流动方向与凸模的运动方向相同，而另一部分金属的流动方向与凸模运动方向相反
径向挤压	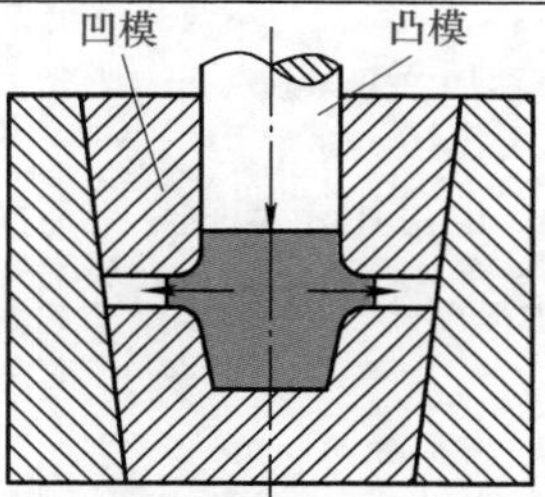	挤压时，金属流动方向与凸模的运动方向垂直。径向挤压还可分为分流式径向挤压和汇流式径向挤压两种
镦挤	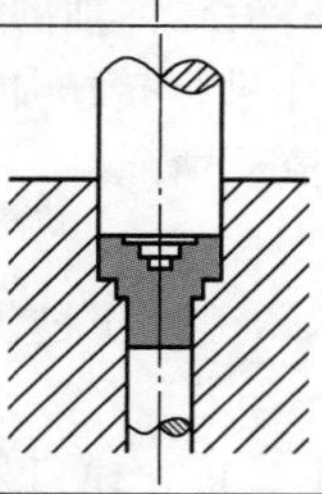	挤压时，一部分材料被挤入凹模孔内，另一部分材料受到挤压方向的镦压变形

2. 挤压加工的特点

挤压加工靠模具控制金属流动,使金属体积定向转移形成制件,其最主要特点是成形过程中金属在三向压应力下发生塑性变形。

(1) 挤压制件力学性能好 挤压加工时,在强烈的三向压应力作用下,金属可充分发挥其塑性,晶粒组织更加细小密实,纤维不会被破坏,且由于冷作硬化效应,使挤压制件强度大为提高。

(2) 制件精度高 金属在冷态下塑性成形,无加热氧化、脱碳及各种烧损等,挤压制件的尺寸和表面精度都很高。制件尺寸精度可达 IT6 ~ IT7 级,表面粗糙度在 $Ra3.2 ~ 0.4$ 范围内,有时达 $Ra0.2$,可直接作为机械零件使用。

(3) 材料利用率高 冷挤压属于少、无废屑加工,材料利用率达 70% ~ 80%,可降低生产成本。

(4) 工艺简单、生产率高 对于空心制件,高径比大于 3 时,冷挤压比拉深工艺简单,生产率可比其他锻造方法高几倍。

(5) 应用范围广 挤压成形具有广泛的工艺适应性,可加工出各种形状复杂、带有深孔、异型断面及薄壁零件。如图 11-14 所示,采用冷挤压可直接制造各种机械零件(图 11-14a)及切削刀具(图 11-14b)等。

a) 挤压机械零件   b) 挤压切削刀具

图 11-14 挤压产品

冷挤压常用于铝、铜等塑性较好的有色金属,也可用于碳钢、合金结构钢、不锈钢及工业纯铁等成形。在一定变形量下,某些高碳钢,甚至高速钢,也可进行挤压加工。

二、挤压时金属的流动变形规律

为了解挤压过程中金属的流动情况,将圆柱形坯料沿对称轴剖分成两块,在切断面上画出方形网格,如图 11-15 所示,然后将两块坯料拼合成一体进行挤压加工。在成形过程中某一时刻,将试件剖分面剖开,可以观察被挤压坯料内部的金属流动情况。

1. 正挤压

(1) 正挤压实心件的金属流动 如图 11-16 所示,正挤压过程中,金属流动变形具有如下规律:

1) 由于变形时金属与挤压模内壁之间强烈的流动摩擦,模口外与挤出方向垂直的纵坐标线产生较大的弯曲变形，越靠近模口曲率越大。靠近挤出端弯曲变形小，纵向坐标线的间距逐渐减小，即 $l_3 > l_2 > l_1$。这是由于挤压开始时位于模口附近的材料受压后迅速向外挤出，受模壁摩擦影响小，因而轴向拉变形差异较小。

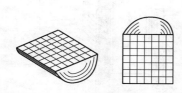

图 11-15　挤压前坯料的坐标网格

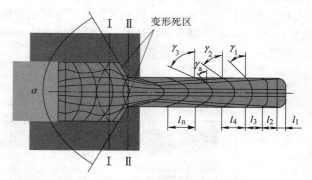

图 11-16　正挤压实心件的网格变化

2）挤出金属除受轴向拉伸外，还因模壁摩擦而产生剪切变形，中心部分的正方形网格挤出后变成了矩形，外层网格则发生了扭曲变化。越靠近外侧，挤出摩擦越大，剪切变形也越强烈，导致 $\gamma_3 > \gamma_a$。流动摩擦力随挤出变形逐渐增大，靠近模口，剪切角 γ 增大，即 $\gamma_3 > \gamma_2 > \gamma_1$。

3）挤出过程中，凹模孔内的金属也发生了不均匀流动。挤出轴线在进出变形区压缩锥时，发生了两次方向相反的弯曲，弯曲角度由外层向坯料中心逐渐减小。将两次弯曲的折点连接起来，可得到两个曲面，通常将这两个曲面及模孔锥面所形成的空间称作压锥区。进入压锥区后，金属产生径向与周向压缩，而轴向伸长变形。

在压锥区内，垂直于轴线的横向线产生弯曲，中心部分超前，越靠近模口弯曲越强烈。这表明中心金属较早地进入压锥区，轴向流出速度大于外层。

4）凹模口转角附近金属，成为不流动的"变形死区"。其范围大小受摩擦阻力、凹模形状尺寸等影响，当摩擦阻力较大、凹模锥角 α 越大时，"变形死区"范围越大。

由上述正挤压实心件的流动分析可以看出，金属进入 Ⅰ-Ⅰ 与 Ⅱ-Ⅱ 线之内的区域时才发生变形，称此区为强烈变形区。该区域之外的金属几乎不变形，仅作刚性移动。

（2）正挤压实心件的应力应变分析

挤压过程中，金属接受局部加载，但整体都产生内应力。正挤压实心件时，如果摩擦阻力小且坯料高径比也较小时，可将变形分为如图 11-17 所示的两个不同区域。凸模下部中心 A 区的变形近似于圆形砧内拔长，金属受轴向 σ_z、径向 σ_r 及周向 σ_θ 三向压应力作用，产生轴向伸长应变 ε_z、径向压缩应变 ε_r 及周向压缩应变 ε_θ。离开挤压中心的环形 B 区，在凹模侧壁封闭状态下的金属变形与外径受限制的环形件镦粗相似，同样受到三向压应力作用，其中，径向压应力 σ_r（<0）代数值最大，绝对值最小，为最小主应力；径向拉变形 ε_r（≥0）为最大主应变。轴向主应力 σ_z 代数值最小，绝对值最

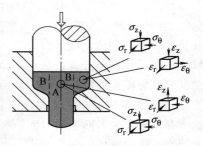

图 11-17　正挤压变形区内的应力应变状态

大，为最小主应力；轴向压缩变形 $\varepsilon_z \leqslant 0$，为最小主应变。周向压缩应力 σ_θ 及压缩应变 ε_θ 为中间主应力和中间主应变。

上述 A 区是挤压加载后直接产生应力的变形区，而 B 区应力主要由 A 区金属变形和模壁制

约所共同引起。对于 A 区 $\sigma_{rA} - \sigma_{zA} = \sigma_s$，B 区 $\sigma_{zB} - \sigma_{rB} = \sigma_s$，由于 $\sigma_{rA} = \sigma_{rB}$，如将两式相加可得 $\sigma_{zB} - \sigma_{zA} = 2\sigma_s$，因此，在 A、B 两区的交界处可能存在轴向应力突变。

2. 反挤压金属流动变形分析

实心坯料反挤压杯形件时，坯料纵剖分面上网格的变化情况如图 11-18 所示，金属流动状态与正挤压有很大不同。垂直于挤压轴线方向的网格线变形很小，而平行于挤压轴线的网格线变形较大，金属流动较正挤压时均匀。

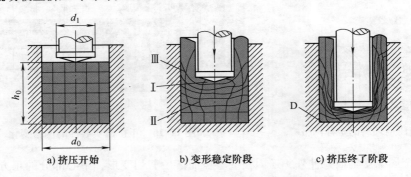

a) 挤压开始　　　　b) 变形稳定阶段　　　　c) 挤压终了阶段

图 11-18　反挤压杯形件的金属流动

当坯料高径比 $h_0/d_0 > 1$ 时，挤压初、中期金属流动处于图 11-18b 所示稳定变形阶段，大致可分为 I、II 及 III 三个变形区。I 区为难变形区，由于凸模下端面摩擦力的作用，金属几乎不发生流动，而贴附于凸模下表面，因而也称粘滞区。凸模下端面是平面且圆角半径越小，端面摩擦越大，粘滞现象越显著。

II 区为强烈变形区，其轴向厚度为 $(0.1 \sim 0.2)\, d_1$。在稳定变形阶段，粘滞区和强烈变形区的范围基本不变化，位置随凸模下行逐渐向下移动，使凹模上端面的不变形区逐渐减小，当凸模下部粘滞区厚度减小到一定值时，凸、凹模端面间的全部材料开始向外侧流动，进入图 11-18c 所示的非稳定变形阶段。图中 D 所指部分是变形死角。

III 区为刚性移动区，强烈变形区金属流入该区之后，基本不再变形，形成杯壁而平行上移，直到挤压终了。由于凹模侧壁的摩擦阻碍作用，杯形件内壁侧流动变形大于外壁侧。

3. 复合挤压金属流动变形分析

复合挤压是正、反挤压的组合变形，如图 11-19 所示，成形方式可有多种组合，并且各具独特的流动变形规律。例如，图 11-19c 所示带杆空心件挤压，上部金属的流动变形与杯形件反挤压相似，而下部与实心件正挤压相似。这类制件在挤压时，通常存在一个金属向不同方向挤出流动的分流面，该分流面的位置对上、下部分金属变形有很大影响。

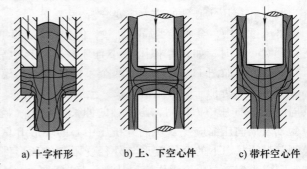

a) 十字杆形　　　b) 上、下空心件　　　c) 带杆空心件

图 11-19　复合挤压的金属流动

三、冷挤压变形力的近似计算

1. 冷挤压变形的三个阶段

冷挤压变形力随挤压行程而变化的关系如图 11-20 所示，一般可划分为三个不同的变化

阶段。

（1）急剧上升阶段 Ⅰ 挤压初期，变形导致金属冷作硬化效应迅速增强，不论正、反挤压都使挤压力急剧上升。在此阶段中，挤压力克服金属变形抗力及其与模具表面之间的摩擦力，使坯料内部组织被压紧。对于正挤压，金属开始挤入凹模口处；而反挤压时，金属则开始反向流动。

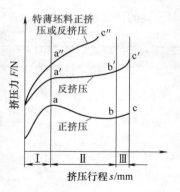

图 11-20 冷挤压力 – 行程曲线

（2）缓慢上升阶段 Ⅱ 随挤压凸模继续下行，变形金属开始顺序流动，通常只改变坯料高度，变形处于稳定阶段。对于正挤压，由于坯料与凹模内表面的接触面积开始减少，摩擦阻力略有降低，挤压力由 a 点下降至 b 点；而在反挤压中，挤压力由 a′平缓升至 b′点。

稳定变形阶段的变形区高度不随时间变化，压力变化较缓和。当挤压力小于该变形条件下所需最小挤压力时，金属不能产生挤压变形，而挤压力大于该最小挤压力时，将发生不稳定变形，因此，通常可根据这一最小挤压力来确定稳定变形区高度。

（3）挤压终了阶段 Ⅲ 当挤压变形接近终了时，金属体积收缩使变形抗力进一步增大。因此，这一阶段的挤压力仍呈上升趋势，上升幅度因变形条件而略有不同。

2. 挤压变形程度

在挤压工艺中，通常采用三种方法表示金属变形程度。

（1）当挤压变形前、后坯料的横断面积分别为 A_0、A_1 时，断面缩减率 ε_A

$$\varepsilon_A = \frac{A_0 - A_1}{A_0} \times 100\% \tag{11-3}$$

（2）挤压比 G

$$G = \frac{A_0}{A_1} \tag{11-4}$$

（3）对数变形量 ε_G

$$\varepsilon_G = \ln \frac{A_0}{A_1} \tag{11-5}$$

三者之间存在如下关系

$$\left.\begin{array}{l} \varepsilon_A = \left(1 - \dfrac{1}{G}\right) \times 100\% \\[2mm] \varepsilon_G = \ln G \\[2mm] \varepsilon_G = \ln \dfrac{1}{1 - \varepsilon_A} \end{array}\right\}$$

不同挤压方法变形程度的具体计算见表 11-6。

3. 冷挤压许用变形程度

挤压过程中允许金属产生的最大变形量称为许用变形程度。挤压时，金属受三向压应力作用，可实现很大的塑性变形。但冷挤压变形程度往往不取决于坯料自身的变形能力，而受模具材料的许用压力限制。因此，在设计冷挤压工艺及其模具时，需要考虑影响挤压金属及模具材料许用变形程度的各种因素。

（1）影响许用变形程度的因素

1）模具许用单位压力。模具许用单位压力越大，允许的冷挤压变形程度也越大。一般，钢制模具的许用单位压力可达 2000~2500MPa。

表 11-6　正、反挤压变形程度的计算公式

	坯料尺寸	挤压件尺寸	计算公式
正挤压实心件	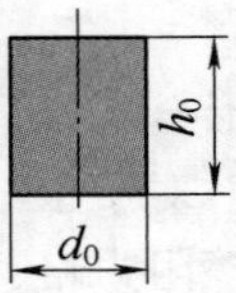	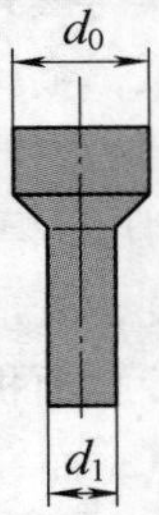	$\varepsilon_A = \dfrac{d_0^2 - d_1^2}{d_0^2} \times 100\%$ $G = \dfrac{d_0^2}{d_1^2}$ $\varepsilon_G = \ln \dfrac{d_0^2}{d_1^2}$
正挤压空心件	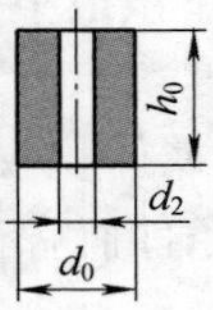	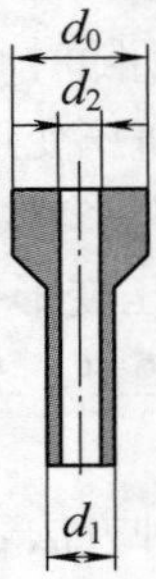	$\varepsilon_A = \dfrac{d_0^2 - d_1^2}{d_0^2 - d_2^2} \times 100\%$ $G = \dfrac{d_0^2 - d_2^2}{d_1^2 - d_2^2}$ $\varepsilon_G = \ln \dfrac{d_0^2 - d_2^2}{d_1^2 - d_2^2}$
反挤压空心件	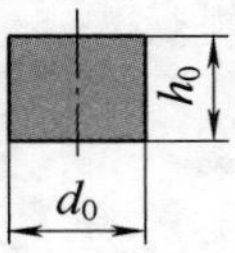	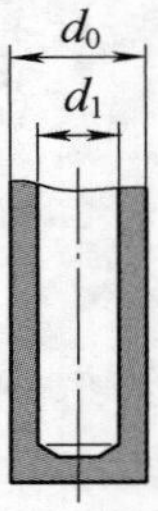	$\varepsilon_A = \dfrac{d_1^2}{d_0^2} \times 100\%$ $G = \dfrac{d_0^2}{d_0^2 - d_1^2}$ $\varepsilon_G = \ln \dfrac{d_0^2}{d_0^2 - d_1^2}$

2）被挤压金属的强度。被挤压金属强度越高，挤压变形抗力越大，其许用变形程度就越小。一般，有色金属比黑色金属的许用变形程度大，而钢材的许用变形程度随其含碳量增加而减小。此外，金属经软化热处理后，其抗拉强度和硬度显著降低，使变形抗力减小。

3）挤压方式。同种材料在不同挤压条件下的许用变形量不同。实验证明，当断面缩减率相同时，反挤的单位挤压力最高，正挤实心件与空心件接近。一般，复合挤压力比单纯正挤压或反挤压低。

4）模具工作部分形状尺寸。合理设计挤压凸、凹模，有利于挤压金属在型腔中变形流动、改善摩擦状况，不仅可提高模具使用寿命，还可有效降低单位挤压力。特别是正挤压凹模和反挤压凸模的形状尺寸，对单位挤压力影响很大，直接关系到金属许用变形程度。

5）坯料高度。坯料高度决定其与凸模真实接触面积的大小，进而也影响到挤压时的摩擦阻力及其单位挤压力。

6）润滑状态。良好的润滑状态，可降低变形摩擦阻力和单位挤压力，因而可增大许用变形程度。

（2）不同材料的许用变形程度　有色金属冷挤压时，通常按挤压模具材料的许用单位压力来确定，可实现较大许用变形程度。黑色金属强度和硬度较高，冷挤压变形抗力大，因而许用变形程度较小。常用金属的单位挤压力及许用变形程度（断面缩减率 ε_A）的近似值列于表 11-7 中，可供参考。

表 11-7　常用材料的许用变形程度及单位挤压力

	正挤压		反挤压		封闭校形	
	断面缩减率 ε_A（%）	单位挤压力 p/MPa	断面缩减率 ε_A（%）	单位挤压力 p/MPa	断面缩减率 ε_A（%）	单位挤压力 p/MPa
纯铝	97~99	600~800	97~99	~800	30~50	
铝合金	92~95	800~1000	75~82	800~1200	30~50	1000~1600
黄铜	75~87	800~1200	75~78	800~1200	30~50	1000~1600
10 钢	50~80	1400~2000	40~75	1600~2200	30~50	1000~1600
30 钢	50~70	1600~2500	40~70	1800~2500	30~50	1600~2000
50 钢	40~60	2000~2500	30~60	2000~2500	30~50	1800~2500

4. 总挤压力的近似计算

冷挤压力是设计模具和选择设备的重要依据。当凸模工作部分的投影面积为 A、安全系数为 c（通常取 1.3）、单位挤压力为 p 时，可按下式近似计算

$$F = cpA \tag{11-6}$$

单位挤压力的算法比较复杂，采用主应力法、滑移线法、上限法和变形功法等只能作近似计算，利用计算机进行上限单元法和有限元法求解精度较高，近年来这种计算方法发展较快，应用也逐渐广泛。另外，实际生产中通常采用经验计算法和图表计算法，设计时可参考相关资料。

四、冷挤压工艺设计

冷挤压工艺设计主要包括选择挤压用金属材料、制定挤压工序、毛坯制备、选择设备等内容。

1. 选用冷挤压材料

（1）冷挤压用金属材料应具备的性能

1）较低的机械强度。金属的机械强度越低，冷挤压变形抗力越低，可降低单位挤压力，提高模具使用寿命。

2）较低的硬化效应。硬化效应较低的金属材料，冷挤压时变形抗力不致过快增大，可避免挤压力急剧上升。

3）较好的塑性。尽管冷挤压通常处于三向压应力状态，但复杂成形时的金属流动路线中，难免形成附加拉应力而导致变形开裂，因此，应选用塑性较好的材料进行冷挤压。通常认为屈服极限 σ_s 越低，伸长率 δ 和断面收缩率 ψ 越高的材料，越适合于冷挤压。

（2）金属的化学成分及冶炼方法等的影响

1）化学成分对冷挤压性能的影响。材料中的硫、磷等非金属夹杂物应尽可能少，碳的质量分数在 0.33% 以下的碳钢、猛的质量分数小于 1.5%、铬的质量分数小于 1.5%、镍的质量分数小于 0.75%、钼的质量分数小于 0.5%、硅的质量分数小于 0.3% 的低合金钢挤压性能较好。其他不符合上述成分配比的钢材挤压性能较差，应尽可能减小挤压变形量。

2）冶炼方法对挤压性能的影响。一般，转炉钢中气体及磷、硫含量较多，挤压性能不如平炉钢好。电炉钢所含有害杂质少，且磷、硫、氮、氢等含量较低，冷挤压性能最好，但价格较

高。通常认为镇静钢的流动性较好，硬度也低于沸腾钢，因而常用镇静钢进行冷挤压加工。

（3）常用冷挤压材料　目前常用于冷挤压加工的金属材料如表11-8所示，可供参考选用。

表11-8　常用冷挤压金属材料

材料种类		材料牌号	产品举例
铅、锡及其合金			各种管件
锌及其合金			干电池电极
铝及其合金		1017A~1200、5A02、5A03、2A01~2A12	各种管件、食品容器、电容器、照相机零件、飞机零件
铜及其合金		T1~T4、TU1、TU2、H96、H90、H85、H80、H70、H68、H62、H59 等	电器零件、钟表零件、仪表零件
碳素钢		10、15、20、25、30、35、40、45、50	
合金钢		18Cr、20Cr、30Cr、40Cr、45Cr、30CrMo、35CrMo、40CrMnMo、18CrMnTi	
不锈钢	奥氏体系	0Cr18Ni9、1Cr18Ni9Ti	电器零件、航空零件
	马氏体系	2Cr13、Cr14、3Cr13、Cr17Ni2	
	铁素体系	Cr17	
镍及其合金			电器零件

2. 制定冷挤压变形工序

（1）冷挤压制件的工艺性分析

1）适合于挤压加工的零件形状。正挤压适合头部带有一定形状的实心或空心件，通常将复杂形状的一端放在上面，以利于充填；反挤压适合于底部带一定形状的空心件，而将复杂形状的一端放在下面；复合挤压时，通常利用正挤压来完成复杂形状部分的成形。表11-9所示为生产中总结出适合于冷挤压的最佳形状，可供参考。

表11-9　适于冷挤压成形的最佳形状

挤压件形状特性	图例	推荐挤压形式
带盲孔杯形件	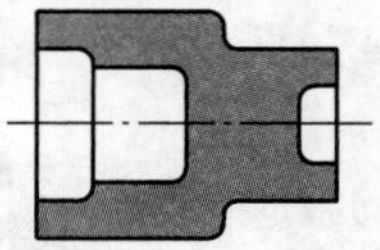	可通过正、反分步挤压，或采用复合挤压获得高精度内孔和外表面
带深孔双杯形件	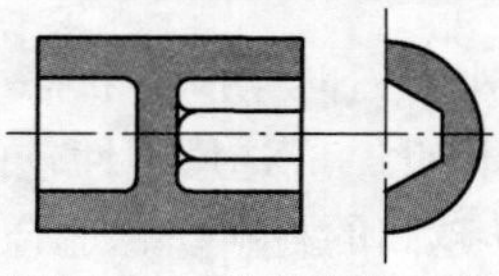	可采用两次反向挤压或对向反挤压成形
带法兰轴类件	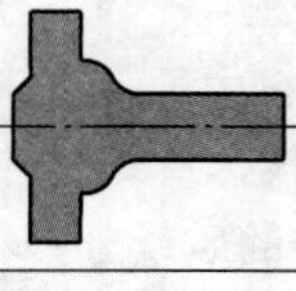	采用闭式镦挤成形方法，比切削加工节省材料且生产效率高
多阶梯轴类件	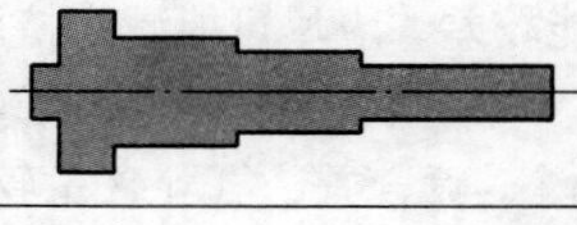	可用正挤压或减径挤压，尽管工序较多，但成形容易，挤压精度高、质量好，适合于大批量生产

（续）

挤压件形状特性	图例	推荐挤压形式
小型花键轴和齿轮轴	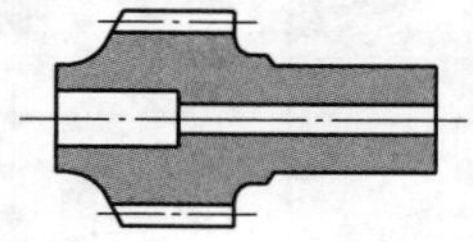	采用复合挤压，可获得优质挤压件，与切削加工相比，节省材料、性能好，生产效率高
多边形空心薄壁件	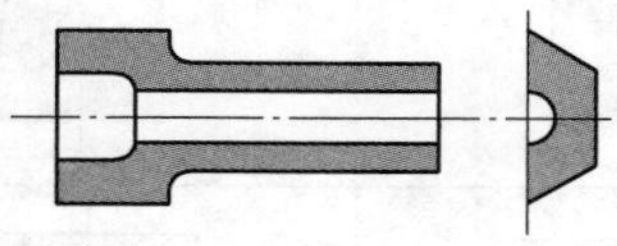	采用空心毛坯正、反挤压，或复合挤压一次成形

2）冷挤压工艺对制件的基本要求。冷挤压工艺对制件形状的基本要求列于表 11-10 中，可供参考。

表 11-10　冷挤压工艺对制件形状的基本要求

基本要求	图例		说明
	不合理设计	合理设计	
应尽可能避免非对称形状	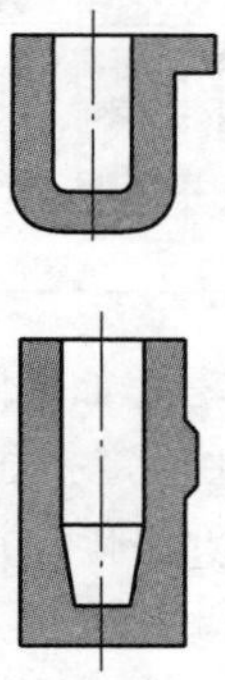	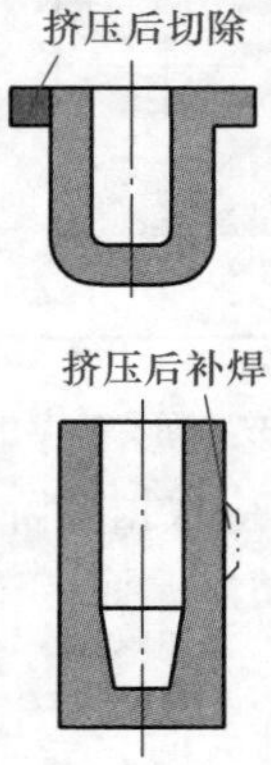 挤压后切除 挤压后补焊	非对称制件在挤压成形时，金属流动性差，载荷集中作用，凸模受力不平衡，易产生弯曲或折断 对于非对称部分，可在对称成形后再局部切除或补焊，以满足制件结构设计要求和使用性能 特别当制件材料变形抗力较大时，考虑到模具寿命，应避免非对称结构
避免制件断面急剧变化	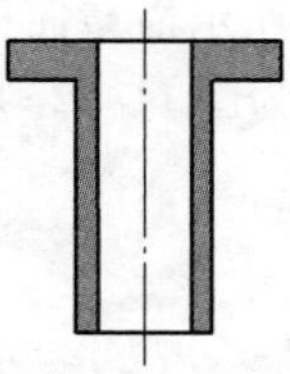	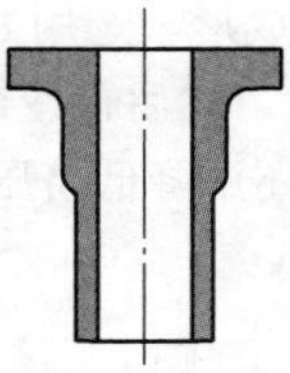	制件断面急剧变化时，会使挤压过程中金属流动和充型受到影响，因此应避免制件直径、断面面积和壁厚突然变化；制件具有特殊使用性能要求时，可采用缓慢过渡的方法避免突变
避免制件带右侧凹形状	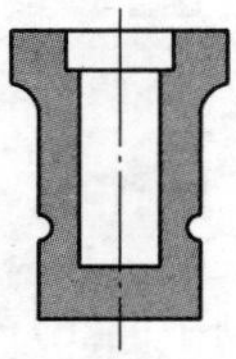	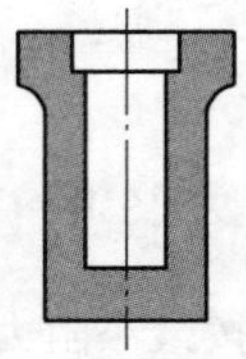	制件带有侧凹形状时，会使挤压过程中金属流动受到影响，对整体成形不利；如果产品的侧凹形状不宜用成形方法制出时，可考虑挤压成形后，采用切削或其他加工方法做出

（续）

基本要求	图例		说明
	不合理设计	合理设计	
避免细长孔成形	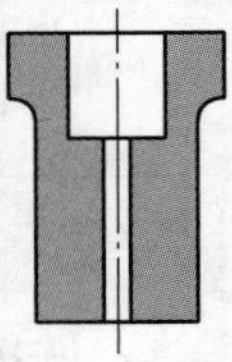	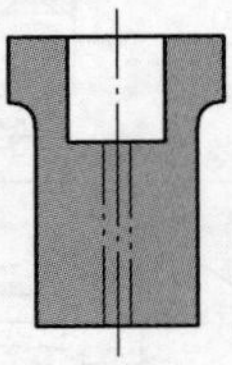	一般，直径小于 10mm 以下或长径比大于 1.5 时，不宜采用冷挤压方法制出，应在挤压后利用钻孔或其他方法制出
断面过渡应平缓		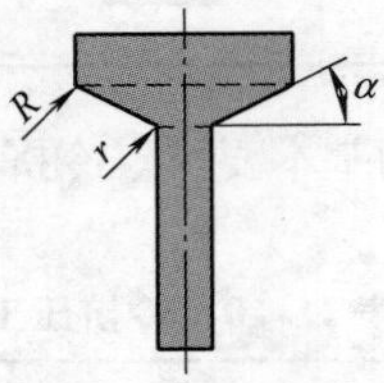	制件的断面形状变化应平缓过渡，否则挤压时金属变形不均匀，易产生应力集中而引起裂纹；相对应的型腔部分正是热处理和挤压时应力集中的区域，很容易导致模具早期破坏
	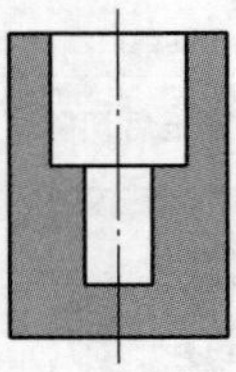	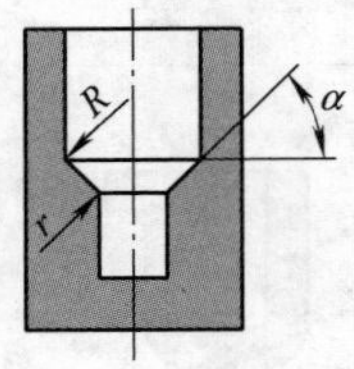	采用平底凹模和直角过渡的阶梯冲头挤压成形的杯形件，均属于不合理的断面过渡形式，必须改进，将断面变化部位设计成锥形过渡，过渡部分的衔接处应采用充分平滑的圆弧连接

（2）制定变形工序　在制定变形工序时，通常需要考虑如下问题：

1）对于带阶梯孔的制件，应根据各阶梯孔的长径比确定挤压工序。如图 11-21 所示制件阶梯孔的长径比较大，不宜一次挤出，而应每次挤出一个阶梯孔，并将孔连接处设计成适当倾斜或圆角过渡形状。

2）制件相邻横截面积差过大时，会增大过渡区不均匀变形程度，引起模具局部过载、磨损，甚至早期破坏。如图 11-22 所示具有较大凸缘的空心件，上、下面积 A_2 和 A_1 相差较大，采用横截面积 A_1 的管坯很难一次成形。选用如图 11-22a 所示横截面积为 A_0 的管坯两次成形，正挤压预成形为图 11-22b 所示形状，然后再冷镦凸缘成形为图 11-22c 所示的最终制件。由于减小了各工序之间坯料的截面积差，还可降低挤压变形力。

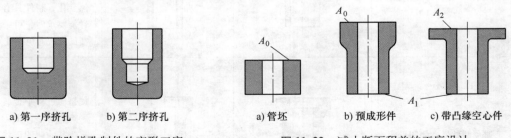

a) 第一序挤孔　b) 第二序挤孔	a) 管坯　b) 预成形件　c) 带凸缘空心件
图 11-21　带阶梯孔制件的变形工序	图 11-22　减小断面积差的工序设计

3）设计冷挤压工序时，应按最小阻力定律合理控制中间工序的金属流动，使挤压变形顺利进行。如图 11-23 所示带凸缘双孔制件，可先将圆柱坯料反挤成图 11-23b 所示杯形中间坯料，

之后有Ⅰ和Ⅱ两种工艺方案可实施。方案Ⅰ在中间坯料的基础上，一次挤出带有凸缘上盲孔的最终制件，金属产生A向和B向两种流动趋向。挤压初期主要沿水平B向流动，而后期转为A向流动，结果上孔缘处将形成向外扩张的喇叭状。如果在最后阶段封闭孔缘控制金属流向，仍很难获得合格的孔缘形状。

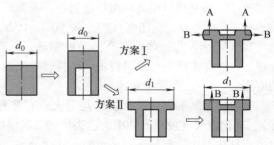

a)坯料 b)杯形中间坯料 c)带凸缘中间坯料 d)最终制件

图11-23 考虑金属流动的冷挤压工序设计

如果采用方案Ⅱ，即增设一道中间工序，将杯形中间坯料镦出凸缘形状。然后利用最终成形模具限制凸缘直径 d_1，挤压上盲孔时促进金属向上流动，可获得较好的孔缘形状。

4）如图11-24所示，挤压带凸缘深孔制件时，应考虑中间坯料的过渡形状对后续成形质量的影响。图11-24a所示中间坯料为平底，最终成形时孔底转角很可能产生收缩而导致底部不平。如图11-24b所示，若将中间坯料侧壁与底部交接处设计成内凹形，并使底部小端外径 d_2 与最终制件外径一致，则可获得较好的形状、尺寸精度。

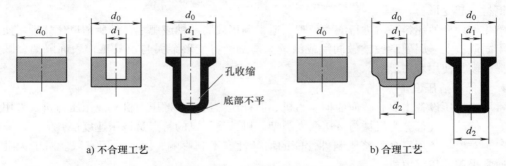

a) 不合理工艺   b) 合理工艺

图11-24 中间坯料对最终挤压制件成形精度的影响

设计冷挤压工艺方案时，应通过工序间变形和模具的约束作用使金属合理流动，有利于提高成形质量。有些制件因形状、尺寸不适合全部采用冷挤压加工时，可与其他成形工序联合加工。例如，对于薄壁筒形制件，可采用挤压制坯再变薄拉深的联合工艺，由挤压来成形凸缘的形状尺寸，利用变薄拉深保证制件壁厚精度。

3. 冷挤压毛坯的制备

冷挤压毛坯的制备包括下料、毛坯软化、表面处理及润滑等工序内容。

（1）冷挤压毛坯形状及下料

1）毛坯形状。正挤压毛坯一般外形为圆形，可采用如图11-25所示的四种形状。反压时采用实心毛坯或空心毛坯，需根据挤压件形状结构和具体尺寸确定。

冷挤压毛坯也可预制成相应的多边形，按体积不变原则计算毛坯体积。将挤压件分成若

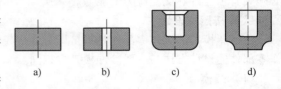

a)   b)   c)   d)

图11-25 用于正挤压的毛坯形状

干个简单的几何单元，各单元的体积之和作为挤压制件的总体积。

2）毛坯下料。实心毛坯可由棒料剪切下料。但剪切端面比较粗糙，端面与中心轴线的垂直较差，因此，常须镦平端面后用于挤压。挤压毛坯也可利用冲裁板料，端面相对平整，但材料利

用率较低。精密挤压用毛坯由切削制备，端面质量好，通常用于制备厚径比大于0.5的毛坯。

挤压毛坯外径应比凹模型腔直径小0.1~0.2mm，空心毛坯内径应比心棒直径大0.05~0.1mm。

（2）毛坯软化处理　将金属毛坯加热，提高塑性降低变形抗力的工艺措施常称为"软化"处理。一般在工序中也需进行中间坯料软化处理。软化处理使单位挤压力降低，还可提高模具使用寿命。

冷挤压毛坯的软化处理主要是退火。通常有完全软化退火（Ac_3以上30~50℃，保温后炉冷）、球化退火（使珠光体中的渗碳体和二次渗碳体球化）和不完全退火处理。有色金属坯料一般也应软化退火，部分铜材还可淬火软化处理。

（3）毛坯表面处理及润滑　冷挤压在室温下进行，成形过程中的单位挤压力很大。毛坯与凸、凹模工作表面产生很大的摩擦力，涂刷的润滑剂都会被挤掉，过大挤压变形力导致产生拉毛、表面鱼鳞状裂纹和模具工作表面损伤。因此，在对毛坯润滑之前必须进行表面处理。

毛坯的表面和润滑处理通常采用磷化后皂化，其工艺流程为：清除表面缺陷、化学去油、热水清洗、酸洗、流动水清洗，然后进行磷化处理（在磷酸盐溶液中，金属表面生成一层很薄的小片状磷酸盐结晶，结晶表面附有许多孔隙，容纳润滑剂并可在挤压过程中随金属变形一起流动）。磷化膜的厚度在10~20μm之间，它与金属表面结合很牢，而且有一定塑性，因而挤压时可随钢材一起变形。

磷化处理后的坯料还需进行润滑处理，通常利用硬脂酸钠或肥皂，即所谓皂化处理。使金属表面牢固地覆上一层硬脂酸钠做润滑或涂敷润滑剂，将变形金属与模具工作表面隔离，减少磨损，提高模具使用寿命。

4. 选择冷挤压设备

常用冷挤压设备主要有普通曲柄压力机、肘杆压力机、摩擦压力机、液压压力机及专用压力机等。按传动方式可分为机械与液压两大类型。机械挤压机的特点是挤压速度快，但挤压速度是变化的，对模具使用寿命和挤压制件性能的均匀性有不利影响，因此应用有限。对于大批量生产，通常采用液压压力机。

冷挤压设备的选择需满足冷塑性变形工艺要求，变形力应低于设备的名义吨位，根据挤压工作行程校核设备的输出力–行程曲线。特别对机械压力机，应注意其压力负荷角是否适于挤压工艺需求；要求设备具有较高的刚性、导向精度及相应的顶出机构；为防止挤压力超载可能造成的损坏，还要求设备具有过载保护装置。

五、冷挤压模具

冷挤压模具工作时承受的单位压力通常超过1500MPa，尽管在室温下工作，但强烈的金属流动摩擦导致模具工作部分的温度达200℃以上。因此，要求模具材料既有很高的强度和硬度，又必须具有承受冷热交变应力的能力。

1. 冷挤压模设计

冷挤压模具的工作零部件是指挤压时直接与坯料相接触的零部件，即凸模和凹模，其他非工作零部件的设计方法与一般冷冲模基本相同。

（1）凸模

1）正挤压凸模。正挤压凸模工作时只有底端面接触坯料，轴向尺寸较小，一般弯曲应力也较小，只需保证承压能力即可。通常可分为实心件挤压凸模和空心件挤压凸模两种类型。实心件挤压凸模结构如图11-26a所示，除保证抗压强度外，没有其他特殊要求。空心件挤压凸模则分为整体式和组合式两种。整体式挤压凸模如图11-26b所示。挤压时，芯棒承受轴向拉力作用并

与流动金属之间产生较大摩擦，制件脱模
易被拉断。因此，只适用于凸模本身与芯
棒直径相差很小的情况。芯棒长径比不大
于 1.5 时，可采用整体式挤压凸模。

为了便于维修和更换芯棒，可将空心
正挤压凸模做成图 11-26c 所示组合形式。
左侧 I 型凸模为固定式芯棒，成形后制件
与芯棒脱模困难，通常芯棒呈锥形时才采
用。II 型为浮动式芯棒结构，在凸模孔内
芯棒尾端装一根压簧，挤压或脱模时，芯
棒随金属向下适量移动，减小了被拉断的

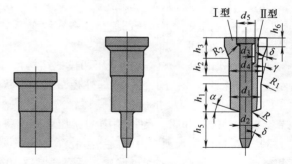

a) 实心件正挤压　b) 空心件正挤整体式　c) 空心件正挤组装式

图 11-26　正挤压用凸模的结构尺寸

可能性。黑色金属空心件正挤压时，常采用这种浮动芯棒式凸模结构。

凸模各部分之间均应圆滑过渡，两端不留定心孔。凸模上表面要比下表面大并以锥角过渡，
减轻对模座的单位压力并增加稳定性。正挤压凸模主要传递压力，控制金属流动是次要的，而金
属流动通常由芯棒来控制。因此，凸模工作部分尺寸较短，形状也简单。

2) 反挤压凸模。反挤压时，凸模同
时承担传递压力和控制金属流动的双重
作用。如图 11-27 所示，反挤压凸模可
以采用三种形式。图 11-27a 所示为锥形
平底凸模，挤压时，利用锥形底端面减
轻金属横向流动摩擦阻力。在凸模底转
角处设有工作带（高度 $h = 2 \sim 4mm$），
工作带直径比凸模本体直径大 $0.4 \sim$
$0.6mm$。改变工作带宽度可调节控制金
属流动效果，减轻非回转体制件的不均
匀变形。锥形平底凸模挤压时，还可保
证壁厚均匀，因而应用较多。图 11-27b

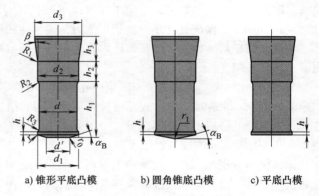

a) 锥形平底凸模　b) 圆角锥底凸模　c) 平底凸模

图 11-27　反挤压用凸模的结构尺寸

所示圆角锥底凸模可以降低单位挤压力，但不能保证挤压制件壁厚均匀，生产中应用较少。图
11-27c 所示平底凸模主要用于制件内表面要求平底面或单位挤压力较小的情况。

反挤压凸模通常带有减压结构即工作带，工作带以上凸模直径 d 小于挤压件内径 d_1，可减小
与流动金属的接触面积，进而减轻流动摩擦及制件粘模现象。夹紧部分做成锥形或阶梯形，增加
强度且便于拆卸。为防止凸模弯曲变形，对凸模有效工作高度 h_1 与工作带直径 d_1 之比 h_1/d_1 以及
工作带高度 h 有一定限制，有色金属反挤压时 $h_1/d_1 \leq 6$，$h = 0.5 \sim 1.5mm$；钢材反挤压时 $h_1/d_1 \leq$
3，$h = 2 \sim 3mm$。工作带直径 d_1 应等于挤压件内孔最大直径，凸模底端平面部分直径 $d' = (0.5 \sim$
0.7) d_1，其余部分可参考以下关系具体确定：$d = d_1 - (0.1 \sim 0.2)$；$d_2 = (1 \sim 1.3) d_1$；$d_3 =$
$(1.3 \sim 1.5) d_1$；$h_1 \leq 3d_1$（黑色金属），（有色金属，$h_1 \leq 6d_1$）；$h_2 = 0.5d_2$；$h_3 = (0.5 \sim 1) d_2$；
$\alpha_B = 5° \sim 7°$（黑色金属），（有色金属，$\alpha_B = 1° \sim 2°$），锥形平底凸模时 α_B 不宜超过 27°。

为减轻应力集中，沿凸模轴向应避免断面突然变化，过渡部分均采用圆角连接。

用反挤压软金属薄壁制件时，应开设通气孔，以避免卸料困难。有色金属反挤压时，凸模底
端面一般不抛光，可开设对称工艺凹槽，以增大端面摩擦，防止金属偏滑造成制件壁厚不均或凸
模折断。

（2）凹模

1）正挤压凹模。正挤压凹模主要需容纳变形金属，同时还兼有控制金属流动的作用，通常有整体和组合两种形式。

① 整体式凹模。整体式正挤压凹模的结构尺寸如图 11-28 所示。工作孔径 D_1 相当于制件杆部外径，出口形状是决定挤压效果的重要因素，与反挤压凸模一样，需设置减小变形阻力、调节金属流动的工作带。为抵消横向挤压胀力，将凹模外壁做成 $1°30'$ 的锥形，配入预应力圈内。型腔深度 h_3 根据置入毛坯高度和挤压之前导滑凸模的长度确定，后者通常取 10mm。凹模锥角一般取 $60° \sim 126°$，锥角过大不利于金属轴向流动，容易形成变形死区，同时降低润滑效果；锥角过小，增大凸模下端金属径向阻力，不利于流动变形。凹模收口处应以圆角连接，以避免应力集中导致模具开裂。工作带高度 h_1 根据挤压金属适当调整，挤压纯铝时，取 $h_1 = 1 \sim 2mm$；挤压硬铝、纯铜和黄铜时，取 $h_1 = 1 \sim 3mm$；挤压低碳钢时，可取 $h_1 = 2 \sim 4mm$。为减小金属挤出凹模口后的流动摩擦，应使工作带以下的孔径 $D_2 = D_1 + (0.5 \sim 1)$ mm。为保证具有足够的承压能力，通常使凹模底部高度 $h_2 > D$。

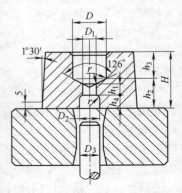

图 11-28 正挤压整体凹模的结构尺寸

整体式凹模加工容易，但在凹模内孔转角处因应力集中很容易劈裂。因此，挤压加工黑色金属时，不宜采用。

② 组合式凹模。为避免挤压凹模内孔转角处劈裂，可将凹模在易劈裂处分割开，做成组合凹模。如图 11-29 所示，分体式凹模具有几种不同的结构。其中，图 11-29a 为横向分体式凹模，在易产生劈裂处分成上、下两部分，可消除应力集中；图 11-29b 为纵向分割式凹模，将凹模镶块以 $0.02 \sim 0.05mm$ 的过盈量压入挤压筒延长部分，提高凹模横向受力强度；图 11-29c 将挤压筒和凹模镶块分别配入各自的预应力圈内，然后压入外预应力圈中；图 11-29d 采用硬质合金凹模镶块，增加凹模强度和硬度，并将其配入挤压筒体内。

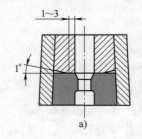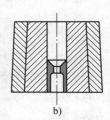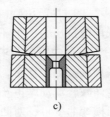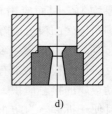

a)   b)   c)   d)

图 11-29 分体式正挤压凹模

2）反挤压凹模。反挤压凹模的作用是容纳变形金属并为其流动导向，因而需承受较大横纵压力。型腔多为具有一定形状的柱体，考虑磨损，设计时通常采用挤压制件平面轮廓尺寸的下偏差。反挤压凹模也分为整体和组合两种类型，前者常用于有色金属冷挤压，由于挤压黑色金属时的单位挤压力较大，因而需采用组合凹模。

常用反挤压凹模的结构如图 11-30 所示。其中，图 11-30a 为整体凹模，用于带下顶料装置的反挤压。图 11-30b 所示两种凹模也是整体式，左侧凹模结构简单、制造方便，但挤压腔底部转角处容易劈裂下沉；右侧凹模底部设有 25°沉割槽，有利于金属流动，适用于薄壁件反挤压，沉割槽可采用冷挤压型腔的方法加工；图 11-30c 是上、下分体式结构，为避免挤压时底部拼接处金属挤出，镶块加工和装配精度要求非常高，可用于大批量生产。图 11-30d、e 所示贯通式分体凹模可避免应力集中导致的劈裂，但需保证模具制造调试精度，以防挤压制件底部形成毛刺。

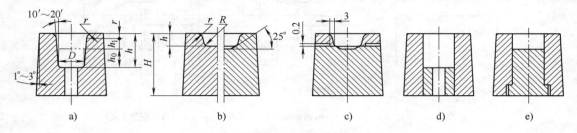

图 11-30　反挤压凹模的结构形式

　　反挤压凹模型腔与挤压制件外形尺寸相同。为减小金属流动阻力便于脱模，可根据制件精度要求将凹模内壁倾斜 $10' \sim 20'$。型腔内径取决于制件外径 D，型腔深度 h 等于坯料厚度 h_0、凸模导向长度 h_1 和凹模口圆角半径 r 之和。型腔底部厚度通常取 $(1/3 \sim 1/2) D$。

　　(3) 组合凹模中的预应力圈　为了尽可能抵消和平衡冷挤压时凹模所受径向胀力和切向拉力，根据自紧理论常将凹模以过盈形式压入预应力圈，将挤压附加应力转移到过盈配合及预应力圈中。根据挤压变形力大小，可采用多层预应力圈以加强保护效果。

　　1) 冷挤压凹模受力分析。冷挤压时的凹模受力与受内压厚壁筒相似，凹模内、外壁及其间任意点处半径分别为 r_1、r_2、r，内、外径比 $\alpha = r_2/r_1$，凹模内壁所受单位径向压力为 p 时，根据受内压厚壁筒的分析理论，可以给出径向压应力 σ_r 和周向拉应力 σ_θ 分别为

$$\sigma_r = \frac{|p|}{\alpha^2 - 1}\left(1 - \frac{r_2^2}{r^2}\right)$$

$$\sigma_\theta = \frac{|p|}{\alpha^2 - 1}\left(1 + \frac{r_2^2}{r^2}\right)$$

　　由上式可以看出，$|\sigma_r|$ 和 σ_θ 均随 $\alpha = r_2/r_1$ 增大而减小，如图 11-31 所示，$\sigma_{\theta max}$ 产生在凹模内壁处。如果忽略凹模侧壁所受轴向应力，认为 $\sigma_z \approx 0$，则处于平面应力状态时凹模侧壁的等效应力为

$$\bar{\sigma} = \sqrt{\sigma_r^2 + \sigma_\theta^2 - \sigma_r\sigma_\theta} = \frac{p}{\alpha^2 - 1}\sqrt{1 + 3\left(\frac{r_2}{r}\right)^4}$$

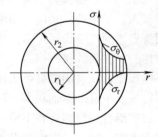

图 11-31　挤压时凹模壁部应力状态

　　上式表明，凹模的应力强度 $\bar{\sigma}$ 与内、外径之比 α 成反比。增大凹模内、外径比 α 可以增加凹模强度。但当 α 增大到一定值后（如 $\alpha = 4 \sim 6$），$\bar{\sigma}$ 的减小已经不明显。也就是说，仅靠增加壁厚来提高凹模抗断裂能力，在实际生产中是不现实的。因此，通常采用如图 11-32 所示预应力组合凹模结构来解决这个问题。即利用预应力圈对凹模施加径向预紧力，以平衡挤压时凹模所受径向胀力和周向拉力。

　　2) 预应力组合凹模的设计

　　① 确定组合层数。据资料介绍，在尺寸相同条件下，两层组合凹模的强度是整体凹模的 1.3 倍，三层组合凹模的强度是整体凹模强度的 1.8 倍，即预应力组合凹模的强度与其层数成正比。由于组合凹模层数越多，模具制造及安装调试越复杂，故生产中最常用的是两层或三层预应力组合。

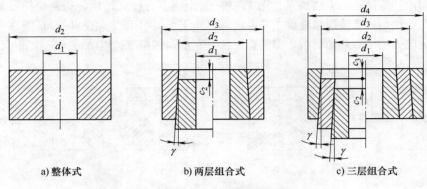

a) 整体式　　　　b) 两层组合式　　　　c) 三层组合式

图 11-32　预应力组合凹模结构

如果挤压凹模内、外径比为 4~6 时，整体凹模的许用单位挤压力 $p \leqslant 1100\text{MPa}$。而当计算单位挤压力 $1100\text{MPa} < p \leqslant 1400\text{MPa}$ 时，采用两层组合；$1400\text{MPa} < p \leqslant 2500\text{MPa}$ 时，可采用三层组合凹模，其压合接触面通常不能少于凹模外表面积的 70%。

② 组合凹模设计及压配。设计组合凹模时，通常采用总直径比 $\alpha = 4~6$ 来计算整体式凹模厚度。当采用两层组合时，可取内圈外径 $d_2 = \sqrt{d_1 \cdot d_3}$；采用三层组合时，$d_2 = 1.6d_1$，$d_3 = 1.6d_2 = 2.5d_1$，$d_4 = 1.6d_3 = 4d_1$。其中，$d_1$、$d_2$、$d_3$、$d_4 \cdots$ 分别为凹模内、外径及各层预应力圈外径的名义尺寸。

各层预应力圈之间的过盈量，根据相关资料或经验确定。可以采用压力机冷压配，也可加热压配（红套）。压配顺序通常由外向内压入，即先将中圈压入外圈后，再将内圈压入，拆卸时顺序相反。

（4）模具结构　冷挤压模结构与冷冲压相似，一般采用标准模架、导柱导套结构。图 11-33 所示为纯铝的反挤压模具结构示意图。由于反挤压变形量较大，采用两层预应力圈组合凹模。固定调整套用螺钉紧固在下模板上，作为四个均布调整螺钉的支撑壁。在模外将凹模内、外圈压配后，整体移至下模板上，在紧固螺钉处于松动状态时，利用调整螺钉推动半月形制动块微调凹模位置，最后用紧固螺钉将组合凹模固定在下模板上。反挤压制件成形后常箍在凸模上，因而需设卸件装置。该模具采用刮料板卸件。

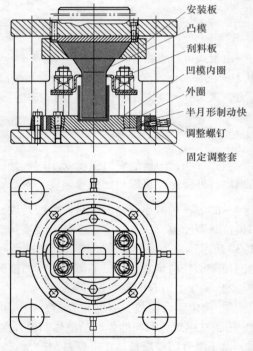

安装板
凸模
刮料板
凹模内圈
外圈
半月形制动快
调整螺钉
固定调整套

图 11-33　反挤压模具结构

正挤压凹模兼有容纳变形金属与控制金属流动两个作用，型腔需根据挤压件具体设计，应尽可能减小凹模型腔内表面粗糙度。凸、凹模双面间隙通常控制在 0.05~0.1mm 之间。

冷挤压模型腔工作部分的形状，应保证金属在挤出方向上变形均匀和流动速度一致，避免应力集中，以减小流动阻力和模具负荷。应使模具具有足够的动态强度和刚度，并在冷热交变应力条件下正常工作。

2. 挤压模制造

常用模具材料如 Cr12MoV、W18Cr4V 等都存在碳化物分布不均的组织缺陷，易导致抗弯强度和塑性下降。制造挤压模之前，必须对模块材料进行改锻，通过反复变形使内部碳化物分布均匀化。

组合凹模压合后，型腔尺寸会有所减小，其收缩量一般为 0.5% ~ 1%，模具设计与制造中应予以注意。凸模和凹模工作表面尽可能留有较小的磨削余量，以防磨削热引起表面裂纹。最好在磨削后去应力退火，可消除磨削残余应力。

由于冷挤压模的特殊工作条件，应在保证一定硬度的同时，尽可能提高工作零部件的韧性。生产中常通过"气体软氮化"来提高挤压模具的使用寿命，氮化温度在 570℃ 以下，金属组织不发生相变，因而氮化零件变形小，能够达到渗层硬度高、韧性好的要求，使模具零部件耐磨性、疲劳强度和抗咬合、抗擦伤性能都有很大提高。凸模淬火硬度通常取 61 ~ 63HRC、凹模淬火硬度为 60 ~ 64HRC。

3. 挤压模具材料的选用

冷挤压凸模和凹模通常在 1000 ~ 2500MPa 的单位压力下工作，要求模具材料具有很高的强度和硬度，才能防止其本身的塑性变形、开裂和磨损。挤压过程中产生的热量使工件和模具表面温度高达 300℃，因此，要求模具材料具有一定的热硬性，并在冷热交变应力下正常工作。

冷挤压有色金属的模具材料一般采用 Cr12MoV、Cr12、CrWMn 或 T10，钢材冷挤压模具通常选用 Cr12MoV、CrWMn、YG15 等。挤压温度为 200 ~ 400℃ 的温挤压模，可选用 Cr12MoV、W18Cr4V、W6Mo5Cr4V2 等。挤压温度在 700 ~ 850℃ 时，可选用 5CrNiMo 或 3Cr2W8V 等。冷挤压凸、凹模常用材料如表 11-11 所示。

表 11-11　冷挤压凸、凹模常用材料

模具零件名称	常用材料
凸　模	W18Cr4V，Cr12MoV，GCr15，W6Mo5Cr4V2，6W6Mo5Cr4V1，6Cr4Mo3Ni12WV
凹　模	Cr12MoV，CrWMn，GCr15，YG15，YG20，GT35

思　考　题

1. 与热锻相比，冷锻工艺有哪些特点？
2. 金属冷锻加工中，整体镦粗时容易产生哪些成形缺陷？如何防止？
3. 金属冷精压受哪些条件限制？如何防止精压后的表面凸起现象？
4. 冷锻和热锻的主要区别是什么？与热锻相比，冷锻有何优点？
5. 根据成形方式可将冷挤压分为哪几种工艺形式？其各有什么特点？
6. 从塑性变形状态来看，挤压加工与其他塑性成形相比有什么优点？
7. 为什么冷挤压毛坯需进行表面处理和润滑？通常采用什么工艺方法？
8. 为什么冷挤压凹模常需设置预应力圈？简述预应力圈的主要作用。

第十二章 其他金属体积成形方法简介

学习重点

　　了解型材及零件体积成形工艺方法及分类，重点了解棒材、管材的拉拔工艺方法及模具基本结构；了解板材和各种型材的纵轧扎制工艺，零件的横扎、斜轧及其横轧工艺过程；了解粉末冶金、摆辗、径向锻造和多向模锻的成形工艺方法及基本原理；了解半固态成形和胎模锻的工艺过程；了解快速原型制造技术的基本原理、工艺过程及其主要制造工艺方法。

第一节　型材及零件体积成形技术

一、拉拔成形

1. 拉拔概述

　　在外加拉力作用下，迫使金属坯料通过模孔后减小直径或横截面积，获得一定形状尺寸制品的成形方法称为拉拔，如图12-1所示。拉拔是制造棒材、管材、线材及各种型材的重要成形方法之一。

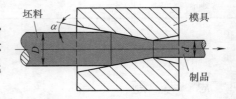

图 12-1　拉拔示意图

　　金属拉拔成形具有很悠久的历史，从20世纪20年代反张力拉拔经过50年代后期的强制润滑拉拔和辊模拉拔，到目前已经有了很大进展。特别是近年来开展的高速拉拔技术，成功地制造了多模高速连续拉拔机、多线链式拉拔机和圆盘拉拔机等，使拉拔进入先进成形技术阶段。目前，高速拉线机的拉拔速度可达80mm/s，拉制金属管材长度可达数十米。此外，在管、棒材成品连续拉拔矫直机上，还可以实现拉拔、矫直、抛光、切断、退火以及探伤等工艺。

　　利用拉拔可拉制各种金属制品，如图12-2所示，从0.002mm的细金属丝到直径大于500mm的金属管材，都可采用拉拔方法制出。

2. 拉拔工艺

　　按制件横截面形状，可将拉拔分为实心拉拔和空心拉拔。按成形时坯料的变形温度，还可分为冷拔和温拔。

a) 拉拔成形的细钢丝　　　　　　　　　b) 拉拔成形的管材

图 12-2　金属拉拔制品

（1）实心拉拔　实心拉拔如图 12-1 所示，主要用于棒材、线材及型材拉拔。拉制棒料可有多种截面形状，如圆形、方形、矩形及六角形等；线材拉拔也称拉丝，用于拉制各种金属丝、线以及电工用漆包线等；型材拉拔主要生产各种特殊截面的异形型材。

（2）空心拉拔　空心拉拔用于生产管材及各种空心异形截面的型材，如图 12-3 所示，根据使用芯棒不同，有多种拉拔工艺。

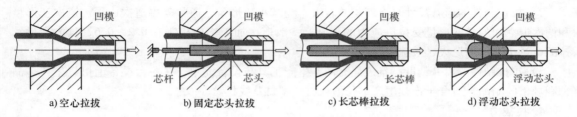

a) 空心拉拔　　　b) 固定芯头拉拔　　　c) 长芯棒拉拔　　　d) 浮动芯头拉拔

图 12-3　空心拉拔

1）空拉。拉拔时管坯内部不放芯头，仅靠凹模口约束使管坯外径减小的工艺方法称为空拉，如图 12-3a 所示。空拉时，管坯外径减小，根据工艺不同，管壁可减薄、增厚或保持不变。空拉管内表面粗糙，有时会产生裂纹。空拉适合小直径管及盘管等，通常用于减径量小或外轮廓整形管材的制造。

2）固定芯头拉拔。固定芯头拉拔是指利用带芯杆的短芯头进行的拉拔，如图 12-3b 所示。拉拔时，芯杆一端固定，管坯在外加拉力作用下通过模口时减径并减薄。拉制的管材内表面质量较好，应用广泛。但受芯杆长度限制，拉拔细长管相对困难。

3）长芯棒拉拔。长芯棒实际上是一种浮动芯头拉拔，如图 12-3c 所示。将表面抛光的芯棒插入管坯内，将芯棒与管坯一同拉出凹模口，可以获得较大的减径和减薄率，而且管内、外径尺寸相对精确。但由于芯棒长度须大于拉管长度，因而不适于拉制长管。另外，每道次拉拔后，需采用脱管法或滚轧使管材扩径后才能取出芯棒，工艺比较繁杂。一般，适用于拉制薄壁管或塑性较差的钨、钼管等。

4）浮动芯头拉拔。如图 12-3d 所示，浮动芯头拉拔时，利用芯头自身外轮廓形状与管内壁的摩擦而稳定在凹模口处实现管坯减径成形。适用于拉制长管和盘管，可以拉制管线长度千米以上，生产效率及质量都较高，是一种先进的金属拉拔工艺。但由于要求的工艺技术条件较高，难度也较大，因此，普及相对困难。

5）扩径拉拔。将连接有扩径芯头的芯杆从固定小直径管坯的后端插入，然后向前方拉动芯杆，利用扩径芯头外轮廓使管坯直径增大，壁厚和长度减小，如图 12-4 所示。当受到设备能力限制时，常采用扩径拉拔来改制大直径管材。

6）顶管法。如图 12-5 所示，顶管法是指将小直径芯棒插入带底大直径管坯中，利用芯棒将管坯从凹模口一侧顶出实现减径变形，常用于改制小直径管。

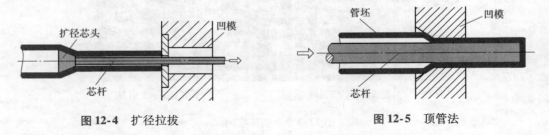

图 12-4 扩径拉拔   图 12-5 顶管法

末道次拉拔通常在室温进行，但对于如合金钢、铍、钼、钨及具有六方晶格的锌、镁合金等一些塑性较差、强度较高的金属，通常可采用中间道次温拔工艺。

3. 拉拔工艺的特点

1）拉拔过程中，金属在拉拔模内产生塑性变形。通过模口后坯料的截面形状和尺寸与模口及芯棒相同。因此，改变拉拔模口或芯棒的形状，即可获得相应的拉拔制品。

2）拉拔制件的形状尺寸与毛坯相差较大，为减小变形量，通常需多道次成形。道次变形量和两次退火间的总变形量受拉拔应力的限制，一般道次加工率应控制在 0.2 ~ 0.6，过大会导致拉断，过小则增加退火、酸洗工序，降低生产率。

3）拉拔制件的尺寸精度高且表面光洁，生产工具与设备简单，在一台设备上可以生产多品种和规格的制品，适合于连续生产细长的棒材、型材及线材。

4. 拉拔力

拉拔力是选择模具材料、结构及设备等的重要工艺参数，其大小受诸多因素的影响。

1）变形材料的力学性能。拉拔力一般与变形金属的抗拉强度成线性关系，因此，材料的强度、硬度越高，所需拉拔力也就越大。

2）变形程度的影响。拉拔力与金属变形程度成正比，即随坯料断面收缩率增加而增大。

3）凹模倾角的影响。一般拉拔模倾角 α（见图 12-1）在 4°~9°范围内时，拉拔应力随 α 增加而减小。但当 $\alpha > 9°$ 以后，拉拔应力随 α 增大而增大，其间存在一个最佳模角。通常随变形程度增加，最佳模角 α 值逐渐增大。

4）拉拔速度的影响。通常，低速拉拔（$v < 5\text{m/min}$）时，拉拔应力随 v 增加而增大。$6\text{m/min} < v < 50\text{m/min}$ 时，拉拔应力逐渐下降，继续增大拉拔速度时，拉拔应力变化不明显。

5）摩擦与润滑。摩擦与润滑对拉拔应力的影响，主要与模具材料和润滑效果有关。其中，模具材料越硬，凹模口抛光精度越高，坯料与模具表面的粘接可能性减小，拉拔应力因摩擦力减小而减小。采用钻石模拉拔时，拉拔力最小，而钢模的拉拔力相对较大。为减轻拉拔中的摩擦影响，可采用流体动力润滑方法使坯料与凹模口表面之间形成较厚的润滑膜，来克服变形过程中的摩擦。另外，使模口或芯棒振动的方法，也可有效降低拉拔力。

拉拔力可以采用主应力法、滑移线法、上限法以及有限元法等计算得出，也可采用实测或通过确定传动功率、能耗的方法间接求得。

5. 拉拔工具

拉拔工具主要指拉拔模和芯头，如图 12-6 所示。

（1）拉拔模 拉拔模通常也称拉模，根据凹模口断面形状，可分为如图 12-7 所示锥形模和弧线形模两种。其中，锥形模广泛用于拉拔棒材、管材、型材及较粗线材，而弧线形模通常只用于拉拔细线材。根据模口对通过坯料的变形约束作用，可将锥形模口分为图 12-7a 所示的四个部分。

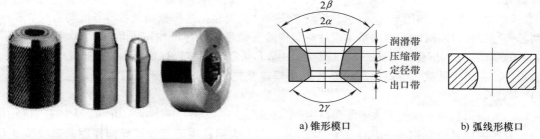

图 12-6 硬质合金外模、浮动芯头及内螺纹芯头　　　图 12-7 拉拔模口的形状

1）润滑带。也称入口锥或润滑锥，主要作用是便于润滑剂进入凹模口，以减轻摩擦，并带走拉拔金属的变形热、摩擦热及脱落的金属屑。润滑锥角 β 通常取 40°～60°，过小造成润滑剂流失，过大则排屑效果不好，还会导致制件表面划伤。润滑带的长度取制件直径的 1.1～1.5 倍。有时为制造方便，拉制管材或棒材时，可用 $R = 4 \sim 8$mm 的圆弧代替润滑锥形状。

2）压缩带。又称压缩锥，是使坯料产生塑性变形的工作部分。锥形压缩带适合于大变形率（35%）变形，而弧线压缩带，则既适用于大变形率也适用于小变形率（15%）变形，但只用来拉制直径小于 1.0mm 的细线材。模角 α 是拉拔模口的重要参数，α 角过小，坯料与模具表面接触面积增大。α 角过小，金属在变形区内流动弧度增大，易产生流动切应力。最佳 α 角随坯料与模口之间的摩擦因数增大而增加，α 常取 6°～9°。通常需根据模具和坯料材质具体确定。

3）定径带。定径带决定型材最终外径尺寸，其合理形状应是柱形。考虑到制件公差、弹性变形及模具使用寿命，定径带内径应略小于产品外廓名义尺寸。确定定径带长度时，应考虑坯料与模口摩擦所带来的负面影响，制件外径在 5～400mm 之间变化时，定径带长度应在 1～6mm 之间取值，即随制件外径增加而加大定径带有效长度。定径带的表面粗糙度与产品的表面精度直接相关，制造时需精确打磨。

4）出口带。为防止拉拔制件通过定径带之后产生的弹性变形、剥落或表面划伤，出口带应开出 $2\gamma = 60° \sim 90°$ 的锥角，其长度可取（0.2～0.3）D（D 为制件直径），过渡区应保证光滑。

生产中通常使用的多为普通拉拔模，此外还有辊式拉拔模、旋转拉拔模等。辊式拉模主要由带型槽的辊子组成，出口侧的辊子孔型为圆形，可减小模口与坯料之间的摩擦力，仅适用于直径 2mm 以下的线材拉拔。辊式拉拔模具有提高道次压缩率的优点，通常可达 30%～40%。改变辊子中心距，可拉制变截面型材。旋转式拉拔模利用涡轮机构带动内套和凹模旋转实现拉拔，可使坯料变形均匀，减小拉制产品的断面椭圆度。

（2）芯棒及芯头　芯棒可以分为固定短芯棒和浮动芯头两种。生产中，常将芯棒分成芯头和芯杆两部分，使用时用螺纹将它们联结成一体。

1）固定短芯头。固定短芯头可分成实心和空心两种，如图 12-8 所示。空心芯头用于拉制内径大于 30～60mm 的大直径管材，而拉制内径小于 30mm 的管材时，常采用实心芯头。

 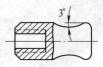

a）圆柱形空心芯头　　b）锥形实心芯头

图 12-8 芯头形状

一般，短芯头外形为圆柱形，如图 12-8a 所示。为减小管壁与芯头表面的摩擦，且便于调整管壁厚度，可将短芯头做成带有 0.1~0.3mm 锥度的锥形芯头，也可做成如图 12-8b 所示的内凹曲面形状。芯头长度根据计算或参考资料确定。拉制管径小于 5mm 的管材时，还可利用钢丝代替芯头。

2）浮动芯头。如图 12-9 所示，浮动芯头尺寸主要包括芯头锥角及各段长度与直径。根据浮动芯头与凹模口之间的受力关系，设计时应使芯头锥角 α_1 小于凹模口锥角 α，且大于芯头与管坯之间的摩擦角 β，即保证 $\alpha > \alpha_1 > \beta$。其中，$\beta$ 是芯头稳定在变形区的条件之一。若不符合 $\alpha_1 > \beta$ 的条件，芯头将被拉入模口，造成断管或从模口被拉出。为了保证润滑效果，通常取 $\alpha - \alpha_1 = (1° ~ 3°)$。

芯头小圆柱带长度 l_1 应大于凹模口定径带长度 l，一般取 $l_1 - l = 6~10mm$。大圆柱直径 D_1 应小于管坯内径 d_0，常取 $d_0 - D_1 = 0.1~0.4mm$。芯头大圆柱主要起管坯导向作用，该段长度 l_3 不宜过长，可取 $l_3 = (0.4~0.7)d_0$。芯头圆锥段长度 l_2，可根据公式 $l_2 = (D_1 - d)/(2\tan\alpha)$ 计算求得。

关于管材和空心型材，也可以采用轧制或挤压方法制造。这时，根据挤压机的结构、被挤压金属或合金的性能及挤压温度等条件，可以采用实心锭或空心锭作为毛坯。当毛坯为实心锭时，用来穿孔的工具称为穿孔针；而在空心锭挤压时称为芯棒。

二、轧制成形

使金属坯料靠摩擦力咬入相互作用的轧辊之间，利用旋转轧辊的压力作用使其产生连续变形，获得所需截面形状尺寸的制品并改变其性能的塑性加工方法称为轧制。图 12-10 所示为在万能轧机上进行的工字钢轧制成形。

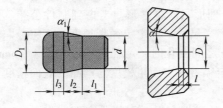

图 12-9　浮动芯头与凹模口的形状尺寸关系

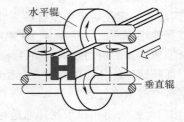

图 12-10　工字钢的轧制成形

1. 轧制成形的特点及分类

（1）轧制成形的特点　轧制最本质的变形特点是金属在变形区内产生连续性变形，一般用于制造如图 12-11 所示各种金属型材、板材及管材等，通常称为一次塑性成形。

图 12-11　轧制的金属型材

近年来，轧制工艺正在逐步向零件加工方向发展，轧制如图 12-12 所示各种形状尺寸的机械零件。轧制零件具有精度高、质量好、生产率高及成本低等优点，并可减少材料消耗。因此，在机械制造领域中获得了越来越广泛的应用。

图 12-12　轧制的机械零件

（2）轧制工艺分类　根据轧辊轴线与坯料轴线的位置关系及轧辊的旋转方向，可将轧制分为纵轧、横轧、斜轧和楔横轧等。

轧制成形原理如图 12-13 所示。纵轧时，轧辊轴线与坯料轴线垂直，两轧辊的旋转方向相反，坯料不旋转，仅作直线运动，产生连续拔长和少量展宽变形；横轧时，轧辊轴线与坯料轴线平行，两轧辊旋向相同，坯料旋转过程中在垂直于轧辊轴线方向上进给，通常用于零件轧制。

斜轧也称螺旋斜轧，是轧辊轴线与坯料轴线相交成一定角度的轧制方法；楔横轧与横轧类似，不同的是楔横轧利用轧辊上的楔形模具实现零件轧制成形。

2. 轧制工艺

（1）纵轧　纵轧的工艺方法较多，其中主要有型轧、辊轧（也称辊锻）及环轧轧制等。

1）型轧。型轧主要用于各种金属型材的轧制成形。如图 12-14 所示的圆钢、方钢、板材及各种型材等，都属于型轧的工艺范畴。

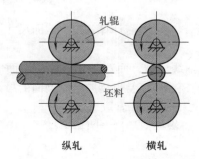

图 12-13　纵轧与横轧

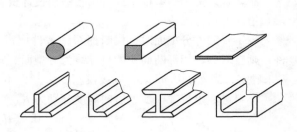

图 12-14　型材轧制

2）辊轧。辊轧也称辊锻，是将轧制原理应用到锻造中的一种回转成形工艺。锻造拔长是间断性变形，而辊轧则是连续性拔长变形，是典型的纵轧工艺。辊锻是使坯料咬入一对相对旋转的轧辊上所装有扇形模具的间隙中，利用模具传递压力使其产生变形，从而获得所需零件的锻造方法，如图 12-15 所示。辊锻原理与轧钢相似，不同之处在于轧制型材时的型槽直接做在轧辊上，而辊锻是将扇形锻模紧固在轧辊上，且可随时更换。

① 辊锻的工艺特点。一般锻模的工作行程是直线运动，而辊

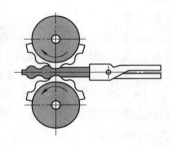

图 12-15　辊锻顺向送料成形

锻模工作时做旋转运动；普通轧制时的轧辊整个圆周都是工作面，而辊锻时，只有扇形模部分对坯料施压成形。辊锻瞬间，锻模只与坯料的一部分相接触，所需设备吨位小；辊锻空行程短，生产率是锤上模锻的 5～10 倍；辊锻的纤维方向按锻件轮廓分布，力学性能好，辊制螺纹比切削螺纹提高抗拉强度 10%～25%、疲劳强度 40%、冲击强度 100%；辊锻时，模具与坯料滚动接触，磨损小、使用寿命长。

但辊锻时没有封闭型腔来全面控制金属变形，导致成形制件的尺寸精度和表面质量相对较差。

② 坯料咬入及送料方式。辊锻时，坯料作垂直于轧辊轴线方向的运动，进、出靠轧辊自动完成。因此，如何使坯料被咬入模具非常重要。

辊锻时通常有顺向和逆向两种坯料进给方式。顺向送料时，坯料沿轧辊旋转方向送进，端部被锻模咬入，如图 12-15 所示。顺送还可分自然咬入和强迫咬入两种方式，后者需借助于送料机实现送进。逆送是指坯料逆着轧辊旋转方向送进，即将坯料置于没有锻模的两轧辊之间，被旋转的扇形锻模从中间某一部位咬入，如图 12-16 所示。锻模凸起部分开始咬入坯料的瞬间，不受摩擦条件影响，其咬入角增大 1.3～1.5 倍，可达 32°左右。

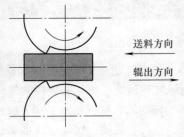

图 12-16　辊锻逆向送料成形

③ 辊锻模。辊锻模分为制坯模和成形模两种类型，设计方法略有不同。

a. 制坯辊锻模。与模锻制坯型腔设计方法类似，首先根据锻件图绘制出锻件截面图和计算毛坯图，然后确定辊锻道次。此时，按辊锻毛坯最大截面尺寸选取坯料尺寸，然后根据辊锻前、后的截面面积 A_0 和 A_n 算出总延伸系数 $\lambda_z = A_0/A_n$。设平均延伸系数 λ_m（常取 1.4～1.6），则辊锻道次 n 按下式计算

$$n = \frac{\lg \lambda_z}{\lg \lambda_m} \tag{12-1}$$

制坯辊锻常用的型槽系列可由辊锻模设计资料中查取，之后还需计算各道次截面尺寸及各成形型槽几何尺寸等。

确定辊锻件分型面时，横断面对称锻件应沿其对称轴线分型；而对于非对称横断面的辊锻件，则应取具有相等断面积的分界线为分型面。辊锻件的模锻斜度常以型腔至分型面的最大高度 h 来确定，当 $h \leqslant 10mm$ 时，取拔模斜度为 3°，$10mm < h \leqslant 35mm$ 时，常取 10°。

坯料进、出辊锻模前、后的高度分别为 $H_入$、$H_出$ 时，辊锻件形状过渡圆角半径

$$r = 0.5(H_入 - H_出)$$

辊锻模型槽如图 12-17 所示，辊锻时，上、下辊模之间应留有 $s = 1～3mm$ 的间隙，坯料在锻辊半径方向压缩而沿长度方向流动，产生的展宽变形量可按 $b = (0.3～0.5)(H_入 - H_出)$ 近似估算，高温辊锻时取较大系数。

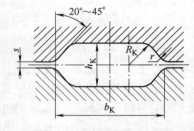

图 12-17　辊锻模型槽尺寸

b. 成形辊锻模。设计成形辊锻模时，首先确定辊锻道次，每道次延伸系数比制坯辊锻略大，一般取 1.5～2.5，按式（12-1）计算道次数。分别按热锻件图或热辊锻件图设计终锻型槽或初成形型槽，同时需考虑坯料体积分配、成形辊锻的对中性和稳定性、填充相邻区段形状和尺寸的差异性、送料稳定性等。

辊锻是旋转成形，金属产生连续静压变形，一般辊锻模采用 45 钢即可满足使用要求，型槽

表面热处理硬度 45～50HRC，其余部位可略低。为提高模具使用寿命，辊锻前应将模具预热至 200℃左右，通常采用二硫化钼作润滑剂。辊锻采用专用辊锻机，在保证满足所需变形力的条件下，一般以公称辊径来选择辊锻机。

④ 辊锻的应用。从制件形状来看，辊锻主要适用于三类制件的成形加工。宽厚比和长宽比相对较大的盘类零件，如扳手、犁铧等；沿长度方向横截面积递减的锻件，如叶片等。辊锻叶片与铣削加工相比，提高生产率 2.5 倍，材料利用率提高近 4 倍。同时，辊锻叶片强度高，金属流线分布合理，使用性能大为提高。此外，比较成熟的是辊锻杆类零件，如柴油机连杆、拖拉机连杆等，已经形成制坯及零件的批量生产，部分产品如图 12-18 所示。

a) 连杆　　　　　　　　　　　　　b) 阶梯轴

图 12-18　辊锻成形产品

3）环轧。环轧也称辗环、碾压或扩孔，是利用辗辊的转动压力扩大环形坯料的内径和外径的加工方法，如图 12-19 所示。

① 环轧工艺分类。环轧是制造具有周向流线的无缝环形件的成形工艺。按照环轧时的坯料变形方向，可将其分为径向环轧和径-轴向环轧两种类型。

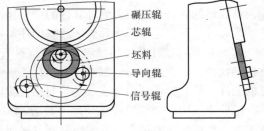

碾压辊
芯辊
坯料
导向辊
信号辊

图 12-19　辗环加工

径向环轧时，环壁金属径向压缩，沿切向延伸，即使轴向不受轧辊限制，展宽量也很小。主要适用于矩形截面、带沟槽截面及十字形截面类环件成形。

径-轴向环轧是在径向环轧基础上，加设端面轧辊使坯料产生轴向变形的环轧方法，可用于环壁较厚或截面形状复杂的大型环件成形。

② 环轧工艺特点。环轧加工时，坯料产生局部连续变形，流线分布合理，变形区处于芯辊与轧辊之间；通常压下量较小，可能发生表面变形，变形力仅为常规锻造的 1/20～1/5。

环轧制件精度高，小型环件冷轧后的外形公差为 ±0.05mm，直径公差 ±0.12mm；盘形件环轧高度公差可达 ±0.025mm，表面粗糙度可达 $Ra0.4～0.8\mu m$。

环轧制件的尺寸和生产批量几乎不受限制，甚至可辗轧几米直径、质量 10t 的环件；材料耗费率仅为机械加工的 1/2～1/8，制造费用可减少 60%。

环轧加工劳动条件好，无噪声、振动，易于实现机械化自动化。

③ 环轧工艺过程。环轧通常是在坯料加热状态下进行。工作时，主动辊（碾压辊）转向与信号辊和导向辊转向相同，与从动辊（芯辊）转向相反。碾压辊在电动机带动下旋转并下压，接触环坯后带动芯辊反向旋转，使环坯切向伸长，轴向略有增宽，主变形是环壁减薄，内、外径增大。导向辊随环坯外径增大而向外移动，诱导环坯保持圆形并防止其中心位置左右摆动，增加

成形稳定性。信号辊也称控制辊，主要作用是当环坯成形至适当尺寸产生接触时发出精辗信号，最后再输出停机信号。环轧件的形状尺寸精度由碾压辊、导向辊及信号辊的位置精度保证。

环轧过程中，加热环坯近1000℃高温的热传递使碾压辊和芯辊的温度常达500～700℃，确定工艺时，应考虑轧辊的热膨胀系数，必要时还需水冷降温。与其他成形工艺不同，减轻环坯与碾压辊表面的摩擦会降低环轧效率，因而一般环轧面不润滑。

④ 环轧方式。径向环轧时，环坯上、下端面呈自由变形状态，变形结束后上、下端面易形成凸起或凹陷。因此，常采用图12-20所示双向（径－轴向）环轧工艺。即在径向环轧的基础上，增设一对工作表面与主碾压辊和芯辊的旋转轴相垂直的轴向轧辊。径向环轧的同时，轴向轧辊工作表面对环坯上、下端面施加一定压力，可获得端面平直的环件，还可保证精确的厚度尺寸，提高环轧质量。

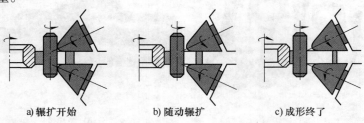

a) 辗扩开始　　　　　　b) 随动辗扩　　　　　　c) 成形终了

图 12-20　卧式环轧机上双向环轧

⑤ 环轧工艺应用。环轧适用于任何可锻金属环形零件的成形，常用材料包括碳钢、合金钢、铜及难成形的钛合金等。无缝环轧件的应用包括抗磨轴承环、齿轮轴、火车轮轴承及航空发动机转动环和静止环，还可用于环轧核反应堆环形零件及阀体等。

（2）横轧　横轧是使坯料咬入一对位置确定且反向旋转的轧辊中，轧辊外缘具有与待成形制件形状相同的型槽，对辗过程中向坯料施加径向压力使其逐渐被压入型槽内，形成一定形状尺寸的制件。横轧时坯料内部流线趋势与制件轮廓一致，可提高力学性能。

横轧主要用于加工回转体零件，如图12-21a所示齿轮横轧。金属强度较高时，可采用热横轧工艺。热横轧时，带齿形轧辊向只能自转而不能平移的加热齿坯进给，迫使轧辊与齿坯对辗，齿坯外缘的一部分金属受压形成齿谷，相邻部分金属受轧辊齿形反挤产生径向流动形成齿顶。为保证轧制过程中齿坯温度，可在齿坯外缘设置感应加热装置。

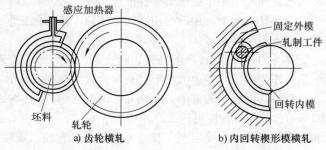

a) 齿轮横轧　　　　　　　　　　b) 内回转楔形模横轧

图 12-21　横轧

图12-21b所示为内回转楔形模横轧，使轧坯在同心布置的固定外模与回转内模之间受到回转内模的自转辗压，轧坯产生自转的同时绕轧辊中心公转，最终被轧制成形。

（3）斜轧　斜轧也称螺旋斜轧，是制造变截面零件的轧制工艺。斜轧时，倾斜配置一对轧辊同向旋转，轧坯在轧辊转动力作用下反向旋转并作轴向移动，即产生螺旋运动使其径向压缩轴向伸长。根据轧制零件的形状特点，通常可分斜轧回转体和斜轧螺旋体。

回转体斜轧时，轧坯在轧辊周向旋转带动及随螺旋孔型推动下产生轴向进给，同时在轧辊辗压作用下绕其自身轴线反向转动，被挤入轧辊型槽内时形成制件形状。由于坯料同时受到圆周方向和进给方向两个力的作用，移动过程中可能会偏离轴线，因此，通常需要设置导板。图 12-22 所示为螺旋斜轧钢球的工艺过程。棒料在轧辊型槽内受到辗轧，在出口处由上、下轧辊凸筋交错分离成单球。

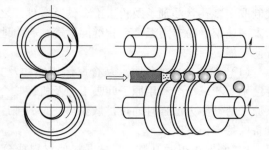

图 12-22　螺旋斜轧钢球

螺旋体斜轧时，轧坯轴向与轧辊轴向倾斜一个角度，轧辊旋转的垂直速度使轧坯作旋转运动，而其水平速度推动轧坯轴向进给，逐渐轧出齿纹或螺纹。

孔型模具设计主要依据是体积不变原则和连接颈相适应原则，前者是指封闭孔型区段内金属体积为一常数，即产品体积与连接颈体积之和；而连接颈相适应原则要求在任意位置的凸棱与连接颈长度相适应。显然，二者相辅相成，对一般斜轧孔型设计是普遍适用的。但对于不同斜轧制件，需要根据产品具体形状尺寸进行相应计算。

斜轧通常需在专用机床上进行，目前常用的专用机床主要有三种。其中，穿孔式斜轧机适合于轧制精度要求不高的大型制件；机床式斜轧机用于轧制尺寸精度要求较高的小型制件；而钳式斜轧机结构紧凑占地面积小，主要用于轧制钢球一类产品。

斜轧适合于轧制形状呈周期性变化的毛坯或零件，如钢球、滚柱、轴承内圈、翅片管及麻花钻等，还可以直接热轧出带螺旋线的高速钢滚刀及冷轧丝杠等。斜轧麻花钻头时的材料利用率可达 90%，而且纤维连续，轧件内部晶粒被细化、碳化物分布均匀，可使热硬性提高。此外，由于斜轧时辗压成形的钻沟光滑，可相对改善钻头工作时的排屑性能。

（4）楔横轧　楔横轧与横轧相似，但楔横轧的轧辊上装有带楔形的模具。成形时，坯料在两个作相向平面运动的平板楔形模或在两个同向旋转的圆弧楔形模之间被横向轧制，受楔角辗压作用而直径减小，长度增加。如图 12-23 所示，利用楔横轧可以轧制各种轴类、特别是阶梯轴或变截面轴类零件。

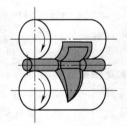

图 12-23　楔横轧

楔横轧是一种高效金属成形方法，具有产品精度高、工作载荷小、设备质量轻及生产率高等优点。轧制各种台阶轴时，材料利用率达 80% ~ 90%。对于精度要求不是很高的金属制品，楔横轧后可直接使用。利用楔横轧为模锻制坯，可节省金属材料 10% ~ 15%。

第二节　特种成形工艺

一、粉末冶金成形

粉末冶金是制取特殊金属合金粉末材料并以其为原料制造机械零件的工艺技术。

1. 粉末冶金概述

现代粉末冶金技术的发展有三个重要标志。首先，克服了难熔金属的熔铸困难，如 1909 年利用粉末冶金技术成功制造了电灯钨丝,1923年产生了粉末冶金硬质合金。其次,20世纪30年代制取出多孔含油轴承及粉末冶金铁基零件。之后,在20世纪40年代出现金属陶瓷,60年代末粉末高速钢、粉末高温合金相继问世等,有力地推动了先进制造技术向更高级的新材料、新工艺方向发展。

(1)粉末冶金的特点　从金属组织结构及其形成过程来看,粉末冶金与熔炼、铸造有本质性区别。粉末冶金利用原子间吸引力及机械咬合作用使粉末结合成金属整体,在烧结中利用高温下原子活动能力增强且通过扩散获得一定的强度及组织。因此,粉末冶金具有传统金属加工所不具备的特点。

1)制取多组元材料。机械混料使材料成分相对均匀;烧结温度低于熔点可避免密度偏析;发挥每种组元的特性获得所需的综合性能;组合金属与非金属制成物理、力学性能达到或超过现有合金的特殊材料。甚至还可制成由互不相溶金属或金属与非金属组成的伪合金,如铜钼合金和铜钨合金等。

2)制取硬质合金和难熔合金。利用压坯自身电阻加热,在真空或保护气氛中烧结,可制备含钨、钼、钛等高熔点合金。能够制成难熔合金及其碳化物的混合材料,如制成硬质合金、立方氮化硼等,再通过烧结制成超硬切削刀具。

3)制取特种材料及零件。由于基体粉末不熔化,保留颗粒间空隙,控制粉末粒度和形状,可制取具有预定孔隙或孔隙度的多孔材料、含油零件及过滤元件等。

4)成形制件精度高性能好。粉末锻造制件的表面粗糙度值低、力学性能好,内部组织均匀而不呈现各向异性,且耐磨性显著提高。另外,粉末冶金铁碳合金零件还可进行淬火、渗碳及氮化处理等。

利用粉末冶金工艺方法生产的制件密度一般只能达到$6.2 \sim 6.8 \mathrm{g/cm^3}$,内部存在空隙,强度和韧性较差,通常需加热锻造使其达到或接近金属理论密度的95%。另外,粉末冶金压制所需比压较高,模具成本高,因此,只能用于中、小型零件的批量生产。

(2)粉末冶金的应用

1)粉末合金材料。利用粉末冶金制成常规材料制备工艺所不能生产的特殊材料,如烧结硬质合金、磁性材料、多孔材料及含油、减摩、耐磨材料等。

2)粉末冶金零件。如图12-24所示,利用粉末冶金工艺制成滑动轴承、铜基或铁基含油轴承及轴承套等减摩零件,可实现自润滑。粉末冶金制动件和离合器片等,具有良好的耐磨性。将锡青铜 – 石墨粉末合金或铁 – 石墨粉末合金经油浸处理后,用碳化钨与钴烧结制成硬质合金刀具,用氧化铝、氮化硼、氮化硅等合金粉末烧结制成金属陶瓷刀具等。

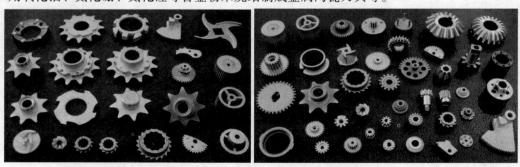

图12-24　粉末冶金产品

粉末冶金技术在汽车制造业中的应用更为突出，发动机、变速器、底盘总承中也有许多零件，如连杆、齿轮、气门挺杆、离合器凸轮等均可采用粉末冶金成形方法制造。据统计，在日本，每台车上有 40~60 个烧结零件。美国制造汽车所用粉末金属 1995 年就已经达到 12.7kg/车。表 12-1 列出了粉末冶金产品的主要用例。

表 12-1　粉末冶金产品的用途示例

工业部门	粉末冶金产品的用例
汽车及拖拉机制造工业	凸轮、轴承衬、油泵齿轮、气门套管、制动片、活塞环、含油轴承、垫圈、摩擦离合器片
一般机械制造工业	硬质合金、金属陶瓷、立方氮化硼刀片、滤油器、含油轴承、衬套、滚轮、拨叉、齿轮、模具、量具、刀具
电机、电器制造工业	碳刷、磁极、触点、衬套、真空电极材料、磁性材料
军事工业	穿甲弹头、多孔炮弹箍、军械零件
宇航工业	耐热材料、固体燃料、火箭与宇航零件
办公用具工业	偏心轴、调整垫圈、齿条导板、小型轴承

2. 粉末冶金制品的结构工艺性

粉末冶金法零件除须满足使用要求外，制品结构必须适合粉末冶金生产的工艺要求。

由于金属粉末的流动性不好，特殊形状的制件不宜模压成形。另外，压制时比压较大，模具薄弱部位易损坏。因此，要求制件结构尽可能简单，便于压制及脱模。一般，制件长径比应小于 3；阶梯圆柱形制件，各级直径差不宜大于 3mm；制件形状应避免尖角，圆角半径不小于 0.5mm；避免狭长槽和细长臂，制件上的孔、槽不应垂直于压制方向。表 12-2 所示为改善粉末充填模腔条件的压坯设计示例。

表 12-2　改善粉末充填模腔状况的压坯示例

不适当的压坯形状		经修改后的压坯形状	
图例	不适当部位的说明	图例	修改要点
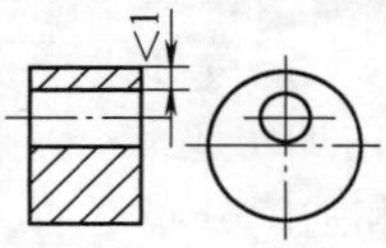	粉末不易装均匀，压坯密度不均匀，烧结时易变形	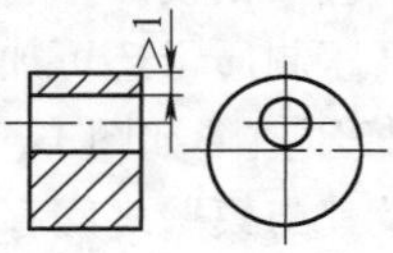	用加厚薄壁的方法减少壁厚差，便于装粉压制，压坯密度较均匀，烧结时可减少变形
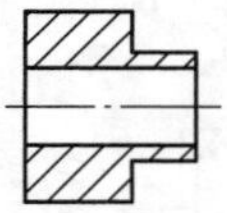	壁厚急剧变化，装粉不均匀，压坯密度不均匀，易损坏，烧结时易变形	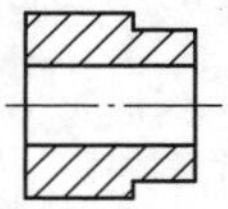	适当加厚薄壁部分，减少壁厚的急剧变化，有利于装粉、压制、脱模、烧结时可减少变形
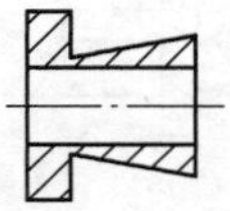	倒锥度一般是不可压制的，也不便脱模	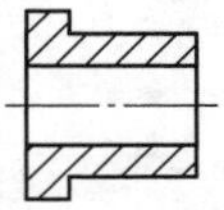	把倒锥度填补起来，烧结后用机加工方法做出倒锥度
尖角 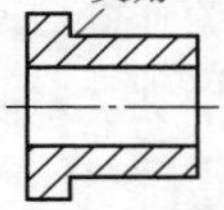	当法兰和主体分界处的转角为尖角时，不利于粉末充填和流动，压制时易产生应力集中，易开裂	$r>0.25$ 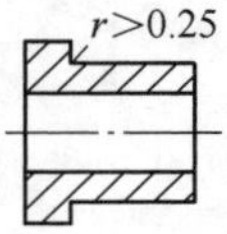	把转角做成 $r>0.25mm$ 的圆角，便于粉末充填和流动，压制时可避免应力集中和开裂

3. 粉末冶金成形工艺过程

粉末冶金成形工艺如图 12-25 所示，大部分粉末冶金制品经压制烧结后即可作为成品使用，部分零件要求的力学性能较高，还需锻造成形。因此，通常分为粉末压制成形和粉末锻造成形两部分。

图 12-25　粉末冶金成形工艺过程

（1）粉末压制成形过程　对力学性能要求不是很高的粉末冶金制件，需经制粉、混配料、压制、烧结及相应的后处理工序。

1）制粉。在物料准备阶段将粉末退火，消除表面氧化物和吸附气体及其加工硬化现象，然后再进行筛粉。粒状粉末越细，流动性好，充型能力强，成形制件的性能越好。典型粉末如图 12-26 所示。粉末制备有机械法、物理法和化学法等多种工艺方法，目前生产中常用的是机械制粉法。

2）混、配料。混料是按照配比计算结果将各种化学组元混合成均匀的混合物，还需加入相应的添加剂、增塑剂等，然后再制粒、烘干、过筛。配料是为了提高粉末的成形性能。

图 12-26　典型粉末

3）压制。压制是给置于封闭模具型腔内的松散粉末加压，使之产生塑性变形并压合成压坯或零件的工艺过程。常温压制包括钢模冷压、静液压制、等静压制、注射成形、粉末轧制、粉末挤压及粉末锻造。有时为提高压制质量还可加温压制，如温压、热锻、热挤压、热等静压等。

① 普通模压成形。普通模压成形如图 12-27 所示，即将粉料装入钢制模内加压成形。

压制过程中，粉末之间及其与模壁之间存在摩擦，导致压坯各部位密度和强度分布不均，如图 12-28a 所示。为提高压坯密度的均匀性，可采用如图 12-28b 所示的双向压制工艺。

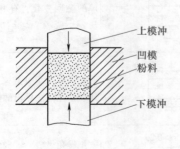

图 12-27　模压成形示意图

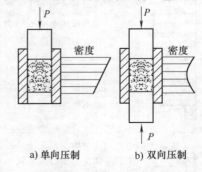

a) 单向压制　　　b) 双向压制

图 12-28　模压坯的密度分布

② 静液压制。静液压制是将粉末装入置于耐高压钢制密封容器中有弹性的橡胶、塑料囊或

金属毂体等模套内，通入高压流体使静压力直接作用在弹性模套内的粉末体上，粉末均衡受压可获得密度均匀和强度较高的压坯，压制质量优于普通钢模压制。

等静压分为冷、热等静压两种工艺。冷等静压通常采用油或水为压力介质。热等静压使用氩气等气体作为压力介质，在加热状态可一次性实现成形和烧结。冷等静压或模压之后进行等静压烧结，可使粉末达到或接近理论均匀密度，用于制造粉末高速钢、核燃料和钨制件等，还可用于成形金属与陶瓷的复合体零件。

③ 注射成形。将金属粉末与粘接剂的混合料注射到模腔内，成形与脱粘（排除粘接剂）后再进行烧结，所获得制件的性能接近于铸件。其优势之一是能够控制烧结收缩，公差可保持在名义尺寸的 ±（0.3~0.5）%。另外，注射成形零件的孔隙度低，密度大于96%的金属理论密度。

④ 粉末轧制成形。使具有可塑性、成形性和流动性的粉末从轧机的漏斗中漏下，粉末因其与轧辊及其自身摩擦而不断咬入旋转的轧辊型腔中被辗压成带坯，如图12-29所示。尽管金属颗粒本身的体积变化量很小，但颗粒之间的间隙减小，使轧制后的粉末所占体积减小。

⑤ 挤压成形。是使挤压模内的粉末或压坯在压力作用下，通过挤压嘴挤成坯块或制品的成形方法，如图12-30所示。可分为冷挤压和热挤压。前者需在粉末中添加一定量的有机粘结剂，以提高可塑性和坯块强度。热挤压则是把粉末或压坯装入包套内加热，在较高温度下带着包套一起挤压成形。

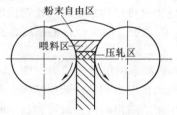

图 12-29　粉末轧制过程示意图

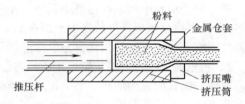

图 12-30　粉末热挤压成形示意图

压制是粉末冶金成形中的重要工艺手段之一，是金属薄板、带材，特别是高孔隙度多孔薄带材的最简捷成形方法。制造复杂形状的压坯时，可以采用液态或固态粉末无压成形，其中包括烧结、粉浆浇注、无压浸渍等。

4）烧结。烧结的目的是进一步提高压坯的强度和密度或获得各种特殊性能。不同于金属熔化，烧结时至少有一种元素仍处于固态。

① 烧结方法。粉末烧结中主要有填料保护烧结、气体保护烧结、真空烧结、加压烧结、浸渗烧结等。

② 烧结时间及烧结温度。一般等温烧结可分为三个阶段。黏结阶段，晶粒基本不发生变化，整个烧结体还未产生收缩；烧结颈长大阶段，原子向颗粒结合面迁移使烧结颈扩大，颗粒间距缩小，随着晶粒长大，烧结体收缩密度和强度增加，如图12-31b所示。当烧结体密度达到90%以后，多数孔隙形成图

a) 烧结前颗粒　b) 烧结早期的　c)、d) 烧结后期
的原始接触　　烧结颈长大　　的孔隙球化

图 12-31　球形颗粒的烧结模型

12-31c、d所示接近于圆形的封闭孔隙，通常将这一阶段称为闭孔隙球化和缩小阶段。

烧结温度一般在基体金属熔点的70%~80%的范围内，常需在还原性气氛或真空条件下进行，以防止氧化或脱碳。烧结温度过高、时间过长，晶粒粗大、产生扭曲变形，且易"过烧"；温度过低、加热时间过短，影响压坯结合强度，即所谓"欠烧"；升温过快容易产生裂纹，氧化

物还原不完全。一般，铁基粉末冶金压坯的烧结温度为 1000～1200℃，烧结时间 0.5～2h。

③ 烧结设备。烧结炉的种类有很多。按照加热方式，可分为燃料加热炉和电加热炉。按作业的连续性，还可分为间歇式烧结炉和连续式烧结炉两种。烧结炉应保证炉内温度准确和温度分布均匀。烧结时需适当调节压坯移动速度和烧结盒的数量。烧结炉结构要求密封性好，应能将保护气体与发热体隔离，以免保护气体散逸，保证炉内气体纯度。

5）后处理。制品烧结后的处理主要有整形、复压、浸渍、浸金属、机加工、热处理、浸油、浸塑及电镀等。关于后处理方式，通常需根据产品要求来确定。

（2）粉末锻造工艺及模具

1）粉末锻造工艺。粉末锻造是将金属粉末压制成形，之后进行烧结、加热至锻造温度后进行挤压或模锻（无飞边模锻）以制成锻件的加工方法。要求力学性能较高的精密零件，通常应选用粉末锻造加工。

粉末锻造工艺流程的前序与传统粉末冶金工艺相同，后序通常有三种工艺方法。粉末锻造是直接将粉末预成形坯加热至锻造温度后进行锻造；烧结锻造是将预成形坯烧结后再进行加热锻造；锻造烧结则是将预成形坯加热锻造后再进行烧结。锻造过程中，采用压缩空气和胶体石墨对模具进行冷却润滑。良好润滑有利于克服粉锻件表面低密度层的形成。

根据粉锻零件的设计要求，有时还需进行锻后热处理、切边、去飞边等。

粉末锻造材料中已不存在微小孔隙，经热锻成形后制件密度可以达到金属理论密度的95%～100%（粉末冶金成形制件的密度一般在 $6.2～6.8 g/cm^3$），接近于一般模锻件的密度，克服了各向异性影响，与普通锻件相比，力学性能显著提高。

2）粉末锻造模具。粉末锻造用模具与精锻模相似，通常采用单型腔模锻。图 12-32 所示为粉末锻造模具的典型结构。为平衡压坯径向变形胀力，采用预应力圈组合凹模结构，整体浮动式下凸模可便于锻件脱模。如能严格控制压坯质量，可采用闭式锻模结构。设计和制造时应保证上、下凸模与芯棒和凹模之间的滑配间隙，避免产生纵向飞边。如果两个不同断面部分需靠镦粗成形时，可采用浮动凹模结构，但须保证浮动凹模内外壁与接合件的合理间隙。对圆锥齿轮类两头大中间小的锻件，通常采用开式锻模。粉锻模工作前，通常需预热至 200～300℃，用于连续生产的粉锻模，应设置模温自动调控装置。

粉末锻造也可在热模锻压力机、摩擦压力机或高速锤上完成。图 12-33 所示为用于摩擦压力机的汽车行星齿轮粉锻模结构。

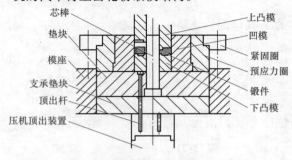

图 12-32　粉末锻造模具基本结构

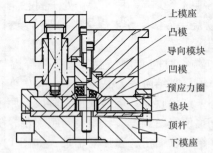

图 12-33　行星齿轮粉末锻造模具

二、摆动碾压成形

摆动辗压是利用曲面辗压模绕轴心转动，使坯料产生连续性局部压缩变形，制造轴对称盘形零件的一种塑性成形方法，通常称作摆辗。图 12-34 所示为利用摆辗制造的金属零件。

1. 摆辗工艺特点

摆辗的最主要特点是使坯料产生连续性局部变形，是小变形逐步积累的塑性成形方法。摆辗时坯料与模具型面的接触面积很小，且由于摩擦约束小，加工极限可提高 10% ~ 20%，并且所需设备吨位小。摆辗制件的金属纤维连续，流线沿制件轴线形成，可提高零件使用性能。对于大型制件，为了提高成形效率，还可将坯料加热后进行温或热摆辗。

金属经冷辗后产生显著的冷作硬化，可使制件强度硬度大为提高。据资料介绍，摆辗过程中辗沟的显微硬度比车沟高 1.9 倍。冷摆辗推力轴承套圈等环类零件，较磨削套圈的使用寿命高 2 倍以上。

2. 摆辗成形过程

摆辗凸模通常固定于辗压机摆头上，辗压模工作表面的母线与被加工件上表面的中心射线一致。如图 12-35 所示，摆头轴线与机床主轴线有一夹角 α，称为摆角，当摆头带动辗压凸模绕轴心摆动时，向置于下凹模上的坯料施加压力，随着摆头的往复滚动辗压，坯料上表面逐渐被辗压成具有与辗压模母线形状相同中心射线的形状。凸模工作表面的母线是一直线，摆辗制件上表面即为平面；当凸模工作表面的母线是曲线时，摆辗制件的表面将形成母线与上模相同的曲面形状。如果下模带有型腔，凸模不断滚动辗压使金属充入型腔，摆辗成形后，制件下表面将形成与下凹模型腔一致的形状。摆辗时，圆柱体接触面的单位压力分布不均匀，凸模各点轴向压力一般大于凹模对应点的压力。

图 12-34　摆动辗压产品

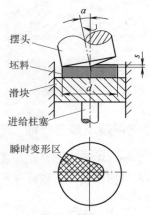

图 12-35　摆动辗压工作原理

摆辗时，在辗压凸模摆动压力作用下，局部变形区沿锻坯周向移动，呈螺旋面逐渐扩展并改变整个锻坯形状。金属在渐续流动变形时可能产生弹性回复，且摆头的摆动精度有限，成形时凸模工作表面与锻坯的接触表面瞬时变化。因此，应尽可能使凸模工作表面形状简单，以减轻接触摩擦，降低非成形部分的材料变形抗力，而将复杂形状置于凹模侧，有利于材料充满型腔。

如图 12-36 所示，利用摆头母线与凹模形状的不同组合，可以实现摆辗镦挤、摆辗反挤、辗扩反挤和正、反辗挤等复合成形。为降低流动摩擦，摆辗模工作表面的表面粗糙度值应较低，必要时可进行润滑。

3. 摆辗模具

根据所用摆辗机类型，可将摆辗模分为立式摆辗机用模具和卧式摆辗机用模具两种，一般短轴类和盘类零件通常采用立式摆辗。图 12-37 所示为立式摆辗镦粗－反挤模结构。将凸台置于摆动凸模侧，曲面形状在固定凹模内成形，并利用下顶杆辅助锻后脱模。

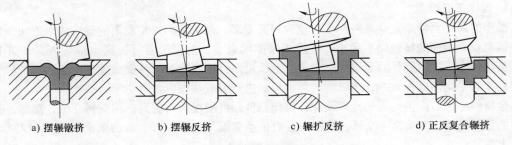

a) 摆辗镦挤　　　b) 摆辗反挤　　　c) 辗扩反挤　　　d) 正反复合辗挤

图 12-36　复合摆辗成形

对于带法兰的长轴类锻件，可采用如图 12-38 所示用于卧式摆辗机的模具结构。与平锻模结构相似，模具由凸模、活动凹模和固定凹模三部分组成。摆动凸模由压紧圈和螺钉紧固在摆头上。活动凹模和固定凹模分别紧固在夹紧滑块和工作台上，两部分组成一个完整的凹模，锻后可纵向开模脱件。当锻件形状复杂时，可将易磨损或开裂部分做成镶块结构，便于维修更换。对于硬质材料摆辗，为增加凹模强度，可加设预应力圈。

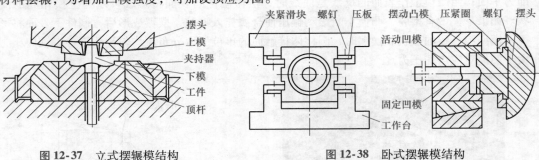

图 12-37　立式摆辗模结构　　　　　　图 12-38　卧式摆辗模结构

三、径向锻造及多向模锻

径向锻造和多向模锻都是在普通锻造基础上发展起来的先进工艺方法，它们的共同特点是对坯料进行多向同时锻击，实现特殊零件的高质量锻造成形。

1. 径向锻造

径向锻造的变形方式类似于拔长，主要用于锻造长轴或具有复杂内表面形状的空心类零件，属于旋转锻造。

（1）径向锻造的加工原理　径向锻造是指利用分布于坯料横截面周围的两个或多个锤头反复径向锻击，减小坯料横截面积或改变其断面形状的锻造方法，如图 12-39 所示。锻造时，数个锤头对坯料进行高速同步锻击，坯料相对于锤头既有轴向移动又有相对转动。

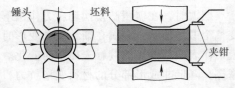

图 12-39　径向锻造加工原理

径向锻造的方式有三种。一种是锤头旋转，坯料不转，锤头每次锻击都要绕坯料轴线旋转；另一种是坯料回转，即锤头只做打击，而坯料绕自身轴线旋转；还有一种称为非回转式径向锻造，锻造时坯料和锤头都不旋转。前两种径向锻造多用于冷锻或热锻横截面对称的阶梯形或锥形实心轴或管件。最后一种方式，坯料只作轴向移动，可用于锻造具有方形、矩形及多角形截面的非回转对称零件。而只作转动没有轴向移动的径向锻造方法，适用于锻制气瓶收口形状或管件缩颈形状等。

（2）径向锻造的工艺特点

1）径向锻造时，锤头多向同时锻击限制了金属径向流动，迫使其只能沿轴向流动，因而有效提高了轴向延伸效率。径向多角度同时加压使金属径向变形均匀，可消除单向锻击时坯料横截面上可能产生的径向拉应力，提高金属塑性，可用于塑性较差金属的锻造成形。

2）径向锻造时金属的变形量及其移动体积小，相对减小了锻造变形功，可降低设备吨位。

3）径向锻造类似脉冲加载，尽管每次锻击变形量小，但锻击频率高，因而仍然具有较高的生产效率。据资料介绍，对于低塑性合金，脉冲锻击要比连续加载时的塑性提高 2 ~ 3 倍。

4）锤头形状简单，便于更换产品，具有较强的工艺适应性。

5）径向锻造的零件尺寸精度高，表面质量好。热锻时锻件外径精度可达 ±0.2 ~ 0.5mm 表面粗糙度 $Ra3.2 ~ 1.6\mu m$，冷锻件表面粗糙度可达 $Ra0.4 ~ 0.2\mu m$。

径向锻造可以采用冷锻、热锻和温锻三种工艺方式，其中，冷锻可强化锻件表面，提高尺寸精度和表面质量。径向锻造通常可在滚柱式旋转锻造机、曲柄连杆径向锻造机、曲柄摇杆旋转锻造机和液压万能锻造机上实现。图 12-40 所示为四锤头径向锻造机锻造阶梯轴。

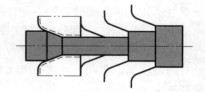

图 12-40　四锤头径向锻造机锻造阶梯轴

（3）径向锻造的应用

径向锻造已被广泛应用于各种机床、汽车、飞机制造等行业中。它的主要产品是实心阶梯轴、空心轴、各种形状横截面的杆类零件及带膛线的枪管和炮管等，还可用于锻造各种气瓶、筒形件缩颈等。

2. 多向模锻

多向模锻通常在多向模锻水压机或机械压力机上进行，是通过模具在垂直和水平两个方向上同时或依次对金属进行挤压锻造的成形方法。

（1）多向模锻工艺过程　多向模锻制件的成形是在具有多个分型面的封闭型腔内进行的，通常在毛坯一次加热及压力机一次行程中完成，可以锻出形状复杂、尺寸精确的无飞边、无拔模斜度的锻件。图 12-41 所示为多向模锻成形过程。图 12-41a 所示为上模下行对置于下模的坯料进行挤压锻造；当上、下模处于闭合状态时，水平冲头横向压入，如图 12-41b 所示；锻件成形后，水平冲头退出后上模返程，开模取件，如图 12-41c 所示。

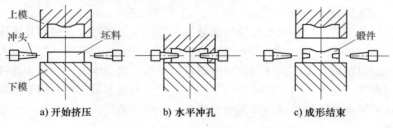

a) 开始挤压　　　　　b) 水平冲孔　　　　　c) 成形结束

图 12-41　多向模锻成形过程

（2）多向模锻的工艺特点

1）金属在模具闭合的三向压应力状态下挤压变形，使塑性大为提高，有利于低塑性合金锻造成形。

2）锻模可有多个分型面，使坯料在任意水平方向上变形，适合于锻造带有横、纵孔形的复杂锻件，简化锻造工艺并减少热锻火次，提高生产效率并降低生产成本。

3）金属在封闭模具内变形，避免锻件的金属流线终端外露，提高锻件力学性能及抗表面腐蚀性能。

多向模锻要求下料精确，要求设备具有较好的刚性、精度和足够的吨位，以增大合模力。

（3）多向模锻的应用　多向模锻可用来锻造其他成形方法难以生产的复杂锻件，特别适合于锻造带有多向形状的中空零件，如管接头、各种锻造阀体以及凿岩机缸体等。对于一些难成形金属制品，也正在或已经开发出多向模锻工艺，如飞机起落架、发动机机匣及各种盘轴组合锻件等。

四、半固态成形及液态模锻简介

1. 半固态成形

半固态成形是指金属或合金处于液 – 固相交汇区间时，将其以很小的外力压入模具型腔中，进行常规压铸、挤压或锻造的一种新型成形方法。

20世纪70年代，美国麻省理工学院的学者（M. Flemigs 和 D. Spencer）在实验中发现，金属和合金在液相与固相转化状态下进行连续搅拌后，产生较低的表观黏度，并生成大量粒状晶取代了原有的枝状晶。由此，对这种半固态金属和合金材料进行了一系列压力加工实验，开发了半固态成形技术。

（1）半固态金属制坯　普通铸造过程中，首先生成枝晶，然后逐渐长大。当固相比例达到20%左右时，枝状晶开始形成网状骨架，并失去宏观流动性。金属由液态向固态转化的结晶过程中，强烈搅拌可打碎树枝晶网架，使分散的粒状组织悬浮于液相中。因此，可以采用机械搅拌、电磁搅拌或应变诱发熔化激活法来制备上述粒状组织。图12-42所示为螺旋式金属搅拌器的结构简图。

（2）成形方法及应用　半固态成形主要有流变铸造、触变铸造和注射成形三种方法。流变铸造是指在一定固相成分时，将经过搅拌后的半固态金属浆液直接压铸或挤压的成形方法；触变铸造是将经过预成形或特殊制备的非枝晶组织锭坯重新加热到液固转化区，达到适当黏度时进行压铸或挤压成形。由于对坯料的加热、输送都易于实现自动化，因此，触变铸造为半

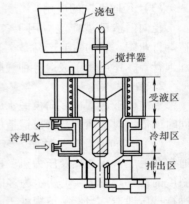

图12-42　螺旋式金属搅拌器

固态成形的主要工艺方法。注射成形是使熔融金属液冷却至适当温度，然后直接压射入模具中使之成形的方法。

半固态成形是目前最具发展前途的新材料制备和近净成形技术之一，对于各种合金，只要具有固、液相同时存在的温度区间，都可进行半固态成形。半固态成形主要用于汽车、军用车辆零部件的生产，成形零部件可以提高相应的力学性能，并减轻质量。

2. 液态模锻

液态模锻是对液态金属进行模锻的铸、锻组合工艺。模锻时，将液态金属浇入模具型腔中，利用压力设备的静压力使液态金属流动充型并结晶凝固，获得力学性能接近于锻件而优于铸件的金属零件。

（1）液态模锻的工艺特点　液态模锻时，金属在压力作用下结晶凝固并成形，组织和性能得到改善。已凝固金属在压力作用下局部变形并紧贴模具型腔表面，传热快且凝固时间短，因而锻件表层晶粒细密。液态模锻与压力铸造不同，压铸时金属是靠散热冷却完成结晶过程的，而液态模锻是在压力作用下使金属结晶，并具有强制性补缩作用。因此，其结晶组织和力学性能比压

铸件好，甚至可以超过轧制件。与普通锻造相比，液态模锻提高了金属充型性，容易获得轮廓清晰、尺寸精度和表面精度都较高的复杂锻件。液态模锻兼有铸造工艺简单、成本低，又有锻造产品性能好、质量可靠的优点。据资料介绍，液态模锻的金属凝固时间不足普通铸造的 1/3，成形时的压力只有模锻的 1/5 左右，因而可以提高生产效率和降低能源消耗。

（2）液态模锻工艺及其应用

液态模锻通常需要经过原材料配制、熔炼、浇注、加压成形、保压凝固及锻后处理等工艺流程。如图 12-43 所示，液态模锻时，先将熔融金属液注入锻模型腔内，处于液相与固相混合状态下施加压力使其充满型腔。凸模压力可压合金属在凝固过程中因收缩而产生的空洞和各种铸造缺陷，并产生相应的塑性变形。金属凝固过程中，在较大面积上受到较高的压力作用，提高了结晶成核率，缩短了凝固时间。液态模锻时，高温金属需在模具型腔中停留一段时间，要求模具材料具有较高的热硬性和抗热疲劳强度。对熔点不高的有色金属及其合金，采用液态模锻效果比较显著。黑色金属及其合金的液态模锻，因模具使用寿命低而受到一定限制。

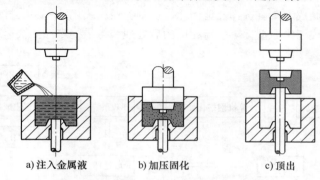

a) 注入金属液　　　　b) 加压固化　　　　c) 顶出

图 12-43　液态模锻工艺过程

液态模锻主要适用于高温下塑性较好的金属材料，特别是有色金属及其合金，包括铸造合金，甚至有些变形合金的液态模锻也已经开始应用。液态模锻主要适用于锻造各种形状复杂、尺寸精度要求较高的金属零件，如炮弹引信、波导管弯头、油泵壳体等有色合金零件以及缸体等铁碳合金零件。

第三节　快速原型制造技术简介

20 世纪 80 年代末期，在日本和美国开发了一种全新概念的"叠加"制造方法，即快速原型制造技术（Rapid Prototyping Manufacturing，简称 RPM），目前已迅速扩展到世界各国。快速原型制造是计算机技术、激光技术、材料科学与工程的技术集成，它综合应用各种现代技术，直接将计算机设计数据快速地转化为实物，从而实现对产品进行快速评估、修改设计、工装准备并进行投产。目前，快速原型制造技术脱离了最初的"原型"概念，已经广泛应用于快速模型制造、快速模具制造和快速功能零件制造等领域，发挥了巨大的工业推动作用。图 12-44 所示即为利用快速原型技术制作的产品。

一、快速原型制造方法简介

快速原型制造技术突破了传统加工方式的理念，采用"增材"加工取代了传统的"去除"加工方法。概略地讲，快速原型制造属于添加成型，即利用各种机械、物理及化学手段通过有序

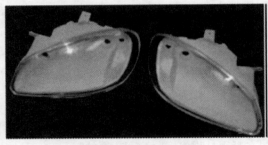

a)汽车车灯模型

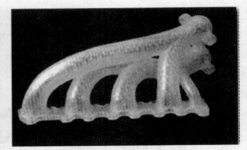
b)汽车发动机进气歧管

图 12-44 快速原型产品

地添加材料来实现零件加工，或者称之为离散/堆积成型加工。它将在计算机上设计的零件三维模型，进行网格化处理和分层处理，通过成型软件获得所分各层截面的二维轮廓数据信息，并自动生成加工路径，控制成型头有选择性地固化、切割、喷涂或烧结一层层材料，从而形成零件各不同截面并逐步叠加成三维原型，再进行相应的后处理获得最终零件。快速原型制造的工艺过程如图 12-45 所示。

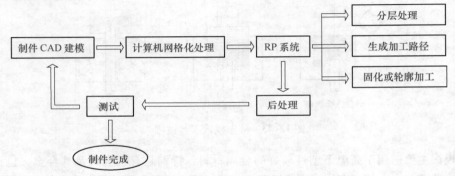

图 12-45 快速原型技术原理

1. 快速原型制造工艺过程

进行快速原型制造生产，首先需要在三维 CAD 造型系统中完成产品原型的设计，即三维建模。然后对模型所具有的一些不规则自由曲面进行近似处理，生成 STL 格式文件。根据产品模型的结构特征选择合适的加工方向，在该方向上对模型进行分层处理，即用具有一定间隔的平面切割近似处理后的模型，以提取模型截面的轮廓信息。然后利用相应的控制软件指令快速原型制造机床的成型头，根据分层处理后的各截面轮廓信息作扫描运动，在工作台上逐层地堆积并粘接材料，形成三维立体零件。最后，对成型后的零件表面进行打磨、抛光、涂挂，或放在加热炉中进行必要的高温烧结，获取具有一定精度和强度的成型产品。

2. 快速原型制造方法及其分类

（1）按构型材料分类 按构型材料分类，可将快速原型制造分为液态材料固化成型、线材熔融粘接成型、膜材粘接成型以及粉末烧结成型等。

（2）按制造工艺原理分类

1）立体光刻成型（Stereo Lithography Apparatus，SLA）。又称光造型，是一种以光敏树脂为构型原材料进行选择性液体固化的成型工艺，其工作原理如图 12-46 所示。液态光敏树脂在一定波长和强度的紫外光或激光照射下能迅速发生光聚合反应，分子量急剧增大并由液态变为固态。

成型加工时，利用计算机控制紫外光或激光束以产品原型各分层截面上所有坐标点为运动轨迹进行逐点扫描，由点到线到面，使扫描区内液态树脂薄层产生光聚合反应后固化，完成制件一个层面的建造。之后工作台升降移动一个层片厚度的距离，重新覆盖一层液态材料，再进行循环扫描固化，由此层层叠加成为一个三维实体。经过紫外光或激光束扫描过的树脂固化的同时，与前一层牢固地粘接在一起，而未被光源照射过的部分仍呈液态。

2）选择性激光烧结成型（Selective Laser Sintering, SLS）。加工原理与立体印刷成型类似，主要区别在于所用构型材料的性状不同，有时也称粉末烧结成型，其加工方法如图 12-47 所示。在工作台表面上均匀铺设薄薄的一层材料粉末（$100 \sim 200\mu m$），计算机控制高强度激光束扫描一个确定的二维图形，扫描过的粉末微粒被熔融后固化粘合成整体，构成制件实体部分的一个层面，而未经扫描的空心部分不被烧结，仍为粉末状态。每一层粉末烧结后，重新铺上一层材料粉末，继续进行下一层有选择性的激光扫描。这样，新的型面材料与下面一层已成形的部分烧结在一起。全部烧结完成后，清除未经烧结的散状粉末微粒，即获得三维立体的粉末烧结制件。

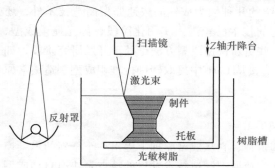

图 12-46　立体印刷成型工艺原理

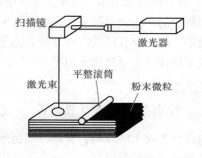

图 12-47　选择性激光烧结工艺原理

3）分层实体制造（Laminated Object Manufacturing, LOM）。也称为叠层实体制造或层合实体制造，是一种选择性层片粘接的成形方法。如图 12-48 所示，利用激光束或刀具，按照 CAD/CAM 分层模型数据将单面涂有热熔胶的纸片、塑料薄膜、金属箔或其他材料的箔带沿轮廓切割成产品的某一层面，再通过加热辊加热加压，使刚切好的一层与下面已切割层粘接在一起。按照这一工艺模式进行反复切割、粘接，最后形成三维实体零件。

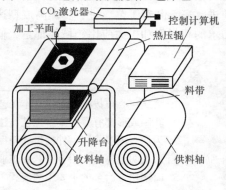

图 12-48　分层实体制造工艺原理

4）熔融沉积成型（Fused Deposition Modeling, FDM）。如图 12-49 所示，将热熔性材料（ABS、尼龙或蜡）通过加热器熔化，使半流动状态的材料流体通过带有微细喷嘴的喷头按 CAD/CAM 分层数据控制的路径挤压出来，并在指定位置沉积、凝固成一个层面。之后，工作台按预定的增量下降一个层的厚度，再继续熔喷沉积，直至完成整个实体造型。如果热熔性材料的温度始终稍高于固化温度，而成型的部分温度稍低于固化温度，就能保证热熔性材料挤喷出喷嘴后，随即与前一个层面熔结在一起。

5）三维印刷成型（Three Dimension Printing and Gluing, 3DPG）。又称三维喷涂粘结成型。成型原理类似于喷墨打印，工艺过程与选择性激光烧结相似，不同的是三维印刷成型是通过喷头用粘结剂将零件的截面"印刷"在粉末材料上，而不是通过烧结连结。如图 12-50 所示，成型时，首先铺粉或铺基底薄层（如纸张），利用喷嘴按指定路径将液态粘结剂喷在粉层或薄层上的特定区域，逐层粘结后去除多余材料即可获得所需形状的零件。

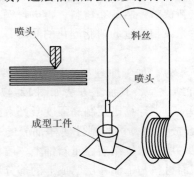

图 12-49　熔融沉积快速成型原理

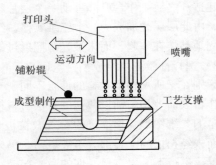

图 12-50　三维印刷成型原理

6）其他快速原型制造技术。除去上述简单介绍的几种较为成熟的快速原型制造技术外，还有一些新型的快速成型技术也在逐渐发展，其中有的技术已经进入实用化阶段，如光掩模成型、直接烧结成型以及直接壳法成型等。此外，还有一些更新快速成型方法正处于开发研究阶段，如直接采用焊接方法制造钢或铝零件，以及利用 UT 直接从 C_2H_2 中提取碳进行堆积成型制造碳素原型件等。

二、快速原型技术发展趋势

快速原型技术的发展，受到各国制造业的普遍重视，它从成型原理上提出一个全新的思维模式，为制造技术的发展创造了一个新的机遇。现代快速原型制造技术发展的特点是快速自动成型与其他先进设计与制造技术的密切结合。目前，快速原型制造技术正在朝着工业化、产业化方向前进。完善制造工艺、进一步提高成型速度和精度，降低系统价格和运行成本，开发出满足工程需求的新材料和扩大应用领域等都是人们关注的焦点。

思　考　题

1. 金属空心拉拔都有哪些基本工艺方法？
2. 轧制成形都有哪些基本工艺方法？
3. 为什么辊锻成形制件的尺寸精度和表面精度较差？
4. 试说明金属粉末冶金工艺在工业中应用越来越广泛的理由。
5. 简述粉末冶金的主要工艺流程。
6. 简述粉末压制有哪几种常用方法及其工艺特点。
7. 试说明粉末锻造、烧结锻造及锻造烧结的主要区别。
8. 简述多向模锻的工艺过程及其特点。
9. 金属液态模锻与压力铸造有何相同点与不同点？
10. 快速原型制造与常规制造技术有哪些本质区别？
11. 目前较成熟的快速原型制造工艺有哪几种？简单叙述它们的工艺过程。

第四篇 塑料成型及模具设计

　　非金属特别是高分子材料具有许多优良的成型和使用性能，已经发展成为现代工业中的重要工程材料。其中以塑料为制品的工程构件，在航空航天、汽车及民用工业中被大量使用，并且其应用越来越广泛。

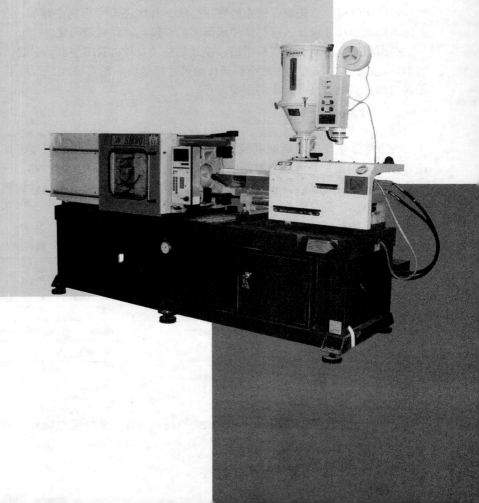

第十三章 塑件设计简介

学习重点

　　了解塑料零件的基本结构及其与使用性能和成型工艺性的相关性，主要包括塑件的形状尺寸、必要的面斜度和过渡圆角等，基本了解对模塑螺纹、模塑齿轮及非塑料嵌件的设计要求。

一、塑件的形状和尺寸

　　设计塑件时，首先要保证它的使用性能，其次还需考虑制造难易。在不影响使用的前提下，塑件的形状和尺寸设计，应尽量使成形工艺和模具设计制造简化。

　　英国塑料协会提供的资料指出，模具制造误差和由收缩率波动引起的误差各占制品尺寸误差的1/3。实际上，制造误差对小型塑件的尺寸精度影响相对较大，而对于大尺寸塑件，收缩率波动误差则是影响其尺寸精度的主要因素。

二、拔模斜度

　　为了保证塑件成形后顺利脱模，塑料模应设置适当的拔模斜度，如图13-1所示。当型芯长度或型腔深度较大时，可适当减小拔模斜度。热固性塑料比热塑性塑料的成形收缩小，拔模斜度也可适当减小。通常，塑件内斜度略大于外斜度。盲孔深度小于10mm，外形高度不大于20mm时，允许不设计斜度。设计时可参考表13-1、表13-2。

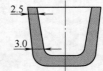

图 13-1　拔模斜度

表 13-1　塑料制品高度与拔模斜度

工件高度/mm	外表面斜度/(°)		内表面锥度 β/(°)
	一般部位	配合部位	
~100	1:50	1:200	3~4
>100~200	1:100	1:400	3~4

表 13-2　塑料制品材料与拔模斜度

制品材料	拔模斜度	
	型腔	型芯
聚酰胺	20′~40′	25′~40′
ABS塑料	40′~1°20′	35′~1°
热固性塑料	20′~1°	

三、塑件壁厚

　　塑件的壁厚应根据使用要求确定。为提高成型性，壁厚应力要求均匀。壁厚过大，会增加塑料硬化时间，易产生气泡，还可能因心部硬化滞后而造成内收缩，产生沉陷或翘曲。对于要求壁厚较厚的塑件，可将厚壁部分局部挖空。壁厚过小，会影响塑料流动性，降低成形质量。图13-2 所示为塑件壁厚设计时应注意的结构形式。

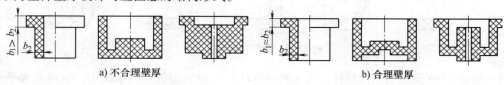

a) 不合理壁厚　　　　　　　　　b) 合理壁厚

图 13-2　塑件的壁厚结构

表13-3、表13-4 分别给出了热固性塑件和热塑性塑件的最小壁厚参考值。

表 13-3　热固性塑料制品的最小壁厚　　　　　　（单位：mm）

制品高度	最小壁厚		
	酚醛塑料	氨基塑料	纤维素塑料
~40	0.7 ~ 1.5	0.9 ~ 1.0	1.5 ~ 1.7
>40 ~ 60	2.0 ~ 2.5	1.3 ~ 1.5	2.5 ~ 3.5
>60	5.0 ~ 6.5	3.0 ~ 3.5	6.0 ~ 8.0

表 13-4　热塑性塑料制品壁厚和最小壁厚　　　　　　（单位：mm）

塑料品种	最小壁厚	一般件壁厚	大件壁厚
聚苯乙烯	0.75	1.6	3.2 ~ 5.4
有机玻璃（372）	0.80	2.2	4 ~ 6.5
聚甲醛	0.80	1.6	3.2 ~ 5.4
聚碳酸酯	0.95	2.3	3 ~ 4.5

四、加强筋

为保证流动性而减小壁厚可能降低塑件强度和刚度时，可适当增设加强筋予以补偿，如图13-3 所示。设置加强筋不仅有利于塑料充型，还可避免气泡、缩孔、凹痕翘曲等成型缺陷。

塑件加强筋厚度应小于被加强部分的壁厚，防止连接处产生凹陷。为使收缩均匀，多条加强筋应相错布置，其间距应大于筋宽的 2 倍。另外，应使加强筋端面低于被支撑面。图13-4 给出了加强筋的典型结构尺寸。

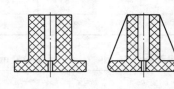

图 13-3　塑件的加强筋

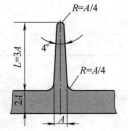

图 13-4　加强筋的典型尺寸

五、收口及端面形状

容器边缘的收口形状，对塑件刚性、形状稳定性和成型都有一定影响。如图13-5 所示几种典型收口形状各有不同作用，设计时可根据塑件的使用及成型性能具体确定。

图 13-5　塑件边缘的增强

对于如图 13-6 所示的筒形塑件，在不影响形状尺寸和装配关系的情况下，应将较大平面的底或盖设计成圆弧形状，既可增加塑件刚性，使外形美观，又容易保证成型质量。

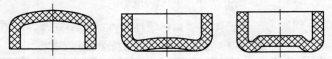

图 13-6　塑件容器的底或盖

为使塑件置放平稳，避免塑料收缩不均导致的平面凸凹，如图 13-7 所示，应尽可能采用边框、凸台或底脚（三点或四点）支撑。通常，支撑面高度 s 应高出底平面 $0.3 \sim 0.5 \mathrm{mm}$ 以上。

六、孔

如图 13-8 所示，将塑件的侧视圆孔改为俯视圆孔，可避免侧抽芯，使模具大为简化。与塑料成型流动方向垂直盲孔的直径小于 1.5mm 时，孔深应小于 2 倍孔径。对于多孔塑件，设计时可参考表 13-5 和表 13-6 所给孔心距、孔边距及允许的最小孔径等经验数组。

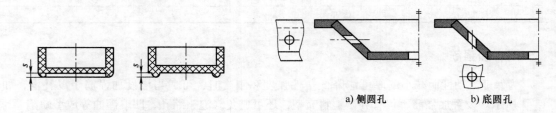

图 13-7　边框或底角支撑　　　　　图 13-8　带侧孔塑件的合理设计

表 13-5　最小值 b 与孔径 d 的关系　　　　　（单位：mm）

孔径 d	<1.5	1.5 ~ 3	3 ~ 6	6 ~ 10	10 ~ 18	18 ~ 30
热塑性塑料	1 ~ 1.5	1.5 ~ 2	2 ~ 3	3 ~ 4	4 ~ 5	5 ~ 7
热固性塑料	0.8	1	1.5	2	3	4

表 13-6　成形孔的尺寸与塑料的关系　　　　　（单位：mm）

塑料名称	最小直径 d	竖孔最大深度 h		小孔边壁厚度 b
		注射成型等方法		
		盲孔	通孔	
压塑粉	3	压制：$2d$	$4d$	$1d$
纤维素塑料	3.5	铸压：$4d$	$8d$	

（续）

塑料名称	最小直径 d	竖孔最大深度 h		小孔边壁厚度 b
		注射成型等方法		
		盲孔	通孔	
尼龙	0.2	4d	10d	2d
聚乙烯				
聚甲醛	0.3	3d	8d	
硬聚氯乙烯	0.25			
改性聚苯乙烯	0.3			
聚碳酸酯	0.35	2d	6d	2.5d
聚砜				2d

七、侧凹

塑件中带有如图 13-9a 所示的侧凹时，为脱模必须采用拼镶凸模结构，增加了模具的复杂程度和制造成本。如果不影响使用，改为图 13-9b 所示侧凸形状，可使工艺简化。

带有整圈较浅内、外凸凹的制件，可考虑强制脱模。这时，对于图 13-10a 所示内凸凹，要求 $(A-B)/B \leqslant 5\%$，而对于图 13-10b 所示外凸凹，要求 $(A-B)/A \leqslant 5\%$。采用强制性脱模时，要求塑件在脱模温度下具有相应的弹性。否则，只能采用侧抽芯模具结构。

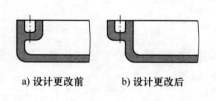

a) 设计更改前　　b) 设计更改后

图 13-9　带有侧凹的塑件

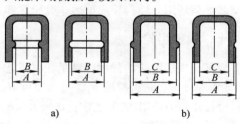

a)　　　　b)

图 13-10　可强制性脱模的浅侧凹（或侧凸）塑件

八、圆角

在塑件的面与面相交处设置圆角，可增加强度，改善成型流动性，也有利于脱模。设塑件壁厚为 δ，则相对圆角半径 R/δ 与应力集中具有如图 13-11 所示的对应关系。即 $R/\delta < 0.3$ 时，应力集中随 R/δ 减小而急剧增大；$R/\delta > 0.8$ 后，应力集中基本消失。因此，一般要求外壁 $R/\delta \geqslant 1.5$，内壁 $R/\delta \geqslant 0.5$。

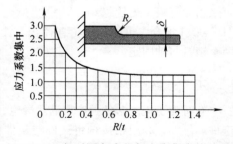

图 13-11　相对圆角半径与应力集中的关系

九、模塑螺纹

塑件带有强度要求不是很高的浅螺纹时，可直接模塑成形，对于需要经常拆卸或受力较大的螺纹，则应在成型时将金属螺纹嵌件嵌入塑件。

模塑螺纹的强度仅为金属螺纹强度的 10% ~ 20%，通常应选用较大尺寸的螺牙，直径较小时不宜采用细牙螺纹。模塑外螺纹直径不小于 4mm，内螺纹直径不小于 2mm，螺距大于 0.7mm。模塑螺纹成型冷却后的收缩会使螺距发生变化，在满足使用要求的前提下，应尽可能使旋入长度短些，一般不大于螺纹直径的 1.5 ~ 2 倍。

为防止塑件螺孔最外圈崩裂或变形，应在螺纹起始端设置一个台阶孔，使螺纹逐渐凸起。对于模塑外螺纹，起始端应下沉一段，如图 13-12a、b 所示。为避免断裂，始端和末端不宜突然开始和结束，应设计出过渡部分 l，其值随螺纹公称直径 d_M 增大而增加。$d_M < 0.5mm$ 时，l 取 1 ~ 3mm，$d_M > 0.5mm$ 时，l 可在 2 ~ 10mm 范围内变化。

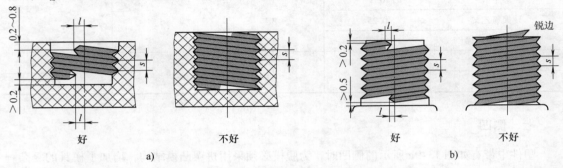

图 13-12　模塑螺纹结构

塑件不同位置具有两段或多段螺纹，且成型后采用非强制性脱螺纹时，应使螺纹旋向相同、螺距相等，以便从螺纹型芯或型环上脱卸塑件。如各段螺纹的旋向或螺距不同，只能采用多段螺纹型芯、型环组合结构，成型后，分段脱卸。另外，塑件上的螺纹不设退刀槽，否则无法脱模。

十、模塑齿轮

为保证模塑齿轮的强度并满足注射工艺要求，对如图 13-13 所示齿轮的全齿高 t、轮缘宽度 t_1、轮缘厚度 H、辐板厚度 H_1、轮毂厚度 H_2、齿轮轴孔直径 D 和轮毂外径 D_1 作出如下规定：$H_1 \leqslant H \leqslant H_2$，$H_2 \approx D$，$D_1 = (1.5 ~ 3) D$。

对于齿厚较小的模塑齿轮，厚度不均会引起齿轮歪斜，可采用无轮毂、无轮缘结构。模塑齿轮与传动轴通常采用"D"形孔配合，也可在齿轮直径线上注射出两个通孔打入两个销钉与轴固定。

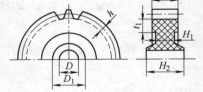

图 13-13　模塑齿轮结构尺寸

十一、嵌件

有时为了提高塑件强度或满足导电、导磁等特殊要求，可在塑件中配入相应的金属或非金属嵌件。例如，利用粘接剂将嵌件与塑件粘接成一体；在一定温度时，将嵌件压入塑件，利用塑料冷却收缩将嵌件紧箍在塑件中。目前采用最多的方法是将嵌件置于模具中，注射成形时使两者结合成一体。嵌件周围的塑料应保证有足够的厚度。为避免使用中嵌件松动或被拔出，应在嵌件结合处设置止动形状，如在嵌件表面加制滚花、沟槽或制成六边形、切口、折弯、压扁等防滑防转形状，如图 13-14

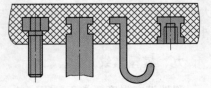

图 13-14　常见金属嵌件及在塑件内的固定

所示。

在具体设计嵌件时，还应注意以下几点：

1）嵌件不应带有尖角，以防与塑料收缩不同而产生内应力导致塑件开裂。

2）为使成型后收缩均匀，嵌件嵌入部分应尽可能设计成对称形状，嵌件边缘应成圆弧或倒角，以防损伤周围塑料。

3）单侧带有嵌件时，应考虑两侧收缩不均产生内应力，导致塑件弯曲或开裂。

4）考虑到定位可靠，嵌件设计时应采用盲孔或盲螺孔，如图 13-15a 所示。当嵌件为内螺纹通孔时，如图 13-15b 所示，可先将螺纹嵌件旋入插件后，再放入模具内定位。

5）为保证塑件强度，应将嵌件设置在塑件凸起或带有凸耳一侧，如图 13-16a 所示，嵌件嵌入深度 H 应大于塑件凸起高度 h。如图 13-16b 所示，带通孔嵌件的高度应低于塑件厚度 0.05mm，以防合模时嵌件受压变形。

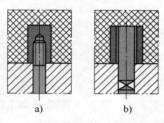

图 13-15 带孔嵌件在模具中的定位

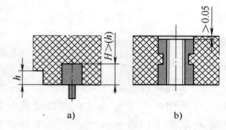

图 13-16 嵌件在塑件中的结构尺寸

6）嵌件的自由伸出长度超过其自身支撑部分直径的 2 倍时，为防止变形，应设辅助支撑。

7）螺杆嵌件的光杆部分与模具应有 IT9 级的间隙配合，以防止成型时熔融塑料沿螺纹面溢出。

思 考 题

1. 塑件的拔模斜度大小主要受哪些条件影响？

2. 为什么尽可能在塑件上面与面相交处设置圆角连接？

3. 简述在塑件中设置嵌件的作用及注意事项。

第十四章 塑料注射成型工艺及模具设计

学习重点

了解注射模的基本组成及其分类；掌握注射成型参数的作用和重要性，学会各种主要注射参数的计算方法；了解注射模绝热流道和热流道的基本工作原理，学会注射模浇注系统、零部件弧导向装置等的非标设计；重点了解典型塑件注射成型时的脱模、抽芯方法及其种类，要求根据塑件的具体形状尺寸特征设计合理的脱模、抽芯机构，并能计算结构中相应零部件的形状尺寸。

第一节　注射成型模的组成及分类

一、注射模的基本组成

注射模结构很多，通常需根据塑料制品的形状、注射方式及注射机种类与规格具体设计。

典型注射模结构如图 14-1 所示，主要由动模和定模两大部分组成，动模和定模闭合后构成模具型腔和浇注系统，其中分别设置有导向、顶出、抽芯、排气、冷却和加热装置等。

1）定模。定模安装在注射机固定板上，主要由型腔、定位环、主流道体、定模板、定模底板等组成。主流道口与注射机喷嘴相连，引入熔融塑料。

2）动模机构。动模安装在注射机动模板上进行往复运动，主要由凸模、动模板、导柱、动模垫板和模脚等组成，成型过程中各部件之间可以相对运动。

3）浇注系统。浇注系统是指由注射机喷嘴到型腔之间的通道，通常由主流道、分流道、浇口和冷却穴等组成。成型时，熔融塑料经浇注系统被引入闭合的模腔。

4）导向装置。导向装置用以保证动模和定模闭合时合模准确，主要由导柱、导套或锥形定位件组成。在多型腔注射模中，为避免顶料杆弯曲或折断，也可在顶出机构中设置次级导向装置。

5）抽芯机构。当塑件带有侧孔或侧凹形状时，开模时必须先侧向分型，脱模之前需将成型侧孔或侧凹的侧型芯从凝固塑料中抽出，实现侧型芯运动的结构件组成的机构即抽芯机构。

6）顶出装置。塑件凝固成型后，使其脱离模腔的脱模机构，由顶杆、顶杆固定板和推板等

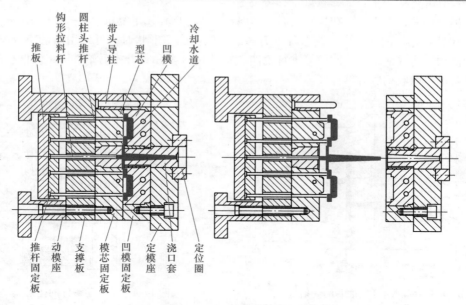

图 14-1　注射模的基本组成

组成。

7）加热和冷却装置。为使熔融塑料流动稳定以增强填充效果，需对型腔部分进行预热的装置。另外，为加快成型塑料的冷却速度，通常在型腔附近设置循环冷却水道。

8）排气系统。为消除注射模型腔中的空气对熔融塑料的流入阻力，以防止产生气孔或填充不足等缺陷，将型腔内原有空气及塑料受热产生的气体排除而设置的排气系统。

二、注射成型模分类

1. 按塑件所用材质分类

根据塑料种类不同，可将注射模分为热塑性塑料注射模和热固性塑料注射模两大类。

2. 按注射机类型分类

根据注塑时使用的卧式注射机、立式注射机和角式注射机等，将注射模分为卧式注射模、立式注射模和角式注射模。

3. 按注射模的结构分类

（1）单分型面注射模　单分型面注射模结构简单，主流道在定模侧，分流道在分型面上，动、定模合模后构成封闭的注射型腔。

（2）双分型面注射模　双分型面注射模常用于点浇口引料成型，比单分型面注射模多了一个可移动浇口板，也称三板模。如图 14-2 所示，开模时，除动、定模分开取件外，为取出凝料，可动浇口板与定模座之间可作定距离移动。

（3）侧向分型抽芯注射模　图 14-3 所示为斜销侧抽芯注射模，开模时，侧芯滑块在型芯固定板导槽内受斜销导向作用，向左并

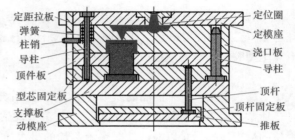

图 14-2　双分型面注射模

向上移动抽出侧芯，返程时，在楔紧块斜面和斜销双重导向作用下复位。

（4）带活动镶件的注射模　当塑件带有螺纹、侧向凸凹形状时，可利用活动螺纹型芯、活动环芯、活动镶块或活动凸、凹模等进行脱件。如图 14-4 所示，开模后塑件移出定凹模的同时，靠镶件本身的形状收缩脱开塑件。

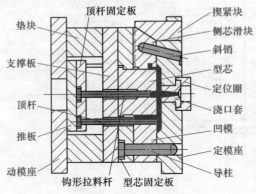

图 14-3　带侧向分型抽芯的注射模

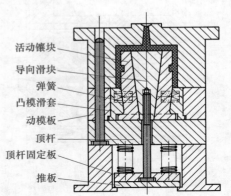

图 14-4　带活动镶件的注射模

（5）自动脱螺纹注射模　图 14-5 所示为角式注射机用自动脱螺纹模具。开模时，利用注射机开合螺母丝杠带动螺纹型芯旋转，使塑件脱出螺纹型芯。也可利用开模动作将螺纹型芯的直线运动变为旋转运动，实现脱螺纹。

（6）无流道注射模　无流道注射模也称无凝料注射模，对流道进行绝热或加热，使注射机喷嘴至型腔之间的塑料始终处于熔融状态而不产生浇注系统凝料。可提高材料利用率，缩短成型周期。

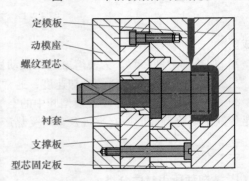

图 14-5　角式注射机用自动脱螺纹模具

第二节　注射参数计算

制定注射工艺和设计注射模具时，必须对所用注射机的工艺参数进行计算校核。

一、最大注射量

注射机的标称注射量有两种表示方法，一种是用容量表示，另一种则用质量表示。最大标称注射量 G_{max} 是指注射机对空注射时，注射螺杆或柱塞一次行程所能达到的最大注射量。模具中具有 n 个型腔时，注射总量可计算如下

$$G = nG_1 + G_2 \tag{14-1}$$

式中　G_1、G_2——每个制品的质量（g）和浇注系统的质量（g）

通常，要求注射总质量 $G \leqslant 80\% G_{max}$。最大注射量的标定随注射机结构不同而异。柱塞式注射机的最大注射量是以一次注射聚苯乙烯的最大质量 G_0 为标准规定的。注射其他某种塑料时的最大注射量

$$G_{max} = G_0(\gamma/\gamma_0) \tag{14-2}$$

式中 γ_0、γ——常温下聚苯乙烯及该种塑料的重度（N/mm^3）。

螺杆注射机的最大注射量以螺杆一次注射的最大推进容积 V（$10^{-6}m^3$）来表示。它与塑料品种无关，使用比较方便。

二、注射压力

注射压力是指注塑时柱塞或螺杆施于料筒内熔融塑料上的压力，注射机压力必须大于或等于注塑所需压力。注射压力与塑件的材质、形状和尺寸、注射机喷嘴及模具浇注系统等有关，一般常取注塑时的注射压力为 70～150MPa。

三、型腔压力

注射成型时，熔料流经喷嘴、流道、浇口到达型腔的过程中，由于摩擦将产生一定压力损耗，因此，型腔内的实际压力仅为注射压力的 1/4～1/2。型腔压力因塑料流动性、塑件的形状复杂程度和精度要求而不同。流动性较差、形状复杂、精度要求高的塑件，应取较高的型腔压力。型腔压力还因注射机种类不同而异，一般，柱塞式注射机取 40～50MPa，螺杆式注射机常取 20～35MPa。

四、锁模力

锁模力是为保证成型过程中动模与定模紧密闭合，以防分型面溢料而对模具施加的锁紧力。锁模力不足会影响塑件的尺寸精度，甚至造成安全事故。因此，锁模力应大于高压熔料在分型面上的胀力（或称推力），该胀力等于塑件加上浇注系统在分型面上的投影面积之和 A 乘以型腔内熔料的平均压力 p_c。注射机的额定锁模力应保证

$$F \geqslant \frac{kp_cA}{1000} \qquad (14-3)$$

式中 F——额定锁模力（kN）；

k——安全系数，常取 $k = 1.1～1.2$。

选用注射机时，通常取安全锁模力为注射机额定锁模力的 80%。

五、注射速度

注射速度是指每秒钟通过注射机喷嘴的塑料容量。在一定压力和温度条件下，注射速度受喷嘴孔尺寸、塑料种类和注射柱塞的运动速度制约。柱塞注射速度常取 33～58mm/s，一般小型注射机的注射速度相对较快。

六、模具在注射机上的安装尺寸

1. 主浇道口

模具主浇道中心线应与注射机料筒、喷嘴的中心线相一致，因此，模具定位环与模板定位孔之间需采用较小的动配合。喷嘴头凸球面半径 R_n 与主浇道始端凹球面半径 R_p、喷嘴孔径 d_n 与主浇道衬套孔径 d_p 之间，分别保持如下关系：$R_p = R_n[1 + (0.1～0.4)]$，$d_p = d_n + (0.5 + 1.0)$，$R_p > R_n$，$d_p > d_n$。

2. 模具装模尺寸

如图 14-6 所示，模具的长、宽尺寸应与注射机模板尺寸和拉杆间距相适应，模具闭合厚度 H_m 必须满足

$$H_{min} + 5mm \leqslant H_m \leqslant H_{max} - 5mm \qquad (14-4)$$

式中　H_{min}、H_{max}——注射机的最小、最大装模厚度（mm）

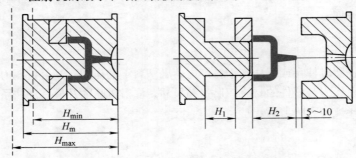

图 14-6　模具的安装尺寸

七、脱模距

脱模距 H_1 是指取出塑件和主分流道凝料所需的开模距离。

1. 液压—机械式锁模机构

液压—机械式锁模机构的最大开模行程由连杆机构的最大行程决定，与模具厚度无关。

1）单分型面注射模的开模行程（mm），一般

$$L \geqslant H_1 + H_2 + (5 \sim 10) \qquad (14-5)$$

式中　H_2——包括浇注系统在内的塑件高度（mm）

2）双分型面注射模（带点浇口）的开模行程。为取出浇道冷料，必须增加定模板与凹模型腔板的分开距离 a，因而开模行程

$$L \geqslant H_1 + H_2 + (5 \sim 10) + a \qquad (14-6)$$

2. 全液压式锁模机构

对于全液压式锁模机构的注射机，其最大开模行程等于动模与定模之间的最大开距 L_k 减去模具厚度 H_m。模具厚度增大，则开模行程减小。

1）单分型面注射模的脱模距

$$L = L_k - H_m \geqslant H_1 + H_2 + (5 \sim 10) \qquad (14-7)$$

2）双分型面注射模的脱模距

$$L = L_k - H_m \geqslant H_1 + H_2 + (5 \sim 10) + a \qquad (14-8)$$

3. 带侧向分型或侧抽芯注射模的脱模距

侧向分型和侧抽芯通常是借助于注射机的开模动作，利用斜销或齿轮齿条机构实现的。因此，开模行程应增加完成抽芯所需距离 H_c。

1）当 $H_c > H_1 + H_2$ 时，以上各式中的 $H_1 + H_2$ 项均用 H_c 代替，其他各项不变，即 $L \geqslant H_c + (5 \sim 10)$。

2）当 $H_c < H_1 + H_2$ 时，可不考虑侧抽芯的影响。

4. 注射带螺纹塑件模具的脱模距

成型带螺纹塑件时，如需在注射机上完成脱螺纹动作，则开模行程还需增加旋出螺纹型芯的距离。

八、顶出装置

注射机的顶出机构具有多种形式，如中心顶杆机械或液压顶出、两侧双顶杆机械顶出、中心

顶杆液压顶出及与其他开模辅助液压顶出联合作用等。设计注射模时，应使模具的顶出距离、双顶杆中心距和顶杆直径等与注射机顶出装置的具体参数相匹配。

第三节　浇注系统设计

浇注系统是指熔融塑料从注射机喷嘴到型腔之间进料的必经通道，通常可分为普通流道浇注系统和无流道浇注系统，按工艺用途可分为冷流道浇注系统和热流道浇注系统。

一、熔融塑料的流动分析

塑料熔体从产生流动直到固化成型，可以分为三个阶段。第一阶段，塑料在注射机料筒内被压缩、熔化并储存在料筒前端；第二阶段，熔料在压力作用下通过注射机喷嘴和模具浇注系统流向型腔；第三阶段，熔料进入模具型腔后产生流动、相变和固化。第三阶段的塑料填充流动及其相变、固化是一个相当复杂的动态过程。而对第二阶段熔料的流动行为可作如下定性分析。

绝大多数高分子化合物（塑料）属于速度梯度 du/dz 变化时黏度 μ 随之而变化的非牛顿流体。为了简化分析，不妨将熔融塑料的流动近似看作牛顿流体的流动行为。

1. 浇口通流量

1）根据流体力学中孔口缝隙流动的解析计算，当浇口较短（浇口长径比 $l/d_0 \le 0.5$）时，可近似为薄壁孔口。对于密度为 ρ 的熔融塑料，在横截面积为 A_0 的浇口前、后压差为 Δp 时，如果忽略沿程压力损失，而只计局部压力损失，则流量可近似计算如下

$$q = \frac{\sqrt{2\Delta p/\rho}}{\sqrt{1 + \xi_i}} A_0 \tag{14-9}$$

式中　ξ_i——孔口的局部阻力系数（查表取 $0.1 \sim 1$）。

2）当浇口道较长（$0.5 < l/d_0 \le 4$）时，可近似按厚壁孔口计算其流量

$$q = \frac{\sqrt{2\Delta p/\rho}}{\sqrt{1 + \xi_i + \xi_a + \lambda(l/d_0)}} A_0 \tag{14-10}$$

式中　ξ_a——扩散损失系数（直浇口取 $0.1 \sim 0.15$；分流道取 $1.0 \sim 1.5$）；

λ——沿程压力损失系数 $\lambda = (64 \sim 80)/Re$（$Re$ 为相应的流体雷诺数，可查表）。

2. 分流道（或细长浇口 $l/d_0 > 4$）的通流量

分流道（或细长浇口 $l/d_0 > 4$）的通流量为

$$q = \frac{\pi d_0^4 \Delta p}{128\mu l} \tag{14-11}$$

式中　μ——熔融塑料流体的动力黏度（Pa·s）。

上式的推导过程中，将熔融塑料的流动近似为层流运动。

二、普通浇注系统设计

1. 浇注系统的组成及设计原则

如图 14-7 所示，注射模中的普通浇注系统由主流道、分流道、浇口和冷料穴组成。

浇注系统直接影响塑料注射质量，设计时需遵循以下原则：

1）尽量缩短流程，少弯折，以减小压力和热量损失，缩短填充时间。

2）保证熔料流动过程中不产生涡流，顺利填充型腔，有利于型腔内气体的排出。

3）避免熔料正面冲击直径较小的型芯和金属嵌件，防止型芯和嵌件位移或变形。

4）减小浇口附近的应力集中，对多浇口系统应尽量保证同步流动，防止因不均匀收缩而导致塑件形状尺寸的不均匀性，以及产生塑件翘曲变形和表面冷疤、冷斑等缺陷。

5）合理设置冷料穴、溢料槽，使冷料不得进入型腔及减少毛边的副作用。

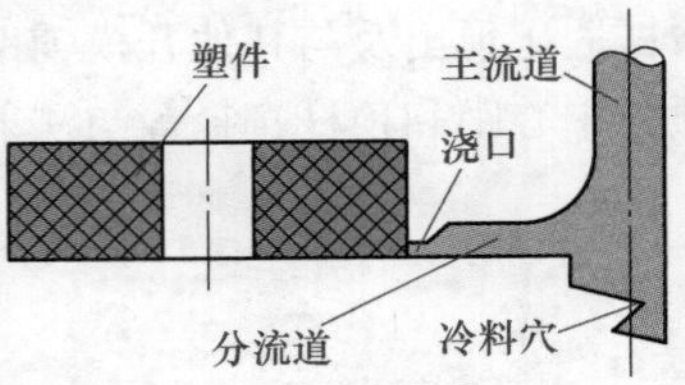

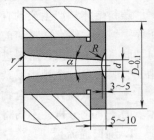

图 14-7　浇注系统的组成

2. 主流道设计

主流道是指由注射机喷嘴与模具主流道衬套接触的部位开始到分流道之间的流道，如图 14-8 所示。注射机凸球面喷嘴与半径为 R 的主流道衬套凹球面应配合严密，不允许有漏料。一般要求 R 比喷嘴凸球面半径大 1～2mm。主流道进口直径 d 比注射机喷嘴出口直径 d_1 大 0.5～1mm，以补偿喷嘴与主流道的对中误差，避免喷嘴与主流道之间漏料或积存冷料。

为便于取出主流道凝料，通常将主流道做成圆锥形，锥角 α 一般为 2°～4°。流动性差的塑料可取 4°～6°，表面粗糙度应在 $Ra0.8$ 以下，出口圆角半径 $r = 0.5～3mm$。为减少压力损失和回收料量，主流道长度尽可能短，常取 ≤60mm，出口面应与定模分型面齐平，以免出现溢料。

图 14-8　浇口套

注射成型过程中，主流道与熔料、注射机喷嘴频繁接触和碰撞，容易损坏，为便于更换，常设计成可拆卸的浇口套。浇口套的进口端承受喷嘴压力，出口端承受型腔的反压力，常做成凸缘固定结构。

主流道进口直径 d 通常取 4～8mm。若 d 过大，主流道体积大使回收冷料增加、冷却时间长，同时包藏的空气多，易产生气泡或组织疏松等注射缺陷。此外，主流道体积大，易形成进料漩涡及冷却不足，且脱模困难。若 d 过小，料流的相对冷却面积增加，热量损失和黏度增大，注射压力降也增大，不利于成型。

3. 分流道设计

分流道是主流道与浇口之间的过渡流道，主要作用是使熔料平稳地改换流动方向。单型腔模可不设分流道，多腔模具可分一级和二级分流道。

（1）分流道的形状及横截面水力半径　分流道的通流截面积 A 大，可减少压力损失。而为减少熔料散热，则希望分流道表面积要小。通常，当分流道的截面湿周为 χ，分析分流道的通流能力时，可利用水力半径 R 近似判断

$$R = 2A/\chi \qquad\qquad (14-12)$$

显然，R 越大，流道效率越高。几种常用分流道如图 14-9 所示，圆形和正方形截面的流道效率最高。但圆形截面加工困难，正方形流道难脱模，而梯形加工较容易，水力半径又不太小。因此，通常选用梯形或 V 形流道。

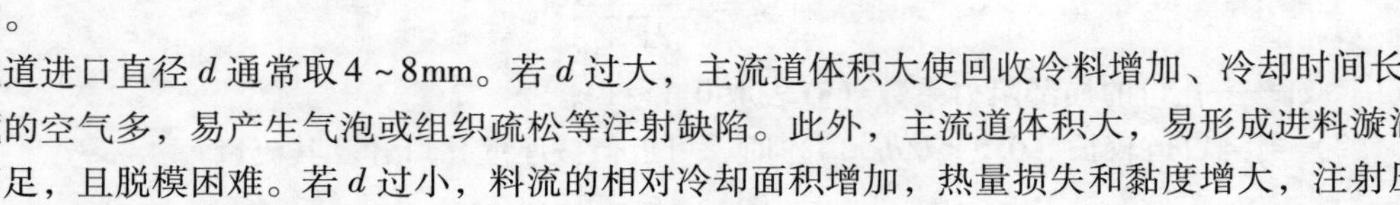

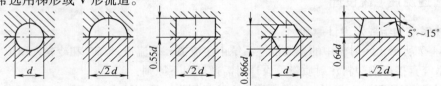

图 14-9　常用分流道的形状

（2）分流道的设计　分流道截面形状和尺寸需根据塑件尺寸、塑料品种、注射速度和分流道长度来确定。图 14-10 中所示 a、b、c 为浇口尺寸，其他尺寸通常由如下近似关系确定：$h = 2d/3$；$l = (1 \sim 2.5)\, d$；$R_1 = (2 \sim 5)$ mm；$R_2 = (1 \sim 3)$ mm；$\beta = 2° \sim 3°$。

圆形截面分流道直径 d 取 $2 \sim 12$mm，流动性较好的聚丙烯、尼龙等，分流道长度很短时，可取 $d = 2$mm，而对流动性较差的聚碳酸酯、聚砜等可增大至 $d = 12$mm。对于大多数塑料，常取 $d = 5 \sim 6$mm。

常用梯形流道的截面比例可取：$a = 5 \sim 10$mm，$b = 0.75a$，若 b 边改为圆弧，则截面变成 U 形，多用于小型塑料制品及一模多腔的场合。

对于大型塑件，h 值可取大些，β 角略小些。分流道长度一般取 $8 \sim 20$mm，为便于剪修，尽可能大于 8mm。分流道较长时，末

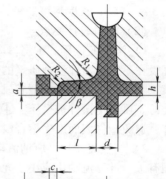

图 14-10　分流道结构尺寸

端应设置冷料井。一模多腔，主流道截面积应不小于分流道截面积的总和。分流道的表面粗糙度值应高于主流道，为增大外层料流阻力，降低流速，常取 $Ra1.25 \sim 2.5\mu m$，有利于熔料冷皮层固定，起到保温作用。

（3）分流道的布置　如图 14-11 所示，多型腔注射模的分流道应尽量均衡布置，从主流道到各个型腔的分流道长度、形状和截面尺寸应相等，使熔料同时到达每个型腔的进料口，保证各型腔的温度和压力相同。

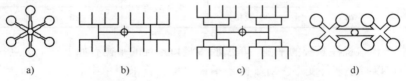

a)　　　　　　b)　　　　　　c)　　　　　　d)

图 14-11　分流道的均衡布置方式

图 14-12 所示为非均衡分流道，远端型腔的压力和温度低，容易形成熔接痕，甚至填充不足。这时，应适当加大远端型腔浇口直径。对于流动性较差的塑料，更应该避免采用非均衡式分流道。

实际上，精细修模可能使通过非均衡式分流道的熔料同时充满各型腔，但仍难以保证各型腔浇口同时凝结，不同的补料时间也会造成塑件尺寸性能差异。

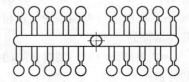

图 14-12　非均衡布置分流道

4. 浇口的设计

浇口又称进料口，是分流道与型腔之间的狭小通口，也是浇注系统中最短小的部分。浇口的作用应使熔料流进型腔时产生加速度，有利于迅速充型。成型后浇口处塑料先冷凝，使型腔封闭，防止熔料倒流及型腔压力下降过快，避免产生缩孔或凹陷。另外，合理设计，可使成型后浇口凝料与塑件易于分离。

（1）浇口的设计　浇口截面尺寸小，浇口凝料与塑件容易分离，但压力损失增大，充模困难。保压期间，型腔内熔料还未达到预定压力时，浇口熔料会先凝固，使塑件内部产生气泡或缩孔。反之，浇口截面过大，将延长保压时间，导致注塑周期变长。

浇口尺寸常由经验确定，先取下限值，然后在试模中加以修正。浇口截面积为分流道截面积

的 3% ~ 9%，长度尽可能短，为 1 ~ 1.5mm 左右，截面形状常为矩形或半圆形。

（2）浇口设计要点

1）浇口的位置。①浇口应开设在塑件断面较厚部位，使熔料从厚断面流入薄断面。②尽量开设在不影响塑件外观质量的边缘、底部。不宜使熔料直冲型腔，避免漩流在塑件上留下螺旋形痕迹。③防止料流冲击型芯或嵌件。侧浇口会使型芯镶件偏移，直接浇口进料与型芯镶件的对中性好，可避免镶件被挤压。④应使熔料流程最短，以减少压力损失。⑤应有利于排除型腔中的气体，避免塑件表面产生熔合纹。

2）校核流动比。所谓流动比 K，是指各段流道长度 l_i 与深度 δ_i 之比的总和，它直接与熔料充型有关。计算流动比应小于允许流动比 $[K]$。即

$$K = \sum_{i=1}^{n} \frac{l_i}{\delta_i} \leq [K] \tag{14-13}$$

$K < [K]$ 时，塑件大致能够成型。若 $K > [K]$，则应增加塑件厚度，或改变浇口位置，或采用多浇口等来减小 K 值。流动比因塑料性质、注射温度、压力、浇口种类以及流道不同而异。几种常用塑料的允许流动比见表 14-1。

表 14-1　几种常用塑料的允许流动比范围

塑料名称	注射压力/MPa	$[K]$	塑料名称	注射压力/MPa	$[K]$
聚乙烯	150	250 ~ 280	硬聚氯乙烯	130	130 ~ 170
	60	100 ~ 140		90	100 ~ 140
聚丙烯	120	280	聚碳酸脂	130	120 ~ 180
	70	200 ~ 240		90	90 ~ 130

3）单型腔多浇口浇注系统的平衡。单型腔多浇口系统的平衡有如下三个优点：

① 平衡浇口以减小塑件变形。对于薄壁平板塑件，若采用单中心浇口，由于分子的取向效应，沿料流动方向的收缩量大于垂直方向，导致塑件冷却后翘曲变形。采用多浇口可使平板各个方向收缩量一致，有利于减小塑件变形。

② 平衡浇口有利于均匀进料。深腔注射时，采用多点浇口平衡进料，侧壁受力均匀且使型芯不易倾斜。

③ 平衡浇口可控制熔合纹的位置。采用多点浇口时，调整各浇口位置和进料可控制熔合纹的形成位置，使之避开塑件正面或受力部位，以改善制品外观并提高塑件强度。

（3）浇口种类、结构及应用

1）直接浇口。直接浇口是指浇口直接和主流道连接，由主流道直接进料。由于浇口熔体压力损失小，流动阻力小、进料快，适用于任何塑料，常用于单腔及大型深腔壳类塑件。熔体从上端流向分型面（底端），有利于排气和消除熔接痕。直径不宜太大，否则该处温度高，易产生缩孔，去除浇口后，缩孔会留在塑件表面。根部直径不应超过薄壁塑件壁厚 2 倍，为防止冷料进入型腔，常在浇口内侧开设一深为塑件厚度的 1/2 冷井。图 14-13 利用塑件中心通孔设分流锥，可避免熔体冲击型芯。

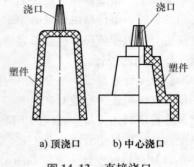

a) 顶浇口　　b) 中心浇口

图 14-13　直接浇口

直接浇口的缺点：截面尺寸大，熔体固化时间长；注射压力直接作用在塑件上，容易产生残余应力；塑件上的疤痕较大，去除浇口困难。

2）侧浇口。侧浇口常设在多型腔模的分型面处，从塑件内侧或外侧进料，截面多为矩形。优点是可随意选择进料位置，加工容易，其深度和宽度可试模后修改，被广泛采用。但侧浇口料流末端流动距离过长，易产生深接痕，深腔底部易形成气孔。设计时如图14-14 所示，浇口与分流道相接处用圆角连接，α_2 取 30°~45°，浇口与型腔连接处可倒角 0.5×45°，以免切除浇口时损坏塑件。浇口长度 $l = 0.7~2mm$，深度 $a = 0.5~2mm$，宽度 $b = 1.5~5mm$。

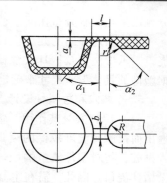

图 14-14　侧浇口

3）点浇口。点浇口截面形状小如针点，适用于成型壳、盒、罩类塑件。熔料流经点浇口时流速增加，压差较大，提高充型速度，可获得外表清晰、表面光洁的塑件。成型后可自动拉断浇口，残留痕迹小。但熔料通过浇口时，充型阻力大，不利于高黏度塑料充型。另外，为取出浇注系统凝料，需增加一个分型面，即定模分型取出浇口，常用于三板式结构。

如图 14-15 所示，点浇口直径常取 $d = 0.5~1.8mm$，浇口长度 1~3mm。为防止清除浇口凝料时损坏塑件表面，采用高 0.3~0.5mm、锥度 60°~90° 的结构。$R1.5~2.5$ 的圆弧有利于熔体流动、补料和部分存积熔体。点浇口常设在顶端，根据塑件的大小和要求，可采用单点浇口、双点浇口或多点浇口。

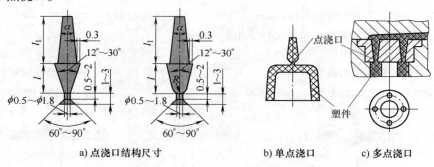

a) 点浇口结构尺寸　　　b) 单点浇口　　c) 多点浇口

图 14-15　点浇口的结构及尺寸

4）潜伏式浇口。潜伏式浇口又称为自切浇口，也属于并具有点浇口的主要特点。如图 14-16a 所示拉切式潜伏浇口，分流道一部分在分型面上，另一部分埋入型腔内壁。脱模时可拉断进料口，自动切除浇道凝料。如果塑件上没有合适的浇口位置，可利用图 14-16b 所示推切式潜伏浇口，将推杆铣去一部分作为二次浇口，使末端与塑件内壁相通，而将潜伏浇口设在二次浇口的底部（压力损失较大）。潜伏浇口的缺点是斜孔加工困难，为在流道未凝固之前推出浇口，须严格控制塑件的冷却时间。

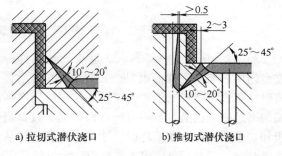

a) 拉切式潜伏浇口　　　b) 推切式潜伏浇口

图 14-16　潜伏式浇口

5）其他常用浇口。浇口形式很多，生产中还常用如图 14-17 所示的扇形浇口和轮辐式浇口。扇形浇口属于侧浇口，由分流道开始至型腔的浇口逐渐加宽，形成一个扇形，为保证在整个长度上具有相同的横截面积，需随宽度增加而适当减小浇口高度。筒形件注塑时常采用轮辐浇口，即分流道呈轮辐状分布在同一平面内，在型腔圆周上均分几个弧段进料。

除去上述介绍的几种浇口外，还有环形浇口、平缝式浇口、爪形浇口及护耳式浇口等。采用哪种浇口，主要根据塑件的具体形状尺寸来确定。

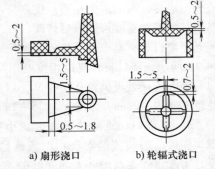

图 14-17　扇形浇口和轮辐式浇口

5. 冷料穴和拉料杆设计

（1）冷料穴及其作用　每一次注射初始，注射机最先射出而接触到温度较低的模具的熔料，称为冷料。冷料进入型腔，将对塑件质量的均匀性和外观造成不良影响，甚至堵住浇口。因此，需在主流道末端（对面）设置一个直径略大于主流道大端直径的凹槽，来收容这部分冷料，这个凹槽就称作冷料穴或冷料井。当分流道较长时，其末端也可开设冷料穴。

冷料穴的作用是开模时把主流道凝料从浇口套中拉出来，并使其滞留在动模一侧。

（2）冷料穴的结构设计　冷料穴的直径稍大于主流道大端直径 d_2，长度一般取 d_2 的 $1.5 \sim 2$ 倍，底部形状开在拉料杆头部。常用冷料穴主要有以下几种结构形式。

1）Z 形头拉料杆冷料穴。Z 形头是最常用的冷料穴形式。如图 14-18 所示，当冷料进入冷料穴之后，紧包在拉料杆的球头上，将拉料杆头部做成 Z 形，成型开始时熔料充满 Z 形头侧凹部，开模时，由侧凹将主流道凝料拉出。拉料杆固定在顶杆固定板上，开模时，拉料杆与顶杆同步运动将塑件和凝料推出模外。如果塑件顶出后不能相对于 Z 形头的侧凹反向移动，无法使塑件与拉料杆分离时，则不能使用 Z 形头冷料穴结构。此外，冷料穴的结构还有图中所示的倒锥型和圆环槽型等，分离塑件时无需作侧向移动，属于强制顶出，因此适用于弹性较好的塑件。

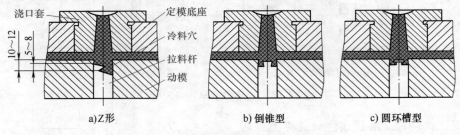

图 14-18　底部带拉料顶杆的冷料穴

2）球头形拉料杆冷料穴。球头形拉料杆冷料穴专门用于推板脱件的模具。如图 14-19 所示，开模时将主流道凝料拉出。由于球头拉料杆固定在动模的型芯固定板上，不随顶出机构移动，只有当推板相对于拉料杆运动推件时，才把主流道凝料从球头上刮除，因此，只适用于韧性较好的塑料。

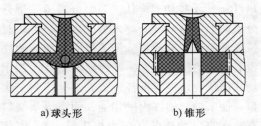

图 14-19　球头形和锥形拉料顶杆冷料穴

另外，还可将头部设计成蘑菇头型，或伸入主流道中的锥形等，便于拉料又容易加工。图 14-19 所示锥形拉料杆无储存冷料的作用，可靠性较差，但具有较好的分流作用，常用于成型带有中心孔的塑料，如齿轮等。

3）无拉料杆冷料穴。无拉料杆冷料穴如图 14-20 所示，在主流道对面开一锥型凹坑，并在锥孔侧壁上钻出数个浅孔。开模时，由于浅孔轴线与开模方向倾斜一个角度，滞留在动模侧的浅孔内冷料即可将主流道凝料拉出。卸件时冷料头在顶出力作用下先沿浅孔内壁移动,之后被全部拔出。

三、无流道浇注系统

无流道浇注系统也称热流道浇注系统,是塑料注射浇注系统研究的重要发展方向。

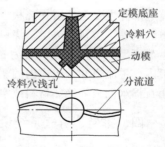

图 14-20 无拉料杆冷料穴

热流道浇注系统是利用对模具进行加热或绝热的方法,使流道内的塑料始终处于熔融状态,即浇注系统内不产生凝料,因而熔料以良好的状态注入型腔,可提高塑件质量,无需修剪浇口和回收凝料,缩短了成型周期,便于自动化生产。但热流道浇注系统对模具设计制造要求高,使模具成本提高。根据工艺过程不同,通常将无流道浇注系统分为绝热式流道和热流道浇注系统。

1. 绝热流道

绝热式流道利用了塑料导热性较差的特性,将流道内径设计得很大,使通过流道后固化在流道内壁冷料层发挥绝热作用,降低流道中心部分熔料的热量损失,进而实现连续注射。

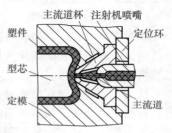

图 14-21 井坑式喷嘴

(1)单型腔模具的绝热流道 单型腔模具绝热流道通常采用如图 14-21 所示的井坑式喷嘴,即在注射机喷嘴与模具入口之间设置截面积较大的井坑式主流道杯,用于积存熔体。主流道杯内壁表面覆着一层已冷凝的塑料,每次注射的熔料和喷嘴加热使中心部塑料仍可保持熔融流动状态。

如何防止熔料硬化和堵塞浇口是流道结构设计的关键,通常需控制主流道杯中塑料熔体保持留有塑件体积的 1/3~1/2。为防止熔体降温,需缩短喷嘴与浇口之间的距离。由于主流道杯总要散失部分热量,杯中的熔料不宜滞留太久,因而只适用于成型周期短、尺寸精度要求不高的塑件。

(2)多型腔模绝热流道 多型腔模具绝热流道也称绝热分流道,通常将主流道和分流道设计成直径为 16~30mm 的圆形。为防止熔料凝固堵塞浇口,通常在模具进料喷嘴中插入带探针的加热棒加热喷嘴,并使尖端伸到点浇口附近,因而又被称为半绝热式流道。

多型腔模绝热流道中,分流道的中心线需设在分型面上,以便能取出流道及浇口凝料。

2. 热流道

热流道是利用加热的方法向流道内的塑料提供热量,如在流道附近设置电热棒或电热圈,使热塑性塑料保持熔融流动状态,实现连续注射。与绝热流道相比,热流道能够可靠地维持流道内塑料的熔融流动,因此,在无流道系统中是应用最多、最有效的一种。按结构可将热流道分为单型腔热流道和多型腔热流道两种形式。

(1)单型腔热流道 最常见的单型腔模热流道是点浇口进料的延伸式喷嘴,如图 14-22 所示。其特点是使带有专用加热装置的喷嘴延长伸入到定模型腔的浇口处,使原来的主流道变成喷嘴内孔道,延长部分即相当于点浇口。喷嘴外用加热器加热,使塑料保持熔融状态。为了避免喷嘴热量流失于低温模具,常采用塑料或空气隔热等隔热措施。

喷嘴直径常取 $\phi 0.7~1\text{mm}$,直径太大,易使塑件表面留下疤痕;喷嘴太小,影响熔体充填速度。衬套或定模上的浇口直径可取 $\phi 1~1.2\text{mm}$,长度 $0.8~1\text{mm}$,这种微小浇口可避免塑件表面留有疤痕。喷嘴体应选用导热性好、且具有一定强度的材料,如铍铜或铬钢等。

（2）多型腔热流道　多型腔热流道也称热分流道，是在定模固定板与型腔板之间设置加热流道板进行加热。热流道部件主要由流道加热板、管式加热器、主流道、分流道、喷嘴、塑料隔热层、浇口衬套等组成。主流道、分流道截面呈圆形，直径一般为 $\phi 6 \sim 15\text{mm}$，均设在流道加热板内。主流道和分流道内的塑料完全处于熔融状态，并利用石棉水泥板等绝热材料或空气间隙与其他部分隔热。

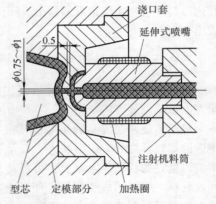

图 14-22　延伸式喷嘴的热流道

四、排溢、引气系统设计

注射模型腔中存在气体对充型不利，但大型注射模型腔内形成真空，又对脱模不利。因此，设计注射模需要同时考虑型腔的排溢和引气问题。

1. 排溢设计

注射成型过程中，型腔内原有的空气和塑料受热、凝固时产生的低分子挥发气体受到压缩产生高温，引起塑件局部碳化烧焦、产生气泡，甚至阻碍填充。特别对高速注射模，必须设置排溢系统将有害气体排出。

排气孔道应设置在型腔最后被充满的地方，即熔流末端，有时排气槽还能溢出少量前锋冷料，有利于提高塑件的熔接强度。正确的排气位置，常需经试模后才能决定。如图 14-23 所示，对中、小型注射模，通常可利用模具分型面、镶件配合间隙或者开排气槽实现排气。

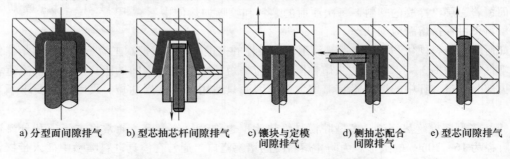

a) 分型面间隙排气　　b) 型芯抽芯杆间隙排气　　c) 镶块与定模间隙排气　　d) 侧抽芯配合间隙排气　　e) 型芯间隙排气

图 14-23　利用模具中各种配合间隙的排气结构

对于大型注射模，间隙排溢已不能满足要求，需开设专门排气结构。如图 14-24a 所示，可在凹模侧分型面上开弯曲形式且逐渐加宽的排气槽，槽深 $0.025 \sim 0.1\text{mm}$，宽 $1.5 \sim 6\text{mm}$，以熔料不被挤出为宜。排气出口应设在操作面的反侧，以防熔料溢出造成伤害。如果最后充填部位不在分型面上，附近又无可供排气的顶杆或活动型芯时，可采用如图 14-24b 所示镶嵌排气结构。将粒状原料烧结成多孔金属块，镶嵌在最后被充填的型腔壁中用于排气，其下方的排气孔径 d 不宜过大，以避免烧结金属块受力变形。

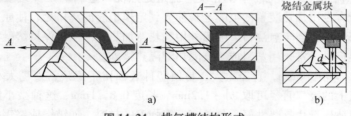

a)　　　　　　　　　　b)

图 14-24　排气槽结构形式

2. 引气结构设计

大型塑件充满型腔后，开模时在大气压力作用下脱件带有一定强制性，容易造成变形或损害。因此，设计时须增设引气结构。可在嵌入镶块的型腔处开设局部引气槽，并在通向模外的其他结构件上开出通道。如图14-25a所示，为避免溢料堵塞，型腔壁处引

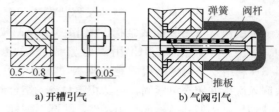

图 14-25　引气结构形式

气槽深度应小于0.05mm，其他延续部分的槽深可适当扩大到0.5～0.8mm。

另外，如图14-25b所示，还可采用气阀引气。注射时，熔料在注射压力之下将阀门关闭，开模时，由于塑件与型芯或型腔之间处于真空状态，大气压力顶开阀门将空气引入。

第四节　成型零部件设计

一、成型零部件结构设计

1. 成型零件的结构设计

（1）凹模结构设计　按结构不同，可将凹模型腔分为整体式、整体嵌入式、局部镶嵌式和拼合式四种。

1）整体式凹模。如图14-26所示，整体式凹模做成与定模板一体，型腔本身变形小，但加工和排、引气结构设置等都较困难，因此，大型复杂注射模不宜采用。

2）整体嵌入式凹模。在多型腔模具中，常将凹模加工成单独镶块

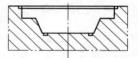

图 14-26　整体式凹模

嵌入固定板或模板中，便于加工和更换。如图14-27a所示，将旋转对称凹模做成带台肩圆柱形，从下部嵌入模板中，靠支撑板限位。对大型凹模，可不掏空模板，而将凹模从上部嵌入，可提高模板强度，如图14-27b所示。但装配相对困难。

非对称凹模须考虑定位问题，通常可采用图14-28所示的两种结构。图14-28a所示为定位销定位，正确配入后钻孔打骑缝销定位；图14-28b所示为采用键定位，装配后可加垫片镶键。

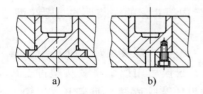

图 14-27　整体嵌入式凹模结构

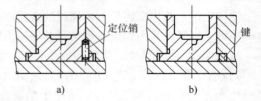

图 14-28　非对称塑件的整体嵌入式凹模结构

3）局部嵌入式凹模。深腔且局部带有异型形状或为制造、维修方便，可采用局部嵌入式结构。如图14-29a、b所示，仅将复杂的型腔底部作为可更换的局部嵌入式结构。

4）侧壁拼合式凹模。对形状复杂或带直壁的大型凹模，如图14-30所示，将侧壁和底板配入模套中，侧壁采用扣锁连接，可保证型腔尺寸准确且简化加工。

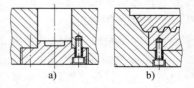

图 14-29　局部嵌入式凹模结构

（2）型芯和型杆结构　型芯又称凸模或阳模，多装在动模板侧，大、中型模常采用装配式结构。图 14-31a 是凸模直接固定，适用于中、小型模具；图 14-31b 用螺钉紧固在固定板上，刚性大；图 14-31c 利用安装板将凸模固定在模板上，便于更换；图 14-31d 将凸模嵌入底板并用螺钉紧固，可防止塑料渗入结合缝内。

型杆是小型孔、槽成型用零件。非圆形型杆，可将非工作段做成圆形，而将工作段做成塑件孔、槽内表面形状。型杆固定要求可靠，防止熔料渗入缝隙，通常也可采用上述紧固方法。

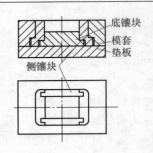

图 14-30　侧壁拼合式凹模结构

（3）螺纹型芯和螺纹型环的结构　用于成型塑件上内螺纹的零件称螺纹型芯，而用于成型外螺纹的零件称为螺纹型环。

1）螺纹型芯及螺纹定位芯棒的安装形式。图 14-32a 和 b 将螺纹型芯直接插在模具中，利用圆锥面和圆柱面台肩兼顾密封和定位作用，避免下沉。图 14-32c 在螺纹型芯下端设置垫板。模外脱芯时，为便于将型芯与塑件一同拔出，可采用图 14-32d 利用弹簧胀力将型芯杆撑在孔内和图 14-32e 利用弹簧将钢球压入型芯杆内凹的镶嵌结构。

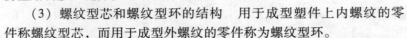

a)　　　　b)　　　　c)　　　　d)

图 14-31　型芯的结构形式

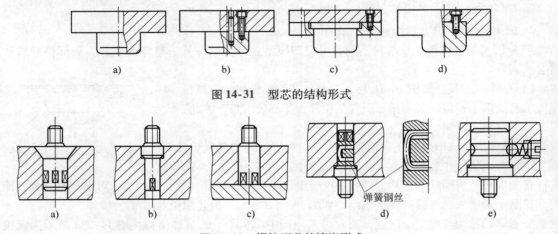

弹簧钢丝

a)　　　　b)　　　　c)　　　　d)　　　　e)

图 14-32　螺纹型芯的镶嵌形式

螺纹定位芯棒用来将带有内螺纹的金属嵌件固定在模内。芯棒的安装形式与螺纹型芯类似，有时还可采用开口张力固定或用尾耳及底板固定。

2）螺纹型环及螺纹定位环的安装形式。图 14-33a 为整体式螺纹型环，外径与模具孔采用 H8/f8 配合，配合高度为 3～10mm，其余倒成 3°～5°角，脱模后用扳手将其从塑件上旋下。图 14-33b 所示为组合式螺纹型环，适用于精度要求不高的粗牙螺纹成型，通常由定位销定位的两半块组成，可放入锥模套中。为便于取出塑件，在结合面外侧开出两条楔形槽，可用尖劈状分模器分开，卸螺纹快而省力，但产生溢边难以修整。

2. 分型面的确定

分型面是指模具闭合时动模、定模或瓣合模相配合的接触面。

（1）分型面的位置及形式　注射模至少需设置一个分型面，而复杂注射模有时需设置多个分型面，因此，分型面可分作单分型面、双分型面及多分型面。

分型面与型腔的相对位置有图 14-34 所示的三种基本形式。图 14-34a 为塑件全部在动模内成型，图 14-34b 为塑件全部在定模内成型，而图 14-34c 中，塑件同时在动模和定模内成型。为了便于塑件脱模，分型面的位置应设在塑件截面轮廓最大的地方。

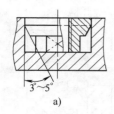 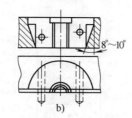 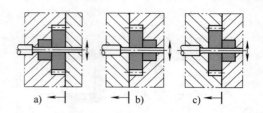

图 14-33　螺纹型环的结构形式　　　　　　图 14-34　分型面与型腔的相对位置

分型面的形状有图 14-35 所示的平面、倾斜及曲面等形状。分型面可以平行于开模方向，也可垂直于开模方向，有时还会与开模方向成一倾斜角度。

（2）分型面的确定原则

1）保证塑件的尺寸精度和外观质量。图 14-36a 所示分型面，因型腔太深，会造成脱模困难。如果塑件外观无特殊要求，采用图 14-36b 所示分型面，可减小拔模斜度，且能保证塑件的两端外径尺寸。

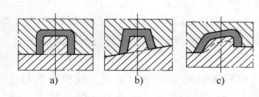 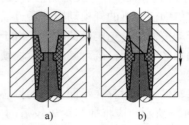

图 14-35　分型面的形状　　　　　　图 14-36　分型面对拔模斜度的影响

分型面不能影响塑件的尺寸精度，为满足同轴度要求，尽可能将型腔设在同一模块上。

分型面应选在不影响塑件外观质量的部位。如图 14-37a 所示，分型面设在塑件球头与圆柱相交的位置，可方便模具制造，但在分模面处容易产生飞边或溢料。如按图 14-37b 所示位置设计分型面，可保证制品精度。

图 14-34 所示齿轮塑件的三种分型面，都可能产生水平飞边，但若采用图 14-38 所示封闭式分型面，即可避免塑件产生水平飞边。

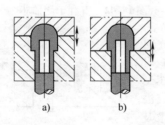 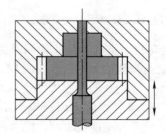

图 14-37　对外观质量的影响　　　　　　图 14-38　避免产生飞边的分型面

2）应有利于脱模和抽芯。

① 有利于脱模。设计分型面时，应使开模后的塑件尽可能留在动模侧，便于利用脱模机构脱模，如图 14-39a 所示。而图 14-39b 所示分型面，分模后塑件留在定模侧，需在定模上增设脱模机构，使模具结构复杂化。

塑件有金属嵌件时，金属收缩小，成型后的塑件不会包紧型芯。如将图 14-40b 结构改为图 14-40a 形式，型腔置于动模内，分模后塑件自然会留在动模侧。

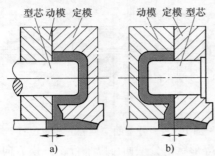

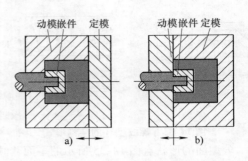

图 14-39　分型面有利于脱模　　　　图 14-40　带金属嵌件时的分型面设置

同样，对于外形简单具有较多孔或复杂孔形的塑件，开模后必然箍在型芯上。如图 14-41a 所示，开模后可由脱模板顶出塑件。如像图 14-41b 所示，将型腔设在动模侧，反而会造成脱模困难。

②　有利于侧抽芯。为避免侧抽芯机构导致模具结构复杂，有时可适当倾斜分型面。通常，侧抽芯需借助注射机的开模动力，通过抽芯机构改变运动方向来实现。因此，应尽可能将侧抽芯机构设于动模侧，避免定模侧抽芯。由于侧向滑块合模时锁紧力较小，应将投影面积较小的分型面作为侧抽芯分型面，既可减小侧滑块锁紧机构，又可防止侧向成型时因锁紧力不足造成飞边和溢料缺陷。

如果塑件上同时存在不同方向的抽芯要求时，侧抽芯常由斜导柱导向实现，拔模距离较小。如图 14-42a 所示，应将抽芯距离较短的方向放在侧面，将较长型芯放在动、定模开模方向上。而不应像图 14-42b 所示，将较长型芯置于侧面，增大侧抽芯机构。

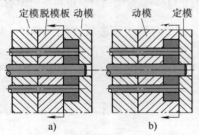

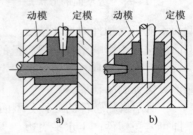

图 14-41　分型面对脱模难度的影响　　　　图 14-42　有利于侧抽芯

3）应有利于排气和防止溢料。为排出型腔中的气体，分型面尽可能与料流的末端重合。图 14-43a 所示阶梯分型面，可防止产生水平飞边，但型腔排气效果不好。而图 14-43b 的水平分型面排气效果好，但会因锁模力不足而产生水平飞边或溢料。因此，确定分型面位置时，应考虑塑件的具体质量要求及模具的具体结构等多重因素，从而选择一种最有利的分型方式。

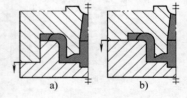

图 14-43　对排气的影响

4）其他。除去上述注意事项外，确定分型面时，还要考虑浇注系统布置方便、为嵌件摆放留有一定空间并保证嵌件安放稳固。另外，还应尽可能使模具制造简单。

3. 型腔和布局

（1）型腔数目的确定　确定注射模型腔数目，需综合考虑注射机的生产能力、塑件尺寸精度及生产批量等具体条件。

1）根据注射机注射能力确定型腔数。单个塑件及总浇注系统质量分别为 G_1、G_2 时，以注射机的注射能力为基本条件，即每次注射量不宜超过注射机最大注射量 G_{max} 的30%来确定注射模中可设置的型腔数目 n

$$n = \frac{0.8 G_{max} - G_2}{G_1} \qquad (14-14)$$

2）根据锁模力确定型腔数。单个塑件及总浇注系统的投影面积分别为 A_1、A_2 时，根据注射机额定锁模力 F 及单型腔内熔料的平均压强 p_c 确定型腔数目

$$n = \frac{F/p_c - A_2}{A_1} \qquad (14-15)$$

3）根据塑件的尺寸精度确定型腔数。根据生产经验，因制造精度导致每增加一个型腔，塑件尺寸精度降低4%。设塑件基本尺寸为 L，多腔成型塑件的尺寸公差为 $\pm x$，单腔成型塑件的尺寸公差为 $\pm\delta\%$（聚甲醛为 $\pm 2\%$，尼龙66为 $\pm 0.3\%$，聚碳酸脂、聚氯乙烯、ABS为 $\pm 0.05\%$），则型腔数

$$n = \frac{\left(|x| - \frac{|\delta|L}{100} \right)}{\left(\frac{|\delta|L}{100} \frac{4}{100} \right)} + 1 = 2500 \frac{|x|}{|\delta|L} - 24 \qquad (14-16)$$

对于尺寸精度要求高的塑件，所用模具不宜超过一模四腔结构。

4）根据塑件的生产批量确定模具型腔数。在满足塑件成型质量的前提下，对于大批量生产，可以考虑采用多型腔成型，以提高生产效率。但对质量精度要求高、形状复杂或小批量生产塑件，为保证成型质量，宜选取单型腔或少型腔模具。

（2）多型腔的布局　对于多单元形状的复杂塑件，注射模中各型腔的布局乃至分流道形状均已确定。如图14-44a所示为扩展H型多型腔布局，熔料到达最远端型腔的时间比到最近型腔的时间约长10倍，充型性较差。图14-44b缩短了总充型时间，但最远端与最近端的充型时间仍差3倍。而图14-44c OC（Organization Chart）型多型腔布局，虽然可以保证各型腔几乎同时充型，但由于增加了流道总长度，因此，充型性也不好。如果采用图14-44d所示平衡（锁模压力的平衡）式多型腔布局方式，使型腔和浇口对称布置，不但有利于熔料同时充满各腔，而且缩短了流道总长度，可提高充型性。

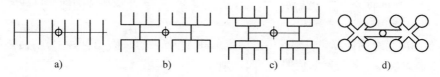

a)　　　　　　b)　　　　　　c)　　　　　　d)

图14-44　多型腔布局方式

二、成型零部件工作尺寸的确定

成型零部件的工作尺寸主要是指凹模（型腔）、凸模（型芯）的工作尺寸，设计时除需根据塑件尺寸及精度要求进行计算外，还须考虑影响塑件成型精度的各种因素。

1. 影响塑件尺寸精度的因素

（1）成型零部件的制造公差 δ_z　成型零部件的制造公差通常取塑件公差 Δ 的 $1/6 \sim 1/3$，中、小型塑件可取 $\delta_z = \Delta/6$，随着塑件尺寸增大，相应增大制造公差。

（2）成型零部件的磨损量 δ_m　注射过程中，熔料与模具成型表面的长时间压力摩擦会使凹

模尺寸增大、凸模尺寸减小。因此，设计成型零部件时，需要考虑磨损量。对于中、小型模具，可取最大磨损量 $\delta_m = \Delta/3$，而对大型模具，要求 $\delta_m < \Delta/3$。

（3）塑料的平均收缩率 S　塑料的收缩率不仅与其本身种类和性质有关，还与塑件的结构形状、尺寸有关。通常在计算时，可取其最大收缩率 S_{max} 和最小收缩率 S_{min} 的平均值，即 $S = (S_{max} + S_{min})/2$。

2. 成型零部件工作尺寸的计算

对没有特殊要求的普通塑件，通常采用以塑料平均收缩率 S 为基准的计算方法，成型零部件、塑件在室温（20℃）时的尺寸分别为 A_m、A 时，具有如下基本关系

$$A_m = A + AS \tag{14-17}$$

（1）型腔和型芯尺寸的计算

1）型腔径向尺寸的计算。根据图 14-45 所示，塑件径向尺寸为 L_s，模具制造公差为 δ_z 时，型腔径向尺寸可计算如下

$$L_m = (L_s + L_s S - x\Delta)_0^{+\delta_z} \tag{14-18}$$

式中　x——修正系数：可随塑件精度变化，一般在 1/2 ~ 3/4 范围内取值。塑件所注公差值较大时取小值，对中、小型塑件常取 3/4。

2）型腔深度尺寸的计算。设塑件高度的名义尺寸 H_s 为最大尺寸，其公差 Δ 为负偏差；型腔深度名义尺寸 H_m 为最小尺寸，其公差为正偏差 δ_z。由于型腔底面或型芯端面的磨损很小，可略去磨损量 δ_m，则

$$H_m = (H_s + H_s S - x'\Delta)_0^{+\delta_z} \tag{14-19}$$

式中　x'——修正系数：一般取 1/2 ~ 2/3，塑件尺寸较大、精度较低时取小值，反之，取大值。

3）型芯径向尺寸的计算。型芯的径向尺寸 l_m 由塑件的内径尺寸 l_s 所决定，其公差取负偏差，则

$$l_m = (l_s + l_s S + x\Delta)_{-\delta_z}^{0} \tag{14-20}$$

其余符号含意同前。

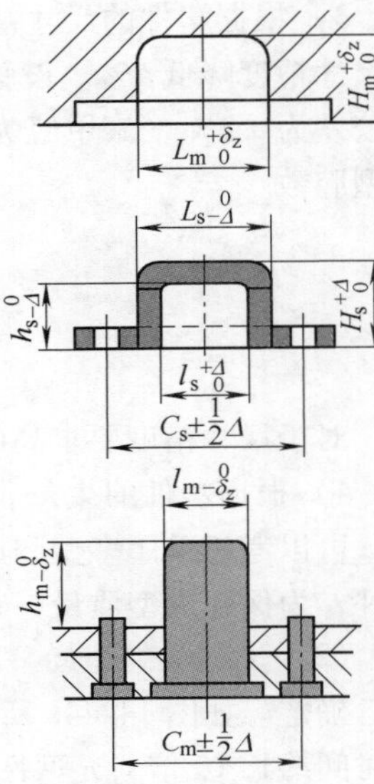

图 14-45　型腔和型芯尺寸的计算

带有嵌件的塑件收缩率较实体塑件小，计算时应将式中含收缩值项的塑件尺寸改为塑件外形尺寸减去嵌件尺寸。

4）型芯高度尺寸的计算。设塑件内形深度尺寸 h_s 为最小尺寸，其公差为正偏差 Δ；型芯高度尺寸 h_m 为最大尺寸，其公差为负偏差 $-\delta_z$，则

$$h_m = (h_s + h_s S + x'\Delta)_{-\delta_z}^{0} \tag{14-21}$$

5）中心距尺寸的计算。模具型腔（孔）或型芯（轴）的中心距 C_m 由塑件型芯或型腔的中心距 C_s 决定，如图 14-46 所示。设塑件和模具中心距的公差均采用双向等值公差且不计磨损量，则它们的名义尺寸均为平均尺寸

$$C_m = (C_s + C_s S) \pm \frac{\delta_z}{2} \tag{14-22}$$

（2）螺纹型芯和型环尺寸的计算　模具中的螺纹型芯尺寸由塑件的内螺纹尺寸决定，而螺纹型环尺寸由塑件的外螺纹尺寸决定。

1）螺纹型芯尺寸的计算。塑料螺纹种类很多。这里简单介绍普通紧固连接用螺纹（牙型角为 60° 的米制螺纹）型芯和型环的计算方法。塑件内螺纹及模具螺纹型芯尺寸标注参照图 14-47。

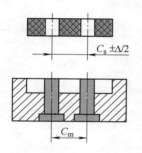

图 14-46 型孔、型芯中心矩

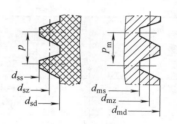

图 14-47 塑件内螺纹及螺纹型芯尺寸标注

① 螺纹型芯外径 d_{md}。塑件螺纹中径公差 Δ_z、内螺纹外径、d_{sd} 时（螺纹型芯外径制造偏差 δ_d）

$$d_{md} = (d_{sd} + d_{sd}S + \Delta_z)_{-\delta_d}^{0} \qquad (14\text{-}23)$$

② 螺纹型芯中径尺寸 d_{mz}。塑件内螺纹中径为 d_{sz} 时（螺纹型芯中径制造偏差 δ_z）

$$d_{mz} = (d_{sz} + d_{sz}S + \Delta_z)_{-\delta_z}^{0} \qquad (14\text{-}24)$$

③ 螺纹型芯内径尺寸 d_{ms}。塑件内螺纹内径为 d_{ss} 时（螺纹型芯内径制造偏差 δ_s）

$$d_{ms} = (d_{ss} + d_{ss}S + \Delta_z)_{-\delta_s}^{0} \qquad (14\text{-}25)$$

2）螺纹型环尺寸的计算。塑件外螺纹及模具螺纹型环的尺寸标注参照图 14-48。

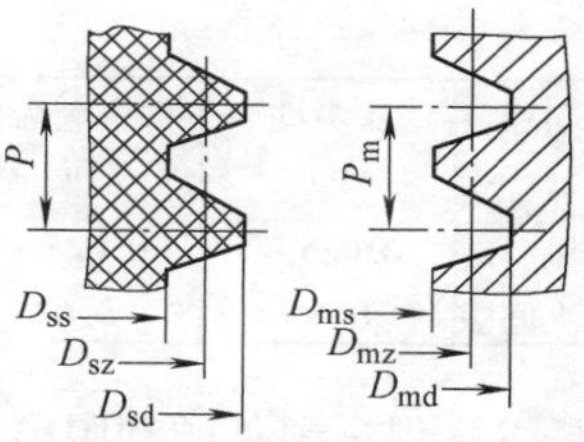

① 螺纹型环外径尺寸 D_{md}。塑件外螺纹外径为 D_{sd} 时（螺纹型环外径制造偏差 δ_d）

$$D_{md} = (D_{sd} + D_{sd}S - \Delta_z)_{0}^{+\delta_d} \qquad (14\text{-}26)$$

② 螺纹型环中径尺寸 D_{mz}。塑件外螺纹中径为 D_{sz} 时（螺纹型环中径制造偏差 δ_z）

$$D_{mz} = (D_{sz} + D_{sz}S - \Delta_z)_{0}^{+\delta_z} \qquad (14\text{-}27)$$

③ 螺纹型环内径尺寸 D_{ms}。塑件外螺纹内径为 D_{ss} 时（螺纹型环内径制造偏差 δ_s）

图 14-48 塑件外螺纹及螺纹型环尺寸标注

$$D_{ms} = (D_{ss} + D_{ss}S - \Delta_z)_{0}^{+\delta_s} \qquad (14\text{-}28)$$

3）螺距尺寸的计算。收缩率相同或接近的塑料内、外螺纹相配合时，均可不考虑收缩率。当塑件螺纹的螺距为 P 时（型芯、型环螺距的制造偏差 δ_p），螺纹型芯和型环的螺纹 P_m 可按下式计算

$$P_m = (P + PS) \pm \delta_p \qquad (14\text{-}29)$$

塑料螺纹与金属螺纹配合长度在表 14-2 所列范围内，塑件的螺距也可忽略收缩率的影响。

表 14-2 螺距不加收缩率时可以配合螺纹的极限长度 （单位：mm）

螺纹代号	螺距	收 缩 率 （%）							
		0.2	0.5	0.8	1	1.2	1.5	1.8	2
		可	以	配	合	螺纹	的	极限	长度
M3	0.6	26	10.4	6.5	5.2	4.3	3.5	2.9	2.6
M4	0.7	32.5	13	8.1	6.5	5.4	4.3	3.6	3.3
M5	0.8	34.5	13.8	8.6	6.9	5.8	4.6	3.8	3.5
M6	1.0	38	15	9.4	7.5	6.3	5	4.2	3.8
M8	1.25	43.5	17.4	10.9	8.7	7.3	5.8	4.8	4.4

（续）

螺纹代号	螺距	收缩率（%）							
		0.2	0.5	0.8	1	1.2	1.5	1.8	2
		可	以	配	合	螺纹	的	极限	长度
M10	1.5	46	18.4	11.5	9.2	7.7	6.1	5.1	4.6
M12	1.75	49	19.6	12.3	9.8	8.2	6.5	5.4	4.9
M14	2.0	52	20.8	13	10.4	8.7	6.9	5.8	5.2
M16	2.0	52	20.8	13	10.4	8.7	6.9	5.8	5.2
M20	2.5	57.5	23	14.4	11.5	9.6	7.1	6.4	5.8

三、确定型腔厚度

确定注射模型腔壁厚时，通常认为大型注射模型腔刚度不足是主要问题，常需校核型腔刚度；而小型注射模型腔在发生较大塑性变形前，其内应力很可能已经超过了许用应力，因此，应对强度进行校核。型腔刚度的计算条件，可从以下几个方面考虑。

1）不发生溢料。根据不同塑料不致发生溢料的最大间隙来决定型腔刚度，可参考表 14-3。

表 14-3　常用塑料不产生溢料的最大间隙　　　　　　　（单位：mm）

塑料名称	聚酰胺 PA	聚乙烯 PE	聚丙烯 PP	聚苯乙烯 PS	ABS	聚砜 PSF	聚碳酸脂 PC	硬聚氯乙烯 HPVC
不溢料的最大间隙	0.025 ~ 0.04	0.025 ~ 0.04	0.025 ~ 0.04	0.05	0.05	0.06 ~ 0.08	0.06 ~ 0.08	0.06 ~ 0.08

2）保证塑件顺利脱模。即要求型腔的允许弹性变形量小于塑件冷却固化收缩值。

3）保证塑件精度要求。塑件局部要求较高精度时，其型腔的允许最大弹性变形量可取塑件公差的 1/5 左右。

影响模具强度的因素很多，如型腔带有缺口、沟槽、孔等急剧变化的断面时，容易产生局部应力集中。注射终了，熔料充满全部型腔瞬时，内压力达到最大值。因此，型腔壁厚的计算应以最大压力值为依据。设计时可参考表 14-4、表 14-5 及相关资料。

表 14-4　矩形型腔侧壁厚度经验数据　　　　　　　（单位：mm）

型腔内壁短边长 b	整体式	镶拼式	
	型腔壁厚 S	型腔壁厚 S_1	模套壁厚 S_2
≤40	25	9	22
>40 ~ 50	25 ~ 30	9 ~ 10	22 ~ 25
>60 ~ 70	35 ~ 42	11 ~ 12	28 ~ 35
>80 ~ 90	48 ~ 55	13 ~ 14	40 ~ 45
>100 ~ 120	60 ~ 72	15 ~ 17	50 ~ 60

表 14-5　底板厚度经验数据　　　　　　　（单位：mm）

b	S_h		
	$b = L$	$b = 1.5L$	$b = 2L$
<102	(0.12 ~ 0.13) b	(0.10 ~ 0.11) b	0.08b
>102 ~ 300	(0.13 ~ 0.15) b	(0.11 ~ 0.12) b	(0.08 ~ 0.09) b
>300 ~ 500	(0.15 ~ 0.17) b	(0.12 ~ 0.13) b	(0.09 ~ 0.10) b

第五节　其他辅助机构设计

一、导向装置设计

与其他成型模具一样，导向是塑料注射模结构中必不可少的辅助机构。

1. 导向装置的典型结构

常用导向装置是导柱导套结构。A 型导柱用于简单模具，B 型需要与导套小间隙滑配，用于精度较高、批量生产模具。如图 14-49 所示，精度要求不高的模具，可不加油槽，导柱端头先导部分可做成圆锥形或球形。

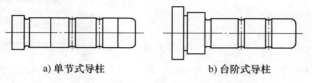

a) 单节式导柱　　　　　　　　b) 台阶式导柱

图 14-49　常用导柱形状结构

导套的结构如图 14-50 所示，压入式套筒导套（图 14-50a）多用于模套高度不大的简单模；台阶式导套（图 14-50b）便于更换检修，常用于导向精度较高的大型模具；凸台式导套（图 14-50c），主要用于顶出机构的导向。

2. 导向机构的布置

在一般的注射模结构中，通常将导柱装于动模侧，且尽可能设于型芯附近。通常要求导柱长度比型芯的高度高出 6～8mm，如图 14-51 所示。

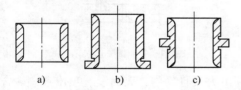

a)　　　　b)　　　　c)

图 14-50　常用导套形状结构

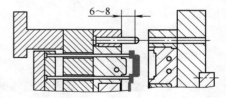

图 14-51　导向机构示意图

二、脱模机构设计

为了利用注射机动压板后面的顶出系统驱动脱模，脱模机构常需设在装于动压板侧的模具部分中。

1. 脱模机构的基本结构

基本脱模机构如图 14-52 所示。开模时，动模左行，拉料杆拉出浇口凝料之后，注射机推杆通过推板带动顶杆将塑件顶出。合模时，复位杆先与定模接触使脱模机构停止运动，动模部分继续右行复位。底部限位销可减少推板与模座的接触面积，还可调节推杆位置并便于清除杂物。

2. 脱模方法及其机构设计

（1）基本脱模方法　常用基本脱模方法主要有顶杆脱模、推管脱模和推件板脱模等。

1）顶杆脱模。顶杆脱模机构主要由顶杆、顶杆固定板和推板组成，基本设计尺寸如图 14-53 所示。顶杆与顶杆孔之间的滑配间隙兼有排气作用，但不应大于塑料排气间隙，以免漏料。

顶杆端头作为型腔表面的一部分，必须抛光处理。另外，顶杆工作端面通常高出型腔表面0.1mm，以使塑件的顶料痕迹为凹坑。要求分型面顶杆侧表面与型芯侧壁之间最小保留0.13mm的间隙，以免划伤型芯。

2）推管脱模。推管常用于筒形件或带凸台塑件的脱模，顶出力均匀，可避免塑件顶出变形。图14-54所示推管脱模机构中，推管工作端面实际是型腔的一部分，应完全按照型腔工作表面的要求加工。为防止漏料，在保证排气要求的前提下，推管与凹模之间的滑配间隙应尽可能小。

3）推板脱模。常用推板脱模机构如图14-55所示。推板套在型芯上并采用小间隙滑配。开模时，推板与型芯一起向左移动，塑件离开凹

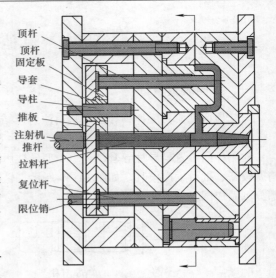

图 14-52　脱模机构的典型结构

（顶杆、顶杆固定板、导套、导柱、推板、注射机推杆、拉料杆、复位杆、限位销）

模型腔后，利用外力使推板停止运动，型芯继续左行使塑件脱芯。需采用退料板螺钉等控制推板与型芯的相对移动距离，以防止推板脱落。

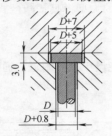

图 14-53　顶杆的装配形式

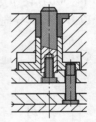

图 14-54　推管脱模结构

推板脱模机构适用于各种罩壳类塑件的脱模，顶出力大且均匀，表面没有顶出痕迹。合模时，靠分型面的推力实现复位。但这种脱模机构模具的型芯和型腔需分别设在动模和定模上，容易降低塑件内外轮廓的同心度及壁厚均匀程度。

4）联合脱模机构。对于一些深腔壳体等刚度较差的塑件，仅靠一种机构脱模容易导致塑件变形，这时，可采用图14-56所示多元联合脱模机构进行脱模。图14-56a是以推板为主顶杆为辅的联合脱模机构，同时顶出可以避免塑件变形或开裂。但由于顶杆在型芯内部，某种程度上会影响型芯冷。图14-56b是顶杆和推管联合脱模机构，塑件管状凸台较深或型芯拔模斜度不允许太大时，采用这种机构可以获得较好的脱件效果。

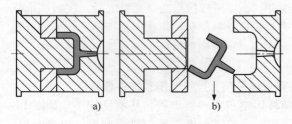

a)　　　　　　b)

图 14-55　推板脱模的工作原理

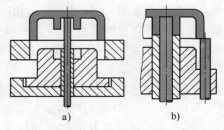

a)　　　b)

图 14-56　联合脱模机构工作原理

（2）二次脱模机构　当塑件一次脱模后仍不能完全脱离模具，或由于塑件薄壁深腔、形状复杂，若一次顶出力过大会影响塑件成型质量时，需采用二次脱模机构。

1）弹簧与顶杆二次脱模。图14-57所示为弹簧与顶杆二次脱模机构。开模时，弹簧向上顶起动凹模型腔板使塑件脱离凸模，但仍滞留在凹模内。动模继续下行，注射机顶杆通过固定板使顶杆顶起塑件翼板，使塑件脱离凹模型腔。由于分次脱模时的阻力减小，可避免塑件翘曲变形。

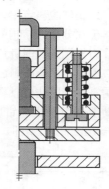

2）棘爪式二次脱模。如图14-58所示，棘爪用销轴连接在一次推板上，可在模具纵断面内绕销轴转动。开模时，注射机顶杆阻止二次推板及被棘爪钩住的一次推板随凸模下行。推件板（兼作凹模型腔）向上顶起使塑件脱离型芯（但塑件仍然被夹持在推件板中），完成一次脱模。动模继续下行，棘爪与动模固定板斜面接触，因其导向而逆时针转动与二次推板脱钩，一次推板及右推杆随动模下行。二次推板带动中心推杆因注射机顶杆阻碍运动而将塑件顶起并脱离型腔推件板，完成二次脱模。

图14-57　弹簧与顶杆二次脱模机构

3）气动辅助二次脱模。对于小型薄壁壳罩类塑件可以利用压缩空气辅助二次脱模，如图14-59所示。开模时，注射机顶杆阻止成型推板下行而使塑件脱离型芯，完成一次脱模。但塑件的一部分仍留在成型推板的型腔内。动模继续下行触及行程开关（图中未画出），压缩空气喷出将滞留在成型推板内的塑件吹离，完成二次脱模。

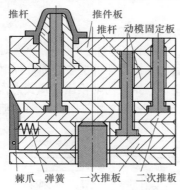

图14-58　棘爪式二次脱模机构

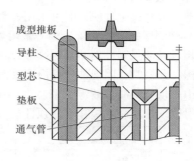

图14-59　气动辅助二次脱模机构

3. 动定模双向脱模机构及双分型面脱模

有些形状特殊的塑件，开模后不能或很难判定能否留在动模侧时，往往需在定模侧也设置相应的顶出机构，使动、定模的顶出机构顺序动作。例如强制塑件先从定模分离，并留在动模上，然后再由动模侧脱模机构将其顶出，即所谓顺序脱模或双向脱模。

（1）动、定模双向脱模机构　塑件脱模阻力不大且顶出距离较短时，可采用图14-60所示弹簧式动、定模双向脱模机构。合模时，动模芯杆克服弹簧力将定模型芯固定板推回成型位置。开模时，弹簧反力先将塑件从定模型腔中顶出，使其留在动模上，然后再由动模侧脱模机构将塑件推离型芯，实现双向脱模。

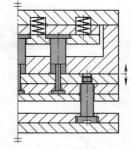

图14-60　双向脱模机构

（2）双分型面双脱模机构　图 14-61 所示为弹簧式顺序脱模机构。开模时，分型面Ⅰ在弹簧力作用下先分开，拉出浇注系统凝料后，由于限位螺钉作用而停止运动。动模继续下行使分型面Ⅱ开启，塑件脱离定模，在注射机顶杆及动模脱料机构作用下实现最终脱模。

对属于双分型面结构的塑件，还可采用图 14-62 所示拉钩压板式双脱模机构。合模时，拉钩在弹簧推力作用下逆时针旋转钩紧固定板将动模部分扣成一个整体。开模时，动模下行使分型面Ⅰ分型，塑件、系统凝料脱离定模型芯和浇口套。动模继续下行至拉钩上部斜面接触到压板斜面时，拉钩下行受阻绕支轴顺时针旋转脱离动模固定板，分型面Ⅱ分型。当塑件脱出定模型芯后，定模活动部分因限位螺钉限制而停止运动，塑件包在动模型芯上继续下行，由动模脱模机构（图中未画出）顶出塑件。

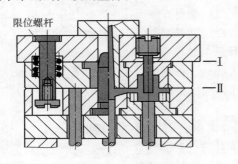

图 14-61　弹簧式顺序脱模机构

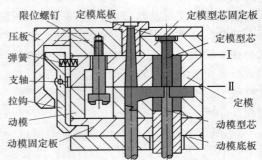

图 14-62　拉钩压板式双脱模机构

4. 带螺纹塑件的脱模机构

通常，带螺纹塑件脱模时可采用强制、手动或机动等方式卸除螺纹。

（1）强制脱螺纹　对聚乙烯、聚丙烯等具有一定弹性的带螺纹塑件，可利用开模时推板与型芯的相对运动强制性地卸除螺纹部分。图 14-63 所示为利用硅橡胶螺纹型芯的弹性强制性脱螺纹的结构。开模时，因塑件带有内螺纹而易于脱出定模。型芯固定板与动模座在弹簧力作用下分离，使中心顶杆从硅橡胶螺纹型芯中抽出一段距离，导致硅橡胶螺纹型芯向内收缩，随动模左行，注射机顶杆限制推板移动使顶杆强行将塑件脱出螺纹型芯。

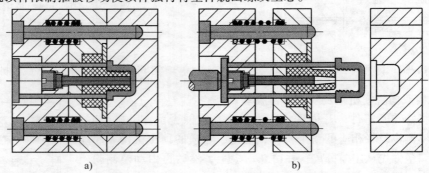

a)　　　　　　　　　　　　b)

图 14-63　利用硅橡胶螺纹型芯的强制脱模

（2）手动脱螺纹机构

图 14-64 所示是三种常用手动脱螺纹形式。图 14-64a 为模内手动脱螺纹，必须使螺纹型芯的成型端螺纹与旋入端非成型螺纹的螺距与旋向一致，否则无法脱件。图 14-64b 为模外手动脱卸型芯，开模时，将塑件和螺纹型芯一同顶出模外后，利用工具手动卸除，而下一次注射前将螺

纹型芯再插入型腔中。图 14-64c 为模外手动脱卸螺纹型环,开模后,塑件与螺纹型环一同被顶出模外,然后利用工具手动卸除塑件。

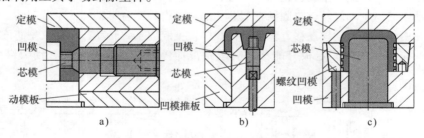

图 14-64　手动脱螺纹机构

图 14-65 所示为利用模内变向机构进行手动脱螺纹的示意图。开模时,分型面 I 开启,拉断点浇口使浇注系统凝料脱落。动模左行使分型面 II 开启,已成型内螺纹使塑件随螺纹型芯一同左移脱出定模。通过手柄转动锥齿轮,使与其相啮合的锥齿轮通过键带动螺纹型芯转动,由于螺纹型芯的成型端与左边凸缘非成型端外螺纹的螺距和旋向相同,螺纹型芯转动的同时向左移动旋出塑件。继续转动手柄使螺纹型芯凸缘底平面在 III 面上转动,在螺旋作用下,借助于型芯凸缘外螺纹旋动推板向右移动推出塑件。

（3）机动脱螺纹机构

1）旋转式脱螺纹机构。旋转式脱螺纹机构通常利用开模时模具的直线运动,通过齿轮齿条或丝杠传动使螺纹型芯旋转并脱离塑件。另外,还可利用角式注射机的开模丝杠自动脱螺纹。图 14-66 所示为齿轮齿条脱螺纹机构。开模时,齿条导柱使螺纹型芯旋转并沿套筒螺母作水平轴向移动,直到将螺纹型芯旋出。这种机构要求套筒螺母与螺纹型芯非成型端配合的螺纹螺距应与成型螺纹相同。

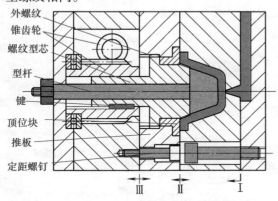

图 14-65　模内带变向机构的手动脱螺纹方法

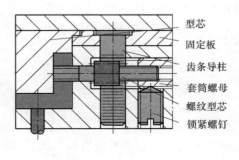

图 14-66　齿轮齿条脱螺纹机构

锥齿轮脱螺纹机构如图 14-67 所示。开模时,沿齿条导柱的下移使齿轮轴带动一对锥齿轮和一对圆柱齿轮转动。大圆柱齿轮带动螺纹拉料杆转动,将主流道拉下,小圆柱齿轮带动螺纹型芯转动,边退螺纹边向上顶出塑件。由于一对圆柱齿轮的旋向相反,因此,螺纹拉料杆和螺纹型芯的旋向也应相反。

利用旋转式自动脱螺纹机构卸件,需在带螺纹塑件的外形或端面上设计出防转花纹或图形,应尽可能使螺纹型芯和型腔同时在动模侧,否则,设计脱螺纹机构时一定要在最后脱螺纹装置一侧设置防转机构,以防螺纹塑件随脱螺纹机构一同旋转而无法脱卸。

图 14-68 所示为利用角式注射机注塑带内螺纹塑件的自动脱模机构，是一种塑件在定模，螺纹型芯在动模的结构形式。主动齿轮轴的一端为方形，插入注射机锁模丝杠的方孔内。开模时，锁模丝杠带动主动齿轮轴旋转，与固结在型芯上的从动齿轮啮合带动螺纹型芯旋转。定模侧的凹模固定板在弹簧作用下随动模左移，保证塑件在凹模型腔内不致转动，使螺纹型芯逐渐脱出。由于限位拉杆的作用使凹模固定板只能移动有限距离而停止在一定位置上，动模继续移动脱出塑件。

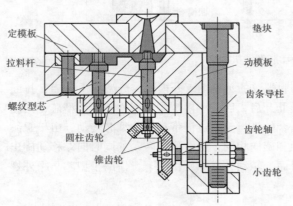

图 14-67 锥齿轮脱螺纹机构

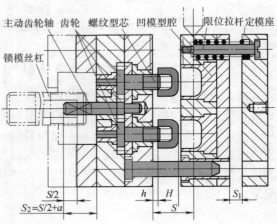

图 14-68 角式注射机用模具的自动脱螺纹机构

2）非旋转式脱螺纹机构。非旋转脱螺纹是靠螺纹型芯或螺纹型环本身的分解来实现螺纹脱模的。对精度要求不高的外螺纹塑件，可采用图 14-69 所示模具结构。开模时，动模带动对合滑块及塑件下移，受斜导柱约束向外张开，自动脱卸外螺纹及塑件。合模时，对合滑块复位，应避免接缝线闭合不严，影响螺纹精度。

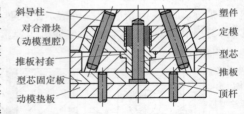

图 14-69 外螺纹用对合滑块的脱螺纹机构

5. 浇注系统凝料的自动脱落机构

大批量塑件的注射生产中，常需使成型后的塑件和浇注系统凝料实现自动分离。

（1）点浇口流道凝料自动脱模 利用定模推板拉断系统凝料的自动脱模机构如图 14-70 所示。开模时，Ⅰ－Ⅰ面分型，主流道凝料被拉出。定模推件板左行接触到限位螺钉时停止移动，Ⅱ－Ⅱ面开始分型将塑件与浇注系统凝料拉断。当定模型腔板左行碰到限位拉杆时被迫停止，Ⅲ－Ⅲ面分型，塑件留在动模侧，最后被推管推出脱模。

（2）利用侧凹拉断点浇口凝料的结构 图 14-71 所示为利用侧凹拉断点浇口凝料的结构。在分流道末端钻一斜孔，使注塑时熔料注入其中。开模时，侧凹内冷凝塑料与动模板上反锥度倒钩拉料杆的共同作用，使主流道凝料脱出定模板，并将分流

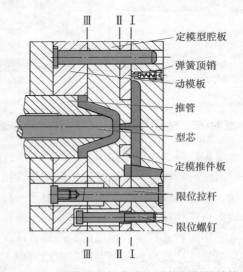

图 14-70 定模推板拉断浇注系统凝料的结构

道凝料拉出侧凹斜孔。第一次分型结束时，拉料杆从主流道末端脱出，浇注系统凝料自动坠落。

（3）潜伏式浇口凝料的脱出机构　图 14-72a 所示潜伏式浇口开在塑件外侧壁上，开模时，锥形冷料穴使塑件随动模下行时脱离定模型腔，顶杆先将塑件顶起并切断潜伏式浇口。之后，凝料顶杆需克服锥形部分的凝料阻力，将凝料顶出。因此，系统凝料滞后于塑件被顶出。图 14-72b 所示为将潜伏式浇口开在塑件内侧壁上，从内侧圆周方向浇注熔料。但需防止塑件和系统凝料被同步顶出，以避免浇口切不断。

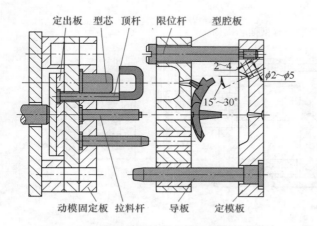

图 14-71　利用侧凹拉断点浇口凝料的结构

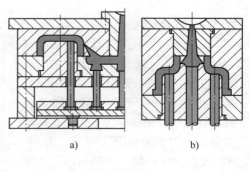

图 14-72　潜伏式浇口凝料的脱出结构

三、抽芯机构设计

注塑模侧抽芯机构的形式很多，通常可以分作手动、气动、液动和机动等。

1. 手动分型抽芯机构

（1）模内手动分型抽芯机构　图 14-73a 为丝杠式手动抽芯机构，脱模前，在模外用工具旋动丝杠抽出侧型芯，合模前，再将侧型芯复位。图 14-73b 是齿轮齿条式手动抽芯机构，开模后，转动手柄，靠齿轮传动抽出齿条型芯。由于齿条型芯无自锁机构，增设了一个锁紧销，以使复位后将型芯锁紧在正确位置上。

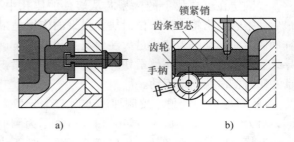

图 14-73　模内手动分型抽芯机构

（2）模外手动分型抽芯机构　模外手动分型抽芯是指开模时，利用顶出装置将镶块或型芯与塑件一同顶出模外，手工使塑件与镶块或型芯分离，然后再装入模内的方法。图 14-74a 中，开模顶出塑件和活动镶块，手工抽出侧芯。复位时，活动镶块需靠定模型芯的端面定位，以保证塑件的成型壁厚及侧凹位置。图 14-74b 中的活动镶块与凸模在曲面上配合，垂直方向只能靠注射压力将活动镶块压紧，导致成型精度不稳定。图 14-74c 所示手动抽芯机构相对复杂，开模时，定位销随动模左移，当定位销固定板沿斜楔的斜面脱离后，定位销受弹簧力作用向上抬起从活动镶块中抽出，顶杆推动活动镶块顶出塑件。顶杆复位后，将卸除塑件的活动镶块再放入模内，合模时，定位销固定板沿斜楔的斜面滑动，并将定位销重新插入活动镶块在的销孔内，保证活动镶块在垂直于纸面方向的成型位置准确。

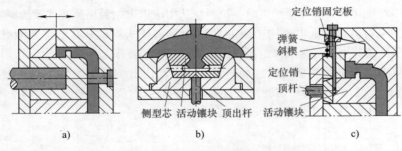

图 14-74 模外手动分型抽芯机构

2. 气、液动抽芯机构

图 14-75 所示为利用气动或液压实现分型、抽芯和复位动作的机构。图 14-75a 为侧芯在定模侧，开模之前利用气或液压缸抽出侧芯。由于没有型芯锁紧装置，所以要求塑件侧孔应为通孔，或在型芯所受侧向力很小的情况下使用。图 14-75b 侧芯设在动模一侧，开模后，气或液压缸抽出侧芯，然后由顶杆顶出塑件，合模后型芯复位。

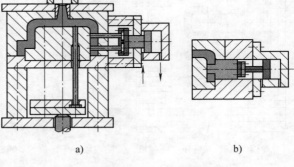

图 14-75 气、液动侧抽芯机构

3. 机动抽芯机构

（1）斜导销分型与抽芯机构 斜导销分型抽芯机构简单、使用方便，是注射成型模中最常用的一种侧抽芯机构，其动作原理如图 14-76 所示。开模时，侧滑块随动模下行，受斜导销导向作用的同时左移，使固定在侧滑块上的侧型芯从塑件的侧孔中抽出。最后，推管顶出塑件。限位滑块、弹簧的作用是限定并辅助侧滑块移动。为防止过大注射压力超过弹簧预紧力导致型芯向外移动，在侧滑块外增设了一个锁紧楔，保证注塑时侧滑块固定不动。

1）斜导销的倾角。按侧抽芯方向与主分型方向不同，可分为两种基本形式。如图 14-77a 所示为侧抽芯方向与开模方向的倾角 θ（$=\beta+\alpha$）< 90°，偏于动模一侧；图 14-77b 所示为侧抽芯方向与开模方向的夹角 θ > 90°，偏于定模一侧。无论是哪一种情况，斜导销的倾角 α 都直接与抽芯力、抽芯距离以及斜导销本身所受弯曲力有关。因此，为了保证斜导销抽芯机构的工作效果，一般规定 $\alpha \leqslant 20°$。

2）斜导销形状及长度的确定。斜导销多为圆柱形，如图 14-78a 所示，有时为了减小与斜导孔之间的摩擦，也可将圆柱面两侧铣成平面，端部为半球形或锥形。

斜导销的长度 L 可以根据侧抽芯距离、斜角及导销

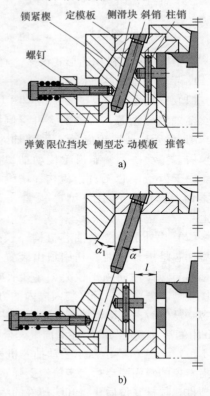

图 14-76 斜导销分型抽芯工作原理

直径等按照图 14-78b 所示几何关系进行计算。

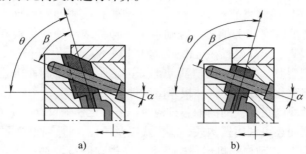

图 14-77　侧抽芯与开模方向倾斜时的抽芯机构

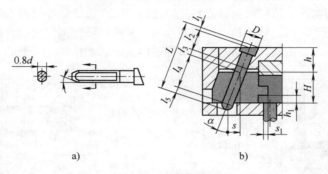

图 14-78　斜导销的形状及尺寸

$$L = l_1 + l_2 + l_3 + l_4 + l_5 = \frac{D}{2}\tan\alpha + \frac{t}{\cos\alpha} + \frac{d}{2}\tan\alpha + \frac{s}{\sin\alpha} + (5 \sim 10) \qquad (14\text{-}30)$$

为完成侧抽芯动作，斜导销所需最小开模行程 $H = s\cot\alpha$。

当侧滑块安装在定模上时，需考虑侧滑块复位时是否与下顶杆碰撞干涉问题。如图 14-78b 所示合模状态，型芯端头与下顶杆具有重合部位 s_1 时，如果侧滑块复位动作先于下顶杆的退出动作，则可能发生碰撞干涉。因此，设计时需满足下述条件

$$h_1\tan\alpha \geq s_1 \qquad (14\text{-}31)$$

显然，加大斜导销倾斜角 α 可以避免干涉。但若加大 α 后还不能避免产生干涉，则需考虑使下顶杆先复位的结构。

3）斜导销的安装位置

① 斜导柱在定模、侧滑块在动模的结构。如图 14-76 所示，从斜导销工作时的受力状况来看，斜导销倾角 α 不应过大，因而适合于侧抽芯距离和抽拔力都不太大的工况。

② 斜导销在动模、侧滑块在定模的结构。为使开模后塑件能留在动模上，可使主型芯与动模板在开模方向上产生一定距离的相对运动，结构如图 14-79 所示。开模时动模板下行，Ⅰ—Ⅰ面先分型，主型芯暂时不动。而侧滑块沿斜导销向右移动开始侧抽芯。当动模板下行至与主型芯台肩接触时，Ⅱ—Ⅱ面分型，箍在主型芯上塑件从定模中脱出后，被推件板顶出。这种斜导销侧抽芯机构适合

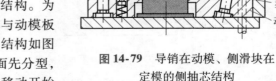

图 14-79　导销在动模、侧滑块在定模的侧抽芯结构

于抽拔力不大、抽芯距离较小的薄壁深罩注塑模。

③ 斜导销和侧滑块同在定模的机构。对于有些带侧孔或侧凹的塑件，如果将侧滑块设在定模侧，要求动模分型之前就完成侧抽芯，否则会损坏塑件或致使塑件留在定模内难以脱出。因此，设计需将斜导销和侧滑块都设置在定模侧。如图 14-80 所示，开模时，Ⅰ–Ⅰ面先分型，侧滑块沿斜导销先抽出侧型芯，之后，定模活动部分因定距螺钉限制而停止移动。Ⅱ–Ⅱ型面分型，塑件留在动模型芯上，顶杆推动推件板顶出塑件。

设计斜导销和侧滑块同在定模的侧抽芯机构时，需在定模侧设置一个侧分型且控制主分型距离的顺序分型机构。因而还可利用摆钩式、滑板式以及导柱式等多种顺序分型机构。

④ 斜导销和侧滑块同在动模的机构。如果将斜导销和侧滑块都设置在动模一侧，则需要利用顶出装置来实现斜导销与侧滑块的相对运动。如图 14-81 所示，开模时，斜导销和侧滑块之间无相对运动，一同随动模下移拉出浇口凝料。顶杆推动推件板使塑件脱离主型芯的同时，侧滑块在斜导销的导向作用下向两侧移动抽出侧型芯。由于侧滑块卧在推件板的滑槽内，两者之间只在水平方向上做相对运动，因此，侧抽芯是与塑件脱出主型芯动作同时实现的。

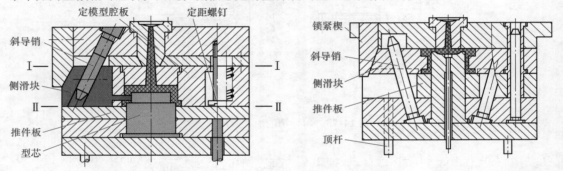

图 14-80　斜导销和侧滑块同在定模上的侧抽芯机构　　图 14-81　斜导销和侧滑块同在动模的侧抽芯机构

（2）弯销分型与抽芯机构　弯销分型抽芯的工作原理与斜导柱分型抽芯一样，是后者的一种变异结构，即用弯销代替了斜导柱进行导向分型，通用结构如图 14-82 所示。弯销分型抽芯机构常装在模板外侧，但也可装于模内。由于弯销截面为矩形，抗弯强度相对高，可采用较大的倾斜角，适用于抽芯距较大的情况，必要时可将弯销分成几段不同的倾斜角，使倾斜角较小的区段产生较大的抽拔力，而使倾斜角较大的区段对应较大抽芯距离。设计时，应略微放大弯销与侧滑块之间的间隙，以防卡死，通常其间隙取 0.5mm 左右。

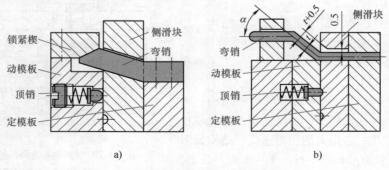

a)　　　　　　　　　　b)

图 14-82　弯销分型抽芯机构

装于模外的弯销分型抽芯机构如图 14-83 所示。开模时，动模侧强力弹簧使分型面Ⅰ分型，侧型芯在弯销带动下完成侧抽芯之后，定模侧小弹簧顶出顶销使Ⅱ面分型，塑件在中心倒钩作用下随动模左行脱离定模型腔。当定距螺钉头接触凸模固定板窝座时，Ⅲ面分型，推板在左顶杆作用下顶出塑件。弯销机构装在模板外侧，可相对减小模板面积和模具重量。

图 14-84 所示为装于模内的内侧抽芯机构，为保证先侧抽芯，采用顺序分型机构。开模时，在定模侧固定弹簧作用下型面Ⅰ先分型，塑件与定模型腔微动分离。压块左行将滑板压向模内与拉钩脱离时，型面Ⅱ开始分型，弯销带动与斜孔滑配的侧芯从塑件中抽出。当限位螺钉接触动模板时，分型面Ⅲ分型，注射机顶杆推动推板顶出塑件。

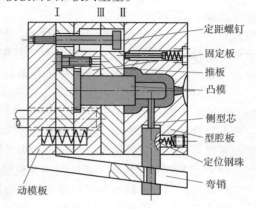

图 14-83　弯销外侧抽芯机构

（3）斜导槽分型与抽芯机构　斜导槽分型抽芯机构是利用斜导槽代替斜导销导向实现横向分型抽芯的机构。如图 14-85 所示，开模时，塑件和侧滑块随动模一起向下运动，当止动销脱离侧滑块导向孔后（塑件及凝料已脱离定模），侧滑块上的滚轮沿导槽滚动并拉动侧滑块向外移动抽出侧芯。最后，注射机顶杆顶起推板，将塑件推出。斜导槽分型抽芯机构常用于侧抽芯距离较大的场合，斜导槽倾斜角度一般在 25° 以下，如果大于此值，可将斜槽分成两段，第一段倾斜角小于 25°，第二段倾斜角小于 40°，以增大侧抽芯距离。

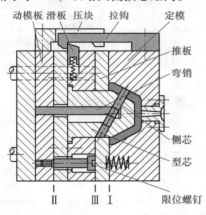

图 14-84　弯销内侧抽芯机构

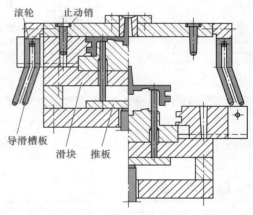

图 14-85　斜导槽分型抽芯机构

（4）斜滑块抽芯机构　侧分型面积较大时，因侧滑块体积大而不适于采用弯销、斜导销等抽芯机构。如果侧凹不是很深，可利用斜滑块或斜滑杆导滑分型。图 14-86 为绕线圈骨架的斜滑块外侧分型抽芯机构。开模时，止动销在弹簧力作用下迫使斜滑块与动模一起向下移动。塑件脱离定模主型芯后，动模继续下行，顶杆推动斜滑块沿模套内斜槽一边向外侧滑动抽出侧凹，一边向上顶起塑件，完成动模主型芯和侧凹脱模。斜滑块的倾斜角可比斜导柱略大些，但一般不超过 30°。另外，斜滑块的顶出长度不超过导滑长度的 2/3，以防止塑件顶出时斜滑块倾斜。

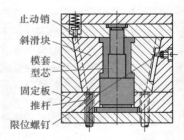

图 14-86　斜滑块外侧分型机构

图 14-87 所示为斜滑块内侧分型机构，开模时，顶起斜滑块及塑件沿着型芯外侧滑槽向上移动，同时向内收缩抽出型芯。这种结构可用于带有空刀槽螺纹（分段螺纹）塑件的分型抽芯。

（5）斜滑杆导滑的侧分型抽芯机构　常用斜滑杆导滑外侧分型抽芯机构如图 14-88a 所示。开模后，动模下行至一定位置时，注射机顶杆顶起推板向上移动，滚轮一边在推板上表面水平移动一边与连接在一起的斜滑杆带动斜滑块沿着模套的锥面方向运动，实现侧分型抽芯动作。

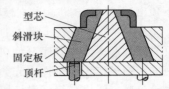

图 14-87　斜滑块内侧分型抽芯机构

当侧抽芯力较小时，可采用如图 14-88b 所示斜滑杆式内侧分型抽芯机构。滑杆一端为型芯的一部分，另一端插入滑座内并可沿凸模斜孔滑动。开模时，推板推动滑座向上移动，并带动斜滑杆沿凸模斜孔一边向上移动顶起塑件，一边向侧面移动抽芯，实现侧分型抽芯。

（6）齿轮副抽芯机构　齿轮副抽芯机构是借助于开模力或顶出力使齿轮副中的齿轮和齿条产生传动，从而带动侧型芯或斜型芯抽出的机构。图 14-89 所示为齿条固定在定模上的斜抽芯机构，塑件上的斜孔由齿条型芯成型。开模时，由于固定齿条的作用，齿轮一边随动模向左移动一边旋转，在齿轮齿条的传动作用下将齿条型芯从塑件中抽出。动模移动一定距离后，齿轮脱离齿条。为了保证齿条型芯能够准确复位，齿条型芯的最终脱离位置利用定位钉和弹簧定位。

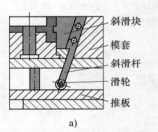 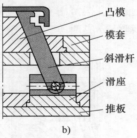

　　a)　　　　　　　　　　b)

图 14-88　斜滑杆导滑的内、外侧分型抽芯机构

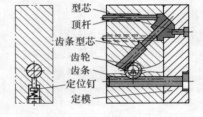

图 14-89　齿轮齿条斜抽芯机构

思 考 题

1. 塑料注射模主要由哪几部分组成？
2. 何谓注射成型中的注射压力和型腔压力？它们之间有什么区别？
3. 注射模浇注系统包括哪几部分？简述它们的功用。
4. 注射模浇口的大小对注射质量有何影响？简述浇口的设计原则和要点。
5. 为什么在注射模中常需设置冷料穴？简要说明它的作用。
6. 什么是无流道浇注系统？它有哪些优点？
7. 简述塑料注射模分型面的确定原则。
8. 设计塑料注射模时，应优先考虑将脱模机构置于哪一侧？为什么？
9. 何谓侧向分型和侧抽芯？

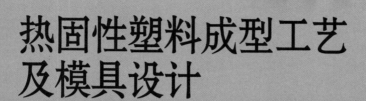

第十五章 热固性塑料成型工艺及模具设计

第一节　热固性塑料及成型工艺简介

一、热固性塑料简介

　　热固性塑料的合成树脂是体型高聚物，初始加热时分子呈线型结构，具有可熔性和可塑性，因此可用来塑制一定形状。当继续加热时，产生化学反应，分子不断化合或称交链固化而变硬，形成网状结构；达到一定温度后，树脂变成不熔和不溶解的体型结构，由于硬化后的化学结构发生变化、质地坚硬，形状固定后不再变化。即使再加热，既不软化，也不再具有可塑性，如果温度过高则产生分解。热固性塑料的特点是在一定温度下，经过一定时间加热、加压或加入硬化剂后，发生化学变化反应，因此，其变化过程不可逆，即只能一次性成型。而热塑性塑料的特点是受热后发生物态变化，由固体软化或熔化成粘流状态，冷却后又可变硬成为固体，其过程可多次反复，塑料本身的分子结构则不发生变化。

二、热固性增强塑料简介

　　热固性增强塑料是以树脂、增强材料及辅助剂等组成的一种新型复合材料。为改善塑料的机电性能，通常以树脂为粘结剂，加入玻璃纤维起骨架作用。玻璃纤维的含量一般为 60%、长度为 15～20mm。辅助剂中主要有调节黏度的稀释剂，用以改进纤维与树脂的粘结；玻纤表面处理剂，用以调节树脂－纤维界面状态；填料和着色颜料，用以改进流动性，降低收缩，提高光泽度及耐磨性等。玻璃钢即为一种热固性增强塑料。由于各种成分的配比不同，增强塑料的各种性能也不同。

1. 工艺特性

1）流动性。增强塑料的流动性比一般塑料差，流动性过大容易产生树脂流失与玻纤分头聚积，过小则使成型压力与温度显著提高。

2）收缩性。收缩率比一般塑料小，主要是热收缩剂化学结构收缩。影响收缩的因素首先是塑料品种，其次是塑件的形状及壁厚，壁厚越厚收缩越大，填料、玻纤量及装料量大则收缩小，而挥发物含量大、成型压力大及固化不足都导致收缩增大。另外，热脱模比冷脱模的收缩大。一般收缩率小于 0.3%，多为 0.1% ~ 0.2%。

3）压缩比。质量体积、比压都较一般塑料大，预混料则更大。

4）物料状态。按玻纤与树脂混合制成增强塑料的方式，可分为如下三种状态：

① 预混料。预混料是将长达 15 ~ 30mm 的玻纤与树脂混合烘干而成。它的质量体积大，流动性比预浸料好，但装料困难，劳动条件差，适用于中、小型复杂塑件批量生产。又因成型时纤维易受损伤，质量均匀性差，而不宜用于压制强度要求高的塑件。

② 预浸料。预浸料是将整束玻纤浸入树脂，烘干切短而成。流动性及料束间相溶性差，质量体积小，玻纤强度损失小，物料质量均匀性较好，适用于压制形状复杂的高强度塑料。

③ 浸毡料。浸毡料是将切短的纤维均匀铺在玻璃布上浸渍树脂而成的毡状料，其性能介于上述两者之间。适用于压制形状简单、厚度变化不大的薄壁大型塑料。

5）硬化速度及贮存性。增强塑料按其硬化速度可分为快速和慢速两种。快速料固化快，装料模温高，是压制小型塑件及大批量生产时常用的原料。慢速料适用于压制大型塑件。

2. 成型条件

一般热固性增强材料成型时的装模温度范围为 60 ~ 170℃；成型压力根据塑料材质及塑件形状尺寸而异；保持时间 1 ~ 5min/mm；计算收缩率 0 ~ 0.3；加压时机因塑料种类而异（酚醛类快速压缩料：合模后轻轻压紧，停 10 ~ 30s 后再加压。镁酚醛快速压塑料：装模后即加全压，保压 10 ~ 15s 后，在 1min 内排气 1 ~ 3 次。聚邻苯二甲酸二丙烯装料后即加全压，不必排气，大型塑件可放气 1 次）。

3. 塑件及模具设计时应注意事项

1）塑件设计时应注意事项。塑件表面粗糙度可达 $Ra1.6 ~ 0.4$，精度一般取 3 ~ 5 级，但压制方向精度不易保证；应取较大拔模斜度；避免 5mm 以下的盲孔。

2）模具设计时应注意事项。拔模斜度宜取 1° 以上；以塑件投影面大的方向为成型加压方向，便于充填，但不宜把尺寸精度高的部分和与嵌件、型芯轴线垂直的方向作为加压方向；模具应抛光、淬硬；嵌件应具有足够强度，防止变形、位移及损坏。

三、热固性塑料主要成型方法简介

热固性塑料多用压缩、压注法成型，部分热固性塑料也可进行注射或挤出成型。

1. 压缩成型

压缩成形又称模塑或模压成型，可分为模压法和层压法两种。模压法如图 15-1 所示，直接将计量好的塑料放入加热室加热、合模、加压，经过一定时间，即可获得与模具型腔相同的塑件。

层压法是将液态塑料浸渍在纸、棉布及玻璃布等基材上，按厚度要求重叠起来放在抛光板上夹紧，在压力机上加热、加压使树脂固化，制成塑料层压板。

压缩成型可利用多型腔模进行大批量生产，压制具有较大面积的塑件。其缺点是不宜压制形状复杂、薄壁或壁厚有显著变化的塑件。成型塑件的尺寸精度较差，生产周期长，效率较低。

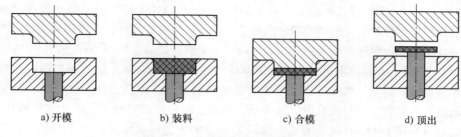

a) 开模　　　　b) 装料　　　　c) 合模　　　　d) 顶出

图 15-1　热固性塑料压缩成型原理

2. 压注成型

压注成型有时也称传递成型或挤塑成型，是热固性塑料的主要成型方法，原则上能压缩成型的塑料，也可用压注法成型。压注吸收了注射和压缩的特点，因此，压注模既有与压缩模相似之处，又有与注射模相似之处。其与压缩成型的不同之处，在于压注模上部设有一个预热外加料室，塑料在加料腔内熔化后，利用压料柱塞将熔料通过浇注系统以高速挤入型腔，在一定温度和压力下固化成型，如图 15-2 所示。

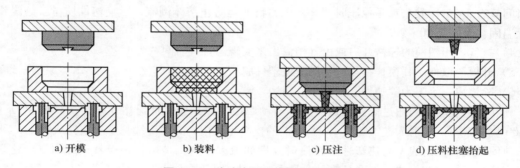

a) 开模　　　　b) 装料　　　　c) 压注　　　　d) 压料柱塞抬起

图 15-2　移动式压注模压注成型原理

3. 注射成型

热固性塑料注射成型与热塑性塑料注射成型大体相似，但工艺条件及模具结构等有一定的特殊性。例如热固性塑料注射成型时，熔料从注射到充模的整个过程要求逐渐升温，以加速其在型腔内的固化速度，因此，常需对模具进行加热。注射成型塑件的尺寸精度及生产效率较高，易于实现自动化。

4. 挤出成型

挤出成型主要用于热塑性塑料，部分热固性塑料也可挤出成型，即使熔料在一定压力下通过挤出机头后获得塑件。成型工艺主要分三个阶段：原料塑化，即将塑料加热和混炼成熔料；在挤出机螺杆推动作用下通过成型机头挤出塑件；通过冷却使未固化部分完全固化成固定状态。

第二节　热固性塑料注射成型及模具设计

一、热固性塑料注射成型工艺过程及设备

1. 注射成型过程

目前热固性塑料注射成型主要使用酚醛塑料。成型过程主要如下：加料、预塑→合模、注射→保压、固化→排气→开模、取件→除浇口。

1）加热与预塑。塑料进入料筒后由热水加热，在45～110℃范围内靠螺杆搅拌预塑，软化至稠胶体的临界可塑性状态。预塑可减轻高温下塑料的热降解作用，并改进塑料质量和外观，一般认为条料周围发毛、色泽灰暗、断面松脆而略呈空心状态即表示预塑条件适当。

2）合模与注射。开动注射机移动拖板使模具闭合，螺杆以一定压力将熔料通过喷嘴及浇注系统注入模具型腔。熔料与喷嘴、浇道产生摩擦使料温进一步增高，流动性增大，迅速充满型腔。注射温度包括料筒温度与模具温度两部分。料筒温度过高塑料硬化，温度过低软化不到位，一般料筒远离喷嘴段为45～60℃，靠近喷嘴段为80～95℃，喷嘴温度为100～110℃，受摩擦的射出温度可达130℃。模具温度随塑料不同而异（如酚醛注塑模为165±5℃；氨基注塑模为145±5℃）。

螺杆背压一般为0.4～0.8MPa，背压过低易充入空气，注射量不均匀。背压过高导致螺杆旋转功率过大，料易过早硬化。型腔压力通常为30～70MPa。注射压力取决于塑料的流动性、硬化速度和填料性质，一般为120～200MPa；宜取较小压力，若压力过大则塑料内应力增大，易产生较大飞边。注射速度一般采用3～4.5m/min，注射时间约为3～5s。

3）保压与固化。注射后保压补料时间约需10～15s，之后，喷嘴即可退回。实际上塑料充模时间只有3～5s，其余都是保压时间。保压的目的是防止熔体倒流，影响塑件质量。酚醛塑料的保温固化时间为80～90s。

4）排气。用塑模的轻微开启或由气槽溢出来实现。排气时间约为1～2s。

5）开模与取件。开模，在顶杆作用下使塑件脱模。

6）除浇口。手工去除塑件上的浇口、飞边。

粉状塑料在料筒内通过低温加热和螺杆转动摩擦生热预塑化成熔融状态，由螺杆压力（一般100～170MPa）注射入被加热至170℃以上的模具型腔内，熔料继续化学反应完成固化成型。

热固性塑料注射成型与热塑性塑料注射成型的最大区别，是熔料在模具型腔内发生化学反应，产生必须排出的气体；其次是模具本身需要加热到170℃以上，并应考虑溶料流动性极好的特点。分型接触面要尽量小，型腔在分型面上的布局应力求对称分布，其投影面积中心与注射机锁紧力作用中心重合，以防溢料。

当注射机有加热装置时，模具可不设加热装置，注射机无加热装置时，模具必须设加热装置。

2. 热固性塑料注射机

热固性塑料注射机与热塑性塑料卧式螺杆注射机基本相似，主要区别是料筒由热水加热，水温由电加热器自动控制；喷嘴温度必须严格控制，孔径比模具浇道套孔径略小，并做成外大内小的锥孔，便于拉出喷嘴硬料。

二、模具设计要点

热固性塑料注射模的设计要点和热塑性塑料注射模基本相同，现仅将不同之处和应注意事项叙述如下。

1. 塑料流动性的影响

热固性塑料具有较强的流动性，熔料极易挤入模具零部件衔接缝隙而形成飞毛。熔化温度大约在90℃左右，而硬化温度却为160～190℃，也就是说它的熔化温度低于硬化温度。

1）型腔数目的确定。成型时型腔压力为p，塑件、浇注系统的投影面积分别为A_1、A_2时，系数k通常取0.6～0.8，可按所用注射机额定锁模力F近似计算型腔数目

$$n = \left(\frac{kF}{p} - A_2\right)/A_1 \tag{15-1}$$

2）塑件注射质量。模塑周期中，一次注射完成后留在料筒螺旋槽内已被塑化的熔料存留时间过长，可能会被固化，影响下一次注射质量。因此，需要控制模塑周期中已塑化熔料在料筒中的滞留时间 t_z。如果料筒中熔料和每次注射量分别为 G、G_1（N），注射周期为 t（s）时，可计算出熔料滞留时间

$$t_z = \frac{G}{G_1}t \tag{15-2}$$

t_z 不得超过塑料处于流动状态的最大塑性时间，以防第二次无法注射，或产生明显的早期硬化痕迹。目前，一般最大塑性时间为 $4 \sim 6\mathrm{min}$，因此设计型腔总容积时，应使 $G_1 = (70\% \sim 80\%)\ G$ 较为合适。

2. 确定锁模力

热固性塑料流动性好，沿分型面容易溢料，故实际锁模力 $F_锁$ 应较热塑性注射模略大

$$F_锁 \geqslant (0.6 \sim 0.8)10^{-3}(nA_1 + A_2)p \tag{15-3}$$

3. 浇注系统

热固性塑料浇注系统要求流道截面积小一些，以增大熔料流动摩擦热及加热器传热，实现逐渐增温加速固化。

（1）主流道　主浇道套与注射机喷嘴之间的关系如图 15-3 所示，通常取 $\alpha = 1° \sim 2°$，$R - r = 0 \sim 0.8\mathrm{mm}$，$D - d = 0.8 \sim 1.0\mathrm{mm}$。为便于主浇道凝料脱模，内壁表面粗糙度可取 $Ra0.8\mathrm{\mu m}$ 以下。

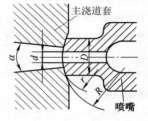

图 15-3　主浇道套

α 角过大会降低流速易形成漩涡，浪费塑料，硬化时间增长，若硬化不足可能导致无法拉料。整体浇口套可减少缝隙溢料。为防止注射机喷嘴口附近残留的老化塑料进入型腔或堵塞浇口，有时需在主流道末端设置冷料穴和拉料结构。

（2）分流道　确定分流道尺寸应考虑：①塑件的形状和壁厚。应利于充型，充分传递注射压力，保证补缩。②浇口和型腔的距离。为减轻流动阻力，应按分流道长短决定流道截面尺寸。③对浇道硬化的考虑。浇道过粗会增加硬化时间，影响成型周期。④成型材料的种类。按流动性大小决定浇道断面。⑤加工浇道。应尽可能采用标准刀具的轮廓形状和尺寸。

通常，分浇道设在定模或动模上，只有当塑件壁厚较厚时，才在分型面两侧对称开设分流道。为减少压力损失，需增大分流道通流截面积；为了减少散热损失，又希望减小分流道湿周。工程中多用半圆形和梯形分流道截面，其中梯形分流道传热效果较好，应用广泛。

（3）浇口　热固性塑料注塑时，模具的加热作用和摩擦生热使塑料的黏度降低，流动性增强。所以浇口直径可以较小，以节约原料和缩短固化周期。塑件质量为 G 时，按经验计算浇口横截面积

$$A = kG \tag{15-4}$$

式中　k——系数，常取 $0.025\mathrm{mm}^2/10^{-3}\mathrm{N}$

通常，浇口高度取 $0.5\mathrm{mm}$，中、小型塑件的浇口宽度取 $2 \sim 4\mathrm{mm}$（较大塑件取 $4 \sim 8\mathrm{mm}$），浇口长度不超过 $2\mathrm{mm}$。浇口位置、浇口形式可参考热塑性塑料注射模设计，点浇口直径常取 $\phi0.4 \sim 1.5\mathrm{mm}$，较大塑件可采用多点浇口。热固性塑料中含有大量填充剂，对浇口的磨损比较严重，应尽可能设计成可更换的浇口套形式。

（4）拉料杆及拉料腔　热固性塑料成型后有柔软性且冷却后易折，设计拉料杆结构时应予以注意。局部过热而形成的硬料头，被收容于拉料杆、主浇道末端及模板之间的拉料腔内，开模时，它可将主浇道拉出，随后由拉料杆把主浇道顶出。

4. 排气系统

热固性塑料注塑过程中，型腔内除残留空气外，还有因塑料硬化的化学反应生成的大量挥发气体及时排出，使充模速度降低，形成气泡、凹痕或斑点等。由于熔料流动性好，很容易将模具配合面缝隙全部堵塞，借用分型面和配合间隙很难满足排气要求。因此，通常需要设置专门排气系统。

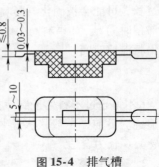

图 15-4　排气槽

如图 15-4 所示，通常将排气槽设在距进料口最远的分型面上，取槽宽 $b = 5 \sim 10$ mm，深 $h = 0.03 \sim 0.3$ mm。对于非对称塑件，可在试模后确定排气槽位置。为增强排气效果，避免堵塞，可将排气槽延伸部分加深。

5. 分型面

为防止产生溢料和飞边，应尽量减小分型接触面积。如图 15-5a 所示，使溢料方向垂直于分型面，可减少或避免分型面飞边。同时为了保证分型面紧密贴合，如图 15-5b 所示，可使非型腔部分的平面降低 0.5mm，以增大单位面积的接触压力，增加抵抗熔料渗入的阻力。

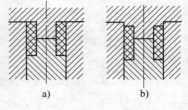

图 15-5　减少分型面飞边

6. 模具结构

（1）型腔及型芯结构　设计时，应从型腔尺寸的计算结果中减去分型面上的溢料飞边值，通常取该值为 $0.05 \sim 1$ mm。

考虑到热固性塑料流动性较强，应尽量避免型腔和型芯的拼镶结构，分型面上不应有凹陷或孔穴，以免熔料流入后不易清除。例如，熔料很容易流入图 15-6a 和 b 中的紧固螺钉孔及沉孔，应改成图 15-6c 的盲螺孔紧固方式。

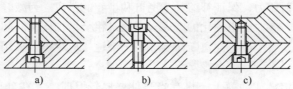

图 15-6　避免型面出现凹陷

（2）嵌件的结构及安放　对于带嵌件注射模，必须防止熔料渗入嵌件杆与插孔之间的间隙，否则会使嵌件卡住无法取出。

成型时模具温度较高，嵌件过多或取放时间过长会使喷嘴内塑料变质。因此，应尽量减少嵌件，并采用快速取放措施。图 15-7 所示用螺纹联接带凸肩嵌件杆与嵌件，便于插入嵌件杆孔内定位。

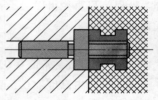

图 15-7　凸肩式嵌件杆

（3）脱模机构　热固性塑料成型后容易粘模。原因是高温型腔中尚未收缩塑料的附着力小，其与型芯之间的摩擦力不足以克服型腔内因脱模而产生的真空吸力。因此，对脱模机构的要求较高，特别应注意保证在较高模具温度下脱模机构运动灵活，通常将运动构件之间的滑配间隙控制在 $0.01 \sim 0.03$mm 之内。

通常，应尽可能采用顶杆式脱模机构。如果塑件形状尺寸所限，只能采用推板、推块或推管结构时，应采用合理的制造工艺确保相对运动零部件的对中性和滑配间隙。如图 15-8 所示，推板脱模机构应尽量采用图 15-8b 所示顶出距离较大的敞开式结构，便于清理机构中的杂物，而避免采用图 15-8a 所示的封闭式结构。

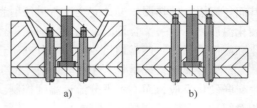

图 15-8　推板脱模机构

推块式脱模机构容易在型腔侧壁和型芯侧壁之间产生溢料，并且清除杂物也较困难。图 15-9a 是热塑性塑料注射模常用的脱模机构，但用于热固性塑料注射模中，就因为凹模镶块侧面滑动间隙内可能渗料落于台肩处，造成清理困难而不宜采用。图 15-9b 取消了凹模镶块的下台肩，用螺栓限位，脱模时，镶块全部顶出模外，便于清理渗料，但顶出高度过大，有时会受开模行程限制。图 15-9c 将型芯用键固定于凹模与垫板之间，凹模下部内侧中空、外侧开槽，可使渗料从下部排出。

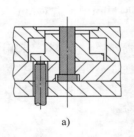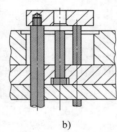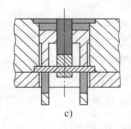

图 15-9　推块式脱模机构

7. 模具温度调节

热固性塑料注射成型中，塑料的固化反应基本是在模具型腔内完成的。为加快固化反应速度，一般要求模温在 $160 \sim 200$℃之间，因此，模具应设有加热装置。为防止模具热量过多地传给注射机，安装模具时，可在模具与注射机之间加垫石棉板等绝热材料。

8. 其他注意事项

热固性塑料熔融状态时的粘附性很小，对于较小或薄壁厚塑件可以不设拔模斜度，或拔模斜度比热塑性塑料小 $15' \sim 1°$。塑件的冲击强度较热塑性塑料差，应使受力部位的厚度相应增厚。对壁厚均匀性要求通常不高，在壁厚相差较大的部位也很少产生缩孔或凹痕等缺陷。

热固性塑料注射模具在加热及腐蚀环境下工作，同时受较硬塑件飞边的磨损，与其他塑料模相比，对模具材料及其热处理要求比较高。工作表面要求其表面粗糙度在 $Ra0.1\mu m$ 左右，并经抛光、镀铬（镀层 $0.01 \sim 0.15$mm）、再抛光处理。对动配合部分常需氮化处理，以提高耐磨及润滑性，主要工作部件还需淬硬 $52 \sim 58$HRC。

三、热固性塑料温流道注射成型及模具简介

热固性塑料温流道注射与热塑性塑料热流道注射一样，主要目的是为节省流道凝料。

温流道注射是利用冷却介质控制全部或部分浇注系统的温度，以保证流经浇道的熔料不致达到交联硬化温度，即避免在浇注系统中产生凝料，减少或消除成型后塑件所带凝料。

完全温流道采用一个温流道板组成浇注系统，利用流经温流道板的冷水或冷油等控制浇注系统温度。另一方面，利用加热装置保证型腔部分处于高温状态。为防止两者之间的冷热交换，在其间还需设置绝热层。设计完全温流道注射系统的关键，是要将浇注系统的温度控制在塑料交联硬化温度之下的一个合理温度范围，使熔料经过浇注系统时既要保证良好的流动性，又不产生硬化和凝固。另外，还需加热使型腔部分处于合理的高温状态，使熔料充型后能够迅速硬化成型。

部分冷流道系统是只利用冷介质对主流道温度进行冷却控制，主要防止主流道内熔料不致发生交联硬化反应，而不考虑分流道温度控制。成型塑件可能会带有少量分流道凝料，但模具结构相对简化。

第三节   热固性塑料压缩成型及模具设计

压缩模也称压塑模，主要用来压缩成型热固性塑料，也可用于成型热塑性塑料。成型热固性塑料时，将计量好的粉状、粒状、片状或纤维状原料加入具有一定温度（通常为 $130 \sim 180℃$）的加料室后合模，通过加热和加压使塑料软化、熔融流动充满型腔，在物理和化学作用下固化成型，当达到最佳性能时，开模取件。热塑性塑料压缩成型时，将塑料加入型腔后逐渐加热、加压，使之熔融流动充满型腔后，进行冷却、硬化并脱模。成型过程中，需对模具交替进行加热、冷却，生产效率低，劳动强度大。

压塑成型无浇注系统，设备和模具比较简单，适用于流动性较差的塑料。利用压塑成型方法可以制成大型塑件，塑件的收缩率和变形都比较小，各向异性性不明显。但成型塑件常带有较厚的溢边，不适于成型厚壁复杂塑件。模具在冷热交替温度下工作容易变形、磨损，使用寿命低。另外，压塑成型效率低，劳动强度较大，形成自动化生产困难。

一、压缩成型原理简介

热固性塑料压缩成型过程通常可以分为如下三个阶段：

1）准备阶段。将烤箱中预热的塑粉称重后倒入加热至一定温度的模腔中继续加热至熔融状态。

2）加压阶段。模具闭合后，熔料在压力作用下充型，经过保压交联成立体网状分子结构，硬化定型。通常，模具闭合后还需卸压使模具松动，以排出型腔内的气体。

3）脱件阶段。开模时，利用压力机下顶料机构带动模具脱模机构使成型塑件脱模。

二、压缩模的结构简介

固定式压缩模的典型结构如图 15-10 所示。上模部分装在压力机滑块上，下模装在压力机下工作台上，由滑块带动上模压下、实现合模，形成闭合型腔后升起开模。压缩模的主要组成部分如下。

1）成型工作零部件。成型工作零部件是指成型过程中与塑料直接接触的零部件，主要包括凸模、凹模、凹模镶块以及各种型芯、型环等，加料时，这些零部件共同组成完整的加料室。

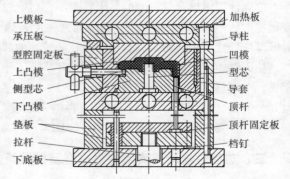

上模板　　　　　　加热板
承压板　　　　　　导柱
型腔固定板　　　　凹模
上凸模　　　　　　型芯
侧型芯　　　　　　导套
下凸模　　　　　　顶杆
垫板　　　　　　　顶杆固定板
拉杆　　　　　　　档钉
下底板

图 15-10   压缩模的典型结构

2）加料腔。由于塑料与塑件的质量体积较大，压缩成型需要的塑料体积大于塑件成型型腔体积，因此，需将凹模型腔加深。通常将大于最终成型深度的凹模型腔部分称作加料腔。

3）导向及支撑零部件。由导柱、导套构成导向机构。支撑零部件由固定板、承压板、加热板及上、下模座组成。组装导向机构与支撑零部件共同构成模架。

4）侧向分型抽芯机构。塑件带有侧孔或侧凹等侧面凸凹形状时，需设置侧向分型抽芯机构。与注射模侧抽芯一样，可以采用手动或机动侧抽芯机构。

5）脱模机构。固定式压缩模中，通常由推杆、推管及推板等组成脱模机构。而对于移动式压缩模，可不设脱模机构，成型结束后将模具移出压力机，利用卸料架等专用工具完成塑件脱模。

6）温度调节系统。压缩成型时，模具温度须高于塑料的交联温度，因此，需在模具上设置温度调节系统。常用加热板对型腔组成零部件加热，在加热板中插入电加热棒或利用蒸汽、煤气等进行加热。

三、压缩模分类及其选择

1. 压缩模的分类

通常，可按压缩模的上、下模配合形式或按其在压力机上的固定方式进行分类。

（1）按上、下模配合方式分类

1）溢式压缩模。溢式压缩模为敞开式压缩模，也称无加料室压缩模，结构如图15-11所示。合模时型腔的总高度 H 与塑件高度近似相等。为减小多余塑料沿型腔侧壁方向溢出而形成的飞边，在型腔上表面设置一宽度为 B 的窄环形挤压面。加料量一般略大于塑件质量的5%。由于对加料精度要求不高，又因压机压力并未完全施于型腔内的熔料，因此塑件致密度低，强度也较差。

溢式压缩模的凸、凹模没有配合部分，靠导向装置保证凸、凹模对中，结构简单，便于排气，容易脱模，因此适用于小批量、精度要求较低的薄壁大型塑件成型。

2）不溢式压缩模。不溢式压缩模也称闭式压缩模，结构如图15-12所示，在塑件设计高度的基础上增加一段横截面相同的型腔作为加料室。成型时，压机压力几乎全部施于型腔内的塑料，成型塑件的致密度高，强度也较高。不溢式压缩模适合于成型流动性较差、单位比压高、质量体积大的塑料，常用于成型形状复杂、薄壁、长流程及深腔塑件。

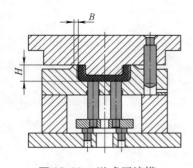

图15-11　溢式压缩模

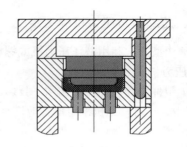

图15-12　不溢式压缩模

凸模工作凸台与型腔内壁的配合间隙应小于0.08mm，以减薄飞边厚度并便于去除。但间隙过小，导向精度不高时，凸模与加料腔侧表面摩擦形成的划痕易使塑件表面受损，且脱模困难。

利用不溢式压缩模特别是多腔压缩模成型时，必须保证加料量准确，以避免塑件尺寸及密度不均。

3）半溢式压缩模。半溢式压缩模是介于溢式和不溢式压缩模之间的一种模具，结构特点如图15-13所示。在型腔上部增设一个比塑件径向尺寸大5mm左右的加料腔，形成一个挤压环型面，可限制凸模下压行程，保证塑件高度尺寸。凸模与加料腔轮廓的间隙可作为溢料槽，使多余熔料形成飞边，因此，对加料精度要求不高。

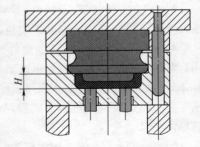

图15-13 半溢式压缩模

半溢式压缩模兼有敞开和封闭式压缩模的优点，成型塑件具有较高的尺寸精度和致密度，适用于塑料流动性较好、形状复杂塑件的压缩成型。

（2）按模具固定方式分类

1）移动式压缩模。移动式压缩模不固定在压机上，将塑粉填入型腔后合模，移至压机工作台上加热、加压。固化成型后，将模具移出压机并置于专用U型支架上撞击上、下模板，待其松动后开模取件。

2）固定式压缩模。固定式压缩模即固定在压力机上的通用压缩模，由压机滑块带动上模移动实现开模、合模。工作效率高，侧型芯的安装、取放均需在压机工作范围内进行。

3）半固定式压缩模。半固定式压缩模是指上模固定在压机滑块上，而下模可以通过专用道轨移出机外。开、合模在压机上进行，而加料、取放侧型芯，包括塑件脱模等可在机外完成。模具结构相对简单，但需配备精度较高的导向装置。

2. 压缩模类型的选择

压缩模类型的确定，主要取决于塑料的性质和特点及塑件的形状尺寸。一般，对于流动性较好的如木粉填充的酚醛塑料，可以采用溢式或半溢式压缩模。而对于流动性较差的，如碎布或纤维填充的酚醛塑料，则应选用不溢式压缩模。另外，塑件高度较大、形状复杂时，宜选用不溢式压缩模。而小型、薄壁及形状简单塑件，常用溢式压缩模。如图15-14所示具有凸凹端面的塑件，如果设计成溢式压缩模，须将上部曲面形状设为分型面，使凸模加工困难。如果选用不溢式压缩模，取下部平底面作分型面，可使凸模加工简单。

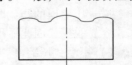

图15-14 具有凸凹曲面端面形状的塑件

四、压缩模与压力机的关系

压缩成型通常利用液压压力机或螺旋压力机来完成。

1. 压力机最大压力

对于塑件型腔及加料腔的水平投影面积为A、工作压力p的n腔压缩模，常取修正系数k为$0.75 \sim 0.9$，这时，压机额定压力应满足如下关系

$$F_e > \frac{npA}{1000}k \qquad (15-5)$$

2. 压缩模固定板尺寸

模具最大外廓尺寸不能超过工作台、滑块及立柱距离的最大外形尺寸限制。

3. 模具闭合高度和开模行程

1）模具的闭合高度H_m必须满足$H_{min} + 5mm \leqslant H_m \leqslant H_{max} - 5mm$。其中，$H_{max}$及$H_{min}$分别为压力

机的最大、最小闭合高度。

2）除考虑满足装模高度外，还须考虑压机工作行程。如图 15-15 所示，当塑件高度和凸模深入凹模型腔内的高度分别为 h_1、h_2 时，压力机的工作行程 H_Y 必须满足

$$H_Y \geqslant H_m + h_1 + h_2 + (10 \sim 20) \qquad (15\text{-}6)$$

利用开模力侧抽芯或脱螺纹型芯的模具，所需 H_Y 还要大些。对移动式压缩模，如果利用卸模架在压力机上脱模时，应使模具与卸模架开模后的总高度小于压力机有效工作行程。

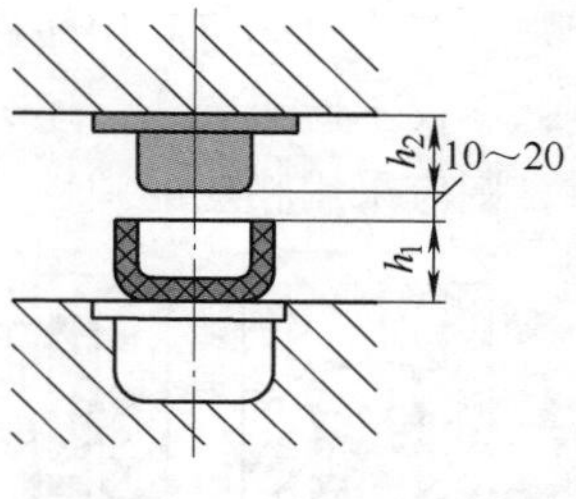

4. 塑件脱模力及压力机顶出装置的校核

塑件脱模力应小于压力机下顶出缸最大顶出压力，其最大顶出行程须保证被顶出后塑件的底面高出下模上表面 10mm 以上，以方便移件。如图 15-16 所示，当加料腔附加高度为 h 时，塑件的顶出距离 L 与压力机顶出缸活塞的最大行程 L_{max} 应符合如下关系。即

$$L = h_1 + h + (10 \sim 15) \leqslant L_{max} \qquad (15\text{-}7)$$

五、确定型腔内加压方向及分型面

1. 确定加压方向

加压方向是指成型时凸模向型腔内塑料施压的作用方向。确定加压方向时，应遵照以下原则：

1）便于加料。如图 15-17a 所示凸、凹模位置使加料口敞开，便于从上部投料；而图 15-17b 所示的加料腔入口直径小，投料不方便，影响模塑周期。

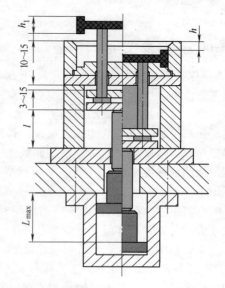

图 15-15 脱件所需开模行程

图 15-16 脱模距与压力机顶出行程的关系

2）有利于压力传递。较长压力传递距离会增大压力损失，且因压力不均匀造成塑件密度不均。如图 15-18a 所示，如果塑件轴向尺寸大，沿轴线单方向加压很难保证压力均匀作用在轴向全长范围内。即施压端压力大而底端压力小，造成塑件底部疏松。而上、下凸模同时加压，又因轴线方向长度较大，塑件中部难免出现疏松现象。若像图 15-18b 所示，将塑件横放，横向加压可避免上述缺陷。但应考虑型芯过于细长，容易产生弯曲变形。

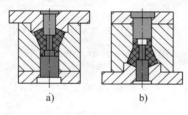

图 15-17 便于加料的压料方向

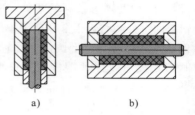

图 15-18 有利于传递压力的加压方向

3）有利于熔料流动。如图 15-19a 所示，应尽可能使加压方向与料流方向一致，以增强塑料的流动性，避免图 15-19b 所示的加压方向，使料流沿加压反方向流动而形成不必要的流动摩擦阻力。

4）便于安放和固定嵌件。应优先考虑将嵌件置于下模侧，如图 15-20a 所示，以便于安放和固定，开模时还可利用嵌件推出塑件而不致留下顶出痕迹。如按图 15-20b 所示将嵌件设于上模侧，不仅不便于置放，还会因嵌件下落而损坏模具。如因塑件形状而不得不将嵌件设于凸模侧时，则应采用相应的弹性装卡等固定形式，以使嵌件安放简便且稳固，并便于脱出。

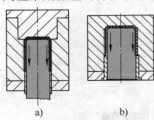

图 15-19　有利于熔料流动的加压方向

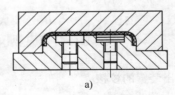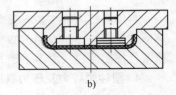

图 15-20　便于安放和固定嵌件的加压方向

5）保证模具零件强度。确定加压方向时应考虑模具强度，尤其是细长型芯应避免径向受力。一般加压时上凸模受力较大，对于正反面都可加压成型的塑件，应使凸模形状尽量简单、强度好，而将复杂型面放在下模侧。从凸模强度考虑，图 15-21a 所示结构优于图 15-21b 所示结构。

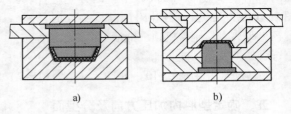

图 15-21　有利于加强凸模强度的加压方向

6）保证重要尺寸的精度。压缩成型时，沿加压方向的塑件尺寸或多或少都会产生一定误差，这不仅与加料量准确程度有关，而且还受飞边厚度变化影响。因此，塑件尺寸精度要求较高的部位不宜放在加压方向上。

7）长型芯置于加压方向上。塑件在不同方向上具有长、短型孔时，应将较长型芯置于加压方向，即开模方向上。而将较短型芯置于非加压方向上，作为侧向分型抽芯。

2. 确定分型面

1）分型面的设置原则应便于脱模，尽量使塑件留在下模侧。图 15-22a 将分型面取在塑件中部轴挡的上表面，开模时塑件留在下模侧，可由下顶杆推出。但图 15-22b 将分型面取在轴挡的下表面，导致上模侧脱件困难。

2）对于同轴度要求较高的塑件，应尽量使大、小横截面部分同时置于上模或下模侧。如图 15-23a 的结构将凸缘与下部圆筒同时置于下模，由下模制造精度可以保证塑件同轴度要求。图

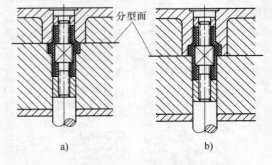

图 15-22　分型面便于脱件

15-23b 将大凸缘置于上模，下部圆筒置于下模，可能因上、下模制造误差或合模时的导向误差造成塑件达不到同轴度要求。

3）塑件高度尺寸要求精度较高时，宜采用如图 15-24a 所示半封闭式型腔结构。投料精度造成的高误差使分型面产生飞边，成型后可去除。而采用图 15-24b 的封闭式型腔，不易保证塑件沿高度方向的尺寸精度。

4）当塑件径向尺寸要求较高时，应考虑飞边厚度对精度的影响。如图 15-25a 所示，将分型面设在半径方向上，由型腔制造精度即可保证塑件径向尺寸。但图 15-25b 采用轴向分型面，则

因飞边厚度不易控制而影响塑件径向尺寸精度。

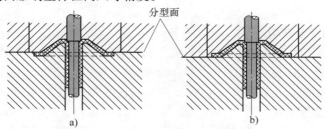

图 15-23 分型面保证塑件同轴度精度

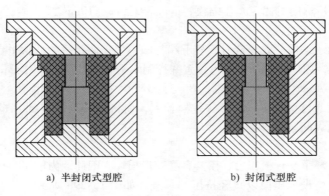

a) 半封闭式型腔   b) 封闭式型腔

图 15-24 分型面保证塑件高度方向的尺寸精度

5）分型面应保证模具强度，避免使工作零部件出现薄壁或尖角。如图 15-26a 将塑件环形端头与侧壁切线设为分型面，并使凸、凹模配合面外移，可提高凸模强度。而图 15-26b 所示分型面，凸模外侧形成环状尖劈，削弱凸模强度。

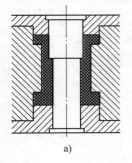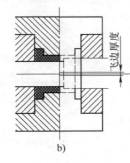

图 15-25 分型面对径向尺寸精度的影响

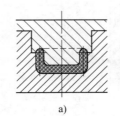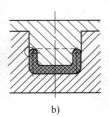

图 15-26 分型面对模具成型零部件强度的影响

6）为提高塑件外观质量，分型面应设在成型末端并尽量避免折弯或曲面，便于清理飞边。如图 15-27a 将分型面设于料流末端，相对合理。而不应像图 15-27b 所示使分型面位于塑件侧壁中途，使清理飞边困难且影响塑件外观质量。

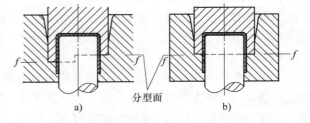

图 15-27 分型面对塑件外观质量的影响

六、结构设计

1. 凸、凹模导向配合结构

当凹模加料腔高度 $H > 10mm$ 时，应使凸模与凹模滑配导向。如图 15-28 所示，为克服压力机滑块运动间隙增大凸、凹模对中误差，将凹模加料腔上部设计成锥面，可减少开模阻力并兼顾排气。移动式压缩模的锥面角 $\alpha = 20' \sim 1°30'$，固定式压缩模 $\alpha < 1°$。锥面高度 L_1 应保证塑料熔融时，凸模已进入垂直配合面。因此当加料腔高度 $H < 30mm$ 时，L_1 取 $5 \sim 10mm$，$H \geqslant 30mm$ 时，取 $L_1 = 10 \sim 20mm$。凸、凹模垂直滑配间隙可取 $0.02 \sim 0.08mm$，移动式压缩模的滑配间隙值通常取小些。滑配长度 L_2 应根据间隙确定，小间隙滑配时，L_2 可适当减小。移动式压缩模常取 $L_2 = 4 \sim 6mm$。对于 $H \geqslant 30mm$ 时的固定式压缩模，L_2 可放大到 $8 \sim 10mm$。

2. 挤压环

挤压环是半封闭压缩模空载闭合时凸模下端与凹模上表面接触的环状平台，从凹模型腔外缘开始的径向宽度为 B，用以限制凸模下行位置并控制水平飞边的厚度。对于中小型塑件，凸模强度较高时可取 $B = 2 \sim 4mm$，大型模具常取 $B = 3 \sim 5mm$。挤压环通常用于溢式和半溢式压缩模。加料腔横截面积较大或与型腔横截面形状差异较大，使挤压环局部宽度 B 过大时，应考虑如何避免局部水平飞边过大问题。

3. 承压面

成型时仅靠挤压环承受合模压力，模具容易变形损坏。因此，为使压力机余压不致全部作用在挤压面上，需合理增设承压面以减轻挤压环承载。如图 15-29a 所示，对于移动式压缩模，通常利用加料室上端面与凸模台肩或固定板下表面接触部分作为承压面。但由于制造误差使承压面与挤压环面不可能同时接触，如果挤压面先接触，则承压面失去作用。所以不妨使承压面接触时，挤压面处留有 $0.3 \sim 0.5mm$ 的间隙，但需控制挤压面飞边厚度。

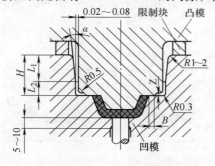

图 15-28 凸、凹模结构示意图

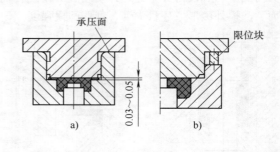

图 15-29 承压面的合理结构

对于固定式压缩模，通常采用图 15-29b 所示增设限位块的方式来控制凸模进入凹模的深度，便于调节挤压面间隙并控制飞边厚度。

承压面的形状可根据塑件具体设定，简单塑件可沿分型截面形状径向延伸，也可均匀配置数块承压块。应该注意的是，当采用多承压块结构时，须同时配磨后安装固定。

4. 排气溢料槽

热固性塑料压缩成型中，必须排出型腔内的残存气体，以避免产生缩孔、气泡等缺陷。简单塑件可通过排气操作或利用凸、凹模合模间隙排气，但对流动性较差的纤维填料塑料或形状复杂塑件，需兼顾因投料过剩所导致的余料排出，故应增设排气溢料槽。

排气溢料槽主要用于半溢式和不溢式压缩模。设计依据是成型力和溢料量的大小。通常，成型力较大或成型深腔塑件时，应开设较小的排气溢流槽。图 15-30 给出了不同凸模形状所用排气溢流槽的结构尺寸。排气溢流槽通常需开到凸模上端，便于排出余料，要求各段之间隔开，不应设计成连续的环形槽，以免余料包紧凸模难以清理。

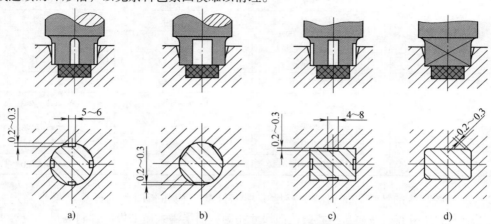

图 15-30　固定式压缩模中排气溢流槽的结构尺寸

5. 储料槽

为防止成型余料通过间隙进入型腔，需在凸模与凹模加料腔局部接触处开设储料槽。储料槽还可减少接触摩擦，有利于脱模。不溢式压缩模的储料槽如图 15-31 所示，由凹模型腔垂直向上延长 0.8mm 后，再向外扩大 $0.3 \sim 0.5$mm，即在凸模与加料腔之间形成一个阶梯储料槽。

半溢式压缩模的储料槽如图 15-32 所示，在凸模与加料腔之间设置一个断续的环形储料槽。储料槽用于半溢式和不溢式压缩模，不能设计成连续环型槽，以防余料包紧凸模而造成清理困难。

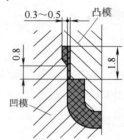

图 15-31　不溢式压缩模的储料槽

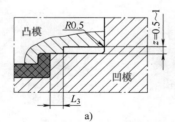 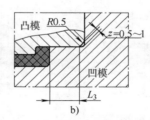 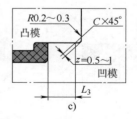

图 15-32　半溢式压缩模的储料槽形式

6. 加料腔

不溢式和半溢式压缩模中，加料腔容积即等于塑料原料体积减去工作型腔的容积。

（1）塑件体积　塑料密度为 ρ，包括和不包括飞边、溢料的塑件质量分别为 G_1、G_2，系数 k 常取 $0.05 \sim 0.1$，可按下式计算包括飞边、溢料的塑件体积

$$V = \frac{G_1}{\rho} = \frac{(1 + k) G_2}{\rho} \tag{15-8}$$

塑料的压缩比为 f 时（参考表 15-1），成型塑件所需的未压缩塑粉体积 V_0 为

$$V_0 = \frac{G_1 f}{\rho} = \frac{(1 + k) G_2}{\rho} f \tag{15-9}$$

表 15-1　常用热固性塑料的密度和压缩比

塑料	填料	密度 ρ（g/cm³）	压缩比 f
酚醛塑料	木粉填充	1.34 ~ 1.45	1.0 ~ 1.5
	石棉填充	1.45 ~ 2.00	1.0 ~ 1.5
	云母填充	1.65 ~ 1.92	2.1 ~ 2.7
	碎布填充	1.36 ~ 1.43	3.5 ~ 18.0
脲醛塑料	纸浆填充	1.47 ~ 1.52	2.2 ~ 3.0
三聚氰胺甲醛塑料	纸浆填充	1.45 ~ 1.52	2.2 ~ 2.5
	石棉填充	1.70 ~ 2.00	2.1 ~ 2.5
	碎布填充	1.55	5.0 ~ 10.1
	棉短绒填充	1.5 ~ 1.55	4.0 ~ 7.0

（2）加料腔高度的计算　加料腔的高度需根据计其容积和断面积的计算结果来确定。典型不溢式压缩模的加料腔横截面与型腔横截面尺寸相等，而半溢式压缩模的加料腔尺寸应等于型腔断面尺寸加上挤压面尺寸。如图 15-33a 所示压缩模，设加料腔水平投影面积为 A，当一次成型所需塑粉总体积为 V_y，型芯体积和挤压面以下型腔体积分别为 V_x、V_q 时，加料腔高度

$$H = \frac{V_y - V_x - V_q}{A} + (5 \sim 10) \tag{15-10}$$

如图 15-33b 所示，当塑件有一部分在凸模内成型，凸模凹入部分体积为 V_t 时，加料腔高度 H 可计算如下

$$H = \frac{V_y - V_x - V_q - V_t}{A} + (5 \sim 10) \tag{15-11}$$

如图 15-33c 所示，当压缩模具有中心导柱时，加料腔高度

$$H = \frac{V_y - V_x - V_t}{A} + (5 \sim 10) \tag{15-12}$$

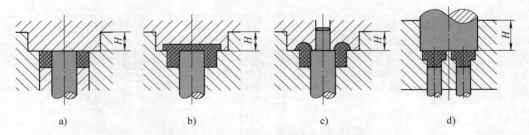

a)　　　　b)　　　　c)　　　　d)

图 15-33　半溢式压缩模的加料腔高度

如图 15-33d 所示，对于 n 个型腔、每个型腔体积为 V_d 的压缩模，且共用加料腔时，加料腔高度

$$H = \frac{V_y - nV_d}{A} + (5 \sim 10) \tag{15-13}$$

图 15-34a 所示为不溢式压缩模，下凸模凸出部分的体积为 V_t 时，加料腔高度

$$H = \frac{V_y + V_t}{A} + (5 \sim 10) \tag{15-14}$$

图 15-34b 为深腔薄壁塑件，凹模型腔的容积较大，所需塑粉体积相对较小，往往达不到塑

件所要求的成型高度 h，因此，可将塑件高度再加 $10 \sim 20$mm 作为凹模总深度，此时

$$H = h + (10 \sim 20) \tag{15-15}$$

七、压缩模成型零件的设计

压缩模的成型零件主要包括凸模、凹模、瓣合模及型芯等，其结构设计与注射模基本相同，这里只介绍其不同的部分。

1. 凸模设计

压缩模的凸模由两部分组成，如图 15-35 所示，一部分为导向面，同时还可阻止熔料溢出；另一部分是塑件内形的成型部分，通常具有一定

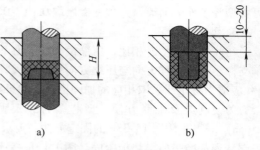

图 15-34　不溢式压缩模的加料腔高度

斜度，以便于脱件。不溢式和半溢式压缩模的凸模与加料腔侧壁之间应留约 0.05mm 的单边间隙，其上开设溢料槽和余料储存槽。

凸模可分为整体式和组合式两种形式。图 15-35a 所示整体式凸模适用于形状简单塑件，多用于单腔移动式压缩模。图 15-35b 组合式凸模便于分块加工、维修更换，应用比较广泛。另外，还可将凸模做成镶嵌结构，制造、维修方便，但熔料易挤入镶嵌间隙，清理困难，严重时会导致凸模变形。

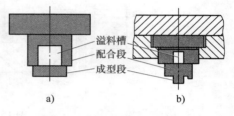

图 15-35　凸模的结构形式

2. 凹模设计

凹模通常装于下模侧，其内腔上部为加料腔，下部是工作型腔。凹模也有整体式和组合式，如图 15-36 所示。整体式凹模强度高，成型质量好，但加工困难，不便于局部维修。由于热固性塑料流动性好，对拼镶间隙要求较严，以防溢料渗入引起凹模变形影响成型精度。

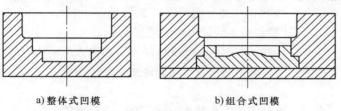

a) 整体式凹模　　　　　　b) 组合式凹模

图 15-36　凹模的结构形式

对带有侧凹的小型塑件，可垂直分型，将瓣合式凹模外侧壁加工成 $15° \sim 20°$ 的锥面，组合后配入圆锥形模套中。如图 15-37a 所示，固定式压缩模的瓣合式凹模外形应设计成倒锥形，便于利用压力机顶出装置将凹模顶起分型，在模外取件。为减小对合间隙，可使瓣合凹模嵌入模套后底部保留 $0.2 \sim 0.3$mm 的间隙，以利于楔紧。而对移动式压缩模，通常使瓣合式凹模外侧的锥形大端向下，如图 15-37b 所示，大、小端分别伸出模套。

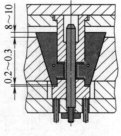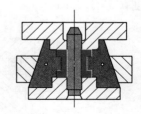

a) 固定式压缩模　　　b) 移动式压缩模

图 15-37　锥形瓣合模

凹模型腔工作表面直接影响塑件的表面质量，而且还影响熔料的流动性和充模速度，设计时应使型腔表面粗糙度比塑件要求的表面粗糙度 Ra 值小一个级差。对于表面质量要求较高的塑件，可将型腔工作表面镀铬处理，镀层取 0.01 ~ 0.02mm，可提高耐磨性并气体腐蚀。

3. 型芯设计

与注射模的型芯相比，压缩模型芯受力不均，细长型芯容易弯曲变形。对于无台肩等加固的单支撑型芯，长度方向与压缩方向相同时，应使其长径比 $l/d \leqslant 3$；长度方向与压缩方向倾斜时，l/d 应适当减小或采取相应的加固措施；如果型芯长度方向与压缩方向垂直，则要求 $l/d \leqslant 1$。

为使制造及维修方便，型芯多为嵌入固定。如图 15-38 所示，型芯工作直径较小（$d <$ 15mm）时，采用图 15-38a 的固定方法，要求配入深度不小于（1.5 ~ 3）d。图 15-38b 将型芯从下端装入，磨平后加垫板紧固。图 15-38c 采用螺母从下端紧固型芯，便于拆卸。型芯工作直径较小且固定板较厚时，可如图 15-38d 所示，将非工作段加粗并用下台肩固定。

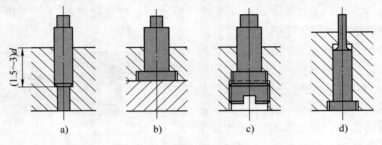

图 15-38　型芯的固定方法

塑件孔深 $h \leqslant 2.5d$ 及浅侧孔 $h \leqslant$（0.6 ~ 1.0）d 时，可采用图 15-39a 所示型芯结构，并保证合模时型芯上端面与凸模下表面之间留有 0.04 ~ 0.08mm 的间隙。

当塑件通孔直径 $d > 15$mm 且为单支承型芯时，应使用球头或锥形倒圆角型芯兼做导向，其与对象件之间需留 0.05 ~ 0.1mm 的单边导向间隙，如图 15-39b 所示。另外，型芯上端部应高于加料腔上表面 6 ~ 8mm，防止塑粉挤入间隙内造成清理困难。

塑件孔深 $h \geqslant$（6 ~ 8）d 时，可采用图 15-39c 所示型芯进入凸模孔内的形式，既可以保证塑件的孔位精度和尺寸精度，又可防止型芯过长引起弯曲变形。通常，可使型芯高度与凹模加料腔上表面平齐。

塑件成型孔径较大时，可在型芯端头部作出挤压台，以获得较薄的飞边。如图 15-39d 所示，挤压边宽度为 0.5 ~ 2mm，挤压台端面可与对向件端面留有 0.05 ~ 0.1mm 间隙，其余部分让出深度 0.5 ~ 1.0mm。

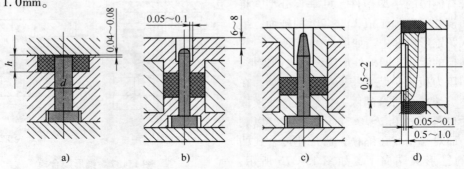

图 15-39　单方向成型孔时的型芯结构

当 $h > 2.5d$，且孔的精度要求不高时，可双向成型，即分别由上下两个型芯成型同一通孔。如图 15-40a 所示，合模时，应使上、下两型芯端面留有 0.04 ~ 0.08mm 的间隙。孔的同轴度要求较高时，可采用图 15-40b 所示下型芯与上凸模圆锥面自动定心的结构。为避免较长通孔单向脱芯距离过长，可采用图 15-40c 所示两半型芯组合成型，开模前从两侧分别抽出两个组合型芯。对特殊形状孔，可利用图 15-40d 所示上、下型芯交错成型。

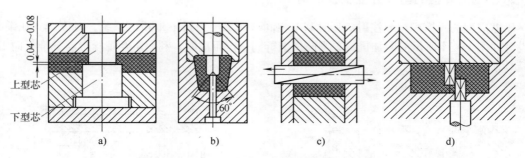

图 15-40 双方向成型孔时的型芯结构

塑件带有内、外螺纹时，其螺纹型芯和螺纹型环的结构形式与注射模基本相同。

4. 凸、凹模的配合形式

（1）溢式压缩模凸、凹模的配合形式 溢式压缩模成型时凸模型面整体进入凹模型腔，除分型面外，凸、凹模没有配合部分。如图 15-41a 所示，分型面上设置单边宽 3 ~ 5mm 的环形挤压面。为防止变形和磨损，可在挤压面外适当开设溢料槽，槽外作为承压面，如图 15-41b 所示。

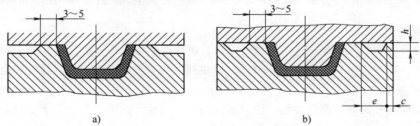

图 15-41 溢式压缩模凸、凹模配合形式

（2）半溢式压缩模凸、凹模的配合形式 如图 15-42a 所示，半溢式压缩模成型时，凸模伸入加料腔内，并在凹模型腔上端面形成一个水平挤压环。凸模与加料腔取单边间隙 0.025 ~ 0.75mm，加料腔上端面以下 10mm 范围内开出 10° ~ 20° 的锥面为凸模导向。另外，为便于清除废料，如图 15-42b 所示，通常使加料腔底圆角半径略小于凸模下端面圆角半径。

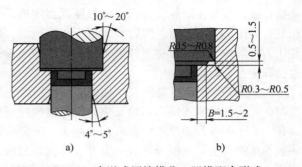

图 15-42 半溢式压缩模凸、凹模配合形式

（3）不溢式压缩模凸、凹模的配合形式 一般不溢式压缩模的加料腔即为凹模型腔的延续，如图 15-43a 所示，凸、凹模之间没有挤压面。为排除型腔中的气体，取凸、凹模滑配间隙 0.025 ~ 0.075mm，流动性好的塑料可取小值。凸、凹模配合长度不宜过大，加料腔较深时，由

加料腔上端面开始向下 10mm 一段应设置 15′～20′ 斜度的凸模导向面，并将加料腔入口处做成 $R1.5$ 的圆角。

对于带有倾斜侧壁的塑件，可如图 15-43b 所示，将型腔沿倾斜侧壁向上顺延成加料腔内壁，以防塑件脱模时与加料腔内壁摩擦。也可将压缩模设计成移动式，成型后将整个下模移出压力机，在机外利用卸模装置脱件。

八、压缩成型的塑件分型脱模机构

压缩成型的脱模机构与注射成型时基本相同。如果压力机不带顶出系统，对固定式压缩模，需设置如图 15-44 所示的附加机构，当凸模上行到一定距离时，利用定距螺栓带动下推板向上推动模具顶出机构脱件。

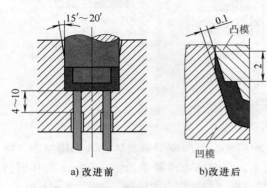

图 15-43　不溢式压缩模凸、凹模配合形式

a) 改进前　b) 改进后

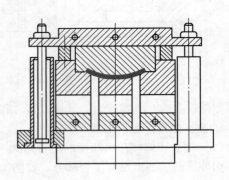

图 15-44　利用开模动作推出塑件

1. 撞击架脱模

撞击架脱模也称机外脱模，是指成型结束后，将压缩模移出机外放在特制撞击架上，采用手工脱模的方法。这种方法只适用于小型模具，即使利用几套模具交替工作，其效率也非常低。

2. 卸模架脱模

卸模架脱模也称机内脱模，即利用压力机作用于卸模架上的压力将上、下模分型，然后取出塑件。

1）单分型面卸模架脱模。成型后移出压缩模，将推杆插入模具预制脱模孔内，也可浮顶在底板某一位置，如图 15-45 所示。然后整体移入压力机内，依靠压力机滑块下移，压迫上卸模架，使卸模架底板通过推杆使凸、凹模分开。

2）双分型面卸模架脱模。如图 15-46 所示。卸模时，先将推杆插入模具卸模孔中，使几根推杆分别顶住上、下凸模和凹模的相应表面，而上、下卸模架底板与压缩模上、下模板留有一定开模距离。当压力机压力作用于上、下卸模架上时，推杆定距离移动顶开上、下凸模，实现双分型面分型。

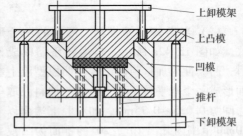

图 15-45　单分型面压缩模用卸模架

3）垂直分型面卸模架脱模。如图 15-47 所示，成型后利用卸模架将上或下凸模以及瓣合式凹模向两侧分型。使用时应注意，瓣合式凹模分型后塑件下落，使下凸模重新伸入塑件孔内，在脱模空间较小且模具悬浮状态下造成脱模困难。

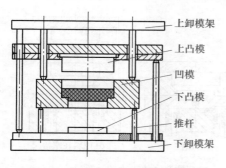

图 15-46 双分型面压缩模用卸模架

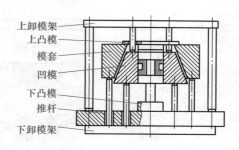

图 15-47 垂直分型面压缩模用卸模架

九、压缩模加热

热固性塑料压缩成型时，塑粉需在模具型腔中预热。压缩模加热有电加热、煤气加热及蒸汽加热等多种形式，一般将电加热棒插入模具加热板孔内通电加热。设计压缩模时，需根据模具总质量 M 和体积计算出所需加热功率，然后确定电加热棒的型号、数量等。计算时，可根据模具所需成型温度与室温之差（$t - t_0$），近似确定总加热量，然后计算模具所需电加热功率

$$P = 0.24(t - t_0)M = \eta M \tag{15-16}$$

对于常用酚醛塑料压缩成型模，模具单位质量所需加热电功率 η 值可以根据表 15-2 经验数据选取

表 15-2　电功率 η 值经验数据　　　　　　　　　（单位：kW）

模具规模	电热环	电热棒
小型模具	40	35
中型模具	50	30
大型模具	60	20 ~ 25

注：对于固定式压缩模，在计算加热电功率时一般取上模温度比下模温度高 5℃ 左右。

第四节　压注成型工艺及模具设计

压注成型也称为传递成型或挤塑成型，主要用于热固性塑料成型或封装电器元件等，一部分不能用压缩方法成型的热固性塑料，通常采用压注方法成型。

一、压注成型原理及特点

1. 压注成型原理

压注成型原理如图 15-48 所示。先将原料或预制坯料装入加料腔内加热，达到黏流状态时，利用压料柱塞将熔料通过浇注系统以高速挤入型腔，在一定温度和压力下固化成型，经适当保压后完成压注成型。

2. 压注成型的工艺特点

压注成型是在克服了压缩成型的缺点，并吸收了注射成型优点的基础上发展起来的成型工艺。

压注成型的单位压力较高，通常酚醛塑料为 50 ~ 80MPa，纤维填料的塑料为 80 ~ 120MPa，环氧树脂、硅酮等低压封装用塑料为 2 ~ 10MPa。模具温度一般比压缩成型稍低，为 130 ~ 190℃，

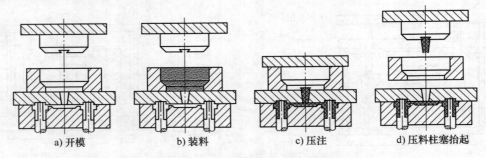

a) 开模　　　　　　b) 装料　　　　　　c) 压注　　　　d) 压料柱塞抬起

图 15-48　热固性塑料压注成型原理

但要求塑料必须以 10 ~ 30s 内迅速充满型腔。压注成型塑件的收缩率比压缩成型稍大，收缩方向性也较明显。例如，一般酚醛塑料的收缩率常取 0.8%，但采用压注成型时，通常取为 0.9% ~ 1%。

1）压注成型时，熔料在压力之下通过较窄分流道及进料口，由于摩擦作用在短时间内均匀热透并完成固化，因此，塑件组织密实，成型质量好。

2）与压缩成型相比，压注件在分型面处产生很薄的飞边且容易去除，易保证高度方向的尺寸精度。

3）适用于成型深腔薄壁、形状复杂、精度要求较高的塑件。

4）熔料在型腔内的交联固化时间比压缩成型大为缩短，因此，成型效率高。

压注成型也存在一些缺点：成型压力比压缩成型要高，加料腔内残存上一次成型的余料，并且固化后混入下一次熔料中影响成型质量；与注射成型一样，产生浇注系统凝料使原料消耗增大。另外，压注模结构较复杂，操作也比较麻烦，通常因压缩工艺无法满足塑件设计要求时，才采用压注成型方法。

二、压注模分类

根据所用设备与操作方法不同，可将塑料压注模分为普通压力机压注模和专用压力机压注模。

1. 普通压力机用压注模

在普通压力机上使用的压注模，又可根据其与压力机的连接方式分为移动式和固定式压注模。

（1）移动式压注模　移动式压注模不与压力机固定连接。如图 15-49 所示，模具闭合后将加料腔置于上模板上部，在加料腔内装入塑料并加热，压料柱塞将塑化的熔料高速挤入型腔固化成型。开模前，将模具移出压力机，顶起上模板及固定在其上的成型柱塞及浇注系统凝料，移开加料腔，利用卸模架开模取件。

（2）固定式压注模　固定式压注上、下模分别与压力机滑块和工作台固定连接，上、下模侧均设有加热装置。如图 15-50 所示，随压机滑块上行 I - I 分型面分型，压料柱塞脱离加料腔并拉出主浇道凝料。滑块上

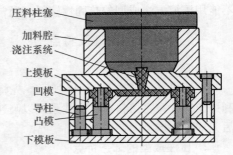

压料柱塞
加料腔
浇注系统
上摸板
凹模
导柱
凸模
下模板

图 15-49　移动式压注模结构

行至一定距离时，拉杆上的螺母拨转拉钩使上、下模部分脱开，定距螺钉头部拖带上模部分继续

上行，Ⅱ–Ⅱ分型面开启。之后，压力机顶出机构顶起推板并带动推杆推出塑件。合模时，上凹模板随滑块下行压下复位杆，使脱模机构复位，拉钩靠自重重新锁住上凹模板和型腔固定板。

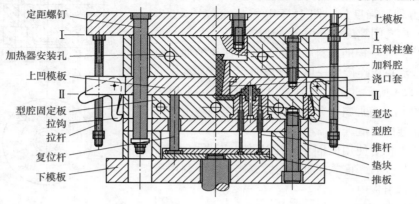

定距螺钉
Ⅰ
加热器安装孔
上凹模板
Ⅱ
型腔固定板
拉钩
拉杆
复位杆
下模板

上模板
Ⅰ
压料柱塞
加料腔
浇口套
Ⅱ
型芯
型腔
推杆
垫块
推板

图 15-50 固定式压注模结构

2. 专用压力机用压注模

专用压力机压注模需在具有主、副缸的压力机上压注成型。其中，主缸用来合模，辅助缸用于压注成型。如图 15-51 所示，利用圆柱形加料腔代替主流道。成型时使熔料通过分流道或直接进入型腔，因而可成型流动性很差的塑料。由于不设主流道，可省略一个拉出浇注系统凝料的分型面，使流道凝料与塑件一同脱离模具，缩短了成型周期。另外，主缸锁模力较大，产生的飞边很薄。

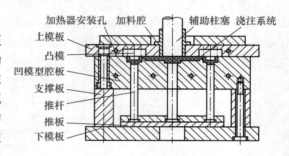

加热器安装孔 加料腔 辅助柱塞 浇注系统
上模板
凸模
凹模型腔板
支撑板
推杆
推板
下模板

图 15-51 柱塞式压注模结构

根据专用压力机结构，可将加料腔设于上模或下模侧。加压柱塞和加料腔均在上模侧的工作顺序是合模、加料、压注成型、开模顶件，适用于主缸在下、副缸在上的专用压力机。加压柱塞设于下模侧时，主缸活塞下行合模，其工作顺序是加料、合模、压注成型、开模顶件。

三、压注模结构设计

1. 加料腔结构设计

与压缩模不同，压注模的加料腔不是成型型腔的延续部分，通常设计成圆形截面，而对多型腔模，考虑到压注覆盖性，还可设计成矩形截面。为使压注力均匀，加料腔应设于型腔中心位置，底面与衔接的流道板表面应配合紧密，以免产生溢料飞边。加料腔内壁常需镀铬或抛光至 $Ra0.4\mu m$，材料宜选用 T10、Cr12MnV 等，并淬硬至 52～56HRC。根据压注模类型不同，加料腔具有不同的结构和安装形式。

（1）移动式压注模的加料腔 移动式压注模的加料腔属于模具本体之外的零件，成型结束后需单独卸下，因而也称外加料腔，其通用结构尺寸如图 15-52 所示。

单型腔压注模通常采用圆形截面加料腔，与主流道衔接的下部设计成圆锥形，压注力主要作用在锥面部分。图 15-53a 所示为常用结构形式，内定位结构设于带流道模板的入口侧，可防止加料腔本体在加压反力作用下向上移动。图 15-53b 所示长圆形截面加料腔适用于两个或多个流道系统。图 15-53c 所示加料腔为嵌入式外定位结构，不便于清理废料。

加料腔本体不需精确定位，下端出口较大，应考虑拆卸及清理废料方便。通常采用图 15-54a 所示外挡销定位，加料腔加工方便、强度好。图 15-54b 采用定位销定位，与上模板的导向孔间隙配合，用于普通压力机。

（2）固定式压注模的加料腔   固定式压注模的加料腔常与上模板或流道板连接成一体，开模时不与模具本体分离，如图 15-55a 所示。当具有垂直分型面时，可采用图 15-55b 所示结构，将加料腔分别置于两块瓣合模块上，并开出与型腔相连的流道。

在专用压力机上使用的固定式压注模中不设主流道，如图 15-56a、b 所示，通常将加料腔做成镶套，并利用压肩形式固定于流道板内。

2. 压料柱塞的设计

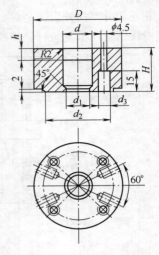

图 15-52   通用外加料腔结构尺寸

如图 15-57 所示，压料柱塞与型腔内壁 H8/f9 滑动配合，单边间隙 0.05 ~ 0.1mm。为减小摩擦，可在压料柱塞侧壁开出空刀槽。高度 h_1 应比加料腔深度 h 小 0.5 ~ 1mm，底部转角可留 0.3 ~ 0.5mm 的储料间隙。压力机滑块到达下死点时，柱塞底面与流道板之间留约 0.5mm 间隙，以免压坏加料腔或流道板。

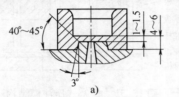 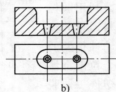 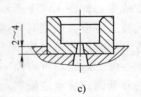

图 15-53   移动式压缩模的加料腔结构

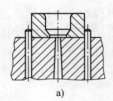 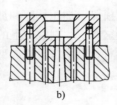

图 15-54   定位销固定的加料腔结构

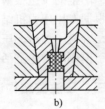

图 15-55   固定式压注模加料腔形式

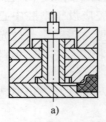 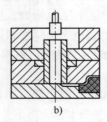

图 15-56   专用压力机用固定式压注模的加料腔形式

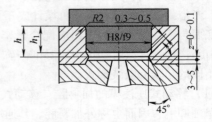

图 15-57   压料柱塞与加料腔的配合关系

一般，固定式压注模的柱塞带有座板，以方便固定在压力机上。而移动式压注模柱塞可不设座板，如图 15-58 所示。其中，图 15-58a 在柱塞底部开出沟槽，便于开模时拉出浇注系统凝料；

图 15-58b 使加料腔根部圆锥侧表面与柱塞形状相适应，底部留有适当间隙。

普通压力机用固定式压注模通常压配在上模板中，如图 15-59 所示。其中，图 15-59a 柱塞底部设有燕尾槽，用于勾出浇口凝料；图 15-59b 柱塞侧壁上开出一个环形槽，使固化于其中的溢料起到活塞环的作用，以阻止熔料反向溢出。

图 15-60 所示为专用压力机用固定式压注模的压料柱塞结构，采用螺纹联接固定。柱塞直径较大时可如图 15-60a 所示，减小与固定板的配合面，可防止溢料挤入。图 15-60b 所示在柱塞底部开出凹球面形状，目的是促进熔料流动集中，减少侧向溢料。

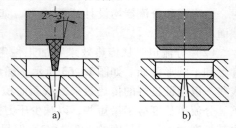

图 15-58 移动式压注模用不带底板的压料柱塞

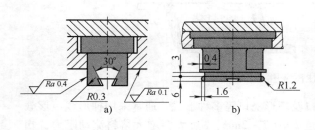

图 15-59 用于普通压力机的固定式压注模的压料柱塞

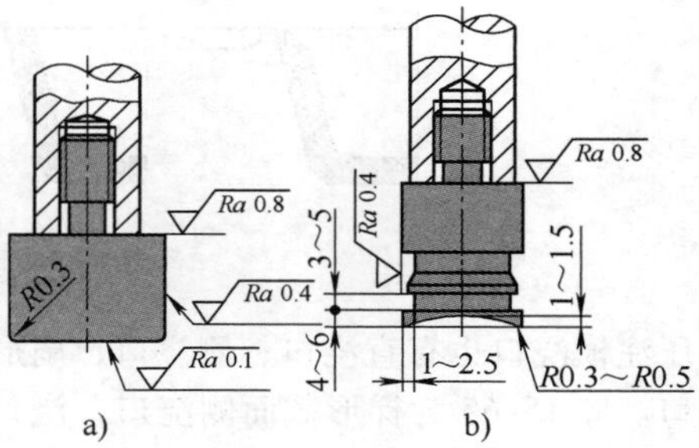

图 15-60 用于专用压力机的固定式

3. 浇注系统设计

如图 15-61 所示，压注模浇注系统与注射模浇注系统有些类似，包括主流道、分流道、浇口及反料槽等结构。但压注工艺对其各部分的功能要求有所不同，因此，结构上有其特殊性。例如，注射模要求熔料在系统流道中的压力和热量损失要小，而压注模在此要求的基础上，还需保证熔料在浇注系统中进一步塑化并提高温度，因而有时需在流道外增设加热装置。

（1）主流道 通常，压注模主流道横截面为圆形或矩形，纵截面有锥形、倒锥形及分流锥形，如图 15-62 所示。主流道通流截面积过小，会增大热量和压力损失，过大则导致压力减弱，产生涡流、气孔等，并浪费塑料原料。采用两个主流道时，其间距一般不宜大于 140mm。

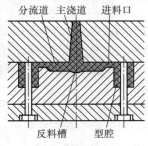

图 15-61 压注模浇注系统

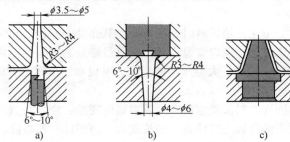

图 15-62 压注模主流道结构形式

图 15-62a 所示锥形主流道适用于多腔压注，锥角常取 6°～10°，开通主流道末端插入拉料杆。图 15-62b 为倒锥形主流道，常用于多浇口或多腔压注。开模时塑件与主流道凝料在浇口内拉断，开模阻力小，适用于碎布、长纤维等填充的塑料成型。图 15-62c 是带分流锥的主流道，

可缩短流道长度，降低流动阻力，适用于多腔且各腔之间距离较大的压注模。型腔呈圆周形排列时，主流道和分流器均设计成圆锥形，如果型腔并排布置，可将主流道和分流器设计成矩形截面。

（2）分流道　从传热效果和加工性考虑，压注模分流道常采用梯形和半圆形截面。如图 15-63 所示，梯形截面应使宽度大些，深度浅些，以保证良好的传热效果，截面面积可取内浇口横截面积的 1.5 倍。分流道长度应尽量短些，以减少压力损失且节约塑料原料，通常取其长度为主流道长度的 1/3 ~ 1/2，但最短不应小于 12mm。对于半圆形截面分流道，其半径可取 3 ~ 4mm。

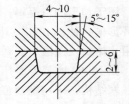

图 15-63　分流道截面尺寸

（3）浇口　压注模浇口与注射模浇口相似，图 15-64 所示为压注模常用的几种浇口形式。

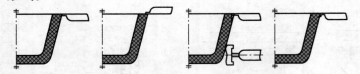

图 15-64　压注模常用浇口形式

压注模浇口也有直浇口、侧浇口、扇形浇口及环形浇口等多种形式，通常采用梯形或矩形截面浇口。图 15-65 为梯形截面侧浇口，浇口长度 $l = 0.7 ~ 2$mm，l 过大会增大熔料流动阻力，拐角及出口用倒角或圆弧连接，浇口深度 h 取塑件该处壁厚的 1/3 ~ 1/2，小型塑件取 $h = 0.3 ~ 0.8$mm，大型塑件 $h = 0.8 ~ 1.5$mm，纤维填充塑件可取 $h = 1.6 ~ 2.4$mm。浇口宽度一般取 $b = (5 ~ 15) h$，木粉填料 $b = 3 ~ 6$mm，纤维填料 $b = 4 ~ 10$mm。

对于矩形截面浇口，为使流道内温度均匀，从分流道到浇口的过渡截面应逐渐减薄。中、小型塑件的最小浇口宽度 $b = 1.6 ~ 3.2$mm，$h = 0.4 ~ 1.6$mm。纤维填料时采用较大浇口面积，$b = 3.2 ~ 12.7$mm，$h = 1.6 ~ 6.4$mm，大型塑件的浇口尺寸可适当放大。

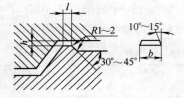

图 15-65　梯形截面侧浇口的形状尺寸

圆形截面浇口，用于流动性很小的塑料成型，直径不宜大于 3mm。半圆形截面浇口的截面积取分流道截面积的 1/3 ~ 2/3。

由一个主流道供料时，浇口最小截面处的面积之和应等于主流道小端截面积。为减小流动阻力和利于补缩，浇口常设在塑件壁厚最厚处。热固性塑料在压注模型腔内的最大流动距离不宜超过 100mm，因此，大型压注成型模，可根据浇口间距 120 ~ 140mm 的原则开设多浇口并确定浇口数量。

热固性塑料流动中易产生填料定向现象，浇口位置不当，会使塑件翘曲变形，内应力增大，因而须正确设置浇口位置。细长或大平面塑件，若将浇口开在长度中点处，会引起弯曲或平面翘曲，如改为端部进料则效果好些；圆筒形塑件单边进料易引起塑件变形，可改为环形浇口。

（4）溢料槽和排气槽设计　压注成型时为防止塑件表面产生熔接痕，应使多余的熔料溢出，以避免模具零部件接合处渗入塑料，有时需在接缝处开设溢料槽。溢料槽过大则使溢料增多，使塑件组织疏松，甚至充型不足影响形状和尺寸精度。溢料槽过小达不到排出余料的目的。一般溢料槽宽度可取 3 ~ 4mm，深 0.1 ~ 0.2mm，具体尺寸也可在试模后确定或修正。

压注时熔料在高速下充型，型腔内原有空气及塑料加热冷却产生的低分子气体对成型质量影响很大。特别是塑件壁厚不匀、型腔最后充满的地方或可能出现熔接痕的部位，应设置排气槽。一般，排气槽可开在分型面上，也可利用拉料杆、推杆等的配合间隙进行排气。对于中、小型塑件，分型面上可开出宽 3 ~ 6mm、深 0.04 ~ 0.15mm 的矩形或相应的梯形排气槽。可依排气槽截面积确定其形状，当排气槽数量为 n，塑件体积为 V 时，可近似计算排气槽的截面积

$$A = 0.05V/n \qquad (15\text{-}17)$$

排气槽的横截面积应能保证型腔内的气体自由排出，但又不使熔料明显溢出。有时，会有少量前锋料从排气槽溢出形成较薄的飞边，这种飞边并不破坏塑件质量，反而有利于提高型腔最后充满处熔料的熔接强度。型腔最后充满处容易形成熔接缝时，为保证塑件的力学强度和介电强度，往往有意识地使塑料溢出该处型腔之外，避免熔接缝形成在塑件中，特别是对电性能有严格要求的三聚氰胺甲醛塑料。确定排气槽位置时，可从以下几点考虑：①远离浇口的边角处；②嵌件附近、壁厚最薄及容易形成熔接缝处；③型腔最后充满处；④塑件侧壁含有凸台且其上有侧孔处；⑤模具顶杆、活动型芯的配合间隙及分型面的闭合间隙等可起排气作用，因此最好在分型面的型腔边缘处设置排气槽。

思 考 题

1. 热固性塑料能否多次加热成型？为什么？
2. 简述什么是热固性增强塑料，与普通热固性塑料相比具有哪些成型特点。
3. 热固性塑料注射模与热塑性塑料注射模的主要区别有哪些？
4. 简述热固性塑料压缩成型过程。
5. 按上、下模配合形式可将热固性塑料压缩模分为哪几类？它们各自具有哪些主要特点？
6. 压缩模中为什么设置挤压环和承压面？它们的作用是什么？
7. 简述热固性塑料压注成型与注射成型及压缩成型有哪些异同点。

参 考 文 献

[1] 王仲仁，等. 塑性加工力学基础 [M]. 北京：国防工业出版社，1989.

[2] 益田森治，室田忠雄. 工业塑性力学 [M]. 东京：書肆株式会社養賢堂，1961.

[3] M B 斯德洛日夫，E A 波波夫. 金属压力加工原理 [M]. 哈尔滨工业大学，等译. 北京：机械工业出版社，1980.

[4] 余同希，章亮炽. 塑性弯曲理论及其应用 [M]. 北京：科学出版社，1991.

[5] 徐秉业，等. 弹塑性力学及其应用 [M]. 北京：机械工业出版社，1984.

[6] 汪大年. 金属塑性成型原理 [M]. 北京：机械工业出版社，1982.

[7] 王祖唐，等. 金属塑性成型理论 [M]. 北京：机械工业出版社，1989.

[8] 陈森灿，叶庆荣. 金属塑性加工原理 [M]. 北京：清华大学出版社，1991.

[9] 河合望. 塑性加工学 [M]. 东京：朝倉书店，1973.

[10] 李硕本. 冲压工艺学 [M]. 北京：机械工业出版社，1982.

[11] 吴诗惇. 冲压工艺学 [M]. 西安：西北工业大学出版社，1987.

[12] 肖景荣，周士能，肖祥芷. 板料冲压 [M]. 武汉：华中理工大学出版社，1986.

[13] 许发樾. 冲模设计应用实例 [M]. 北京：机械工业出版社，2000.

[14] 姜奎华. 冲压工艺与模具设计 [M]. 北京：机械工业出版社，1998.

[15] 梁炳文，胡世光. 板料成型塑性理论 [M]. 北京：机械工业出版社，1987.

[16] 吉田弘美，等. 冲压技术 100 例 [M]. 第一汽车制造厂车身分厂技术科，译. 长春：吉林人民出版社，1977.

[17] 鄂大辛. 非回转对称拉深变形规律的研究 [J]. 中国机械工程 2002，(03)：137 – 140.

[18] 鄂大辛，水野高爾. 非回转对称拉深中材料流动变形规律的研究 [J]. 机械工程学报，2003，(04)：49 – 52，88.

[19] 鄂大辛，水野高爾. 板坯形状对非回转对称拉深成型性的影响 [J]. 塑性工程学报 2004，(1)：25 – 28.

[20] 王祖唐. 锻压工艺学 [M]. 北京：机械工业出版社，1983.

[21] 谢懿. 实用锻压技术手册 [M]. 北京：机械工业出版社，2003.

[22] 吕炎，等. 精密塑性体积成型技术 [M]. 北京：国防工业出版社，2003.

[23] 王仲仁. 特种塑性成型 [M]. 北京：机械工业出版社，1995.

[24] 高锦张，等. 塑性成型工艺与模具设计 [M]. 2 版. 北京：机械工业出版社，2008.

[25] 马怀宪. 金属塑性加工学：挤压、拉拔与管材冷轧 [M]. 北京：冶金工业出版社，2002.

[26] 吴诗惇. 挤压理论 [M]. 北京：国防工业出版社，1994.

《成型工艺与模具设计》（修订版）

鄂大辛　编著

读者信息反馈表

尊敬的老师：

您好！感谢您多年来对机械工业出版社的支持和厚爱！为了进一步提高我社教材的出版质量，更好地为我国高等教育发展服务，欢迎您对我社的教材多提宝贵意见和建议。另外，如果您在教学中选用了本书，欢迎您对本书提出修改建议和意见。

机械工业出版社教育服务网网址：http：//www. cmpedu. com

一、基本信息

姓名：＿＿＿＿＿　性别：＿＿＿＿＿　职称：＿＿＿＿＿　职务：＿＿＿＿＿＿

邮编：＿＿＿＿＿　地址：＿＿＿＿＿＿＿＿＿＿＿＿＿＿＿＿＿＿＿＿＿＿

任教课程：＿＿＿＿＿＿＿＿

电话：＿＿＿—＿＿＿＿＿（H）＿＿＿＿＿（O）

电子邮件：＿＿＿＿＿＿＿＿＿＿＿＿＿＿＿＿＿＿＿＿　手机：＿＿＿＿＿＿＿

二、您对本书的意见和建议

（欢迎您指出本书的疏误之处）

三、您对我们的其他意见和建议

请与我们联系：

100037　机械工业出版社·高教教育分社　舒恬　收

电话：010 – 88379217　传真：010 – 68997455

电子邮箱：shutianCMP@ gmail. com